Weihnachten 1981 an meine Lieben
in Reinach. Paul.

Eugen A. Meier

Kuriose und seriöse, erheiternde
und erschütternde Geschichten
aus dem Alten Basel und seiner Umgebung
von den Anfängen der Stadt bis zum Untergang
des Ancien Régime (1798)

FREUD UND LEID

Band 1

Birkhäuser Verlag Basel

CIP-Kurztitelaufnahme der Deutschen Bibliothek

Freud und Leid : kuriose u. seriöse, erheiternde
u. erschütternde Geschichten aus d. alten Basel
u. seiner Umgebung von d. Anfängen d. Stadt bis
zum Untergang d. Ancien Régime (1798) / Eugen
A. Meier. – Basel : Birkhäuser
NE: Meier, Eugen A. [Hrsg.]
Bd. 1 (1981).
ISBN 3-7643-1255-6

Reproduktionen: Marcel Jenni, Rudolf Friedmann, Rico Polentarutti
Gestaltung: Albert Gomm

Herstellung: Birkhäuser AG, Graphisches Unternehmen, Basel
Printed in Switzerland
ISBN 3-7643-1255-6

Wer sich mit besonderer Ausdauer mit der Vergangenheit unseres Gemeinwesens beschäftigt, der spürt, dass es nicht immer umfassende geschichtliche Zusammenhänge sind, die Interesse und Verständnis für historisches Zeitgeschehen wachhalten. Nicht selten sind es – so scheint es uns – an sich nebensächliche Erscheinungen und Vorgänge, welche die bedeutsame politische und wirtschaftliche Entwicklung kaum beeinflussen, aber doch, gleichsam magnetisch anziehend, ernsthafte oder neugierige Beachtung finden und zum Nachdenken angeregen. Es sind oft Mitteilungen aus dem Alltag, wie wir sie auf der Lokalseite jeder Tageszeitung vorgesetzt bekommen, die aufzeigen, welche Probleme die Bürgerschaft zu bewältigen hat oder was für Freuden die Eintönigkeit der immerwährenden Mühsal erhellen.
Als Frucht seiner langjährigen Vertrautheit und Beschäftigung mit den städtischen Archivalien gibt Eugen A. Meier mit seinem 15. Basler Buch, das mit gewohnter Brillanz von Albert Gomm konzipiert worden ist, authentischen und faszinierenden Einblick in diese oft geradezu intime Sphäre menschlichen Daseins innerhalb und ausserhalb der Mauern unserer Stadt. Wie ein voluminöses Tagebuch führen die Aufzeichnungen seiner schreibgewandten «Gewährsleute» durch die Jahrhunderte und lassen eine Welt auferstehen, die uns oft fremd anmutet, weil wir zumindest gewisse Eintragungen nicht mit dem ethischen und moralischen Empfinden, der technischen Perfektion und der sogenannten Fortschrittlichkeit unserer Zeit in Einklang zu bringen vermögen. So sind wir gezwungen, einzelne Überlieferungen nicht isoliert zu betrachten, sondern sie – im Rahmen der geschichtlichen Zusammenhänge – als Ausdruck ihrer Zeit zu verstehen. Die Frage, ob wir im Zeichen des Überflusses und der masslosen Verschwendung, der Psychosen und um sich greifender Unruhen als bessere und glücklichere Menschen einzustufen seien, mag jede Leserin und jeder Leser selbst beantworten. Auf jeden Fall soll uns die Konfrontation mit «kuriosen und seriösen, erheiternden und erschütternden Geschichten aus dem Alten Basel», die unser beliebter Stadthistoriker uns als weitere wertvolle Gabe zur Stadt- und Landgeschichte vorlegt, Aufforderung sein, mit den Zeugen der Vergangenheit, seien es nun gute oder schlechte, die Gegenwart zu meistern und die Zukunft zu gestalten: mit Kraft und Zuversicht, mit Bescheidenheit und Toleranz. Und, letzten Endes, auch mit Dankbarkeit!

Im Wintermonat 1981

Dr. Edmund Wyss, Regierungsrat

Zum Geleit

Inhaltsverzeichnis

Obwohl in Basel in öffentlichem Auftrag nie eine eigentliche Chronik, also ‹Geschichtsbücher nach der Zeitfolge›, geführt worden ist, wie etwa seit 1420 in Bern, haben etliche seiner Söhne als Chronisten und Geschichtsschreiber Berühmtheit erlangt. Ihnen allen voran Christian Wurstisen (1544–1588), der als erster, und aus eigenem Antrieb, eine Chronik auf wissenschaftlicher Grundlage anlegte. Als nach zehnjährigem Forschen und Zusammentragen das illustrative historische Unternehmen der ‹Baszler Chronik› des Professors für Mathematik, Astronomie, Theologie und nachmaligen Stadtschreibers 1580 in der Offizin von Sebastian Henricpetri erscheinen konnte, lag eine breitgefächerte Heimatkunde vor, die wegen ihres überquellenden annalistischen Inhalts imponierte, der aber doch die Bedeutsamkeit der grossen Geschichtsschreibung fehlte. In seinem umfangreichen Verzeichnis der verarbeiteten Quellen, unter denen die Akten des städtischen Archivs fehlen, weil dem ‹Vater der baslerischen Geschichtsschreibung› die Staatsraison deren Benutzung, wie jedem andern Bürger, der nicht dem Rat angehörte, verwehrte, nennt Wurstisen eine ganze Anzahl zeitgenössischer Humanisten, Chronisten und Gelegenheitsschreiber, von denen über ein halbes Dutzend unsere besondere Aufmerksamkeit finden, weil ihre Aufzeichnungen und Darstellungen wegen ihrer Geltung – teils schon zu Lebzeiten der Autoren – im Druck erschienen sind und nun mit dem einen oder andern Zitat ‹Freud und Leid› mittragen: Heinrich von Beinheim (um 1398–1459), Rechtskonsulent und Gesandter des Rats – Erhard von Appenwiler († 1471), Kaplan am Münster – Johannes Knebel (um 1414–1481), ebenfalls Kaplan am Münster und erster Notar der Universität – Conrad Schnitt († 1541), Meister E. E. Zunft zum Himmel, der seine Weltchronik mit einer zu guter Letzt 3750 Wappen umfassenden heraldischen Pinakothek begleitete – Sebastian Münster (1489–1552), Professor für hebräische Sprache und Kosmograph – Johannes Gast (um 1500–1552), Pfarrer zu St. Martin – Conrad Lycosthenes (1518–1561), Professor der Grammatik und Dialektik sowie Pfarrhelfer zu St. Leonhard. Die Chronik des Fridolin Ryff (um 1488–1554), Meisters E. E. Zunft zu Webern, welche von dessen Grossneffen Peter Ryff (1558–1629), Professor der Mathematik, fortgesetzt wurde, ist vom «unheimlichen Arbeiter, der sich durch eine umfassende Belesenheit in den Alten, den mittelalterlichen Chronisten, den Humanisten und Reformatoren auszeichnete» (Edgar Bonjour), für sein Hauptwerk offenbar nicht herangezogen worden.

Einleitung

Eine der Leistung Wurstisens adäquate wissenschaftlich-publizistische Tätigkeit hat erst wieder Peter Ochs (1752–1821), der umstrittene Staatsmann, mit seiner zwischen 1786 und 1822 verlegten achtbändigen ‹Geschichte der Stadt und Landschaft Basel› aufweisen können. Einen beachtlichen Ausstoss von populärer Sekundärliteratur zur Lokalgeschichte hat Markus Lutz (1772–1835), Pfarrer in Läufelfingen, erreicht, der seinen Lesern darlegte, Chroniken seien für «die Geschichte, was umständliche topographische Landkarten für die Geographie sind». Mit seinem ‹Versuch einer Beschreibung historischer und natürlicher Merkwürdigkeiten der Landschaft Basel› hat uns Daniel Bruckner (1707–1781), Ratssubstitut und Archivar, der 1765 auch Wurstisens Basler Chronik bis zum Jahr 1620 erweitert hat, ein hervorragendes Zeugnis seines Sammeleifers und Darstellungsvermögens von Topographischem und Naturwissenschaftlichem abgelegt. Demgegenüber erscheint die Chronik des Johann Gross (1582–1629), Pfarrers zu St. Leonhard, als nüchtern und bescheiden und ist, soweit sie nicht einfach Auszüge aus Wurstisen wiedergibt, eine «in die Niederungen der Skandalgeschichte abgeglittene Popularisierung».
Wenn zwischen den von Christian Wurstisen und Peter Ochs gesetzten historiographischen Eckpfeilern ein Zeitraum von über 200 Jahren liegt, heisst dies nicht, die Aktualität in und um Basel hätte während dieser ereignisreichen Periode keinen schriftlichen Niederschlag gefunden. Das Aufschreiben und Eintragen aussergewöhnlicher Vorgänge schien nämlich manchem Bürger, gehörte er dem Stand der Akademiker oder demjenigen des Handwerks an, ein echtes Bedürfnis zu sein. In der Tat bot das überschaubare Milieu eines in sich geschlossenen Gemeinwesens täglich eine Fülle interessanter Ereignisse, die es durch die Macht des Geistes und den Duktus des Gänsekiels der Nachwelt zu erhalten galt. Auseinandersetzungen unter der Bürgerschaft, denen politisches Machtstreben, familiäre Rivalitäten, geschäftliche Konkurrenz, Konfrontationen mit Zugezogenen und Fremden oder ganz einfach Neid und Missgunst zugrunde liegen mochten, erzeugten Spannung und Schadenfreude. Naturkatastrophen, Lebensmittelknappheit, kriegerische Wirren, Brände und andere Unglücksfälle lösten Gefühle der Hilfsbereitschaft, der Nächstenliebe und der Zusammengehörigkeit aus. Die grässlichen Schauspiele der Züchtigungen, Folterungen, Wässerungen und Hinrichtungen stillten die Gier nach Sensation und Nervenkitzel. Tierbändiger, Feuerwerker, Zauberkünstler und Hellseher sättigten den Hang nach Exotik und Scharlatanerie. Volksbräuche, Familienfeste, Zunftanlässe und militärische Aufzüge festigten Tradition und Bürgersinn. Trunkenheit, uneheliche Geburten, Familienzwiste und sexuelle Exzesse befriedigten tierische Instinkte und bewirkten seelische Affektionen. Abbrüche und Neubauten, Neubepflanzungen und Korrektionen wandelten das Weichbild der Stadt. Hexen, Geister, Gespenster, Himmelserscheinungen und Missgeburten nährten Misstrauen und Unsicherheit und verhiessen Teufelei und Unheil. Sakrale Handlungen, kirchliche Feiern und Buss- und Bettage mahnten zur Einkehr und Gottesfurcht, an den Tod und an die Vergänglichkeit, auch wenn der nüchtern reformierte Protestantismus jede Toleranz gegenüber Andersgläubigen ausschloss. Die Mannigfaltigkeit täglicher ‹Merkwürdigkeiten› liess manchen Hauschronisten in stiller Beschaulichkeit und Gelehrsamkeit dickbauchige Folianten oder schlanke Schreibkalender vollkritzeln. Der sprachliche Ausdruck, der sich von wortarmer, holpriger Mundart bis zur facettenrei-

chen, stilsichern Betrachtung hinzieht und in oft flüchtigem Federstrich, in oft sorgfältig zelebrierter Kalligraphie die Geschehnisse festhält, zeugt gleichermassen von der unterschiedlichen Befähigung der Registratoren. Immer aber ist der Wille spürbar, ein Ereignis aus dem Umkreis des persönlichen Erlebens oder der schriftlichen oder mündlichen Überlieferung vor der Vergessenheit zu bewahren. Die intellektuellen Voraussetzungen der Hauschronisten lassen indessen erwarten, dass der Inhalt ihrer Mitteilungen grundsätzlich der Wirklichkeit entspricht, wobei gewisse Abweichungen der Darstellungen, selbst bei gleichzeitiger Beobachtung, natürlich nicht ausbleiben. Mögen auch Schönfärberei und Schwarzmalerei aus mangelnder Objektivität eine Beschreibung irgendwie verzerren, an der Richtigkeit der Einträge ist in der Regel nicht zu zweifeln. So sind einzelne Erzählungen, auch wenn sie noch so aufregend und unglaublich klingen, nicht der Phantasie einer Scheherazade zuzuschreiben, sondern vielmehr der Gesinnung einer verflossenen Zeit, der Obrigkeitsgläubigkeit, der Unterwürfigkeit gegenüber kirchlichen Vorschriften, spiessbürgerlicher Engherzigkeit oder oberflächlicher, stümperhafter Wissenschaftlichkeit.
Welche Persönlichkeiten stecken nun hinter diesen bienenfleissigen Basler Hauschronisten, die durch zunehmenden Bildungsgrad im Verlauf der Jahrhunderte immer gesprächiger und präziser werden? Wir wollen rudimentär deren Daten, in chronologischer Reihenfolge aufgelistet, nachzeichnen: Da wären zunächst die grossartigen Autobiographen Thomas Platter (um 1500–1582), Rektor der Lateinschule auf Burg, und sein Sohn Felix Platter (1536–1614), Stadt- und Spitalarzt, aufzuführen, zwei markante Respektspersonen, die mit fesselnder Beredsamkeit die faszinierende Geschichte ihres Lebens zu einzigartigen Zeitdokumenten formuliert haben. Bezeichnenderweise mit einem erbaulichen Vers leitet 1604 Friedrich Linder seine mit vielen kirchlichen Einträgen versehene Chronik ein: «Die Weil all Ding durch Gott unseren Schöpfer erschaffen und angefangen ist, hab ich durch sein Hilff und Gnad dis Buoch angehebt zuo schriben und angefangen, allen Liebhaberen der alten und geschehenen Dingen zuo hören zuo lieb beschriben etlich Geschichten, so sich verloffen hat und beschehen bey meiner Zeütt, so ich dann warhafftiglich weyss und gesehen hab.» Fast ausschliesslich mit Begebenheiten aus dem Familienkreis angereichert ist das ‹Hausbüchlein› des Eisenkrämers und Waffenhändlers Hans Heinrich Zäslin (1588–1636). Neben Exzerpten aus der Großschen Chronik und Bemerkungen über Unglücks- und Todesfälle hat Johann Ulrich Falkner (1570–1642), Pfarrhelfer zu St. Peter, Rezepturen aus dem Bereich von Medizin und Gesundheitswesen in seine Sammlung aufgenommen. Aus Vergehen gegen Menschenrecht und Sittlichkeit hingegen schöpften im beelendenden Sog des Dreissigjährigen Krieges Rudolf Hotz (1608–1655), Amtmann und Notar, und dessen Sohn Johann Caspar (1654–1730), Buchhändler, zum erheblichen Teil das Material für ihre Fragmente zur Zeitgeschichte. Des gewesenen Leibarztes des Herzogs von Stuttgart, Dr. med. Johann Conrad Meyer (geb. 1645), Wissbegierde galt vorrangig der Bevölkerungsbewegung. Die Marginalien zu Theodor Richards Chronik wiederum sind von Aberglauben und Übersinnlichem gefärbt, was dem Pfarrer zu St. Leonhard (1630–1670) in seinem Berufsethos ein eher zweifelhaftes Zeugnis ausstellt. Von weitgestecktem Interesse sind die Episoden, die Stadtschreiber Hans Jakob Rippel (1644–1722) täglich in seinen Schreibkalender aufgenommen hat. Von Samuel von Brunn

(1660–1727), dem Pedellen der Universität mit abgeschlossenem Theologiestudium, sind drei voluminöse Bände erhalten, welche zur Hauptsache die Zeit von 1680 bis 1726 beschlagen und vornehmlich Aufzeichnungen aus dem täglichen Leben enthalten. Der reiche Fundus an Nachrichten liess die von Brunnsche Chronik zur Vorlage weiterer Unternehmen dieser Art werden. Namentlich bediente sich Johann Heinrich Scherer (1679–1743), genannt Philibert, der Handschriften, dessen Vater, Daniel Scherer (1650–1709), sich schon als pedantischer Skribent betätigt hatte. Der ausdauernde Schulmeister von St. Peter, nach welchem nicht weniger als neun in der Handschriftenabteilung der Universitätsbibliothek verwahrte Chroniken bezeichnet sind, beackerte indessen nicht nur das Feld des Kopierens, sondern ergänzte die Abschriften auch durch eigene Wahrnehmungen. Mit ähnlichen Einträgen gespickt ist das zweibändige Opus des Hans Rudolf Schorndorf (1656–1731). Was aber die von zierlicher Hand niedergeschriebenen Notizen des Viktualienhändlers am Barfüsserplatz, der verewigte, «was das Stadtgeschrey gerade neues brachte», ganz besonders reizvoll macht, sind die sarkastischen Kommentare, die er mit Wonne in fromme Gedichte kleidet. In das mit Akribie geführte Anniversar des Christoph Battier (1693–1741), Präzeptors am Gymnasium, haben in grösserem Ausmass Nachrichten aus dem Ausland Eingang gefunden. Peter Nöthiger (1676–1748), Obristmeister zur Hären, lässt sich über seine Ratstätigkeit und über allerlei Vorgänge in Haus, Küche, Hof und Garten vernehmen. Eine auffallende Neigung zum Stadtklatsch bekundet ‹Basel-Hutmacher› Daniel Bachofen (1685–1762). Er widmet beispielsweise der grausamen Pein, die 1723 den Schwestern Rapp widerfahren ist, nicht weniger als 12 Seiten. Von origineller Prägung erscheint die Gestalt des Johann Heinrich Bieler (1710–1777). Auf über tausend Seiten hat der vom Perückenmacher zum obrigkeitlichen Überreiter (Staatsweibel) aufgestiegene Kleinbasler unzählige Meldungen ‹weltlichen und geistlichen› Inhalts seiner Chronik einverleibt, wobei es ihm namentlich ‹herkömmliche Bräuche und festliche Zeremonien› aus der Zeit von 1720 bis 1772 angetan zu haben scheinen (1930 von Paul Kölner in ‹Im Schatten Unserer Gnädigen Herren› ediert). Theologieprofessor Jakob Christoph Beck (1711–1785) bekennt sich als «ein Liebhaber des Vaterlands. Denn ich habe mich beflissen, desselben History zu erlehrnen, indem meinem Beduncken nach einem jeden Burger solche zu wissen nöthig und nutzlich ist. Dessentwegen habe ich alles dasjenige, so mir gute Freunde von vaterländischen Manuscripten vorcomunicieret, von Wort zu Wort ad Notam genommen, worauss endlich dise Sammlung entstanden, die vieles enthaltet, so in unseren getruckten Cronicken nicht zu finden ist und welche man auch nicht alle trucken darf. Jedoch kann ich bey meiner Ehre versichern, dass solches von mir nicht geschrieben worden ist, jemand zum Nachtheil oder Verletzung der Ehren, sondern zur Lehre, sich vor Lasteren zu hüthen und wahrer Tugend, Treue und Liebe dess Vaterlands sich zu befleissen.» Extrakte aus Ratsbüchern und Protokollen bilden das Kernstück der Chronik von Bürgermeister Johannes Ryhiner (1728–1790). Knopfmacher und Ehegerichtsredner Johann Jakob Müller (1739–1802) richtete sein Augenmerk vorab auf Politisches, Militärisches und auf freundeidgenössische Beziehungen. Daniel Burckhardt-Wildt (1752–1819), Seidenbandfabrikant und kompetenter Freund der schönen Künste, verfolgte mit kritischem Blick die für unsere Stadt unmittelbaren Auswirkungen der Französischen Revolution. Des 1829 verstorbe-

nen Johann Heinrich Munzingers Überlieferungen berühren andrerseits Familiengeschichtliches und dessen Tätigkeit als Privatlehrer. Seine beiden Folianten hat er «in den Winterabenden anno 1820 und 1821 verfertigt, eingetragen, so gut als möglich geordnet und so der Vergessenheit entrissen, um als Rückerinnerung zu meinem Vergnügen und Ergötzlichkeit aufbewahrt zu werden».
Im Vergleich zu den in der Stadt ansässigen Chronisten vermochte die Landschaft naturgemäss nur einzelne Historiensammler hervorzubringen, die sich gleichmässig auf die Jahrhunderte verteilen: Unter den verschiedenartigen Nachrichten, die wir von Heinrich Strübin (1559–1625), Pfarrer zu Bubendorf, vernehmen, ist u. a. der Hinweis zu finden, dass am 31. August 1614 «die Wallenburger in der Wasserfallen ein sehr grossen alten Bären, so um diss Gegend gar viel Vieh etlich Jahr hier aufgerieben, fingen». Niklaus Brombach (1582–1662), Pfarrer in Rümlingen, hat in seinem über tausend Seiten umfassenden Kalendarium, ‹einer Art Weltchronik›, über 8000 Fakten zusammengetragen und deren astronomisch-astrologische Abhängigkeit untersucht. Depeschen über Findelkinder, Todesfälle, Wetter, Brände, Plünderungen und Enthauptungen reihen sich bei Johann Conrad Wieland (1633–1693), Obervogt auf Waldenburg, zu einem wahren Kompendium wirklichkeitsnaher Quellen zur Lokalgeschichte. Und endlich vermittelt der Banquier Benedikt Kuder (1728–1791) aufschlussreiche Analysen der wirtschaftlichen und sozialen Verhältnisse auf der Landschaft ausgangs des 18. Jahrhunderts.
Eine erste Auswahl aus dem vielbändigen ‹Vergissmeinnicht› bekannter und anonymer Chronikschreiber ist von Karl Buxtorf-Falkeisen (1807–1870), Philologen und Lehrer an der Realschule, ab 1863 in seinen Baslerischen Stadt- und Landgeschichten nacherzählt und so vorübergehend ans Licht der Öffentlichkeit gerückt worden (die Hefte sind seit Jahrzehnten vergriffen). Nicht alle Geschichten sind dem Nachfolger bei der Bearbeitung der vorliegenden Publikation im Urtext wieder begegnet, was den Schluss zulässt, gewisse Originalquellen seien mittlerweile untergegangen. Nach wie vor liefern hingegen die Bestände des Staatsarchivs und der Universitätsbibliothek jede Menge gewünschter historischer Informationen über die Res Publica Basiliensis. In den Archivalien der öffentlichen Verwaltung, die seit dem Grossen Erdbeben von 1356 beinahe lückenlos vorliegen, in konzentrierter Form nicht anzutreffen sind jedoch Schilderungen von Stimmungsbildern aus der Stadt und von Lebensgewohnheiten der Bevölkerung, wie solche von den Chronisten weitergegeben worden sind. Deshalb sind die Aufzeichnungen der Liebhaberhistoriker und privaten Annalisten nicht nur von wissenschaftlichem Interesse, sondern auch von anschaulicher Vergnüglichkeit.
Flankierend haben sich den heimischen Berichterstattern gelegentlich Passanten und Besucher zur Seite gestellt und den Schatz der Erinnerungen mit süffisanter Neugier angehoben. So verdanken wir beispielsweise Joseph und Samuel Teleki, zwei jugendlichen Grafen aus Ungarn, welche um die 1760er Jahre in Basel ihren Studien oblagen, ausführliche Tagebücher mit kulturhistorischem Inhalt, die mancherlei Gewohnheiten und Eigenarten beleuchten (1936 von Otto Spiess ediert). Aber auch Karl Gottlob Küttner (1755–1805), der bewanderte Reiseschriftsteller aus Sachsen, welcher sich während längerer Zeit berufshalber in unserer Stadt aufhielt, wusste – wie viele andere auswärtige Zeugen – Basel und Basler trefflich zu charakterisieren. Unsern knappen

Abriss über die Basler Geschichtsschreiber, deren Sammellust und Mitteilsamkeit uns tiefen Einblick in ein weiteres Kapitel Stadtgeschichte gewähren, wollen wir nicht beschliessen, ohne des Staatsarchivars und Staatsschreibers Rudolf Wackernagel (1855–1925) zu gedenken, der mit seiner vierbändigen ‹Geschichte der Stadt Basel› (bis 1529) nach dem Werturteil seines Biographen Rudolf Thommen eine meisterhafte Darstellung erbracht hat, die nicht bloss in der sichern Beherrschung des Stoffes und in dem Gedankenreichtum wurzelt, sondern auch in der Schönheit der Sprache.
Dass bei der Auslese der nachfolgend publizierten Quellentexte, die nach Möglichkeit mit überlieferten Auszeichnungen betitelt sind, Subjektivität und Willkür mitbestimmend sein mussten, dürfte bei den Tausenden von packenden Ereignissen und Vorfällen nicht ganz vermeidbar gewesen sein: Authentizität, Denkwürdigkeit und Originalität waren für die Auswahl wegweisend. Jeweils der ersten Quellenangabe folgende Hinweise auf weitere Erscheinungsorte sind unsystematisch angefügt und erstreben nur ausnahmsweise Vollständigkeit. Auch sind nur Vorkommnisse ausgezogen, die Basel und seine Umgebung betreffen. Mit Rücksicht auf die Lesbarkeit der Texte ist die Wiedergabe der Zitate nicht immer wörtlich und buchstäblich und nach der vorgegebenen Interpunktion geschehen. Für die Bebilderung durfte einmal mehr die Grosszügigkeit der zuständigen Organe des Kupferstichkabinetts des Kunstmuseums, des Staatsarchivs, der Universitätsbibliothek, des Historischen Museums und der Denkmalpflege sowie diejenige privater Leihgeber beansprucht werden. Im Hinblick auf die klare Konzeption der Buchgestaltung konnte indessen eine ideale Übereinstimmung von Texten und Illustrationen nicht immer erreicht werden.
Sollte unsere Blütenlese aus dem Garten der Historiae Basilienses «Stoff zu nützlicher Unterhaltung geben, so würden wir uns», wie weiland Pfarrer Markus Lutz, «für die Mühe, diese trockene Arbeit ausgeführt zu haben, hinlänglich belohnt finden. Denn trocken bleibt eine solche Arbeit immer, wenn man sich an die Stelle des Extrahenten setzen will. Auszüge aus staubigen, handschriftlichen und gedruckten Chroniken zu machen, wo man mit ängstlicher Sorgfalt aufgezeichnet findet, wann irgend ein Glied von denen, die das Staatsruder führten, zur Ader gelassen, den Schnupfen gehabt oder in wieviel Locken seine Staatsperücke von Ziegenhaar gewesen, und sich gewissermassen durch solche Antiquitäten in den Rüstkammern unsrer in Gott ruhenden Vorfahren durchzuarbeiten, ist ein Vergnügen, für welches nicht jedermann gleich empfänglich ist.»

Eugen A. Meier

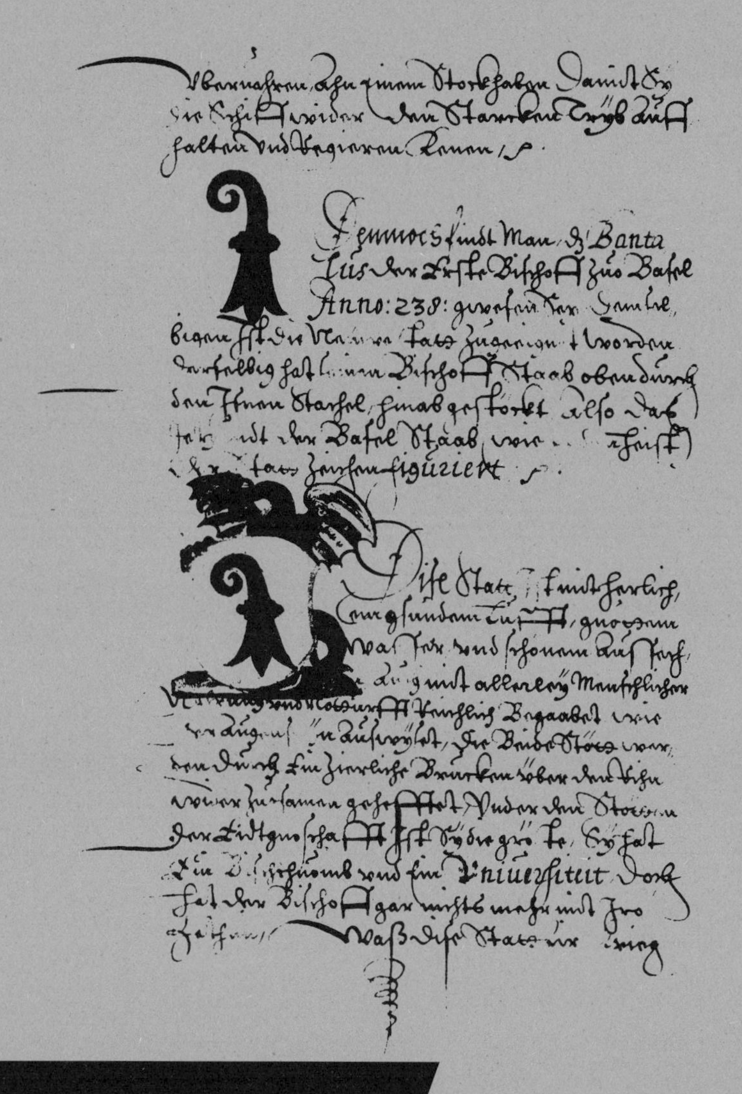

I MERKWÜRDIGKEITEN UND KURIOSITÄTEN

Volksbelustiger

«In der Gesellschaft der Volksbelustiger durfte auch ein Seiltänzer nicht fehlen. Ein solcher producierte sich z. B. 1276 in Basel. Er war ‹ein schwach Mennlin›, befestigte ein Seil an einem Münsterthurm und spannte es bis zu des Domsängers Hof (dem heutigen Lichtenfelser Hof) und fuhr auf demselben hinauf und hinab.»

Fechter, p. 120

Die Domherrn öffnen das königliche Grab

«Anno 1276 gebahr König Rudolfs Gemahel zu Rheinfelden ein junges Herrlein, wurde getauft unter dem Namen Carolus. Dieser junge Sohn lebte nur etliche Wochen und starb und ward zu Basel im Chor bestattet. Bei seiner Bestattung erschien die ganze Clerisei, Ritterschaft, die fürnemmsten Burgere, das königliche Frauenzimmer und eine grosse Anzahl Weibspersonen. Bald hernach (1281) fuhr die Königin in Östreich, alda fiel sie zu Wien in schwäre Leibskrankheit. Inmassen sie entpfande, dass ihr Sterbstündlein nicht fern wäre, besante sie ihren Beichtvatter und zeiget ihm an: sie spührete wohl, dass sie Gott auss dieser Zeit forderen wolle; des sollt er Ihren That, Kraft und Anleitung geben, wie Sie möcht selig und vorm Verderben erhalten werden. Dieser aber sprach Ihren zu, alle Gewalt und Herrlichkeit diser Welt auss Augen und Hertzen zu setzen und sich mit Gott allein zu versöhnen. Hierauf ordnet sie ihr Testament, dorinnen sie zu ihrer Leiblege das Münster zu Basel erwehlt. That solches der Ursachen halb, dass ihren wol bewust, wie Kunig Rudolff die Kirchen zu Basel manchmahl beschädiget. Verschied am St. Matthis Abend. Also entweydet man ihren Leib, füllt ihren Bauch mit Äschen auss, balsamirt ihr das Angesicht und übrige Glieder, verwickelt sie in ein gewächsen Tuch, leget ihr köstlichen Gewand an, setzt ihr auf das verschleirt Haubt ein vergüldte Kron, henket ihr ein Kleynod an den Halss, leget sie also ruckhlings in ein Buechbäumernen Sarck und führet sie mit vierzig Pferden auss Östreich gehn Basel. Unter diesen (?) waren zween Prediger und zween Barfüsser Mönchen, drei Wagen mit Edelfrauen, zu dem sich wohl 400 Menschen geschlagen. Als aber der König Rudolff den Bischoff zu Basel ersucht hatte, diese sein Gemahl ehrlich zu bestatten, hatte der Bischoff auf den gesetzten Tag die gantze Priesterschafft sines Bistumbs gehn Basel forderen lassen, deren bey 1200 erschienen, welche alle in ihrem Habit und brennenden Kerzen der Leich entgegen zogen und sie mit der Prozession in das Münster beleiteten. Allda wurden die Seelämter durch drei Bischöffe gehalten, nachmalen der Königin Körpel im Grabsarg aufgericht und den Beywesenden gezeigt. Nachmals war sie durch ettliche Äbbt in das Grab gelegt. Da dann viel Adels ihr Trauren mit Weynen bezeuget. Letstlich empfieng der Bischoff die Priesterschafft auf ein bereitet Imbissmal. König Rudolff vergabet hernach an die Kirch zu Basel für seiner Gemahel Jahrzeit die Kirchensätz zu Zeinigen und Augst, vermög des Gaabbriefs mit der sieben Churfürsten Bewilligung. Auss dem Einkommen dieser vergaabten Kirchensätzen wurden hinter dem Frohnaltar zween andre Altär mit zwey Pfründen angerichtet. Der eint hiess St. Matthis-Altar und sein Kaplan der Königin, der andre St. Peters-Altar und sein Verseher Landgraffs Hartmann. Dieser Landgraff Königs Rudolff Sohn war im Jahr seiner Mutter Absterben auff St. Thomastag im 18ten Jahr seines Alters bei Rheinau im unteren Turgau, als er über Rhein fahren wollt, mit 18 Personen seiner Hoffdienern ertrunkhen und auf der rechten Seiten des Chors begraben worden. Sein Monumentum ist im grossen Erdbiden zu Grund gangen.

Im Jahr 1510 biss die Thumherren Wunderfitz, dass sie das königl. Grab öffneten. Fanden darinnen der Königin Leib in guter Ordnung und neben ihren ein unordentlich Gehäufflein Gebein von dem Herrlein Karolo. Die Kron nahmen sie von der Königin Haupt. Die wahr mit Sapphyren und andren Edelgesteinen versetzt. Liessen dieselbe in des Hieronymi Brylinger Kaplans in der hohen Stifft Hauses säubern. Wird noch dieser Zeit im Gewölb bey den Ornaten verwahret.

Als auf Ansuchen des Stifts St. Blasien 1762 das königliche Grab geöffnet wurde, ‹um zu Ergänzung der österreichischen Historie einen Abriss von der Krone zu nehmen›, fand man nichts als wenige Todtengebeine. Im

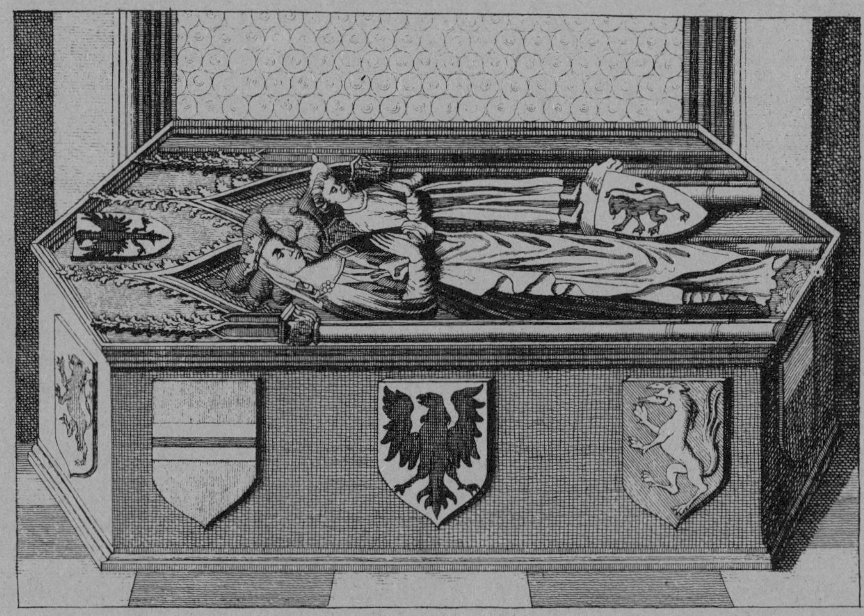

Grabmahl der Gemahlin und Sohns, Rodolfs I.te Röm: Keisers, deren Gebeine A.o 1770. aus der HaubtKirche zu Basel, nach S.t Blasien versezt worden.

< *Einträge im Münz- und Mineralienbuch des Andreas Ryff, im Jahre 238 habe Pantalus, Basels erster Bischof, regiert und die Stadt sei «mit herlichem gesundem Lufft begaabet». 1594.*

Ihrem Wunsch entsprechend ist die 1281 in Wien verstorbene Königin Anna im Münster mit ihrem bereits verblichenen Söhnchen Rudolf in der Nähe des Hochaltars beigesetzt worden.

Jahr 1770 sind diese letzten Überreste der Königin und ihrer Kinder nach St. Blasien übersiedelt worden und haben ihre zweite Ruhestätte gefunden.»

Buxtorf-Falkeisen, 1, p. 11ff. / Wurstisen, Bd. I, p. 141 / Gross, p. 29 und 139 / Ochs, Bd. I, p. 427 / Lutz, p. 64f.

Der starke Poppo

«Auf dem Petersplatz mag einst im Ringspiele der in Gedichten gefeierte Basler Poppo im 13. Jahrhundert seine Körperkraft gezeigt haben, welche der von zwanzig und mehr Männern gleich gekommen sein soll.» (Für die meisten Basler war jedoch der Sprüchemacher Boppe weniger durch seine Verskunst als durch seine Körperkraft, seine Fresserei und Kneiperei ein vielbewundertes Ärgernis. Und dieser starke Boppe oder Boppi, ein Jakob also, ist der erste urkundlich nachgewiesene Basler Beppi.)

Fechter, p. 119 / Werthmüller, p. 66f.

Seltenes Beispiel ehelicher Treue

«Unter den Rittern, welche mit Herzog Johann von Schwaben den Kaiser Albrecht am ersten Tag May 1308 bey Windisch auf dem dortigen grossen Kornfeld umgebracht hatten, war auch Rudolf Freyherr von Wart gewesen. Als reuiger Flüchtling wollte er zu Avignon vom Pabst Lossagung von seiner Blutschuld sich erbitten, als er von eignen Verwandten verrathen, den Kindern des ermordeten Kaisers überliefert wurde. Die Blutrichter verurtheilten ihn zum Rade. Seine Gemahlin, eine gebohrne von Bolen, bat die Königin Agnes knieend, bey Gottes Gnade am jüngsten Tag, um das Leben ihres Gatten, aber vergeblich. Ihr Ehemann wurde lebendig auf das Rad geflochten. Die in untröstbarem Leiden befindliche Gattin blieb mit einer fast beyspiellosen Standhaftigkeit, drey Tage und drey Nächte, so lange noch der mit gebrochenen Gliedern auf dem Rad gespannte Gatte athmete, auf dem Boden unter demselben kreuzweise ausgestreckt und betete. Als man den Unglücklichen fragte, ob er es haben wolle, dass seine Frau gegenwärtig bleibe? liess er sich also vernehmen: Nein, denn durch ihr Leiden, leide ich soviel als durch mein eigenes. Nach seinem Tode gieng die tiefgebeugte zu Fusse nach Basel, verschloss sich in ein Kloster und lebte viele Jahre ein höchst frommes Leben.»

Lutz, p. 78f.

Zigeuner oder Landbettler

«Ein fremdes herrenloses Gesindel erschien um 1420 in Basels Umgebungen. Sein Anführer und Haupt hiess Michel, der sich Herzog von Egyptenland nannte. Unter einem Andachts-Scheine verbarg diese ungeheuer grosse Horde von Landstreifern, ihre Raubsucht. Sie gaben vor, sie seyen aus Kleinegypten, Abstämmlinge von denen, die Josef und Maria, als sie mit dem Jesuskindlein vor Herodes Mordstahl fliehen mussten, nicht aufgenommen hatten; da sie aber das Christenthum jetzt angenommen, müssen sie eine siebenjährige Busswanderung thun. Sie waren von Farbe braun, schlecht gekleidet. Sie trieben die Wahrsagerey aus den Händen und deuteten Träume. Da sie Geleitsbriefe vom Pabste und dem römischen König erhalten hatten, streiften sie ungestört umher. Besonders litt durch sie der Landmann an seiner Haabe, und reisende Kaufleute wurden in den Wäldern von ihnen geplündert. Der Rath zu Basel warnte sein Volk wegen den Betrügereyen dieser Gilen und Lamen, wie er sie hiess. In den neuern Zeiten trägt diesen Namen noch diebsches Gesindel, das mit geheimen Künsten sich gross macht.»

Lutz, p. 129

Eine Stunde früher

«1433 sollen die Schlaguhren zu Basel geändert worden seyn; dass zu Befürderung der Sessionen in dem Concilio, da es sonst zwölffe schlagen sollte, die Uhr eins geschlagen. Worbey es hernach geblieben, biss auff den heutigen Tag, dass die Schlag-uhren allhier umb ein stund früher gehen, als anderstwo. Andere vermeynen, diese änderung seye behalten worden zu einem ewigen Gedenck-zeichen eines mordlichen angestellten Überfalls wider die Statt, dann als der Feind vor das Statt-Thor umb zwölffe des Nachts bescheiden worden, und er sich umb selbige Stund einstellen wollen, habe die Glocken

Mit durchgeistigtem Blick beobachtet ein Mann in talarähnlichem Überwurf den Gang seiner Sonnenuhr. Getuschte Federzeichnung von Urs Graf.

eins geschlagen / und sey also der Anschlag zu nichten gemacht worden.»

Baslerischer Geschichts-Calender, p. 18/Gross, p. 76/Bieler, p. 74

Genialer Stadtschreiber

«Bürgermeister und Rat von Basel bezeugen 1449, dass der getaufte Jude Nicolaus von Batzen ihren Stadtschreiber u.a. in einer Stunde gelehrt hat, deutsch und latein mit hebräischen Buchstaben zu schreiben!»

Basler Urkundenbuch, Bd. VII, p. 399

Auferstanden

«In minderen Basel ist 1531 ein vierzehenjähriges Töchterlin als todt zu Grab getragen worden. Damaln es wiederum zu ihm selbs kam. Hat sich selbs wider aus dem Leinlachen ausgewicklet, ist heimgangen, und wiederum in sein Beth gelegen: hat von seltzamen Sachen geredt, und noch etliche Jahr gelebt.»

Gross, p. 170

Vom Stotterer zum grossen Redner

«Chr. Strub, Rektor der Universität, von Sulgen im Schwabenland, war als Knabe dergestalt blödgeistig und zum Sprechen ungeschickt, dass er beim Buchstabieren erst nach einer guten Weile und nur unter Fußstampfen, Augendrehen und Zuckungen der Eingeweide, mit Schluchzen in grossen Ängsten drei oder vier Wörter von sich stossen konnte. Doch, wie vom grossen Redner Demosthenes erzählt wird, also vermochte er seiner Zunge schweres Gebrechen durch einen solchen unbeugsamen Heisseifer seine Jugendjahre hindurch zu überwältigen, dass er als Mann gar nicht als der geringste Prediger des göttlichen Wortes den ersten Kanzelrednern beigezählt ward.» 1507.

Buxtorf-Falkeisen, 1, p. 11

Von der Gefrässigkeit eines Weibes

«Ich habe selber eine Frau gekannt, die, wenn es sie etwas hungerte, 8 gemeine Basler Brote, wie sie auf dem Markt verkauft werden, zum Morgenessen verschlucken konnte, und dazu noch 6 Pfund Fleisch, ganz kommlich, und dann erst noch Käse, Birnen, Äpfel und was der Sommer sonst noch an Früchten bringt; den Durst löschte sie mit 3 Maas Wein. Sie hatte einen schweren, starken Körper, von bedeutender Dickleibigkeit, und war tauglich für Haus- und Feldarbeiten, sonst auch ein Weib von unbescholtener Aufführung. Ihren zorn- und trunksüchigen Mann hielt sie fest in Schranken, und er scheute sich, ihren Unwillen und männlich festen Sinn zu reizen! Hätten alle wein- und schlafsüchtigen, zu ihren Hausgeschäften untüchtigen Ehemänner solche etwas beschwerliche Hausfrauen, so würden zweifelsohne die elterlichen Erbschaften sorgfältiger bewahrt und behütet bleiben. Die Herren Väter würden für die Erhaltung der Kinder mit der Emsigkeit und Rüstigkeit zu Hause arbeiten, die sie einen grossen Theil der Woche hindurch in den Weinschenken und Zunftstuben hinter dem Tische an Tag legen. Von ihren Weibern und von der Obrigkeit sollten mir solche Taugenichtse mit Ruthen und Stöcken gestäubt werden, bis sie verständiger, fleissiger und braver würden, und das erlangte Hab und Gut nicht mehr so ehr- und gewissenlos verschlemmten.» 1522.

Buxtorf-Falkeisen, 1, p. 41

Geiselnahme mit blutigem Ausgang

«Wilhelm Arsent, der zu Freyburg in der Schweiz Bürgermeister gewesen war, verursachte zu Basel grosse Unruhen. Da er eine Anforderung an den König in Frankreich zu machen hatte, die ihm nicht bezahlt wurde, liess er sich zu Sinne kommen, einige Franzosen, die hier studirten, als Geissel, zu entführen. Sie hiessen François de Rochefort, Sanctius de Vivieff-Lorganist, und Marc Rochier Lorganist. Rochefort war ein reicher und gelehrter Abt, der die Reformation angenommen hatte, und hier im Collegio, mit obigen Edelleuten, die unter ihm standen, den Studien oblag. Arsent gesellte seinen Bruder, der hier auch studirte, seinen Schwager, und einige österreichische Edelleute zu sich. Der Bruder, Jakob, lockte nun gedachte Franzosen nach Grosshüningen heraus, zu einem Abendmahl mit Gelehrten, die, seinem Vorgeben nach, ihn eingeladen hätten. Es war am 24. November 1537. Auf der Strasse wurden sie aber am Ufer des Rheins von etlichen Reutern und vier Landsknechten angehalten. Rochefort entwich, wurde aber auf der Flucht in der Hard todtgeschossen. Die zwey andern brachte man in ein dort bestelltes Schiff, das bis gegen Otmarsheim fuhr. Da wurden sie ans Land gesetzt, und auf das Schloss Schwarzenburg geführt. Der Rath schickte sogleich Schiffe den Rhein hinunter und Reuter über Feld. Den folgenden Tag erfuhr er, dass der Schulz von Bellikon, einem Dorf am Rhein, zwey Meilen unter Basel, das Schiff angeschafft, und am Ufer auf Arsent gewartet

Baßler Wapen.

Gleicher Gestalt ist gemeiner Stadt Zeichen nichts anders dann das Obertheil des Bischofflichen Hirtenstabs, wie sie denselbigen in ihren Pontificalibus und geistlichen Zierd zu führen pflegen, ungeacht was andere davon gemährlet. Er ist je von dem, welchen die Bischöffe zum Zeichen behalten, allein in Farben unterschieden, daß dieser roht, jener aber schwartz ist, als wann die Bischöffe das Kleinod genommen, und der Stadt das Futer gelassen. Solches weisen auch der Städten Telschberg, Liechtstal, Lauffen und Olten Zeichen, welche alle vorzeiten der Stift Städte gewesen, zum Theil auch noch seind, und den Bischofflichen Stab unterschiedener Weise führen.

1580 von Christian Wurstisen gegebene Erklärung über den Ursprung des Baselstabes.

hätte. In der Nacht vom 27ten wurden 300 Bürger ausgelegt, die in Geheim sich nach Bellikon begaben, und den Schulz auffingen, und nach Basel zurückbrachten. In der Weihnachtwoche liess der Rath einen Auszug mit dem Panner in Bereitschaft stellen, um die Gefangenen auf Schwarzenburg zu befreyen, und das Schloss zu schleifen. Der Bürgermeister selber sollte den Zug anführen. Allein die Eidsgenossen traten hierüber in Unterhandlungen mit der Regierung zu Ensisheim. Die Sache wurde in die Länge gezogen. Erst den 14. Merz, auf einer Zusammenkunft zu Schliengen, wurde die unentgeldliche Loslassung der Gefangenen erhalten. Arsent und seine Helfer blieben ungestraft, ausser dem armen Bauer, dem Schulz von Bellikon, der nach ausgestandener wiederholter Folter, zu Basel enthauptet wurde. Doch bald darauf bekam Arsent auch seinen Lohn. In Lothringen wurde er angehalten, dem König von Frankreich überliefert, und mit dem Schwert gerichtet, und dann geviertheilt.»

Ochs, Bd. VI, p. 122ff. / Buxtorf-Falkeisen, 2, p. 48ff. / Ryff, p. 150ff. / Linder, s. p.

Im Tode vereint

«Unfern des Dorfes Schliengen im Basler Bisthum begab sich am dritten Tag nach der Hochzeitsfreude ein junges Ehepaar stillvergnügt hinaus aufs Feld, um Lehm in der Grube zu graben, denn der junge Ehemann war seines Berufes ein Hafner. Kaum in der Grube zur Handthierung gerathen, wurden die Neuvermählten von einer schweren Last Erde überdeckt und erdrückt. Am Morgen waren sie im Wangenroth seelenfroh ausgezogen, am Abend fand man die Beiden elendiglich in Todesblässe, als Leichen wiederum vereint, Seite an Seite ruhend. Eine glückliche Ehe, die noch nichts gewusst von Zank und Hader. Ein noch glücklicherer Tod, der ihr ewigen Hochzeitsjubel schuf.» 1540.

Buxtorf-Falkeisen, 2, p. 61f.

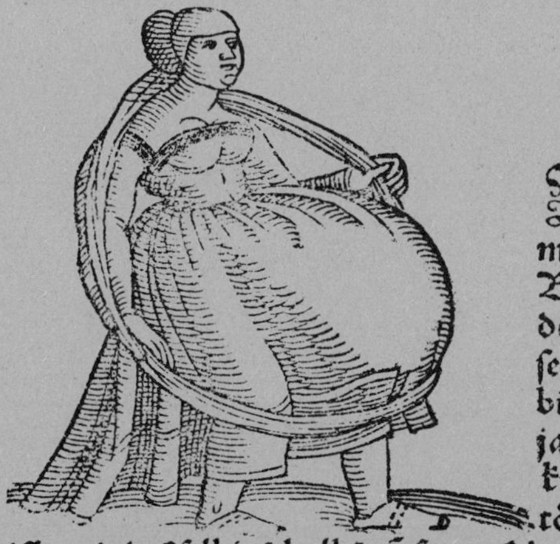

IM Berner biet im Schweytzer-
land do iſt ein Predicãt mit namen Johann Geyßlinger / alhie zů
Baſel wol erkandt / dann er aldo by
der hohenſchůl / lang gewåſen vnnd
ſeyner leerung gewartet. Dem ſel-
bigen hatt ſeyn frauw vergangens
jars zwylling geporn / diß jars fünf
kinder mit einander / drey ſön / zwey
töcherlin / die gantz läblich. Vnnd
iſt auch deßſelbigẽ halbẽ võ ſyner Oberkeyt miltigcklichẽ begabet wordẽ.

1554 bringt die Frau des Pfarrers zu Diemtigen, Johann Gisslinger, der in Basel studiert hatte, innert 10 Monaten Zwillinge und Fünflinge zur Welt.

In einem Tag von Luzern nach Basel

Bürgermeister und Rat der Stadt Basel bezeugen 1538, dass der 72jährige Läufer Hans Wyss an einem Tag von Luzern nach Basel gelaufen ist: «Demnach sich Hanns Wyss am Donnerstag, früher Tag Zit uss unser getrüwen lieben Eydgenossen von Luzern Statt uffgemacht und uff Donnerstag, als sich Tag und Nacht gar bald haben scheiden wöllen, bey Sant Jacob an der Birs der Statt zugeylt ist. Weil das Eschamar Thor schon beschlossen war, ist er die Nacht in einem Garten Hüsli glich vor dem Thor gelegen und ist andern Tags früh in unser Statt gekommen.»

Ratsbücher D 1, p. 118f.

Makaberer Scherz

«Ess wardt 1546 einer ze Basel enthauptet, dessen corpus begert von der oberkeit herr Hans Leuw, pfarher zu Riechen, der sich fir ein artzet aussgab, solches ufzeschniden oder ze anatomieren. Wardt ihm verwilliget unnd hinuss gon Riechen in dass pfarhaus gelüfert. Darzu beschickt er meister Frantz Schärer, so nachmolen mein schwecher worden, dywil er herren Vesalio geholfen die anatomy so im collegio steth, ufrichten, im behülflich ze sein, dan er sunst wenig domit konte. Mein vatter, alss ein liebhaber der medecin zog auch hinuss unnd Gengenbach der apotecker sampt andren mer, bleiben über die acht tag auss, lag ein grosser schnee, also das die wölf schaden theten unnd wol weis, dass ich alss ein kindt domolen geförcht, mein vatter so nit heim wolt, were etwan von wölfen zerrissen. Bi diser anatomy drug sich zu, wie ich domolen und hernoch oft von beiden meim vatter und schwecher gehört hatt unnd ingedenck bin, dass wil ess seer kalt, vil bettler fir (vor) das pfarhaus, dorinnen man dass corpus anatomiert, kommen syen, dass almusen zeforderen, dorunder sy einen in den sal, dorin dass corpus stuckweiss zerschnitten hin unnd wider lag, ingelossen, bald (sobald) der Gengenbach die thür hinder im ingeschlagen (zugeschlagen), von leder zucht, getreuwt, sy wellen mit im umgen, wie mit diesem den er do stuckweis ligen seche, wo er nit gelt gebe. Do dan der mensch ab disem schützlichen (schrecklichen) anblick erschrocken, nit anderst gemeint, dan er miesse sterben, uf die knie gefallen, um gnodt betten, den seckel ufgethon, ettlich batzen presentiert, letstlich wider aussgelossen unnd er mit grossem geschrey darvon geloffen sye. Auch wie sy nochmolen solches mit einem starcken Welschen bettler glichergestalt firgenommen haben, er aber sich nit schrekken lassen, sunder zur weer gestelt unnd ihme Gengenbach nach dem weer (Waffe) gegriffen, vermeinende, so ihm das were worden, hette inen allen gnug zeschaffen geben. Wie er auch nach dem er aussgelossen, murrisch und mit treuw worten abgewichen sye. Auss welchem handel ervolgt, dass hernoch von Schafhausen herab an

die oberkeit alher geschrieben ist worden, sy syen glubwirdig bericht, wie ein mort nit weit von Basel in einem dorf vergangen sye, sy sollen dorob ernstlich inquirieren.
By gemelter anatomy, sagt mein vatter, habe im zenacht gedrumpt, er habe menschen fleisch gessen, dorab erwacht und sich über die mossen erbrochen. Ess wardt gemelter corpus in beinwerch oder sceleton aufgesetzt durch mein schwecher, ist lange zeit zu Riechen im underen sal im pfarhaus, wie ichs gesechen, gestanden.» Felix Platter.
Lötscher, p. 103ff.

Die alte Seifensiederin aus München
«Als eines Tags um das Jahr 1547 Vater Thomas Platter bei Saffran vorbeigieng, fiel ihm in einem kleinen Seifekramladen ein gar altes Mütterlein in einem Pelzhut auf. Es war die alte Mutter eines Seifensieders, der hier im Gerbergässlein sass. Auf die Frage, woher sie sei, antwortete sie aus München. Da berichtete ihr der leutselige Mann, wie er vor vielen Jahren in den Tagen seiner Noth und Armuth auch einmal nach München gerathen sei und im schönen Hause eines Seifensieders und Magisters der freien Künste gewohnt, auch von ihm und seiner loblichen Hausfrau manche Gutthat empfangen habe. ‹Hinter dem Ofen›, so schilderte der Rektor genauer, ‹war ein schlafender Bauer gemalt zu sehen mit dem überstehenden Spruch: O Wofen über Wofen, wie hab' ich so lang geschlofen!›»
Buxtorf-Falkeisen, 2, p. 90

Bettler erschreckt Schwangere
«In Aeschemer-Vorstatt ist 1548 ein Kind geboren worden nur mit einem Arm. Des Kinds-Muter, als sie noch schwanger gieng, war erschrocken ab einem Bättler, welcher seinen Stumpen herfür gestreckt, da sie ihme ein Allmosen geben wöllen.»
Gross, p. 187 / Bieler, p. 731

Durch das Abfalloch
«Während einer Münsterpredigt ist 1551 ein Knabe auf der Pfalz hinter dem Münster durch das Loch, durch das die Abfälle in den Rhein geworfen werden, hinuntergefallen, und wenn er sich nicht an den Sträuchern festgehalten hätte, wäre er in den Rhein gefallen und in den Wellen umgekommen.»
Gast, p. 391ff.

Das Glück begünstigt, wen es will!
«Ein merkwürdiger Fall hat sich 1548 zugetragen: Es starb der Wächter des Spalentors, der hatte in ein Kleid seiner Frau auf beiden Seiten je 5 Goldkronen eingenäht. Dieses Kleid hatte die Frau einem Trödler zum Verkauf gebracht. Da sie es aber für 2 Pfund, wie sie wünschte, nicht verkaufen konnte und er, wenn er es kaufen würde, nur 36 Schillinge geben wollte, nahm sie das Kleid zurück und nach dem Tod des Mannes fand sie das verborgene Gold: Das Glück begünstigt, wen es will!»
Gast, p. 303

Zwerge laufen um die Wette
1556 vereinbarten zwei über 70jährige Zwerge, Claus Guldenknopf und Caspar Schwitzer, eine Wette: Guldenknopf hatte bis zum Schützenhaus vor dem Spalentor zu laufen, Schwitzer auf dem Petersplatz 50 ausgelegte Eier aufzulesen. Der aussergewöhnliche Wettlauf sah schliesslich Schwitzer als Sieger.
Wieland, s. p. / Baselische Geschichten, II, p. 8f. / Buxtorf-Falkeisen, 3, p. 15

Jugendliches Sprachgenie
1560 «ist Angela Curioni, eine 18jährige Tochter, gestorben. Sie soll in der italiänischen, teutschen, frantzösischen und lateinischen Sprach erfahren gewesen sein».
Scherer, II, s. p.

Hilfe für Appenzell
«Eine Feuersbrunst zu Appenzell verzehrte 1560, in Zeit von drey Stunden, die Kirche, das Rathhaus und zweyhundert Häuser. Der Rath schickte nicht nur hundert Säcke Kernen und hundert Kronen in Geld, sondern auch ein Rathsglied, um die Theilnahme des hiesigen

Bettler und Landstreicher sammeln Almosen. Radierung von Theodor Falckeisen. 1784.

Standes zu bezeugen, und treulich und herzlich den Schaden zu beklagen.»

Ochs, Bd. VI, p. 223/Buxtorf-Falkeisen, 3, p. 48

Wundergrösse

«Zu Dirnen (Thürnen) Bassler Gebieths, ist 1565 ein Meidtlin gewesen von fünff Jahren, einer so grossen Gestalt, als wäre es ein Frau von vielen Jahren. Seine Schenckel oberhalb den Knyen waren wie ein starcker Rosshals: seine Waden wie eines vierschrötigen Bauren: in seinen Gürtel konnten sein Vatter und Mutter eingeschlossen werden. Seine Elteren bezeugten, es seye, eh es ein Jahr alt ward, so schwär als ein Sack Wäitzen gewesen. Ist nach wenig Jahren gestorben, wie solches Felix Platerus der weitberühmte Artzt verzeichnet.»

Gross, p. 204

Liebliche Musik

«Herr Wernhard Wölfflin, des Rahts zu Basel, als er 1569 zu seinen Mädern auf das Feld gegangen, (wohnte damaln zu Augst) hat er in der Lufft über die massen liebliche Music gehört, also, dass er darüber erstaunet, und fast mit aufgerichtem Angesicht gegen Himmel, in einer Verzuckung gewesen, und der Melodey bey einer halben Stund zugehört. Welches aber seine Arbeiter, wie er sie gefraget, nicht gehört haben.»

Gross, p. 209

Blutregen

«Den 18. September 1572 regnete es bei Rheinfelden und Augst Blut.»

Wieland, s. p./Baselische Geschichten, II, p. 20

Verwegener Seiltänzer

«Wir Burgermeister und Rath der Statt Basel, thundt kundt Allermengklichem, dass allhie in unserer Statt der wohlerfahrene Meister Heinrich Lyner von Sanct Gallen 1583 in Gegenwärtigkeit unzehlicher vieler Menschen seine Kunst geübt und sehen lassen: Also dergestalten, dass er allhie uff unserem Münsterturm, ungefähr die fünfunddreyssig Klafter hoch, über den Platz bis zu dem Rynacher Hof ein Seil, hundert Klafter lang, gespannen und uff dem selbigen Seil an dem hellen Tag viel Kurtzwyll und Kunst gebrucht. Er hat auch unter anderem einen kleinen Knaben in einem Stosskarren unversehrt und freymuettig uff gemeltem Seil von oben herab geführt. Auch entlich wie ein freyer Vogel dem Seil der Länge nach hinab wunderbarlich geflogen. Also, dass es Jedermann, der es gesehen hat, merglichen verwunderet hat.»

Ratsbücher D 4, p. 47/Missiven A 44, p. 264/Buxtorf-Falkeisen, 3, p. 81/Falkner, p. 4/Anno Dazumal, p. 187f.

Wer seinen Eltern den Tod wünscht

1590 ist der Schaffner Pfannenschmied zu St. Theodor im Gesellschaftshaus zum Greifen die Treppen hinuntergestürzt und tot liegengeblieben. «Dies war augenscheinlich ein Gericht Gottes, hatte dieser doch seinem Vater beim Abendzehren gewünscht, dass er bald sterben möge. Nun hat sich das Blatt umgewendet, also dass der alte Vater, den er gern auf den Kirchhof begleitet hätte, ihm nun das Geleit hat geben müessen. Es ist ein Exempel, das wohl zu bedenken ist, für diejenigen, welche gern ihre Eltern sterben sähen.»

Falkner, p. 11f.

Blinder mit ausserordentlichem Gefühl

«Ein seit seinem siebenten Lebensjahr Blinder hatte sich von zarter Jugend an derart geübt, Orgeln zu bauen, dass

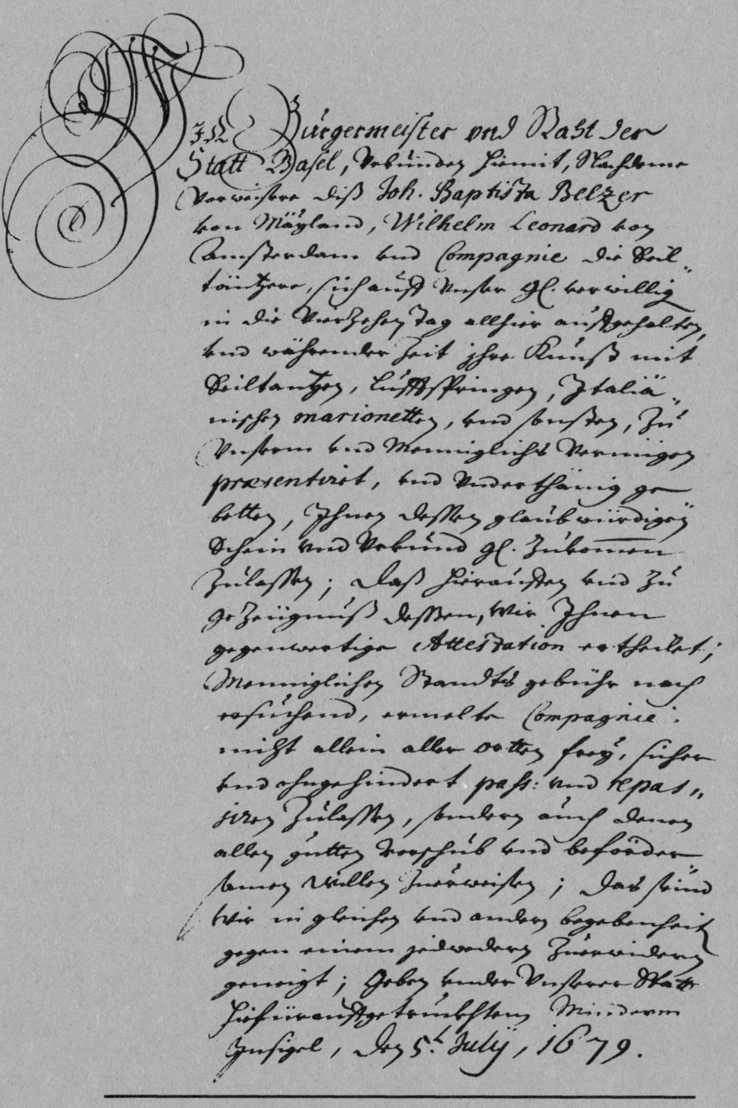

Bürgermeister und Rat bescheinigen einer internationalen Seiltänzergruppe, dass sie «ihre Kunst mit Seiltantzen, Lufftspringen, Italiänischen Marionetten zu menniglichs Vergnügen praesentiert» habe.

er eigenhändig mit hölzernen und zinnernen Pfeifen versehene und sehr teure Orgeln herstellte. Eine solche Orgel, die von diesem Blinden gebaut war, zeigte mir der Herzog Friedrich von Württemberg, und ich hörte, wie jener Künstler diese Orgel spielte. Ich untersuchte auch seine Augen und konnte in ihnen keinen Fehler entdekken; alle jedoch, die seit vielen Jahren mit ihm zusammengelebt hatten, bewiesen mit folgendem sicheren Argument, dass er blind sei und diese Dinge leisten könne: Er könne auch im Dunkeln diese Dinge arbeiten und, wie sie versicherten, allein durch Berührung auch die verschiedenen Holzarten unterscheiden.» Felix Platter.

Buess, p. 90f.

In Todesangst verhungert

«Wegen eines Vergehens wurde ein Mann in unserer Stadt im Gefängnis gehalten, fürchtete die Todesstrafe und beschloss, durch Hunger sein Leben zu enden. Daher enthielt er sich bis zu 14 Tagen von aller Speise und Trank. Es wurde alles versucht, um ihn von dieser Verzweiflung abzubringen; die besten Speisen, ebenso edle Weine wurden ihm zum Munde geführt; Tröstungen, verschiedene Versprechungen wurden gemacht, ebenso ernstliche Ermahnungen und Drohungen mit der ewigen Strafe, alles jedoch vergebens. Schliesslich, als seine Kräfte schon abnahmen und er im letzten Stadium war, erbat er einen Trank und trank ein wenig, wurde dadurch jedoch nicht wieder belebt, sondern ging in dieser Verzweiflung elend zugrunde.» Felix Platter. Um 1600.

Buess, p. 77f.

Schauderhafter Anblick

«Zu Frühlingsbeginn liefen Mädchen auf die Wiesen ausserhalb der Stadt; als sie am Platze des Hochgerichts, wo ein Galgen aufgerichtet war, hingelangt waren und dort eine Leiche erblickten, die nicht eben lange hing, da warf eines von ihnen einige Male Steine in die Luft. Als nun die Leiche davon berührt worden war, bewegte sie sich infolge dieses Anstosses hin und her. Dadurch aufs höchste erschreckt, bildete sich das Mädchen ein, dass diese lebe und sie selbst anfallen wolle; es kehrte traurig und melancholisch zurück, und von beständiger Furcht geplagt, starb es nach einigen Tagen in einem Zustand von Konvulsionen (Schüttelkrämpfen).» Felix Platter.

Buess, p. 52

Ruheloser Jude

«Es hat sich um das Jahr 1600 ein wunderlicher Mann merken lassen. Der gab für, es habe Christus mit dem Kreuz sich an sein Haus gelehnt. Da habe er gesagt: ‹lost ihn nit ruwen! Fort mit ihm!› Da hab' ihn Christus lieblich angeschauen und gesagt: ‹so habe dann kein Ruh nimmermehr.› Daher gange er seithar also in der Welt ummen, könne nie stillstehn.»

Buxtorf-Falkeisen, 1, p. 2f.

Tödliche Berührung mit einer Toten

«Ein sechzehnjähriges Mädchen vom jenseitigen Ufer des Rheins (Kleinbasel) betrat ein frisch geöffnetes Grab, nachdem die Totenbahre schon lange dort gefault und offen gestanden hatte, in der der unversehrte Leichnam einer Matrone (Greisin) war. Nachdem es ihn mit den Händen betastet hatte und irgendwie die Arme der Leiche in die Höhe gehoben hatte, wurde sie plötzlich dadurch aufs äusserste erschreckt, kam nach Hause zurück und wurde von Konvulsionen infolge des Schrecks derart heimgesucht, dass ihre Augen aus ihrer Höhle herauszutreten schienen. Schliesslich vertauschte sie das Leben mit dem Tod, und am nächsten Tag wurde sie in

Eine Marketenderin wendet sich von einem Gehenkten ab, die hungrigen Raben dagegen bleiben bei ihrem Frass sitzen. Federzeichnung von Urs Graf. 1525.

dem Nachbargrab beigesetzt, als ob die Leiche, wie sie in der vorausgehenden Nacht geschrien hatte, sie gerufen hätte.» Felix Platter. Um 1600.

Buess, p. 53

Wundersame Musik

Am Neujahrstag des Jahres 1602 «hat Jacob Ryterus, Pfarrer zu Liestal, in der Luft bei der Ergolz eine über alle Massen liebliche Musik gehört, gespielt von allerhand Instrumenten. Also war er darüber erstaunt und hat während einer halben Stunde dieser lieblichen und wundersamen Musik gelauscht und des rauschenden Wassers nicht mehr geachtet.»

Scherer, p. 19/Scherer, III, p. 21

Durch den Storch gerettet

Eines Edelmanns Diener stürzte 1602 zu einem Fenster des Gasthofs zum Storchen hinaus. Glücklicherweise aber blieb er am Storch, der als Wirtshausschild diente, hängen, so dass er sich nur einen Arm brach.

Wieland, s. p.

Auf der Wache die Nase abgebissen

1605 wurden Küfer Martin Hach und der Kornmesser Jakob Schenk zum Wachtdienst unter das Aeschentor befohlen. Bei der Ausübung ihrer Pflicht gerieten die beiden Wachtsoldaten dann in einen Streit, in dessen Verlauf Hach dem Schenk nicht nur den Bart vom Kinn zerrte, sondern ihm auch noch die Nase abbiss! Zur Strafe verwies der Rat den Küfer Hach – unter Androhung des Schwerts bei Übertretung – mindestens 10 Meilen weit weg von Stadt und Land.

Ratsprotokolle 89, p. 219vff.

Wunderbare Rettung

1606 «ist Henricus Justus, Pfarrer bey St. Peter, im Pfarrhaus drey Gemach (Stockwerke) zum Zug (Estrich) hinaus in den Hof gefallen. Weil aber Wellen Holtz dagelegen, auf welches er gefallen war, ist ihm kein Leyd begegnet. Hat darüber noch 5 Jahre gelebt und ist 1610 an der regierenden Pest gestorben.»

Scherer, II, s. p./Bieler, p. 736/Gross, p. 234

Kinderliebe

«Den 15. Juny 1606 ist Niclaus Wasserhun der Jüngere aus 5jähriger Gefangenschaft wieder heimgekommen. Er ist vom Herzog von Württemberg eingezogen worden, der zuvor seinen Vater gefangen hatte. Der Sohn aber ging, um den Vater zu ledigen, freywillig für ihn ins Gefängnis.»

Baselische Geschichten, II, p. 32

Riesengebeine in Lupsingen

«1609, als zu Lupsingen der Änishänslin in seinem Rebacker Steine vergraben wollte, fand er unter dem Steinhaufen 3 wohl zugerichtete Gräber in sehr guter Ordnung und Gestalt. Und in solchen 6 Menschencörper mit über die Massen langen Schienbeinen. Niemand konnte hievon etwas anzeigen, auch die Ältesten in dieser Gegend nicht. Es ist anzunehmen, dass solche grosse Riesen gewesen sein müssen.»

Basler Jahrbuch, 1893, p. 140

Von dem Storcken.

die vaſt mit dürren kirſinen geſpeyſt: die ſtein aber fielend in ein keſi ſo vnder der Winſel hanget/in welchem ein Steinbeyſſer verſchloſſen was/vnd von hingeworffnen ſteinen geſpeyſt ward. Er niſtet/ als ich verſton/in holen böumen: vnnd im Sommer wirt er wenig/Winterszeyt aber vil bey vns geſehē. So die Italiáner einen tollen menſchē/ vnnd der leichtlich ſich mit worten betriegen laſt/ anbilden wöllend / nennend ſy jn einen Steinbeyſſer mit einem dicken ſchnabel.

Von dem Storcken. Ciconia.

Die Beschreibung des Storches in Conrad Gessners Vogelbuch. 1557.

Wassertrinker

Caspar Früh, Sigrist zu St. Theodor, hatte einen Sohn, der trank seit dem Jahr 1616 alle 24 Stunden 14 Mass Wasser. Die Ärzte duldeten es. Er lebte bis 1629.

Wieland, s. p. / Basler Chronik, II, p. 72 / Chronica, p. 2f.

Wohlgemeinter Glückwunsch.

An meinen Herzvielgeliebten Groß-Vater

Johann Heinrich Munzinger wünscht am Heinrichstag 1772 seinem Grossvater Glück und Segen.

Vergebliche Mühe

«1617 ist es geschehen, dass die Totengräber ein Grab zu St. Peter gemacht haben, um eine Frau zu vergraben. Als sie das Grab gemacht hatten und niemand kommen wollte, ist einer von den Totengräbern zum fraglichen Haus gegangen, um zu sehen, was die Ursache ihres Ausbleibens sei. Da hat er befunden, dass die Frau, die vergraben werden sollte, noch am Leben war. Sie ist von ihrer Krankheit aufgekommen und hat noch lange gelebt. Also haben sie das Grab vergebens gemacht und haben es wieder zuwerfen müssen.»

Falkner, p. 54 / Buxtorf-Falkeisen, 1, p. 39

Ein leichtfertiger Student

«Ungefähr um 1625 war ein Student aus der Pfalz, W. Grybius, der viel Wüstes und Böses getrieben und darob erkrankte. Dabei erwachte sein Gewissen und er fiel in Schwermuth. Zum öftern wiederholte er den Vers aus dem heidnischen Poeten Virgilio: vitaq. cum gemitu fugit indignata sub umbras (und mit Seufzen und Zorn fuhr das Leben zu den Schatten der Todten). Er sagte einmal zu einem Studenten: ‹Sollte ich wieder gesunden, so will ich Dir meine Bubenstück und Schändlichkeit vorzeichnen und mit Dir durch die ganze Stadt gehen. Dabei sollst Du den Zettel und mein Sündenregister verlesen. Ich will Alles, was ich Böses verübt, bekennen und die Leut um Verzeihung bitten.› Dabei gab er eine vornehme Person an den Tag. Man wollte Nichts daraus machen. Er ist im Münsterkirchhof begraben worden.»

Buxtorf-Falkeisen, 1, p. 129

Ein wundersames Gedächtnis

«Um 1625 kam ein aus der Pfalz vertriebener Junker, Panlus, auch nach Basel, begabt mit einer so ausserordentlichen Gedächtnisskraft, dass er eine angehörte Predigt zu Hause darauf Wort für Wort niederschreiben konnte. So spielte er dem französischen Prediger einen Spass. Er kam nach seiner Predigt zu ihm und hielt ihm schalkhafter Weise vor: ‹er hätte vermeint, der Herr Prädikant werde seine Predigten anders studieren, als nur von Wort zu Wort aus einem Buche erlernen, das er selber auch besitze.› Darüber antwortete betroffen der französische Geistliche: ‹etwas Weniges möchte in der Predigt aus Autoren geschöpft sein, Anderes wörtlich aus dem Worte Gottes gezogen; sonst aber sei Alles doch seine eigene Arbeit.› Da zeigte ihm der Junker die aus dem Gedächtniss Wort für Wort nachgeschriebene Predigt, worob der Herr Pfarrer in nicht geringes Staunen gerieth. Antistes Wolleb, dem der sonderbare Fremdling einen gleicher Massen von ihm gehaltenen nachgeschriebenen Kanzelvortrag überreichte, fügte seinem freudigen Verdanken den warmen Wunsch bei: ‹ich möchte, dass doch alle meine Auditores meine Predigten so wohl behalten könnten wie Er!›»

Buxtorf-Falkeisen, 1, p. 120

In Basel vom Tode ereilt

«Im Mai 1626 starb in Basel die Nichte des niederländischen Gesandten Brederode, der sich eine Zeit lang hier aufhielt, ‹ein ledig schön Mensch› von zwanzig Jahren. An dem grossen Leichenbegleite, das unter allgemeiner Theilnahme stattfand, nahmen die Häupter der Universität Theil, und auf den Schultern von Studenten wurde sie zu Grabe getragen. Auf den vier Ecken des Sarges lagen vier grüne Kränzlein ‹ihr Jungferschaft fürzubilden›.»

Buxtorf-Falkeisen, 1, p. 65

Vermummte Niederkunft

Im Jahre 1626 ist eine alte Hebamme zu mitternächtlicher Zeit von Leuten, die mit Larven bedeckt waren, gebeten worden, in deren Haus zu kommen. Als die Hebamme einwilligte, wurden ihr die Augen verbunden, worauf sie in einen Saal geführt wurde. Der Augenbinde wieder entledigt, erblickte sie eine schwangere Frau, deren Gesicht ebenfalls durch eine Larve unsichtbar gemacht worden war. Nach erfolgter Niederkunft sind der Geburtshelferin erneut die Augen verbunden worden, damit es ihr auf dem Heimweg nicht möglich wäre, den Ort der heimlichen Niederkunft zu lokalisieren. Für ihren Dienst aber wurde sie reichlich belohnt.

Richard, p. 67/Chronica, p. 69ff./Buxtorf-Falkeisen, 1, p. 64f.

Mit Erlaubniß einer hohen Obrigkeit

wird hiemit bekannt gemacht,

daß allhier von Wien angekommen ist;

Ein Riese

von 21 Jahren, welcher der größte ist, den man noch in diesem Jahrhundert gesehen hat, Namens: Johann Hartmann Reichhardt, gebürtig aus der kaiserl. freyen Reichsstadt Friedberg, ohnweit Frankfurt. Er stammt von mehr als 200 Jahren aus dem Riesengeschlecht her, so wie sein Vater an vielen Orten sich hat sehen lassen, und sich den Ruhm des deutschen Reichs erworben hat. Dieser Riese hat 9 Schuh weniger 2 Zoll in der Höhe, so wohl als sein Vater und seine Schwester, welche in den meisten Gegenden von Europa sind gesehen worden.

Er ist so groß, daß, wenn man auf einem Stuhl stehet, man doch die Höhe dieses jungen Riesen nicht erreichen kann.

Er ist ungeachtet seiner ausserordentlichen Grösse wohlgebildet, und alle Herren und Fürsten des Reichs, welche ihn gesehen, haben ihn bewundert, sowohl wegen seiner Jugend, als auch wegen seiner guten Bildung, welche diejenigen seiner Art übertrift, so bisher sind gesehen worden.

Er hofft hieselbst gleichfalls aller Verwunderung an sich zu ziehen. Er ist täglich zu sehen im Gasthof zu den 3 Königen N°. 8. von 10 Uhr des Vormittags bis 12 Uhr, und von 2 Uhr des Nachmittags bis Abends 8 Uhr. Standespersonen zahlen nach Belieben. Sonst bezahlt die Person 12 kr.

Um 1770 machte Johann Hartmann Reichhardt, der grösste Riese des Jahrhunderts, unserer Stadt zur allgemeinen Verwunderung seine Aufwartung.

Fusskünstler

1626 kam ein 30jähriger Mann, der keine Arme hatte, aus der Eidgenossenschaft nach Basel. Doch konnte er jede Tätigkeit, welche die Menschen mit den Händen ausführen, mit seinen Füssen vollbringen. So war es ihm möglich, Nadeln einzufädeln, zu nähen, zu spinnen, zu trommeln, die Zither zu schlagen, Karten zu mischen und prachtvolle Schriften zu schreiben.

Richard, p. 60/Wieland, p. 12/Baselische Geschichten, II, p. 37

Gutes Geschäft

Als 1627 ein Basler Metzger vor der Stadt von einem räuberischen Reiter bedroht wurde, warf er kurzentschlossen seinen Geldsäckel vor die Füsse des Banditen. Wie dieser sich anschickte, den Beutel aufzuheben, schwang sich der Metzger auf dessen Pferd und sprengte in die Stadt. Er hatte ein gutes Geschäft gemacht, waren im Geldsäckel doch nur ganze 5 Schilling.

Wieland, s. p./Buxtorf-Falkeisen, 1, p. 67f.

Offenbarung durch einen Traum

Apollonia, die Schuhmacherin an der Eisengasse, konnte 1628 mit einem Fremden, der ein Paar Schuhe bei ihr kaufen wollte, nicht handelseinig werden. Als sie abends ihren Laden aufräumte, bemerkte sie, dass ihr ein Paar Schuhe fehlte. Darob war sie sehr traurig, denn «sie hatte einen bösen Mann». Des Nachts nun träumte ihr, sie sehe das verschwundene Paar Schuhe unter einem Bett im Gasthaus ‹Zum Kopf›. Die Schuhmacherin machte sich flugs auf und entdeckte unter dem Bett des friedlich schlafenden Fremden wirklich ihre Schuhe.

Richard, p. 146/Wieland, p. 20/Chronica, p. 126f./Baselische Geschichten, II, p. 40

Von unsäglicher Gefrässigkeit

Um das Jahr 1628 kam ein Bettler von unsäglicher Gefrässigkeit ins Land. Er frass, wenn man ihm Gelegenheit dazu gab, ganze Kälber und trank ganze Eimer voll Wasser.

Richard, p. 126

Lebendig begraben

«Zu Waldenburg hatte man 1629 ein Weib von Oberdorf vergraben. Fuhrleute hörten diese dann im Grab schreien. Sie zeigten es im Stättlein an. Die wollten es nicht glauben. Doch zu letzt grub man sie wieder aus. Als der Sarg geöffnet wurde, lag sie tod auf dem Bauch. An den Händen und an den Füssen aber hatte sie keine Nägel mehr. Daraus kann man ersehen, dass sie noch gelebt hatte und im Grab erstickte.»

Baselische Geschichten, p. 31/Chronica, p. 127ff./Richard, p. 147/Wieland, s. p./Basler Chronik, s. p./Buxtorf-Falkeisen, 1, p. 76

Den Zürchern zum Spott

Als Doktor Caspar Bauhin noch der Professor der Anatomie war, starb zu Riehen ein Mann an einer unbekannten Krankheit. Bei der angeordneten Sezierung der Leiche auf der Anatomie klopfte ein Bettler von starkem Wuchs und gesundem Aussehen an die Tür und begehrte ein Almosen. Der Mann wurde in die Leichenhalle geführt, wo der verstorbene Riehemer mit aufgeschnittenem Leibe dalag. Und nun erklärte ein Student dem zu Tode erschrockenen Bettler, was man hier mit liederlichem Gesindel, das nicht arbeite, mache. Der Bettler nahm Reissaus und flüchtete nach Zürich. Dort erzählte er dem Rat, dass es zu Basel ein Mörderhaus gebe. Die Zürcher beeilten sich sogleich, die makabre Sache aufzuklären, und mussten zu ihrem beschämenden Spott vernehmen, dass es sich beim fraglichen Haus um die Anatomische Anstalt der Universität handle. «Do ward zu allen Theilen ein Gelächter drus.» 1629.

Richard, p. 171/Chronica, p. 141ff.

Einmaliger Hochzeitstag

«Den 4. Mai 1635 waren zu Basel auf ein Mahl 30 Hochzeiten.»

Basler Chronik, II, p. 90

Freiwilliger Hungertod

1638 hat Peter Roschet den Hungertod erlitten, weil er aus Furcht, vergiftet zu werden, keine Speisen mehr zu sich genommen hatte.

Scherer, II, s. p.

Blutstropfen

«1641 hat sich eine seltsame Sache zugetragen, indem dem Schulmeister Friedrich Meyer in der Kleinen Stadt und dessen Frau während 3 Nächten Blutstropfen auf die Händ und Achslen gefallen sind. Bei Tagesanbruch hat man jedoch trotz genauer Nachforschung keine Anzeichen mehr gefunden.»

Basler Chronik, II, p. 99/Baselische Geschichten, II, p. 44

Die Ohren abgehauen

«Ein Zürcher, der im Trunke sich bei den Weimarischen hatte anwerben lassen, riss 1645 von Rheinfelden als Schildwache nach Basel aus, ward aber vor dem Riehenthor von den Nachsetzenden ereilt und zurückgebracht. Zuerst zum Strang verurtheilt, widerfuhr ihm wider Erwarten die Gnade, dass ihm beide Ohren abgeschnitten wurden und man ihn laufen liess.»

Buxtorf-Falkeisen, 2, p. 36

Durch Rossleiber gerettet

Anno 1649 «fuhren ein Mann und ein Knabe von Wittischberg (Wittinsburg) mit 6 Rossen zu Acker. Inzwischen kam ein Hagelwetter. Die beiden schliefen unter die Pferd und suchten Schirm vor dem aufziehenden Gewitter. Darauf kam ein Donnerschlag und schlug alle 6 Ross tod. Doch geschah den Menschen nichts. Gleichwohl hat man an den Rossen keinen Schaden finden können.»

Scherer, p. 41f.

Schwerer Amboss

«1652 lüpfte Martin Meyer aus der Oberbaselbieter Gemeinde Tecknau um eines Gewetts willen zu Gelterkinden des Schmieds Amboss, welcher 5½ Center schwer war. Er fiel damit aber zu Boden, wobei ihm der Amboss einen Arm zerquetschte.»

Basler Chronik, II, p. 112

«Baur.» Kupferstich von Barbara Wentz und Anna Magdalena de Beyerin. Um 1700.

Haariges Weibsbild
«1653 war ein Weibsbild zu Basel, das am ganzen Leib haarig war. Auch das Gesicht und alles war haarig. Es hatte auch einen langen Bart.»
Basler Chronik, s.p.

Bleibarren
1653 ist im Garten des Klosters Klingental ein über 32 Kilogramm schwerer Bleibarren, versehen mit einem lateinischen Firmenstempel, ausgegraben worden.
Basler Rheinschiffahrt, p. 12

Methusalem
Auf der Zunftstube zu Weinleuten machte 1657 Johann Ottelet von Huy aus dem Lütticherland der hiesigen Bürgerschaft seine Aufwartung: Er wies durch eine amtliche Urkunde sein hohes Alter von 114 Jahren aus!
Ratsprotokolle 41, p. 258v / Wieland, p. 240 / Basler Chronik, II, p. 132

Unverhofftes Kindbett
1657 «genas Barbara Buser, die Frau des Jacob Gerster von Thürnen, im 48. Jahr ihres Alters einer jungen Tochter, die doch zuvor nie kein Kind gehabt.»
Wieland, p. 239

Übernatürlich grosses Mädchen
1657 erlaubte der Rat der Amsterdamerin Christina Morlans, auf den Zunfthäusern zum Bären und zu Brodbekken ein 12jähriges Mädchen zu zeigen, das ein Gewicht von 230 Pfund aufwies. «Der Schenkel war so dick, als ein Mensch in der Weite. Man konnte vor Fettigkeit kein heimliches Orth sehen». In die Bewilligung mit einbezogen war auch die Schaustellung eines Pelikans, eines Strausses und von drei Löwen. Wenige Wochen später durften dem Publikum auch «etliche rare wilde Pferde aus Westindien» präsentiert werden.
Ratsprotokolle 42, p. 24, 43 / Richard, p. 535 / Wieland, p. 250

Seltsamer Pilger
Im Sommer 1660 «ging ein Mann durch das Basler Gebiet, wessen Nation er war, wusste niemand, da er mit niemand reden konnte. Er trug ein grosses hölzernes Kreuz auf den Achslen mit dreien darin geschlagenen Nägeln, wie Leistnägel, gleich dem Kreuze Christi. Man muthmasste, er gehe auf diese Weise nach Rom, Busse zu tun.»
Wieland, p. 267f.

Ominöser Glockenschlag
Als ungutes Omen wurde im Sommer 1662 ein mehrmaliger Glockenschlag zu St. Peter gedeutet, der ohne menschliche Einwirkung zu nächtlicher Stunde Beunruhigung auslöste. Tatsächlich stellte sich im November ein aussergewöhnlich heftiger Schneefall ein. Dann wurde die Stadt von einer Kältewelle erfasst, die Menschen auf der Strasse erfrieren liess. Auf dem Land wurden gar «ettliche Personen von Wölfen ertödet und gefressen».
Rippel, 1662

Verzweifelter Vater
Im Sommer 1662 «sprang der Schweinehirt in der St. Johannvorstadt in den Rhein und wollte sich ertränken. Er wurde aber von Fischern am Leben erhalten. Von einem Geistlichen über sein Ansinnen befragt, antwortete er, seine Kinder wollten beständig Brot von ihm haben, und er könne ihnen bei dieser Teuerung doch keines geben.»
Wieland, p. 285

Rätselhafte Instrumentalmusik
Zwischen Weihnachten und Neujahr 1663 «wurde von Johann Schütz, Kanzleiverwalter zu Liestal, auf dem Alten Markt eine überaus liebliche Musik von allerhand Instrumenten gehört. Soll anno 1570 und 1602 dergleichen auch geschehen sein.»
Wieland, p. 287 / vgl. Wilhelm Abt, BN Nr. 289, 1958, und Nr. 365, 1968

Bauernhändel an der Freien Strasse
Jacob Weiss von Hüningen und Fridlin Seiler von Bottmingen fuhren 1663 mit ihren Holzwagen die Freie

Philipp Buser von Lausen, «seines Alters im Herpst Anno 1641 nach seiner Usag und Angeben im 101. Jar, dann im heissen Sommer war er ½ Jar alt. 1642 ist er gestorben.» Federzeichnung von Hans Heinrich Glaser.

Strasse hinunter. Dabei kollidierten ihre Gefährte, weshalb die beiden Bauern in Streit gerieten. Als Weiss schliesslich Seilers Geisselstecken zu spüren bekam, rannte dieser geradewegs ins Rathaus und klagte den Ratsherren, die eben zu einer Sitzung versammelt waren, sein Leid ...

Ratsprotokolle 45, p. 130v

Wundersamer Kerl

1664 «haben etliche Italiäner auf der Zunft zu Kürschnern einen wundersamen kleinen Mann von 46 Jahren gezeigt, so nur eine hiesige Elle lang und in Ostindien geboren war. Dessen beyde Füsse waren von Geburt an zusammen gewunden. Seine Zehen wie auch die Finger waren gleich einem von Geschwulst aufgeblasenen Fleisch, ohne Knochen. Sie waren so lind anzugreifen wie ein Küsselin von Flaum angefüllt. Er konnte wohl sitzen, aber nicht gehen. Hatte beständig Tabak im Mund. Seine Sprache war italiänisch, die er neben andern orientalischen Sprachen sehr fertig reden konnte. Er soll mit einer starken piemontesischen Dame drei Jahre im Ehestand gelebt und mit ihr zwei wundersame kleine Kinder gezeugt haben.»

Scherer, p. 115f./Scherer, II, s.p.

Der 114jährige Johannes Ottele, der am 28. Februar 1657 Basel erreichte. «Isset herte und rauhe Speisen, so ein Junger nit wohl beissen und verdauen mag. Strickhet Strümpff.» Federzeichnung von Hans Heinrich Glaser.

Starke Männer

«1667 trugen zwei Männer einen Mühlestein von vier Centner Gewicht an einem Hebel aus der Kleinen Stadt bis zum Ochsen in der Spalen.»

Baselische Geschichten, p. 100/Basler Chronik, II, p. 145

Durch die Münsterplatzdole in den Rhein

«1671 hat sich zu Basel ein wunderlicher Casus begeben: Ein Schülerknab ist auf dem Münsterplatz tief hinunter in die Dohle gefallen und ist durch den Canal unter der Erde bis in den Rhein gefahren. Weil zu allem Glück ein Weidling nicht weit von dannen gewesen, ist er aufgefangen worden. Hatte nur eine geringe Wunde am Kopf bekommen.»

Hotz, p. 499

Mirakulöser Wassersäufer

«1683 war zu Safran ein italiänischer Wassersäufer, welcher 40 Gläser Wasser nacheinander ausgesoffen hat und hernach weissen und roten Wein, Muscatelier und Hippocras von sich gab. Er hat auch frische Nägeli, Rosen und Rosenwasser samt anderen Sachen aus dem Mund hervorgebracht. Ist von viel 100 Personen gesehen worden.»

von Brunn, Bd. III, p. 557/Scherer, p. 45/Beck, p. 81/Ochs, Bd. VI, p. 782

Abscheuliche Kunde aus Leipzig

«1684 meldete ein Leipziger Brief, dass in ihrer Messe Waren sich befunden, dergleichen noch keine, so lang die Welt gestanden, zu Markt geführt worden sind: Namblich etliche Fässer voll gedörrte Türkenköpf unterschiedlicher Art und Gestalt, von abscheulichen Gesichtern, seltsamen Bärten und vielerley Haaren, welche theils lang gewachsen, theils kurz abgeschoren und also von unterschiedlichen Nationen. Diese haben dann alle ihre Liebhaber gefunden, da sie alle verkauft wurden.»

Hotz, p. 645/Buxtorf-Falkeisen, 3, p. 38

Verhöhnte Schatzgräber

1690 «entstund im Kleinbasel eine lächerliche Posse, als 2 Bürger in einer Kammer eines Hauses an der Rebgasse ein Loch in eine etwas erhabene Mauer brachen, weil sie glaubten, einen Schatz zu finden. Nach langem Graben und Suchen sind sie endlich in des Nachbarn Kensterlein gelangt und haben viel Geld und Silbergeschirr daraus genommen, in der Meinung, alles müsse von jemandem vor längerer Zeit dort vergraben worden sein. Sie mussten es aber dem Ratsherrn, dem es gehörte, und der es schliesslich merkte, wieder zurückgeben.»

von Brunn, Bd. II, p. 413 / Scherer, p. 162f. / Baselische Geschichten, II, p. 102

Wunderbare Vorsehung

«Auf Johannistag 1691 fiel ein Knäblein von viereinhalb Jahren, welches ein Schaubhütlein auf dem Kopf hatte, bei der Schneidernzunft in den Stadtbach und trieb bey der Müntz bis zur Schleiffe herab. Dort hat es sich am Rechen erhoben und ist vom Schleiffer aus dem Wasser gezogen worden. Es hatte sein Hütlein noch auf dem Kopf und war gantz unverletzt. Sein Vater war der Schneider Salomon Butsch. Aus diesem kann man die wunderbare Vorsehung und Erhaltung ersehen.»

Scherer, II, s. p. / Scherer, III, p. 170

Bärenstarke Zwergin

1695 stellten sich im Gasthof zur Blume zwei Zwerge zur Schau, «die beide sehr kurz und klein gewesen sind. Der eine, ein Fräulein, war so stark, dass es mit seinem Haar einen Zentnerstein auflüpfen konnte.»

Scherer, III, p. 210 / Scherer, p. 208f.

Der Tod des Harlequins

«Als 1696 die Comedianten den Faust spielten, begab es sich, dass nach geendeter Tragödie der Harlequin von etlichen Herren der Zunft zu Webern ins Zunfthaus eingeladen wurde. Als dieser dann wohl bezecht nach Hause gehen wollte und die Treppe hinunter stieg, tat er einen Misstritt und fiel häuptlings auf den Kopf. Bis auf die Hirnschale blessiert, war er morndrist (anderntags) tot. Hieraus ist zu merken, dass es sich nicht schimpfen lässt, so gottlose Comedien zu spielen und den Satan zu sovielmal anzuziehen.» Dafür wurden später Stücke aus der Heiligen Schrift vorgetragen, wie ‹Judith›, ‹Susanna› und ‹Die Zerstörung Jerusalems› …

von Brunn, Bd. III, p. 563 / Scherer, p. 215f. / Basler Jahrbuch 1894, p. 40 / Schorndorf, Bd. I, p. 119 / Scherer, II, s. p. / Buxtorf-Falkeisen, 3, p. 109

Famose Luftspringer

«Zu Gerbern hielten 1696 etliche Franzosen ein Spiel. Diese hatten zwei Luftspringer, dergleichen man noch nie gesehen. Einer dieser Luftspringer hatte zwei Gläser voll Wasser auf sein Gesicht gestellt, dieselben eine ganze halbe Stunde unverrückt und unverschüttet gehalten, in beiden Händen blanke Degen und an beiden Füssen auch dergleichen gebunden, mit diesem allem modo miraculoso sich durch einen kleinen Reif gezogen, samt den 4 Degen, und hat dabei kein Tröpflein Wasser verschüttet.»

von Brunn, Bd. I, p. 15 / Scherer, p. 209

Wachsfiguren

«Zeigt man 1697 auf der Weinleutenzunft 10 Personen in Lebensgrösse. Alle aber waren in Wax, mit gläsernen Augen und aufs schönste und kostbarste bekleidet. Der Meister setzte auch den Leuten, die einäugig waren, gläserne Augen künstlicherweise ein. Sogar, dass sich das eingesetzte Auge bewegte, wie der gesunde Augapfel, und das ohne Schmerzen, ganz verwunderlich.»

Scherer, p. 222f. / Basler Jahrbuch 1894, p. 39

Holländische Seiltänzer

1698 gastierten zum erstenmal holländische Seiltänzer im Ballenhaus. «Es war ein Mann mit seinen zwei Söhnen. Der kleinere war so wunderlich, dass er ohne Stange auf dem Seyl gehen konnte. Auch war es so ein frevel Bürstlin, dass es dem Vater auf die Achslen steigen konnte. Bey ihnen war auch ein Taschenspieler ohne Hände, welcher Karten mischlen, einen Faden durch eine Nadel ziehen und eine Pistole laden und abschiessen konnte.»

Scherer, III, p. 252f.

AVERTISSEMENT.

Heute Mittwochs den 10. Julii 1782. wird Herr Professor **Pinetti** diejenigen Stücke, so er Montags den 8ten hujus in hiesigem Ballenhause gezeigt hat, weilen solche besonders wohl gefallen, hingegen aber sehr wenig Zuschauer zugegen gewesen, nochmals producieren, und noch mehrere bewunderswürdige Stücke darzu beyfügen. Diejenigen Herren und Damen, welche Ihn bey seiner ersten Représentation mit Ihrer Gegenwart beehret, werden bezeugen, daß dergleichen Stücke noch niemals gesehen worden; auch wird Herr **Pinetti** sich besonders angelegen seyn lassen, die Herrschaften sattsam zu contentiren.

Auf den ersten Platz zahlt die Person 16 Batzen;
Auf den zweyten „ „ 8 Batzen;
Und auf den dritten „ „ 4 Batzen.

Die Plätze sind so eingerichtet für die Herren und Damen, daß sie sämtlich alles genau observiren können.

Die Billets sind im Ballenhause zu bekommen.

Der Anfang ist præcise um 6 Uhr.

NB. Alle Vorstellungen werden auf französisch und deutsch explicirt; auf Verlangen geschieht es auch in andern Sprachen.

Professor Pinetti wagt nochmals einen Auftritt, nachdem erst ein spärliches Publikum seine Kunst bestaunt hatte.

Schadloser Sturz über die Pfalzmauer

«1698 ist der 12jährige Sohn des Reinhard Harschers, als er mit andern Schulknaben auf der allhiesigen Pfalz die Schranke über das Gesims passieren wollte, herunter an die Halde gefallen, ohne dass ihm das Geringeste widerfahren wäre. Er ist gleich nach dem Fall wieder heraufgegangen.»

Schorndorf, Bd. I, p. 143/Scherer, II, s. p./Scherer, p. 259/Buxtorf-Falkeisen, 3, 111f.

Ein prächtiger Sarg

Einen prächtigen Sarg, für den verstorbenen Fürsten von Mümpelgart angefertigt, gab es in der Stadt im August 1699 zu bestaunen. Der vergoldete Totenbaum war mit dem fürstlichen Wappen und einer schönen lateinischen Schrift geziert, die dem kunstreichen Bildschnitzer Keller zu verdanken waren. Auf einem Wagen wurde der Sarg dann nach Pruntrut gebracht, wo der Leichnam des Fürsten, in einem eichenen, mit Samt überzogenen Sarg verwahrt, der Umbettung harrte.

Scherer, p. 271

Zum Jungbrunnen

Im Sommer 1701 «ist ein Bürger von hier im 89. Jahr seines Alters zu Fuss in ein par Stunden in das Flühener Bad marschiert und hat sich jung baden wollen».

Scherer, p. 290/von Brunn, Bd. II, p. 368

Geburt auf der Rheinbrücke

«1701 genas eine Bauernfrau auf der allhiesigen Rheinbrücke, nahe bey dem Cäppelin, im Beysein ihres Mannes und einer ziemlichen Anzahl Volckes einer jungen Tochter. Sie legte ihr Kindlein in ihr Fürtuch (Brusttuch) und trug es in die Elende Herberge.»

Unbekannter Chronist, p. 52

Der Julianische Kalender wird abgeschafft

«Im Jahre 1701 wurde in Basel, so wie auch in andern Orten der helvetischen Eidgenossenschaft, der sogenannte alte (d.i. Julianische) Kalender abgeschafft, und an dessen Stelle der neue verbesserte (Gregorianische) eingeführt.»

Taschenbuch der Geschichte, p. 183

Geschickter Armloser

«1702 war auf der Weinleutenzunft eine ohne Arme zur Welt geborene, ungefähr 29 Jahr alte Mannsperson zu sehen, welche mit ihren Füssen verwunderliche Sachen verichten konnte: Sie zog sitzend mit einem Fuss den Huth sehr artiglich und salutierte die Gesellschaft. Zog den Degen aus der Scheide, focht mit demselben und steckte ihn wieder hinein. Ladete eine Pistole und schoss sie ab. Zog einen Faden durch ein Nadelloch und nähte mit derselben. Schneidete mit einer Gabel und Messer Brot ab. Nahm mit dem einten Fuss ein lähres Glas und mit dem andern eine mit Wein angefüllte Kanne, öffnete den Deckel und schenkte das lähr Glas voll. Rieb von einem Stänglein Taback und schnupfte davon in die Nase. Welches das Verwunderlichste war: Sie blasete auf einmal die Trompete und schlug die Trommel. Von den Zusehern gaben die Grossen 1 Groschen und die Kleinen 1 Plappart.»

Unbekannter Chronist, p. 54f.

Seltsame Taufe

«1702 ward zu St. Peter das händ- und füsslose Töchterlein eines Sporers getauft, was in der Stadt grosses Mitgefühl auslöste.»

Unbekannter Chronist, p. 54

Ausgelacht

«1702 haben die allhiesigen Commedianten ihre erste Commedie gespielt. Sie haben die Judith und den Holofernem (Holofernes: assyrischer Feldhauptmann im alttestamentlichen Buche Judith, der von Judith ermordet wird) präsentiert, wobei jedermann ihrer armen Ungeschicklichkeit wegen hat lachen müssen.»

Schorndorf, Bd. I, p. 186

Nachricht.

Es ist allhier angelangt und auf E. E. Zunft zu Schneidern täglich von Nachmittags 2 Uhr, bis Abends 8 Uhr zu sehen: Ein sehr merkwürdiger Zwerg, mit einem großen Schnurrbart, 46 Jahr alt, 2½ Schuh hoch, spricht 4 Sprachen.

Standespersonen zahlen nach Belieben.

Erwachsene Personen 4 kr. und Kinder 2 kr.

Auf Verlangen wird er auch in die Häuser getragen, Vormittags und Abends nach 8 Uhr.

Um 1770 erweckte ein sprachenkundiger Zwerg die Aufmerksamkeit der Basler.

Französische Seiltänzer

«1705 honorierten alle vier Häupter unserer Stadt die allhier befindlichen französischen Seiltäntzer in dem Ballenhaus mit ihrer Gegenwart sampt einem grossen Theil der Räthe, die auf der Brügi auf Stühlen sassen.»

Schorndorf, Bd. I, p. 235

Lächerliche Action

«Im December 1710 passierte allhier, in Dr. Johann Heinrich Stehelins Behausung, eine lächerliche Action: Die Frau Doctorin hat ihrer Magd befohlen, sie solle das Hündlein (so bezeichnete man eine Schweinswurst) zum Feuer setzen und kochen. Die unwissende Magd aber nahm das kleine Haushündlein, metzgete solches und setzte es zum Feuer. Dann richtete sie davon zu Mittag eine Suppe an, welche dem Herrn Doctor und seinen Kostgängern sehr unappetitlich vorkam. Daraufhin dann die Frau Doctorin nach der Wurst fragte. Aber anstatt der vermeinten Wurst brachte die Magd das Hündlein, welches allen einen ziemlichen Appetit erweckte! Die Magd aber musste die Thüre suchen ...»

Baselische Geschichten, II, p. 210f. / Bieler, p. 746 / von Brunn, Bd. III, p. 628 / Scherer, III, p. 358

Die vier friedlichen Brüder

Um das Jahr 1711 «lebten vier Brüder Lichtenhan. Drei von ihnen waren Knopfmacher und einer studierte. Weil dieser aber sah, wie glücklich diese bei der Ausübung ihres Handwerks waren, gab er sein Studium auf und widmete sich ebenfalls dem Knopfmachen. Diese vier Brüder lebten in einem Haus beisammen und waren so friedlich, dass jedermann sich verwundern musste.»

Bachofen, p. 37

Totenconvoi

«Den 8. May 1712, erst nach dem Thorschliessen, kam allhier an der zu Lausanne verstorbene Erbprintz von Baden-Durlach. Er wurde in einem Sarg geführt, vor dem 4 Laquaien mit Facklen und 4 andere mit Windlichtern hergingen, samt anderen Ceremonien mehr wie mit Laydpferden und Trauerwägen. Der Sarg wurde im Münster in das Gewölbe gestellt.»

Baselische Geschichten, II, p. 212

Ein Feuerwerk von Wasserenten

Mitte November 1714 «sah man nachts von 7 bis 8 Uhr auf dem Rhein zwischen Pfalz und Baar (bei der Kartause) ein schönes Feuerwerk, das Unsere Gnädigen Herren durch den neuen Kunstabler (Feuerwerker) verrichten liessen. Es ist von viel 1000 Personen gesehen worden. Erstlich kam ein Stuck (Kanone), woraus 10 Schüss nacheinander geschehen. Dann fuhr ein feuriger Drache an einem Seil von der Pfalz hinunter über den Rhein. Item gegen 200 allerhand Raggeten und endlich etliche sogenannte Wasserenten, die im Wasser wie Enten daherschwammen, übereinandersprangen und endlich in die Luft flogen und kleine Raggeten ausspeiten. In der Luft wurde ein Stuck wie ein grosser Maien verspeiet, der im Wasser einen grossen Klapf von sich gab.»

von Brunn, Bd. III, p. 591 / Diarium Basiliense, p. 12

Rheinschwimmer en masse

Am Sonntag, den 13. August 1719 war es in der Stadt so heiss, dass gegen 100 junge und alte Mannsbilder im Rhein badeten, was sich kein Mensch je hätte erdenken können.

Scherer, p. 703 / Schorndorf, Bd. II, p. 130

Unverheiratete Männer sind Vorbilder

«Die frömmsten und gelehrtesten Leute dieser Stadt sind 1719 jene, die sich nicht verheiratet haben und denen die Gabe der Keuschheit gleich dem Apostel Paulus gegeben war. Es waren dies nämlich Dr. theol. Samuel Werenfels, Dr. theol. Jakob Christoff Iselin, Dr. theol. Johann Ludwig Frey, Prof. Dr. jur. Tonjola und Diakon Burckhardt.»

Bachofen, p. 241

Eine Mutter trägt ihr Kind in den Armen, das aber nur vermeintlich «einen Brunnen macht» (der angedeutete Strahl erweist sich ganz einfach als Beutelschnur!). Federzeichnung von Urs Graf. 1514.

Fabelhafter Vogelpfeifer

Im Juni 1722 tauchte in der Stadt ein Vogelpfeifer auf, den man im Doktorsaal der Universität seine Kunst beweisen liess. «Verwunderlich war es, ja fast unerhört, dass er mit sonderlichen Affekten die Art der Vögel so natürlich in ihrem Gesang nachäffen konnte, dass, wer ihn nicht gesehen hatte, viel Geld gewettet hätte, es wären natürliche Vögel. Sonderlich der Nachtigallen Gesang war so perfekt, dass kein Mensch den Unterschied hätte wahrnehmen können. Auch hat er den Lerchengesang, den Amselgesang, und in Summa aller Vögel, so kunstreich nachgepfiffen, dass man darüber hat staunen müssen. Auch konnte er wie Tiere schreien, als wenn Kühe, Kälber, Geissen, Hunde und Katzen zugegen gewesen wären.»

von Brunn, Bd. II, p. 339/Scherer, p. 784

Die unglücklichen Schwestern Rapp

Ein jammervolles Schicksal hatten Mitte der 1720er Jahre die fünf Schwestern Rapp zu erdulden. Nach dem frühen Tode ihrer Eltern hatten die wohlerzogenen und wohlgestalteten Töchter Mühe, standesgemäss weiterzuleben. Trotzdem besorgten sie für ihre Eltern ein würdiges Grabdenkmal und vertrauten dieses ihrer Tante an. Diese aber verkaufte den Grabstein, was die Schwestern Rapp bewog, bei der Obrigkeit Klage zu erheben. «Weil aber ihre Tante beim Direktorio mehr Fründ hatte, haben diese Jungfrauen leer abziehen müssen.» Aus diesem Grunde legten sich die Rappschen Töchter mit der Obrigkeit an und forderten in jahrelangem unerbittlichem Kampf ihr Recht. Der Rat aber wurde des lästigen Maulens bald überdrüssig und liess die Schwestern in verschiedene Gefängnisse stecken, «allda sie an Ketten gelegt und mit Schlägen gezüchtiget wurden». Dort verweigerten sie das Essen und Trinken, «tranken dafür mehrenteils ihren Harn, lagen gleich einem Schwein im Stroh und Unrath» und bewarfen die Wächter mit Menschenkot, «dahero sie viel Mäuss und Ratten angezogen». Als der Rat später sich zu einem bescheidenen Einlenken entschliessen konnte, überlebten nur drei vollkommen gebrochene Schwestern das wahrhaft unglaubliche Drama: zwei der ‹Verbrecherinnen› waren «ellendiglich an den eisernen Banden gestorben»!

Bachofen, p. 295ff.

«1746 lässt sich ein Engelländer auf E. E. Zunft zu Schuhmachern zeigen, welcher so wunderbare Leibsbewegungen machet, dergleichen noch nie gesehen worden, wie beygehende Figur ausweist.»

Zigeunerinnen am Pranger

«1724 wurden 4 Zigeunerinnen und 1 Meitlin, welche während 8 Tagen hier gefangen waren, ihre schwarzen Haare vom Kopf geschnitten. Dann wurden alle ans Halseisen gestellt. Hierauf wurden sie zusammen in ein Glied gekoplet und mit Ruthen ausgehauen, worauf man das herumstreichende Gesindel geradewegs zum Spalenthor hinausführte.»

Schorndorf, Bd. II, p. 241

Seltsame Maschine

Im Sommer 1724 «sah man ausserhalb des St. Johanntors beim Hüninger Bannstein eine curiose Sache von einem Franzosen. Dieser fuhr auf einer seltsamen Maschine von zwei ledernen Säcken, die man mit einem Blasbalg aufblasen musste, dreimal über den Rhein bis zur Klybeck Griene (Insel). Sein ledernes Pferd, das aussah wie zwei Komete oder grosse lederne Würste, hatte hinten ein schwarz-weisses Fähnlein, das anstelle eines Segels diente. Er ist darauf gesessen wie auf einem Sattel und ruderte mit zwei hölzernen Schaufeln. Seine Frau beherrschte die Kunst wie er und schoss dabei eine Pistole zweimal los. Auf Begehren des Rats zeigte er diese Kunst vor 1000 Zuschauern auch oberhalb der alten Salmenwaage bei der Pfalz. Der Magistrat beschenkte den guten Ingenieur mit einem schönen Präsent.»

von Brunn, Bd. II, p. 402/Scherer, p. 834ff.

Durstiger Schwimmer

Im Juli 1726 erweckte ein Schwimmer das Interesse seiner Mitbürger, indem er unter der Rheinbrücke ein Glas mit Wein füllte, dieses austrank und den Zuschauern fröhlich zuwinkte.

Scherer, p. 890

INSTRUCTION

Oder

Handgriff, für die Land-Militz, wie sie ihre Gewehr recht führen und gebrauchen sollen.

Ihr Herren Officierer gebt Achtung / man wird exercieren /

Observiert euer Distantz oder Platz.

		Die Zeiten.
1	Oeffnet die Pfann.	3
2	Vier mahlen Rechts um.	4
3	Vier mahlen Lincks um.	4
4	Rechts um kehrt euch.	1
5	Lincks herstellt euch.	1
6	Lincks um kehrt euch.	1
7	Rechts herstellt euch.	1
8	Unter dem Hanen faßt euer Gewehr	
9	Bringts Rechts hoch vor euch	
10	Mit der lincken Hand begegnet euerm Gewehr.	3
11	Spannt den Han.	1
12	Schlagt an.	1
13	Gebt Feuer.	1
14	Setzt ab.	1
15	Erstellt den Han.	2
16	Faßt das Zünd-Kraut.	2
17	Pulver auf die Pfann.	2
18	Schließt die Pfann.	2
19	Schwenckt das Gewehr zur Ladung.	1
20	Faßt die Patron.	2
21	Oeffnet die Patron.	2
22	Die Patron in den Lauff.	2
23	Den Ladstock heraus.	2
24	Den Ladstock hoch.	1
25	Verkürtzt ihn an der Brust.	2
26	Den Ladstock in den Lauff.	2
27	Stoßt die Patron.	2
28	Den Ladstock heraus.	2
29	Den Ladstock hoch.	1
30	Verkürtzt ihn an der Brust.	2
31	Den Ladstock an sein Ort.	2
32	Faßt euer Bajonet.	1
33	Bringts hoch.	1
34	Aufschraubt euer Bajonet.	1
35	Unter dem Hanen faßt euer Gewehr.	1
36	Rechts vorwerts präsentiert euer Gewehr.	2
37	Vier mahl rechts um.	4
38	Vier mahl lincks um.	4
39	Rechts um kehrt euch.	1
40	Lincks erstellt euch.	1
41	Lincks um kehrt euch.	1
42	Rechts erstellt euch.	1

Gebt Achtung.

Das Bajonet auf den halben Mann zu fällen.

43	Auf den halben Mañ fällt euer Bajonet.	1
44	Ausstoßt euer Bajonet.	2
45	Vornenwerts marschirt und ausstoßt euer Bajonet.	2

NB. Und dieses muß man drey mahlen commandiren (wie man vorwerts) muß man auch wiederum drey mahlen ruckwerts (commandiren,) daß dieselben wiederum auf ihren vorigen Platz kommen.

		Die Zeiten.
46	Ruckwerts und ausstoßt euer Bajonet.	2
47	Auf die Seiten des Degens bringt euer Gewehr.	1
48	Ausschraubt euer Bajonet.	1
49	Einsteckt euer Bajonet	2
50	Unter dem Hanen faßt euer Gewehr.	1
51	Bringts hoch vor euch.	1
52	Das Gewehr auf die Schultern.	3
53	Ruhet auf euerm Gewehr.	4
54	Niederlegt euer Gewehr.	4
55	Aufnehmet und ruhet auf euerem Gewehr.	4
56	Das Gewehr auf die Schultern.	5
57	Präsentiert euer Gewehr.	3
58	Gewehr in lincken Arm.	2
59	Präsentiert euer Gewehr.	2
60	Ruhet auf euerm Gewehr.	3
61	Gewehr in lincken Arm.	3
62	Schultert euer Gewehr.	3

Gebt Achtung.

Man wird die Dopplirung machen.

Erstlich die einfachen Reyen zu doppliren, der erste Reyen bleibt stehen, die andere dopplirt / die dritte bleibt stehen / die vierte dopplirt / und so fortan.

Gebt Achtung.

Rechts vor dem Mann verdopplirt euere Reyen (marschirt) herstellt euch, die dopplirt haben Lincks um, auf euer vorigen Platz, (marschirt) herstellt euch.

Der einfachten Glieder Dopplirung.

Das erste Glied bleibt stehen, das andere dopplirt, das dritte bleibt stehen, das vierte dopplirt.

Gebt Achtung, die Reyen brechen.

Lincks vorwerts dopplirt (marschirt) die doppliert haben (Rechts um kehrt euch) auf euer vorigen Platz (marschirt) Lincks herstellt euch.

Gebt Achtung.

Die dopplirt haben bleiben stehen / und die gestanden sind / werden doppliren / Lincks hinterwerts dopplirt (marschirt) die dopplirt haben, Rechts um kehrt euch.

Auf euern vorigen Platz (marschirt) mit halben Glieder, und gantzen Reyen zu doppliren.

Rechts hinter den Mann verdopplirt euere Reyen (marschirt) herstellt euch.

Die dopplirt haben Lincks um.

Auf euern vorigen Platz (marschirt) die dopplirt haben werden bleiben stehen, und die andern werden doppliren.

Gebt Achtung.

Mit halben Gliederen und gantzen Reyen Lincks hinter den Mann verdopplirt euere Reyen (marschirt) herstellt euch.

Die dopplirt haben, Rechts um / auf euer vorigen Platz (marschirt) mit halben Reyen und gantzen Gliedern zu doppliren.

Gebt Achtung.

Lincks vorwerts verdopplirt euere Glieder (marschirt) die dopplirt haben, Rechts um kehrt euch / auf euer vorigen Platz (marschirt) Lincks herstellt euch.

Die dopplirt haben werden bleiben stehen, und die zwey vorderen werden hinterwerts doppliren.

Gebt Achtung.

Lincks hinterwerts dopplirt euere Glieder (marschirt) die dopplirt haben (Rechts um kehrt euch) auf euer vorigen Platz (marschirt.)

Reyenschliessung.

Lincks und Rechts in die Mitte schliesset euere Reyen. (marschirt.)

Gebt Achtung.

Rechts und Lincks herstellt euch.

Vorwerts schließt die Glieder. (marschirt)

Rechts und Lincks öffnet euere Reyen (marschirt) Lincks und Rechts herstellt euch.

Gebt Achtung.

Die drey hintern Glieder, Rechts um kehrt euch.

Auf euer vorigen Platz (marschirt) Lincks herstellt euch.

Gebt Achtung ihr Granadiers, man wird die Handgriff mit den Granaden machen.

		Die Zeiten.
1	Unter dem Hanen faßt euer Gewehr.	1
2	Hoch die Flinten.	1
3	Paßirt die Flinten.	2
4	Fasset die Granat.	2
5	Aufraumt die Granat / und bedeckt die Brand-Röhren.	2
6	Faßt den Lunthen.	2
7	Blaset ab den Lunthen.	2
8	Ansteckt die Granat und werfft sie.	2
9	Bringt den Lunten an sein Ort.	2
10	Paßirt die Flinth.	3
11	Das Gewehr auf die Schultern.	3

Folgen die geschwinde Commando der Granadiers, ihr sollet in drey Commando zum Granaten werfen euch fertig machen.

12	Granadiers macht euch fertig
13	Blaßt ab den Lunth.
14	Ansteckt die Granat und werfft sie.
15	Macht fertig die Bajonet.
16	Vorwerts fällt die Bajonet.
17	Bringt die Bajonet an ihren Ort.
18	Schultert das Gewehr.

Glieder und Pluton-weiß Feuer zu geben (welches alsdann zu commandiren ist) als wie ein Battallion Carre zu commandiren ist.

BASEL, Gedruckt bey Joh. Heinrich Decker. ANNO 1742.

Exerzierordnung für die Landmiliz, welche in Dutzenden von Handgriffen den Umgang mit dem «Schiesseisen» kommandiert. 1742.

Einmalige Leistung eines Schwimmers

Im langen warmen Sommer 1727 ist der 50jährige «alte» und ledige Hermann zweimal von der Pfalz bis zum St. Johanntor geschwommen. «Diesem Hermann hat das obige Schwimmen auch nicht das Geringste geschadet.»

Bachofen, p. 192, 392

Listige Schwestern

«1729 hatte ein junger Mensch zu Grosshüningen Soldatendienst angenommen. Wie dies seine Schwestern erfahren hatten, begaben sich diese in die Garnison und anerboten dem Officier 60 Gulden für die Freilassung ihres Bruders. Weil der Officier aber 100 Gulden von den armen Schwestern forderte, nahmen diese eine List vor: Sie begaben sich mit zwei anderen Weibsbildern nach Hüningen. Eine von ihnen hatte zwei Bauernkleider angezogen. Die Schwestern steckten nun ihren Bruder in das doppelte Weiberkleid, worauf sie glücklich entfliehen konnten.»

Scherer, III, p. 518

117jährige stirbt in Schliengen

Am 26. März 1729 starb zu Schliengen im Bistum Basel eine adelige Dame von der Familie Nagel von alt Schönstein in ihrem 117. Jahr ihres Alters. Mit ihr ist das Geschlecht völlig ausgestorben.

Bachofen, p. 422/Bachofen, II, p. 311

Kleiner Rektor

«1729 ward Candidat David, eines Metzgers Sohn, klein von Postur und jung, durch das Loos zu einem Rector unseres Gymnasiums erwählt. Dieser Dienst soll dato Einkommen haben: in Geld 400 Pfund, samt 20 Stück Frucht (Säcke Korn), 12 Saum Wein. Sodann Holz genug und Losament (Wohnung) frey.»

Schorndorf, Bd. II, p. 366

Neue Feuerlöschmaschine

«In Gegenwart der Herren von der Feuerschau hat 1730 Meister Caspar Engelberger, der Kübler, eine Prob seiner neuerfundenen Maschine ganz rühmlich abgelegt. Vor dem St. Albanthor auf dem alten Holzplatz hat er ein express aufgerichtetes Häuslein, das in volle Flammen gesteckt worden ist, in einem Moment gänzlich gelöscht. Die Maschine war ein Fässlein mit Pulver und anderer feuerfressender Materie, welche einen grossen Dunst gemacht haben.»

Basler Chronik, II, p. 199f.

Weiberstärke

«1732 hat eine Weibsperson mit der That bewiesen, dass ihr Geschlecht nicht immer das schwächere ist. Demnach ist sie mit drei Stadtknechten in ein Handgemänge gerathen und hat sich dabei so ritterlich gewehrt, dass diese ihr den Kampfplatz allein überlassen mussten.»

Basler Chronik, II, p. 299

Schwatzhafte Magd

«Es hat sich 1733 eine Dienstmagd, als sie von der Metzg und dem Markt nach Hause gehen wollte, bei einem Bänklein ein wenig verweilt und geschwätzt und dabei ihren mit Fleisch und anderer Provision gefüllten Korb abgestellt. Als sie dann nach Hause gekommen war, hat sie in ihrem Korb nichts anderes als einen ziemlich grossen, in alte Lumpen gewickelten Kieselstein gefunden.»

Basler Chronik, II, p. 337

Schwimmer im kühlen Rhein

«Im Oktober 1734 hat man einen Menschen den Rhein hinunterschwimmen sehen. Weil es für die kühle Witterung etwas Ungewöhnliches war, haben die Schiffleute mit zwey Nachen diesem zu Hilfe eilen wollen. Bei ihrer Herannäherung aber senkte sich der Mann unter das Wasser und schwamm zu seinen Kleydern an Land.»

Basler Chronik, II, p. 441

Mechanische Tafel

«1736 ist allhier Herr Richard aus Lothringen mit einer sehr kunstreichen und noch nie gesehenen mechanischen Tafel angekommen. Diese Maschine präsentierte bey 300

Ein fremd, gescheid und unnütz Volck, die Zigeuner genannt, kam erstlich, im 1422 Jahr, gen Basel und in das Wiesenthal, wol mit 50 Pferden, hatten einen Obersten, der sich Hertzog Michael von Egypten nennete, darzu vom Pabst und Römischen König Paßworte, daher man sie (wiewol mit Unwillen der Landleuten) duldete und ziehen liesse. Sie gaben für, Ihr Ursprung wäre von denen Egyptern, welche Joseph und Maria (da sie für Herodis Grimm mit dem neugebornen HErrn JEsu in ihr Land entflohen) keine Herberg geben wollen, deßhalben sie GOtt weißlos in das Elend verstossen hätte. Von dieser Zeit an, ist dieses schwartz, ungestaltet und wildschweiffige Gesind, welches mit der Zeit je länger je frecher worden, und nun, Zweifels ohne, nichts anders dann allerley zusammen geloffene Böswichte, Diebe und Räuber seind, in Teutschen Landen mit grosser Beschwerung frommer Leuten herum gestrichen, das Baursvolck, wann sie an ihrer Arbeit gewesen, ausgespähet, ihnen ihren Schweiß abgestolen, oder sonst durch Entsitzung grösserer Ubelthaten abgeschrecket, mehrmals auch aus Beschauung der Händen, durch getichtet und lächerlich Wahrsagen, Gelt abgelocket: daß sie billich, wie auch starcke muhtwillige Landbettler, raue, unnütze, umstreichende Guardknecht, und dergleichen unnütze Burden der Erden, bey Christlichen Obern nicht solten geduldet werden.

1422 erreichte ein grosser Tross Zigeuner unsere Stadt und erregte in der Folge bei der Bevölkerung durch ihre «Übeltaten» heftigen Unwillen.

Alltag in einer mittelalterlichen Stadt. Getuschte Pinselzeichnung von Constantin Guise. 1855.

Die Basler Pfalz mit dem Sturz des 12jährigen Reinhard Harscher, der 1698 aus Unvorsichtigkeit über die Mauer in die Tiefe gefallen ist, ohne sich dabei zu verletzen. Lavierte Federzeichnung von Emanuel Büchel.

Der offene Birsig mit der Klosterbergbrücke (1948 überwölbt). Im Hintergrund rechts die Engelsburg, welche 1897 durch das heutige Hotel Merkur ersetzt wird. Bleistiftzeichnung von Constantin Guise. 1854.

Kinderbildnis: Die 4½jährige Margarete Respinger in rotweissem Mieder mit weiten weissen Ärmeln und schwarzem flachem Hut. 1663.

Trachtenbild aus dem Jahre 1660: «Margarethe, geb. 11. Juny 1639, Tochter des Stadtschreibers Paulus Spörlin und der Margreth Bischoff, verehlichte sich den 25. März 1660 mit Pfarrer Jacob Maximilian Meyer und starb den 10. Februar 1712.»

Basel von Osten. Im Vordergrund die Landstrasse von Grenzach ins obere Kleinbasel. Am linken Rheinufer der Birsfelderhof, der 1950 dem Kraftwerkbau weichen musste. Aquarell von David Alois Schmid. Um 1850.

«Den 15. August 1746 ist allhier auf dem Blumenblatz, bey den 3 Königen, in einer neüw-erbauten Hütten, von Johann Georg Winckert 3 Mechanische Statuen, welche vielle Kunst und Thaten thun, genand ein Wunder der Welt, zu sehen.»

Empfang Kaiser Sigismunds in Basel. «Es war ein schöner Anblick, wie Männer, Frauen und Kinder herbeiströmten, unter dem Geläute der Glocken.» Faksimile aus Diebold Schillings Luzerner Bilderchronik. 1433.

Figuren, alle mit ihren natürlichen Bewegungen und einem Concert von allerhand ansehnlichen musicalischen Instrumenten. Man hörte gleichfalls den Gesang unterschiedlicher Arten Vögel, die Stimme eines Kindes, das Geschrey der Thiere, das Knallen der Canonen und das Krachen des Donners. Mit einem Wort: Was die Kunst der Menschen nur immer ergründen und erfinden kann, ist allhier in dieser Maschine zu sehen.»

Basler Chronik, II, p. 157

Alle Liebhaber geistreicher Entdeckungen
sind höflichst eingeladen,
an dem schönen Schauspiele theilzunehmen
welches
Anton Tschan von Baalsthal
einem hiesigen
Hochansehnlichen Publikum
mit einer grossen Aerostatischen Maschine
verschaffen wird.

Diese mit gröster Genauigkeit verfertigte und für das Aug sehr verschönerte Maschine stellet oben eine vierseitige Pyramide vor; Jede Seite hat 15 französische Schuhe in der Länge; die Basis von jeder mißt 20 Schuhe. Die Mitte der Maschine bestehet aus einem Prisma von vier Senkelflächen, deren jede 9 Schuhe in der Höhe, und 20 in der Breite hat. Unten machet sie eine umgekehrte und abgesägte vierseitige Pyramide; die Länge jeder Seite beträgt 10 Schuhe, die Basis 20, der Abschnitt 4. Die vier Abschnitte gestalten unten eine Oeffnung von 16 Quadratschuhen. Die Oberfläche der ganzen Figur belauft sich auf 1800 Quadratschuhe. Sie faßt in allem Kubikschuhe 6192. Sie wiegt mit dem Feuergeschirr, und mit dem Stofe zum Gaz, den sie mitführen muß, beyläufig 30 Pfund, und mag, ihr eigenes Gewicht dazugerechnet, mit 320 Pfund eilf und einer viertels Unzen der Luft das Gleichgewicht halten, einen Kubikschuh atmosphärischer Luft nach van Musschenbröek zu ein und ein viertels Unzen gerechnet. Sie wird also ein kleines Thier, das man wird mitfliegen lassen, mit großem Uibergewicht in die Lüfte erheben. Die leichte und sonderbare Art sie mit Montgolfierischem Gaz zu füllen, wird für Kenner merkwürdig seyn. —— Morgens Nachmittag um 3 Uhr, wenn das Wetter günstig und windstill ist, wird man sie auf dem Platz an der Spitalscheuer aufsteigen lassen. Man ersuchet aber ein Hochansehnliches Publikum sich nur auf die Kanonenschüsse zuverlassen. Ist morgen das Wetter günstig, so wird man um 1 Uhr mit etlichen Schüssen die wirkliche Eröffnung des Platzes ankünden. Um 3 Uhr, wenn man den Ballon zu füllen anfängt, wird man das zweytemal schiessen, und das dritte Kanonengetöse wird dessen wirkliches Steigen bedeuten. Hört man morgen um 1 Uhr keine Schüsse, so ist man sicher, daß die Execution auf übermorgen oder den folgenden günstigen Tag verschoben werde, an welchem man die nämlichen Zeichen geben wird.

Bey dem Eingang giebt man Billets. Ein Billet für den 1ten Platz bezahlt man mit 20 Bz., für den 2ten mit 10 Bz., für den 3ten mit 5 Bz.

d. 29. Mart. 1784. NB. das Wetter war nicht günstig.

Am 19. April 1784 stieg Tschans Ballon «prächtig in die Höhe und liess sich eine Stunde hernach unversehrt nieder, sampt einer Geiss, die gleich nach ihrer Ankunft mit Apetit Milch gekostet hat».

Greis als Schützenkönig

«Als eine Seltenheit hat 1736 ein 80jähriger Bauersmann aus Biel-Benken mit Namen Anton Dick bei einem Schiessen auf den Nagel getroffen. Er hat die aus einem Hammel bestehende Freigabe nach Hause getragen.»

Basler Chronik, II, p. 129

Über die Stadtmauer gestiegen

Nach einer ausgiebigen Pintenkehr im Januar 1736 fanden Adam Dürrenberger und Niklaus und Rudolf Schmid das Rheintörlein bei der Baar (beim heutigen Waisenhaus) schon geschlossen; die drei Freunde hatten sich zu lange in Grenzach aufgehalten. Da bei der empfindlichen Kälte ein Übernachten im Freien nicht möglich war, entschloss sich das weinselige Trio, die Stadtmauer zu übersteigen. Dem Burggässlein entlang schlichen sie zur Baar am Rhein hinunter und gelangten trockenen Fusses bis zum obern Rheintor, wo sie mit Hilfe eines Flecklings und einer Leiter über die Zwingelmauer kletterten. Alle drei aber hatten die Rechnung ohne den jungen Münch gemacht, der mit seinem Schiff den Rhein befuhr und die Spätheimkehrer bei ihrem Werk beobachtete. Eine Feuersalve, von Münch losgelassen, rief die Wachtmannschaft auf den Plan. Und es ging nicht lange, bis Dürrenberger und die Brüder Schmid in den Eselturm geführt wurden, wo sie während einiger Tage ihre Räusche ausschlafen konnten …

Criminalia 6D9/Ratsprotokolle 107, p. 291ff.

Sturm bringt Schatz an den Tag

«Ein heftiger Sturmwind hatte 1739 in Steinen das Strohdach ab einem Haus gerissen, unter welchem der verstorbene Besitzer eine ziemliche Anzahl Feder-Thaler oder sogenannte 3 Pfündler aus den Händen räuberischer Husaren verwahrt hatte. Dieses Geld wurde nun vom Sturm im Dorf herumgetrieben, so dass die Bauern meinten, solches falle vom Himmel. Diejenigen, die von dieser Barschaft aufgelesen hatten, wurden aber gezwungen, die Thaler den Erben des verstorbenen Hausmeisters zurückzugeben.»

Basler Chronik, II, p. 325f.

Kunstbergwerk

«1737 sind vier Bergleuthe aus dem Hartz hier angekommen, welche ein gantz neues und rares Kunststück, das gantze Berg- und Hüttenwerk und das gantze Müntzwerk, bey sich führten. Dieses zeigten sie um billige

Discretion einem jeden Liebhaber. Erstlich waren zu sehen die Bergleuthe, welche in den Schacht fahren und das Ertz losmachen. Zweitens wie solches im Puchwerk gesäubert, kleingestossen und versiebet wird. Drittens wie in den Hütten gebrannt und geschmoltzen wird. Viertens wie das Wasser durch die Künste aus der Erde gehoben wird. Fünftens sind zu sehen alle Berg-Bedienten, wie sie sich in ihrer anvertrauten Bedienung geschäftig erweisen. Dieses alles wird mit Figuren, welche die Augen regen und bewegen, vorgestellt. Sechstens sind noch zu sehen die Berg-Singer mit ihren Musiginstrumenten mit sich bewegenden Augen und Händen, welche ordentlich spielen, als wenn sie lebten.»

Basler Chronik, II, p. 225f.

Kostbarer Fund

«Als Herr Legrand, Handelsmann, 1740 sein erkauftes Haus zum goldenen Löwen in der Aeschenvorstadt neu aufbauen liess und das Fundament und den Keller grub, fand man mehrere todte Menschenkörper, darunter einer, der in einem steinernen Sarge lag, auch einen irdenen Hafen, welcher mehr als 30 Pfund schwer war; darinnen befanden sich allerhand silberne Schlagmünzen, als silberne Baselrappen, darunter viereckigte mit Bischoffskappen waren. Eben so fand man erst vor einigen Jahren, als man das Haus zum Drachen neu aufbaute, verschiedene Gegenstände, woraus zu schliessen ist, dass ebenfalls der Kirchhof der St. Elisabethen Kirche allda gewesen.»

Weiss, p. 10

Alte Weiber

«1740 sind im Dorf Tenniken drei alte Weiber verstorben. Die eine war 90, die ander 100 und die dritte fast 110jährig gewesen.»

Basler Chronik, II, p. 408

Im Tode vereint

«Als man 1741 zu St. Jacob zwey Lehenleute begraben wollte, gelangte man bey der Verfertigung des Grabes auf eine Grabstätte, in welcher ein Bräutigam und seine verlobte Braut begraben waren. Obschon beyde dem Vermuthen nach schon über 30 Jahre im Grab lagen, waren der Hochzeitsstrauss des Bräutigams und der Hochzeitskrantz der Braut noch gantz unversehrt. Auch ihre Haare waren noch in schöner Ordnung und Vollkommenheit zu sehen. Das Fleisch aber war von den Würmern völlig verzehrt.»

Basler Chronik, II, p. 20f.

Oltinger sterben hohen Alters

«1742 sind zu Oltingen folgende alte Leuthe gestorben: Eine Mannsperson von 84 Jahr. Ein Mann von 73 Jahr. Ein Mann von 89 Jahr. Eine Weibsperson von 87 Jahr. Eine Weibsperson von 78 Jahr. Eine Weibsperson von 87 Jahr. Eine Weibsperson von 81 Jahr.

Basler Chronik, II, p. 69

Kunstfeuerwerker

«Herr Baumgartner, der neue Constabler, der 1742 ein schönes Feuerwerck von der Pfaltz, im Beysein des königlich ungarischen und böhmischen Botschafters und der Häupter der Stadt, glücklich hat abspielen lassen, hat die Probe seyner Geschicklichkeit bei Nacht an den Tag gelegt. Der Drache aber, der von der Pfaltz über den Rhein hätte schiessen sollen, ist aus Unachtsamkeit nicht zur rechten Zeit ausgelöst worden, so dass dessen Geschwindigkeit etwas gehemmt war.»

Basler Chronik, II, p. 60f.

Schauplatz der Welt

«Auf dem Zunfthaus zu Gartnern hat 1743 Jacob Crauss den Schauplatz der Welt gezeigt, bestehend aus optischen Präsentationen von allerhand raren Prospecten von Städten, Landschaften, Wäldern, Flüssen, Gebirgen, Schneegebirgen, Seen, Seehäfen und vielen anderen Sehenswür-

Badefreuden im Rhein. Dedikation Johann Heinrich Glasers an die Honorationen der Stadt. 1642.

digkeiten, nebst dem Himmels Gestirn der nördlichen Hemisphäri.»

Basler Chronik, II, p. 85f.

Gesunde Luft

«Als etwas Rares ist 1748 zu melden, dass innert drei Wochen, ausser einigen Kindern, nur eine einzige erwachsene Person allhier gestorben und begraben worden ist. Daraus ist zu schliessen, dass wir Gott sey Danck gute und gesunde Luft geniessen.»

Basler Chronik, II, p. 332

Nach Surinam

«1748 sind drei Familien von Läufelfingen nach Surinam gezogen.»

Basler Chronik, II, p. 330

Verblüffender Wassermann

1748 zeigte beim Salzturm an der Schifflände der Schaffhauser Drüppel seine verblüffenden Künste als Wassermann. Er liess sich in «einer curiosen Maschine von dickem Sohlleder» mit einem Flaschenzug bis auf den Grund des Rheins gleiten und verblieb dort jeweils während vier Minuten. «Ist von einer grossen Menge Volck ums Gelt gesehen worden.»

Im Schatten Unserer Gnädigen Herren, p. 23/Bieler, p. 764

Eine 103jährige

Im patriarchalischen Alter von 103 Jahren verstarb 1751 Jungfrau Johanna Lumey von Sonvillers. Die verblichene Refugiantin, die während 91 Jahren in Basel gewohnt hatte, ist «ihr Lebtag wenig kranck gewesen und hat bis an ihr End guten Verstand und guten Appetit gehabt, ist auch theils von vornehmen Leuthen und von der frantzösischen Kirche erhalten worden».

Im Schatten Unserer Gnädigen Herren, p. 28/Bieler, p. 361

Basler erschlägt einen König

«Als des Landvogt Wagners Sohn, ein Koch, schon bei 8 Jahren als ein Officier in englischen Diensten gestanden und sich so wohl und dapfer gehalten, so dass er nebst noch etlichen Baslern (R. Wick und Oswald) in Asia auf etlichen englischen Inslen commendirt, um und mit den Wilden zu kriegen und vieles zu erbeuten. Da er nun vor 2 Jahren im Königreich Maroco die Wilden geschlagen und das Glück hatte, dasiger König mit eigener Hand umzubringen, von welchem er eine grosse Beuth gemacht, so dass er lebenslänglich genug hatte. Nachgehens resolvirte er sich Anno 1757 in cognito auf Basel und gab seinen zwey Landsleuthen als getreue Mithelfer ein Geltswerth gegen die 30000 Pfund. Mithin verreiste er am Neuen Jahr 1758 und kam wieder glücklich und gesund mit einem 7½jährigen Mohren-Knab samt seiner schönen Beuth, welche sich über die 80000 Gulden beläuft, bey seinem Vatter zu Basel erfreulich an.»

Im Schatten Unserer Gnädigen Herren, p. 77f./Bieler, p. 622

Lotterieglück

«1758 sind widrum aus der Cöllner Lotterie viele gute gewünscht Zedel von vielen 1000 Gulden an hiesige Collecte gefallen und arrivirt, worunter wircklich einer von 10000 Gulden einem hiesigen armen Burger namens Rich, Hafner, ist ausbezahlt worden. Mithin ist es merckwürdig, dass dieser arme Rich wunderbarlich durch einen Vetter in Franckfurth, welcher ihm vor etlichen Jahren anstat einer Hochzeitsgab in obige Lotterie gelegt, nach seinem Geschlecht rich geworden ist.»

Im Schatten Unserer Gnädigen Herren, p. 77/Bieler, p. 795

Grossartiges Feuerwerk

1759 sind «in 3 Malen von Herrn Ohler von Strassburg, vor etlichen 1000 Menschen, 3 indiferente kunstliche und sehenswürdige Feuerwerck componirt und mitten auffem Kornmarckt gespiehlt und nach einer generosen Geltaufhebung gezeigt worden. Erstlich hat eine weisse Daube, welche auf einem Seil vom Rahthaus herunder gefahren, die Maschine La gloire angezündet, welche in der Mitte eine Sonne vorstellt. 2. Zwey Pyramiden mit 200 Sternliechter. 3. In der Mitte zwischen den Pyramiden ist der Statt Wappen sambt ‹Vivat Basilea› zu sechen. 4. Ein Pfauenschwantz. 5. Ein Bouquet du roi. 6. Ein Fixstern,

Madlena Frey von Röschenz, des Leonhard Karrers Mutter, erreichte nach Meinung ihres Sohnes ein Alter von 106 Jahren. Federzeichnung von Hans Heinrich Glaser.

welcher die 12 Planeten zeigt. 7. Alle 13 Canton. 8. Vier Feuerräder. 9. Zwey Sternräder, welche sich in eine Sonne verwandlet. 10. Hundert romanische Liechter, welche viel hundert Sternen haushöche auswerfen. 11. Ein Spanisch Chreutz mit etlichen 50 Ragetten garnirt. Zwischen einer jeglichen Vorstellung sind viele Ragetten funcklend haushöche gestiegen.»

Im Schatten Unserer Gnädigen Herren, p. 93/Bieler, p. 810

Zwergdame

1759 war im Gasthof zum Storchen «eine kleine englische Dame» zu sehen, die nur 2½ Schuh gross war. Die Zwergin liess sich überdies in einer kleinen Tragchaise durch die Stadt tragen, was nicht geringes Aufsehen erregte.

Im Schatten Unserer Gnädigen Herren, p. 89/Bieler, p. 806

Virtuoser Pantalonspieler

«1760 nahm ich an einem Konzert eines von Petersburg kommenden Wiener Musikanten namens Homburt teil. Sein Instrument heisst Pantalon und ist von ähnlichem Bau wie das Zimbalum, nur dass es sehr lang ist, oberhalb und unterhalb mit Saiten bespannt, und die Saiten, teils aus Darm, teils aus Kupfer, sehr dicht beieinander stehen. Der Meister errang grossen Applaus damit, er spielte aber auch sehr schön; man zahlte 20 Batzen. Diese Musikanten, die für Virtuosen gelten, pflegen, wenn sie durch die Schweiz ziehen, hohe Eintrittspreise zu erheben, wie einige bemerken. Ich glaube den Grund darin zu sehen, dass auch sie von den Schweizern kräftig geschröpft werden. Denn Reisende haben vielleicht nirgends mehr Ausgaben als in Helvetien, sei es für die Kost, sei es für den Wagen, der weit teurer ist als sogar die Extrapost.»

Teleki, p. 80

Augusta Rauracorum

«1760 fuhren wir nach Augusta Rauracorum, es heisst hier gewöhnlich Augst, wo noch etliche Reste der alten Stadt sichtbar sind, und ich sah namentlich einige Überreste des kreisrunden Gebäudes, das von den meisten für ein ehemaliges Theater gehalten wird. Ich sah auch den Aquaedukt, der ganz bis nach Liechstall hinzieht, 2 Stunden von hier. Die Bauern finden oft alte Münzen und andere Überreste des Heidentums im Feld, und da es sowohl in Basel Leute gibt, die sich darauf verstehen, als auch Fremde sich oft dort einfinden, so können sie auch gute Preise dafür erhalten. Deshalb nahm ich auch davon Abstand, eine Münze zu kaufen, die der Bauer nicht unter 2 Gulden 40 Kreuzer hergeben wollte, obgleich sie nur etwa einen halben Gulden wert war. Im übrigen war es ein unterhaltender Tag für uns. Im Gasthaus, wo wir speisten, hieb man uns zwar gehörig übers Ohr, denn wir zahlten 15 Gulden für ein Mittagmahl von 8 Personen und das Pferdefutter.»

Teleki, p. 77f.

PUBLICATION

wegen

Spielen und Lotterien.

Demnach Unsere Gnädige Herren und Obere aus Landesväterlicher Sorge für Ihre Angehörige den Ursachen nachgeforscht, welche derselben Wohlstand hemmen und hingegen Verderben verbreiten, und befunden, daß besonders das sehr allgemein gewordene Spielen eine Hauptquelle seye, welche die Jugend zum Müssiggang und Verderben führe, und woher für viele Personen und ganze Haußhaltungen Armuth und Elend entstehe, haben Hochdieselben, um diesen traurigen Folgen vorzubeugen, unterm 23ten Aprils ferndrigen Jahres zu erkennen nöthig erachtet: Daß den allhier sich aufhaltenden Lehrjungen, Handwerks-Burschen, Fabriken-Arbeiteren und allen anderen Dienstboten alles Karten- und Würfelspielen gänzlich und zu allen Zeiten sowohl in öffentlichen als aber Partikular-Häuseren verboten, und die Vorkehrung der zu Handhabung dieser Ordnung erforderlichen Anstalten Unseren Gnädigen Herren E. E. und W. W. Kleinen Rathes überwiesen seyn solle.

In Folge dessen wird dieses Verbot mit der ernstlichen Warnung, solches bey empfindlicher Strafe nicht zu übertreten, hiemit kund gemacht, und zugleich den Weinschenken und Nebenzäpfern und sonst jedermann nachdrücklich eingeschärft, solches Spielen in ihren Häuseren nicht zu gestatten, indem die darwider Handelnden eine angemessene Bestrafung, die Weinschenken und Nebenzäpfer aber gänzliche Niederlegung des Weinausgebens zu erwarten haben.

Und damit diesem desto besser nachgelebt werde, ist hierüber einem Löbl. Reformations-Collegio und den E. Quartieren genaue Aufsicht und Handhabung aufgetragen, mit dem Beyfügen, daß sowohl eine Löbl. Reformation den Angeberen, als auch die E. Quartier den Wächteren, wenn sie Anzeigen thun, den in der Reformations-Ordnung bestimmten Antheil von der Strafe zukommen lassen sollen.

Da auch ferner Unsere Gnädige Herren in unbeliebige Erfahrung gebracht, was massen seit etwas Zeit durch Anstellung kleiner Lotterien und Ausspielung eint- und anderer Effecten die Begierde zu dergleichen Glücksversuchen bey verschiedenen Volks-Classen rege gemacht und dadurch der Anlässe zu unnützem Geld-Aufwande immer mehr geworden, haben Hochdieselben auch diesem einreissenden Uebel in Zeiten zu steuren nöthig befunden, und wollen demnach, daß in Zukunft niemand gestattet seyn soll, Lotterien, von was Art sie immer seyn mögen, ohne obrigkeitliche Erlaubnis zu errichten oder Effecten ausspielen zu lassen, bey empfindlicher Strafe für diejenigen, die sich wider diese gemessene Verordnung betreten lassen würden, als deren Handhabung ebenfalls vor wohlermeltem Reformations-Collegio mit der in Ansehung der Angeberen im vorherigen Artikel enthaltenen Erleuterung empfohlen wird.

Welche Verordnungen zu Männiglichs Nachricht und Verhalt, um sich vor Schaden zu hüten, kund zu machen und in allen Wirths- und Weinhäuseren anzuschlagen von Unseren Gnädigen Herren beyden Räthen erkannt worden.

Den 2ten Aprills 1788.

Canzley Basel.

1788 gebot die Obrigkeit dem Spielen und «Lötterlen» Einhalt, weil solches die Jugend zum Müssiggang und Verderben führe.

Vorstellung deß Standts Botten der Stadt Basel, so in 24. Stunden von Basel nach Straßburg und wider zuruk gelauffen, aber alsobald gestorben. Diese Figur ist zusehen oberhalb der grossen Stegen des Rathhauses zu Basel.

Der Todesfall des Basler Stadtläufers, der innerhalb von 24 Stunden in wichtiger Mission nach Strassburg und zurück geeilt ist, fällt in die Zeit vor 1508.

Einfältiges Begehren

«1762 hatten die Herren Kartäuser von Freyburg im Breisgau aus Befelch Ihrer Majestät dem Kaiser und dem König von Frankreich durch ein Schreiben an Unsere Gnädigen Herren begehrt, man solle ihnen ohne Anstand das Waisenhaus als ihr ehemaliges Cardeuser Closter abtretten und einhändigen. Dieses unverschämbte Peditum sahen Unsere Gnädigen Herren an wie alle vorhergehenden, so seit der Reformation alle 100 Jahr geschechen. Wurden sie durch ein Schreiben mit ihrem einfältigen Begehren ein und für allemal abgewiesen!»

Im Schatten Unserer Gnädigen Herren, p. 129/Bieler, p. 650

Hochberühmte Kunststücke

1763 «ist auf der Gerberzunft ein hochberühmtes englisches mathematisches Kunststuck ausgestellt gewesen, welches von dem berühmten Kunstmeister Ricardo Pilsen ist verfertiget worden. Es praesendirt viele mit aufgespannten Segel auffem Meer hin und her fahrende Seeschiff. Ferners viele zu Pferdt und in Gutschen fahrende Herren und Dames, welche so natürlich Compliment machen und Almosen austheilen, als wan sie lebten. Ferners siehet man einen Ritter, welcher unter einem Berg bei seinem Pferdt schlaft und sein Pferdt ihn etlichmal aufweckt, alwo er seinen Kopf aufhebt und sein Pferdt anschaut und wieder einschläft. Diese und noch mehrere an Menschen und Viech passierte und repassierte Kunststuck bestechen in nichts anderst als in einer künstlichen auf Kupfer natürlichen Mahlerei.»

Im Schatten Unserer Gnädigen Herren, p. 142f./Bieler, p. 842

Phänomenales Gedächtnis

«1764 starb an einer 4tägigen Kranckheit der bekannte Alexander Steiger, Kupferschmied auffem Paarfüsser-Platz, im 70. Jahr. Ist ein fröhlicher, arbeitsamer Mann und fleissiger Kirchengänger und guter Lateiner, auch ein Liebhaber der Poesie gewesen. In seiner Jugend hat er ein so scharf Gedächtnis gehabt, dass er, wan er in eine Predigdt gegangen, selbige nachmittags seinen Nachbarn beynachem völlig auswendig gepredigt. Hat auch allezeit mit den Geistlichen Companie gemacht.»

Im Schatten Unserer Gnädigen Herren, p. 144/Bieler, p. 411

Liestaler blamieren sich

«Als 1766 viele Burgere zu Lüestel unter ihrem Geflügel schon eine geraume Zeit grossen Schaden erlitten, wurden sie räthig als wan etliche Iltis solches veruhrsachten. Diesem vorzukommen richtete H. Heiniman, Chirurgus, etliche Nächte eine Marderfalle, war auch so glücklich, dass er einen geglaubten Iltis gefangen. Da er solchen morges mit noch etlichen Nachbaren sechen wolte, erschracken sie, dass dieses Thier oben auffem Kopf eine

Chron, feurige Augen, kurtzer dicker Schnabel und drum herum lange Haar hatte, auch dan und wan in der Fallen rasete und ausserordlich Laut gab. Da man solches vernahm, wurde in gantz Lüestel Lermen gemacht und lauften bey 100 Manns- und Weibervolck zusammen und betrachteten solches Wunderthier mit grossem Schrecken. Über solches ist vieles lächerliches und unglickliches Raisoniren ergangen. Beyde H. Schuldheissen, H. Geistliche und Beysitzer und andere rahtschlagdten, was dies für ein Thier sein möchte und wie man es fangen könnte. Viele sagdten, man solle es erträncken, andere man solle es mit der Fallen an der Stadig verbrennen. Da man aber überhaupt glaubte, es seye ein feuerspeuenter Track, sagdten viele, man solle beyde Thor zuthun und fleissig bätten, es bedeut der Statt Untergang. Draguner und andere Militair greiften zum Gwehr; viele kamen mit Halebarden, Brüglen, Degen und Stangen herbey und wollten diesen Track tod schüessen oder schlagen. Den besten Raht gab Meister Rud. Ertzberger oder der sogenandte Löckli-Rudi und sagdte, man solle um die Fallen herum mit obigem Gewehr parad stehen und um ein tratene Füscher Wadle einen grossen Wullensack wicklen und vor die Fallen heben und dieses Thier darein jagen. Inzwischen verschliessten sich Weib und Kinder in ihre Häuser und bäten inbrünstig um ihre Vätter und Männer. Endlich hatte sich dieser feuerspeuente Track in eine bruetige Hennen oder Gluckseren verwandlet und ist auf diese Art gefangen worden. Da sie aber gesechen, dass dieses arme Vüech vor Ängsten ein Ey fallen liess, hatten sie erst geglaubt, dass es ein Huhn und sie betrogen waren. Mithin hatte sich dieser Lüestler Casus anfangs erbärmlich, aber nachgehents lächerlich und ohne Lebesgefahr geendet. Das merckwürdigste war, dass dergleichen gauragirte und wohl exercirte Leuthe wie die Lüestler waren, eine solche einfältige That sollen begangen haben. Mithin sind sie noch mehr als die tapfren Schwaben, welche gegen einem Hasen gestritten, auslachungswürdig gewesen.»

Im Schatten Unserer Gnädigen Herren, p. 169f. / Bieler, p. 858

Zwerg aus dem Lappland

«1766 ist 5 Tag lang ein Zwerg von 115 Jahren und 4 Monat alt zur Chronen vor ein Batzen, auch nach Belieben gesechen worden. Seine Länge war 2 Schuh und 4 Zoll hoch; er ist schön von Gestalt, weiss von Kopf, grad von Gliedern; sein weisser Barth ist über ein Schue lang. Er war auch so stark, dass er mit dem kleinen Finger 1 Centnerstein auflipfen konnte. Er geniesset zu seiner Nahrung nichts anderes als halb raues Fleisch. In seinem Lappländer Land ist der höchste Mann nicht über 3 Schue und 3 Zoll hoch. Auch hat er noch ziemlich Vernumpft gehabt.»

Im Schatten Unserer Gnädigen Herren, p. 172 / Bieler, p. 858

Vouy le grand Miracle en ce petit Pourtrait
C'est de Mons.r Hans, de Swisse, il est ne'
Haut de deux Peds sept Poulces pas d'Avantage
Quoy qu'il age ben tranthuit Ans d'age. —
Dieses Bild von Mr Hans an Alter 38. Jahr
Ein Schweitzer von Geburth, ein Wunder das da rahr
Sein Länge ist 2 Schuh und 7 Zohl, wie sie gemessen
der ihn im Leben g'sehen, der Kan ihn nit vergessen

«Der Schweizer-Hans, ein Zwerg. Ein wirklich gebohrener Schweizer. Hat an einem der vornehmsten Europäischen Höfe als Hof-Zwerg gestanden.»

Hundsfischer

«1767 hatte Rahtsherr Dürring Sohn Joh. Jakob und ein junger Matzinger, beyde Fischer, bey der Schliesse auf der Wiesen einen geglaubten ertrunckenen Menschen aufgefangen, aus dem Wasser gerissen und den taxirten Gulden verdienen wollen. Sie avertirten gleich Burgermeister Hagenbach und Schuldheiss Merian, die Wundschau und der Oberstknecht, der die Kohliberger herausschickte, selbigen im Clingenthal verlochen zu lassen. Da sie aber hinaus kamen, fanden sie, dass es kein Mensch, sondern ein grosser Hund war. Wegen solchem wurden sie hernach beyde aus grossen Gnaden ein jeder um 5 Pfund gestraft und mussten denen Kohlibergeren ihren taxirten Gulden bezahlen. Mithin kann man sie mit Recht keine vernünftige Fischer, sondern unvernünftige Hundsfischer nennen. Den feinen Filtz (Verweis) aber, wo sie bekommen, können sie auf die Schass (Jagd) oder auf der Schützenmatten brauchen.»

Im Schatten Unserer Gnädigen Herren, p. 176f. / Bieler, p. 983

Luftwirkungen.

Herr Blanchard, Einwohner von Calais und von andern Städten, Pensionirter von S. C. M. und einigen Akademien, hat die Ehre, einem geehrten Publikum anzuzeigen, daß er gesonnen, in Basel seine 30ste Luftreise zu unternehmen, wozu er nächstens Vorschläge bekannt machen wird. Unterdessen sind in dem bekannten Ballenhause seine ganzen Zurüstungen und Geräthschaften denen Herren Liebhabern zur Schau ausgesetzt.

In dieser Luft-Werkstätte zeichnen sich besonders wichtig aus:

1°. Ein Luft-Ballon von 5500 cubischen Schuhen, welches schon 11 Luftreisen gemacht, und auch dasjenige ist, dessen er sich allhier zu bedienen vorgenommen.

2°. Die Halbkugel des Ballons, mit welchem Herr Blanchard aus England nach Frankreich gefahren, die andere Helfte ist in Calais nebst dem Luftschiffe auf hohen Befehl in einer Kirche aufbewahrt.

3°. Zerschiedene andere Luft-Ballons.

4°. Ein zum Erstaunen grosser Fallschirm, (Parachute) von Erfindung Herrn Blanchard, vermittelst welchem 4 Luftreisende aus ihrem Luftschiffe von der unermeßlichsten Höhe ohne die geringste Gefahr ganz langsam auf die Erde sich herunterlassen können.

5°. Ein kleinerer Fallschirm, mit welchem Herr Blanchard schon manche Versuche gemacht, indem er Hunde, Schaafe, auch andere Thiere von den Wolken heruntergeworfen, welche ohne die geringste Verletzung auf die Erde gekommen.

Ein solcher Fallschirm wäre auch in Feuersbrünsten zu gebrauchen, indem man sich von dem höchsten Stock eines Hauses ohne Gefahr herunterlassen könnte.

Alle dirse Merkwürdigkeiten, samt allen Zugehörden, werden bis den Abend vor dem grossen Versuche von Morgens 10 Uhr bis Abends um 5 Uhr gezeigt.

Die Person zahlt 5 Batzen.

1788 lud der berühmte Ballonfahrer Blanchard die Basler zu seiner 30. Luftfahrt ein, doch «es geschah aus Mangel von Subscribenten keine solche Luftreise».

Unmenschliche Selbsthilfe

«Als Meister A.D., der Beck, 1769 eine Magdt von Grentzach wegen vielen geborgten Brodschulden halben bey Landvogdt Waldbrunn zu Lörach verklagdt, erlaubte ihme dieser, die Magdt mit sich nach Haus zu nemen, doch ohne einiges Leid zu thun. Weilen aber der Meister das Verbot nicht respectirte, sondern anstatt dessen die Magdt seinem Pferdt an den Schweif gebunden und mit sich blessirt nach Haus geschleift hatte, citierte ihn der Landvogdt auf Lörach, und wurde er ohne Doctor und Barbierers Kösten, um 50 Neuthaler gestraft.»

Im Schatten Unserer Gnädigen Herren, p. 184 / Bieler, p. 869

Süsse Glasharmonikaspielerin

«1779 kam Herr Schmidtbauer von Carlsruhe mit seiner Tochter hieher. Sie kennen vielleicht diesen Namen durch seine Compositionen fürs Klavier, wenn Sie auch nichts von seiner Harmonica gehört haben sollten. Schmidtbauer machte dieses Instrument für den Markgrafen von Baden, und als dieser starb, schenkte er es der Tochter. Alles, was ich von der Zauberkraft dieses Instrumentes gehört habe, ist wahr, wenigstens für mich wahr, denn noch nie hat mir etwas durch alle Sehnen gezittert, wie diese aus Glas gezogene Töne, besonders wenn ich sie, nicht im öffentlichen Konzerte, sondern in einem Privathause hörte. Dass Demoiselle Schmidtbauer, ein junges, liebes, artiges Mädchen, dies Instrument spielt, ist keineswegs zu vergessen, und viele wollen einen Theil der Wirkung ihr selbst zuschreiben, besonders wenn man das Vergnügen hat, ihr nahe zu sein. Sie hat eine schwache, aber äusserst angenehme und ausdrückende Stimme, ist in Gesellschaft gefällig, und verweigert nie einen Gesang bei einer Mahlzeit. Ihr Vater trat nach des Markgrafen von Baden Tode in die Dienste des Markgrafen von Durlach und Baden, dessen Kapellmeister er jezt ist.»

Küttner, Bd. II, p. 233f.

Blanchards Luftreise

«Der berühmte Luftschiffer Herr Blanchard von Caen in Frankreich, machte hier in dem Hofe des Markgräflich-Badischen Pallasts seinen 30sten Versuch, vermittelst einer aerostatischen Maschine in die Höhe zu steigen und durch die Luft zu segeln. Der Tag dieser Luft-Schiffart war auf den 5ten May angesetzt. Die Aufsteigung sollte Abends um 4 Uhr vor sich gehen. Verschiedene Ursachen verhinderten die Anfüllung des Ballons. Einige Stunden verflossen und die Sache wollte, aller Bemühungen Herrn Blanchards ungeacht nicht gelingen. Da fasste er plötzlich den herzhaften Entschluss, aus Besorgniss, die überaus zahlreichen Zuschauer in ihren Erwartungen getäuscht zu haben, Schifflein, Flügel und Ballast weg zu thun und sich in einem blossen Netz eingewickelt und fast kleiderlos der Luft zu überlassen. Sobald er sich zu erheben begann, verbreitete sich unter die Zuschauer eine Mischung von Bewunderung und Schauer, und unter dem Freudengeschrey vernahm man Laute des Mitleidens. Es hatte aber der Luftsegler seine Geistes-Gegenwart nie verloren, denn er schwang ohne Unterlass eine mit dem Standes-Wappen bemahlte Fahne. Nach Verfluss einer halben Stunde sah man den Luftball sich nach und nach senken, bis er sich zwischen Basel und Allschweyler niederliess. Ausser einer kleinen Verletzung am Fusse, erfuhr Herr Blanchard keine weitere Beschädigung.» 1788.

Lutz, p. 324/Anno Dazumal, p. 190ff.

Probleme mit der Basler Zeit

«Den 1. Januar 1779 wurden in der Neujahrsnacht die Uhren zu Basel auf den gewöhnlichen Meridian (Längenkreis auf der Erdkugel) gestellt und um eine Stunde zurückgerichtet, so dass man diese Nacht 2mal 12 Uhr schlagen liess. Das Geläute aber blieb und wurde zur nehmlichen Zeit wie vorhin geläutet, nur das halb 12 Uhr Geläute wurde abgeschafft und nach neuer Zeit um 11 Uhr geläutet. Diese neue Ordnung aber behagte unserer Burgerschaft nicht. Die wenigsten wollten sich zur neuen Zeit bequemen, und so gab es Confusionen. Der eine richtete sich nach der neuen, andere hielten hartnäckig die alte Zeit bei und liessen die Thurmuhren schlagen, was sie wollten. War von der Zeit die Rede, so musste man sich immer explicieren, ob die alte oder neue Zeit gemeint sey. Kurz, die Unordnungen und Verwirrungen waren ohne Zahl. So auch bei löblicher Universität. Unter den Professoren wollten einige nach dem neuen Zeiger, andere nach dem alten ihre Vorlesungen halten, so dass es sich traf, dass 2 Professoren zu gleicher Zeit in einer Stunde lesen wollten. Je mehr man nun dem einen günstiger war, oder je mehr man den andern chicanieren wollte, besuchten die Studenten die Lektionen des einen und das Auditorium des andern blieb leer. Geschah es auch auf Anstiftung einiger studierender Rathsherren Söhn, dass die Studenten alle zusammenhielten. Denn viele Rathsglieder waren mit dieser Neuerung unzufrieden. So geschah es denn, dass der Rath am 18. Januar erkannte, die neue Zeit sey abgeschafft und alles solle wieder auf den alten Fuss gestellt werden. Dieser Rathserkanntnis zufolge sind sonntags darauf alle Uhren nach dem alten Zeiger wieder gerichtet worden. Und so dauerte der ganze Spass nicht einmal einen vollen Monat.

1798 machte man nicht halb soviel Umstände. Es war dies eines der ersten Stücklein unserer provisorischen Nationalversammlung. Man merkte es kaum: Die Zeiger an allen Stadtuhren wurden alle Tag 10 Minuten zurückgestellt. Und nach 8 Tagen waren nun alle nach dem gewöhnlichen Meridian gerichtet. Man war es jetzt schon gewohnt, sich für einen Narren halten zu lassen. Als man den Lällenkönig hinwegnahm und ein kleines lumpiges Freiheitsbäumlein mit drei farbigen Bändern in das Loch stellte, lachte man. Über das Wegkratzen und Abmeisseln aller Baselstäbe ärgerte man sich. Doch wurden, als die Ehrenhelvetik am Ende war, Lällenkönig und die meisten Baselstäbe (bei weitem aber nicht alle) wieder hergestellt. Wie viel Baselstäbe an und in öffentlichen Gebäuden waren, lässt sich aus folgendem annehmen: In den 1780er Jahren waren zwey Gebrüder Vogel aus Mülhausen, die allhier studierten, in unserer Stadt. Der eine war Mediciner, der andere Theolog, beide aber müssige Köpfe. Diese machten sich einmal pro Woche ein eigenes Geschäft daraus, alle Baselstäbe in der ganzen Stadt zu zählen. Dieses wichtige Unternehmen vollendeten sie binnen 10 Tagen und brachten deren mehr heraus als Tage im Jahr.»

Munzinger, Bd. I, s. p.

Kurze Beschreibung

zu der beygehenden Abbildung des Betrachtungswürdigen 7 jährigen

Elefanten,

wie solcher im Jahr 1773. in der Schweiz ist gesehen worden.

Der gröste Elefant ist bis auf 14 Fuß hoch und 25 lang wann er den Rüßel vorwärts strecket. Der Rüßel ist 13 Fuß hoch, ausfert dem Maul ungefähr 8 Fuß in der Länge; Er hat wenig Haar, nur auf dem Rüßel, an den Augenliedern, und auf dem Schwanz, welche steiff wie Schweinborst.

Die Haut hat falten-förmige Schlitze, wie die Linien, die sich in der Hand des Menschen zeigen, und falten-ähnliche Erhöhungen. Ihre Farbe ist weiß oder asch-grau, oder grau-braun, einige auch schwarz. Auf der Haut sieht man einige Tüpfelchen, man nimmt auch die Löcher wahr, aus welchen die Haare hervorkommen.

Die Stoßzaähne eines jungen Elefanten, in der Größe von 7 bis 8 Schuh, gehen ungefähr 14 Zoll weit in ihre Fächer hinein, sie sind 13 bis 14 Pfund schwer. Mit seinen Hauerzähnen durchbohrt er den Löwen; mit seiner Hand (Rüßel) reißt er Bäume um, mit dem Stoß seines Körpers macht er Bresche in eine Mauer; stosset Häuser um; er macht unter seinem Fußtritt die Erde beben; er ist durch seine Gewalt erschöcklich, und noch mehr durch den Widerstand seiner Masse und die Dicke des Leders das sie bedeckt, und durch welche keine Kugel gehet, ist er unüberwindtlich.

Publikumsaufruf zum Besuch der Schaustellung eines Elefanten, der 1773 in der Schweiz gezeigt wurde.

Ir Burgermeister vnd der Rhat der Statt Basel/
Thun hiemit jedermeniglichen zu wissen / Nachdem auß ehehafften vrsachen / vnd fürnemblich damit der gemeine Mann desto billicher pfenwerdt erhandlen möchte / rhatsam befunden worden / die Karpffen Fisch nit ferners beim augenmäß / sondern dem gewicht / inmassen vor achtzig vnd mehr jahren in dieser Statt auch gebräuchig gewesen / zu verkauffen: daß wir hierauff wolbedacht ich geordnet haben / daß fürterhin genandte Karpffen Fisch / von hiesigen vnd frembden / allein auff vnserem gewohnlichen Fischmarckt / vnd beim gewicht / mit nachvermercktem vnderscheidt / vnd nicht anderst verkaufft: auch solchem gemäß / auff sonderbaren hierzu verordneten Wagen / welche einem jeweils wesenden Stubenknecht zun Fischeren / darüber gute sorg zu tragen anvertrawt / vnd jeglichem so Fisch zu feylem kauff einherbringt / gebürlich zuzustellen / anbefohlen seyn / außgewogen vnd hingegeben / bey Straff zwölff batzen / welche beedes dem käuffer vnd verkäuffer / von jedem Karpffen Fisch so vorstehender Ordnung entgegen verkaufft / ohne gnad abgenommen werden sollen. Decretum Samstags den 18. Septembris 1613.

Karpffen Fisch Tax:

1. Die Karpffen / so vnder zweyen pfunden wägen / derselben soll ein pfundt vmb ein batzen:
2. Welche Karpffen aber zwey / oder darob biß in drey pfundt wägen / derselben soll ein pfundt vmb zwen schilling:
3. Was Karpffen den / drey biß in vier pfundt wägen / da solle das pfundt vmb vierzehen rappen:
4. Vnd endtlich jenige Karpffen / die vier pfundt vnd drüber wägen / derē sollen jedes pfundt vmb sechszehen rappē:

} vnd nit thewrer verkaufft vnd kaufft werden.

Cantzley daselbsten ssst.

II HUNGERSNÖTE ERNÄHRUNG UND BEKLEIDUNG

Die Gugelhüte

«Diese fallen zu Basel in den Zeitpunkt, wo Cervola und nach ihm Jngelram von Coucy mit ihren furchtbaren Schaaren Basel und seine Gegend ängstigten. Man hiess dieses Kriegsvolk die Guggeler. Sie trugen Guggelhüte in Gestalt der Kugeln; die hatten vorne einen Lappen und hinten einen Lappen; sie waren verschnitten und gezottelt und gefüttert mit Kleinspalt oder mit Bund. Von diesen leitet man auch die Mode der Schnabelschuhe oder Schuhe mit Spitzen, in Gestalt von Klauen, her. Diese Schuhspitzen zierte man sogar mit Schellen; eine komische Fussbekleidung! Eben so borgte man von ihnen neue Kleidermoden. Ehe diese Gäste ins Land kamen, war die Kleidertracht noch überaus einfach. Der Oberrock, ohne Ermel und Knöpfe, langte zu den Füssen hinab und war am Hals genau überschlagen. Die Frauen trugen ihn etwas weiter und länger mit einem Gürtel geschürzt. Der Arm in dem engen Ermel des Wammes stieg aus dem weiten, offenen Umschlag hervor. Das Haupt war entblösst. Mützen trugen nur angesehenere Herren. Die Weibspersonen unterschieden sich von den Männern durch langes Haupthaar, das in Locken um die Schultern flog, gewöhnlich war dasselbe mit einem Kranze umwunden. In der Trauer war die Stirne mit Leinwand verhüllt. Um die Schultern wallete den Rücken hinab bey Manns- und Weibspersonen ein weiter Mantel. Von Gold, Silber, Seide und Prätiosen sah man noch wenig oder nichts. Erst nach dem Abzuge dieser fremden Völker unter erwähntem Cervola und Coucy verkürzte man bey den Männern den Rock, um die buntfarbigen weiten Hosen sichtbar zu machen. Von der Kappe flossen den Rücken hinab zween Zipfel bis an die Fersen. Mehr als eine Handbreit war der Weiberrock vorne beym Halse geöffnet. Hinten war eine Haube genäht, einer Elle lang und noch länger. Auf den Seiten war der Rock geknöpfelt und geschnürt; er schimmerte von Seide, Gold, Silber, Edelgestein; ein kostbarer Gürtel schürzte ihn auf. Nach dieser Kleiderpracht zu schliessen, mögen schon damals die Verfertiger der Kleidungsstücke und die Putzmacherinnen volle Hände zu thun gehabt haben, und mit den modischen Abänderungen gewissermassen schon eben so vertraut gewesen seyn, als es diese Art Leute in unsern Tagen (1809) seyn müssen, wenn sie ihre Nahrung gewinnen wollen. Über die Einschränkung dieses Luxus sollen aus Anlass kräftiger Strafpredigten, obrigkeitliche Sittenmandate erfolgt seyn.» 1375.

Lutz, p. 113f.

Anken in der Fastenzeit

1463 erlaubte Bischof Johann von Venningen, während der Fastenzeit den Genuss von Anken unter Auferlegung einer besonderen Steuer.

Beinheim, p. 438f.

Sündhaft teure Salme

«1445 galt zu Basel ein Salm so viel, als 18 Säck Rocken, namblich 4 Gulden belaufft sich ein Sack Rocken bey sechsthalben Schilling. Eben zur selben Zeit hat man 30 Eier umb einen Vierer kaufft.»

Baslerischer Geschichts-Calender, p. 19

Eine hübsche Kunst, Fisch zu fangen

«Willst Du Fisch fangen, so nimm eine grosse Gutter oder eine grosse Kugel und tue darin das faule Holz, dass es scheint, und tue darin einen Kefer oder eine goldene Grille. Vermach das Glas gar wohl, dass kein Wasser darin kommt, und tue das Glas in eine Reuss.» «Ein ander Kunst, Fisch zu fangen: Willst Du Fisch fangen, so lass Dir eine Büchs machen aus Zinn, dass sie liegt. Sie soll sich dann aber wohl bewegen. Wenn Du sie in den Teich versenkst, kommen die Karpfen und essen von dem Teig. Derjenige, der den Angel nimmt, der hängt an der Schnuer. Zuckt dann die Schnuer hindersich und nit übersich, dann zuckst Du dem Karpfen den Angel in das Maul, dass er daran hängen bleibt.»

Fischerbüchlein, 1555

Wunderbare göttliche Güte

«Ein Beweis der wunderbaren göttlichen Güte zeigte sich in der Weinlese 1531, von der viele glaubten, sie habe in Folge des Hagels schwer gelitten. Aber ein viel reicherer

Wie man die Viſch fahen ſoll.

viſch mit dem angel/vñ iſt not dz der groß vnd ſtarck ſey von ertz/ auch das ſtricklin ſtarck vmbwunden mit gewichßtem fadẽ/ oder mit einem kleinen eyſerinen oder meſſingen drat/das der viſch nit abbeiſſe.

¶ Zum andern wirdt der Angel gebunden an ein ſtricklin võ weiſſen roßharen geflochten/ vñ daran die ſpeiß geſtecket / ſo von den Viſchen begeret wirt/ das der angel nit geſehen werde/ vñ wirdt mit einem ſtricklin gebunden an ein ſubtil gertlin/vnd alſo ins waſſer geworffen/als es gar bekant vñ meniglichẽ offenbar iſt. Dabey aber iſt zůmercken/ daß der fiſcher wiſſe was ſpeiß jeglichs gſchlecht ď viſchen begere/auch welche zeit des Jars. Dañ ein jeder fiſch wil habẽ andere ſpeiß im Winter dann im Soñer/welches der leichtlich wiſſen mag/ der da vil viſch bereytet/ wz materj er in eins jeden viſches gedärm erfindet. Oder dz einer verſucht mancherley körder/vñ was dañ den viſch behaget /das mercke er.

¶ Wo auch fiſch ſeind/ die den angel kennen/oder verſucht haben/vnd nit wöllen an beiſſen/ So sol der viſcher an einer ſchlechtẽ ſchnůr die kärder etlich mall einwerffen/ das ſie die ſpeiß nemmẽ vnd gewohnen/vnd darnach dann auch den angel mit einwerffen.

¶ In tieffen waſſern ſo habẽ die angel bley/ gar nach ein eln von dem angel/daß er gezogen werde an den grund/ vnd daſelbſt ſtill lige/ namlich in flieſſendẽ waſſeren. Dann ſoll er das ſtricklin behalten in der hand/ Wann er empfindet an dem genantẽ finger/dz ein fiſch ſey am angel/ ſoll er zům erſten ſtarck zucken/dz der angel wol haffte/darnach gemächlich/biß er den viſch zů dem land füret/dann gar ſelten fahet man kleine fiſch an dem grund/ ſonder gemeynlich groß.

Anleitung zum erfolgreichen Fischfang aus dem «schön neuw Fischbüchlein von der Natur und Eigenschafft der Fischen». 1610.

< *Wie früher sind die Karpfen wieder nach dem Gewicht und nicht mehr nach Augenmass auf dem Fischmarkt zu verkaufen. 1613.*

Ertrag, als jemand erwarten konnte, wurde durch göttliche Gnade geschenkt. Denn wer 10 Bütten erwartete, bekam 15 oder mehr. Auf dem Kornmarkt wurde am bekannten Platz unter freiem Himmel, auf dem sogenannten kalten Stein, die Maß zu 6 Pfennigen verkauft. Und doch sind die Unsern fast alle so undankbar, dass niemand solches beachtet und Gott ernstlich dafür dankt.»

Gast, p. 193

Vom Basler Wein

Das Jahr 1539 «ist ein herrlicher Herbst von Wein worden, wie es seit 100 Jahren nie erlebt. Wiewohl im vergangenen 1538. Jahr die Reben verfrohren und allenthalben fast wenig Wein worden. Nichts desto minder hat Gott durch seine Gnade zu der Zeit des Herbsts alle Fass gefüllt, und hat man ferner um kein Geld weder alte noch neue Fässer kaufen können. Zu letzt hat man an etlichen Orten im Elsass mangelhalber der Fässer den Wein an den Reben stehen und verderben lassen müssen. Dieweil solches unerhört und wohl für ein Wunderwerk und Güte Gottes zu schätzen ist, habe ich solches den Nachkommen zu einem Gedächtnis verzeichnen wollen. Und dieweil auch etwas an Reben und Weinwuchs um die Stadt Basel ist – was nicht gross geachtet und gering gehalten wird (weil der Wein eher sauer war) – habe ich aus Ehren einer Stadt Basel offenbar machen wollen, was es doch in beiden Bännen (Grossbasel und Kleinbasel) beschert hat. Es hat sich wahrhaftig erfunden, dass im Bann der grossen Stadt 10358 Saum, in der mindern Stadt 4202 Saum und innerhalb der Ringmauern 4480 Saum Wein gewachsen, summa 19040 (2589440 Liter!). Dieweil, dass solch gemeltes Weingewächs um eine Stadt Basel und darinnen verzeichnet, habe ich solches alles mit einer kleinen Müh und Arbeit verzeichnen wollen. Bezeuglich Jacob Meyer, der Zeit alter Bürgermeister, mit meiner eigenen Handschrift. Der liebe Gott verleihe seine Gnade, dass wir ihn (den Wein) mit Danksagung und Bescheidenheit geniessen und brauchen mögen.»

Scherer, p. 11f. / Ryff, p. 157 / Beck, p. 74 / Linder, p. 155ff.

Himmelschweiss

«Den zwölften Tag Mayens 1556 fiel zu Basel und darum ein wunderbar Thau vom Himmel, welches etliche Melthau, etliche Himmelschweiss nennen, dann es etwas feisst, und wie Honig süss. Es folgte darauf Abgang des Viehs, wie zuvor mehr beschehen.»

Wurstisen, Bd. II, p. 672 / Gross, p. 195f.

Abstinenten

«Diese trinken von Natur aus keinen Wein; so wie die meisten unvernünftigen Tiere verabscheuen sie jenen auch. Ich sah indessen unter ihnen solche, die süsse Weine wie Malvasier oder noch jungen Wein, solange er noch süsser Most ist, tranken und ihn erst dann verabscheuten, wenn er durch Gärung den Weingeschmack annahm.» Felix Platter. Um 1570.

Buess, p. 149

Heisse Speisen und ihre Folgen

«Ein Mann erzählte, dass er bei Nacht durch Kitzel und geschlechtliche Erregung gar sehr gequält worden sei, und er fragte mich, weil es ihm ungewohnt war, nach der Ursache, zumal da er zugleich eine Hitze im Leib und Durst gespürt habe. Und als ich fragte, ob er am vorhergehenden Tag gepfefferte und gesalzene Speisen gehabt hätte, bejahte er dies und erzählte mir, er habe folgendes gegessen: zuerst ein Gericht aus Brot, Butter und Zwiebeln, das man hierzulande ‹Zwiebelsupp› nennt; es seien ein wenig Schnittlauch und Petersilie sowie ein gekochtes,

In dieser Tröckne fielen bey nächtlicher Weil grosse Thaue, welche allerley Baumfrüchte erquickten. Insonders geriehte der Wein also wohl, daß so viel desselbigen, und solch starck Tranck langer Zeit nie gewachsen. Man konnte ihn abermals schier nicht fassen, ward deßhalben vor seiner Einmachung wolfeil, und um ein gering Geld verkauft. Zu Herbstzeit fand man einen Saum firnen Wein, der viel schlechter, um fünf, den neuen aber um sieben oder acht Blapphart. Doch bestuhnde solches nicht lang, sondern so bald er in die Faß kame, stieg er auf einen Gulden. Nachmalen weil in den zwey folgenden Jahren saurer Wein wuchse, schluge der heisse Sommer-Wein bis zu fünf Pfunden auf.

Einer ausgeprägten Trockenheit folgte 1543 ein milder Tau, welcher alle Bäume fruchtbar werden liess. Auch die Trauben gediehen so prächtig, dass an Wein grosser Überfluss herrschte.

«Die Eselmilch ist zu vil Dingen gut, nach der Weyb und Geiss Milch am besten. So man mit Eselmilch die Zän wäscht, so sterckt es die Kifel oder das Zänfleisch, und so sy wangken, so werden sy steyff.»

gesalzenes Ei hinzugefügt worden. Dann habe er sogenannte gesalzene Weissfische gegessen, die zu uns gesalzen aus dem Sempachersee gebracht werden, und zwar mit Petersilie und Kümmel in Wein gekocht, wie es bei uns üblich ist; ferner gekochte Krebse mit Pfeffer, Frösche mit Essig, Öl, Salz und Pfeffer, die er zum Frühstück gegessen hatte. Daher nahm ich an, dass die scharfen und heissen Speisen diesen Anreiz und diese Hitze und die gesalzenen zugleich den Durst bei ihm hervorgerufen hätten, was meiner Beobachtung nach bei anderen ebenfalls öfters solche Wirkung gehabt hat.» Felix Platter.

Buess, p. 163f.

Bohnenkrieg

1574 «kamen die 15 Fähnlein Eidgenossen, so im Maien durch Basel gereist waren, wieder zurück. Sie litten grossen Hunger, mussten sie doch nur dürre Bohnen essen. Wurde deswegen der Bohnenkrieg genannt.»

Wieland, s.p.

Markgräfler Bauern werden bestraft

Im Herbst 1574 brachten Markgräfler Bauern Wein, der verwässert war, auf den Basler Markt. Die Weinpanscher wurden deshalb für eine Woche ins Gefängnis gelegt, worauf den Weinfässern auf dem Kornmarkt die Böden ausgeschlagen wurden. Dabei floss der Inhalt von 18 Saum ‹Wein› in den Birsig.

Wieland, s.p. / Baselische Geschichten, II, p. 21

Kapuziner mit Hecht: «Ich sorge für alle.» Radierung von Hieronymus Hess. 1827.

Mit Essig wider die Trunkenheit

«Ich habe schon lange beobachtet, dass unter den Mitteln, die der Trunkenheit widerstehen oder bewirken, dass diese weniger Schaden stiftet, vorwiegend essighaltige Mittel nützen und die Gewalt des Weines wie auch anderer Narkotika brechen. So treibt Essig auch die Eigenschaften des Weines zurück, durch die er trunken, blöd und besinnungslos macht. Dies erkannte ich durch die Erfahrung einiger Betrunkener, die, wenn sie berauscht nach Hause zurückgekehrt waren, entweder einen Schluck Essig tranken oder abgepflückte Kohlstengel und Rüben, die durch Würzung essighaltig gemacht wurden, assen und nichts Schlimmeres durch allzu reichlichen Trunk erlitten. Und ich habe schon lange beobachtet, dass einige ausgezeichnete Trinker, die sich häufig betranken, wenn sie sich durch diesen Kunstgriff vorsahen, sich auf viele Jahre hindurch halten konnten.» Felix Platter.

Buess, p. 56

Imposanter Schweizer Käse

«In dem Wurzhaus zum wilden Mann hat uns der Wirdt zaigt ein Schweizer Khas, ein Werckh schuochdickh, 6 Spann brait oder weit, wigt 135 Pfd., kostet 40 Kronen; solle auf den Reichstag nach Regenspurg verehrt werden.»

Thommen, p. 76

Der Baselhut oder der ‹Butterhafen›

«Seit der Mitte des 16. Jahrhunderts gewann der Hut gegenüber dem schmucken, welschen Barett als Kopfbedeckung die Oberhand. Er wuchs in Basel zu einer Form und Grösse aus, wie man sie nirgends sonst trug und bildete dadurch eine besondere Eigentümlichkeit der baslerischen Tracht. Dieser Baselhut, der in der Mode der Zeit eine so hervorragende Rolle spielte, war ein sehr hoher, schwarzer Filzkegel, einem leicht abgestumpften Zuckerstock ähnlich. Er war fast ganz randlos; nur hinten besass er einen aufgestülpten Nackenschirm. In ganz feiner Aufmachung, aus ‹schönsten und reinsten englischen Strümpfen› (feiner Filzstoff) hergestellt, kostete ein solches Ungetüm gegen vierzig Franken heutigen Geldes. Das Hutmacherhandwerk hatte natürlicherweise ein wohlverständliches Interesse an dieser Mode, denn mit der Grösse und Kostbarkeit des Gegenstandes wuchs auch Arbeit und Ertrag. Die Huter, wie man die Hutmacher damals noch nannte, waren denn auch stolz auf ihre Kunst. Wer das einträgliche Gewebe als Meister ausüben wollte, von dem verlangte die Zunft ein gar verzwicktes

Meisterstück: Erstens die Herstellung eines Paares Filzsocken ohne Naht, so lang wie Reitstiefel; ferner die Verfertigung eines breiten Filzhutes, eines krausen, gekopften hohen Baselhutes und endlich eines Jägerhutes mit Überstulp! Den Baselhut trugen vor allem die Männer. Aber auch Frauen und Kinder benützten ihn. Reiche Töchter sowohl als arme Mägde setzten ihn auf, wobei die ledigen Mägde oftmals ihre Zöpfe oben über den drolligen Kegelhut schlangen, während Verheiratete ihr Haar stets sorgfältig unter dem Hut oder der Haube verbargen.

Was dem heutigen Geschlecht der Zylinderhut ist, war unsern Vätern der Baselhut. Er durfte zum Feierkleid des erwachsenen Bürgers nicht fehlen. Vor allem galt er als unentbehrliche Zubehör jeder Standesperson. Den Vorgesetzten der Zünfte war bei Busse geboten, im Baselhut zur Meisterversammlung zu kommen; ebenso erschienen die Ratsherren nie anders als im Baselhut. Man hätte im 17. Jahrhundert seiner Bürgerpflicht und seinem Ansehen etwas zu vergeben geglaubt, wenn man von dieser Sitte abgewichen wäre. Bei dieser allgemeinen Beliebtheit und Wertschätzung wurde der Baselhut bei uns auch nicht von den sonst strengen Aufwandgesetzen berührt, während ihn die befreundete Stadt Strassburg in ihrer Luxusordnung verbot.

Um das Jahr 1625 betrug die vorschriftsmässige Höhe eines Baselhutes ⅔ Basler Ellen. Als sich Spasses halber 1643 ein Major Müller einen solchen von fünf Werkschuh Höhe zurichten liess, wurde er von der Obrigkeit wegen Verspottung der hiesigen Tracht um fünfzig Gulden gebüsst; denn auch in solchen Kleinigkeiten verstanden die Gnädigen Herren und Obern keinen Scherz.

Es ist begreiflich, dass eine solche absonderliche Kopfbedeckung, wie der Baselhut eine war, gelegentlich die Spottlust der Fremden weckte. Während des Dreissigjährigen Krieges setzte im März 1634 ein schwedisches Heer von sechstausend Mann bei Kleinhüningen über den Rhein. Viele Stadtbürger schauten mit ‹aufgesetztem› Baselhut neugierig dem ungewohnten Schauspiel zu. Ihre Kopfbedeckung erregte männiglich das Staunen der Schweden, die der Hüte spottend, sie babylonische Türme und Butterhäfen nannten. Ein schwedischer Offizier wollte die Herren von Basel bisher für witzig gehalten haben, erklärte aber, beim Anblicke dieser Hüte müsse er das Gegenteil glauben …

Schelmischen Spott gossen auch zwei Prinzessinnen, die Töchter des Markgrafen Friedrich Georg von Baden, über den Baselhut aus. Während des grossen Krieges waren sie gezwungen, jahrelang eine Zuflucht im Markgräfischen Hofe zu Basel zu suchen, wo ihnen die Beschäftigung mit Wissenschaften und Dichtkunst Trost und Zerstreuung bot. Als Frucht ihrer eigenen poetischen Versuche entstanden damals die zwei launigen Gedichte:

Lob cines Baselhutes

In Basel pflegt man mich für eine Zier zu halten,
Es trägt mich Mann und Weib, die Jungen als die Alten;
Wiewohl ich oftermal von Fremden werd veracht,
Weil neben der Gestalt man auch an mir betracht,

Kostümfolge mit Jüngling, Bürgersfrau und Tochter. Aus dem Grossen Vogelschauplan der Stadt Basel von Matthäus Merian. 1615.

Kundmachung

über die Art gefrorene Erdäpfel zu benutzen.

So lang die Erdäpfel nicht aufgefrieren, können sie denen Menschen zur Nahrung dienen, wenn man sie in kaltem Wasser einige Stunden liegen, aufgefrieren, und auf die gewöhnliche Art kochen läßt, was zu dem täglichen Gebräuch nöthig; wenn sie aber schon aufgefroren und man sie kochet, ehe und bevor sie anfangen zu faulen, oder wenn man sie verdruckt sobald man sie aus dem Wasser nimmt, so sind sie annoch eine gute Nahrung für die Schweine, das grosse Vieh und das Geflügel, absonderlich wenn man ein wenig Kleyen darunter mischet.

Eine andre Art um sie aufzubehalten.

Man thut sie mit kaltem Wasser in einen Kessel auf das Feuer; man läßt sie in diesem Wasser, derweil es lau wird, aufgefrieren: hernach verstärket man das Feuer und läßt sie ungefehr eine halbe Viertelstund kochen. Man nimmt sie von dem Feuer, man schälet sie, man schneidet sie zu drey oder vier Linien dicke Scheiblein, oder man verwandelt sie in Mehl, so man in dem Backofen, nachdem das Brod ausgezogen, oder auf dem Ofen, dörret.

Wenn sie ausgedörret sind, so kann man sie sehr lang aufbehalten; und sie sind schier so gut zum Essen als die so von ungefrorenen gedörret worden; aber man muß sie rein verstampfen, sonsten müßte man sie lang einweichen und kochen lassen.

«Da bey gegenwärtiger Witterung vieles Obst, Erdäpfel, Rüben und dergleichen erfroren sind, so wird angezeigt, wie man dasselbe noch benutzen kann.» 1789.

Dass ich in Hitz und Kält', in Sonnenschein und Regen,
Den Leuten gar nichts nutz, beschwere sie hingegen,
Gleichwohl bleibt mir der Ruhm, dass, wann man Fasnacht hält,
Gar mancher diese Form zu Mummschanz auserwählt.
Anna, Markgräfin zu Baden und Hochberg.

Über einen Baselhut, der in die Niederland verschickt worden:
Mein seltsame Gestalt, die macht mich so vermessen,
Dass ich jetzund die Schweiz ein Zeitlang will vergessen,
Mich wagen auf den Rhein, damit in Niederland
Dies seltsam Aufgesetz auch einmal werd bekannt.
Sie mögen unterstehen mich anfangs auszulachen,
Ich hoffe künftig mich noch so beliebt zu machen,
Dass mancher Handelsmann mit grossen Schiffen voll
Dergleichen schöner Hüt von Basel holen soll.
Elisabeth, Markgräfin zu Baden und Hochberg.

Mit dem Ende des 17. Jahrhunderts ging auch die Glanzzeit des Baselhutes zur Neige; er wurde durch den Dreispitz verdrängt.»

Anno Dazumal, p. 176ff. / Buxtorf-Falkeisen, 1, p. 129 / Ochs, Bd. VI, p. 779

Sonderbares Fleisch

Ein Kleinbasler, der 1629 zu Acker fahren wollte, fand auf dem Boden ein Stück Fleisch. Als er dieses zu Hause kochte, verwandelte es sich in Erdreich und Staub. Ebensolches Fleisch wurde auch zu Rheinfelden aufgelesen. Beim Kochen aber verwandelte es sich in Blut oder in Staub.

Richard, p. 159 / Wieland, p. 21 / Chronica, p. 134f. / Baselische Geschichten, II, p. 40f.

Basler Hüte sind verpönt

«Als etliche unserer Bürger sich 1634 mit aufgesetzten Baselhüten nach Hüningen begeben hatten, sind sie wegen ihrer Kopfbedeckung mächtig verspottet worden. Sie haben die Hüet ‹Türm›, ‹Babilonische Türm› und ‹Butterhäfen› genannt. Auch hat einer gesagt, er habe die Basler für witzig gehalten. Allein, weil sie solche Hüete tragen, müsse er das Widerspiel (Gegenteil) glauben.»

Hotz, p. 263

Erbärmliche Hungersnot

«1635 kam der junge Lindenmeyer von Mülhausen nach Basel und brachte den Bericht mit, dass er unterwegs etliche Menschen angetroffen habe, die vor Hunger und Kälte gestorben seien. Die Hungersnoth war so gross, dass zu Rixen eine Mutter ihr eigen Kind, so zuvor gestorben war, gekocht und gegessen hat. Auch in der Stadt war die Hungersnoth so gross, dass jeden Monat 2400 Arme auf der Schützenmatte gespeist werden mussten.»

Basler Chronik, II, p. 90f. / Battier, p. 468 / Buxtorf-Falkeisen, 2, p. 5ff.

Hungersnot

«1636 war die Hungersnot so gross, dass sich die Hüninger am Schindgraben vor dem St. Johanntor um das Aas zankten und solches dem Henker unter den Händen wegrissen, auch hatten die Leute einen Hund rauh und ungekocht gefressen.»

Baselische Geschichten, p. 38

Brot für den Herzog

«1636 kam der Herzog von Rohan hier an. Drey Räthe und viele Bürger zu Pferde, die ihm entgegen geritten waren, begleiteten ihn bis in den Domhof, wo er abstieg. Einige Kanonen feuerten bey seinem Einritt. Zwey Tage hielt er sich zu Basel auf. Er erhielt nicht nur die Erlaubniss, das benöthigte Brot für sein Volk zu erhandeln, sondern auch den Durchmarsch durch Sissach und über die Schafmatte für 4000 Mann zu Fusse und 400 Reiter. Den 19ten musterte er sein Volk nahe bey der Stadt auf dem Hegenheimerfeld, und den 20ten zog er so geschwind bey der Stadt vorbey, dass man in wenig Stunden keine Merkmale mehr davon hatte. Bald war er in Graubündten, und eroberte das Veltlin.»

Ochs, Bd. VI, p. 638f.

Fleischwuchs

«1639 ist in etlichen Gärten in der Kleinen Stadt Fleisch, welches schön frisch war, aus der Erde gehackt worden. Dasselbe ist auch in Muttenz und Füllinsdorf geschehen.»

Basler Chronik, II, p. 97

Honig vom Himmel

1662 «fiel eine dicke klebrige Matterie vom Himmel, so süss wie Honig. Ist meistenteils auf den Holderstauden gesehen worden.»

Scherer, p. 102 / Beck, p. 90 / Scherer, II, s. p. / Scherer, III, p. 98f.

Wunderbare Traubenernte

«Im Jahr 1666 war der Herbst so reich, dass man in beider Städte Ringmauern 4063 Saum Wein machen

Vnſere gnedigen Herren/der Herr Burgermeiſter/ vnd die Rhät diſer Statt Baſel/ haben wegen deß hochſchädlichen Anckhenfürkauffs/erkandt: Daß fürbaß kein Burger/ Hinderſäß noch Einwohner/weder durch ſich/die ſeinigen/noch andere einichen Anckhen/ſo zu gewohnlichen Märckts tagen allhero gebracht vnd geſtellt wirdt/ des morgens vor acht vhren/keinswegs erkauffen/vil weniger zuvor darumben märcktē/noch in: oder auſſerhalb der Statt bedingen oder beſtellen/ auch durch niemanden mehr/ als zur wochen ein Kratten voll/allein zu ſeinem ſelbs gebrauch/vnd auff einichen Mehrſchatz oder hinweg ſchicken/eynkauffen vnd zuhandt bringen ſolle/alles bey peen eines Marckh Silbers. Decretum Mittwochs den 20. Iunij 1621.

Cantzley Baſel ſſst.

Infolge Mangels an Lebensmitteln warnt die Obrigkeit 1621 die Bevölkerung, ausserhalb des Marktes Anken einzukaufen und davon mehr als einen Kratten pro Woche zu erstehen.

konnte. Hiemit waren es 143 Saum mehr als 1539(?). In Binningen machte man 65 Saum. Der Wein war sehr gut.»

Basler Chronik, II, p. 144f. / Wieland, p. 313 / Baselische Geschichten, II, p. 72

Steriler Speisemarkt

«Weil den Einwohnern von Groshüningen, die vieles Feld- und Gartengemüsse auf den Markt nach Basel brachten, von ihrer Obrigkeit diese Zufuhr von Küchegewächsen für so lange untersagt worden, als die Pestseuche zu Basel herrsche, erlaubte hingegen am 22sten Wintermonds 1667 der Herr Margraf von Baden seinen Unterthanen, dass sie ihre entbehrlichen Viktualien bey dem Neuenhause (beim Otterbach), doch nur an den Freytagen feil bieten dürfen. Es wurde daher der dortige Platz vermittelst eines Zauns quer durchschnitten; die Bauren mit ihren Feilschaften stuhnden jenseits, und die kaufenden Bürger disseits dieses Gehänges jeder Theil in gewisser Entfernung. So man nun etwas eins geworden war und gekauft hatte, so bot der Verkäufer dem Käufer einen Topf mit Wasser dar, in welchen dieser das bedingte Kaufgeld werfen musste. Zur Beobachtung dieser Art von Verkehr, waren Badische Soldaten bestellt, welche genau darüber wachen mussten. Auf gleiche Weise war es mit der Ausfuhr des Marggräflerweins beschaffen, indem der Bauer denselben nur bis hieher auf die Grenze brachte, und der Bürger der ihn gekauft hatte, solchen auch hier in seine Fasse abzapfen musste.»

Lutz, p. 261f.

§. I.

Gold und Silber auf Kleideren.

Wir verbieten allſo allervorderſt überhaubt und Männiglichen, bey einer Strafe von Zwantzig Pfunden, alles gute und falſche Gold und Silber, auſſert denen Kinderen auf ihren Kindenhäublinen und Bollin, dem Frauenzimmer auf ihren bißher üblichen Baſelhauben, und denen Mannsbilderen auf ihren biß dato gebräuchlichen Hüthen, und auf den Equipagen von Reitpferdten.

§. II.

Edelgeſteine und andere Koſtbarkeiten.

Zweytens verbieten Wir Männiglichen, auſſer denen Finger-Ringen, alle guten Edelgeſteine, alle guten und falſchen Perlen, wie auch die Element- und andere ſo gut- als falſche Steine, auſſer, was die falſchen betrift, zu Hemderknöpfen und Schnallen, bey einer Strafe von Fünfzig Pfunden. Hingegen erlauben Wir denen Weibs-Perſohnen an dem Hals und an denen Ohren jenige Zierrathen, die von Golde, von Agſtein, von Corallen, von Granaten, von ſchwartzen Steinen, oder von Perlenmuter verfertiget, wie auch die Marcaſſiten und Geſundheit-Steine, doch dieſe letſtere nur für eine Zeit von ſechs Jahren; nach welcher Zeit auch die Marcaſſiten und Geſundheit-Steine gleich obigen verbottenen Articklen bey einer Strafe von Fünfzig Pfunden underſagt und von jetz an bey gleicher Strafe einige andere als die in dieſem Artickel erlaubte Zierrahten, under was Vorwand ſolches immer beſchähe, anzuſchaffen verbotten ſeyn ſollen.

Die Obrigkeit schränkt 1769 das Tragen von Silber und Gold sowie von Edelsteinen ein.

Zähes Büffelochsenfleisch

«1690 sind 2 Püffel Ochsen, die man in der Gartnernzunft öffentlich gezeigt hatte, in der neuen School am Rüdengässlein gemetzget worden. Es war ein hartes und ruches Fleisch zu essen.»

Scherer, III, p. 159 / Baselische Geschichten, II, p. 101

Zwei Kinder verhungert

1694 ging in Basel ein Bericht des Obervogts von Waldenburg ein, in Ziefen seien zwei Kinder an Hunger gestorben. Die vom Rat deswegen angeordnete Untersuchung ergab, dass Chrischona Itin, die Frau des Zacharias Rudin, ihre beiden Stiefkinder buchstäblich hatte verhungern lassen. Das Auskommen der Familie war gering, so dass es oft während Tagen nicht einmal zu einer Suppe reichte. Auch vertrugen sich die Ehegatten schlecht und prügelten sich häufig. Als Rudin nach einigen Tagen Abwesenheit nach Hause zurückkehrte, fand er das eine seiner Töchterlein tot im Bettchen, das andere in der Agonie liegend. Stadtarzt Eglinger, der «zur Besichtigung dieser Kinder hinauff geschickt worden war», gab einen erschütternden Bericht zu Protokoll: «Der Bauch war in Beyden zusammengefallen, als wären es zwo Schindlen, der Magen und die Gedärm lähr und mit nichts als eytel Würmern angefüllt, dergleichen Mengen ich mich nicht erinnere, jemahlen gesehen zu haben. Ihr Fleisch an dem gantzen Leib war ganz verzehrt, als dass ich nichts anderes schliessen kann, dass die Kinder müessen schon lange Zeit Hunger und Mangel gelitten haben, und seyen darnach von den Würmern grosse Schmertzen, Schwach-

Vier Herren beim Zechen. Federzeichnung von Hieronymus Hess.

heiten und endtlich der Tod erfolget, wozu auch die grosse Kälte etwas mag beygetragen haben.» Der Rat war ob dem gefühllosen Verhalten der Eltern empört und liess – «andern dergleichen gottlosen Eltern zum Exempel und Abscheu» – Rudin und seine Frau ins Halseisen stellen und anschliessend auf ewig von Stadt und Land verweisen.

Criminalia 20 R 6/Ratsprotokolle 65, p. 88ff.

Krankheit und Tod durch Hunger

Das Korn war Ende 1699 so rar und entsprechend teuer, dass auch wohlhabende Leute ihre besten Sachen verkaufen mussten, um sich einen Laib Brot leisten zu können. Es war ein unbeschreiblicher Jammer zu Stadt und Land. Viele Leute wurden vor Hunger krank und starben.

Scherer, p. 275/Baselische Geschichten, II, p. 182

Von der Mode

Um das Jahr 1700 trugen die Jungfrauen zum Kirchgang lange grüne Hüte, welche die Ohren verdeckten und bis zur Schulter reichten. Auch wurde eine weisse Krös (Faltkragen) getragen, darunter ein gesticktes, mit kostbaren Krönlein besetztes Kräglein gelegt wurde. Unter den weiten, schwarzen Ärmeln wurden Hemdsärmel wie Manschetten aufgeschlagen. Auch mussten «Brüst» getragen werden, die von einer Seite zur andern mit goldenen Gallaunen eingeschnürt wurden. Zur Hochzeit wurde ein vergoldeter Rosengürtel, über den Hüften hangend, getragen, wie auch ein Kranz, gleich einem Trinkglas geformt. Als ein Zeichen der Jungfrauschaft trugen Töchter von einfachem Stande weisse Krällelein oder falsche Perlen auf dem Hut. Anstelle der noch unbekannten Junten bekleideten sich die Frauen mit Kutten. Ihre Schuhe waren mit einem Absatz aus Leder versehen, mit Zinober angestrichen und mit einem Nagel aus Holz oder schwarzem Leder durchschlagen. Zum Spazieren setzten sich die Jungfrauen aus Karton gemachte und mit goldenem oder silbernem Stoff überzogene Hauben auf. «Es hat also geschinen, als ob man mit dem Kopf fliegen wollte.» Die Weiber dagegen haben Bloder- oder Gockelhauben getragen, welche mit einem aufgerichteten Krönlein besetzt waren. Für den Kirchgang bedienten sich die Weiber «auf dem Kopf einer Stürtz, so von Carta Papier gemachter Form, gleich einem Dächlein zugespitzt, mit gestärktem Kammertuch überzogen, bis auf die Achseln hangend, beidseitig einem Zipfel vornen bis auf die Nase liegend, unter dem Kinn mit einem dergleichen Tüchlein bis unter die Nase geheftet. Wenn sie etwas essen oder schwatzen wollen, können sie solches über das Maul hinabziehen, oder auf der einten Seite losmachen.»

Bachofen, p. 6ff.

Hungersnot im Schwarzwald

Im Januar 1713 herrschte eine so arge Hungersnot, dass «auf dem Schwarzwald und sonst im Markgräflerland die armen Leute Eichlenbrot, mit Rinden von Bäumen vermischt, assen. Dieses war brandschwarz anzusehen und brannte den Leuten fast das Herz ab.»

Scherer, p. 503/Baselische Geschichten, II, p. 220

Führ-Tax/

Was von einem Claffter Brenn-holtz so auß dem Schindelhof/ an nechstbestimmte Ort verführt würdet/ biß auff anderwertige verordnung eines Ehrs: Rahts/ bezahlt werden solle.

VOm Schindelhof in St. Albans Vorstatt/ biß zu der Bärenhaut 7.ß.

Den Graben hinab/ in Eschheimer Vorstatt/ St. Elßbethen/ biß zu dem Brunnen. Item von der Bärenhaut/ hinders Münster/ vnd hinab biß zum Bäumlein. 8.ß

An die hindere vnd vordere Steinen/ vnd zu dem Eselthürnlein: so dann auff den Münsterplatz/ biß zu St. Martin/ vnd an den Cranichstreit: wie auch vom Bäumlein/ auff den Barfusserplatz/ oder die Gerbergassen hinab biß zum Gerberbrunnen: deßgleichen die Freyestraß nider biß an Rotenfahn 8.ß.

Von dem Gerberbrunnen/ vnd Rotenfahn/ die Gerbergassen/ Freyestraß/ vnd Schneidergassen hinab/ biß auff den Fischmarckt vnd Eysengassen zum Dantz/ wie auch die Hutgassen hinauff/ biß zu dem Wolff 10.ß.

Auff den Höwberg/ biß zum Spalenschwibogen/ so dann auff den Nadel: vnd St. Petersberg biß an St. Johanns Schwibogen/ wie auch auff den Blümenplatz/ vnd biß zu der Rheinbrucken vnd an Rheinsprung 11.ß.

Letstlichen in Spalen: vnd St. Johanns-Vorstatt/ wie auch Petersblatz vnd Spalengraben/ so dann vber Rhein 12.ß.

Item/ Von einem Claffter holtz zu hawen 6.ß.8.pf.

Decretum Sambstag den 6. May 1671.

Cantzley Basel sst.

Verordnung über die Transporttaxen für Brennholz aus dem Schindelhof im St-Alban-Tal vor die Häuser der Stadt.

Überschwengliche Pracht

Trotz bitterer Hungersnot gab es im Januar 1713 in der Stadt «eine grosse Köstlichkeit an goldenen Ketten und Ringen, sogar bei mittelmässigen Leuten, drei- und viererlei Hauben, dreierlei sogenannten Junten von Damast und köstlichem Zeug, von vielerlei Gattung Farben, dass fremde Leute sagen mussten, sie hätten an keinem Ort der Welt so vielerlei wunderliche närrische Trachten gesehen, wie hier!»

Scherer, p. 503f.

Neue Basler Mode

«Bey den Weibspersonen waren die Hauben ungemein gross und vielerlei. Fast täglich kommen neue auf. So gibt es sogenannte Tscheppelin, Gogelhauben, Markgräflerhauben, Kilchenhauben und Nachthauben.»

Scherer, p. 559

Grosse Teuerung

Das Jahr 1719 brachte eine noch nie erlebte Dürre ins Land, so dass die Sommerfrüchte fast allerorten abstarben. Dies hatte urplötzlich eine grosse Teuerung zur Folge. Kostete beispielsweise ein Sack Kernen im Kornhaus im Mai noch 5 Pfund, so galt er schon wenig später 9 Pfund. Und der Becher Mues stieg innert drei Wochen von 3 Rappen auf 8 Rappen.

Nöthiger, p. 9

Weiberkrieg

«Der Weiber Krieg geht an, weil man ihre Pracht taxieret, darin sie bis anhero ein lange Zeit stolzieret. Dis herrliche Mandat greift sie an aller Orten an, vom Kopf bis auf die Füss und weiter an die Borden. Eine Manche klagt jetzt der Andern mit Bedauern, wenn sie darin läs, thu ihr die Haut drab schauren. Ach, spricht eine Manche jetzt, sie denke doch, Frau Bass, ob eim nicht werden sollen die Augen drüber nass. Ich hab sechs Unterröck, jeden von viertzig Zwickel aufs schönste ausgemacht, jeden mit eim schönen Partiquel (Teilchen), alles nagelneu, nach allerbesten Mode. Es henken in dem Kasten in meinem Sahle droben darzu sechs Hauben von ungemeiner Grösse, mit Drähten steif gemacht, sollt eims nicht werden böse? Sechs Tschoppen sind dabey von Broccard (Brokat) ausgemacht mit Veh (buntes Pelzwerk) und Sammet fein gerüstet, bis an den Hals den Ausschnitt, welcher fast so gross, dass er geht auf die Mitt. Das noch lang nicht alles ist, wenn ich nur fernres denke: An die Fürtücher (Brusttücher) mein, die auch an Silber henken, deren zwölf an der Zahl, jeder von zwölf Tuch weit mit ellenlanger Rig (Fältelung am Halsband), eingestochen noch zur Zeit. Von Taffet wohl ausgezieret, als immer war zu finden. Fürwahr, es stunde fein von vornen und von hinden. Ein handbreit knüpfte Schnur mit schönen Spitzen, sind auf den Weissen gesetzt, vornen und bey den Schlitzen. Macht man sein Rechnung, was dies alles thut kosten und jetzt im Kasten soll bleiben und verrosten. Neben wohl zehen Paar schön ausgestochnen Schuh mit langen Schnäblen auch, muss man rechnen noch dazu. Vergessen hätt ich schier poz tausend sagger Hobel, mir fast ohnmächtig wird, wenn ich denk an meinen Zobel. Ein Zobel, welcher mich gekost wohl fünfzig Pfund, eh mehr als weniger, das schwör ich mit meinem Mund. Ein Zobel, welcher ich aus Moscau lassen kommen, den man erlesen hat aus einer grossen Summen. Von silberfarben Haar von zierlich schönem Glanzen. Er stund eim trefflich an, wenn man darin thut schwantzen. Daran wohl dreissig Ell der schönsten Taffet Banden, die ich auch kommen liess aus andern fremden Landen. Betrachtet, doch Frau Bass, wenn man dies alles soll im Kasten henken lohn, soll's eim nicht werden toll? Man soll jetz kommen her in fast ganz glatten Hauben, auch Tschoppen glatt ausgemacht, wie wird man darin strauben (sich unwohl fühlen). Die Schühlein gantz ohne Schnitt, wie die Mägd beym Brunnen. Wenn's so gehen soll, so haben d Männer gwunnen. Und wird von Tag zu Tag unser stark Regiment, mit Schimpf zu Grunde gehen und nehmen ein schlecht End. Amen.» 1720.

Quelle unbekannt

Gebetsformel,

so zur Zeit eingefallener Theurung in das Kirchengebet einzurücken.

Wie können wir es, o gnädiger Gott, Deiner verschonenden Güte genug verdanken, daß, da so manche andre Länder theils durch schreckliche Kriege verheeret, theils durch Zwietracht und innerliche Unruhen kläglich zerrüttet worden, Du bißher unsern Grenzen Frieden geschafft, und die Riegel unsrer Thore befestiget hast? Ach, bedecke uns noch ferner mit Deinem Schutze, und gieb, daß wir unter demselben in brüderlicher Eintracht ruhig beysammen wohnen.

In Zeiten von Not und Teuerung hatte sich die Bevölkerung täglich an eine von Rat und Geistlichkeit erlassene Gebetsformel zu halten.

Göttliche Vorsehung

«Ein Exempel göttlicher Fürsehung hat sich 1733 ereignet. Eine betagte, mangelbare Frau hat sich in Gegenwart ihres Grosstöchterleins über Mangel an Lebensmitteln wie an Holz beklagt. Das Grosstöchterlein sprach seiner alten Grossmutter Muth zu und sagte, es wolle vor das Thor gehen und Spähnlein auflesen. Es ging hinaus und fand beim Auflesen eine spanische Duplone, womit sich die alte Frau Holz und andere Nothwendigkeiten hat anschaffen können.»

Basler Chronik, II, p. 319f.

Reifröcke werden Mode

Weil es 1736 Mode geworden war, dass die Reifröcke der Edeldamen immer mehr auch vom gewöhnlichen Volk getragen wurden, liess die Obrigkeit «zwei Huren in einen Raiffrock von Leinentuch stecken, welche anstatt mit Fischbein oder Feigenkörb mit starkem Draht durchzogen waren. In diesen Röcken mussten die beiden Huren ihre tägliche Arbeit verrichten, damit diese von den andern Frauen nicht mehr getragen würden. Allein, diese wollten sich diese Raiffröck nicht verleiden lassen, und so kam die Mode überall auf.»

Bachofen, Bd. II, p. 408

In weitem Mantel mit Puffärmeln sowie mit Haudegen und Parierstange präsentiert der Ratsknecht Unsern Gnädigen Herren in silbernen Kannen den Wein. Radierung von Hans Heinrich Glaser. 1634.

Mehr Wein als Korn

«Der Baseler Wein ist weiss, leicht und angenehm, und er würde in allen Eigenschaften noch besser sein, wenn man mehr Sorge für ihn trüge. Allein, so zapfet man gemeiniglich von ganzen Stükfässern, ohne sie wieder aufzufüllen, und ohne den Wein auf kleinere Fässer zu werfen. Und dieses hindert nicht, dass er nicht gut und trinkbar bleiben solte. Wenn ich von mir auf andere deutsche schliessen darf, so können wir ihn ohne Wasser vertragen, und, wie er ist, zum gewönlichen Getränke. Doch thun dieses die Baseler nicht. Es sei indessen dieser Wein so gut er wolle, so kan man nicht läugnen, dass man in der Schweiz überhaupt es mit dem Anbau desselben zu weit getrieben habe, indem man an Korn gar zu sehr Mangel leidet, und dieses aus dem Österreichischen, aus Schwaben, und Frankreich herzu füren lassen. Um die Stadt Basel herum fängt man an, die Reben stark auszustocken, weil der Bau dem Bürger zu theuer zu stehen komt, da er alles durch fremde Arbeiter verrichten lassen muss. Dagegen aber werden Matten gemacht, da das Futter für Pferde hier sehr theuer bezahlet wird. Diese üble Folgen haben auch schon die Obrigkeiten eingesehen, und darum in manchen Gegenden die weitere Ausdähnung der Wein-Cultur verboten. Es ist in unserem Canton bisher verboten gewesen, Reben noch anzulegen; allein, wirklich ist bewilligt, zwischen Basel und Liechstahl neues Rebengeländer anzulegen, weil der Wein seit verschiedenen Jahren bei uns sehr gestiegen ist.» 1766.

Andreae, p. 313f.

Kaffeetrinken wird Mode

«Weilen 1767 wegen dem theuren Ancken und anderen übeln Folgen, auch weilen schon eine geraume Zeit, das viele Thee und Caffeetrinken völlig zur Mode worden, worzu man nicht nur überflüssig viel Milch, sondern sogar Milchrahm getruncken. Dessen vorzukommen, damit nicht aus dieser Kranckheit noch eine grosse Sucht, die ohnedem so starck eingerissen, entstehen konnte, aus diesem Anlass hatten Unsere Gnädigen Herren für gut befunden und erkand, dass der Statt-Tambour Märckli durch öffentlichen Trommelschlag in der Statt hat publiciren müssen, dass niemand mehr bei 10 Pfund Straff kein Milchrahm kaufen solle. Solcher Anlas verursachte, dass diejenigen, wo den vinum rubrum starck geliebt, sich darwider oponirten und sagten, man möchte etwan glauben, sie wären auch von starcken Caffee-Trincken, wie sie, an die zitternte rothe Hochzeit gekommen; dessentwegen verlangten sie genugsame Satisfaction. Echo in einer Poesie:

Das 5te Element die Mode hat erfunden
Es ist Thee Milch Caffee mit Wasser warm vermischt
Dem Krancken zur Artznei, zum Gusto dem Gesunden,
Auch wird manch trunknes Haupt durch die Getränck erfrischt;

Fleisch-Tax.

Nach welchem aus Hoch-Obrigkeitlichem Befehl / das in allhiesiger Metzig feil liegende Fleisch / biß auf anderwärtige Verordnung / verkauft werden solle.

Als

Ein Pfund des besten Mastochsen-Fleisches zu . . . 13. Rappen.
Das geringere 11. oder 12. Rappen, nachdeme es seyn wird.
Das beste Kühe-Fleisch zu . . . . 12. Rappen.
Das Geringere 10. oder 11. Rappen, nachdeme es seyn wird.
Das allerbeste Kalb-Fleisch ein Pfund zu . . . 13. Rappen.
Biß zu Ende dieses Jahrs, da dann eine Abänderung des Preisses darmit vorgenommen werden wird.
Das Pfund des geringeren Kalb-Fleischs 11. oder 12. Rappen, nachdeme es seyn wird.
Ein Pfund des besten Schaf-Fleisches zu . . . 11. Rappen.
Das Geringere zu . . . . 10. Rappen.

Wobey ferners verordnet worden:

I. Daß zu dem Kalb-Fleisch weder Kopf noch Fuß noch etwas anders solle zugewogen werden.

II. Solle von keinem Metzger einiges Fleisch verkaufft werden, er habe dann das Täffelein, worauf der Fleisch-Tax angeschrieben, offentlich ausgehencket.

III. Solle kein Kalb noch Schaf zu Hauß, ohne Erlaubnuß der Herren Fleisch-Schätzeren geschlachtet; Die mit dieser Erlaubnuß zu Hauß gemetzgete Kälber und Schafe aber, sollen ohnzerschnitten in die Metzig gebracht, allda geschätzet und vorhin von denenselben nichts verkauffet werden.

IV. Demjenigen, so sich erkühnen wurde, das in seinem Hauß gemetzgete Vieh zu zerschneiden, solle selbiges confiscieret werden.

V. Niemand solle übersmahl zweyer Gattung Fleisches, als Kalb- und Schaf-Fleisch zugleich feil haben.

VI. Die hierwider Fehlbare, sollen das erste mahl von denen Herren Fleisch-Schätzeren empfindlich gestraffet, wenn einer öffters fehlet, solcher E. E. Kleinen Raht verzeigt oder für einige Zeit seines Fleisch-Banckes still gestellet und

VII. Diese Verordnung offentlich an der Metzig zu Männiglichs Nachricht angeschlagen werden.

Signatum den 30. Weinmonats, 1748.

Die Obrigkeit setzt die Fleischpreise fest und ordnet den Betrieb in der «School», dem gemeinsamen Verkaufslokal der Metzger.

Man trinckt es frühi Mittags und wan man ist ermüdet
Und bei dem Wasser wird manch guthen Rat geschmiedet.»

Im Schatten Unserer Gnädigen Herren, p. 177f. / Bieler, p. 861

Korn aus Frankreich

«1770 waren die Lebensmittel in einem sehr hohen Preise in Basel. Ein Deputirter, welcher von Seiten der Baselischen Obrigkeit nach Paris abgeordnet wurde, bewirkte, zur Erleichterung der unbemittelten Klasse der Bürgerschaft, die Ausfuhr von Früchten über die Grenzen Frankreichs.»

Taschenbuch der Geschichte, p. 190

Schreckliche Hungersnot

«Anno 1770 war die Fruchtsperre eines Kantons gegen den andern so stark, dass man einander nicht einmal Krüsch oder Gries verabfolgen liess. So hätten die kleinen Kantone verhungern müssen, wenn man ihnen nicht etwas aus Italien hätte zukommen lassen. Von diesem sizilianischen gedörrten Waizen sah man noch 50 Jahre später. Er war noch wie frisch. Die Hungersnot war in einigen Gegenden so gross, dass viele Menschen vor Hunger starben oder Gras und Kräuter ab dem Felde assen. Vor dem Aeschemer Thor fand man einen toten

Von den Wirthen.

Es sollen keine Gast-Wirth Unsers Lands und Gebieten, bey Unserer Straff, auf einige Hochzeit weder rüsten noch kochen, ihnen seye dann solches, an Unser statt, von Unsern Ober-Amtleuten, je nach Beschaffenheit der Sachen, erlaubt; die Ober-Amtleut aber sollen nicht gestatten, daß an einer Hochzeit mehr als sechs und dreyßig Hochzeit-Gäst, darunter Bräutigam und Braut, deren Eltern und Geschwisterte, auch die junge Leut zu rechnen, sich einfinden, und wann über diese Zahl der 36. mehrere geladen oder gespeiset wurden, für einen jeden derselben ohne Gnad zehen Gulden Straff abfordern, und bey ihren Eyden in die Rechnung bringen, hierin fahls auch auf keine Weiß durch die Finger sehen oder dispensieren. In dem übrigen sollen die Wirth, nichts ungeschicktes in ihren Häusern fürgehen lassen, und die Einheimische zu Winters-Zeit länger nicht als biß neun, Sommers-Zeit aber biß zehen Uhr Abends gedulden: Gemeine unzüchtige Weibsbilder aber, durch Unsere Amtleut, allerdings ab den Strassen hinweg und ausgeschafft werden. Sie, die Wirthe sollen auch alle 14. Tag ungefehr, von den Untervögten (darum dann zu Waybeln, Untervögten, Meyern und Bannbrüdern in das künfftige keine Wirth sollen genommen werden) gefragt werden, was etwann Lasterhafftes fürgegangen, und darauf selbiges unwaigerlich, bey einer Busse, vermelden und anzeigen. Aber die Waybel, Untervögt, Meyer, Geschworne und Bannbrüder, sollen von Unseren Ober-Amtleuten, Schultheiß und Obervögten, nach deren gelegenst und bequemlichsten Zeit, Monatlich oder aufs allerlängste Fronfastenlich, doch daß ein solches nicht unterlassen bleibe, gefragt werden. Es soll auch keiner Unserer Wirthen, in Weinkauffen, Zehrgelt, und anderm, niemanden weiters, dann biß auf einen Gulden borgen, widrigen Fahls ihnen, um alles mehrere, weder Gericht noch Recht, gar nicht gehalten werden.

Bey den Hochzeiten sollen nicht mehr als 36. Personen seyn.

Wirthen Pflicht.

Die Wirtschaften dürfen auf der Landschaft nur bis 9 Uhr abends im Winter und 10 Uhr abends im Sommer geöffnet sein. Über lasterhafte Vorgänge haben die Wirte regelmässig Bericht zu erstatten. 1725.

Mann in einer offenen Scheune. Als man dessen Magen öffnete, war er voll Heu gestopft.»

Munzinger, Bd. I, s. p.

Berühmte Basler Küche

«Da der Landmann so viel thut, so können Sie leicht denken, dass der Koch nicht zurückbleiben will. Kurz, die Baslerküche ist weit und breit berühmt, und es giebt vielleicht wenig Orte, wo man über diesen Artikel so viel raffinirt. Der Basler, nicht zufrieden, dass die Natur so viel für ihn gethan hat, nimmt die Kunst zu Hülfe, und selbst entlegene Länder müssen seinem Gaume Befriedigung liefern. Ich muss oft lachen, wenn ich die wichtigen Artikel verhandeln höre – von Maynzer Schinken, Westphälischen Gänsen, Hamburger Pökelfleische, Frankfurter, Braunschweiger und Bologneser Würsten, Rothkehlgen und eingemachten Früchten aus Metz, Pasteten aus Strasburg und Abbeville! Der Schweizerkäse ist in der ganzen Welt berühmt, und doch giebts hier hin und wieder Limburger und Parmesan. Und der Artikel der fremden Weine, nun dieser ist ohne Ende! Subscription und Protektion: alles wird manchmal versucht, um den rechten Jahrgang und vom rechten Orte zu haben. Fast hätte ich über alles das vergessen, dass man hier Krystalwasser und vortrefliches Brod hat. Auch sind alle Gemüse und Gartengewächse hier vortreflich, und ich seh oft grosse Felder, die damit angebaut sind. Man macht hier ein eigenes Studium daraus, und ein Gerichte schöner Spargeln, junger Erbsen u.s.w. wird oft theuer genug bezahlt. Selbst die Früchte der Treibhäuser werden auf dem Markte ausgeboten. Nicht weit von hier liegt im Elsass ein grosses Dorf, Neudorf, dessen mehreste Einwohner für die Baslerküchen arbeiten.» 1776.

Küttner, Bd. I, p. 112f.

Kirsch und Zieger

«Das (Baselbieter) Land scheint mit grosser Sorgfalt gebauet zu werden. Freylich ist Wiesenbau nicht so beschwerlich, als Feldbau. Alle Besitzungen sind in grünen Hecken eingeschlossen, alle Bäche haben ihr gehöriges Bette, die Wiesen sind vortreflich gewässert, und Obst- besonders Nuss- und Kirschbäume, stehen in solcher Menge darauf, das das Ganze einem Garten gleicht. Diese Obstbäume sind von grossem Ertrage; aus den Nüssen macht man ein Öl, das, wenn es frisch ist, vortreflich seyn soll, und oft statt Baumöl gebraucht wird. Von den Kirschen, besonders den Bergkirschen, wird das sogenannte Kirschwasser gemacht, ein starkes Getränke, das einen angenehmern Geschmack hat, als irgend ein Kornbranntwein, und das unter allen Liqueurs das gesündeste seyn soll. Es wird hier zu Lande in grosser Menge verbraucht, und man giebt es oft in den besten Häusern nach dem Nachtessen.

Im ehemaligen Benediktinerkloster Schöntal bei Langenbruck soll die beste Ziegermilch von der ganzen Schweiz seyn. Das, was sie hier Zieger nennen, eine zusammengeronnene, mehr körperliche Masse von Milch, ist eine vortrefliche Speise, die in Sane, welche hier Niedele heisst, aufgesezt wird, und dem gleicht, was man in den sächsischen Erzgebirgen Matten nennt.

Von da ging ich in die Wirthschaftshäuser und besahe die Käse, welche ungefähr eine kleine Elle im Durchschnitt haben. Weiter hinaus sind die Gebäude, wo gegen fünfzig Kühe stehen, welche diese Ziegermilch geben, und am Ende des Thales folgen die Hütten, in denen man das Heu aufbewahret. Alles zusammen gehört dem Spital zu Basel.» 1776.

Küttner, Bd. I, p. 56ff.

Auslandkleider

«Überhaupt muss ich manchmal lachen, wenn ich sehe, wie man gewissen Gesetzen auszuweichen weiss. So dürfen z.B. die Mannspersonen keine seidenen Röcke tragen. (Futter, Westen und Beinkleider von Seide sind nicht verboten.) Sie haben deswegen im Winter Kleider von dem feinsten wollenen Samte (Manchester, wie man in Sachsen sagt), der seine Schwärze nie so lange erhält, als der seidene, und also eher weggeworfen werden muss; und im Sommer tragen sie seidene Stoffe, in denen ein baumwollener Faden läuft. Diese Stoffe sind fast so theuer, als ganz seidene, und, wegen des heterogenen Fadens, nicht von der geringsten Dauer.

Herrschsüchtige Frau, umringt von fünf Putten. Der zur Xanthippe gehörende Putto trägt an einem gegabelten Stecken eine Unterhose, welche als Zeichen der Männlichkeit gilt. Federzeichnung von Urs Graf. 1514.

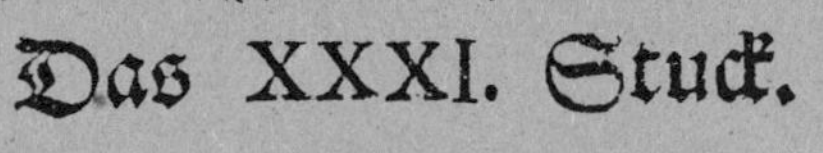

Das XXXI. Stuck.

Samstags-Zeitung  An. 1762. den 17. Apr.

Auszug eines Schreibens aus Jamaica, den 1. Hornung.

Erst kürzlich wurde ein Französischer Paquet-Bott weggenommen, und hier eingebracht, an dessen Bord man das Manifest der Kriegs-Erklärung des Königs in Spannien nebst verschiedenen wichtigen Briefen gefunden. Worauf der Cap tain Burke in Engelland, und ein anderer an den Admiral Rodney nach den Inslen Sous le Vent abgefertiget worden. Dem Vernehmen nach befinden sich 17. Spannische-Schiffe von der Linien zwischen den Inslen Hispaniola und Cuba. Bey diesen Umständen hat man hier für gut erachtet, ein Embargo auf alle Schiffe zu legen.

Ferrol, den 12. Merz.

Es sollen aus den Regmentern Leon und Murcia ohngefehr 500. Mann gezogen und auf die Flotten, welche auf Befehl des Hofs in diesem Hafen ausgerüstet, und allem Anschein nach mit nächstem unter Seegel gehen wird, einzuschiffen.

Cadix, den 15. Merz.

Ohnverzüglich solle eine Fregatten nebst einem Chebeck naher Buenos Ayres unter Seegel gehen, um eine grosse Menge Kriegs-Geräthschaft und 48. Canonen dahin zu führen. In einem dieser Tagen gehaltenen Kriegs-Raht wurde beschlossen 12. Branders auszurüsten. Die Batterien von Tolmo, Fraite, Carneiro und St. Garcie werden in den besten Vertheidigungs-Stand gestellt. Ein in dieser Bay angelangter Spannischer Freybeuter hat mitgebracht, daß in der Nacht vom 5. auf den 6ten 6. Kriegs-Schiffe und eine Fregatten, von der Flotten des Admirals Saunders durch die Meer-Enge durchpassirt, und ihren Lauf gegen Westen gerichtet.

Stockholm, den 16. Merz.

Man vernimt nichts weiters von der so viel Aufsehens gemachten Frage, ob der Krieg fortzusetzen oder Friede zu machen seye? Die Hof-Parthey verstärkt sich zusehend, und überwiegt die andere um ein grosses. Ja man könnte besser sagen, daß keine andere mehr bestehe, indem der König die 4. Stände und der Senat, in Ansehung des bey gegenwärtigen Umständen zu ergreifenden Systems einig sind. Es wird daher von keinen weiteren Kriegs-Zurüstungen die Rede seyn, und wir werden ehestens vernehmen daß unsere Völker aus Pommern zurückberuffen werden.

Petersburg, den 19. Merz.

Am Montag früh ist der General von Romanzow vor hier zur Armee abgegangen, wovon er das Commando übernommen. Die unglücklich gewesene Verwiesene kommen nun nach und nach hier an. Der Graf Lestock ist schon seit 6. Wochen hier. Der junge Graf von Münch gleichfalls. Dessen Vatter aber, erwartet man erst mit Anfang Aprillens, denn er kommt noch hinter Tobolski am Ende von Siberien her. Dieser 78. jährige Grais wird von seiner Familien mit der grösten Sehnsucht erwartet; seine Ankunft wird ein überaus rührender Auftritt seyn, da viele der Seinigen ihn niemahls gesehen und diesen unglücklichen Helden ungekannt verehret haben. Der Herzog von Biron wird auch bald hier seyn, dessen Schwieger-Sohn der Baron von Czirkassow, der ihn auch niemahls gesehen, ist ihm bereits entgegen gegangen.

Danzig, den 20. Merz.

Izo kan man zuverläßig melden, daß das bisherige Haupt-Quartier der Rußisch-Kayserl. Völker von Marienburg nach Königsberg verlegt werden wird, als wohin der Feldmarschall Graf von Soltikof vor Ablauf von 14. Tagen mit allen Generals aufzubrechen sich fertig macht.

Dresden, den 1. Aprill.

Die grösten Bewegungen und allgemeine Kriegs-

Die «Basler Mittwochs- und Samstags-Zeitung» berichtete von 1682 bis 1796 zweimal wöchentlich über in- und ausländische Neuigkeiten.

Alles gesponnene Gold und Silber, als Tressen, Knöpfe usw. sind verboten. Spitzen darf niemand tragen, wohl aber Filosche, so fein und so kostbar als man immer will.
Von der Kleidung der Frauenzimmer mag ich nicht schreiben, denn diesen sind nicht nur eine Menge Stoffe, sondern auch Formen und Schnitte verboten. Ich habe verschiedene Sachen, die verboten, und andere, die nicht verboten sind, gegen einander gehalten, und ich habe unmöglich eine Ursache ausfinden können, auf die der gesezliche Unterschied gegründet seyn möchte.
Die Bedienten dürfen keine Manschetten, seidene Strümpfe – und was weiss ich? – tragen, und die Herren dürfen ihnen keine Borten auf die Liverey geben. Wie mannigfaltig das Gute ist, das aus allen diesen Gesetzen erwächst, weiss ich nicht; das aber weiss ich, dass ein Theil der Eingebornen wenig davon hält, und dass man, im Ganzen, ihnen so viel als möglich zu entgehen sucht.

Verordnung
wider
gefährliches Kochen.

Da sich durch die laidige und öfftere Erfahrung erwiesen hat, wie gefährlich es sey, in Zimmern oder offenen Orten, wo keine sicheren Feuerstätten sich befinden, nur auf ledigen Windöfelinen oder Kohlpfannen zu kochen; so haben Unsere Gnädige Herren Ein E. und Wohlweiser Rath dieser Stadt aus Landes-Väterlicher Vorsorge das Kochen auf Kohlpfannen und Windöfelinen, an andern Stellen als auf sichern Feuerstätten bey empfindlicher Strafe gänzlich verboten. Befehlen demnach allen Eigenthümern und Beständern eines ganzen Hauses, ein so gefährliches Kochen an ihren Haußleuten nicht zu gestatten, weniger selbsten es zu thun. Die hierwider Fehlbaren aber sollen von der E. Feuerschau, und in den Vorstädten von den E. Gesellschafften, gerechtfertiget werden.

Sign. den 29. Wintermonat 1777.

Canzley Basel, ssst.

Das Kochen auf Kohlpfannen und Windöfelein ist nur auf gemauerten Feuerstätten erlaubt.

Auch kenne ich viele Leute hier, die ausser den Kleidern, die sie zu Hause tragen, eine weit ansehnlichere Sammlung für das Ausland haben, und dass sie einen vollen Gebrauch davon machen, so oft sie eine Gelegenheit dazu finden.» 1777.

Küttner, Bd. I, p. 237ff.

Verpönte Basler Tracht

«Das Frauenzimmer, im Allgemeinen gesprochen, ist artig, und ich glaube, es giebt hier, verhältnissmässig, mehr Schönheiten, als an manchem andern Orte. Auf Bällen und grossen Hochzeiten sieht man eine Menge schöner Figuren und guter Gesichter, und die mehresten haben das, was man ‹ein schönes, frisches Blut› nennt. Mich dünkt, der Geschmack in ihrer Kleidung und in ihrem Haarputze nimmt merklich zu, unter denen nämlich, welche die nationale sogenannte Baslertracht aufgegeben haben: und dies haben nun, in reichen Familien, die allermehresten gethan. Ich glaube, manche schöne Dame unter den wenigen, welche die Basler Tracht noch beybehalten, würde sie gern gegen die französischen vertauschen, wenn der böse Mann, oder der mürrische Vater es zulassen wollte. Bey manchem ist diese Tracht ein Merkzeichen seines Patriotismus, denn es ist ein wackerer Mann, der seine Frau und Töchter wie unsere Vorväter kleidet. Dieser Umstand mag oft eine Quelle kleiner häuslichen Kriege gewesen seyn, in denen die weibliche Partey; wie gewöhnlich, am Ende mehrentheils das Feld behauptet.» 1778.

Küttner, Bd. II, p. 121f.

Trotz des Friedens grosse Teuerung

«Anno 1795 wurde der Friede zwischen Frankreich, Preussen und Spanien abgeschlossen. Zu eben dieser Zeit war eine merkliche Theuerung an Lebensmitteln, welche auch dadurch verursacht wurde, dass die Fremden grossen Aufwand trieben und alles in übertriebenen Preisen bezahlten. Um diesem Mangel einigermassen abzuhelfen, machte die Obrigkeit bei den Reichen ein Anlehen von 400 000 Baselpfund. Damit wurden Lebensmittel auswärts eingekauft und zu billigsten Preisen an die Bürgerschaft abgegeben. Viele 100 Centner Reis wurden aufgekauft, vermahlen und mit Kernenmehl verbacken. Das Brot war schön weiss, aber schwer. Frisch genossen, war es gut. Aber etliche Tage alt, war es spröde, hart und fast ungeniessbar, und in der Suppe sank es ganz zu Boden. Für die Armen liess die Obrigkeit Brot backen und auf den Zünften zu geringem Preis austheilen.»

Munzinger, Bd. I, s. p.

III HIOBSBOTSCHAFTEN UND UNGLÜCKSFÄLLE

200 Pilger ertrinken

«Im 1358. Jahr begaben sich neue Trübsalen. Ein Schiffmann von Zürich, Ulin von Boche genannt, hat auf Crucis zu Herbst, ein Schiff voll Leute gen Basel, und daselbst an der Bruck wider ein Joch geführet, das gienge zu Stucken, und ertruncken bey 200 Pilgern. Es erregte sich auch vor Wienacht eine pestilentzische Sucht, die währte bis in Mayen des folgenden Jahrs, und zuckte viel Leute dahin.»

Wurstisen, Bd. I, p. 193 / Gross, p. 46 / Bieler, p. 885

Zeigerbub erschossen

«1424 ist ein Knabe erschossen worden, der am Schiessrain uf dem Platz die Scheiben zeigen wollte. Der, so es getan hat, ist flüchtig, Wiewohl die Sach ungefehrenlich (ohne Absicht) geschehen ist und es ihm leid syn mag, haben Unsere Herren erkannt, wenn dieser seinen Wandel wieder in der Stadt haben wöll, er sich mit des Knaben Fründen vergleichen soll.»

Leistungsbuch, II, p. 94

Schiffskatastrophe bei Rheinfelden

«Im Jahre 1462 verursachte die Lässigkeit zweier Schiffleute bei Rheinfelden eine schwere Katastrophe, der neben grossem Kaufmannsschatz des baslerischen Krämers Niklaus Gottschalck bei sechzig Menschen, niederdeutsche Pilger, fahrende Scholaren usw. zum Opfer fielen. Basel beklagte unter den Ertrunkenen den Kaplan zu St. Peter aus dem Geschlecht derer von Eptingen, den Leutpriester von Muttenz und Junker Peter Offenburgs Frau mit einem Kind. Der eine der Steuerleute kam mit Weib und Kind um. Den andern, Welti Sassinger, traf die Verbannung. Vergebens erschien er 1473 beim Einzug Kaiser Friedrichs gnadebittend im Gefolge der Geächteten; die Stadt kannte kein Erbarmen und verwies ihn nach wenigen Tagen neuerdings aus ihrem Gebiet.»

Basler Rheinschiffahrt, p. 33 / Bieler, p. 728 / Gross, p. 111 / Ochs, Excerpte, p. 420 / Ochs, Bd. V, p. 228

Leidsame Geschichte

«1476 hat sich ein leidsamy Gschicht an unser Schifflende begeben: Nemlich als zwey Schiff versamneter Knechte gegen Brisach haben wellen schiffen, dem Herzog von Lothringen beizustehen. Als das eine Schiff vom Land gefahren und dem andern in den Weg gekommen ist, ist das Schiff leider gebrochen und sind über 30 Knechte (es sollen bis zu 140 gewesen sein) und mit ihnen etliche Dirnen zunechst by dem Salzturm ertruncken, deren Seelen Gott gnedig sin wellen. Etliche, denen Gott ussgeholfen hat, redeten, es were diesen recht beschehen und sie hätten den Tod wohl verdient, weil sie mehrenteils in der Heiligen Fronfasten in offenen Frauenhüsern (Bordellen) und hinter dem Spiel gelegen und in mengen Tagen nie in ein Kilchen gekommen wären.»

Knebel, p. 85 und 477ff. / Schilling, p. 109f. / Wurstisen, Bd. II, p. 488

Schiffbruch

«1508 wurde ein Weidling, der mit 5 Personen beladen war, von einem starken Wind umgeworfen. Die Leüth kamen oben auf den Weidling, fuhren also fort bis zur Rheinbruck an ein Joch, allwo das Schiff aufstiess und in zwey Stück zersprang. Drey Personen konnten sich an einem Joch halten, die andern blieben im Weidling und wurden bei der Schiffleutenzunft herausgebracht.»

Wieland, s. p. / Baselische Geschichten, II, p. 4f.

Schwergeprüfte Jungfrau

«Der junge Isaak Watter, der Sohn des Krämers auf dem Kornmarkt im Haus zum Glüen, badete 1545 unvorsichtig im Rhein, und da er nicht recht schwimmen konnte, ertrank er nahe bei der Kartaus. Der Unfall ist besonders traurig im Hinblick auf die Tochter des Tuchscherers Brand bei der School, ein ehrsames Mädchen, das aber dadurch sehr unglücklich wurde, weil der Ertrunkene am folgenden Sonntag als ihr Verlobter verkündigt werden sollte. Ein Jahr vorher war Johannes Müntzer bei einer nächtlichen Rauferei erschlagen worden aus Versehen des ihn überfallenden Strolchs, der einen andern, dem er feind war, einen Studenten, anzugreifen glaubte; er sollte

< *«Ach Gott, Herr Vicar, mein Mann ist todt.» Vicar: «Habt ihr denn keinen Arzt dazu gerufen?» «Nein, er ist ganz von selbst gestorben!» Bleistiftzeichnung von August Beck.*

Der heilige Christophorus, der nach einer Begegnung mit einem Einsiedler, der ihn erleuchtet, auf seinem starken Rücken fortan Menschen über das Wasser trägt. Aquarellierte Feder- und Pinselzeichnung von Urs Graf.

ebenfalls mit diesem Mädchen verkündet werden, und so verlor das arme Mädchen beide.»

Gast, p. 235

Aus Verzweiflung in den Tod

«1545 erhängte sich eine blutarme Witwe, die Mutter zweier Kinder in zartem Alter, deren Mann im Krieg umgekommen war. Es heisst, man habe ihr am Morgen dieses Tages das Almosen, das sie sonst empfing, verweigert. Als sie diesen allzu harten Spruch vernahm, geriet sie in Verzweiflung und tötete sich auf diese Weise. Am Tag darauf, am 1. August, wurde die Unglückliche von der Brücke in den Rhein gestürzt.»

Gast, p. 231

Erbärmlicher Tod eines armen Poeten

«1545 ertrank im Rhein nahe bei der Kartause Sigfried, der Dichter aus Wolfenbüttel, der sich sicher sehr unerschrocken und zugleich unvorsichtig benahm, indem er sich in den Rhein wagte, obschon er nicht zu schwimmen verstand. Das war für ihn höchst gefährlich bei der Tiefe des Rheins, an einer Stelle, die für so viele Menschen verhängnisvoll gewesen ist. Er schrie zwar um Hilfe, aber niemand konnte ihm Hilfe bringen, da ausser dem Söhnlein Karlstadts kein Mensch dabei war.»

Gast, p. 229

Führerloses Schiff

«Ein leeres Schiff trieb im Januar 1546 umgekehrt rheinabwärts zu uns. Als die Insassen in Not waren, retteten sich der Schiffer und der Schiffspatron, während eine Frau und zwei Kinder untersanken und ertranken. Die Fässer, in denen kleine Fische waren, schwammen im Rhein. Vielleicht sind sie durch die Nachlässigkeit des Schiffspatrons ertrunken.»

Gast, p. 255

Tragisches Ende einer Exkursion

«Einige Studenten sind, hauptsächlich durch eigene Schuld, im Frühjahr 1548 in grosse Gefahr geraten. Sie ritten nach Augusta Raurica hinauf, um die Trümmer und Ruinen der Stadt zu besichtigen. Nachher tranken sie im Wirtshaus, und im Streit mit andern Gästen, die dort waren, wurde einer von ihnen verwundet, der gegen Abend in die Stadt zurückkehrte. Die andern verloren beim Heimritt in die Stadt den Weg und kamen beim Siechenhaus von St. Jakob an die Birs, die stark angeschwollen war. Alle kamen hinüber, indem die Rosse durchs Wasser schwammen. Nur einer blieb zurück, der anfänglich, wie es scheint, sehr erschrocken war, endlich aber Mut fasste und mit seinem Ross auch durch die Birs zu reiten versuchte, aber ertrank. So musste er für Händel und Ungeduld büssen und wurde aus dem Wasser gezogen: ein 16jähriger Jüngling, der sich hauptsächlich dank dem eigenen Ross den Tod holte. Wer nicht bei seinem Beruf bleibt und Gott nicht recht fürchtet, gerät zuweilen nach dem gerechten Urteil Gottes ins Unglück.»

Gast, p. 313ff.

Im Schlaf gegen ein Brückenjoch

«Zwei Knaben aus dem nahen Hof Bertlingen bei Grenzach, die 1551 auf einem Fischerkahn den Rhein hinabfuhren, um hier Brot zu kaufen, schliefen im Nachen ein; so wurden sie auf der Unglücksfahrt an einen Steinpfeiler der Brücke getrieben, und da der Nachen unterging, kamen sie jämmerlich in den Fluten um.»

Gast, p. 393/Gross, p. 190/Bieler, p. 889

Durch Unachtsamkeit vom Leben zum Tod

1554 war Andres Atz in seinem Haus zu Pratteln in Gegenwart des Dreschers Fridlin Zimmermann mit dem Reinigen seiner ‹Fürbüchssen› beschäftigt. Während nun der Kornschläger genüsslich eine «raue Zibelen und ein Stück Brot dazu» verzehrte, ging aus der Feuerbüchse unversehens ein Schuss los, der Zimmermann tödlich traf. Das Landgericht zu Pratteln anerkannte, dass der un-

«Der Stattbott wie man siehet hier. Trägt solches Kleid nach Stands Geburt.» Kupferstich von Johann Jakob Ringle. Um 1650.

glückliche Schütze nicht mutwillig gehandelt habe, und nahm von der Todesstrafe durch das Schwert Abstand. Atz hatte einzig «ein hundert Pfund Pfennig Stebler Basler Wehrung» zu entrichten und eidesstattlich zu erklären, dass er zu Weib und Kindern zurückkehre und seine Güter bebaue.

Criminalia 21 A 3/Urfehdenbuch IX, p. 92vff.

Das Brückengeländer bricht ein

«1555, abends zwischen 8 und 9 Uhr, zerbrachen auf der Rheinbruck drei Lehnen, und fielen ungefähr 40 Personen in das Wasser. Von diesen ertranken fünf Menschen, und einer brach ein Bein. Der Unfall kam vom vielen Volk her, das denen, die badeten, zuschaute.»

Wieland, s. p./Bieler, p. 889/Wurstisen, Bd. II, p. 671/Gross, p. 195/Battier, p. 456/Lötscher, p. 232

Edelmann ertrinkt

«1572 ertrank Junker Christoff von Eptingen im Rhein, als er baden wollte. Ward 4 Tage hernach wieder gefunden und zu Waldighoffen begraben.»

Wieland, s. p.

Unglückseliger Büchsenschmied

1577 war Büchsenschmied Georg Farner in seiner Werkstätte mit der Reparatur eines Schiessgewehrs beschäftigt. Wie er nun den Verschlusskasten des geladenen Rohrs mit einem Hammer öffnete, entzündete ein Funken die Ladung. Ein Schuss ging los und traf unglückseligerweise Farners Frau und ein Dienstmädchen, die sich in der Nähe bei einem Schwatz unterhielten. Der «Büchsenstein ist der Dienstmagd durch die linke Brust und zunächst am Werzlin us» und hat deren sofortigen Tod herbeigeführt. Frau Farner, ebenfalls schwer getroffen, starb wenige Tage später. «Hiemit sind beide Seelen Gott dem Allmächtigen und die toten Leiber der Erde befohlen worden.» Das tragische Ereignis bewegte die Gemüter in unserer Stadt ausserordentlich. Einflussreiche Nachbarn legten zugunsten des unvorsichtigen Büchsenschmieds beim Rat Fürsprache ein. Auch Bürgermeister und Rat der Stadt Zürich erbaten von den «getrüwen lieben Eidgenossen zue Basel» Milde für ihren Mitbürger. Die Obrigkeit verschloss sich denn auch dem Bittgesuch nicht und gewährte Georg Farner nach einigen Monaten wieder die Freiheit. Immerhin mit der Massgabe, zur Sühne zwanzig Gulden an den Staatssäckel abzuliefern, alle Wirtschaften mit Ausnahme des ihm zugewiesenen Zunfthauses zu meiden und inskünftig keine Schusswaffe mehr zu tragen, «nur allein ein abgebrochen Brotmesser»!

Criminalia 21 F 1/Urfehdenbuch XI, p. 117v/Baselische Geschichten, II, p. 22

Tödlicher Kohlendampf

«Als im Jahre 1582 ein junger Verlobter seine Hochzeit mit seiner jungen Braut feierte, trugen sie Sorge, dass brennende Kohlen hereingebracht würden, um das Zimmer, in dem sie schlafen wollten, etwas zu erwärmen, da damals eine ziemlich intensive Kälte herrschte. Von diesen Kohlen wurde ein Dampf entwickelt, da kein Ausweg durch irgendein Kamin vorhanden war. Dieser Dampf betäubte die jungen Gatten während sie schliefen so sehr, dass der Bräutigam bald darauf starb. Die Braut aber empfand vorher einen Schwindel und sprang aus dem Bett, fiel nackt auf den Boden und verblieb in dieser Stellung dort bewusstlos. Als am Morgen die Gäste sie wecken wollten, fanden sie jenen tot, diese aber noch ohnmächtig auf dem Boden liegen.» Felix Platter.

Buess, p. 41/Bieler, p. 735/Gross, p. 216/Buxtorf-Falkeisen, 3, p. 103f.

Eugenius ertrinkt

«1587 ist der Edle Eugenius von Cöln an dem Orth, wo die Birs in den Rhein fliesst, ertrunken und selbigen Tags im Münster begraben worden.»

Baselische Geschichten, II, p. 27f./Gross, p. 221/Bieler, p. 890

Schiffbruch zu Breisach

«1594 ist under Breysach ein Schiffbruch geschehen. Das Schiff war von Basel. Im selbigen war der wolgeborne Freyherr Rodolph von Salis sammt seinem Gemahel Frawen Claudia Grimella, welche, wie auch etliche ander

Brustbild eines verletzten Mannes. Federzeichnung eines unbekannten Meisters. Ende 15. Jahrhundert.

Burger davonkommen seind. Andere aber, under welchen etliche Burger gewesen, seind ertruncken. Wolgedachte Fraw wollte nicht aus dem Schiff, auss welchem man ihro zu helfen vermeint; sie wolte aber nicht, sondern bey ihrem Herren entweders sterben oder genesen.»

Gross, p. 225f.

Zürcher Schiff kentert

«1598 ist ein Zürcher Schiff beim Klingental zu Grund gegangen. Darinnen sind viel Leut gsin, die an die Basler Mäss haben fahren wöllen. Davon ist eine gute Anzahl ertrunken. Etliche von den unglücklichen Zürcher Insassen sind hernach bei Merkt unterhalb Basel gefunden und geländet worden.»

Falkner, p. 18

Ahnungslose Mutter

«Im Jahre 1600 ertrank im Rhein beim Baden ein junger Sohn des berühmten Martin Chmielecius Med. Dr. und Professor, eines polnischen Ritters, des Leibarztes zweier Bischöfe von Basel. Einer seiner Söhne wurde Bürgermeister in Mülhausen. Des ertrinkenden Knaben Mutter, die in ihrem Hause an der Augustinergasse nächst dem Brunnen rheinwärts am Fenster sitzend das Hilfsgeschrei hörte und der traurigen Sterbensnoth zusah, rief aus: ‹O weh der armen Mutter, deren dieser Sohn zugehört!› – Nach kurzer Weile wusste sie leider aber, wer die arme Mutter war!»

Buxtorf-Falkeisen, 1, p. 2

Baderknecht ertrinkt

1611 «fiel ein Baderknecht, welcher auf der Rheinbruck auf einer Bank gesessen war, die alt gewesen ist, mit solcher in den Rhein und ertrank».

Battier, p. 459

Tod durchs eigene Messer

1612 wollte vor St. Jakob ein Fuhrmann seine Notdurft verrichten. Wie er sich anschickte, dieses Geschäft zu erledigen, entglitt sein Feldmesser der Scheide und fiel auf den Boden. Der Fuhrmann bemerkte diesen Vorfall nicht und setzte sich so unglücklich auf das scharfe Messer, dass sich dieses sogleich in den Hintern bohrte. Ein Bürger, der zufälligerweise des Weges kam, zog dem blutenden Mann das Messer aus der ‹Maus› und brachte den Schwerverletzten in die Stadt. Dort aber konnte durch die einberufene Wundschau nur noch dessen Tod festgestellt werden.

Richard, p. 8 / Wieland, s. p.

Traurige Hochzeit

1627 ging auf dem Rhein ein Weidling mit zwei jungen Männern und ihren Bräuten unter. Während der eine Bräutigam seine Braut zu retten vermochte, fand der andere, der sich zur Hilfeleistung ebenfalls wieder ins Wasser gestürzt hatte, samt seiner Braut den Tod.

Wieland, s. p. / Chronica, p. 80f.

Vor dem Stadttor erfroren

Vor Jahren wollte Prädikant Kneblin von Riehen spät abends mit seiner Frau noch in die Stadt. Er eilte dem Stadttor entgegen, vermochte dieses aber nicht bis zur Ankunft seiner Frau offenzuhalten. So ging er allein in die Stadt. Als er andern Tags wieder zum Tor kam, fand er seine Frau tot an einem Baume liegend. Sie war in der kalten Nacht erfroren. 1629.

Richard, p. 152

Seltsame Kindergeburt

1632 «taufte man zu St. Leonhard ein Kind des Metzgers Jacob Probst, das der Mutter auf der Heimlichkeit (auf dem Häuschen) in die Dohle entfallen und dann in wenigen Tagen gestorben ist».

Wieland, s. p.

Selbstunfall eines Adeligen

1634 «hat sich ein Freyherr von Wels und Eberstein aus Kärnten, ein gottesfürchtiger Herr, als er auf seine bevorstehende Reis nach Italien seine Pistole probieren wollte, aus Unvorsichtigkeit durch den Kopf geschossen und bald darauf seinen Geist aufgegeben. Er liegt hier begraben.»

Scherer, II, s. p.

Titelvignette aus der Pestordnung von 1629. Gedruckt von Hans Jacob Genath.

Manöverunfall

«Bei einer Musterung auf dem Petersplatz liessen 1635 die Oberoffiziere Zörnlein und Gresser mit den neu angeworbenen Soldaten Truppenmanöver ausführen. Eine Kugel traf den Goldschmied Beat Ettinger in's Herz. Er stürzte todt vom Pferde. Matthias Gut erhielt eine Beinwunde.»

Historischer Basler Kalender, 1888/Buxtorf-Falkeisen, 2, p. 5

Unglücklicher Zufall

«Als am 4. Februar 1641 ein schwedischer Krieger in Kleinbasel bei einem Pastetenbäcker sein Hochzeitmahl gehalten hatte, schossen einige der geladenen Gäste beim Fortreiten bei der Hären in Muthwillen ihre Pistolen ab. Eine Kugel schlug unglücklicher Weise der Frau des Karthausschaffners von Brunn, die im Hause gegenüber unter dem Fenster lag, durch den Kopf, dass sie auf der Stelle todt blieb.»

Buxtorf-Falkeisen, 2, p. 31

Das Schiffsunglück zu Istein

«1646 war Jacob Battenhauser morgens umb fünff uhren mit allerhandt kauffmannswahren geladenem stulschifflein von hier auss weg gefahren, undt ist ihm zu Istein an dem waldt ein gross unglickh zugestanden, dass leider Gott erbarms die wahren, so darin gewesen, undt nit auff dem wasser geschwumen, alles undergangen undt verlohren worden, alss namentlich: 46 stuckh reyss, 2 fass weinstein, darin vil geldt gewesen, 2 fass krämerey, 2 ballen tuch, darin auch geldt gewesen, ein schachdlen, darin ein silber vergildter becher, so heren Wolff Hiebner, fürstlicher zollsverwalder zu Brisach von heren Hannss Jacob Dannon zu verehren iberschickt worden, samt villen fellisen undt bindtlen, und sindt, indem er bey den dreysig persohnen gehept, undt nacher Strospurg fahren wollen, auch zwo mansspersohnen und ein weibspersohn, so grosschwangeres leib gewesen, erdrunkhen, dass ibrige, alss seidenwahr, bomorantzen undt andere leichte wahren wider errettet undt nacher Strospurg gefiert ... Undt ist dass schiff alss es den stockh getroffen, alsbalden gesunckhen, die wahren druss getriben, die persohnen darvon geschwumen undt endtlich dass schiff, wo die wasser zusammen gestossen, underibersey gefallen undt gegen Kleinen Kempss iber, auff ein grundt getriben. Die Isteiner undt Kleinen Kempser aber haben mit ihren weidlingen vill gethon undt manchen menschen errettet undt bey leben erhaldet, wie nit weniger vill wahren an dass landt gefiert; undt so die hilff nit sogleich vorhanden gewesen, iber die massen ibel hergangen wäre. Der algerächte Gott und Vatter wolle unss sambtlichen vor derglichen grossem unglickh undt bekimernuss gnädiglichen bewahren undt unss zu all unssren künfftigen reysen vill glickh undt heill verlichen undt unss seine heiligen engell alss geleidt und stierleith mitgeben, undt dass alless durch Christum Jesum, Amen.»

Basler Rheinschiffahrt, p. 34f./Anno Dazumal, p. 306f./Brombach, p. 409/ Battier, p. 475

Rosshändler wird geschleift

«1654 ist ein Rosshändler von Ulm, David Michel Braun, vor dem Wirtshaus zum Wilden Mann vom Pferd gefallen. Weil er im Steigreif hangen geblieben ist, hat ihn das Pferd bis zur Schneidergasse geschleift. Er hat 30 Ducaten verloren und ist in 6 Tagen gestorben.»

Lindersches Tagebuch, p. 101/Scherer, p. 56/Hotz, p. 380/Battier, p. 482

Tödlicher Schuss über den Rhein

«1654 schoss Michel Tremblay, ein Studiosus aus Genf, mit einer Pistole aus einem Haus an der Augustinergasse

Allegorie auf die Vergänglichkeit des Kriegsglücks. Die Nacktheit der Göttin Fortuna weist auf ihre Käuflichkeit und die Kugel auf ihre Unbeständigkeit hin. Federzeichnung von Urs Graf.

über den Rhein in die Stube Meister Göbelins. Der Schuss ging dem 9jährigen Söhnlein, das an einem Tische sass, durch das Hirn und führte zu dessen Tod. Der Thäter und sein Gespan wurden zwar gefänglich eingezogen, aber ohne Entgelt wieder frei gelassen.»

Basler Chronik, II, p. 125

Höchstes Herzeleid

Als am 16. April 1657 «nach vollendetem Rheinfelder Markt 19 Personen abends zwischen 5 und 6 Uhr sich in 2 Fischerweidling begaben, willens nach Basel zu fahren, hat sie unversehens ein Sturmwind ergriffen. Zwischen Warmbach und Augst hat der Wind die Schiffe umgeworfen, so dass mit höchstem Herzeleid ein mancher Ehemann neben seiner Frau, Sohn und Tochter elendiglich ertrunken ist. Alle 19 Ertrunkenen sind nachwerts gefunden und allhero gebracht und zur Erde bestattet worden. Es sind dies gewesen: Daniel und Lucas Münch, Vater und Sohn, beyde Kupferschmied. Andreas Thurneysen, Kupferschmied. Meister Leonhard Götz und Frau. Meister Jacob Burckhardt samt Frau und Stiefschwester. Meister Niclaus Preiswerk und Frau. Meister Zacharias Geydenmann und Frau. Meister Rudolf Meyer und Tochter. Meister Jacob Basler und Tochter. Meister Andres Audler und Tochter. Und ein Schiffmann von Warmbach.»

Scherer, p. 62f. / Wieland, p. 241ff. / Hotz, p. 386 / Baselische Geschichten, p. 78 / Battier, p. 485 / Chronica, p. 188ff. / Scherer, II, s. p. / Bieler, p. 75

Schwimmende Kutsche

«Philipp, der Postillion, fuhr 1658 beym Gesellschaftshaus zur Hären mit Pferden und Kutsche in den Rhein zum Schwencken. Dabei geriet er zu weit hinaus und trieb ab. Seine Kutsche fuhr unter den Schiffen hinweg und kam dann wieder herauf. Doch ertranck ihm ein Pferd.»

Basler Chronik, II, p. 135

Folgenschwerer Eisbruch

«Als 1658 etliche junge Knaben bey der ungewöhnlich strengen Winterskälte auf dem hart beeisten Rhein-Strom ihre Erlustigung suchten, ist das Eis unter ihnen gebrochen, und 15 von denselben sind elendiglich ertrunken.»

Rahn, p. 1013

Verhängnisvoller Sturz

1660 ist Sara Gisin die Treppe heruntergefallen und hat dabei «den Ruckgrad verletzt, dass ihr die Empfindlichkeit vergangen ist. An dem Undertheil ihres Leibs, vom Herzen an bis an die Fußsohlen, hat sie nichts mehr empfunden. Man hat sie gleich mit Nodlen gestochen und dann geschnitten. Es schlug hernach der Kaltbrand (Milzbrand) dazu, dass man ihr ganze Stück aus dem Rücken hat schneiden müssen. War obenauf gesund und frisch. Hatte ihren guten Verstand und redete fein. Mochte essen bis zuletzt. Ungefähr 6 Wochen danach fing sie algemach an, schwach zu werden, verlor den Appetit zum Essen und starb.»

Richard, p. 562 / Wieland, p. 267

Folgenschwerer Schiffszusammenstoss

1661 «sind zu Basel diesseits der Rheinbruck 7 Personen in einem Weidling gesessen. Als sie bei grossem Rhein zwischen dem ersten hölzernen Joch durch die Bruck fuhren, stiessen sie so hart an ein geladenes Berner Schiff, das unterhalb der Schiffleutenzunft angehenkt war, dass der Weidling umschlug und 2 Mann und eine ledige Tochter davon ertranken.»

Scherer, p. 85f. / Lindersches Tagebuch, p. 111 / Scherer, II, s. p.

Erbärmlicher Todesfall

Ein «erbärmlicher Todtfahl» hat sich 1663 auf der Schanze vor dem St.-Johann-Tor zugetragen. Meister Peter Rupp, der Lederbereiter, und Kaspar Werenfels hatten sich tagsüber mit dem Schwärzen eines Felles beschäftigt. Als «sie dann zu Abend zehren wollten, haben sie Balthasar Blech und Jakob Bauler im Fürübergehen zu sich gerufen. Da sind etliche junge Knaben, so mit einander gespihlt und ein grosses Geschrey gemacht, allernechst an sie gekommen, dass Bauler zu Ruppen gesagdt, er solle diese Vögel hinweg jagen. Darüber hat

«Frau in der Traur.» Kupferstich von Barbara Wentz und Anna Magdalena de Beyerin. Um 1700.

dieser das Blechen Steckhen, kaum eines Fingers dickh, zur Handt genommen und dergleichen gethan, als ob er die Knaben damit schlagen wollte. Dabei ist ihm der Steckhen unversehens aus der Hand so starck in die Stirn eines Knäbleins gefahren, dass er darinn steckhen geblieben ist. Darauff hat Rupp dem Kindt den Steckhen auss der Stirn gezogen, es mit Wein gewaschen, verbunden und heimbzugehen geheissen. Als das Kindt zu Endt der siebenden Woche todts verschieden, hat die Wundtschau dasselbige geöffnet und einen vor der durchschossenen Hirnschalen in dem Hirn steckhenden Spreissen und das Hirn under dem understen Heutlin mit einer zächen Eytermateri underzogen befunden, dahero es endtlich gestorben ist.» Peter Rupp, der unglückliche Täter, wurde bei Wasser und Brot in den Spalenturm gesperrt und nach abgeschlossener Untersuchung der Stadt verwiesen, weil er die Forderung Jakob Mäglins, des Vaters des verstorbenen Kindes, nicht erfüllen konnte.

Criminalia 20 R 4/Ratsprotokolle 45, p. 14ff./Wieland, p. 288f.

Im eigenen Blut gestorben

«1667 kam Hans Jörg Oser, der Metzger, jämmerlich um sein Leben: Als er nach Delsberg reisen wollte, um Vieh zu kaufen, ist er auf einer Matte einem Mäher vor die Sägesse gekommen. Dieser haute ihm das Schienbein samt vielem anderen entzwei. Weil man keinen Balbierer hatte finden können, hat er in seinem eigenen Blut müssen zu Grunde gehen. Ach, ist dies ein erbärmlicher Schmertzen, ein Jammer über alle Jammer. Er hat mit gesundem Hertzen müssen sein Leben lassen. Wenn wir aus dem Haus gehen, wissen wir nicht, ob wir wieder kommen.»

Meyer, p. 15

In den Birsig gefahren

1668 «ist ein Müllerknecht beym langen Steg in der Steinenvorstadt unvorsichtig mit Ross und Wagen in den Birsig gefahren. Von dessen starken Fluten ist der Knecht samt Ross und Karren bis zum Gasthof zum Schiff am Barfüsserplatz hingeführt worden, allda der Knecht errettet, Ross und Karren aber dem Wasser zutheil wurden.»

Scherer, p. 129

Feuerlöschprobe mit tödlichem Ausgang

«Als man 1672 neugemachte Spritzen im Werkhof versuchte, begab es sich, dass einer der Arbeiter, Nussbaum, seinen Gespann, Baumann, mit Wasser bespritzte. Baumann hob einen Stein auf, und warf auf den Nussbaum, fehlte seiner, und traf Einen, Namens Strauss, der am dritten Tag davon starb. Baumann machte sich aus dem Staube. Allein Nussbaum wurde drey Tage und drey Nächte in den Wasserturm gesetzt, weil er mit seinem Spritzen zu diesem Todesfall Anlass gegeben hatte.»

Ochs, Bd. VII, p. 348/Basler Chronik, II, p. 155f.

Schweres Unglück auf dem Rhein

«Nachdem schon im Mai zwischen Basel und Neuenburg zwei starkbeladene Weidlinge mit Männern, Weibern und Kindern, die sich nach der Stadt geflüchtet hatten, auf ihrer Heimfahrt im Rheine ertrunken waren, ereignete sich ein noch grösserer Unglücksfall im September dieses Jahres 1679 oberhalb Rheinfelden. Vom Zurzacher Verenamarkt heimsteuernd, litten hier drei aneinander gebundene Weidlinge Schiffbruch, und giengen von 30 Personen alle unter bis an vier. Diese Geretteten waren der Tuchherr Dietrich Forkart, Herr Johann Heuer von Kolmar, der Hausknecht z. wilden Mann Franz Maring und Rothgerber Dubenberger. Sie retteten sich durch Schwimmen. Nach der Hotzischen Chronik stimmten die übrigen Todesgefährten vor ihrem Untergange den 42. Psalm und das Sterbelied an: Wann mein Stündlein vorhanden ist u.s.w. Von ihnen werden genannt: Herr Jakob Raillard, der Kaufmann, Herr Paul Meyer, Specierer, sammt Tochter und Diener, Herr Frischmann und sein Sohn. Der Vater hätte sich retten können, da schrie ihm der Sohn im Wasser zum Erbarmen zu: ‹Ach Vater, wollt Ihr mich verlassen!› Der Vater stürzte dem Sohne nach, ward von ihm krampfhaft erfasst und mit ihm von der wilden Fluth in gemeinsamen Tod gerissen. Unter den fremden Verunglückten befand sich Herr Ulrich Müller von Zürich, protestantischer Pfarrer in Zurzach. Franz Maring hatte 300 Pfund eigenes Geld mit sich geführt und 3000 Neuthaler anvertrautes. Die Leichen wurden aufgefunden und in Basel beerdigt.»

Buxtorf-Falkeisen, 3, p. 34f./Scherer, p. 138f./Wieland, p. 372f. und 378f./Hotz, p. 578/Beck, p. 98/Scherer, II, s. p.

Ein Soldat und ein Vagabund lassen sich auf einem Pferdefuhrwerk über die Landstrasse ziehen. Bleistiftzeichnung von August Beck.

Beim Kochen vom Blitz erschlagen

Im Jahre 1680 «kam ein schweres Wetter daher und schlug in der Neuen Vorstadt (Hebelstrasse) eine Frau, welche gerade eine Suppe einschnitt, zu Tode. Ihre blinde Mutter blieb dabei unversehrt.»

von Brunn, Bd. II, p. 301

Steinschlag

«Jeremias Mitz zum Samson am St. Johannsgraben ist 1682, von Solothurn kommend, auf dem Hauenstein von einem grossen Stein, der den Berg hinab gekommen ist, getroffen worden. Er war fast tödlich verwundet und hatte seiner Lebtag eine zusammengetätschte Nase.»

Basler Chronik, II, p. 176

Tödliche Schlittenfahrt

1684 «fuhr eine Dienstmagd im Schlitten den Rheinsprung hinunter und schlug an der Eisengasse an einen Buchbinderladen. Hat die Herzkammer eingeschossen, dass sie andern Tags den Tod gefunden.»

Scherer, p. 147/Baselische Geschichten, II, p. 95

Schiffsunglück in Breisach

Im Herbst 1687 erging an die Basler Schiffsleute Emanuel Göbelin, Georg Neuenstein und Jakob Steiger das Angebot eines grössern Schiffstransports nach Strassburg, doch musste einer von ihnen als überzählig ausscheiden. «Nach Gewohnheit wurde mit Würfeln darum gespielt», wobei Steiger aus der Wahl fiel. Göbelin und Neuenstein bildeten aus einem grossen und einem kleinen Weidling ein starkes ‹Gefährt›, beluden dieses mit «13½ Stuck italienischen Früchten und Meertrauben, so auf 30 Centner geschätzt», nahmen 19 Personen, worunter 4 Kinder, an Bord und steuerten Grosshüningen entgegen. Dort gingen 4 Personen vom Schiff, wogegen 3 andere zustiegen. Zudem wurden noch 2 Ballen Leinentuch geladen. Und weiter ging die Fahrt nach Rheinweiler, wo die Gesellschaft übernachtete. Anderntags nahm die Reise den geplanten Fortgang. «Ein Steinwurf oberhalb Breysach» aber brachte ein starker Windstoss das überladene Boot zum Kentern. «Sobald sich der Weydtling auf den Grund gestellt, ist die Gewalt vom Wasser dagewesen und hat den Weydtling auf die Seite gezwungen. Da folgends das Wasser den Weydtling alsobald überschwemmte, sind davon ein Italiäner, so ein Schnupftabakmacher, eine Weibsperson von Thun und ein Kind zu Grund gegangen und leider ertrunken.» Die Schiffer und die andern Fahrgäste kamen nicht zu Schaden. An Gütern war der Verlust gering; einzig ein halber Zentner Feigen und zwei Ballen Leinenwaren konnten nicht mehr beigebracht werden. Nach der Rückkehr wurden die beiden Schiffsleute in Basel in Gefangenschaft genommen und wegen Unvorsichtigkeit unter Anklage gestellt. Georg Neuenstein, «als der Eltere, der was das Schiff tragen möge, hat besser verstehen sollen», wurde für mindestens 4 Monate an das Schellenwerk geschlagen. Emanuel Göbelin, der «mehr Sorgfalt bezeugt hat», kam mit der halben Strafe davon. «Womit dann hoffentlich diese und andere Schiffleut von dergleichen Vermessenheit in das Künftige abgeschreckt sein sollen. Auch wollen der Schiffleuten Vorgesetzten auf die abfahrenden Schiff fleissige Achtung geben und nicht zulassen, dass dieselben gewinnshalber mit allzuschweren Lasten beladen seyen.»

Criminalia 21 G 12/Ratsprotokolle 58, p. 367ff.

Unglückseliger Tag

«Den 22. Februar 1687 ist ein Mann aus Kandern im Markgräflerland bei den Metzgern zu Tod gefallen. Ein Papyrergesell ist zu St. Alban von seinem Pferd zerschleift worden. Auch ist ein Meitlin zu Tod gefallen. Gott berührt jedermann.»

Schorndorf, Bd. I, p. 9

Aus Unvorsichtigkeit ertrunken

1691 sind «nach der Abendpredigt 2 Schifferknaben, jeder ungefähr 10 Jahr alt, als sie einen Logel (hölzernes Fässchen) Fisch zu Kleinhüningen mit einem Waidling abholen sollten, aus Unvorsichtigkeit unterhalb der Bruckh im Zuosehen ihrer Eltern ertrunken.»

Scherer, p. 176/Baselische Geschichten, II, p. 103

Von einem Fass zerknirscht

«1692 ist ein Küferknecht von Meister Rudolf Jackel, als er in das Herrn Scherben Haus bei der Rümelinsmühle ein Fass mit neuem Wein mit Hilfe seiner Mitgesellen in den Keller herunter tun wollte, elendiglich zerknirscht worden, weil unversehens das Seil zerbrochen war. Ein Gleiches hat sich ein Jahr zuvor mit einem Andern schon zugetragen.»

Scherer, p. 184

Jugendlicher Übermut

«1694 haben etliche junge Töchter, so bey Christina Gyderin das Nähen erlernt haben, in ihrer Urlaubsstund auf der Steinen Schantz Muthwillen getrieben, einander zu Boden geworfen und sich aufeinander fallen lassen. Dabei ist der Tochter des Rahtsherrn Keller an der Spalen im Arm der Nerffen gewichen. Weil das Mägdlein solches etliche Tag verschwiegen hat, ist der Arm aufgeschwollen, sind Löcher darin gefallen und hat viel Unrath darin verursacht, so dass man etliche Beyn hat daraus schneiden müssen. Nachdem es eine lange Zeit mit grossen Schmertzen zugebracht hat, hat es sein Leben einbüssen müssen.»

Scherer, II, s. p.

Beim Brückenbau in den Rhein gefallen
Als im Jahr 1694 ein Joch der Rheinbrücke neu geschlagen wurde und die Lehnen offenstanden, ist ein Schusterknecht nächtlicherweile zu weit hinausgegangen. Dabei ist er hinuntergefallen und erst nach 10 Wochen bei Istein an Land geschwemmt worden.
Scherer, p. 197

Stinkender Accident
1696 «ist die alte Frau Stupanus, eine grosse, dicke und schwere Frau, in ihrem ‹Häuschen› in die Dohle hinuntergefallen, als der Sitz mit ihr eingebrochen war, und ist in der Dohle bis zur Freien Strasse gefahren! Dann hat sie von 4 Männern wieder hinaufgezogen werden müssen. Sie war zwar unversehrt, musste aber wegen des Schrekkens lange zu Bette liegen.»
von Brunn, Bd. II, p. 305/Schorndorf, Bd. I, p. 114

Nimmersatter Rhein
«Als er sein Fischergarn in den Weidling ziehen wollte, fiel im Oktober 1700 ein Knabe bei Grenzach in den Rhein und fand in den Fluten den Tod. Es war der Sohn des Stubenknechts zu Schiffleuten, der vorher schon zwei Söhne dem nimmersatten Rhein überlassen musste.»
Scherer, p. 282

Salzschiff zerschellt
Bei dichtem Nebel zerschellte im Jahre 1700 ein Schiff, das voll mit Salz beladen war, an einem Brückenjoch. Die Ladung sank sofort, aber die Besatzung konnte mit grösster Mühe gerettet werden. Der Schaden betrug einige tausend Taler.
Scherer, p. 283f.

Tod im Morast
«1701 ertrank ein Maurergesell beim Schutz des Steinenthors, als er baden wollte. Er sprang von oben herab in die Gumpen. Weil diese durch den jüngsten starken Wasserguss sehr tief unterfressen wurden, vermochte er sich aus dem Morast nicht wieder hinaufzuschwingen: Begib dich nicht ohn' Noth in Gefahr, willst du nicht kommen um Haut und Haar.»
Schorndorf, Bd. I, p. 180

Beim Wasserlösen ertrunken
«1705 ist ein Soldat auf der Hauptwache beim untern Thor in der Kleinen Stadt, als er in der Wachstube zum Fenster hinaus sein Wasser lösen wollte, unachtsamer Weise in den Schintgraben hinuntergefallen und ertrunken.»
Scherer, III, p. 306

Dreifache Selbstentleibung
Im Jahre 1711 haben sich drei Personen «selbst leblos gemacht. Gott wolle sich ihrer Seelen erbarmen: Die erste war Dorothea Hauser, die Frau des Registrators Hans Heinrich Gernler. Sie war die Tochter des Dreikönigswirts, eines grossen Saufers und Fluchers. Dorothea war oft der Melancholie unterworfen gewesen, so dass man ihr schon das Rebmesser hat vom Halse nehmen müssen. Schliesslich hat sich die dem Wein und Geiz ergebene Frau in einen Sodbrunnen bei der St. Johannschanze gestürzt und ist ersoffen. Man hat diesen dann zugeschüttet und darüber einen Garten angelegt. Die zweite Person war die Frau des Stubenknechts zu Rebleuten. Während dieser, Franz Schwarz, im Ruf eines liederlichen Haushalters und Trinkers stand, galt sein Eheweib als gute und fromme Frau. Sie warf sich in den Rhein und konnte erst sechs Wochen später zur Erde bestattet werden. Die dritte Person war der junge Rebmann Hieronymus Gut. Er suchte nach nur achtwöchiger Ehe den Tod im Rhein bei der Salmenwaage in Grenzach. Die Leute bedauerten seinen freiwilligen Hinschied und gaben die Schuld seiner bösen und unfriedsamen Frau.»
Bachofen, p. 32ff./Baselische Geschichten, II, p. 209

Schweres Unglück auf der Rheinbrücke
«Auf den 24. Juli 1712 abends haben die Leuth auf der Rheinbruck an einer Lehne unweit der Kleinen Stadt den Schiffleuten zugeschaut, wie sie die grossen Schiffe zurecht stellten und das Wasser daraus schöpften. Als sich aber zuviele an die Lehne legten, ist selbige gebrochen, und sind an die 20 Personen hinuntergefallen. Der Rhein ist stark geloffen und ist gross gewesen. Obschon man mit Seylern und Leytern den Leuthen zu Hilf zu kommen suchte, war doch alles vergebens. Weil das Rheinthor schon geschlossen und man es wegen des grossen Rheins

Titelvignette der Bau-Ordnung der Stadt Basel. Gedruckt von Johann Heinrich Decker anno 1741.

Markante Figuren im Alten Basel:
Oben: Der Pedell der Universität mit dem Szepter.
Unten: Basler Herr mit gepuderter Locken-perücke.

Oben: Bernoulli, der Mehlwäger.
Unten: Basler Torzoller mit der Sperrgeldbüchse.
Aquarelle von Franz Feyerabend (1755–1800).

Ländliche Idylle. Aquarell von Jakob (oder Johann) Senn. Um 1830.

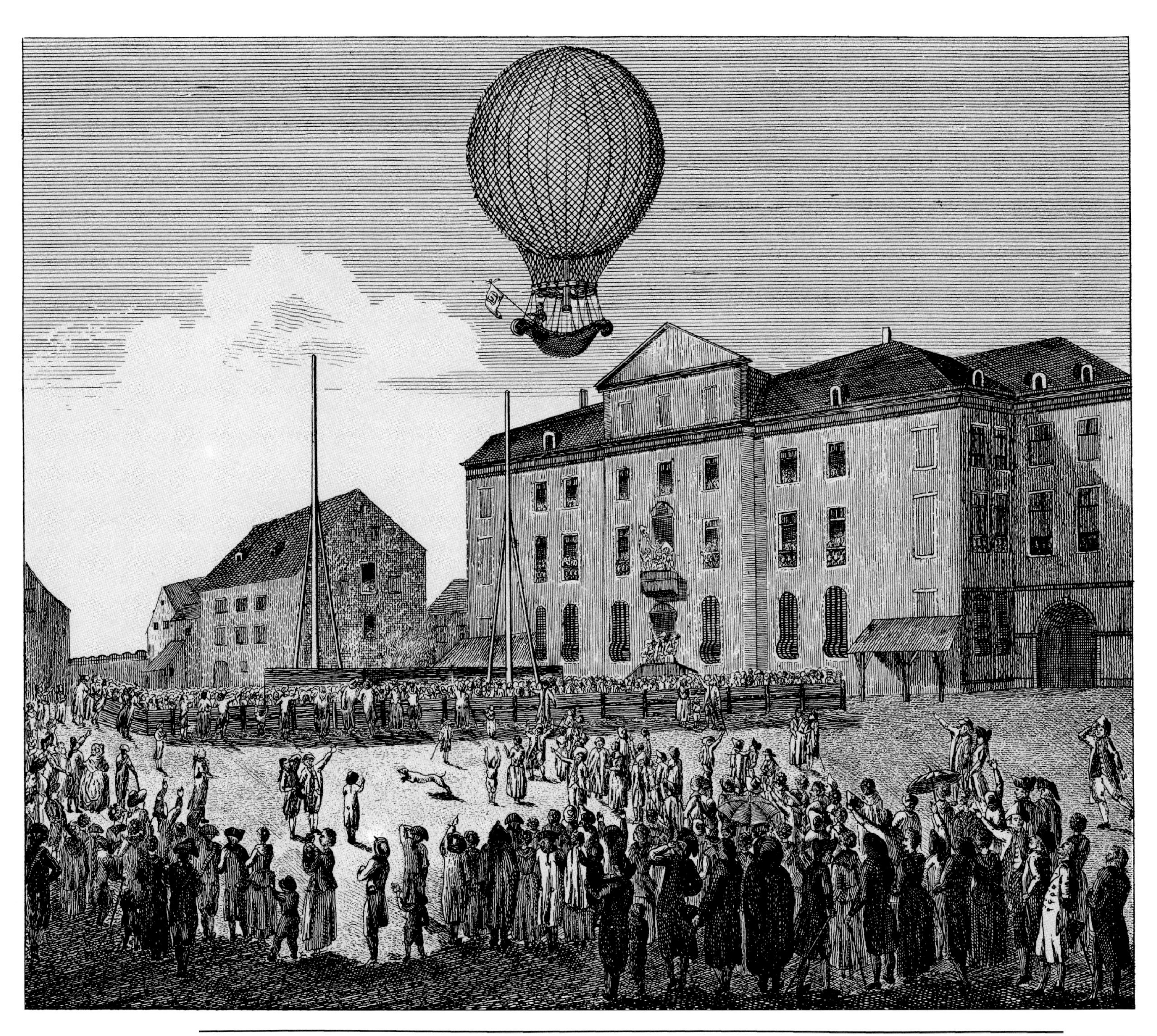

Blanchards 30. Luftfahrt in Basel, 5. Mai 1788:
«In einem Brief an einen seiner Freunde äusserte sich der gescheite Peter Ochs, Blanchard sei unglücklich. Nur wenige Leute kämen, für fünf Batzen seine Vorführungen zu schauen und in einer anonymen Zusendung habe sich der Luftpionier gar Ausdrücke wie ‹pécore› (dummer Mensch) und ‹fat› (Geck) gefallen lassen müssen.»

Bauersleute in der Region Basel:
Oben: «Paysan du Canton de Basle.»
Unten: «Paysanne du Margraviat de Bade aux environs de Basle.»

Oben: «Paysanne de la haute Alsace aux environs de Basle.»
Unten: «Paysanne du canton de Basle.»
Radierungen von Chr. von Mechel (1737–1817).

Oben: Fähnrich mit Banner. Aquarellierte Federzeichnung nach Urs Graf. Um 1515.
Unten: Der heilige Georg zu Fuss im Drachenkampf. Federzeichnung. Ende 15. Jahrhundert.

Oben: Walter von Klingen besiegt einen Gegner im Turnier. Aquarell von Albert Landerer. 1857.
Unten: Der heilige Antonius überwältigt den Teufel. Tuschpinselzeichnung von Urs Graf.

Oben: Scheibenriss mit Schwan von Urs Graf.
Unten: Scheibenriss mit Schweinen und dem «verlorenen Sohn» von Hans Holbein d. J.

Oben: Gratulationsadresse zur Hochzeit von Johann Jakob Lichtenhahn und Elisabeth Thurneysen. 1813.
Unten: Adler, Einhörner, Schwan, Wölfin und Fischotter in einer Allegorie für Jakob Rüdin.

Allegorie auf die 5 Sinne mit Darstellung des Geruchsinns. Barockmalerei im Gartenkabinett St.-Alban-Vorstadt 71.

«Sonntag, den 21. Brochmonat (Juni) Anno 1646 war Jacob Bettenhauser morgens umb fünff Uhren mit allerhandt Kauffmanns Wahren geladenen Stulschiffleins von hierauss weg gefahren. Undt ist ihm zu Istein ein gross Unglickh zu gestanden, dass leider Gott erbarms die Wahren, so darinn gewesen, under gangen, auch zwo Manns Persohnen undt ein Weibspersohn, so gros schwangers Leib gewesen, erdrunckhen.»

nicht aufthun konnte, sind ertrunken: Ein Basler Knabe, eines Schuhmachers Sohn an der Eysengasse, des Ratsherrn Barbiers Magd samt ihrem Hochzeiter, drey Baselbieter aus der hiesigen Garnison, Metzger Stückelberger, ein Unbekannter in einem scharlachenen Rock und andere, die man nicht hat erfahren können. Im ganzen 13.»

Scherer, III, p. 374f. / Bieler, p. 272 / Baselische Geschichten, II, p. 219 / Schorndorf, Bd. II, p. 10v / von Brunn, Bd. II, p. 382 / Scherer, p. 488f.

An einer Tabakpfeife gestorben

«1712 ist ein Baselbieter, der hier in Garnison war, an einer Tabakpfeife gestorben, welche ihm, als er beim Spalenthor über eine Mauer steigen wollte, in den Rachen gerathen war. Er wurde auf dem St. Peters Kirchhof nach Soldaten Manier begraben.»

Scherer, III, p. 372 / von Brunn, Bd. II, p. 322 / Scherer, p. 482f.

Erschreckliche Zeitung

«Den 27. May 1714 kam die traurige und erschreckliche Zeitung hieher, dass Niclaus Zäslin, der Handelsmann, als er auf der Reyss nach Zurzach war, zwischen Augst und Rheinfelden jämmerlich ermordet und ums Leben gebracht worden sey. Er ist mit 25 Wunden nebst seinem Pferd tod aufgefunden worden. Er habe sehr viel Geld bey sich gehabt, welches die Mörder zweifelsohn werden gewusst haben. Die That geschah bey dem Creutz, allwo ein Wachthaus steht. Obwohl man aller Orten nachforschen liess, konnte von dem mörderischen Gesindel nichts entdeckt werden. Es hatten ihn die Mörder in die nächstgelegene Tiefe geschleppt. Man fand auch noch seine Pistole, aber ohne Schloss, seinen Mantel, seinen Fingerring samt etlichen Schriften und etlichen Mördermessern. Der Cörper wurde von Augst den Rhein hinunter gebracht und allhier im Münster begraben.»

Baselische Geschichten, II, p. 228f. / Scherer, III, p. 394ff.

Traurige Rückkehr aus Zurzach

Am 5. September 1716 wollten 10 Basler, die den Zurzacher Markt besucht hatten, mit einem Weidling wieder nach Basel heimfahren. Da der Rhein nur wenig Wasser führte, galt es, bei Koblenz zahlreiche Felsen zu umschiffen. Als dies aber nicht gelang, kippte der Kahn um und die ganze Gesellschaft stürzte ins Wasser. Während sich die meisten an Gebüsch und Stauden festhalten konnten und sich dadurch retteten, versanken drei Handlungsdiener in den Fluten. Es waren dies Rudolf Passavant, der die Handlung bei seinem Bruder erlernen sollte, Hummels Sohn sowie der Sohn des Drechslers Brunner. «Dieser hat allerhand schöne hölzerne Sachen, so man den Kindern pflegt zu kaufen, feilgehalten. Alle 3 sind gleich alt von 26 Jahren und von Basel.»

Bachofen, p. 123f. / von Brunn, Bd. II, p. 533 / Diarium Basiliense, p. 14v / Schorndorf, Bd. II, p. 68 / Beck, p. 150 / Scherer, p. 597

Beim Mistladen fortgeschwemmt

Im Februar 1717 fuhr beim Barfüsserplatz ein Knecht mit seinem Gespann von drei Pferden an den Birsig hinunter, um Mist zu laden. Gleichzeitig wurde beim Steinentor ein Wuhr geöffnet, was einen gewaltigen Wassersturz zur Folge hatte. Knecht, Pferde und Wagen wurden vom reissenden Wasser fortgetragen und konnten später nur mit grosser Mühe mittels Leitern und Seilen wieder an Land gezogen werden.

Scherer, p. 612f.

Tragischer Unglücksfall

Als im Christmonat 1722 Durs Osti, der Lehenmüller der Hirzlimühle im St. Albanloch, mit seiner Frau ins Kornhaus fuhr, um neue Frucht zu holen, überliess er seine Kinder zur Beaufsichtigung einer 17jährigen Magd. Eine

Eine nackte Frau, die sich verzweifelt ersticht, wird lüstern von einem Mann beobachtet. Federzeichnung von Urs Graf. 1523.

alte verrostete Pistole, welche auf einer Kommode im elterlichen Schlafzimmer lag, schien für die Kinder nicht gefährlich zu sein, spielten diese doch schon während Jahren damit. Wie nun der sechs Jahre alte Durs an der vermeintlich ungeladenen Feuerwaffe herummanipulierte, ging plötzlich ein Schuss los und zerschmetterte das Gesicht seines jüngsten Brüderchens. Auch «etliche Weiber», die aus der Nachbarschaft herbeieilten, konnten keine Hilfe mehr bringen; das Knäbchen erlag auf der Stelle den Verletzungen. Chirurgus Peter Mieg sah «expressé nach dem Geschrott, konnte aber keines finden und glaubte deshalb, es sey nichts als ein Schutz Pulver in der Pistole gewesen». Auf eine Strafverfolgung des tragischen Unglücksfalls verzichtete der Rat, doch ordnete er an, «dass zu Stadt und Land publicirt werde, mit dem Gewehr sorgsam umzugehen».

Criminalia 01/Ratsprotokolle 94, p. 185/Scherer, p. 799/Scherer, III, p. 465/ Schorndorf, Bd. II, p. 219

Verordnung wegen dem allzustarken Fahren in der Stadt.

Nachdem Unsere Gnd. Herren E. E. Wohlweisen Raths mit besonderem Mißfallen wahrnemmen müssen, daß Hochderoselben vorherigen Verordnungen so wohl wegen allzustarker Ueberladung der Güter, Wein, Stein, Holz und anderen Fuhren, als auch wegen dem Rennen oder allzustarken Fahren mit Gutschen, und Wagen, und denen allzuweit, und über den Lauf der Räder auseinandern gespannten Gutschen-Pferdten, nicht nachgelebt, und dadurch nicht nur der Rhein- und andern Brucken, der Besätze in denen Strassen, Gewölbern und Gebäuden merklicher Schade verursachet werde, sondern auch viele Unordnungen, Unglücke, und Beschwärdte für E. E. Burgerschaft daraus entstehen; Als sind Hochgedacht Unsere Gnd. Herren hiedurch bewogen worden, Dero Verbott hierüber frischer Dingen zu wiederholen, und Männiglichen vor dessen Uebertrettung ernstlichen wahrnen zu lassen; Verordnen und befehlen dahero, daß die darwider Fehlbare ohne einige Nachsicht für das Erste Mahl in eine Straf von Zehen Gulden, und bey wiederholter Uebertrettung jedes Mahl von Zwanzig Gulden verfällt werden sollen; Zu welchem End Hochwohlgedacht Unsere Gnd. Herren denen Löbl. Collegiis der Innzüchter- oder Policey-Herren beyder Städten, was aber die Vorstädte anbetrift, den E. Gesellschaften auftragen, auf die Uebertrettere geflissene Acht haben zu lassen, und selbige ohne Ansehen der Persohn mit der angesetzten Straf, wovon die Helfte dem Collegio, so den Uebertretter gerechtfertiget, die andere Helfte aber dem Angeber zukommen soll, zu belegen; Derowegen auch samtlichen Wachtmeistern, Stadt-Soldaten, Harschierern und Obrigkeitlichen Dienern anbefohlen ist, die Fehlbare ohne weiters seiner Behördte zu behöriger Bestraffung zu verzeigen; Als wornach sich hiemit Männiglich zu richten, und vor Schaden zu hüten wissen wird. Sign. den 6. Brachmonats 1764.

Canzley Basel.

Wer seine Güterwagen mit Waren überladet oder mit seiner Kutsche zu schnell fährt, macht sich strafbar, weil sowohl die Gewölbe der Brücken wie der Belag der Strassen beschädigt werden und Unglücksfälle eintreten.

Jammervolle Selbstentleibung

«1725 entleibte sich des Metzgers Oser Frau mit einem Messer auf dem Weg, da man gegen die St. Lienhards Schantze geht, oben auf dem Heuberg. Sie wurde von ihrem eigenen Sohn angetroffen und nach Hause geschleppt. In der Nacht ist sie durch die Koliberger bei den armen Sündern verscharrt worden.»

Schorndorf, Bd. II, p. 290

Muttenzerin stirbt

«1727 kam eine Frau von Muttentz aus dem allhiesigen Kornhaus bis zum Stäblinsbrunnen, wo sie niederfiel und den Geist aufgab. Ward in einen Karren auf etwas Stroh gelegt und nach Muttentz geführt: Oh Mensch, gedenke an den Tod, er kommt gewiss, früh oder spot.»

Schorndorf, Bd. II, p. 332

Närrischer Eisenhändler ertrinkt

«Iselin, der närrische Eisenhändler, ist 1728 auf das Land geritten, um seine Schulden einzutreiben. Als er sich des abends zu Friedlingen beweinte und vollerweis sein Pferd in der Wiese wollte abschwenken, sank er damit in ein Loch. Weil die Wiese viel Wasser führte, ersoff er elendiglich, ohne dass man ihn retten konnte: In seinem Lebenslauf war er ein wunderlicher Haas und ward immer begabt mit einer rothen Naas.»

Schorndorf, Bd. II, p. 337

Melancholischer Schulmeister

«Den 17. December 1729 ist Bericht gekommen, dass Conrad Schultes, Schulmeister zu Oberdorf, sich in Melancolia so schrecklich vergessen hat, dass er sich von ihrem Kirchthurm herab zu tode auf die Gasse gestürzt hat, nachdem er zuvor mit seinem Rohr sich einen Schuss durch das Hertz gegeben hat. Er war im etlich und siebenzigsten Jahr seines Alters.»

Schorndorf, Bd. II, p. 380

Waldbruder erschlagen

«Ein 70jähriger Waldbruder aus dem Elsass, der nach Einsiedeln gehen wollte, ist in Rothenfluh in einer Scheune von einer auf ihn hinuntergefallenen Habergarbe zu Tod geschlagen worden.» 1735.

Basler Chronik, II, p. 101

Aus Schwachheit in den Tod

Christoph Bratschin, Kandidat der Theologie und Senior des Kollegiums, führte ein frommes, unauffälliges Leben, so dass er von jedermann geliebt wurde. Mit seiner Gesundheit aber war es nicht gut bestellt. In arger Melancholie verfügte er sich deshalb an einem Wintertag des Jahres 1729 durch das Bläsitor in die Gegend von Kleinhüningen. Dort entledigte er sich seiner Kleider, setzte sich in ein Bächlein, faltete seine Hände zum Himmel und liess sich von der Kälte erstarren. «Er war von so kleiner Postur, dass ihn der Bürger Engler, der ihn erblickte, für eine wilde Ente hielt.» In der Tasche seines Rockes hat man ein Zettelchen mit folgendem Vers gefunden: «Ihr alle, die ihr von meinem Unglück vernehmen höret, urteilet nicht fälschlich über mich. Es hat mich Elenden nicht eine Sünde, sondern mein elendes Temperament in meinem kranken Leib um mein Gemüt gebracht. Ich hoffe, ich werde meine Hölle auf dieser Welt gehabt haben.» Der unglückliche Tod des tugendhaften Menschen hat manchen Mitbürger zur Besinnung gebracht.

Bachofen, p. 415ff. / Ochs, Bd. VIII, p. 41 / Scherer, III, p. 515 / Beck, p. 166f. / Schorndorf, Bd. II, p. 358

Erneuerungsarbeiten an der Rheinbrücke: Mit einer von Pferden betriebenen Rammvorrichtung werden Eichenpfähle in das Bachbett getrieben. Federzeichnung von Emanuel Büchel. Um 1750.

Tod in der Abtrittgrube

«1729 ist Meister Wick, der Steinmetz, als er zu St. Leonhard einen Privatthurm erbauen wollte, in den Graben gefallen und wenig Stunden später gestorben.»

Scherer, III, p. 520

Sandgrubeneinfall

«Fünf junge Bauernknaben von Pratteln verfügten sich 1737 in die unterhalb des Dorfes liegende Sandgrube und trieben miteinander Kurtzweil. Der eine wollte in ein durch das Wasser untergrabenes Loch schlieffen. Kaum aber war er darinnen, so fiel das Gewölb über ihm ein. Der herbeigerufene Vater traf den Knaben nach etlichem Graben ohne Lebenszeichen gantz doppelt zusammengedrückt und musste das traurige Spectacul mit betrübten Augen ansehen.»

Basler Chronik, II, p. 208

Traurige Hochzeit

«In Häsingen hat sich 1739 an einer Hochzeit ein trauriger Fall ereignet: Als man sich zum Hochzeits Essen rüstete, setzte sich der Hochzeiter aufs Pferd, um einige Knaben an den Tisch zu holen. Dabei hatte er das Unglück, mit seinem Pferd in einen Graben zu fallen und sich den Hals zu brechen. Darob sind die eingeladenen Gäste wieder nach Hause zurückgekehrt.»

Basler Chronik, II, p. 318f.

Bauunfall auf der Rheinbrücke

«1741 zerbrach auf der Rheinbruck das Gerüst bey dem zerschlagenen Joch. Drey arbeitende Zimmerleuth sind dabey samt den Dielen und Balken ins Wasser gefallen. Während der eine mit einer leichten Wundbeschädigung davonkam, wurde der andere erbärmlich zerquetscht und getötet. Der Dritte ist im Rhein ertrunken.»

Basler Chronik, II, p. 9 / Scherer, III, p. 542

Schlimmer Vogel

«1744 trug sich zu, dass ein Waidbube in der Hard sich das Leben nehmen wollte. Er machte einen Strick an einem Baume fest, schlang sich das Seil um den Hals und liess sich herunterfallen. Weil der Strick aber einen Knoten hatte, konnte er sich nicht zusammenziehen. So blieb der schlimme Vogel lebendig am Baume hängen. Zu allem Glück kam der St. Alban Viehhirt daher und wurde gewahr, dass sich bei stillem Wetter etwas im Baume bewegte. Er erblickte also diesen Spectacul, zog sein Messer aus dem Sack, schnitt den Strick entzwey und errettete diesen gottlosen Buben vom Tod. Hernach zeigte er es den Behörden an, worauf der Waidbub in das Zuchthaus promoviert wurde.»

Basler Chronik, II, p. 147f. / Criminalia 20 G 12

Hals abgebrannt

«1744 machte ein Kerl mit einem andern zu Grenzach ein Gewett, dass er zwey Maas Brantwein verschlucken könne. Als dieser dieses bewerkstelligte, ist ihm der Hals abgebrannt, und gleich darauf hat er das Leben lassen müssen.»

Basler Chronik, II, p. 173

Von einer Kegelkugel tödlich getroffen

An einem Maisonntag im Jahre 1755 hatte Jakob Matt «auf dem leidigen Kegelplatz vor dem Wirtshaus in Zyfen durch Keglen den Sabbath des Herrn mit andern seines gleichen entheiliget». Wie er mit seinem Vetter auf die Distanz eines halben Büchsenschusses gegen einen halben Liter Wein auf drei Kegel kegelte, betrat unvermutet Anna Hodel den Kegelriss und wurde im selben Augenblick von der schweren Kugel am Kopf getroffen. Trotz intensiver Pflege mit «Schlagwasser und Essig» war die unglückliche Frau nicht mehr zu retten; sie starb nach wenigen Stunden tiefer Bewusstlosigkeit. Joggi Matt, der nach dem bedauerlichen Zwischenfall nach Basel in Untersuchungshaft verbracht wurde, beteuerte vor dem Rat, dass «es ihm also zu Herzen gangen, dass er keine Ruhe gehabt und sich nicht trösten lassen können. Bitte dehmühtigst um Gnad und Verzeihung und wolle sein Lebtag sich vor dem Keglen hüten, damit er in kein dergleichen Unglück mehr falle.» Die Obrigkeit anerkannte denn auch, dass Matt nicht vorsätzlich und böswillig gehandelt habe, und liess es bei der Abgeltung der Kosten bewenden.

Criminalia 21 M 24/Ratsprotokolle 128, p. 139ff.

Freitod am Klosterberg

Heinrich Oswald, der Giesser, «begab sich am 2. Juny 1768 gegen 9 Uhr abends aus dem Weinhaus in der verwitweten Barbara Schultheissin Haus am Klosterberg, allwo er sich in einer finstern Kammer, auf einem Bette liegend, mit einem grossen Messer oder Schnitzer gleich unter dem Kinn die Luftröhre gänzlich und den Schlund halb durchgeschnitten hat. Eine so beträchtliche Verletzung und Verwundung dieser zum Leben nötigen Teile hat natürlicherweise eine Verblutung und einen baldigen Tod verursachen müssen. Über diese Selbstentleibung hat anderntags der Herr Schultheiss zu Basel unter freiem Himmel Gericht gehalten: Ist vom Leichnam ein Wahrzeichen zu nehmen, die Seele dem barmherzigen Gott anzubefehlen und der Leib zu St. Elisabethen, wo die armen Sünder bestattet werden, zu begraben!»

Criminalia 20 O 4/Ratsprotokolle 141, p. 155ff.

Vom Mühlrad zerquetscht

«Als 1744 ein Zimmergeselle im St. Albanloch am Kammrad der Pulvermühle etwas hat sollen zurechtmachen, hat ein Müller das Wasser angelassen, worauf der elende Mensch zwischen die beyden Kammrad gefallen und von den Zapfen elendiglich zerschlagen und zerschmettert worden ist und unter grossen Schmertzen seinen Geist aufgegeben hat.»

Basler Chronik, II, p. 139

Schweres Schiffunglück bei Rheinfelden

«1764, als von Zurzach 28 Persohnen auf einem zwar liederlichen Schüff auffem Rhein nacher Basel fahren wolten, hatten sie das Unglück, dass die unvernünftigen Schüffleuth abends gegen 6 Uhr oben und unter der Rheinfelder Bruck an einen Felsen bey zimmlichem grossen Rhein angefahren, wovon das Schüff einen Rüss bekommen und zerschmettert wurde. Viele davon hatten sich an dem halben Schüff noch erhebt, insonderheit Leonhard Schardt am Imbergässli sambt noch einigen Frembten von Müllhausen, Colmerer, Strassburger und andern mehr. Diese hatten grosse Lebensgefahr, bis Hülf von Warmbach gekommen, ausgestanden. Etliche Frembte und Hiesige sind in Rhein hinausgesprungen und sich mit Schwimmen retterirt, insonderheit Herr Respinger, der Knöpfmacher hinter der Schol, ein teutscher Husar und noch einer hatten ihre Röck und Camisol ausgezogen und sind glücklich durch Hülf errettet worden. Justin Keller aber, Hosenlismer im Gerbergässli elteren Sohn ab dem Rheinthor, welcher als erster hinausgesprungen, ein Schüffmann und noch Frembte, hatten beim Herausspringen ihre Kleider anbehalten, alwo auch von diesen mit dem Keller erbärmlich ertruncken. Vielen ist ihre Bagage, Kleider und etwas Waren und vieles Gelt zugrunde verlohren gegangen.»

Im Schatten Unserer Gnädigen Herren, p. 150f./Bieler, p. 975

IV RAUFBOLDE UND ERZGAUNER

Zürcher und Berner schlagen sich

«Den 24. Januarii 1477 begab sich ein Auflauf zu Basel. Ein junger Dienstbub von Zürich, welcher etliche Pferd zum Fischmarckt-Brunnen geführet, war von etlichen Berneren, so auch ihre Pferd tränken wolten, übel geschlagen. Indem waren etliche Züricher mit ausgezuckten Schwerdten hinzu geloffen, haben die Berner angefallen, zween derselbigen entleibt, und vier verwundet. Daraus ein solche Rottierung entstanden, dass man im Harnisch zusammen geloffen: ist kaum gestillet worden.»

Gross, p. 122f. / Ochs, Bd. IV, p. 339

Räuber in Weiberkleidern

«Ende Mai 1499 raubten ‹etlich knecht› von der Besatzung des Schlosses Pfäffingen, das auf kaiserlicher Seite stand, den Hirten der neutralen Basler ‹ein merklich somm vich›, es waren ‹kue›, die dann ‹hinweg gen Pfeffingen getriben› wurden. Und das taten die Räuber ‹in verwandleten kleidern›, wobei ‹etlich› sogar ‹in gestalt der wibern (!) gekleidet› waren. Bei der ganzen Raubaffäre floss kein Blut, was gar nicht als selbstverständlich zu betrachten ist.»

Hans Georg Wackernagel, p. 247

Mit gezückten Schwertern gegen Passanten

«1545 fielen einige wüste und betrunkene Gesellen mit gezückten Schwertern über alle, die ihnen begegneten, her und verwundeten einige. Unter andern wurde der Sohn des Webers Schältner von einem Zimmermann schwer im Rücken verwundet; sein Rückgrat war so zerhackt, wie von den Metzgern Fleisch zerhackt wird; er soll lebensgefährlich darniederliegen.»

Gast, p. 243

Ein roher Mensch

«Jakob Hütschi, ein roher Mensch, der den angesehenen Ratsherrn Balthasar Han, der im Schauspiel ‹Pauli Bekehrung› auf dem Barfüsserplatz die Person Christi darstellte, mit gezücktem Schwert nicht unerheblich verletzt hatte, wurde 1546 auf Ratsbeschluss in Haft gebracht. Er war ein bösartiger und nichtsnutziger Mensch, der noch einmal seinen Mitbürgern schweren Schaden zufügen wird, wenn er sich nicht bessert und zur Vernunft kommt.»

Gast, p. 273

Misshandelter Markgraf

«1547 wurde der Markgraf Bernhard von Baden unter dem Bläsithor, als er mit einem Bürger, Namens Keller, in Missworte gerathen war, von einem andern Bürger, Thomas Renk aus Klein Basel, mit einer Haue derart auf den Kopf geschlagen, dass er in Ohnmacht fiel. Keller und Renk wurden sofort gefangen genommen und zu elf Tagen harter Gefangenschaft verurtheilt.»

Historischer Basler Kalender, 1886

Diebe erleiden Rutenstrafen

«Zwei junge Burschen sind 1548 mit Ruten ausgehauen worden; sie hatten, um ihren Anteil an einem Diebstahl zu bekommen, Wache gestanden. Die Diebe waren entflohen, sie selber aber wurden in Pratteln gefangen und erlitten ihre Strafe. Ein Dritter leugnete die Tat vor dem Rat ab und erging sich in irgendwelchen Drohungen; er wurde in die Haft zurückgebracht. Der Unglückliche hinkt und wird ein warnendes Beispiel dafür sein, dass man der Obrigkeit, die das Schwert trägt, nicht unbesonnen widersprechen darf.»

Gast, p. 319

Tödliche Säbelfechterei zu St. Peter

Junker Hermann von Eptingen und Junker Hans Jacob Vey waren 1555 als Gäste an eine Adelshochzeit in der Herberge zur Krone in der Nähe des Fischmarkts geladen. Nach dem Nachtessen wollten sie sich dann zu Eptingers Haus in der Neuen Vorstadt (Hebelstrasse) begeben. Wie die Edelknechte frohgemut heimwärts strebten, standen den beiden Ahnungslosen beim Kirchhof zu St. Peter plötzlich Niclaus Rotgeb und Hans Hug mit gezückten Waffen gegenüber. Blitzartig entwickelte sich eine blutige Säbelfechterei, die mit dem Tod des Niclaus Rotgeb ein schreckliches Ende nahm. Eptingen und Vey wurden unverzüglich von der Stadtwache in

< *Der Drachenkampf des heiligen Georg, mit sarkastischer Aussage von Urs Graf hingelegt. 1519.*

Kampf der Meerkentauren. Federzeichnung von Urs Graf.

Gewahrsam genommen, erhielten aber, nachdem ihre Unschuld erwiesen war, wieder die Freiheit.

Urfehdenbuch IX, p. 90/ Wieland, s. p.

Ein grossartiger Betrug

«Im Jahr 1555 bewohnte das Haus zum Delphin Frau Maria Lumpartin. Begegnet auf eine Zeit, dass ein Landtrieger (Betrüger), ein gescheidter Bösswicht, mit 2 Pferdten gehn Basel kam, verhielt sich stattlich, begehret uff etlich 100 Dopp. Dukaten eine Anzahl Kronen zu entlehnen, machet sein Kundschafft, bis hinter dieser guten Frau Gelt verzeigt ward. Mit dieser handlet er, dass sie ihm auf das besagte Unterpfand das Geld zu leihen bewilliget. Der Wechsler verpflicht sich durch eine Handschrift, sein Pfand innerhalb 6 Monathen wieder auszulösen. Als man ihme nun das Gelt dargezehlet, zahlet dieser seine D. Duk. auf den Tisch, die er auss einem ledernen Beutel langet, gab darbei der Gläuberin seine Handschrift zu lesen. Dieweil sie dieselbig las, that der Schuldner das Gold widrum in Seckel, verwandlet aber mit Hülff seines Knechts den rechten Seckel, reichet ihr geschwind einen andren dar und sagt: sehet, hier leg ich das Gold in's Kästlein, schloss es also zu und behielt den Schlüssel bei sich, zog damit seine Strasse. Lang nach Hinfliessung der bestimmten Zeit wollt dieser seinem Versprechen nach nicht wiederkommen; derhalben die Frau, was im Kästlein war, gern gewust hätte. Also liess sie es im Beywesen ehrlicher Leuthen eröffnen, fand allda in einem Beutel, welcher dem andern gleich gewesen, nichts anders dann so viel Stückhlein Bley in Grösse der Dukaten. Hans Willh. Kirchhoff hat diesen Diebslist vermeldet.»

Buxtorf-Falkeisen, 3, p. 16

Orgelpfeifendieb

«1586 hat man wahrgenommen, dass die Pfeiffen aus der Orgel von St. Theodor gestohlen worden sind. Der Thätter war der Siegrist, der deswegen des Landes verwiesen wurde.»

Baselische Geschichten, II, p. 27/ Ochs, Bd. VI, p. 486/ Wieland, s. p.

Drama beim Roten Haus

«Herr Rudolf Fäsch begab sich im Jahre 1621 in Gesellschaft vieler Basler, die ihn bis Möhlin begleiteten, in Staatsangelegenheiten nach dem Tessin. Als die Basler heimkehrten, gerieth Hauptmann Emanuel Socin in Augst mit dem Handelsmann Hans Heinrich Frey in der Spalen wegen einer geringen Schuldsumme in Streit. Beim rothen Haus überfiel Socin den Frey und brachte ihm mehrere Wunden bei, wovon jede einzelne lebensgefährlich war. Frey verschied nach Kurzem. Er liegt zu St. Martin begraben. Socin floh und ging in fremde Dienste, kehrte dann wieder nach Basel zurück und wurde vom Gericht zu zwei Jahren Verweisung aus Stadt und Land verurtheilt. Als ihn eines Tages die Wittwe Frey's den Spalenberg hinunterreiten sah, schrie sie auf: ‹Du Mörder!› und sank todt nieder. Socin selbst nahm in Savoyen Kriegsdienste.»

Historischer Basler Kalender, 1888/ Scherer, p. 23/ Beck, p. 76/ Scherer, II, s. p./ Scherer, III, p. 25f./ Buxtorf-Falkeisen, 1, p. 46f./ Baselische Geschichten, II, p. 35

Eine übelbestellte Grenzwache

«In Riehen commandirte 1624 Herr Niklaus Herr. Als er zur Herbstzeit um 8 Uhr Abends nach Bettingen geritten kam, den Wachtposten (Bürger von Riehen und Bettingen) zu erforschen, fand er die ganze Mannschaft bezecht, strafte sie mit scharfen Worten, schlug Einen: Sie widersetzten sich und wollten ihn ab der ‹Mähren reissen›. Doch er drohte, von seinen 6 Leibschützen auf sie Feuer geben zu lassen. Sie behielten hierauf eine Wacht nach ihrem Gutdünken.»

Buxtorf-Falkeisen, 1, p. 58

Testamentsfälschung

«Ein reicher, vornehmer Mann im Regiment, ein Notarius, fälschte das Testament seiner Mutter, indem er an der Stelle der 400 ihm vermachten Gulden 4000 ansetzte und dagegen etliche arme Erben ausschloss. Der Betrug wurde entdeckt. Der Betrüger fiel in eine Krankheit, die ihn bald hinraffte: ‹Du, Herr, bist gerecht und hast Gerechtigkeit lieb!›»

Buxtorf-Falkeisen, 1, p. 132/ Richard, p. 135/ Wieland, s. p.

«Gethürmet werden also ein. Welche nicht wollen ghorsam sein.» Kupferstich von Johann Jakob Ringle. Um 1650.

Duell mit tödlichem Ausgang

«Zwei gut befreundete Studenten entzweiten sich 1629 und forderten einander auf Stoss auf die Schützenmatte. Im dritten Gange blieb der eine (Balduin Dathenius aus Heidelberg, eines angesehenen churpfälzischen Geschlechtes) auf dem Platze. Der Thäter entfloh. Die beiden Sekundanten mussten ein jeder zwei Mark Silber bezahlen. Der Entleibte erhielt ein ehrliches Leichenbegängniss im Münster und eine Leichenrede von Antistes Wolleb (von den Duellis oder fürsätzlichen muthwilligen Aussforderungen und blutigen Mordkämpfen).»

Buxtorf-Falkeisen, 1, p. 122 und 162f. / Wieland, s. p. / Battier, p. 466 / Ochs, Bd. VI, p. 772

Hühnerdieb hingerichtet

Seinen unwiderstehlichen Drang, den Bauern der Umgebung Hühner zu stehlen, hatte 1632 Jakob Mahrer mit dem Tod zu büssen. Von 52 Diebstählen, die ihm nachgewiesen wurden, drehten sich nicht weniger als 22 um (75) Hühner. Daneben aber waren es hautpsächlich Brote, Käslaibe, Tücher, Kleider und Schuhe, die sich der arme Taglöhner unrechtmässig aneignete. Obwohl Hunger und Not Mahrer zu diesen Diebereien führten, liess die Obrigkeit keine Milde walten: Der Scharfrichter hatte ihm mit dem Schwert das Lebenslicht auszulöschen!

Criminalia 34 M 7 / Ratsprotokolle 24, p. 3ff.

Opferstockmarder

1636 gelang den Behörden mit der Verhaftung des Diegteners Hans Heusser ein grosser Fang. Der Mann, der durch einen Sack mit Münzen aus verschiedenen Ländern aufgefallen war, entpuppte sich als gewiegter Opferstockmarder, der nicht nur zahlreiche Opferstöcke im Elsass und im Tirol geplündert hatte, sondern etliche Male auch die «Kirchstöcke» des Basler Münsters «mit gewissen Instrumenten» um hohe Beträge erleichterte. Der Rat machte kurzen Prozess mit dem gefährlichen Kirchenräuber und liess ihn nach routinemässiger Untersuchung «mit dem Strang, und was dazu gehört, vom Leben zum Tode» richten.

Criminalia 33 H 1 / Ratsprotokolle 27, p. 318ff.

Folgenschwerer Schlagwechsel zwischen Offizieren

Offenbar mit dem Vorhaben, beim wohlhabenden Rittmeister Peter Vogeley im Roten Haus bei Muttenz seine Finanzen aufzupolieren, begab sich im April 1639 Peter Mechel, ein Leutnant aus Strassburg, mit einem Trupp Reiter zum Landgut des ehemaligen Söldners im Dienste der Könige von Frankreich und Schweden. Als nach gemütlichem Trunk der Strassburger unberechtigte finanzielle Forderungen stellte, gerieten die beiden erfahrenen Offiziere in Streit. Mechel warf Vogeley vor, er sei «kein Rittmeister mehr, sondern ein grober Bauernflegel und ein Lümmel». Solchermassen zückten beide ihre Degen und neckten sich gegenseitig, bis Mechel ausrief: «Du Hund, du musst mir sterben.» Nun galt es ernst. Beide hieben aufeinander ein, und nach heftigem Schlagwechsel sank Leutnant Mechel tot zu Boden. Vogeley hatte ihm «mit seinem Dägen erstlich in den rechten Backen gehauen, sodann auf die linke Brust, drey Finger oberhalb dem Wertzlin, in die Hertzkammer hinein dermassen gestochen und verletzt, dass er also balden aus diesem ellenden zergänglichen Jammerthal abgeschieden ist. Ist demnach die Seele dem barmhertzigen Gott, der Leib aber der Erden befohlen worden.» Die vom Rat in dieser Sache angeordnete Untersuchung ergab keinen Schuldspruch für den ausgedienten königlichen Rittmeister, und Peter Vogeley, der für kurze Zeit auch Besitzer des Schlosses Pratteln war, konnte weiterhin unbesorgt die Freuden des Landlebens geniessen. Eine heute am Nordeingang zum Friedhof St. Arbogast in Muttenz aufgehängte, mit den Feldherreninsignien (Degen, Pistolen, Stab, Trompete und Trommeln) gezierte Grabplatte hält das Andenken an den profilierten Rothausbesitzer wach. 1836 lieferte das Rote Haus erneut Schlagzeilen, indem Oberbergrat C. C. F. Glenck in einer Tiefe von 107 Metern abbauwürdige Salzlager entdeckte.

Criminalia 21 V 2 / Ratsprotokolle 30, p. 184ff.

Der prügelnde Schultyrann in «Lob der Torheit» von Erasmus von Rotterdam. Federzeichnung von Hans Holbein d. J. 1515.

Eine blutige Rauferei

«Drei Weimarische Soldaten hatten 1640 im ‹Rappen› zur Überfülle bis zum Abend gezehrt und gezecht und erzankten sich dann in der Eschenvorstadt, Händel beginnend, mit etlichen Bauern in solch wildem, wüstem Wesen, dass die Burgerschaft, dazwischen kommend, sie mit Hebeln thätigte. Etwas übel traktirt, ritten die Weimarer, Rache schnaubend, zum Thor hinaus bis zur Kapelle, wo sie auf die Bauern warteten, bis diese beim Thorschluss hinauskamen. Von jenen ungestüm angegriffen, setzten sie sich zur Wehr, wurden alle verwundet und übermannt und einer, der Schmied von Reigoldsweil, so jämmerlich zerhauen, dass er todt auf dem Platze lag. Die Thäter entrannen straflos in der Finsterniss.»

Buxtorf-Falkeisen, 2, p. 30

Schwarzbuben

«Eine Diebsbande, die schwarzen Buben genannt, hatte 1641 bey wenigen Wochen in 27 Gebäuden eingebrochen. Den Obervögten wurde Gewalt gegeben, dergleichen Gesellen ohne Gewicht zu examiniren, das ist mit dem Daumeisen und dem blossen Strecken. Mehrere wurden gestraft und verwiesen, und die übrigen durch eine Jägi (Strolchen-Jagd) zerstäubt.»

Ochs, Bd. VI, p. 778

Diebischer Student

Bei «Gymnasiarch Friedrich Seiler wurde 1648 eingebrochen und bey 100 Gulden in Geld samt etwas Kleider gestohlen. Der Täter war Matthias Schädler, ein Studiosus Theologiae aus dem Toggenburg. War erstlich der Universität Gefangener, nachgehends der Hohen Obrigkeit geliefert. Hernach wieder frey gelassen und ein Jahr später wegen Rossdiebstahls zu Rapperswil enthaubtet.»

Scherer, p. 32/Basler Chronik, II, p. 109

Vor den Augen der gerichtlichen Examinatoren wird in der Folterkammer des St.-Alban-Schwibbogens einem Häftling ein Geständnis abgerungen. Radierung von Lucas Vischer. 1796.

Einbruch im Stadtwechsel

«1648 geschah ein Einbruch im Stadtwechsel (Staatskasse), aus welchem etliche 1000 Gulden gestohlen wurden. Den Täter hat niemand wissen wollen. Es gab ein grosser Lärm in der Statt in dieser Nacht. Da es geschehen, war es sehr finster und es regnete heftig. Schädler, der Student, welcher bey Seiler eingebrochen, gerathet auch in Verdacht. 2 Caminfeger auch gefänglich eingezogen. Weil aber aus keinem nichts zu bringen gewesen, die Caminfeger wieder entlassen. Schädler aber ist des Landes verwiesen worden.»

Scherer, p. 32f./Battier, p. 478/Basler Chronik, II, p. 109f.

Todesstrafe für Eisendiebstahl

«1660 sind Vater und Sohn Hans und Jacob Zeller, beide Schlosser von Liestal, wegen begangenen Diebstahls an Eisenstangen zusammen hingerichtet worden. Der Vater hat nicht allein die Wissenschaft vom Diebstahl im Kaufhaus gehabt, sondern hat auch das erlöste Geld verprassen helfen.»

Scherer, II, s. p./Wieland, p. 268/Lindersches Tagebuch, p. 110

Vom Gewissen geplagt

«1661 machte sich Gedeon Rynacher, ein Mann von 73 Jahren, so lange Zeit Sigrist von St. Peter war, von hier weg. Sein Gewissen aber trieb ihn soweit, dass er vor seiner Flucht gewissen Personen bekannte, wie er mehrmals im Gewölb der Peterskirche die Mahlenschlösser eröffnet und Collectgeld gestohlen habe. Dieser Sigrist kam dann aus starkem Trieb des Gewissens freywillig wieder nach Basel. Ward verhaftet und mit dem Schwert gerichtet. Hat seine Sünden herzlich bereuet und eyfrig den Lieben Gott um Verzeihung angerufen.»

Scherer, p. 81f./Ochs, Bd. VII, p. 346/Scherer, II, s. p./Richard, p. 557/ Chronica, p. 197f./Basler Chronik, II, p. 138/Wieland, p. 273

Schiesserei in den Riehemer Reben

1669 ritten zwei Adelige, Franz Heinrich von Eptingen und Sebastian ze Rhein, durch die Riehemer Reben «und griffen nach den Trüblen. Darauf wurden sie vom Bannwart angehalten. Als die Herren sich zur Wehr setzten, beschädigte der Bannwart des einten Edelmanns Pferd. Dieser zückte die Pistole und schoss den Bannwart durch und durch. Doch blieb er beim Leben und wurde wieder geheilt.»

Wieland, p. 335f./Buxtorf-Falkeisen, 3, p. 5

Pferdediebe
Im Frühsommer 1674 machten Joseph Geidel von Ursenbach und Peter Rupp von Steffisburg das Land durch zahlreiche Pferdediebstähle unsicher. Im Bernbiet und im Aargau führten die beiden Räuber mit unüberbietbarer Kaltblütigkeit Pferde von den Weiden und aus den Ställen und verkauften sie um gutes Geld an ahnungslose Bauern. Auch überfiel das diebische Duo ob Langenbruck zwei Krämer aus dem Savoyischen und beraubte sie nach roher Misshandlung ihrer ganzen Habe. Vor dem Gericht zu Basel fanden die beiden Verbrecher keine Gnade: «Diese zween armen Sünder sindt mit dem Schwerdt und was dazu gehört vom Leben zum Tod zu bringen bey dem Hochgericht vor St. Alban Thor. Joseph, welcher in vielen Stücken mehr graviert ist als Peter, aber soll nach dem Tod auf das Rad gelegt und geflochten werden, damit andere seinesgleichen bösen Buben ein Exempel an ihm nehmen und vor dergleichen Übelthaten desto mehr abgeschreckt werden.»
Criminalia 33 G 1/Ratsprotokolle 51, p. 304ff./Baselische Geschichten, II, p. 86

Beim Schlichten getötet
«1680 ist Hans Ulrich Thurneysen, Sohn eines Balbierers, zur Erde bestattet worden, welcher zu Grenzach zwischen Bauern, die Händel hatten, Frieden machen wollte. Er ist mit einem Rebmesser derart verwundet worden, dass er hat sterben müssen, denn der Bauch wurde ihm so weit aufgeschrenzt, dass die Därm herausgehangen sind.»
Wieland, p. 382

Brutaler Schildwächter
«Den 16. Juli 1688 entstand nächtlicher Weile zwischen den beiden Bürgern Kaspar Kyburth und Stückelberger unter dem St. Johannthor ein schrecklicher Streit wegen des Schildwachestehens. Kyburth versetzte Stückelberger im Grimm drei Stiche, so dass dieser nach etlichen Minuten seinen Geist aufgab. Mit der That floh der Thäter rasch in sein Haus an der Steinen, steckte sich, ein Sturtz auf dem Kopf, in Weibsgewand und rettete sich (lächerlich anzusehen!) über das Steinenbollwerk durch den Stadtgraben hinaus in die Spitalreben. Wohl erkannte ihn ein Burger, geneigt ihn anzuhalten; aber da jener ihm ‹fürgeschwätzt, was ihme doch an einer Handvoll Blut gelegen›, liess er ihn laufen.»
Buxtorf-Falkeisen, 3, p. 40/von Brunn, Bd. II, p. 361/Scherer, p. 150f.

Ohr abgehauen
«Als 1691 einige junge Gesellen im Wirtshaus zum weissen Kreuz einer Jungfer aufspielten, kam es mit fremden Leuten zu einem Händel. Dabei hat einer dem Wirt mit dem Stillet das rechte Ohr glatt hinweggehauen, welches anderntags auf dem Misthaufen gefunden worden ist.»
Scherer, III, p. 173

Dieb wird hingerichtet
«1694 ist Benedikt Müller, der Schmied von Bretzwil, wegen nächtlichen Diebstahls an Ross, Kälbern, Ancken, Speck, Immenstöck, Brot, Mähl und anderen essigen Speisen enthauptet worden.»
Scherer, II, s. p./Scherer, III, p. 192

Der Dieb aus der Unterwelt
«1694 ging der allhiesige Gassenbesetzer beim Spital (an der Freien Strasse) durch die gewölbte Dohle zum Haus des Ingenieurs Bernoulli am Barfüsserplatz, stieg aus dem Dreck in die Wohnung und entwendete einen schönen Mantel und ein Fürtuch (Brusttuch), dann machte er sich wieder durch die Dohle weg und verschwand mit seiner Frau aus der Stadt.»
Schorndorf, Bd. I, p. 91

Ein strenges Urteil
«Als des Sigrists zu St. Peter Magd am 11. November 1695 zum frühen Fünfeläuten gieng, schlich ihr ein Mann in einem Mantel in die Kirche nach. Sie gewahrte es wohl, zog aber unbeirrt die Glocke wie sonst, gieng ruhig wieder hinaus, schloss die Thür und holte rasch die Wache. Der Mann (Lux Buess) lag in seinen Mantel gehüllt unter einer Bank und trug viele kleine Schlüssel bei sich. Im Gefängniss bekannte er: er habe beinahe in allen Kirchen der grossen Stadt schon mit Fischbeinen, in Karrensalbe getaucht, aus den Gotteskästen Geld zu ziehen versucht; im Münster habe er des Sigrists Sohn (Gemuseus) auch dasselbe thun gesehen. Obwohl nun der Almosenraub im Ganzen nicht über 12 Pfund stieg, so wurde Buess doch enthauptet. Wie streng ist dieses Urtheil im Vergleich mit demjenigen eines Kirchenräubers, des 86 Jahre alten Luthenburgers. Dieser ‹ein Almoseneinzieher› entwendete 1712 etliche 100 Pfund und ward nur im Münster öffentlich vorgestellt.»
Buxtorf-Falkeisen, 3, p. 131f./von Brunn, Bd. III, p. 561/Scherer, p. 206f./Scherer, III, p. 207ff./Schorndorf, Bd. I, p. 107f.

Das Diebsgut geschlachtet
Ein Taglöhner aus Weil entführte 1698 aus einem Stall in Brombach ein Stück Vieh und begab sich mit diesem in nächtlichem Marsch in ein Gartenhäuschen beim ‹nüchtern Brünnelein› vor dem Riehentor. Dort schlachtete er sein Diebsgut, willens, das Fleisch zu verkaufen. Einige Bauern aber entdeckten den Schelm, der sich verzweifelt mit seinem Metzgermesser zur Wehr setzte, überwältigten ihn und führten ihn der Obrigkeit zu. Weil die

Straftat auf Markgräfler Boden geschehen war, wurde der Mann nach Lörrach gebracht.

Scherer, p. 264

Bankerotteure

Im August 1700 hat Onophrion Brenner bankrott gemacht und ist mit 100000 Pfund Schulden ausgekündet worden, nachdem er mit 10000 Pfund das Weite gesucht hatte. Einst gewöhnlicher Hosenlismer, war Brenner zum wohlhabenden Strumpffabrikanten aufgestiegen und zählte zu den reichsten und berühmtesten Kaufleuten der Stadt.

Dergleichen Bankerotteure hat es in dieser Zeit mehrere gegeben. So Stupanus genannt Rauchli, Specker, Mieg, Ebneter und Just. Der Volksmund hat deshalb folgenden lächerlichen Vers geprägt: «Der Rauch hat den Speck mit Mieh Eben Just verbrennt!»

Scherer, p. 280f./Schorndorf, Bd. I, p. 166/Baselische Geschichten, II, p. 182

Harte Strafe für Diebe

Verschiedener Diebstähle wegen ist 1701 eine dreiköpfige Bande abgeurteilt worden. Peter Tritt, der Haupttäter, hatte seine Vergehen durch den Tod am Galgen zu sühnen, Michel Hess, dem zuvor Nase und Ohren abgehauen worden waren, wurde zu lebenslänglicher Galeerenstrafe verdammt, und der sogenannte rote Bub hatte nach saftiger Auspeitschung die Stadt samt Frau und Kind auf ewig zu verlassen.

Scherer, II, s.p./Schorndorf, Bd. I, p. 182/Baselische Geschichten, II, p. 184f.

Unverbesserlicher Korndieb

«Ein 61jähriger Krausenbutzer ward 1701 im Spalenturm mit einfachem, hernach bald mit doppeltem Gewicht aufgezogen worden und bekannte, 63 Säck Korn, Haber und andere Früchte, zusammen 80 Säck, gestohlen zu haben. Dann wurde er aufs Eselstürmlein geführt, ihm das Leben abgesprochen und darauf an den Galgen gehenkt, neben anderen, so kurz vorher auch wegen Diebstahls aufgehenkt worden sind.»

Scherer, p. 294

Raubüberfall auf das Schützenhaus

Zu einem Raubüberfall auf das Schützenhaus kam es im Herbst 1702. Unbekanntes «Lumpengesindel» (12 Sundgauer Bauern) suchte das einsam vor dem Spalentor gelegene Standhaus der Feuerschützen heim und bediente sich wertvoller Dinge, die nicht niet- und nagelfest waren. Auf der Flucht stiessen die Räuber jedoch auf eine Polizeipatrouille, die sogleich das Feuer eröffnete. Von einem Schuss getroffen, sank des Küfers von Buschweiler jüngster Sohn tot zu Boden, die andern Banditen aber konnten sich unerkannt aus dem Staube machen. Der Körper des leblosen Buschweilers wurde «zur Abscheu dergleichen Diebe ohnbedeckt auff einen niedern Schlitten geladen, im Beysein zweier Stattknechte mit aufgehobenen Stäben durch die Hauptstrassen der Statt vor St. Alban geschleppt und bey der Wallstatt öffentlich an den leichten Galgen gehenckt. Hat zwar nicht laut geschrauen (der Tote!).»

Ratsprotokolle 74, p. 319ff./von Brunn, Bd. III, p. 520/Scherer, p. 315/Scherer, II, s.p./Beck, p. 122/Schorndorf, Bd. I, p. 197/Baselische Geschichten, II, p. 193

Tödliches Duell am Stadtgraben

Baron Christoph Georg Kleist von Colberg, der in Basel seinen Studien oblag, sass im September 1702 mit Cornelius August Münch Küng, Junker von Rotberg und Leutnant Fischer im Gasthof zum Wilden Mann an der Freien Strasse gemütlich zu Tische. Nach dem Essen unternahm die vornehme Gesellschaft einen Verdauungsbummel zum Spalentor und liess sich anschliessend in der Wirtschaft zur Tanne am Leonhardsgraben einen Kaffee auftragen. Zur selben Zeit schöpften auch Fechtmeister Mauritius Lange und Magister Johann Jacob Burckhardt ein wenig frische Luft. Wie die beiden nun an besagtem Gasthof vorbeispazierten, machten sich die adeligen Herren offenbar durch höhnisches Pfeifen bemerkbar. Eine erste Folge war, dass sich zwischen den noblen Trunkenbolden und den Spaziergängern ein wildes Wortgefecht entwickelte, das schliesslich auf dem Stadtgraben seinen Fortgang nahm. Dabei ging es dann so hitzig zu, dass der Baron und der Fechtmeister ihre Degen zückten und sich ein Duell lieferten, das der professionelle Degenvirtuose für sich entschied.

Schon anderntags wurde «vor der Würthschafft zu dem Engel in der Spahlenvorstatt Gericht gehalten, daselbsten der todt Baron Kleist aufgebahrt war, der auff dem Innern Stattgraben, bey der Leiss genannt, durch Moritz Lange mit dem Degen under dem fünfften Ripp in das undere Theil des Herzens dergestalten gestochen, dass er gleich in Fußstapfen nidergesunckhen und gestorben ist». Der Täter aber war nicht zugegen. Er hatte, obwohl die Stadttore geschlossen wurden, die Flucht ergreifen und sich so der Verantwortung entziehen können.

Criminalia 21 L 3/Ratsprotokolle 74, p. 277ff./Diarium Basiliense, p. 4/Scherer, p. 309f./Scherer, II, s.p./Schorndorf, Bd. I, p. 195v/Scherer, III, p. 285f.

Diebische Elster

Mit Maria Müller, der Frau des Schlossers Sebastian Eck, konnte die Obrigkeit 1704 einer «schändlichen Diebin» das Handwerk legen, die «viel ehrliche Leuth alhier, welche ihro Sachen entweders zu versetzen, zu verkaufen oder nur auszuleihen ihr anvertraut haben, vorsetzlich betrogen hat». Auch hatte die Müllerin unter Mithilfe

des Federmarxlin, eines «verbrühten Gesellen, nächtlicherweil verschiedene diebische Angriff verübt und in Rudolf Merians Behausung, neben anderem Gold und Silber, einen Sackh mit Gelt, darinn sich nachwerts bey 300 Sols befunden, angetroffen, welchen Sackh sie mitgenommen und nach Hauss getragen, allwo der Federmarxlin das Gelt also ausgetheilt hat».
Die Schwere dieser Übeltaten war nach geltendem Recht mit der Lebensstrafe zu ahnden. Zum Urteilsspruch sind «die Herren Räth in der Rathsstube unter die Saul (Säule) getretten, die Maleficantin Maria Müller aber ist ob der Saul zwischen zween Stattknechten gestanden. Nachdeme sie auf Befragen des Bürgermeisters solches gestanden, haben die Herren Häupter ihr Urtheil dahin gegeben, dass Maria Müller mit dem Schwert vom Leben zum Tod gerichtet werden solle, darauff ist die Maleficantin exequirt worden. Deus animae misereatur (Gott möge sich ihrer der Seele erbarmen).»

Criminalia 34 M 13/Ratsprotokolle 76, p. 258ff./Scherer, II, s.p.

Seidendiebin

1712 erstatteten die Handelsleute Achilles Leisler und Lux Linder gegen Barbel Ritter Anzeige wegen Seidendiebstahls. Da die Anschuldigungen sich als begründet erwiesen, wurde die Verhaftete unverzüglich «mit auffgerichteten Stäben (Lasterstecken) durch die Diener zur Stadt hinauss geführt und bey poen (Strafandrohung) des Prangers von Statt und Landt verwiesen, auch Ihro Ihre Kinder mitgegeben».

Ratsprotokolle 84, p. 77v

Blutiger Streithändel

Im Gasthof zum Schlüssel zu Waldenburg kam es 1712 zu einem «blutigen Streithändel». Balthasar Straumann und Hans Jakob Heckendorn gerieten beim Zutrinken heftig aneinander. Die «Töllerey» endete schliesslich damit, dass Heckendorn Straumann zu einem Duell mit dem Degen forderte. Weil «Heckendorn aber mit Wein so überladen gewesen, dass er nicht mehr auffrecht hat stehen können, hatte Heinrich Thommen seine Stelle übernommen. Gegen 9 Uhr des Abends sind die beyden gantz allein bey dem Kornhauss zu Waldenburg dergestalten mit blossen Degen aneinander gerathen, dass Straumann durch einen Hieb eine Wunde an dem rechten Ohr, Thommen aber einen Stich nächst dem Nabel im hohlen Leib empfangen. Inzwischen sind die Wächter, welche das Gerassel der Degen gehört, hinzu gelauffen und haben die beiden streitenden Persohnen getrennt.» Während Thommen die Flucht ergriff und so der Bestrafung entging, wurden Heckendorn und Straumann für einige Tage inhaftiert, damit sie «fernerhin sich solchen Rauffhändel enthalten!»

Criminalia 21 H 9/Ratsprotokolle 83, p. 182ff.

Verfluchter Geizhals

«Sebastian Grimm, ein beim Kornmarktbrunnen wohnhafter Mann, hat aus verfluchtem Geiz etliche Jahre beim Kirchgang anstatt eines Rappens allzeit ein Blechlein in der Grösse eines Rappens in das Almosensecklein oder in den Gotteskasten gelegt. Weil er zumeist bei den Barfüssern in die Kirche ging, hat man gemuthmasset, dass er es sein müsse, der mit Blech Barmherzigkeit übe. Als dann der Sigrist auf ihn Achtung gab, ist er erdappt worden. Er ist daraufhin in Gefangenschaft genommen worden, wo er alles gleich bekannt hat. Da er ein Mann von grossen Mitteln war, aber keine Kinder, indessen eine schöne junge Frau hatte, ist er um 1000 Pfund gestraft worden. Hat hernach nicht mehr als ein Jahr gelebt.» 1714.

Bachofen, p. 100/Bieler, p. 748/von Brunn, Bd. II, p. 324/Scherer, p. 556/ Ochs, Bd. VIII, p. 38/Schorndorf, Bd. II, p. 41

Blutige Fechterei

Im Oktober 1717 gastierten im Ballenhaus vier Fechter, «nämlich zwei Federfechter und zwei Lux Brüeder (Genossen einer Fechtbruderschaft). Man sah zu, wie sie einander blutig schlugen und ziemlich verletzten.»

von Brunn, Bd. III, p. 531

Nächtliche Schiesserei

Hans Jakob Blechnagel, der Schneider, und Heinrich Engelberger, der Kübler, mochten sich nicht leiden und

Titelvignette aus «Ein schön, new Spil von Künig Saul unnd dem Hirten David» von Mathias Holtzwart. 1571.

ärgerten sich bei jeder passenden Gelegenheit. Als Engelberger eines Tages Blechnagel mit «Läderbart, Geissenbart, läderner Hosenscheisser» titulierte, griff dieser zum Gewehr und jagte ihm eine Ladung Pulver ins Ohr. Die Obrigkeit musste schliesslich den Streit mit Strafmassnahmen schlichten.

Bachofen, p. 230ff.

Brutaler Meister

«Im Hornig 1721 fuhr des Blaueselsmüller Knecht in der Mindern Stadt mit seinem Müllerkarren neben dem Teich, so dass das Ross erschrack und in den Teich sprang. Dabei hat es sich den Hals gebrochen. Als der unglückselige Knecht dies seinem Meister anzeigte, nahm der Meister einen Holzbengel und schlug dem elenden Knecht etliche grosse Löcher in die Hirnschale.»

Schorndorf, Bd. II, p. 173

Listiger Betrug

Im August 1723 tauchten zwei Juden aus Colmar, Nathan und Lazarus mit Namen, in unserer Stadt auf und versuchten, Juwelen und kostbare Ringe aufzukaufen. Solchermassen waren sie auch mit der Witwe Dorothea Blech in Verbindung gekommen. Auf raffinierte Weise verstanden es die beiden Kaufleute dann, aus deren Besitz eine mit kostbaren Ringen gefüllte Schatulle gegen eine solche zu vertauschen, die nur Blei enthielt. Mit viel Mühe gelang es jedoch, der Betrüger habhaft zu werden. Ihre Freilassung erfolgte erst, nachdem unter den Juden die notwendigen Mittel aufgebracht werden konnten, um den Schaden zu ersetzen.

Bachofen, p. 320ff. / Schorndorf, Bd. II, p. 206f., 255

Kein Fünklein Gottesfurcht

Im Christmonat 1724 hat «Muss Fricker von Arisdorf, ein unrührig, verwegen und loser Bösewicht und Trunkenbold, den Hans Joggi Reinger zu Giebenach ohne Anlass mit Tröschpflegel dermassen verwundet und mit Füssen getreten, dass es ihn bey nahem das Leben gekostet hätte». Die ganze Gemeinde war empört ob der ruchlosen Tat «dieses gottvergessenen Menschen, welcher kein Füncklein Gottesforcht in seinem Herzen hat und nur flucht und schwört». Weil befürchtet wurde, er könnte «dergleichen Mörderstücklein auch an andern Leuten verüben», wurde in Basel angefragt, was dem Taugenichts zu geschehen habe. Der Rat kannte auch in diesem Fall kein Erbarmen. Nach einigen Tagen wurde «dieser Muss Fricker an Eisen geschlagen und dem Herrn Ingenieur Frey gegen dägliche von ihm zu beziehende drey Batzen zur Arbeit am Rheinbau übergeben»!

Criminalia 10 F 1 / Ratsprotokolle 96, p. 198ff.

Schlaghändel am Schlüsselberg

«In der Nacht nach dem Bettag 1727 fing des Lux Krugen Sohn, ledig, vollerweis mit Wachtmeister Huber, den er am Schlüsselberg getroffen hatte, Händel an. Er stach den Huber mit dem Degen etliche Mahl. Huber aber warf den Krug zu Boden, dass er dem Vermuthen nach das Genick brach und bald todes starb. Huber lief, wiewohl sehr blessiert, in die Wachtstube und zeigte seine empfangenen Wunden, die sehr gefährlich waren.»

Schorndorf, Bd. II, p. 332

Der Spielteufel geht um

«Am 26. December 1727 ward ein Metzgerknecht in Mülhausen justificiert (untersucht), weil er einen andern Metzgerknecht, der auch von Mülhausen war und sein bester Freund gewesen ist, wegen Spielhändel vor dem Thor elendiglich ermordet und in den Stadtgraben geworfen hat. Anderntags ist er von Leuthen gesehen und hervorgezogen worden. Beyde waren allhier bei Metzgern in Diensten, von denen sie in das Land gesandt worden waren, um Vieh einzukaufen. Sie gingen miteinander auf Mülhausen, um ihre Leuth zu besuchen. Allda aber wurden sie wegen des leidigen Spielens uneins, gingen aber abends bey der Thorschliesse miteinander aus der Stadt, wo der eine den andern mit einem Hammer auf den Kopf schlug, ihm Bein und Arme abhaute und in das Wasser im Stadtgraben warf, nachdem er zuvor seinem Freund einen grossen Stein auf den Leib gebunden hatte. Der Thäter ward lebendig gerädert und bezeugte eine hertzliche Reu und Buess.

Nur wenige Wochen später waren zwey von unseren Stadtsoldaten auf dem Aeschemerthor ebenfalls wegen des Spielens streitig geworden, worauf einer den andern tod stach. Der Überlebende ward ergriffen und aufs Eselsthürmlein beygefengt und am 3. May geköpft.»

Schorndorf, Bd. II, p. 336 und 338

Vermeinter Ehrenmann

Am 3. April 1728 ist im Münster der 69jährige Wernhard Respinger, Vorsteher der Französischen Kirche, beerdigt worden. Er stand bei seinen Mitbürgern in höchstem Ansehen und galt als frommer und hilfsbereiter Mann. Nach seinem Tod aber zeigte es sich, «dass er der grösste Diebe gewesen war», hatte er doch über 30000 Gulden

Vom Spielen.

Spielen. Das Spielen mit Karten und Würffeln, wie auch das grob und hoch Wetten, soll allerdings abgestellt seyn, und Unsere Unter-Amtleut, als Waybel, Untervögt, Meyer und Geschworne, ihre Achtung darauf haben, und so jemands darunter begriffen, ein solcher je nach Grösse seines Verschuldens, gestrafft werden.

Kartenspielen, Würfeln und Wetten in grösserem Ausmass werden 1725 erneut unter Strafe gestellt.

Schulden hinterlassen. Unter seinen Betrügereien hatte nicht nur seine Gemeinde zu leiden, sondern, «neben reichen Leuten, auch viele Gemeine (Einfache), vertriebene Refugianten und Dienstmägd». Respinger ist «sehr ansehnlich und mit allen Ehrenzeichen begraben worden, hernach hätten sie ihn gern wieder ausgegraben und am Galgen hencken lassen».

Bachofen, p. 393f. / Bachofen, II, p. 296 / Schorndorf, Bd. II, p. 340

Diebesbande wird ausgeliefert

«Im August 1728 erfasste man in Kleinhüningen 3 junge starke Kerle mit 3 dergleichen Damen, als sie in dem Wirthshaus allda zu Tisch gesessen und Mahlzeit gehalten. Man fesselte sie durch hiesige Stadtsoldaten mit Eisen Ketten, brachte sie in die Stadt hinein und logierte sie auf den Thürmen. Dieses Gesindel soll in Lentzburg einen Pfarrer samt seinem Weib und seiner Magd übel verwundet und in den Keller geworfen haben, dann alles Geld und Silber geraubt und sich davon gemacht haben. Einige Tage später lieferte man die 3 Diebe samt ihren 3 Weibern, 2 Kindern und einer Magd, an Händ und Füss gefesslet, von 12 Soldaten und 4 Wachtmeistern convoiert (geleitet), den Herren zu Bern zu. Die Männer wurden zu Bern gerädert, und die Weiber geköpft.»

Schorndorf, Bd. II, p. 347 und 349

An einer Ohrfeige gestorben

Nach einem Wachtaufzug im November 1733 kehrten die Dragoner Hans Heinrich Schweighauser, Emanuel Bürgin und Martin Ladmann in ihr Quartier im Wirtshaus zur Krone zurück und genehmigten einen rechten Schluck Wein, ehe sie ihre Pferde fütterten und tränkten. Wie Schweighauser vom Stallknecht Martin Hägler mehr Heu verlangte, entstand ein Streit zwischen beiden. Schweighauser schalt Hägler einen Hundsfott (Schuft). Kronenwirt Hauser, der den Redewechsel mitangehört hatte, gab seinem Knecht zu verstehen, was Mieses es bedeute, ein Hundsfott genannt zu werden, und ermunterte ihn, dem Widersacher das Schmachwort mit einer Ohrfeige heimzuzahlen. Hägler liess sich dies nicht zweimal sagen und vollzog sogleich die Aufforderung seines Herrn und Meisters. Von einem kräftigen Schlag getroffen, sank Schweighauser zu Boden und «übertrolte etliche Mahl»; Stunden später verschied der Unglückliche. Hägler aber ergriff die Flucht und konnte für seine unbesonnene Tat nicht belangt werden. Dagegen wurde Kronenwirt Hauser auferlegt, zugunsten der Schweighauserschen Witwe und deren Kinder 300 Pfund zu erlegen.

Criminalia 21 H 13 / Ratsprotokolle 105, p. 341ff. / Basler Chronik, II, p. 373

Zwei rabiate Frauenzimmer traktieren einen hilflosen Mönch. Federzeichnung von Urs Graf. 1521.

Drohbriefe

«Ryhiner zu St. Johann und Hugo zum Affen haben 1734 Drohungsbriefe erhalten, in welchen geschrieben stand, dass, wenn sie nicht 500 Gulden auf ein Bänklein legten, ihnen ihre Häuser angezündet werden. Darob ist männiglich in Sorgen und Schrecken gerathen. Die Obrigkeit hat daher sorgfältig Wachen und Patrouillen verordnet und für die Entdecker 100 Ducaten versprochen. Schliesslich hat man den Thäter gefunden, einen Studiosus aus dem Markgräfischen mit Namen Recher. Dieser hat ausgesagt, er habe solches in einem Buch gelesen und nachäffen wollen.»

Basler Chronik, II, p. 439

Zwei Stänzler im Duell

Weil Stadtsoldat Rudolf Strub von Läufelfingen seinem Kameraden Jakob Fischer von Bronbach an Pfingsten 1736 Brennholz zum Kochen einer Mahlzeit entwendet hatte, gerieten die beiden Stänzler in einen wilden Streit. Wie die «beyden einander in die Haar gerohten und gerungen, wurde ihnen indessen bewusst, dass es sich nicht schicke, sich wie Bauern herumzureissen, sondern dass es ihnen als Soldaten besser anstehe, mit dem Seitengewehr (Bajonett) sich zu schlagen. So verfügten sich beyde in das Klingenthal und griffen einander mit entblösstem Seitengewehren an, wobei Strub sowohl an der linken Hand als am Hals verwundet wurde.» Die Obrigkeit missbilligte diese Art Selbstjustiz mit aller Schärfe und fällte folgendes Urteil: «Soll der Fischer durch 40 Mann von der Garnison dreymahl auf und ab durch die Spiessruthen gejagt werden, der Rudin Strub aber ohne Gnad für ein Jahr lang an das Schellenwerk geschlagen, zu harter Arbeit angehalten und ihm kein Wein gereicht werden!»

Criminalia 14 S 6/Ratsprotokolle 107, p. 453ff.

Tragische Auseinandersetzung

Wegen «einigen Sachen», die sich während der gemeinsamen Dienstzeit im königlich-sardinischen Regiment ereignet hatten, forderte Oberstleutnant Roquin denBasler Ritter von Schellenberg, der sich auch Chevalier Barbaud de Challembert nannte, zu einem Duell. Vom Gasthof zu den Drei Königen liessen sich der «fremde Officier» und Schellenberg am 18. März 1738 mit einer Kutsche nach Haltingen fahren. Nach dem Duell, das sich ohne Augenzeugen abspielte, blieb Schellenberg «wie tod in einem Graben» liegen. Mit Hilfe des Kutschers, Heini Tschudi von Frenkendorf, bettete Roquin den Schwerverletzten in die Chaise und ordnete eine Eilfahrt nach Basel an. Beim Horburggut liess Roquin den Kutscher anhalten und um Einkehr bitten. Obwohl die Lehenfrau bedauernd erklärte, sie habe zwar ein freies Bett, das allerdings gar schlecht sei, doch dürfe sie niemanden logieren lassen, wurde Schellenberg ins Haus getragen und sogleich mit Kirschwasser behandelt. Nach kurzer Zeit traf auch der aus dem Kleinbasel herbeigerufene Chirurgus Niclaus Passavant ein, der dem Verwundeten Erste Hilfe zuteil werden liess. Eine Einvernahme durch Stadtleutnant Stehelin und Kanzlist Benedict Socin ergab keine Anhaltspunkte über den Hergang des Unglücks, da «Schellenberg noch ganz schwach ist». Immerhin konnte er zu Protokoll geben, «alles sey, wie es sich unter rechtschaffenen Officieren gezieme, hergegangen, und er müsse gestehen, dass ihm der Herr Oberstlieutenant in dieser Rencontre alle Höflichkeit und möglichste Hülff geleistet habe, welches er zu allen Zeiten und bey allen Gelegenheiten zu rühmen nicht ermanglen werde». Die Ritterlichkeit seines Gegners vor Gericht zu bezeugen, aber blieb von Schellenberg nicht vergönnt: Er starb wenige Tage nach der tragischen Auseinandersetzung. Und weil «die Verwundung auf einem fremden territorio beschehen», verzichtete der Rat auf eine Strafverfolgung.

Criminalia 14 C 1/Ratsprotokolle 109, p. 346ff.

Allerhand Wörter/
Deren sich die zu Basel verhaffte Diebs-Bande in ihrer Sprach bedienet/ und welche unter ihren annoch herum-vagirenden Mithafften dißmalen gantz gemein seyn solle.

Alp-Hoff, Señerey, Carnet-Kitt. Ancken, Butter, Muni, Bock.
Angeben, Verschwätzen, Schmusen, Vermasseren, Pfeiffen.
Ausbrechen, Ausschaberen.

Baur, Ruch. Bauren-Hauß, Kitt.
Band, Hand-Schellen, Kupf, Schlang.
Bett, Metti. Bettlen, Jalchen, Schnuren, Galuncken.
Betten, - - - Knupplen, Paternollen.
Bettler, Schnury.
Beutelschneider, Sackschlupfer. Beichten, Brillen.
Bekennen, alles gestehen, - Laub und Graß ist drussen.
Brandmarcken, - - Speck und Kohl geben.
Brod, Rippel, Lehum, Lehm.

Capuciner, Wüllenbündel, Mermann, Kappen-Hanß.
Camisol, Ein Pampeli. Closter, Bollent
Creutzer, - - - Ein Psalmer.

Doctor, Gelehrter, - Grillen-Hanß, Glundbürstere.
Degen, Kohrum. Dorff, Gfirch.
Duplonen, Bläten. Ducaten, Halbblatten.
Dieben vid. Schelmen. Diebs-Sprach, Blatte Schmuserey.

Essen, Achlen, Buttlen. Eisen, Kupf, Rost.
Eisen Gitter wegbrechen, Kupf, oder Grembs wegwätten.
Einbrechen, Jniegküchen, Brosken, Zleilen, Einschaberen.

Erstes Blatt eines vier Seiten umfassenden Verzeichnisses der Gaunersprache, welches die Obrigkeit zur Ergreifung von Diebsbanden und Landstreichern um das Jahr 1740 in Druck gegeben hatte.

Duell mit tödlichem Ausgang

Ein Duell mit tödlichem Ausgang ereignete sich 1740 in der Nähe von Friedlingen. Rudolf Faesch, Leutnant im Durlachschen Sardinischen Regiment, und ein württembergischer Offizier standen sich, nachdem sie im Neuen Haus gemeinsam das Mittagessen eingenommen hatten, Aug in Aug gegenüber. Der Württemberger verlor dabei sein Leben. «Mithin ist das der Dritte, wo obiger Faesch im Duellirn erlegdt hatte.»

Im Schatten Unserer Gnädigen Herren, p. 18/Bieler, p. 756

Mordversuch in der Spalenvorstadt

Nachdem Niclaus Jantz von Zunzgen am 14. April 1741 den ganzen Tag in den Hagenbachschen Reben an der Malzgasse gearbeitet hatte, kehrte er bei der Witwe Bischoff an der Spalenvorstadt zu einem Trunke ein. «Während dem Trinken hat er sich gegen die Frau und die Magd, Anna Maria Krauss, sehr freundlich erzeiget. Unter dem Vorwand, das Wasser abzuschlagen, hat er sich dann in das Höflein hinaus begeben, wahrscheinlich aber, um sich mit einem Beyl für die Tat zu rüsten. Hernach hat er die Magd und dann die Frau mit diesem abgeschlagen, dass die Frau zwei starke Wunden an dem Haupt und die Magd aber fünf Wunden an dem Haupt bekommen. Bey all den gegebenen Streichen hat er nichts geredet, sondern darzu noch gelächelt. Als aber die am Boden liegende Magd Gelegenheit gefunden, das auf dem Tisch stehende Licht umzuwerfen, hat Jantz in der Finsternis nichts mehr ausrichten können. Er hat die Flucht ergriffen und ist bei Hans Jacob Märklin am Fischmarkt noch eines trinken gegangen, hat sich dann endlich nach Haus begeben, allwo er zur Haft gebracht worden ist.»

Obwohl der Gesundheitszustand der beiden verwundeten Frauen zu keinen ernsthaften Sorgen Anlass gab, kam die Untersuchungsbehörde zum Schluss, dass «in groben und abscheulichen Verbrechen das Vorhaben wie die Tat anzusehen sei und bestraft» werden müsse. Und so lautete das Urteil: «Niclaus Jantz wird mit dem Schwert vom Leben zum Todt gebracht, dessen Leichnam auf das Rad geflochten und sein Haupt auf den Pfahl gesteckt. Der Herr Antistes aber soll veranstalten, dass er von Stund an von den Herren Geistlichen besucht und zum Tod vorbereitet wird». Einem Gnadengesuch der Familie und der Güterbesitzer beim Hochgericht zu St. Alban entsprach der Rat insofern, als er die Bestattung des Körpers erlaubte, mit Ausnahme des Kopfes, der – wie beschlossen – aufgesteckt werden musste. So ist «der Hindersäss, der durch Schickung Gottes nicht zum Effect gekommen, erbärmlich mit drei Hieben vom Leben zum Tod hingerichtet worden. Gott sey ihm gnädig!»

Criminalia 21 J 2/Ratsprotokolle 113, p. 109ff./Im Schatten Unserer Gnädigen Herren, p. 18

Dieb wird durch die Stadt getrommelt

«1742 ist ein Schuhknecht, der seinem Meister allerhand gestohlen hat, zwischen zwei Stadtknechten durch die gantze Stadt getrommelt worden. Auch wurde vorausgerufen ‹Hausdieb›, ‹Hausdieb›!»

Basler Chronik, II, p. 60

Tödliches Scheingefecht zu den Drei Königen

In brüderlicher Eintracht setzten sich an einem Februartag anno 1744 Lux Schmidt und Andreas Werthemann im Gasthof zu den Drei Königen an einen Tisch in der Wirtsstube. Das Gespräch der beiden drehte sich harmlos um einen «Cometstern», der an diesem Abend am Himmel zu sehen war. Dann aber widmeten sich die Freunde ihren Degen. Die Qualität der Stichwaffen wurde geprüft, man stellte sich zu einem Scheingefecht, und plötzlich – kein Mensch wusste, wie es geschah – wankte Werthemann an den Tisch der Frau Wirtin und hauchte: «Jesus, ich bin tot!» Noch versuchten hilfsbereite Gäste, dem Schwerverwundeten mit «Ungarisch Wasser» und blutstillenden Übungen das Leben zu retten, doch blieben ihre Anstrengungen ohne jeden Erfolg. Tags darauf hielt der Schultheiss hinter dem Münster unter freiem Himmel Gericht und liess feststellen: «Hat sich befunden, dass ein scharf stehendes Instrument dem Entleibten durch Rock, Camisol, Brusttuch und zwey Hemder auf der linken Seite, unten zwüschen dem 5ten und 6ten Ripp eingegangen, das Diaphragma (Zwerchfell) durchlöcherte und in den untersten Teil der rechten Herzkammer eingedrungen ist. Ist hiermit die Seel dem barmherzigen Gott, der Leib aber zu der Erde zu bestatten befohlen.» Vom unglücklichen Täter aber wusste niemand, wo er «hingekommen».

Criminalia 21 S 15/Ratsprotokolle 116, p. 136

Von den Galeeren zurück

1739 wegen Wollendiebstahls zu 10 Jahren Galeere verurteilt, kehrte nach Ablauf dieser Zeit Heinrich Schmid wohlbehalten wieder in seine Vaterstadt zurück. «Sah ziemlich schwartz und verwildert aus. Blieb eine Viertel-jahr hier und entführte eine zwar liederliche Bürgers Tochter namens Matzingerin, mit welcher er sich salvirte.»

Im Schatten Unserer Gnädigen Herren, p. 25/Bieler, p. 764

Bösewichte in Langenbruck

Eine Räuberbande «von 8 Bösewichtern mit geschwärtzen Angesichtern» drang 1751 in das Pfarrhaus von Langenbruck, knebelte Pfarrer Wettstein samt Frau und Tochter und machte sich schliesslich, nachdem dem Wein tüchtig zugesprochen worden war, unter Mitnahme von 1500 Gulden in Gold und Silber, auf und davon.

Im Schatten Unserer Gnädigen Herren, p. 29/Bieler, p. 768

Mit der gleichen Elle gemessen

«1758 hatte in der Kleinen Statt neben der Burg-Vogtey ein hiesiger junger Hindersäss von Buus, Johann Jacob Schäubli, ein Strumpfbreiter, ohne erhebliche Uhrsach seine Frau die gantze Nacht hindurch so erbärmlich mit einem Seil geschlagen, dass an ihrer Aufkunft 14 Tag lang im Spithal gezweifelt wurde. Weil er ein Lump und von allen Nachbern kein gutes Lob gehabt, ist er eingesteckt und dann ins Zuchthaus geführt, alda ans Eisen angeschlossen, mit Wasser und Brod gespiesen und alle Wochen 2 mal mit dem nämlichen Seil, wo er seine Frau geschlagen, mit 24 starcken Streichen castigirt (gezüchtigt) worden.»

Im Schatten Unserer Gnädigen Herren, p. 81/Bieler, p. 797

Am 19. Dezember 1476 hat sich «ein leidsamy Geschicht an unser Schifflende begeben: nemlich als zwey Schiff versamneter Knechten gen Brisach haben wellen schiffen, dem Herzogen von Lothoringen zedienen, ist das ein Schiff vom Land gefahren und in den Weg kommen. Da ist das Schiff leider gebrochen und der unsern und anderer über 30 Knechten by dem Saltzturm ertruncken.» Faksimile aus der Berner Chronik von Diebold Schilling.

Oben: «Ein solcher Vogel ist zu Dresden 1624 mit einer Kugel geschossen worden.» Unten: Ein weisser Spatz, der 1573 in Basel gefangen worden ist.

Oben: «Soll eine Art von Hätzlen sein, die 1735 in grosser Menge gesehen» worden sind. Unten: «Dieser Art (von einer Baumganss) ist eine aus Irrland hieher nach Basel gebracht worden.»

Oben: Löwe. Aquarell von Jakob Senn. 1841.
Unten links: «Ein Geyer-Adler aus America. Ward 1761 auf der Schuhmacher Zunſt ums Gelt gezeiget.»

Unten rechts: «Ohren-Kautz, der viele abergläubische Leuthe durch sein nächtliches Geheul erschreckt hat.» 1746.

«In Strassburg ist den 1. Aprillis 1748 ein Ungeheür, so man Feilfrass oder Menschenfresser geheissen, umb das Gelt gezeigt, welches in Ihrland solle gefangen worden sein und oben auss wie ein Camel, undenwerds aber als ein Mensch war. Hat alle Tag ein halben Centner Fleisch und ein ½ Centner Brod gefressen. Sein Meister hat das Unglück gehabt, dass es ihm alhier creppiert ist.»

Eigentliche und accurate Vorstellung
Des den 30. Octobr. Aº 1746. in der Kayserl. Residenz Stadt Wien um 11. Uhr vormittags auf einem mit 8. Pferden bespanten Wagen, unter begleitung 8. Curassiers, wie auch zu München Aº 1747. den 11. Febr. um 1. Uhr auf einem mit 9. Pferden bespanten Wagen, neu angekommenen Asiatischen Wunder-Thiers Rhinoceros oder Nasen-Horn genannt, so in der Provinz Asem, unter dem Gebiet des Groß-Moguls gelegen gefangen worden.

Dieses Rhinoceros, Nasen-Horn, oder, wie es auch sonsten genennet wird, Elephanten-Meister, verdienet von Jederman gesehen oder betrachtet zu werden, weilen es wohl das erste von dieser Sorte ist so jemahlen, will nicht sagen in Teutschland, sondern gar in gantz Europa lebendig gesehen worden. Gegenwärtiges Wunder-Thier ist in Asia in der Landschafft Asem, unter die Herrschafft des Groß-Moguls gehörig, mehr als 4000. Meilen von hier entlegen, mit Stricken gefangē, als zuvor die Mutter von den schwartzen Indianern, mit Pfeilen todt geschossen, und weilen es damahlen erst einen Monat alt gewesen, gantz zahm gemacht und gewöhnet worden, in denen Zimmern, wo Damen und Herrn gespeiset, zur Curiosität um den Tisch zu lauffen. Anno 1741. da es drey Jahr alt war, ist es durch den Capitain Douvemout aus Bengala nach Holland überbracht worden. Ob es gleich jetzo ohngefähr 8. Jahr alt, und bey 5000. Pfund oder 50. Centner wieget, so ist es gleichsam doch noch ein Kalb, weill es noch viele Jahre wächset, wie dann diese Art Thiere auf hundert Jahre alt werden. Dieses Rhinoceros ist dunckel-braun, hat keine Haare, gleich wie der Elephant, doch an den Ohren und am Ende von dem Schwantze sind einige Häärlein; auf der Nase hat es sein Horn, welches krumm wie ein halber Mond, damit kan es die Erde viel geschwinder umgraben, als niemahls ein Baur mit dem Pflug thut, und wird dieses Horn in denen Kunst-Kamern zur Rarität aufbehalten. Im lauffen ist dieses Thier ungemein schnell, kan im Wasser schwimmen und tauchen wie eine Endte, welches in betrachtung seiner Größe und schwere fast unglaublich scheinet. Sein Kopf ist nach und nach vorne zu spitzig, die Ohren gleich eines Esels, die Augen nach Proportion võ dem grossen Thier sehr klein, und kan es nicht anders als über die Seite von sich absehen; die Haut ist, als ob sie mit Schilden gedeckt wäre, dieselben schlagen wohl eine Hand-breit über einander hin, und sind zwey Zoll dicke. Die Füsse sind kurtz und dick, als wie des Elephanten versehen mit drey Klauē. Wañ es vollkomen ausgewachsen, so ist es insgemein so groß, als ein mittelmäßiger Elephant. Wider disen hat der Rhinoceros von Natur eine unauslöschliche Feindschafft, dahero derselbe, wañ er einen Elephanten antrifft, ihne mit seinem Horn unten den weichen Bauch aufreisset und also tödtet. In denen Wüsteneyē Africæ, und an unterschiedene Orten in Asia, als in Bengala, Facatru, sind derē am meisten befindlich. Der Eigenschafft nach ist der Rhinoceros ein listiges u: fröliches Thier auch über die massen sorgfältig vor seine Junge. Endlich ist anzumerckē, daß gegenwärtige Nase Horn, oder Rhinoceros zu seiner täglichē Unterhalt 60. Pfund Heu, u: 20. Pf. Brod frisst, auch 14. Aymer Wasser saufft.

So wunderbahr ist Gott in seinen Creaturen,
Mañ findet überall der Allmacht weise Spuhren.
Von so viel Tausenden ist keins so groß und klein,
Wo dessen Herrlichkeit nicht wird zu sehen seyn.
Betrachte dieses Thier, so du hier vor dir siehest,
Und mach den Schluß, ob du mit Recht dich nicht bemühest,
Im Buche der Natur nach Gottes Wunder-Macht
Zu forschen emsiglich sowohl bey Tag als Nacht;
Das Auge wundert sich, der Mund muß frey bekeñen:
Gott ist wie Allmachts-voll so wundersam zu neñen.
Und dieses treibet uns zu dessen Lobe an,
Der wohl niemahlen gnug gepriesen werden kan;
Besonders wann man auch noch dieses hinzusetzet:
Gott hats gemacht, daß sich der Mensch darob ergötzet.

Augspurg, zu finden bey Elias Bäck à H. Kupferstecher, wohnhafft auf dem Un[illegible] Graben.

«Als der Wagen mit dem Kasten, darin das Renoceros oder Nasshorn gewesen, den 2. Februar 1748 nach Liechstal kommen und vor dem Wirdshauss zum Schlissel gestanden, sind die Burger Hauffen weiss zu geloffen und habens wollen besehen. Der Knecht des Thiers aber hat solches nicht leiden wollen. Darauf sind sie in Wortdstreit kommen, und entlich zu schlagen, dass der einde Knecht sein Sabel genohmen und darmit dem Schmid Singeisen 3 Wunden versetzet.»

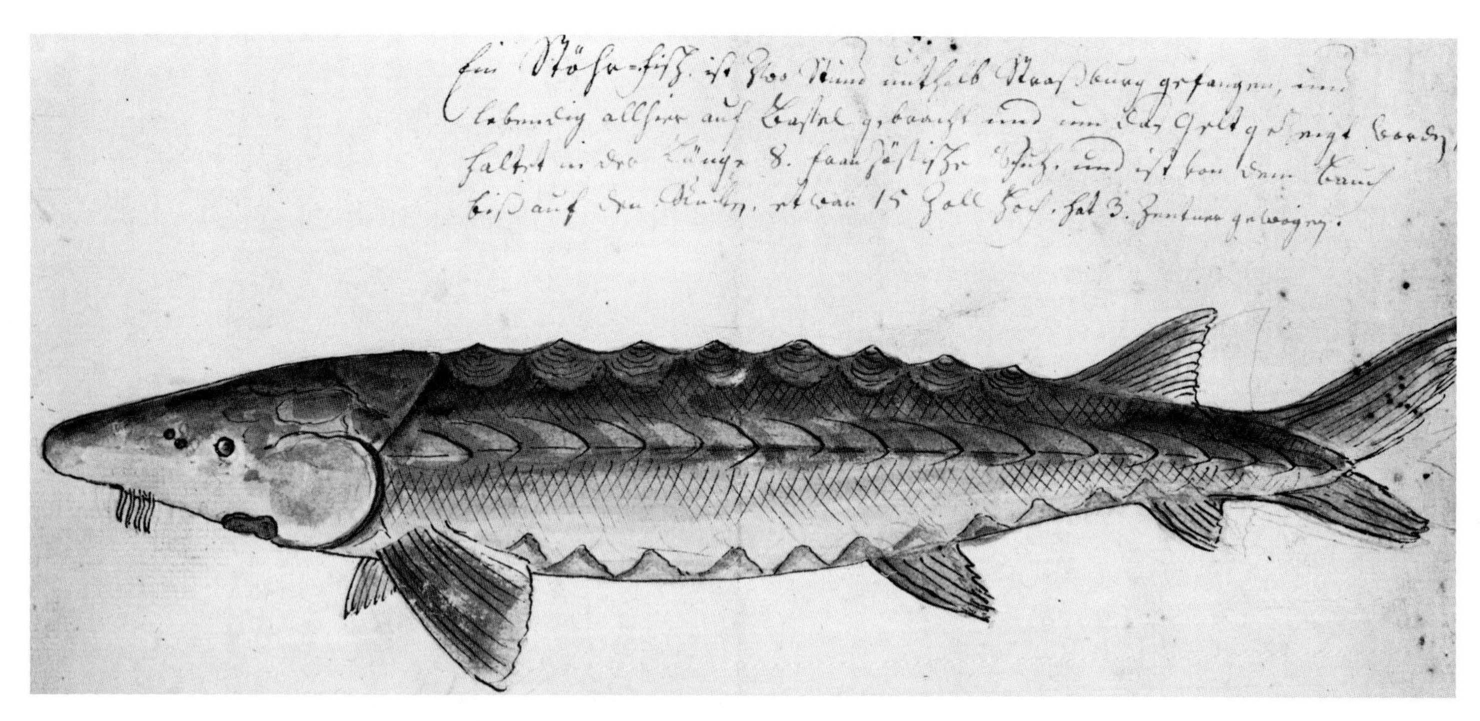

Oben: «Ein Stöhrfisch ist zwo Stund unthalb Strassburg gefangen und lebendig allhier auf Basel gebracht und um das Gelt gezeigt worden.» Lavierte Federzeichnung von Emanuel Büchel. 1761.

Unten: «Das Männlein wird besonders, wenn diser Fisch ein Lachs ist, wegen dem unten an dem Kiefel hervorgehenden Hacken ein Hackfisch genannt.» Tuschpinselzeichnung von Emanuel Büchel. 1750.

Oben links: Das Rad schlagender «Gold Pfau» mit Blumen und Insekten. Aquarell auf Pergament von Maria Sibylle Merian. Um 1700.
Oben rechts: Truthahn mit Schnecken und Insekten. Aquarell auf Pergament von Maria Sibylle Merian. Um 1700.

Unten: Basilisk. Fabeltier zwischen Drache und Hahn mit tödlichem Blick. Seit dem 15. Jahrhundert Wappenhalter der Stadt: «Basellischgus du giftiger wurm und böser Fasel. Nu heb den schilt der wirdigen stat Basel.»

Der letzte Scharfrichter Basels, Peter (!) Mengis, «ein stiller, ehrwürdiger Mann von kleiner, zarter Statur und dem Aussehen eines Gelehrten, der noch bis zu Ende der 1830er Jahre sein Zöpflein trug», vollzog 1819 die letzte Hinrichtung auf Kantonsgebiet. Ölgemälde von Emil Beurmann. 1903.

Riehen in schlechtem Ruf

«1759 wurde ein Rüechemer Baur, ein Ertzdieb namens Fälckenhauer, für 12 Jahr auf die Galleern verschickt. Dieser ist innert 3 Vürteljahren der 3te Rüechemer Maleficant. Mithin hatten solche das Dorf Rüechen in einen schlechten Credit gesetzt, weil layder noch viele dergleichen gewissenlose Leuthe sich darinnen befinden!»

Im Schatten Unserer Gnädigen Herren, p. 85f. / Bieler, p. 801

Erzdieb

«1761 ist ein Ertzdieb und Böswicht aus dem Verliess Eichwald auffem Spahlenthurn ausgerissen. Selbiger hatte sich an einem Blunderseil herunter lassen wollen. Als er nun in der Mitte hangen blieb, wolte er sich losmachen. Weilen aber das Seil gebrochen, fällt er hinunter, brach ein Bein zweimal und das andere einmal entzwei. Endlich wurde er hernach ins Herrenküefers Stübli gebracht und bis in September alle Tag verbunden. Und weilen er gewütet, ist er an das Eisen angeschlossen und allezeit von denen Kohlibergern verwacht worden. Als nun dieser Dieb gegen die 1500 Pfund Kösten auffem Spahlenthurn wohl verpflegt und wieder curirt worden, wurde er – nachdem er zwar den Strick verdient hätte, doch aus grossen Gnaden wegen seinen ausgestandenen grossen Schmertzen begnadigt worden war – im November für sein Lebtag bey Wasser und Brodt ins Zuchthaus, ins Schmutzbeckenhäusli, verspehrt. Da nun dieser Ertzböswicht namens Antoni Schönenberger ins Zuchthaus gekommen, hatte er den 13. Januar 1762 als der Löw im Zuchthaus gedantzt und ein Tumult gewesen, die Gelegenheit profitirt, so dass er mit Beyhülf eines Eisens mit einer ausserordentlichen Forcen in einer halben Stund einen grossen Quaderstein im Schmutzbeckenhäusli ausgewältzt und ausreissen wolte. Als er aber dariber erwitscht und man fragdte, wie er's gemacht, fangte er an, sich selbst und die Obrigkeit zu verfluchen. Auf dieses hin wurde er liegend mit eisernen Banden gleich einer Krätzen am Leib, nur dass er die linke Hand frey hatte, angeschlossen. Freitag nachts den 5. Mertz macht sich dieser Bösewicht, zwar nicht mit einer natürlichen, sondern mit einer teuflischen Force, von seinen Banden völlig los, bricht durch die Wand ein Loch und schlieft in das Nebenhäusli. Als man aber ein Gebolder gehört, fragdte man ihn, wo er hingewolt, worauf er zur Antwort gab, der Böse habe ihm geholfen. Endlich wurde er noch fester mit einer eisenen Stange an beyden Armen angeschlossen und verwacht. Mithin ist natürlicherweis nicht zu begreifen, dass ein solcher, welcher weder gehen noch stehen, sondern nur auf den Knien rutschen, solche verfluchte Sachen machen kann. Fernerem Unheil vorzukommen, wurde er mit 2 Harschier auf das St. Jakober Schäntzli geführt, alda lebenslänglich angeschlossen, doch dass er Körb und andere Arbeit verrichten konnte, bey Wasser und Brodt erhalten und von zwey Männern abwechslungsweis verwacht. N. B. Im Februar 1763 salvirte er sich durch Negligence dasiger Wächter mit Hülf einiger seiner Spitzbuben!»

Im Schatten Unserer Gnädigen Herren, p. 117f. / Bieler, p. 824

Der Teufel versucht, einen Bürger, der von einem Engel zum Opferstock geführt wird, am Spenden zu verhindern. Federzeichnung von unbekanntem Basler Meister. Gegen 1450.

Griff in den Gotteskasten

Anno 1763 «ist Meister Emanuel Mechel, ein Liestler, welcher sich schon über die 30 Jahr gebrechlichkeitshalber im alhiesigen Spithal aufgehalten und in dieser Zeit dem Siegerist im Münster sein Glockenleuter gewesen, wegen weilen er laut seiner Bekandnus schon bey 6 Jahren mit einem hartzigen Instrument, welches er oben zum Spalt hineingelassen, das Gelt klebend aus dem Gotteskasten (Opferstock) herausgezogen und gestohlen, nach langem Subson (Verdacht) vom Siegerist erwitscht worden. Nach einem 4wöchigen Arrest wurde er aus gar grossen Gnaden für sein Lebtag als ein Maleficant bey Wasser und Brot ins Zuchthaus eingespehrt und musste eine Zeitlang alle Sonn- und Festtag mit einem Blech auf dem Buckel, worauf seine Schandthat geschrieben, unter der grossen Kirchthüren im Münster bis die Predigt aus ist, stehen bleiben.»

Im Schatten Unserer Gnädigen Herren, p. 134/ Bieler, p. 838

Erzbetrüger

Im Jahre 1763 «hat Andreas Kindwihler, Schuemacher, viele hiesige und frembte Leuthe für gelichen Gelt diebischerweis bedrogen und aus diesem Gelt kostbahre Kleider gemacht und sich wie ein Baron aufgeführt und kostbahr gelebt, auch ein Haus gekauft, um in seiner Unvernunft und ohne Einsicht eine Fabric aufzurichten. Da aber etliche seiner Creditoren gesechen, dass er Schlösser in die Luft baute, wolten sie bezalt sein und exiquirten ihn, über dieses wurde er ein Fallit und salvirte sich. Inzwischen machte er bey frembten Leuthen frische Schulden und fangt zu Kl. Hünigen eine mit Farben gedruckte Papierfabric an. Da sein Geldgeber aber bald gesechen, dass alles ein Krebsgang gehet, kam er vor unsere gnädigen Herren und verklagdte ihn. Alwo erkandt, dass er 3 Tag zwischen zwey Stattknechten geführt und mit dem Tambour in der Statt durch alle Gassen herumgetrummelt werde. Auf der Brust hatte er ein Blech, worauf ‹Ertzbetrüger› geschriben. Darauf kam er aus grossen Gnaden bey Wasser und Brodt ins Zuchthaus.»

Im Schatten Unserer Gnädigen Herren, p. 137/Bieler, p. 840

Dem Henker ins Auge geschaut

«1764 sind zwey Erzdiebe von Blansigen aus dem Margräfischen hieher bis an den Bannstein gelieferet und von da durch Herrn Wachtmeister Bruckner abgeholt und auf zwey Kärren alhier zum St. Johann Thor hineingebracht, alwo der ältere auf die Bärenhaut und der jüngere aufs Eselthürmli in Arrest angefesselt gethan worden. Diese zwey Indienne-Diebe hatten vor 4 Wochen ab der Herren Iselis und Socins Fabriken am Rüechenthor etliche 70 Stuck weiss Indiennetuch gestohlen und selbiges in Mülhausen verkaufen wollen. Sind obige 2 Diebe aus grossen Gnaden für ewig auf die Galleern verschickt worden. Mithin hat aber nur noch 1 Stimme mengirt (gefehlt), sonst wären sie gehänckt worden!»

Im Schatten Unserer Gnädigen Herren, p. 148/Bieler, p. 846

1.mò Des Judens Schepkowitz, oder Prizestawlik.

Dieser Jud ist groß, und starker Statur, hat schwarze Haar, grosse Augen, blattermaßig im Angesicht, redet deutsch, und böhmisch, ist ledig, und überall zu Haus: Diesen Juden nennen die jüdische Räubere unter einander auch Kugel.

2.dò Des Judens Srole.

Dieser ist aus Hungarn gebürtig, verheyrathet, ohngefähr 4, oder 25. Jahr alt, mittelmäßiger Statur, mager, hat gelblechte Haar, einen kleinen ganz gelblechten Bart, einen bösen Kopf, redet deutsch, und gebrochen böhmisch, er wird Feldscherer genannt, weilen sein Vatter in Hungarn Feldscherer ware, und er auch diese Profession treibet.

«Consignation jener neuerdings entdeckten jüdischen Räubern, deren nachstehende Beschreibungen bis den 7ten Novembris 1768 abgenommen worden.»

Kirchenraub zu Arlesheim

Von unbekannter Täterschaft wurden im Oktober 1780 im Dom zu Arlesheim «2 grosse silberne Liechtstöck, 4 silberne Crucifix, 6 Chorhemden und 9 goldene Spitzen» entwendet. Sofort wurden sämtliche Basler Goldschmiede vom «beträchtlichen Diebstahl kostbarer Kirchengeräte» in Kenntnis gesetzt. Es dauerte denn auch nicht lange, bis Rudolf Schlegel, der Gürtler an der Schneidergasse, Major Miville meldete, ein «Fremdling sey dato bey ihm, welcher 50 Loth zerbrochenes Silber von Leuchtern feil biete». Der «wohlgebildete junge Mensch, der vorgiebt, er heisse Joseph Bürgin und sey ein Studiosus Theolgiae», konnte indessen mangels schlüssiger Beweise nicht der Tat überführt werden.

Criminalia 33 A 1/Ratsprotokolle 153, p. 366ff.

Prügelei vor dem Rathaus

Urs Vögtlin, der Herrenmattbauer von Hochwald, war nach dem Markt an einem Julitag 1793 im Begriffe, mit seinem Fuhrwerk nach Hause zu fahren. Dabei kletterte der 6jährige Heini Müller auf den Wagen, um den Bauern zu ärgern. Vögtlin forderte den «kleinen Knab aus Furcht, dieser möchte hinunter oder ins Rad fallen, öfters in Güte auf, abzusteigen. Als dies nichts nutzte, nahm er ihn ganz sanft beim Tschupp und stellte ihn auf den Boden». Auf das Geschrei des Knaben eilten bald einige Leute, aber auch drei Harschierer (Stadtsoldaten) herbei. Es entspann sich ein Disput, und als Vögtlin sich weigerte, freiwillig auf die Regimentswache mitzukommen, versetzte ihm Harschierer Dettwiler einen Schlag ins Gesicht, während die Harschierer Senn und Fischer mit Haselnußstecken auf den Bauern einschlugen. Minuten später hatte sich Vögtlin vor dem Gerichtspräsidenten wegen Grobheit zu verantworten. Als dieser ihn dann zu 20 Batzen Busse verurteilte, erhob der Hochwaldner, der sich in seinem Recht betrogen fühlte, lautstarken Protest, so dass er zur «Abkühlung» für einige Zeit auch noch ins Rheintor gesteckt wurde! Eine Abklärung des Vorfalls durch den Rat ergab kein klares Bild. So musste sich Vögtlin schliesslich die Rüge gefallen lassen, dass er sich «überklagt» habe, den Harschierern dagegen wurde «mehr Mässigung empfohlen»!

Criminalia 14 V 6/Ratsprotokolle 166, p. 264ff.

V *TIERE PFLANZEN UND FRÜCHTE*

Ungewöhnliche Reife der Früchte

«Jetzt sprechen wir einmal von einem frühen Jahre, welches man also zu nennen pflegt, wenn der Frühling etwa vor der gewöhnlichen Zeit eintrittet. Diess geschahe wirklich im Jahr 1186, mit dessen Anfang auch das schönste und wärmste Wetter eintrat, so dass die Bäume bald mit den schönsten Blüten prangten, die Früchte derselben im Hornung zum Theil schon ihre gehörige Grösse hatten, im May die Ärndte der Feldfrüchte war, und mit dem Anfange des Augstmonds der süsse Most getrunken werden konnte. Die Ärndte wie die Weinlese fielen eben so ausserordentlich reich aus, als seltsam das Wetter war, das in diesem Jahr erschien.»

Lutz, p. 48 / Wurstisen, Bd. I, p. 115 / Gross, p. 16

Heuschreckenplage

«Anno 1338 kamen solch viele Heuschrecken, dass sie im Hinfliegen alle Bletter an den Bäumen verdarben.»

Grössere Basler Annalen, p. 20

Safrankultur

«Um das Jahr 1420 war hier ‹ein Lauf auferstanden, der so Gott will nützlich sein wird, dass nämlich viele Leute, edle und unedle, in unserer Stadt angefangen haben Safran zu setzen›. Allenthalben im Stadtbann, wo sonnige Flächen waren, entstanden Safranäcker, und nicht lange dauerte es, so liess sich der Rat vernehmen. Er gebot sorgfältiges Sammeln des Staubes aus den Blüten, warnte vor Verfälschung durch Tränken mit Öl u. dgl., setzte eine Schaubehörde ein, stellte für den Engroshandel eine Waage ins Kaufhaus. Man versprach sich viel davon, und in der Tat brachten die ersten Jahre ein ausserordentliches Gedeihen; bei der Kostbarkeit des Produktes ergab sich die gewinnbringendste Bodennutzung, um so mehr, da neben dem lokalen Bedarf ein Export möglich wurde, der sich in kurzer Zeit verfünffachte. Die Ausfuhr von Samen dagegen wurde verboten, um die Kultur hier zu fesseln und in der Nachbarschaft nicht aufkommen zu lassen.»

Wackernagel, Bd. II 1, p. 452 / Unterm Baselstab, II, p. 26ff.

Ein Wolf im Stadtzentrum

«Im April 1421 zeigte sich ein Wolf inmitten der Stadt Basel. Er lief den Rheinsprung hinunter, über den Fischmarkt und durch die St. Johannvorstadt. Beherzte Männer machten sich an die Verfolgung, ohne dass es ihnen gelungen wäre, seiner habhaft zu werden. Er entwischte durch das Tor und entkam nach der Hard.»

Anno Dazumal, p. 337 / Gross, p. 70 / Ochs, Excerpte, p. 279

Kleinbasler Wildschweinjagd

Als 1458 zu mitternächtlicher Stunde beim Kleinbasler St. Niklausbrunnen (beim heutigen Café Spitz) 20 Wildschweine in die Stadt eindrangen, setzten die Fischer zu einer verwegenen Jagd an, wobei sie «9 Swin, jung und alt, fiengend».

Appenwiler, p. 332

Basel sieht einen Elefanten

«1460 ist zu Basel um das Geld ein lebendiger Elephant gesehen worden.»

Bieler, p. 728 / Gross, p. 109

Frühzeitige Früchte

1472 «ist zu Basel ein bleichfarbiger schneller Comet gesehen worden. Anfangs nachts wandte er sich gegen den Aufgang, morgens gegen den Niedergang. Darauf (1473) folgte ein sehr dürrer Sommer mit grossem Mangel an Wasser und eine solche Hitze, dass an etlichen Orten die Wälder vom Himmel angezündet wurden und abbrannten. Zu Pfingsten hatte man zeitige Erdbeeren und Kirschen, ausgehenden Brachmonats (Juni) zeitige Trauben. Wiewohl der Dürre halber wenig Korn gewachsen, ward es doch ziemlich gut und ziemlich wohlfeil. Der Wein wuchs an etlichen Orten sehr stark. Und deshalb achtete man des Basel-Weins, der etwas ‹ungeschmackt›, nicht. Im Oktober blüten die Bäume wiederum, wie im Frühling, so dass die Birnen und Äpfel eine Nuss gross und die

Vom auffgang kam abermals ein grosser flug wůster höustöffeln / die sechs flügel, weyß / gros lang zån hattend / mit jrer dicke die Sonnen auff hieltend vñ jren schein verfinsterten / wol auff anderhalb meylwägs lang nacheinanderen zottertend / in die breyte ein halbe. Sye schicktend jre losierer voran / kamen als dann frassend alles was grůn fruchtpar vñ safftig hinweg. Allwåg auffgangs der Sonnen flogend sie an / vmb die böum såtztend sie sich. Sye verschloffend sich gegē dem winter / kåltin halben neüwe kamē jm frůling wid / by vier jaren hatten storcken / håher / krå en vñ ander gflügel gnůg zůerösen. Man leüttet überal sturm halff nicht man richtend sie zů grund. Rottweyl do das Keisers hoffgricht / ward vom donner verprånt / sechtzig mentschen kamend mit vmb. Zů Nürnberg ertödet der pråst vil tausendt mentschen

< *«Das Dornschweyn wirt sunst auch zu Teütsch Stachelschweyn und Meerschweyn genennt. Es ist als gross, als ein zweymonatigs Schweyn.» 1560.*

Im Jahre 1338 suchten riesige Heuschreckenschwärme halb Europa heim und «frassend alles, was grün und fruchtpar und safftig war, hinweg». 1557.

Kirschen bis Martini wieder zeitig wurden. Ein Kabiskopf galt soviel wie ein Saum Wein. Über diesen heissen Sommer wurden folgende Reime gemacht: Die Dürr ist gross, der Mensch ist bos. Wohlfeil der Wein, das Weib gemein.»

Scherer, p. 5 / Basler Chroniken, Bd. 2, p. 14, Bd. 4, p. 356f. / Ochs, Bd. V, p. 210ff. / Wackernagel, Bd. II 2, p. 943 / Gross, p. 116 / Wurstisen, Bd. II, p. 461f. / Bieler, p. 36 / Ochs, Excerpte, p. 437 / Burgunderkriege, p. 538 / Basler Taschenbuch 1850, p. 148f.

Wölfe gehen um

«Im Winter 1529 tahten die Wölff um Basel unsäglichen grossen Schaden, dass sie die Geissen, Schwein und Küh ganz grim̄ig angefallen und erwürgt haben, dass ihnen niemand wehren mocht. Ist der folgenden Theurung im 1530 Jahr gewisser Vorbott gewesen. Dann den folgenden Winter dessgleichen nicht mehr gehöret worden.»

Gross, p. 161

Bärenjagden

«Im 16. Jahrhundert wurden vereinzelt Bären zur Strecke gebracht. So stiessen 1535 Basler Jäger oberhalb Waldenburg auf ein solches Untier. Sie stachen es mit dem Spiess. Der schwer verletzte Bär flüchtete in das angrenzende Gebiet der solothurnischen Vogtei Falkenstein und wurde dort von seinen Verfolgern im Wundbett gefällt. Darob kam es zu Streitigkeiten mit den Solothurnern, da der Amtmann auf Falkenstein nach altem Jagdbrauch den Kopf des Bären beanspruchte, während der Basler Vogt auf Waldenburg von der seltenen Beute nichts abtreten wollte.

Unterschlupf bot den Bären damals das Passwang- und obere Hauensteingebiet, von dem es noch 1580 heisst: ‹ist sonderlich mitternachtwärts, wo es nicht gereutet, so rauhe, dass etwan Bären allda gefunden wurden.›»

Anno Dazumal, p. 334f.

Von einem tollen Wolf

«Beim Basler Dorfe Läufelfingen lief ein wilder Wolf um, der mit grausigem Geheul das Vieh anfiel. Die guten Thiere kamen, als wären sie von Brämsen gestachelt, in's Dorf gerannt, hintennach des Wolfs Geheul und des Hirten Hülfeschrei. Da liefen die Bauern hinaus mit Gabeln und Hacken, das Ungethüm zu erlegen. Ehe es aber erlag, widerstand es mit wüthigen Bissen. Und etliche der Gebissenen begannen, in Hundswuth verfallend, das Gebrüll der Wölfe nachzuahmen, geriethen in Tollheit und endeten nach acht Tagen. Einige trieben diesen Wolfsgesang (lupinum carmen) bei vier Wochen und mussten auch sterben. Viele sagten, der Satan sei in diesem Wolfsthiere versteckt gewesen, dass er so wild und wüst getobt hatte. Dabei ist sonderbar, dass kein Stück Vieh von ihm gelitten hatte.» 1537.

Buxtorf-Falkeisen, 2, p. 42f.

Nuss und Apfel

«Ein Burger zu Basel, Adelberg Hess, fand 1540 im Bandhauen zur Ernd einen Haselnußstihl, daran 23 Nuss an einem Kölblin waren. Im selbigen Jahr fand Herr Henrich Billing zum Hirtzen in einem Garten 13 Äpfel an einem Stihl.»

Gross, p. 176 / Bieler, p. 732

Wölfe ringsum

«Am 24. Januar 1540 früh umb Bättzyt sind zwei Wölff gohn Kirchen khommen, ein Mänlein und Weiblein. Das Mänlein hat einer Frowen, so den Schwinen zu essen geben, einen Arm durchbissen. Solchs hat ein Man ersechen, so mit einer Hallebarten auf den Wolff zugeloffen und ihn durchstochen. Der Wolff, als er sich davon erlediget, sprang wider auf den Mann zu, der sich seiner erwehrte. Er hat den Wolff noch einmal durchstochen, hat sich doch noch nicht ergeben wollen, ist also disem ein anderer Man mit einer Mussketen zu Hilff khommen, haben ihn in einen Schafstall getriben und ist darinnen geschossen worden. Man hat ihn folgendes Tags alhie herumb getragen. Das Weiblin aber ist entrunnen und davongeloffen. Eben selbige Zit hat des Klübin-Müller Knecht Mähl in die Statt führen wellen, hat zwei Wölff angetroffen, so auff ihn zu wellen; weil er aber einen guten Hund by sich gehabt, hat sich derselbig an sie gemacht; haben also die Wölff vom Müller abgelassen und dem Hund zugesetzt, den sie in Stücken zerstört. Am 15. April haben die Knechte, als sy Morgens frühe zu

Von dem Wolff.

Von mancherley geschlächt disz thiers/vnd wo es zů finden.

DEr Wolff ein röubig/schädlich/fräßig thier/wirdt gar nach von allen anderen gehasset vnnd geflohen/ist von mencklichem bekañt/vnd winters zeyt gar vil gefangen vnd gesehen. In Sardinia als Pausanias schreybt/ söllend weder Schlangen noch Wölff gesehen werden/als auch in Creta der Insel vnnd dem berg Olimpo in Macedonia gelägen/ vnd Britanien. In Egypto vnd Africa söllend sy klein vnd faul gstaltet seyn/ in kalten landen aber groß/rauch/vnd scheützlich.

In der Eydgnoschafft vnd vmb die Alpen herumb söllend der selbigen gantz wenig gesehen werden/ allein kommend sy zů zeyten auß Lombardey über das gebirg/so bald einer gemerckt/so stürmt man von einem dorff zum anderen / wirdt also zeytlich mit gemeinem gejegt gefangen.

Conrad Gessners Beschreibung vom Wolf. 1560.

St. Alban-Thor an ihr Arbeit gehen wöllen, underwegs ein Wolff angetroffen im Göller gegen das Hochgericht. Derselb hat ihnen durch die Landeren entweichen wöllen, do hat ihn einer under ihnen von ussen her beym Wadel erwüscht, der ander ist durch die Landeren geschloffen und hat ihn mit dem Kharst zu todt geschlagen.»

Buxtorf-Falkeisen, 2, p. 64f.

Unfruchtbare Bäume tragen wieder

«An einem Hochzeitsmahle war unter vielen andern Dingen auch von Ackerbau und Baumzucht die Rede. Da tischte Jemand eine lustige Erzählung von einem alten, faulen Apfelbaum auf, dem er wieder zu frischen Blüthen und Früchten verholfen habe. Auf Geheiss eines alten Bauern versetzte er dem Baume drei kräftige Schläge und fügte drohend bei: ‹Du alter Baum, wenn du fortan unfruchtbar bleibst, so werfe ich dich das nächste Jahr als todtes Holz in's Feuer.› Und, unglaublich zu hören, im nächsten Sommer hingen reichliche Äpfel am Baume, und derselbe soll jetzt noch der ergiebigste unter allen andern sein, und seine Früchte die süssesten. Das mögen sich die Bauern merken; aber ohne Blendwerk geht das nicht zu!» 1543.

Buxtorf-Falkeisen, 2, p. 69

Ein Pferd im Lauf ist ein offenes Grab

«Der Bursche Batt Meyers, ein Junge, der bei ihm vielleicht in einer kaufmännischen Lehre stand, tummelte 1545 das Ross seines Herrn auf dem Münsterplatz, wo die Reitbahn war, und wollte seine Kunst probieren. Als er aber das Ross mit scharfen Sporen zu lang antrieb, wurde es wild und liess sich nicht mehr im Zügel halten, sondern warf den Knaben ab, sprengte die Gasse, die neben dem Haus zur Mücke nach der Freien Strasse führt, im Galopp hinunter, riss einen dort arbeitenden Maurergesellen mit, warf ihn auf einen scharfen Stein zu Boden und versetzte ihm einen solchen Hufschlag an den Kopf, dass dem Unglücklichen das Blut aus Ohren, Nase und Mund heraussprітzte und er bald darauf starb. Ein Pferd im Lauf ist ein offenes Grab, nicht nur für den, der darauf sitzt, sondern auch für andere, die in der Nähe stehen und ihm begegnen; das lehrt diese klägliche Geschichte.»

Gast, p. 229

Fruchtbarer Apfelbaum

Anno 1545 «hat ein Jacober Apfelbaum zu Frenkendorf in des Prädikanten Pfrundgarten 3mal geblüht und Frucht getragen. Die ersten Äpfel sind recht zeitig geworden. Die zweiten sind so gross geworden wie Hühnereier und waren auf Michaeli zu geniessen. Die dritten sind so gross geworden wie kleine Nüsse und konnten um Martini abgelesen werden.»

Scherer, p. 13f. / Wieland, s. p.

Braves Pferd wird widerspenstig

«Im Städtchen Rheinfelden wurde ein frommes Pferd unversehens scheu und wüthend, schlug aus und bäumte sich, dass der Reiter bald auf dem Boden lag. Ein Weib am Brunnen rief ihm zu: ‹Du bist ein schöner Reiter, fürchte nichts Böses von einem hässlichen Weibe!› ‹Schöne Matrone›, erwiederte der Reiter schnell, ‹mein Gaul ist beim Anblick einer Dirne also unwirsch geworden; bei ehrbaren Weibern bleibt er ruhig und fromm. Er hat von Natur einen so feinen Geruch, dass er das Laster von der Tugend zu unterscheiden weiss.› Das gesagt, sprengte er weiter. Wer Andere verspotten will, fällt oft selber in Spott. Aber weniger spasshaft ist, was ich, hieher bezüglich, aus Regensburg gehört habe. Einem in diese Stadt einziehenden Ritter fiel das wiehernde Pferd auf die Vorderfüsse. Ein Weib spottete mit Hohngelächter der Ungeschicklichkeit des Reiters, und dieser sagte ihr: ‹Mein Thier thut allweil so, wenn es auf eine H... stösst.› Nicht verlegen, schnell besonnen erwiederte jenes: ‹Da nimm dich wohl in Acht, guter Mann, dass du auf diesem deinem Gaule in dieser Stadt nicht den Hals brechest. Denn in allen Ecken und Winkeln derselben hauset das Dirnenvolk des Adels und der Geistlichkeit. Drum Achtung! und kehre, bist du klug, wieder um, so du dein Leben nicht auf's Spiel setzen willst. Verkaufe dein unglückliches Thier, sonst kostet's dich den Hals!›» 1545.

Buxtorf-Falkeisen, 2, p. 69f.

Roggenhalm mit 7 Ähren

«In einer Witwen Acker, welche zu S. Alban gewohnet, ist 1546 ein Rockenhalm mit siben Ähren gefunden worden, deren das oberste die anderen alle an der Schöne und Grösse übertroffen.»

Gross, p. 185

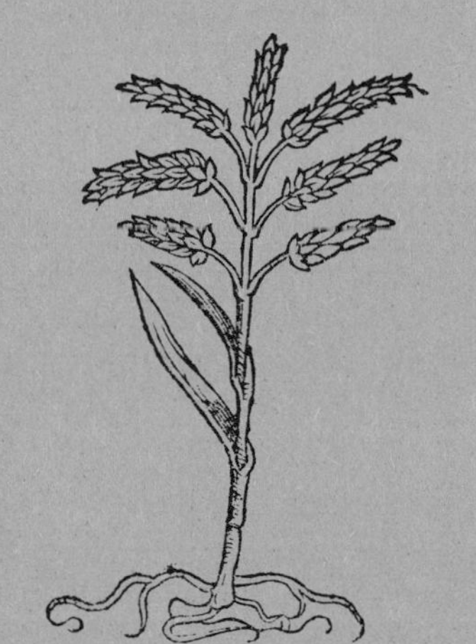

ZV Basel do wůchs in einer witfrauwen weinacker / oder Rebgartē / die in Sant Albans vorstatt doheymen war / ein Rockēhalmen mit sieben ähern / deren das oberst die andn alle an der schöne vn̄ grösse übertroffen. D. Martin Luther starb diß jar vff den achzehenden tag Hornungs. Keyser Carle strafft die vnghorsammen / rhaumt ihnen den seckel vnd zeügheüser / er zerschoß vn̄ zersprengt vil Pfennigthürn. Jn Meyssen zů Belgern vn̄ vmbglegnen orten kám zů nachts vff den zchendē Hornungs ein him̄elschräntz / die schein bey zwo stunden an einander / ließ flammen vff den boden härab fallen. Drey fewriger tramen flogen am himmel vmb.

«1546 ist in einer Witfrau Weingarten in der St. Albanvorstadt ein Roggenhalm mit sieben Ähren gewachsen.»

Feistes Schwein
«Conradus Gesnerus der fürtreffliche Artzet zu Zürich schreibt 1549 in seinem Thierbuch: Noch bey Mannsgedencken hat ein Ölmacher (oder Stämpffer) zu Basel ein Schwein gemästet, das ward so feisst, dass ihme die Mäuss grosse Löcher in sein Späck frassen, ohne sein Empfindung.»
Gross, p. 188/Bieler, p. 731

Kuhkrieg
«Ein Kuhkrieg auf den Weiden der Kleinen Stadt. Wildgewordene Kühe gingen 1551 mit den Hörnern in feindlicher Absicht aufeinander los, wobei einige bis zum Dorf Brombach gejagt wurden und kaum zurückgebracht werden konnten. Diese seltsame Sache wird ein besonderes Gottesgericht zu bedeuten haben.» (Offenbar die ernsthafte Streitsache zwischen der Obrigkeit und den Metzgern.)
Gast, p. 387/Ochs, Bd. VI, p. 809/Buxtorf-Falkeisen, 2, p. 98f.

Frühlingsboten
Bereits am 12. Februar 1552 «sind bei uns die Störche erschienen; ebenso hörte man die Frösche quaken und die Lerchen sangen.»
Gast, p. 417

Ein junger Bär als Attribut von Papst Eugen IV., der von dem von ihm 1431 einberufenen Konzil zu Basel seines Amtes entsetzt worden ist.

Katzenjammer
«1554 kätzlet mir mein Katz vier Junge. Wie man sie über acht Tag ersäufen will, da fand man eins mit schrecklichen Beinen, die wie spiralförmig uffgewundene Ringfüss hatte. Dieselbe Katz warf später noch einmal drei Junge, die alle todt aneinander gewachsen waren. Noch früher hat mir eine Katz, die ich erzogen, ein Jungs mit dreyen Füssen gekätzlet. Das letzte Thier war ein gar fruchtbares, oft dreimal des Jahres würfig, bald fünf bald sechs ablegend, zuletzt meist Missgeburten. Endlich 8 Jahre alt, hat das böse Thier, einer Mutternatur zuwider, die Kätzlein, so schon gehen konnten, vor unsern Augen aufgefressen. Ob solch arger Grausamkeit ist es im Rhein ertränkt worden.»
Buxtorf-Falkeisen, 3, p. 14

Hühner mit Gänsefüssen
«Zu Augst zwischen Basel und Rheinfelden seind 1556 Hüner gesehen worden mit Gänss-Füssen. Und in der Statt Basel ein Hun mit 4 Füssen.»
Gross, p. 196

Reicher Obstsegen
Am 15. Oktober 1557 wurden auf dem Kornmarkt 52 Karren und Wagen Obst, die zahlreichen Krätzen und Körbe nicht inbegriffen, feilgeboten. Alles Obst aber konnte schon vormittags mühelos verkauft werden.
Wieland, s. p.

Wölfe in Seewen
1557 wurden in Seewen «unter einmal» sieben Wölfe gefangen.
Basler Jahrbuch, 1891, p. 78

Exotische Schaustellung
1566 «brachte man einen Leuen in einem eisernen Gätter nach Basel. Auch brachte man eine Crocodillen Haut

1557 «fand man zwischen Basel und Rheinfelden Hüener mit Genssfüessen».

hieher. Beide zeigte man auf der Zunftstube zu Brotbekken zu vier bzw. zu zwei Pfennig Eintritt.»

Wieland, s. p. / Baselische Geschichten, II, p. 17

Baumschutz

«Wegen liederlicher Aufsicht des Lohnherren (Bauverwalters) brach 1572 ein Ast von der grossen Eiche auf dem Petersplatz ab, wodurch die Eiche geschändet ward. Deswegen wurde der Lohnherr namens Andreas Huber in Gefangenschaft gesetzt.»

Wieland, s. p.

Lebendiger Löwe

«Den 7. Novembris 1583 wurde auf der Kürschneren Zunft ein lebendiger Löw gezeigt.»

Baselische Geschichten, II, p. 26

Todbringende Mücken

«Im Heumonat 1590 sind grosse erschrockenliche Mukken oder Fliegen um Basel gewesen mit vier Flüglen, und sehr harten Anglen. Haben vil Menschen und Vieh getödtet. Dann welchen sie gestochen oder nur berühret haben, derselbige ist gleich aufgeloffen und geschwollen, dass er am dritten Tag hat sterben müssen. Seind Straffen Gottes gewesen.»

Gross, p. 223 / Wurstisen, Bd. III, p. 38 / Ochs, Bd. VI, p. 514

Vielfüssler

1590 sind in der Schmiedenzunft zur Schau gestellt worden: «ein Ochse mit sechs Füssen, ein Schwein mit acht Klauen, eine Gans mit drei Füssen, ein Schaf mit sechs Füssen und ein Hahn mit 5 Füssen».

Falkner, p. 13

Riesenwildschwein

«Im Wintermonat 1596 übersandte Marggraf Georg Friedrich durch seinen Hof-Canzler ein wildes Schwein, so 282 Pfund gewogen, und in dem Forst zu Rötelen gefället worden, an E.E. Wohlweisen Rahte, welches unter die neuen und alten Räthe vertheilet worden.»

Wurstisen, Bd. III, p. 61

Wildes Obst

«1596 wuchs sehr viel wildes Obst, es ward daher zu Marckt gebracht, und man fand dessen allzustarcken Gebrauch der Gesundheit schädlich. Weil nun des zahmen Obstes auch genug vorhanden war, so ward die Hereintragung des wilden Obstes in die Stadt durchaus verboten, und den Vorstadtmeistern aufgetragen, die Fehlbarn zu bestrafen.»

Wurstisen, Bd. III, p. 61

Von einem tollen Wolf angefallen

«Da die Wölfe in Wirklichkeit aus dem Geschlecht der Hunde sind, aber wild leben, wie man auch Rinder, Pferde und Katzen von Waldesnatur findet, können sie auch tollwütig werden, und Menschen, die von ihnen gebissen werden, verfallen in Raserei mit wildem Geheul und in Hydrophobie wie beim Biss toller Haushunde. In dem Dorf Biel-Benken, so erinnere ich mich, wurden von meinem Schwiegervater, der Chirurg war, zwei gefunden, die von einem tollen Wolf gebissen worden waren. Dieser brach in seiner Tollwut aus dem benachbarten Wald gegen Abend in das Dorf ein, fiel zwei Männer an und zerfleischte ihnen mit vielen Bissen das Gesicht. Beide starben nach einigen Tagen.» Felix Platter. Um 1600.

Buess, p. 80

Jagdordnung

«Der Rath erliess im Jahr 1600 eine strenge Jagdverordnung. Danach durfte kein Bürger in der Hardt Hochwild jagen und kein Unterthan (!) auf den Vogelfang gehen. Kein Geschoss durfte weder in die obere noch in die untere Hardt getragen werden. Innerhalb des Stadtackers durfte ein Bürger einen Hasen oder eine Ente schiessen.»

Historischer Basler Kalender, 1888

Billiges Obst

Das Jahr 1606 brachte so reichen Segen, dass man 100 Birnen für einen Rappen haben konnte.

Richard, p. 2

Wein für Pferdefüsse

«Den 16. Maii 1605, als mier morgen wolten auf sein, war khain Ross gefietert, Knecht lagen alle im Stroh noch voll und toll; aber send mit Spissgarten (Ruten) aufgeweckht worden. Haben also die Ross und sy ein bösen morgen

So fruchtbar aber als es ist am möre in disem land vnnd dem mindern Africa/ also onfruchbar ist es wo man drey oder vier meilen vonn dem möre gegen mittag zeücht/dann es ist eytel sand do/darinn nichts wachsen mag / ja man findt weit vnd breit nit einen baum/dann das man vnder weilen ein fruchtbaren wasen findt / darauff die leüt wonen mögen. Diß land zeücht hinden hinauß gegen dem gebirg vil löuwen vnnd wald esel. Man findt auch überauß vil gifftiger würm/ vnd besunder schlangen vnnd natern/vnnd das noch schedlicher ist/ da findt man Basiliscos/die sollich streng gifft habenn / wie Plinius schreibt/das sie nit allein menschen vnnd andere thier/sunder auch die schlangen vergifften. Sie verderben den grund auff dem sie wonen / es erdörren vnd ersterben von seiner gegenwertigkeit die kreüter vnd die bäum/es wirt der lufft von jnen vergifftet/ das der vogel on schaden nit dardurch fligen mag / vnnd in summa kein schedlicher thier wirt auff erden weder diß gefunden/von dem ein gantze statt verderbē müß wo es schon in einem winckel verborgē ligt. Andere giffrige thier tödten den menschē mit anrüren oder beissen/aber diß tödt durch blosse gegenwertigkeit.

«Basiliscus, ein gifftig Thier», aus der Cosmographie von Sebastian Münster. 1550.

gehabt. Haben fürgeben, sy haben den Rossen die Fies mit Wein miessen waschen, wie dan in grossen und weiten Raisen breichlich. Aber sy haben die Gurgel dapfer gewaschen, weil sy im Stall alainig 16 Maas Wein gehabt.»

Thommen, p. 74

Kalbhirsch

«Im Mertzen 1606 ist zu Bencken im Läimthal ein Kalb worden, dessen Vordertheil ein Kalb, das hindere Theil aber einem Hirtzen gleich gewesen. Ist zwey Jahr alt worden, hat in die Wäld und Einöde begehrt zu den Hirtzen. Ist endlich gemetzget worden im Schloss daselbsten, hatte ein gutes Fleisch.»

Gross, p. 234

Hirsche für die Ratsherren

Dass im Stadtgraben vier Hirsche geschossen und an die Ratsherren zur Verteilung gelangen sollen, beschloss der Rat im Jahr 1612.

Ratsprotokolle 13, p. 182ff.

Bärenjagd auf der Wasserfalle

«1614 fingen die Waldenburger in der Wasserfallen einen sehr grossen alten Bären, der in dieser Gegend seit etlichen Jahren gar viel Vieh aufgerieben hat.»

Basler Jahrbuch, 1893, p. 140

Ein sommerlicher Januar

«Ein Basler Pfarrer schrieb über die Witterung des Monats Januar 1617 in seine Hauschronik: ‹Ist so warm gsin als im Summer. Die Summervögelein sind herumb geflogen, man hat blaue Violen (Veilchen) funden wie auch andere Blumen, Blindschleich, Hedöxen (Eidechsen) und andere Käfer und Sachen gsechen als wann der Summer vorhanden. Bruder Jakob hat ein Mass Wein in mein Feld gebracht und begehrt, dieselbige zur Gedächtnis solcher warmer Zeit mit ihm zu trinken in dem Häuslein. Gott well es zum Besten wenden!›»

Anno Dazumal, p. 360/Buxtorf-Falkeisen, 1, p. 35

Ungeheurer Wal

«1619 ist gen Basel gebracht worden ein grosser, ungeheurer Wallfisch. Seine Länge war 108 Schuh, seine Höhe 27 Schuh, seine Breite 22 Schuh, der Schwantz 14 Schuh lang. Seine Zunge hat gewogen 3 Centner, die Leber 3 Centner, ein jeder Augopfel 30 Pfund. Membrum Virile (männliches Glied) 3 Centner, war 7 und ein halben Schuh lang und 3 und einen halben Schuh dick. Par testium (die Hoden) 3 Centner. Die Ohren ein und einen halben Centner. Hat 50000 Pfund Schmaltz gegeben. In seinem Bauch hat man gefunden 5 Delphin, und eine grosse Schiltkrott, welche 180 Pfund gewogen hat. Dr. Thomas Platter, Medicus zu Basel, hat ihn nach seiner Proportion auf Tuch entwerffen und in seinem Haus zu sehen auffschlagen lassen.»

Gross, p. 244f./Bieler, p. 738/Wurstisen, Bd. III, p. 176/Buxtorf-Falkeisen, 1, p. 44

Weisse Sommervögelein

Im Juli 1620 «hat sich eine aussergewöhnliche Menge weisser Sommervögelein in der Stadt Basel sehen lassen, welches etliche Tage gewährt hat. Insonderheit aber hat man sie in grosser Menge auf dem Feld gesehen, dass alles darauf weiss gewesen ist.»

Scherer, II, s. p.

Störche

1624 sah man zu Basel 3 Störche.

Wieland, s. p.

Im Rachen des Löwen

1625 ist «ein Löwe aus Affrica in der Gastherberg zur Gilge, alhie an Kätten gefesslet, gezeigt worden. Jacob Burckhardt, ein Knab von 13 Jahren, hat diesem Speisen zugeworfen, andere haben indessen mit ihm Muthwillen getrieben. Wie man ihn an seinen Klauen erwitscht, hat der Löwe den jungen Knab mit seinen 4 grossen Stockzähnen in den Kopf, das Angesicht und bey dem Genick durch die Hirnschalen derrmassen gebissen, dass also bald das Hirn herausgeflossen. Darüber hat besagter Knab umb Hilf gerufen und ist also bald durch sonderbahre Vorsehung Gottes von Jeremias Faesch erhört und der Knab dem zornigen Löwen aus dem Rachen gerissen

«Der Bär ist ein vast flüssig, grosz, ungstalt Thier, einer dicken, zottechten, rauhen haut, vast schwartz, wiewohl er an etlichen Orten weyss ist.» 1560.

worden. Ist aber selig in Gott entschlafen und der tode Leichnam zu St. Martin begraben worden. Der Löwe ist indessen von Raths wegen zur Statt hinaus gebotten worden. Über die letzten Augenblicke des so schrecklich hingerafften Knaben berichtet Antistes Wolleb: Es seind an diesem Knäblin grosse Wunder beschehen, dass er dem Löwen auss seinem Rachen genommen worden, dass, ohngeachtet er ihme die Zähn tieff durch die Hirnschalen gedruckt, er doch lebendig von ihme kommen; und da diejenigen, so also schwärlich am Hirne verletzet, mehrtheils ihren Verstand verlieren oder gar hirnwütig werden, dass er seinen gesunden Verstand drey Tag, ja bis in sein End behalten. Als man ihn verbunden, hat er die Umbstehenden erbärmdlich angeredt und gesagt: Muss ich sterben, so bätten mit mir, dass ich in Himmel komme! Die gantze Zeit hat er sich nachgends sehr gedultig verhalten, aussert dass er etwan seinen lieben Eltern ruffte, ward kein ander Wort in seinen Schmertzen gehöret als: Jesus, Jesus, Jesus Christus! Herr Jesu Christe, hilf mir! Welches er so stätig getriben, das man wol kondte mercken, wie trewlich er seinen Herrn im Hertzen gehabt habe. Verschienens Montag, als er gegen Mitternacht sehr schwach worden, hat er zu underschiedlichen Malen angefangen zu bätten und weil er Schwachheit halben nicht kondte fortfahren, hat er offtmals gefragt, wie es weiters heisse. Und als man ihme den 130. Psalm anfieng vorzubätten, hat er auss dem 23. Psalm angezogen die Wort: Wann ich schon wandlen solte im finsteren Thal des Todes, förchte ich mich doch nicht, dann Du bist bey mir. Er hatte nach seiner Aufflösung so ein grosses Verlangen, dass er etliche Mal, da man ihme von einem sel. Sterbstündlein geredt, mit Seufftzen gesagt: Ach wenn? wenn? Wann doch nur das Stündlein da were! welches Wunsches ihne auch Gott umb 12 Uhr selbiger Nacht theilhafftig gemacht hat in seiner blühenden Jugend.»

Scherer, p. 23f. / Ochs, Bd. VI, p. 816 / Buxtorf-Falkeisen, 1, p. 59f., 153f. / Wieland, s. p. / Battier, p. 463 / Chronica, p. 50f. / Bieler, p. 770 / Beck, p. 77f. / Scherer, III, p. 26f.

Stör verheisst Teuerung

«1625 brachten unsere Basel Fischer einen Fisch, welchen sie auf der Salmenwaag gefangen hatten, der war sieben und ein halb Mannsschuh lang. Er hatte einen grossen Kopf, vornen zugespitzt. Oben auf dem Kopf hatte er ein grosses Loch. So gross, dass man eine Faust darein legen konnte. Auch hatte er einen weissen Bauch und einen schwarzen Rucken. Viele Leute beschauten den Wunderfisch um Geld beim oberen Rhein Törlein. Man sagt, es wäre dieser Fisch ein Stör. Ein solcher ist Anno 1586 gefangen worden, worauf eine Theuerung erfolgte.»

Chronica, p. 45f. / Wieland, s. p. / Basler Jahrbuch, 1897, p. 176 / Richard, p. 52 / Basler Chronik, II, p. 76 / Basler Chronik, s. p.

Blumiges Neujahr

«Am neuen Jahrestag 1625 hörte man schon von Blust reden. Man hatte um diese Zeit auch schon Sträuss und Mayen wie auch verschiedene Gattungen von Blumen. Etliche Leute sayten schon Früchte (Korn) auf den Sommer an. Auch konnte man am 18. Januar schon im Sommerhaus (Vestibül) zu Nacht essen.»

Chronica, p. 22f.

Wölfe in Bettingen

An verschiedenen Sommertagen des Jahres 1625 erblickten Hirten und Rossbuben in Bettingen zu ihrem Schrekken Wölfe, die sich an ihre Herden heranmachten. Während diese in Bettingen aber nur einen Hund rissen, fielen

Eygentliche abbildung der kläglichen Tragödia / so sich in Basel in der Gastherberg zur Gilgen / Samstag den 3. Decembr. vmb 2. vhr nach mittag / im Jahr 1625. mit dem frommen Jüngling Jacob Burckharde seligen leyder zugetragen.

Alß ein Löw auß Africa allhero gebracht worden: hat diser frewdige junge Knab / so lust hatte denselbigen zu besehen / das ort auch / da er gezeigt ward / gar zu eng / vnd sein Meister nicht / sondern allein ein junger Knab / welcher es regieren solte / zu gegen war / hat es gemeldtes Knäblin gantz erbärmbdlich mit seinen grausamen klawen erwitscht / grimmiglich zu vnd vnder sich gerissen / vnd mit seinen vier grösten stockzehnen den kopff / das angesicht / vnd bey dem genick durch die hirnschalen gebissen vnd durchgetruckt / daß alßbald das hirne heraussertgetropffen: darüber berürtes Knäblin vmb hülff geschrawen / auch durch sonderbare fürsehung Gottes / von Herren Jeremia Fäschen / dem grimmigen zornigen Löwen auß dem rachen gerissen: da dann der Würth mit einer eysenen mistgablen / auch der Löwenbub mit einem prügel dermassen auff den Löwen geschlagen / daß er offtgemeldtes Knäblin hat müssen folgen lassen. Es ist aber zugleich ein solche forcht in die vmbstend gebracht worden / daß etliche junge Knaben / sampt einem Hund / hinden hinauß in Birsickh gesprungen. Hernacher das Knäblin montags zu nacht vmb zwelff vhren (alß er eben auff solche zeit in dise Welt geboren) mit verwunderlichem verstand vnd gedult / seliglichen in Gott entschlaffen: seines alters in das dreyzehende jahr gehend: deme der allmächtig Gott eine fröliche Aufferstendnuß in Christo vnserem Herren verleyhen wölle. Amen.

Pingere te docui, Juvenum lectissime, nuper,
Nunc mortis tristem pingo tuæ historiam.
Sed Paradisiacis tu nunc lætaris in hortis,
Cogimur obscuras heic habitare casas.

JOH. HEINRICUS GLASER.

Die von einem Löwen 1625 im Gasthof «Zur Gilgen» verursachte «klägliche Tragödia» ist in Wort und Bild von Hans Heinrich Glaser festgehalten und der Leichenpredigt für den unglücklichen Knaben beigeheftet worden.

sie in Inzlingen über ein Schwein her. Auch in Tüllingen richteten sie Schaden an.

Richard, p. 53/Chronica, p. 47f./Buxtorf-Falkeisen, 4, p. 60

Seltsames Tier

Ein seltsames Tier, grösser als ein Hund, wurde 1626 während der Nacht des öftern gesehen. Besonders auf dem Münsterplatz konnte man die aussergewöhnliche Erscheinung wahrnehmen.

Richard, p. 72

Erfolgreicher Nasenstrich

Im Jahre 1626 konnten die Fischer in der Birs einen überaus erfolgreichen Nasenstrich verzeichnen. Der Obrigkeit verrechneten sie schliesslich nur 40000 Nasen, obwohl sie viel mehr gefangen hatten.

Richard, p. 66/Chronica, p. 65f./Buxtorf-Falkeisen, 1, p. 64

Von Schweinen zerfleischt

1626 ist der 9jährige Sohn des Schweinehirten Hans Meyer von Kilchberg beim Füttern der Borstentiere von diesen derart zerfleischt worden, dass er zwei Stunden später den Verletzungen erlag. Die ‹fehlbaren› Schweine durften erst nach Abschluss der obrigkeitlichen Untersuchung geschlachtet werden.

Ratsprotokolle 21, p. 22/Battier, p. 463f./Buxtorf-Falkeisen, 1, p. 67

Schlange verheisst Tod

«Vor St. Johannstag sass 1628 mein Bass, Frau Madle Herr, Marx Schwartzen Ehewyb, uf ihrer Matten vor Riehemerthor am Boden, legt das Fazanetlin (Nastuch) uf ihr Schooss, lusete ihr Meitelin. Als sie das Fazanetlin ab der Schooss nahm, war ein grosse zusammen gewundene Schlang darunder. Do sie sie sach, ward ihren ohnmechtig. Bald doruf – nur 24 Stund krank gelegen – ist ihr Vatter, Oberster Zunftmeister Hans Herr, gestorben. War ein frommer, redlicher Herr, der keine Schenkenen (Geschenke) nahm, sondern wies mit harten Worten solche Leute fort.»

Buxtorf-Falkeisen, 1, p. 70f./Richard, p. 135/Chronica, p. 114ff.

Seltsamer Baum

Im Winter 1629 fand man im Weilerhölzlein, eine halbe Stunde von Basel entfernt, einen Baum, der trug Johannisbeertrübelein, Kornähren und Krauselbeeren. Hierauf sind viele Leute in den Wald gezogen und haben sich Äste abgebrochen.

Richard, p. 169/Wieland, p. 24

Schwarzer Vogel verheisst Unheil

«Maria Rösslin von Wyhlen bekennt, dass sie, nachdem sie am 3. Juli 1634 draussen zu Bettingen eines unehlichen Kindts niederkommen, sie selbiges aus Antrieb des bösen Geistes gleich beim Gürgelin erwütscht und mit der rechten Handt getrucket, dass es nur noch drey Schreylein gelassen, mit den Füesslin ein wenig gezablet und von Stundt an todes verblichen sey. Also hat sie ihr eigen Fleisch und Blut erbärmlicherweise getödet und hingerichtet. Die gedachte Maria wird deshalb mit dem Schwert, und was dazu gehört, vom Leben zum Todt hingerichtet.» Als sie deshalb auf das Schafott geführt worden war, setzte sich ein schwarzer Vogel, einer Schwalbe gleich, auf ihren Kopf. Dies sollte nichts Gutes verheissen. Tatsächlich hatte der Scharfrichter, Meister von Hagen, grösste Mühe, die Delinquentin zu richten. Mit dem ersten Streich «hat er ihr das Haupt nicht

Tatendurstige Reiter nehmen Abschied. Getuschte Federzeichnung von Hans Bock d.Ä. 1582.

Eine Frau führt ihre Maus spazieren. Mit einer Maus oder Ratte dargestellte weibliche Wesen äusserten einen Hang zur Unsittlichkeit und Liebesdienerei. Federzeichnung von Urs Graf. 1529.

abschlagen können, worauf er mit dem Schwert lang gesäget hat. Sein Sohn hat sie dann am Kopf aufgehebt, der Meister hat ihr nochmalen einen Streich gegeben, und ist also das Haupt hinweg von dem Leib gekommen.» Wegen seiner jämmerlichen Fehlleistung ist Scharfrichter von Hagen umgehend im Wasserturm in Gefangenschaft gesetzt worden. «Meister Thomas aber sagte, man werde nicht so bald eine Kindsmörderin mehr recht richten können.»

Criminalia 20 R 3/Ratsprotokolle 26, p. 11ff./Hotz, p. 295f.

Wolf im Stadtgraben

1634 schlich ein Wolf durch das Spalentor in den Stadtgraben und schlenderte bis zum Steinentor, wo er erschossen werden konnte.

Hotz, p. 313

Von ‹Meister Isegrim› gefoppt

«Ein Bauer von Bubendorf sieht 1636 einen grauen Hund im Feld für einen Wolf an. Got ins Dorf, lässt stürmen ... und kommt die Gemeinde mit einer langen Nase wieder heim!»

Baselische Geschichten, p. 38

Unbekannter Vogel

«1639 ist ab dem Münster Thurm ein unbekannter Vogel geschossen worden. Er war in der Grösse wie eine Gans, mit Gänsfüessen und einem langen Schnabel.»

Basler Chronik, II, p. 97

Wolf im Rhein

«1639 wurde ein lebendiger Wolf hinter der Pfaltz im Rhein gefangen.»

Basler Chronik, II, p. 97

Wölfe in Breisach

1640 ging zu Breisach ein Schütze in den Wald, um Wild zu jagen. Unverhofft aber stiess er dabei auf ein Rudel von zwölf Wölfen, welche ihn sogleich anfielen. Während er einen Wolf erschiessen und zehn mit seinem Weiddegen erschlagen konnte, wurde er vom zwölften niedergerissen und aufgefressen.

Scherer, II, s. p./Buxtorf-Falkeisen, 2, p. 28

Feigen und Orangen

«In den Gärten in der Statt wachsen allerley Frücht und viel Fuder Weins. Man pflantzet auch Feygenbäum und wohlriechende Pomerantzen (Orangen).» 1642.

Merian, p. 46

Grosser Adler

«1643 ist vor dem St. Johann Thor ein grosser Adler geschossen worden.»

Basler Chronik, II, p. 102

Fische von Hand gefangen

«Bei der anhaltenden Dürre des Brachmonats 1645 schwanden die Wasser mehr und mehr oder trockneten ganz aus, so dass sich die Fische in den ‹Gumpen› sammelten, wo sie mit Händen konnten erhascht werden. Auf einen Tag wurden 80 Stück Salmen gefangen.»

Buxtorf-Falkeisen, 2, p. 34

Enteninvasion

«Auf den Abend des 3. September 1648 ist eine Unzahl Enten, bei 3 bis 400, den Rhein abkhommen und sich bei der Pfaltz nieder in's Wasser gelassen und also den Rhein abgefahren. Ein Soldat auf der Bruckh hat einen Schutz unter sie gethan, darauf sie uff- und davongeflogen. Was das bedeuten möchte, das weiss der l. Gott! der welle Alles, sonderlich Kälte und Nässe und Regenwetter zum Besten wenden, damit der Wein recht zur Zeitigung khommen möge!»

Buxtorf-Falkeisen, 2, p. 119

Handel wegen eines Einhorns

«Ein seltsamer Handel gab 1648 in der Stadt viel zu reden, nachdem eine Zeit lang ein Dunkel darüber geschwebt hatte. Nach einer anonymen Quelle ging es damit also zu. Der Herzog von Lothringen hatte dem Michael Coquin neben einer Geldsumme ein hochschätzbar Einhorn in Verwahrung gegeben. Die Markgräflichen Hofleute hatten aber vertrauliche Kundsame mit Coquin's Frau und praktizirten bei einem Besuche in des Mannes Abwesenheit das Einhorn aus seinem Hause am Rosenberg nach dem Markgräfler Hofe, worauf sie nach Durlach gingen. Als der Herzog solches erfahren, liess er den Coquin und seine Frau, sowie auch Peter Rochette in Gefangenschaft setzen. Ja, wie er erfuhr, dass das Horn zu Durlach sei, sammelte er Volk, die Markgrafschaft zu

«Das Einhorn ist ein keusch Thier, das allein in der Brunst sich zu seines gleichen gsellet. Dass Männlin ist dem Weiblin nimmer angenäm. Ausser in der Einbrunst füren sie stätigen Streyt wider einander.» 1560.

überziehen. Da ward glücklich durch Vermittlung des Herrn Hans Heinrich Zässlin das Einhorn wieder beigebracht und die Kriegsgefahr abgewendet. Coquin wurde nach vierjähriger Gefangenschaft (1652) verwiesen. Dieser Hans Heinrich Zäslin ist der Gründer der Hammerschmiede und des Drahtzuges im Schönthal 1685 (Reinlinsboden), die einzigen Werke dieser Art im Baselbiet. Zur Zeit des dreissigjährigen Krieges war der Handel mit Waffen in den Händen der Eisenhändler, namentlich des Hauses Zäslin.»

Buxtorf-Falkeisen, 2, p. 53f.

Katze über den Weg

«Andreas Zweybruckers, des Sigrists Sohn im Münster, als er im April 1648 das Morgenfünfe geläutet, trifft im Heimgehen eine Katze an. Die will er wegjagen, aber es wehte ihn ein warmer Wind an, so von ihro gegangen. Da fing er an zu schwellen und ist von der Geschwulst in 7 Wochen im Spital elend gestorben.»

Buxtorf-Falkeisen, 2, p. 118f. / Basler Chronik, II, p. 110

Riesenschweine

1651 «ist ein grosses Schwein gemetzget worden, es hat 390 Pfund gewogen. So etwas seltsames ist dann 1681 auch auf dem Waldenburger Schloss vorgekommen. Dort wurden drei Schweine von 395 Pfund, 390 Pfund und 366 Pfund gemetzget.»

Baselische Geschichten, p. 58

Ceylonesischer Elefant

«Anno 1652 ward ein Elephant nach Basel gebracht, welcher anno 1630 in der Insul Selon geboren und us Indien zu Schiff nach Holland gebracht wurde. Er hat 1651, in Gegenwart des Churfürsten von Sachsen, 70 Centner gewogen. Seine Lenge vom Hals bis an den Schwanz war 5¾ Ellen. Es zeiget sich, dass dasjenige nicht wahr seye, was man sonsten von ihnen schreibet, nämlich wann sie fallen, so können sie nicht mehr aufkommen, denn dieser legte sich und stund wieder auf.»

Brombach, p. 128 / Battier, p. 479 / Buxtorf-Falkeisen, 2, p. 59

Von einer Katze erstickt

1657 «legte Jacob Würtzens Frau von Sissach ihr halbjähriges Kind in der Waglen schlafen und ging in die Reben. Inzwischen kam eine Katz, legte sich der Wärme halber dem Kind aufs Angesicht und erstickte es.»

Wieland, p. 240f.

Ein Engerlingsjahr

«Pfr. Brombach berichtet aus dem Jahr 1655, dass in den Matten und Feldern der oberen Ämter unsäglich viel Engerich hausten. Diese Feldplage scheint etwas Ausserordentliches gewesen zu sein. Der Pfarrer von Rümlingen schildert das Insekt, anschaulich, als einen weissen Wurm, fingersdick und etwa daumenslang, mit gelbem, hartem Kopfe. ‹Sie nagen unter der Erde die Wurzeln ab, dass das Gras ganz verdorrt und die Samen der Früchte zerstört werden. Etliche haben vermeint und fürgeben, dass sie bleiben bis in's dritte Jahr, da sie zu Mayen- oder Laubkäfern sollen werden. Mag sein oder nit; allein der Kopf ist den Maykäferköpfen ganz ähnlich, ohne dass jener ganz gäl, dieser aber ganz schwarz ist.› »

Buxtorf-Falkeisen, 2, p. 91

Luzerner Ochsen

«1659 haben etliche hiesige Metzger zween Oxen aus dem Kloster St. Urban hieher gebracht. Sie wurden im Werkhof lebendig auf einer Schnellwaage gewogen, der grössere wog 18½ Centner, der kleinere 16 Centner. Es

Von dem Helfanten.

Vier stockzän hat der Elephant in yeder seyten / mit welchen er sein speyß keüwt: demnach zwen groß lang zän / welche sich streckend von obern kinbacken. Der alten Elephanten zän werdend mächtig starck / daß man sy braucht zů pfosten in die heüser zů grossen zaunstäcken / kommend mit der lenge biß auff zähen schůch / so schwär / daß ein mañ sölche hart tragen mag. Vartomannus schreybt von einem par habe gewägen 336. pfund. Etlich wöllend sölche zän söllind nit zän genañt werden / sonder horn / dieweyl sy auch zů gwüsser zeyt abfallind / vnd widerumb wachsind.

Der Elephant hat ein kleine breite zungen / ein überauß lang gestreckte nasen / welche er braucht an statt der händen: dann mit sölcher nasen thůnd sy jr speyß vnd tranck zů jrem maul / ist beweglich daß er sy von jm strecken / vnd herwiderum̃ zů jm ziehen kan / ist hol / zücht den athem durch sölche nasen an sich: kan mit sölcher nasen auch das aller kleinest ding / gält / müntz / vnnd ander ding begreyffen vnd seinem meister bieten. So er durch ein wasser streycht so hebt er sölche nasen embor für das wasser herauß / ist mit der selbigen so starck / daß er die est von den böumen / vnd offt von der wurtzen außreyßt.

Ein zweyfacht hertz sol der Elephant haben / kein gall an der läber / ein überauß grosse lungen / zwey düttle vnder den schulteren / seine höden innerthalb dem leyb / seine vorderen bein länger dañ die hinderen / auch grösser vnd stercker / biegt seine hinderen bein wie ein mensch / so wol etlich schreyhend jre bein seyend one gleich / mit runden füssen in fünff finger gespalten / sind gleych den klawen.

Der Elefant:
Aus dem «Thierbuch oder aussführliche Beschreibung und lebendige Abmahlung aller vierfüssigen Thiere» von Conrad Gessner. 1560.

wurde diesen Metzgern erlaubt, das Pfund von diesen Oxen um 8 Rappen, also einen Rappen teurer als sonst, zu verkaufen.»

Beck, p. 86/Scherer, II, s. p./Scherer, III, p. 70

Wespen und Brämen

Im Sommer 1662 «gab es eine grosse Menge Wespen und Brämen, welche den Trauben und dem Obst grossen Schaden thaten. Daher man Leuthe bestellte, welche den Kopf verhüllten, auf die Bäume stiegen und in den Räben solches Ungeziefer zusammenlasen, in Gruben warfen und mit Kalk und Schwefel ersticken mussten.»

Beck, p. 90/Scherer, III, p. 100f.

Exotische Menagerie

1663 sind auf der Zunft zum Bären (Hausgenossenzunft) folgende Tiere und Vögel gesehen worden: «1. Ein Löwe von ziemlicher Grösse. 2. Ein schöner Tiger in der Grösse eines wohl erwachsenen Kalbs. 3. Zwei Trampelthier gleich den Camelen. 4. Ein brauner grosser Bär. 5. Ein Rab (Papagei) von blau und gelben Federn, mit einem schwarzen krummen Schnabel und grünem Kopf. 6. Ein türkischer Hund und Meerkatzen.»

Scherer, p. 110/Scherer, II, s. p.

Reichhaltiger Nasenstrich

«Den 28. Mertz bis auf den 6. April 1664 sind von allhiesigen Fischen in der Birs neben der Bruckh so viel Nasen eingethan worden, dass sie davon fünf grosse Weyer füllten, inmassen bey Mannsdenken nie so grosse Quantitet Fisch nicht gefangen wurden. Der Fang war so reichhaltig, dass zweyhundert mal tausend Stück eingethan wurden. Das Stück kostete einen Rappen.»

Scherer, p. 114/Baselische Geschichten, p. 92/Beck, p. 93/Scherer, II, s. p./Basler Chronik, II, p. 142/Ochs, Bd. VII, p. 361/Wieland, p. 294/Scherer, III, p. 109/Buxtorf-Falkeisen, 1, p. 64

Von einem Schwein angefallen

1666 «frass ein Schwein einem Kind des Kleinbaslers Dietrich Huber, das in einer Wiege gelegen, ein Händlein, die Nase und eine Backe ab, alldieweil die Mutter auf der Gasse gewesen und ihre andern Kinder gesucht hat. Das Kindlein starb am dritten Tag.»

Wieland, p. 313

Wunderliche Geschichte

Im Sommer 1680 hat sich zu Dottlingen in der Markgrafschaft eine wunderliche Geschichte zugetragen. Mathis Seewald, ein dort wohnhafter Tiroler, ist bei seiner Heimkehr aus Salzburg «viel hundert kleiner unbekannter Thierlein, wie Iltis, ansichtig geworden. Anfangs sind sie ihm nur sachte begegnet. Dann haben sie ihn angegriffen, dass er sich kaum erwehren konnte. Nachdem er fünfe totschlagen konnte, ist der ganze Haufen, von dem er zuvor nicht gewusst hatte, hervorgekommen und ist auf ihn eingedrungen, so dass er sich ins Wasser retten musste. Der Mann hat von den Thieren, die er totgeschlagen hatte, deren zwei den Kürschnern nach Basel ge-

AM Zabacker Mhôr inn ettlichen inseln/seind Lôuwen die mentschen angsichter habend/vil vnd gräwlich/nhôren sich raubs/schwimmen in wassern wie die visch.

SO seind in der wilde in Africa weyber/den die dutten biß vff die knew herab hangen/kön-den nit redē/sie kürtzen nun/lassen sich gern bey den mannen finden/nit wie hie/lauffend schnell/das sie auch das gwild ereylend. Sie seind braun/nit schwartz/nit weyß/vnden an den knewen haben sie zottē/wie die Geyssen auch geyß füß/läg kräwel an den händen. Zottecht läg haar vff dem kopff.

DIse gond also vmb/deckend nicht dann die scham von wegen der hitz/sie sagen sie deckends mit dem hůt/do sie doch desselben nit dörffend/do sie kein kopff habend. Sie läsen den Pfeffer ab/geben jn den kauffleüthen zůkauffen/die auff Mecha ziehend/seind fromme leüth.

SO findt mā im gbürg Africe dises thier/ist gar geel/hatt ein mentschē angsicht/an der prust/ochsen schenckel/mentschen fueß/fuchß schwantz/Kamel rucken/langen halß/vff dem kopff langlechte wartzen/die vornē zwey Säwohren hatt/vnd haarig ist/ein geyßbart/frißt kraut vnd wurtzē/seind wild/jung ißt man sie/vorab der groß Cam/seind besser dañ Gützen fleisch.

In seinem «Wunderwerck oder Gottes unergründtliches Vorbilden», das 1557 bei Henricpetri im Druck erschienen ist, berichtet Lycosthenes auch von obskuren Erscheinungen im fernen Afrika.

bracht. Niemand aber wollte wissen, was es für Thiere waren.»

Wieland, p. 385f. / Basler Chronik, II, p. 174 / Baselische Geschichten, p. 136

Mächtiger Stör

1681 «war allhier ein überaus grosser Fisch im Rhein gefangen worden, so 80 Pfund gewogen hat. Dieser ward Stör genannt und von den Fischern auf ihrer Zunft jedermann gezeigt. Seit 1625 hat man keinen solchen Fisch mehr gesehen. Dem Daniel Philibert zum Meerwunder fiel ein Sohn ab dem Fischfloss und ertrank im Rhein, als er diesen fremden Fisch auch sehen wollte.»

von Brunn, Bd. II, p. 301 / Wieland, p. 383 / Scherer, p. 143 / Baselische Geschichten, p. 135f. / Beck, p. 99

Exotische Tierschau

1687 war auf der Zunftstube zu Brotbecken «ein grosser alter Löwe zu sehen, welchem sein Meister zum öftern den Kopf ins Maul hineinstiess, ohne sich zu verletzen. Auch ein dressierter Affe und ein Papagei waren zu sehen. Bald hernach auch ein Tiger, ein halber Aff und halb Fabian, 2 Löwen und 1 Pelikan, ein ungeheuer grosser Vogel.»

von Brunn, Bd. II, p. 411

Kunstreicher Hund

«Auf der Brotbeckenzunft wurde 1690 ein kunstreicher Hund von einem Flamen vorgeführt. Dieser ging auf den Vorderfüssen und streckte die hintern schnurstracks in die Höhe. Auch ritt auf einem Sättelchen ein Doggenmännchen auf ihm.»

von Brunn, Bd. I, p. 62

Hartnäckiges Feilschen auf dem Pferdemarkt. Bleistift- und Sepiazeichnung von Hieronymus Hess.

Von einer Katze angefallen

1691 fuhr ein kleiner Knabe auf einem Schlitten den Blumenplatz hinab. «Als er in der Mitte des Bergs war, sprang eine taube Katze gegen ihn, biss ihn in seinen Daumen. Obwohl man zugelaufen kam und auf die Katze einschlug, liess sie nicht ab, bis sie zu Tode geschlagen worden. Der Knab ist gleich auch in eine Raserey gefallen und ist in wenigen Tagen daran gestorben.»

Scherer, p. 173 / von Brunn, Bd. I, p. 9 / Scherer, III, p. 167f.

Saurer Wein

«Es fieng der Baselherbst 1692 mit dem Heumonat, der Landherbst Ausgangs dessen an. Um die Stadt gab es viel, aber sauren Wein und weilen auf dem Land die Trauben grün und unzeitig waren, wurden die Landleut wegen frühen Reifen gezwungen zu herbsten, mussten ihre Trauben mit Stösseln zerstossen und mit den Schuhen zertreten, viel aber sind gar stehen blieben, und obwohlen die Früchten ziemlich geriethen, hats der gemeine Mann wenig genossen.»

Riggenbach, p. 17

Trompetender Elefant

«1693 ist zu Gebern ein Elephant gezeigt worden, der allerhand Künste vorführte. So konnte er mit seinem Rüssel einen Ton von sich geben wie eine Trompete. Mit demselben schoss er auch eine Pistole los. Ebenso zog er den Leuten Geld und anderes aus den Säcken und liess 8 bis 10 Männer auf sich sitzen.»

von Brunn, Bd. I, p. 187 / Scherer, p. 182f. / Basler Jahrbuch, 1894, p. 39

Schwimmende Ochsen

1694 «sind zwei Ochsen an der Schifflände ennet Rheins beim obern Thor im Kleinbasel in den Rhein gelaufen und sind bis zur Salmenwaage geschwemmt worden. Dort haben sie sich durch Schwimmen solange über Wasser halten können, bis Fischer sie retten und ans Land bringen konnten.»

von Brunn, Bd. I, p. 127 / Wieland, p. 251

Trauben im Sommer

«1694 waren die Reben so schön, als sie bei Mannsgedenken nie gewesen. Und die Trauben in völliger Grösse fingen an etlichen Orten an, sich im Juli zu färben. Auch wurden die Feldfrüchte ebenmässig in grosser Menge eingesammelt. Die Obstbäume waren fast aller Orten voller Früchte. Es war in Summa ein gesegnetes Jahr.»

Scherer, p. 192 / Bieler, p. 772

Wolf erlegt

«Am 28. Januar 1694 schoss ein Soldat bey der Wiesenbruck, als er allda Schiltwacht stand, einen grossen Wolf, der ihn fressen wollte, tod, worauf dieser in die Stadt hereingebracht wurde.»

Schorndorf, Bd. I, p. 84f.

Meermaus

«1694 ward im Gasthof zur Blume ein lebendig Panther Tier samt einer Meermaus (Meerschweinchen) gezeigt.»

Schorndorf, Bd. I, p. 94

Fremde Tiere

«Zu Schuhmachern sah man 1698 5 Löwen, 2 grosse Straussen, jeder 2 Zentner schwer. Diese hatten sehr lange Hälse, schöne Augen, kleine Köpfe, aber einen ziemlich grossen Leib. Item ein schöner Papagei aus Afrika, der schön reden konnte. 2 Meerratten, welche wie Haselmäus aussahen, fast so grosse wie Eichenhörnli. Ein Affe aus Amerika, der allerhand Künste zeigte. Ein artiger Hund, der die Pferdkunst wusste und artig springen konnte.»

von Brunn, Bd. I, p. 252/Scherer, p. 254

Mit Bewilligung

Eines Hoch-Edlen und Hoch-weisen Raths

Werden allhier die aus der Levante angekommene Hunde zu sehen seyn, welche verschiedene Karten-Spiel spielen, und absonderlich Piquet. Sie machen militarische Exercitia, und ihre vielerley Sprünge und Balanciren ist recht sehenswürdig. Einer von diesen Hunden ziehet acht andere in einer Kutsche, träget einen Pack von 40. Pfund auf seinem Rücken, geht dabey wie ein Räff-Träger auf seinen hintern Füssen. Ein anderer, eben so wohl wie die erstere, trägt zwey Hunde auf Räffen, und springet also beladen über einen dritten. Sie machen überhaupt noch eine Menge anderer recht bewunderns-und sehenswürdigen Sprünge, dergleichen man noch niemalen wird gesehen haben; diese Hunde sind insgesamt ordentlich angekleidet, wie ein Arlequin, Misetin, Pierrot, Anselmo, Colombino, Scaramouche, Madame Rose, und Mr. de la Girofle. Einer von diesen Hunden hohlet so lang Buchstaben herbey bis endlich eine Farbe, wie man solche verlangt, von allerhand Kleidern heraus komme.

Der Schau-Platz ist auf E. Ehren-Zunfft zu Gerberen, und wird von 2. Uhr Nachmittags bis 6. Uhr Abends alle Stunden gespielet. Eine grosse Person zahlet 2. Batzen, ein Kind aber, 1. Batzen.

Man erbietet sich solches auch in Privat-Häusern sehen zu lassen, wann den Eigenthümer eine halbe Stunde vorher davon Nachricht gegeben wird.

«1748 ist ein Mann mit Hunden hier angekommen, welche allerhand Kunst-Stück machen können, wie aus beyliegendem Zedel zu ersehen ist.»

Exzellenter Wein

1699 ist ein so herrlicher Wein gemacht worden, wie seit Jahren nicht mehr. Bemerkenswert ist, dass vor hundert Jahren, also anno 1599, im Kleinbasel ein ebenso köstlicher Wein gewachsen ist. Dieser exzellente Wein ist als eine Rarität im Keller Unserer Gnädigen Herren eingelagert worden, wo er vielleicht heute noch zu finden ist ...

Scherer, p. 272

Von Zitronen- und Orangenbäumen

«Weilen auss Italien diese Gewächse jährlich häuffig in die Schweitz/insonderheit naher Basel gebracht werden/ und sehr glücklich fortkommen/so ist nöhtig/dass von solcher edlen Bäumen sammt dero köstlichen Früchten Cultur billich solle meldung beschehen. Den Citronen-Baum betreffend/so ist derselbe nicht gross/sondern von mittelmässiger Länge/grünet und trägt seine Frucht das gantze Jahr durch/welche eher nicht zur Zeitigung gelanget. Die Blätter vergleichen sich den Lorbeer- und Pomerantzen-Blättern/bleiben immer grün und haben viel kleine Löchlein. Die Blüt ist etwas purpurroht und dick/ inwendig mit Fäslein versehen. An den Ästen sind kleine Dörn/und der Same in den Citronen ist vast holtzicht/ wie Gersten-Körnlein anzusehen. Der Pomerantzen-Baum kommet mit der Grösse dem Citronen-baum nahe/ ist etwan zwo oder drey Elen lang/mit vielen kurtzen Zweigen/so immer grün/auch das gantze Jahr über Frucht träget/nachdem er zuvor im Aprill oder Majo weisse und wohlriechende Blüte gehabt; wie dann auch die Blätter/welche dick und den Lorbeer-blättern gleich sind/einen ziemlich guten Geruch haben. Man wil sagen/ dass die Bäume/so Früchte trügen/auss Indien mussten gebracht werden/indem auss dem Samen keine Frucht-tragende zu erziehen seyen. Wann sie aber auf andere Bäume gepflantzet werden/sollen sie tragen. Und daher mag es vielleicht kommen seyn/dass man davor gehalten/ die Pomerantzen (Orangen) hätten ihren Ursprung von einem Citronen-baum/so auf einem Granaten-baum gepflantzet worden; welches doch nicht gläublich/sondern ist kein Zweiffel/dass sie/wie sonst alle andere Bäume/ auch in der ersten Schöpffung erstanden seyen.» 1705.

König, p. 408f.

Basel-Nägelein

«Das basel- oder gefüllte Nägelein-Veyel ist eine von den schönsten Blumen, an der Farb sehr underscheiden, zum theil ohne die golgelben, gantz weiss, purpurroht, violenbraun, purpurroht und weiss, blutfarb und weiss, schattieret und gesprenget. Die Vermehrung geschiehet auf folgende Art: man zerkerbe ein und anderes Zweiglein, sencke es undersich, und lege selbiges in die Erden, so lange, biss es gewurtzelt hat, welches man gar leicht sihet, wann es an einem und dem anderen Ort zu treiben anfähet, schneide es dann ab, und versetze es in einen andern mit luckerer Erde angefüllten Blumen-Topff. Die Kälte können sie gar nicht vertragen, und sind umb so viel desto vorsichtiger zu überwintern, weil sie allzu warm stehend, ebenfalls Schaden nem̄en, zu hefftig schossen, und gar kleine unvollkommene Blüte hervor bringen.»

König, p. 580f.

Ficus communis.

Feigenbaum.

Er hat einen nicht gar starcken Stammen/ mit einer glatten Aesch-farben Rinden / die Aestlein aber sind grün. Dieser Baum ist von mittelmässiger Grösse/ und schiesset auß einer langen Wurtzel/ zehe Nebenschosse von ungleicher dicke und Höhe auß. Er hat viel Rinden / die Blätter und die noch unzeitige Frucht/ haben einen zehen Milchsafft/ der an Geruch der Rauten gleichet/ und an Geschmack scharfflicht ist. Die Blätter sind dick und rauch / von einer ansehnlichen Breite/ meistens in fünff Geeren eingeschnitten / an einem Stiel; die Blumen sind weiß/ Purpur-farbe/ und die aller Orten auß dem Fleische heraußsprossen und biß in Mitten der Höhle der Frucht gehen. Die Frucht wachset in Gestalt einer Bieren auß den Zweigen herauß / grün und braun/ honigsüß/ mit unzahlbar vielen gelblichten Kernleinen / die man bey den Griechen κεγχράμιδες, Figenhirschlein nennet Sie werden auch bey uns in etlichen Gärten gepflantzet.

Dass neben Orangen- und Zitronenkulturen in Basel mit grossem Erfolg auch Feigen gezogen wurden, wenn auch nur in mobilen Treibhäusern, ist uns namentlich von Felix Platter überliefert.

Der Stör

«Stör (Sturio) ist auch ein Meer-Fisch, so in die süsse Flüsse ausstrittet, wie er dann zuweilen im Rhein nahe bey Basel gefangen wird. Ist ein stachlichter sehr starcker Fisch, der mit seinem Schwantz höltzene Stangen leichtlich zerschlagen kan. Sein Fleisch ist zartlecht und zäch, und derwegen etwas hart zu verdäuen. Seine Gebeine seynd in der Gliedsucht zu gebrauchen.» 1705.

König, p. 876

Die Rose von Jericho

«Zu End des Jahres 1711 sah man allhie eine Rose von Jericho, die Gerichtsknecht Düring von seinen Voreltern geerbt hatte. Diese war wie ein Meyen gestaltet, hatte aber nichts Grünes an sich, sondern sah aus wie ein dürres Reis von Dornen. Als man sie am Heiligen Abend ins Wasser stellte, tat sie sich verwunderlich auf. Und als 24 Stunden um waren, hat sie sich nach und nach wieder beschlossen, so, wie sie aufgegangen war. Wenn diese Rose sich ganz auftut, gibt es ein vollkommen fruchtbar Jahr. Wenn sie sich aber nicht recht auftut, will es entweders an der Frucht, am Wein oder am Obst mangeln. Dieses Mal ging sie schön auf, aussert an einem Ort. Deswegen man dafür hielt, es werde dieses Jahr an etwas fehlen. So kam es hernach auch, indem das Obst fehlte und es nicht viel Wein gab.»

Scherer, p. 501f.

«Der Aff ist an ausserlicher Gstalt dem Menschen etwas gleich. Innwendig aber am Yngeweid ist kein Thier, das im, dem Menschen, ungleicher sey.» 1560.

Bären gegen Doggen
Im April 1713 «sah man in dem Ballenhaus zwei Bären und vier englische Doggen samt einem wilden Ochsen, die man gegeneinander hetzte. Doch ist eine Dogge von einem der Bären zu Tode gebissen worden. Auch hat man einen Hund gesehen, der sich an ein Seil henkte und sich weit in die Höhe ziehen liess, obschon über seinem Kopf brennende Raketen waren, die immer Kläpf von sich gaben.»
Scherer, p. 511/von Brunn, Bd. I, p. 207

Standhafter Storch
Im Frühjahr 1714 war auf dem Dach des Bürgermeisters Haus ein Storch zu beobachten, «der sich nicht davon abtreiben lassen wollte. Dies wurde für etwas Sonderbares gehalten, da sonst in der ganzen Stadt keine Storchennester waren.»
Scherer, p. 553

Phantastischer Nasenstrich
«In der Birs und in der Wiese fingen die Fischer im April 1714 eine Menge Nasen, dass sie nicht genug wehren konnten. Sie schätzten 100000 Stück, was in den letzten 20 Jahren nicht mehr der Fall war.»
von Brunn, Bd. I, p. 209

Ein Hirschbock für Luzern
1715 richteten die Behörden der Stadt Luzern an die Basler Obrigkeit die Bitte um Überlassung eines Hirschbocks, da kein solches Tier mehr sich in ihren Stadtgräben tummle. Der Rat entsprach bereitwillig, den «begerten Hirschenbock aus hiesigem Stattgraben abfolgen zu lassen», worauf «die Lucerner sich der ihnen erzeigten Willfahr bedankten».
Ratsprotokolle 86, p. 216ff.

Wolfsplage
«Im Januar 1716 spürte man auf den Dörfern die Wölfe sehr stark, sonderlich des nachts. So konnten die Leute auch in ihren Häusern nicht mehr sicher seyn. Diese wilden Thiere haben in den Gebirgen wegen allzu tiefen Schnees ihre Nahrung nicht mehr finden können. Daher durfte niemand mehr auf Reisen gehen.»
Schorndorf, Bd. II, p. 59v

Fettes Kalb
Während eines Schützenfestes auf der Schützenmatte im September 1717 ist ein vierzehnwöchiges Kalb als Preis ausgesetzt worden, das «alle Tag von zwei Kühen und sechs Geissen die Milch gesoffen hat, dahero es so fett gewesen, dass es an der Brust über drei Finger dick Speck gehabt hat. Am Gewicht war es bey drei Zentner.»
Bachofen, p. 143

Fruchtbare Ostern
«Nach dem Ostertag 1718 gab es wieder warm, nass und fruchtbar Wetter, welches alles hervorkommen liess. Sonderlich die Obstbäume waren in voller Blust, und hätte man sich alles nicht schöner wünschen können, so dass man Gottes Allmacht und Güte nicht genugsam preisen konnte, welcher in so kurzer Zeit und gleichsam augenblicklich aus den dürren und halb abgestorbenen Bäumen und Reben alles so lebhaft hervorgebracht, auch die Samen der Felder durch den Winter so trefflich conserviert hat.»
Scherer, p. 659f.

Wohlfeile Zeit
«Das 1718. Jahr war Gott sei Dank ein solch fruchtbares Jahr, dass ein Sack Kernen (Korn) 5 Gulden, ein Sack Gersten 3 Gulden, ein Sack Haber 1 Gulden, ein Becher Erbsen 8 Rappen, ein Pfund Anken 16 Rappen, ein Pfund Rindfleisch 9 Rappen, ein Pfund Kalbfleisch 9 Rappen, ein Pfund Schaffleisch 7 Rappen, ein Pfund Geissenfleisch 5 Rappen und ein Pfund Schweinefleisch 9 Rappen galt.»
Bachofen, p. 217

Gesegnetes Weinjahr
«Weilen es das Ansehen hat, dass uns der Liebe Gott ein gesegnetes Weinjahr bescheren wolle, indem 1720 die Räben so schön und voll Träubel hangten, wurden die Leute genöthiget, ihre Fässer zu leeren. So mussten manche den Wein um Gotteswillen geben. Theodor Rupp, ein

Zwei grosse Wölfe überfallen 1625 (wie anno 1540?) unweit des Bläsitors einen Knecht und dessen Hund. Federzeichnung von Adolf Glattacker.

Weinschenk an der Schifflände, war der erste, der so verfahren ist. Ist aber nach etlichen Jahren Schulden halber entloffen. Das Obst war auch wohl geraten, so dass man Speckbirren, Eierbirren, Schlappbirren, Christus Birren und andere grosse Birren 16 bis 24 Stück um einen Rappen kaufen konnte. Mit den schönsten Malzacher Äpfeln war es auch so. Auch die Zwetschgen waren so wohlfeil, dass man 40 für einen Rappen gab.»

Bachofen, p. 250f. / Schorndorf, Bd. II, p. 153

Hirschjagd

«1720 ist in dem St. Johannsgraben von etlichen Irrländischen Officieren, die zu Hüningen in der Garnison liegen, mit Bewilligung Unserer Gnädigen Herren durch ihre mitgebrachten Hunde ein grosser Hirsch gejagt und endlich abends mit grosser Mühe getötet worden.»

Schorndorf, Bd. II, p. 162v

Mit Hoher Bewilligung.

Königlicher Thiergarten,

mit welchem

Herr Brunn in hiesiger Stadt angekommen; unter andern raren und sehenswürdigen Thieren, hat derselbe ein in Europa noch nie gesehenes lebendiges

Zebra

mitgebracht; davon die berühmten Herren Buffon, Jongston und Houttuyn in ihrer Naturgeschichte Meldung gethan, wodurch verschiedene vornehme Liebhaber gereizt wurden, ein solches in unserm Welttheile erscheinen zu machen, und große Summen anwandten. Es ist eines der raresten, wildsten und schönsten unter allen vierfüßigen Thieren, die jemals gesehen worden, und mit Recht ein Meisterstück der Natur zu nennen. Es hat die Gestalt eines Pferdes, die Leichtigkeit eines Hirschen, und ist überall mit gleichlaufenden engen schwarzen und weißen Streifen bezeichnet, welche regelmäßig in nemlicher Breite mit einander künstlich abwechseln, gleich einem seidenen Stoff; so daß man sich mit allem Recht die allgemeine Bewunderung der geehrten Zuschauer zum voraus verspricht. Dasselbe war am Bord der St. Innes, welche der König in Spanien expresse nach Manille gesandt hat, um zwey dergleichen Thiere zu haben, ein Weiblein und ein Männlein, aber durch das Loos des Kriegs in die Hände zweyer Englischen Caperschiffen gefallen, von dem Ranger und der Amazonin, einer von Bristol, die andere von Liverpool, genommen; aber das Männlein ist in währender Bataille durch seine Schüchternheit um das Leben gekommen, und dieses so hier zu sehen, ist nachgehends in Liverpool öffentlich verkauft worden, und durch den Schutz des Kaiserl. Königl. Herrn Abgesandten aus Engelland gebracht, und vor Ihro K. K. Majestät bestimmt.

Einen Asiatischen großen Löwen,

welcher erst 10 Monate alt, sonsten sehr wild gegen Thiere, gegen Menschen aber sehr freundlich und zahm. Auch hat derselbe

Einen schönen Barbarischen Tiger,

an dessen drohender Mine, scharfen Zähnen, spitzigen Klauen und listigen Augen, man seine Wildheit zur Genüge erkennet.

Einen Lestris aus Ostindien; einen Baboan von dem Vorgebürge der guten Hoffnung; einen Racoen, dieser ist der Spion von den Löwen; nebst verschiedenen andern.

Dieser Thiergarten ist von Morgens 9 Uhr, bis Abends um 9 Uhr, bey Mad. Imhof im Storchen zu sehen.

Herren und Damen zahlen nach Belieben. Sonsten sind die Plätze zu 8 Batzen und zu 4 Batzen.

NB. Sein Aufenthalt allhier ist nur vor etliche Tage, weilen Ihm eine gewisse Zeit bestimmt ist in Wien zu seyn.

Um das Jahr 1783 war im Gasthof zum Storchen u. a. ein lebendiges Zebra zu sehen, zum ersten Mal in Europa!

Wölfe vor dem St. Johanntor

Im Hornig 1721 hatte der Scharfrichter zur Köderung von Wölfen beim sogenannten Lysbüchel vor dem St. Johanntor Pferdefleisch auf die Äcker gestreut. Sein Vorhaben ist ihm denn auch vollständig gelungen, konnte er doch bei Mondschein von seinem Gartenhäuschen aus einen männlichen und einen weiblichen Wolf erlegen.

Scherer, p. 725 / von Brunn, Bd. I, p. 102

Gefährliche Schlangen

Im Sommer 1726 liess ein Materialist über 30 Schlangen aus fremden Orten nach Basel schicken, um solche zu Arzneizwecken zu verwenden. Doch niemand hatte den Mut, die Tiere aus dem Gefäss zu holen. Endlich konnte man Jakob Gernler, den Bannwart zu St. Alban, zu diesem ungewöhnlichen Dienst bewegen. Eine dieser Natterschlangen biss ihn mit ihrem giftigen Natternbiss in den Zeigefinger. Darob schwollen Hand und Arm kräftig an und warfen den mutigen Mann auf das Krankenlager. Erst eine langwierige Behandlung mit Medikamenten brachte Linderung.

Scherer, p. 891

Wolf überrascht die Torwächter

Ein für die Jahreszeit aussergewöhnliches Ereignis gab es im Juni 1726 zu vermelden: Völlig unvermittelt schlenderte ein Wolf durch das Bläsitor. Die Wachtmannschaft war so überrascht, dass sie nicht imstande war, auf das wilde Tier zu schiessen. Durch ein Kanonenloch gelangte der Wolf schliesslich in den Stadtgraben und von dort, man weiss nicht wie, jagte er nach Kleinhüningen. Dort schoss man auf ihn, doch ohne Erfolg.

Scherer, p. 888 / von Brunn, Bd. II, p. 348

«Der Trapp wirt bey uns sälten, aber im Elsass und umb die Statt Brysach vil gefunden. Ire Fäderen werden von den Fischeren gebraucht, die sy für Muggen an die Angel binden.» 1560.

Trabhühner

«Laut Nachrichten aus Basel und Bern war 1731 eine ganz frömde Art von Vögeln zu finden, die zu Basel Trabhühner genannt werden. Diese waren so gross, dass sie 50 bis 60 Pfund wogen und sehr grosse Mühe hatten, sich zum Flug zu schicken. Daher konnte man sich deren gar leichtlich bemächtigen. Die Vögel mussten aus den hohen Gebirgen, wo sie sich sonst aufhalten, wegen des sehr tief gefallenen Schnees und wegen Hungers zu solch ungewöhnlicher Reis verleitet worden sein.»

Basler Chronik, II, p. 203f.

Seltsame Tiere

«Ein Holländer hat 1732 allhier allerhand frömde Thiere gezeigt, wie einen Meerhund, welcher vornen ein Hund und hinten ein Fisch war. Ein Crocodill. Ein Salamander, der im Feuer lebt. Zwei Legwanen, Mann und Weiblein. Ein Tirantula, wenn dieser ein Mensch gestochen hat, tanzt er, so lange er noch lebt. Ein Armedil. Ein Harmelin. Eine Egyptische Heuschreck, welche extra gross war. Eine Katze mit einem Kopf, zwei Leibern, einer Brust, vier Ohren, acht Füssen und zwei Schwäntzen. Eine grosse Roube. Ein Faulentzer, der vornen seine Füsse noch einmal so lang hat wie hinten. Ein Haupt von einem Jüngling, der vor 55 Jahren enthauptet worden ist und noch sehr schön ist mit rothen Wangen und sehenden Augen. Ein Mannen und ein Weiber Scham (Geschlechtsteil), alles in Brantwein und Gläsern anzusehen, wie auch eine ganze Menschenhaut.»

Basler Chronik, II, p. 305

Wildschweinjagd

«Ein Wildschwein ist 1735 dem Stadtgraben zu nahen gekommen, so dass es von der Schildwache erblickt worden ist. Der commandierende Wachtmeister des Eschemer Thors hat es hierauf mit der Partisane in den Wanst gestochen. Das Thier ist aber nicht gefallen, sondern hat reissaus gegen das Steinen Thor genommen. Dort ist es von den aus Curiosität herbeigeloffenen Soldaten mit den Hunden erneut angefallen und endlich erlegt worden. Man hätte das Wildschwein gleich erschiessen können, doch wollten die Jäger ihre Kurtzweil haben und es mit der Hand töten.»

Basler Chronik, II, p. 93f.

Vom Englischen Blůthund.

Canis ſagax ſanguinarius apud Anglos.

Von ſeiner ardt.

DJſer ſol gantz einerley geſtalt/ardt vnd natur ſeyn mit dem erſten/ſo hie vor geſetzt/welcher den dieben nachhaltet.

Conrad Gessners Beschreibung vom «Englischen Bluthund». 1560.

Nachtschattenbeeren

«1735 hat eine gottvergessene Bäuerin aus Schopfen anstatt Brombeeren oder Heidelbeeren Nachtschattenbeeren, welche ein starkes Gift sind, verkauft. Davon sind im Almosen vier arme Personen gestorben. Daher haben keine solchen ungesunden Früchte mehr in die Stadt gebracht werden dürfen.»

Basler Chronik, II, p. 80f.

Von einem Schafbock getötet

«Zu Langenbruck auf dem Berg Wannen ist 1741 ein 6jähriger Knab beim Hüten der Schafe von einem Schafbock zu Tode gestossen worden.»

Basler Chronik, II, p. 26

Mäuseplage

«Die Feldmäuse haben 1742 an den Früchten des Feldes und an den Gartengewächsen merklichen Schaden angerichtet. Diese krochen an den Halmen bis zu den Ähren und frassen selbige ab, so dass man nur leeres Stroh ohne Körner ernten konnte.»

Basler Chronik, II, p. 54

Geissbock im Münster

«Während einer gottesdienstlichen Predigt hat sich 1742 ein Geissbock erkühnet, in die Münster Kirche hineinzulaufen. Dieser ist aber von Siegrist gleich hinausgemustert und für den Frevel solange in Verhaft genommen worden, bis er von seinem Meister wieder ausgelöst wurde.»

Basler Chronik, II, p. 68

Engerlinge

«1742 befanden sich den gantzen Friehling und Sommer allhier unsäglich viele Engerich. Das sind weisse Würmer, fingersdick und Daumen lang, mit gälen, harten Köpfen. Etliche können bis ins 3. Jahr gehalten bleiben und werden dann zu May- oder Laubkäfern. Diese unterhöhlen die Matten und Gärten und fressen die Wurtzen ab den Gewächsen.»

Basler Chronik, II, p. 49

Englische Pferde
«1742 sind 30 kostbare englische Pferde, welche die grossbritannische Majestät der Königin von Ungarn zu einem Präsent übersenden wollte, in dem Gasthof zum Storchen angelangt. Nach acht Tagen sind sie nach ihrer Destination weitergeführt worden.»
Basler Chronik, II, p. 51

Von einem Stier getötet
«Zu Kilchberg ist 1743 ein Söhnlein von vier Jahre und acht Monaten von einem Stieren jämmerlich zertreten und getötet worden.»
Basler Chronik, II, p. 110

Steineulen
1746 «hatte sich hinter dem Münster beym Todten Gatter ein curioser Casus ereignet. Man hörte bey 4 Wochen lang alle Nacht hinder dem Münster ein von einem Menschen natürliches Schnaufen. Solches veruhrsachte, dass alle Nacht über 100 Persohnen hingegangen und diesem Schnaufen zugehört haben, woriber vieles unglickliches Raisonirn ergangen, welches recht lächerlich zu hören war. In summa, die Red ist in der gantzen Statt ergangen, es regier hinder dem Münster ein Gespengst. Etliche sagdten, es seye ein Mensch, welcher aus einem Grab ächtzgete, wiedrum, es bedeuthe ein Sterbet. Endtlich verwandtlete sich dieses vermeinte Gespengst in 2 grosse Vögel, welches eine Gattung ausserordentliche saubere Steyn-Eulen waren, welche zu Basel noch niemals sind gesehen worden. Selbige hatten oberhalb dem Todten Gatter alle Nacht unter dem Dachstuhl übernachtet und geschnauft, als wie ein natürlicher Mensch!»
Im Schatten Unserer Gnädigen Herren, p. 21ff. / Bieler, p. 763

«Der Damhirtz mit natur und eigenschafft seines fleisch ist nit unglych der Gemsen, dann es ist eines loblichen gesaffts, macht derhalb gut blut, doch nit wenig melancholisch.» 1560.

Erstes Nashorn
1748 bewilligte der Rat einem Mann aus der Fremde, «ein mit sich führend Rhinoceros oder Nasshorn, dergleichen Thiere lebendig in Europa nicht seyen gesehen worden, einige Zeit lang allhier zu zeigen».
Ratsprotokolle 121, p. 81 / Diarium Basiliense, p. 19

Nashornstreit in Liestal
«Als der Wagen mit dem Kasten, darin das Renoceros oder Nashorn gewesen war, in Liestal angekommen und vor dem Wirtshaus zum Schlüssel gestanden ist, sind die Burger haufenweis dazugeloffen und haben das Thier besehen wollen. Der Knecht des Thiers aber hat solches nicht leyden wollen. Darauf ist es zu einem Streit gekommen, und der Knecht hat mit seinem Säbel dem Schmied Singeisen 3 Wunden versetzt, eine am Arm und zwo am Kopf. Da haben die Burger den Thäter gleich in Verhaft genommen und auch das Thier zwei Tage im Arrest behalten, bis der Capitain van der Meer in Basel eine Caution von 2000 Gulden erlegt hatte. Weil die Liestaler den Nashornstreit verursacht hatten, mussten van der Meer indessen den Baslern nur 300 Gulden bezahlen, worauf der Knecht wieder auf freyen Fuss gesetzt wurde.»
Basler Chronik, II, p. 311f. / Criminalia 14 S 26

Afrikanisches Wundertier
«1749 sind die fremden Taschenspieler, die auf der Zunft zu Schuhmachern einen geschorenen Bären für ein noch nie gesehenes africanisches Wunderthier gezeigt haben und das Publicum damit hintergangen haben, aus der Stadt verwiesen worden.»
Basler Chronik, p. 379f.

Hirschkälblein für den Bürgermeister
«1749 kam eine Hirschkuh samt Kälblein den Rhein heruntergeschwommen. Oberhalb der Rheinbruck ist das Junge jedoch von Meister Friedrich Heyd, dem Gant-

rufer, in Gegenwart einer Menge Zuschauern mit eigener Hand lebendig gefangen und dem regierenden Bürgermeister zugestellt worden. Die Kuh indessen ist, obwohl ihr die Schiffleute in einem Nachen nachsetzten, unterhalb der mindern Stadt durch die Weingärten entflohen.»
Basler Chronik, II, p. 369

Schwarze Fische
«In Wyhlen bei Rheinfelden hat 1749 ein langanhaltendes Regenwetter einem Berg eine Öffnung gemacht, welche eine grosse Menge Wasser von sich gab. Auch sind aus diesem Berg grosse, schwartze Fische hervorgekommen, welche in unserm Land gantz unbekannt sind.»
Basler Chronik, II, p. 379

Asiatisches Tier
1750 ist auf der Gerbernzunft «ein sauberes lebendiges asiatisches Düger-Thier (Tiger) nach Discretion zu sehen gewesen».
Im Schatten Unserer Gnädigen Herren, p. 27/ Bieler, p. 766

Löwenstreich
1751 präsentierte der Turiner Joseph Monfredy im Zunftsaal zu Spinnwettern an der Eisengasse einen gezähmten Löwen. Als der Tierbändiger «in sein Loschy in der Chronen gegangen und den Löwen allein liess, merckte dieser listige Löw solches und suchte augenblicklich Gelegenheit, sich von den Ketten loszumachen. Dann guckte selbiger ganz schnaufend und brüllend eine halbe Viertelstund zu einem offen Fenster an der Eisengass hinaus. Dieser lächerliche aber auch förchterliche Spectacul veruhrsachte bey den Nachbern und passaschirlichen Zuschauern ein grossen Schrecken. Man avertirte gleich seinen Herrn Prinsibal, welcher augenblicklich voller Schrecken kam. Sobald dieser listige Löw merckte und hörte, dass jemand an der Dühren, verfügte er sich geschwind widrum an sein Orth, als wan er nicht losgekommen. Mithin wurde er noch stärcker angefesselt, und er zeigte sich nachgehends gantz gelassen.»
Im Schatten Unserer Gnädigen Herren, p. 29/ Bieler, p. 769

Fremde Tierschau
Auf dem «Paarfüsser-Platz in einer neugebauten höltzernen Hütte hat 1758 ein Mann aus dem Bernergebieht von Arwangen diese Mess hindurch einen schönen alten, gelben Löw samt einem schönen gelblichen, grossen Düger und einem grossen sogenannten Waldteufel, sambt einem kleinen Pferdt-Schimmeli, welches vielerlei Kunst gekönt, hier gehabt und um 1 Batzen nach Generosität sehen lassen. Obiger Löw hat am Kopf, Zungen und Haaren dem Löwen Kopf auf dem Rebhaus in der Kleinen Statt so ähnlich verglichen, als wan er nach diesem lebendigen Original wäre gemacht worden.»
Im Schatten Unserer Gnädigen Herren, p. 79/ Bieler, p. 79

Von dem Lepparden.

Panthera seu Pardalis, Pardus. Leopardus. Leppard. Panther thier/oder Lefrat.

VOn solchen namen allen wird ein thier verstandē/ so gemeinlich Leppard geneñt wird. Ein grausam/grimm/frässig/geschwind thier / begirlich zu metzgen vnd blutvergiessen. Wiewol etliche meinen der Leppard solle sonderlich verstanden werden / ein Thier so durch vermischung der Löwin oder Löwen/mit dem Pardo/oder Panther thier geboren wird/den Löwen nicht vnänlich/allein sein brust vnd vorderleib ohne schaupen oder haar.

Conrad Gessners Beschreibung vom Leopard. 1560.

Leo. Ein Löuw.

Von mancherley geschlächt/ausserlicher vnd innerlicher gestalt des thiers.

DEr Löuw ein künig der vierfüssigen thieren/ so auß seiner breiten/geharechten brust/ form vnd gestalt/ gang/ sprüng vnd geschwinde gesicht/ schaupen/ grossen klawen/ maul vnd grind/ sampt aller glidmaß erscheynt/ ist ein fräch/ mûtig/ schön/ manhafft lustig thier. Hat zweyerley geschlächt/ das ein vmb dwal kleiner/ vnd kürtzer/ mit gantz krausem haar/ welches für das füler vnd forchtsamer geschlächt geachtet wirdt.
Das ander ein wenig lenger/ grösser/ mit graden langem/ nit so gar krausem haar/ so für das mûtiger/ stercker vnd frächer geschlächt gehalten/ achtet keiner wundē noch verletzung.

Conrad Gessners Beschreibung vom Löwen. 1560.

Neuer Wein im Juli

«Medio Juli 1760. Um diese Zeit hat man wegen diesmaliger fruchtbahren, trockenen und warmen Witterung hin und wieder schon zeitige Trübel gehabt. Auch hatte der Vogdt von Bintzen und der Vogdt von Eimeldingen von etlichen zeitigen Trüblen vor eine Rarität das Saft gepresst, neuer Wein darvon gemacht und getruncken.»

Im Schatten Unserer Gnädigen Herren, p. 108f. / Bieler, p. 819

Hirschhorn am Hals

«Im Oktober 1760 ging ich mit den Herren Johann Bernoulli, Nesemann, Sprecher, Planta und anderen nach Lörrach. Ich speiste dort und sah dabei einen Mann, der beim unerlaubten Abschuss eines Hirsches ertappt worden war und dafür das Hirschhorn an einer eisernen Kette am Halse trug.»

Teleki, p. 53

Lustiger See-Tiger

«1760 sah ich ein Tier, das von seinem Besitzer See-Tiger genannt wird. Ein sehr schönes Tier, zur Hälfte wie ein Hund oder ein Tiger, die andere Hälfte aber von Fischgestalt. Die zwei Vorderfüsschen sind ähnlich beschaffen wie beim Blässhuhn oder der Ente, es kann aber nicht darauf gehen, sondern springt ohne Zweifel damit ins Wasser. Hinten steht noch eine Flosse heraus wie bei einem Fisch und ausserdem hat es einen kurzen Schwanz. Es geht auf dem Fussboden herum oder besser gesagt, es wälzt sich, denn es hat keine andern Füsse als die zwei, die ich erwähnte; auf diesen geht es aber nicht, sondern, wenn es stehen bleibt, richtet es sich damit auf; auch hat es Klauen an diesem Fuss. Sonst ist es ziemlich lustig, zahm und stellenweise behaart. Es ist ohne Zweifel dasselbe Tier, das Anson in seinem Itinerarium Seelöwe nennt.»

Teleki, p. 59

Tolle Hunde

«Zu Basel sind 1761 auf den Gassen etliche taube Hünd herumgeloffen und haben etliche Leuthe und Kinder gebissen, davon einige wütent worden und ein Soldat, welcher auf die letst auch wie ein Hund gebrüllt, ist im Spithal gestorben. Fernerem Unglück vorzukommen, wurde aus Befelch Unserer Gnädigen Herren die Burgerschaft durch öffentlichen Trommelschlag gewahrnet, dass wer einen Hund hat, selbigen zu Haus behalte, widrigenfahls alle Hund, so auf den Strassen herumlaufen, sollen von den Kohlibergeren zu Tod geschlagen werden.»

Im Schatten Unserer Gnädigen Herren, p. 122 / Bieler, p. 823

Raublustiger Riesengeier

«1763 wurde ein lebendiger grosser Geier zu Schangnau in der Landvogtei Draxelwald von einem Mann geschossen und hernach mit der grössten Gefahr gefangen. Der Mann war durch die Regierung Gottes darzu gekommen, als der Geier in Begriff war, ein anderhalbjährig Kind mit sich in die Luft und in sein Raubnest zu tragen. Dessen

Von den Hunden.

Iser solden aller schnällesten louff haben auß allē hünden/gantz fräuen vnd käck/nit allein in die gwild/ sonđ auch in die fyēd vnd mörder/sonderlich so er gehetzt/ oder merckt daß sein herr oder leiter beleidiget wirdt. Ist der edlest vnd schönst auß allen Jaghünden.

Conrad Gessners Beschreibung «von dem Britannischen Jagdhund, ein Greuwhund». 1560.

Dises wunderbar seltzam thier ist dē Türgen zů Constantinopel geschänckt vnd geschickt worden/ daselbst abconterfetet vff das fleyssigest/ vnd zů Nüren berg in truck außgangē. Sol ein mächtigen hohen halß gehebt haben/ mit zwey kleinen hörnlinen auff seinem kopff/ ysenfarb/ ein glatt schōn wol bezieret haar an seinem leyb. Ist in das Teütsch land geschickt wordē auff das 1559. jar/ sol auff Teütsch ein Giraff oder Kamel pard genennt werden.

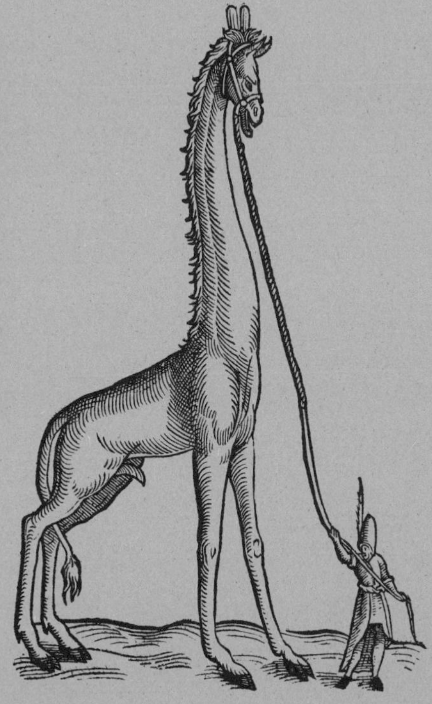

Conrad Gessners Beschreibung «von dem Chamelpard» (Giraffen). 1560.

Flügel, wan sie von einander, sind 9 Schuh und 4 Zoll lang. Ist auf dem Fischmarckt im Haus zum Lachs um ein ½Batzen lebendig gesechen worden.»

Im Schatten Unserer Gnädigen Herren, p. 134f./Bieler, p. 839

Wanzen und Schwefelhölzli

«1764, als Herr Beck, Chirurgus, sonsten der sicher und geschwindt Artzt genand, auffem Barfüsser Platz sein Barbierersgesell abends gegen 6 Uhr in seiner Kammer im Beth mit angezündten Schwefelhöltzli Wantzen suchen und vertreiben wolte, hatte er das Unglück, dass er dummerweis mit dem Feuer an das pure Stroh kam und angezund, darvon es die Bethladen ergriffen und im Zimmer gebrand hatte. Weilen aber gleich Hülf dagewesen, ist das Feuer doch noch ohne Stürmen wieder gelöscht worden.»

Im Schatten Unserer Gnädigen Herren, p. 152/Bieler, p. 311

Ergiebiger Lachsfang

«Den 14. November 1771 hatten die Klein-Hüniger Fischer bei diesjährigem Lachsfang, wie gewöhnlich vor vielen Zuschauern, abends 3 Uhr im Rhein auf ein Zug 102 Lachs und die Basler selbigen Tag hindurch 93 gefangen. Den 24ten November hatten sie wiederum um die nämliche Zeit um 3 Uhr 108 und die Basler abends 5 Uhr 55 Lächs. Vorher kost ein Pfund 35, 36 und 40, aber hernach 15–20 Rappen.»

Im Schatten Unserer Gnädigen Herren, p. 188/Bieler, p. 878

Korn wird lebendig

«Nicht lange nach dem Brand des Zeughauses (1775) ward das Korn in der Augustiner-Schütte lebendig und flog aus. Ging man abends die Augustinergasse hinab, so musste man durch ganze Wolken von Insekten hindurch, welche die Luft verdunkelten und Mund, Augen, Nase und Ohren belästigten. Im Gymnasium, wo auch viel Frucht aufgeschüttet war, wütete der schwarze Kornwurm. Es wimmelte von den schwarzbraunen Rüsselkäfern, die von der Decke herabfielen oder an den Wänden herumkrochen, nur so. Die Bürgerschaft brummte. Es hiess, es sei die Strafe Gottes, dass man angesichts der teuren Zeiten der Bürgerschaft kein Korn gönnte. Glückliche Zeiten, wo man noch brummen und schelten und seine Herzensmeinung ohne Straf sagen durfte. Hatte bei der Revolution von 1698 nur ein einziger seinen Gedanken laut werden lassen, dann sass er gleich am Schellenwerk.»

Munzinger, Bd. I, s. p.

Fischreiche Basler Flüsse

«Die Flüsse umher liefern eine Menge guter Fische, unter denen die Rheinkarpfen und Forellen besonders geschäzt werden. Zweimal im Jahre ist Lachsfang, der eine Stunde von Basel überaus beträchtlich ist. Man macht hier einen grossen Unterschied zwischen Salmen und Lachs, ob es schon der nämliche Fisch ist, nur zu verschiedenen Zeiten gefangen. Der Salmen wird vorzüglich geschäzt; sein Fang beginnt im spätern Herbst, oder Anfange des Winters. – Mehr als alle andere Fische schäzt man die Selmlinge, fingerlange Fischgen, die nirgend als in der Wiese gefunden werden, einem kleinen Flusse, der aus den markgräflichen Gebirgen kommt, und nicht weit unter Basel in den Rhein fällt. Der deutsche Name dieses Fisches, und der französische Saumoneau, haben vermuthlich zu dem Wahne Anlass gegeben, dass es junge Lachse seyen. Allein warum fände man sie nirgend als in der Wiese, und nie viel grösser als ein Finger?» 1776.

Küttner, Bd. I, p. 111

Gärtnerische Skizzen

«Aus verschiedenen Werken, Bildern und Aufzeichnungen ist zu entnehmen, dass bis um's Jahr 1780 beim Gartenbau in Basel der auch in Frankreich übliche Stil herrschte, der sich hauptsächlich durch Anbringen vieler Statuen und Wasserspiele auszeichnete. Die Obstkultur wurde zur Zeit der Kreuzzüge von den Johannitern und dem deutschen Ritterorden in die hiesige Gegend verpflanzt und noch zu Ende dieses Jahrhunderts erkannte man an verschiedenen Äpfel- und Birnensorten ihre mor-

Landsknecht mit wunderlichen Dingen auf geschulterter Stange: Spiess, Maus, Vogel, Eule. Spindel, Salzfass, Igel, Brille, Messer und Tasche gelten als Symbole des Lasterhaften. Federzeichnung von Urs Graf.

genländische Abstammung. Der Obstbau hatte in den Gärten der Stadt, noch mehr aber allenthalben auf der Landschaft, eine bedeutende Ausdehnung gewonnen. Von Beerensorten wurde besonders der Stachelbeer- und Johannisbeerstrauch gepflegt und stets zu Gartenhecken verwendet. Nicht weniger bedeutend war der Weinbau, der sich bis an die Mauern der Stadt hinzog und der jetzt wenigstens auf eigentlich städtischem Boden bis auf ein kleines Stück Reben am Klingelberg, dem Herrn N. Brüderlin gehörend, gänzlich verschwunden ist. Der Gemüsebau spielte früher eine viel grössere Rolle. Gemüse wurde nicht nur in der nächsten Umgebung der Stadt, sondern besonders auch viel in den Stadtgräben gepflanzt, welche den Bürgern gegen kleines Entgelt zur Benutzung überlassen wurden. Es bestand ein eigentlicher Gemüsehandel, der sich bis nach Aarau, Zürich und Bern erstreckte, nach welchen Städten die Gemüse, hauptsächlich Spargeln, Melonen, Blumenkohl und Salat per Achse spedirt wurden. Öffentliche Anlagen gab es noch nicht. Einzig die Kirchhöfe bildeten solche und eine Spur von einer solchen Friedhofanlage weisen heute noch der St. Leonhardskirchplatz und die Todtentanzanlage auf, welch' letztere der Kirchhof des Predigerordens war. Der Petersplatz war grösstentheils ein freier Rasenplatz auf dem sich die jüngern Leute mit Ballspiel, Seilziehen und Seilspringen etc. belustigen. Auf den Wällen der Stadt wuchsen meistens Lindenbäume, auch auf dem Münster- und Barfüsserplatz befanden sich solche. Der medizinische Garten war sehr vernachlässigt und wurde mit Erlaubniss der Regierung erst durch Dr. Lachenal wieder hergestellt, der aus eigenen Mitteln eine Summe hiezu spendete. Nachdem 1795 das Zeughaus abgebrannt war, wurden die wenigen Bäume auf dem Petersplatz niedergehauen und für diesen ein neuer Plan entworfen. Übergehend zu den Gärten seien erwähnt der prachtvolle Obstgarten auf dem Allschwylerfeld, der durch einen Erlenwald vor den West- und Nordwinden geschützt war. Derselbe wurde bei Anlass der Belagerung Hüningens durch die Österreicher, um eine bequeme Schusslinie zu gewinnen, abrasirt. Von Privatgärten zählten zu den schönsten der Kirschgarten, dem Joh. Rud. Burckhardt gehörend, der Garten der Witwe Ehinger auf St. Margarethen, der Holeegarten des Oberst Ehinger, der jetzige Spitalgarten, ehemals Garten des Markgrafen von Baden-Durlach, die Klybeck, durch Buxtorf angelegt, ein prachtvoller Garten an der Grenzacherstrasse, erst einem gewissen Leisler, später der Familie Merian gehörend, der Garten vor dem Battier'schen Hause in der Aeschenvorstadt, ein Garten in der St. Albanvorstadt, sodann der Garten des Hrn. Ochs in der Neuen Vorstadt, sowie das His'sche Gut vor dem St. Johannthor, der Weiss'sche Garten im Württembergerhof, derjenige von Wild am Petersplatz und andere. In den Vorstädten reihte sich Garten an Garten. Wer in der Stadt keinen solchen hatte, besass wenigstens ein kleines Stückchen Land vor den Thoren. Die Blumenkultur beschränkte sich verhältnissmässig auf wenige Sorten, am Häufigsten und Beliebtesten waren Rosen, Levkoyen, Reseda, etwas Geranien, Fuchsien und Astern. Dagegen wurden Orangenbäume mit Vorliebe gepflegt und mehrere Orangerien erfreuten sich der Aufmerksamkeit der Fremden. Angesichts des bedeutenden Obst- und Gartenbaues ist nichts natürlicher, als dass es eine schöne Anzahl Leute gab, die sich diesem Berufe als Obst- und Blumengärtner und als Rebmänner widmeten. Sie waren zu Gartnern und zu Rebleuten zünftig. Zur Zeit des

EJn katz kätzlet zů Basel vier junge/ wie mã sie über acht tag zůerträncken tragen wolt/ do fand man eins dorunder das wie ein vffgewundner ring fůs hatt/ vnnd eben die selb katz was herren Cůnrad Lycosthenis/ sonst Wolffhart der diß von wundern Latinisch beschriben. Sy kätzlet jme über zwey jar hernoch drey kåtzlin/ die alle drey aneinander in der gepårmůter gewachssen. Ists ein wunder so hat ettwan vor zwölff jaren/ ein katz die ich erzogen ein jungs kåtzlet mit dreyen füssen / der recht vorder was nit da. Das beduncket mich aber vil wunderbarrer/ dz diser thewr gelert mann/ erst gmeldt herr Lycosthenes/ auff den neünunndzweintzgisten Brachmonats/ ob grosser seyner arbeyt/ von dem schlag dˀ Gotshand troffen/ das er augenplücklich zůr erden fallend / die red verlor/ vnnd den råchten arm gantz vnnd gar nit mer wenden kondt/ vsserhalbē des ghörs/ was jme von der scheyttel biß zůr solē alle sinn/ alle krafft/ in der råchten seytten vergangen. Er lag drey gantzer Monat zů beth / wie ein stein/ niemands mocht jme helffen/ er hat das Vatterunser vergessen kandt kein bůchstaben mher/ do er ein wenig zů jme selbs kommen. Nyemandt hett gmeyndt das er wider auffkommen wåre/ die gantz statt klaget den lieben mann/ aller weldt was es leidt/ dann er früntlich/ lyeblich mit yederman gelåbt/ ståts den bůchern vsserhalb seynes ampt/ das er getreüwlich (wie noch hüt) versehen obgelegen. Also hatt Gott der Herr wunder an jme gewürckt/ vnnd herr Wilhelm Ribeysen/ sonst Gratarolo ein Jtalienischen Artzt von Bergamo/ seyn bests thon/ vnnd gar redlich gholffē. Darum̃ es sich vff dē heüttigē tag wol zůuerwundˀn vñ vndˀ dise wundˀzeichē zůzåln dz by söllicher erlitner kranckheyt/ die arms/ zunge

Als der gelehrte Conrad Lycosthenes 1553 Missgeburten im Reich der Tiere mitverfolgte, befiel ihn eine schwere Krankheit, von der er sich erst nach langer Leidenszeit wieder erholte.

Durchmarsches der Allirten 1813–14 wurde in Basel in gärtnerischer Beziehung wenig geleistet und Manches wurde verwüstet oder blieb sonst vernachlässigt. Bei der Belagerung von Hüningen trat daher auch eine bedeutende Vertheuerung der Gemüse ein, wesshalb nach Beendigung der Belagerung die Basler am 14. September 1814 zu Ehren des Erzherzogs Johann von Österreich auf dem Petersplatz ein glänzendes Fest veranstalteten, wobei der Speisesaal sich im Stachelschützenhaus befand und prachtvoll dekorirt war. Indessen erholte sich der Gemüsebau in und um die Stadt nicht wieder sondern zog sich auf Neudorf zurück. Nach 1815 begann der italienische Styl abzunehmen und es kam derjenige des Franzosen Lenôtre auf, der später abermals verfiel und dem englischen Platz machte. In den 1840er und 50er Jahren kamen sodann deutsche Hofgärtner nach Basel, welche wie ihre Schüler abermals nach neuen verschiedenartigsten Systemen arbeiteten.»

Schweizerischer Volksfreund, 9.1.1885

Kundmachung

wegen ungesunden Pferden.

Da einer löbl. Sanität allhier der sichere Bericht zugekommen, daß in den benachbarten und besonders deutschen Landen, viele Pferde mit dem Rotz und der sogenannten gelben Hünsch angegriffen seyen, als wird E. E. Bürgerschaft und jedermann zu Stadt und Land ernstlich gewarnet, in Erkaufung der Pferde alle Vorsicht zu gebrauchen, und wenn an einem Pferd etwas Verdächtiges sollte verspüret werden, solche innzubehalten, und die Anzeige davon zu machen. Zu dem End solle sowohl an den Grenzen als allhier unter den Thoren jedermann gewarnet werden, keine angesteckte oder verdächtige Pferde in unser Land oder Stadt einzubringen, noch in die Ställe einzustellen; wie denn die Befehle abgegeben worden, die Pferde in den Wirthshäusern sowohl als auf dem Roßmarkt von Zeit zu Zeit wöchentlich, bis auf fernere Verfügung zu visitiren, da denn die Fehlbaren empfindlich würden gerechtfertiget, und die angesteckten oder verdächtigen Pferde auf der Eigenthümer Kösten würden weggeschaft werden.

Welches hiemit zur Warnung und jedermanns Verhalt bekannt gemacht wird.

Sign. den 25 Herbstmonat 1797.

Canzley der Stadt Basel.

Zunehmende Infektionskrankheiten bei Pferden bewogen die Sanitätsbehörden 1797, in Wirtshäusern und auf dem Rossmarkt wöchentlich Gesundheitskontrollen durchzuführen.

Die Stadtgräben ohne Hirsche

«1794 wurden die Stadtgräben angepflanzt, und die Hirsche im Hirschgraben beim Spalenthor hinweggethan.»

Munzinger, Bd. I, s. p.

Fetter Ochse

«1795 ist zu Schuhmachern ein ungemein fetter Ochse um Geld zu sehen gewesen. Sein Eigenthümer, ein reicher Bauer aus Sissach, hatte denselben mehr als 5 Jahre lang mit Haber, Korn, Weissbrot und dem feinsten Ehmd gefüttert. Sein gewöhnlicher Tranck war frisches, mit Mehl vermischtes Wasser. Er wäre bei dieser Kost noch grösser und schwerer geworden, doch hat die Obrigkeit wegen der ausserordentlichen Theuerung eine weitere Fütterung verboten.»

Munzinger, Bd. I, s. p.

Der letzte Bär

«Den letzten Bären auf Basler Boden schoss Johann Brunner, der Senne des beim Passwang gelegenen Hofes ‹Ullmet› im September 1798. Das Tier hatte sich schon eine Zeitlang auf den umliegenden Weiden spürbar gemacht und Kleinvieh zerrissen, bis es Brunner und zwei Jagdgefährten gelang, den Bären beim ‹Schelmenloch›, einer kleinen Schlucht zwischen Reigoldswil und der vorderen Wasserfalle, niederzustrecken. Die Stadt Basel belohnte den glücklichen Schützen mit vier Goldstücken und der Bärenhaut.»

Anno Dazumal, p. 335

Aus Anlaß eines dieser Tagen in allhiesiger Stadt herumgeloffenen tollen Hundes, der sehr viele andere Hunde gebissen, von denen verschiedene auf den Berg geliefert, mehrere aber noch am Leben geblieben, haben Unsere Gnädige Herren E. E. und W. W. Raths anheute nicht umhin können, einer E. Bürgerschaft, wie es zwar bereits durch den Trommelschlag geschehen, nochmalen durch Gegenwärtiges diejenigen traurigen Folgen auf das nachdrücklichste vorstellen zu lassen, welche durch Zurückhaltung solch eines gebissenen Hundes entstehen könnten. Diesemnach haben Hochgedacht Unsere Gnädige Herren zu erkennen geruhet: daß alle Hunde, bey denen nur eine Spur, als wären sie von diesem tollen Hunde gebissen worden, obwaltet, sogleich dem Scharfrichter überlieferet, und sowohl als alle schon in der Cur befindliche Hunde ohne einige Nachsicht getödet werden sollen; zumalen alle diejenigen Bürger, welche sich im geringsten dieser Hochobrigkeitlichen Fürsorge in Auslieferung ihrer gebissenen Hunde entziehen würden, annoch um zehen Pfund Gelds gebüßt werden sollen.

Sign. den 23ten März 1791.

Canzley Basel.

«Hunde, bey denen nur eine Spur, als wären sie von einem tollen Hunde gebissen worden, sind sogleich dem Scharfrichter zu überliefern.»

Bildniß Kayßer Rudolfs in dem Seidenhof zu Basel

VI PASSANTEN GÄSTE UND FLÜCHTLINGE

Herzlicher Empfang für König Otto IV.

«König Otto IV., der Bruder des 1208 ermordeten Gegenkönigs Philipp, kommt 1212 von Konstanz den Rhein hinunter nach Basel, wo er von der Bürgerschaft und den hier weilenden Grossen der obern Lande freudig begrüsst wird. Hier stösst Bischof Heinrich von Strassburg zu ihm und unter dessen Schutz nimmt er von dem Stammlande Elsass Besitz.»

Historischer Basler Kalender, 1886

Almosen für den Kaiser

«Kaiser Sigmund erscheint 1433 ‹mit frölicher, gesunder und wohl neugender person› in der Stadt und verweilt in Basel. Aber seine Armuth war so gross, dass, als er fortging, er sein Silbergeschirr als Pfand zurücklassen musste, bis es ihm die Stadt (Donau-)Wörd um 5140 Gulden wieder einlöste.»

Historischer Basler Kalender, 1886

Papsttochter in Basel

«1445, reisete Margaretha von Savoyen, Tochter des neuen Pabstes Felix des V., Wittwe des Königs Ludwig in Sicilien, und verlobte Braut des Churfürsten von der Pfalz, in Begleitung von 30 Jungfrauen und 200 Pferden durch Basel. Sie wurde mit grosser Pracht zu Langenbruck eingeholt und in die Stadt geführt. Dreyhundert Reiter und sechshundert Mann zu Fusse, waren dazu beordert worden, und an der Landstrasse bey Muttenz liess man zwey Feldschlangen (Kanonen) losbrennen.»

Ochs, Bd. III, p. 449/Beinheim, p. 373f./Offenburg, p. 278f.

Basel empfängt die Kaiserliche Majestät

«Am 3. September 1473 kam Kaiser Friedrich nach Basel, bei der Wiesenbrücke prächtig empfangen durch die Häupter und Räte der Stadt mit berittenem Gefolge, durch den Erzbischof von Besançon, den Bischof Johann von Basel, die gesamte Geistlichkeit, die zwischen Kerzenflammen die Reliquien in funkelnden Gehäusen trug. Von der Grenze des Stadtgebietes an ritt der Kaiser unter einem Baldachin, den vier Ritter trugen; die Zäume seines Pferdes wurden gehalten durch den Bürgermeister Hans von Bärenfels und den Erbmarschall des Bistums Hermann von Eptingen. In dem gewaltigen Zuge, der hinter Friedrich sich heranbewegte, sah man glänzende Gestalten, vielgenannte Männer der Zeit: den Erzbischof Adolf von Mainz, die Herzoge Albrecht und Ludwig von Bayern, den Markgrafen Karl von Baden, vor Allen in jugendlicher Schönheit prangend den Kaisersohn Max, zahlreiche Fürsten und Herren, ihre Räte und Diener samt den kaiserlichen Kanzleischreibern, Türhütern, Pfeifern und Trompetern, aber auch den Landvogt Peter von Hagenbach und als seltenes Schaustück einen leibhaftigen Türken, den Bruder des Grossherrn, jetzt als Christ Calixtus Ottomannus geheissen. In solchem Geleite zog der Kaiser ein, langsam. Vor einunddreissig Jahren war er hier gewesen, seitdem hatte er Basel nicht mehr betreten, und Viele lebten, die sich noch an den frühern Besuch erinnerten, ihn mit dem heutigen vergleichen konnten; der Kaiser war gealtert, aber noch derselbe in seinem Wesen. Im Bischofshof stieg der Kaiser ab; ringsum und drüben bei St. Peter in den schönen Höfen der Geschlechter lagerten die Fürsten und Hofleute. Überall hin sandte der Rat seine reichen Geschenke: Goldgeschirre und Geldsummen, Wein, Fische, Getreide, Ochsen und Hämmel. Aber auch die Eidgenossen waren da; sie wohnten im goldenen Löwen an der Freienstrasse und besprachen sich mit Basel und mit Boten elsässischer Städte. Überall dabei war Domkaplan Knebel: Er sah Friedrich mit den Fürsten und dem Basler Rat im Schatten der grossen Eiche auf dem Petersplatz tafeln; er erlebte die denkwürdigen Szenen im Bischofshof bei den Audienzen der Basler und Eidgenossen vor dem Kaiser, dann im Kreuzgang und vor der Galluspforte, wo Peter von Hagenbach den Schweizern und den Ratsherren schnöde Worte gab. Knebel erfuhr Alles. Er vernahm, was Herzog Sigmund mit den Eidgenossen verhandelt hatte; er hörte, was da und dort geflüstert oder geredet wurde, die Hofmären die man sich herumgab, die losen Reden des Heinrich Sinner, die Unehrerbietigkeit des Apothekers bei Steblins Brunnen, der seinen Leuchter am Hause anzuzünden sich weigerte und Wasser darein goss; die zornigen und hochfahrenden Reden der Höflinge über die ‹Schweizerbuben› und die plumpen Spässe, die sich der Landvogt im Wirtshaus erlaubte. An einem Freitag kam der Kaiser, am folgenden Donnerstag ging er.»

Wackernagel, Bd. II 1, p. 64f./Wurstisen, Bd. II, p. 462/Gross, p. 118/Ochs, Excerpte, p. 169/Ochs, Bd. IV, p. 220/Knebel, p. 3ff./Rathsbücher, p. 69ff./Appenwiler, p. 358/Beinheim, p. 440f.

Nach diesem kehrete der Kayser gen Rom, ward allda stattlich empfangen, und am 25 Tag Brachmonats durch Eugenium gecrönet. Selbiges Tages schluge er nach alter Gewohnheit viel Teutscher und Welscher zu Rittern, unter welchen Hemman Offenburg ein Baßler war. Man liesse auch selbiges Tags, um Reverentz willen seiner Crönung, viel Freudenfeuer zu Basel machen, mit heftigem Geläut.

< *«Ein Held seins Leibs gantz Ausserkoren. Wardt Römischer König gross gemacht. Dess Ihm die Statt (Basel) die Bottschaft bracht. Erlangt darbey Freud, Gnad und Stand. Darumb bewahrt sie Gottes Hand.»*

Kaiser Sigismund, der vom 7. bis 10. Juli 1414 erstmals in Basel weilte, galt als «schöner, gewandter Mann, regsam, lebenslustig und in keiner Weise wählerisch und abgeschlossen».

König Maximilian besucht Basel

«Am Sonnabend vor Quasimodo 1493 kam Maximilian, Römischer König, nach Basel, mit dem Herzog von Braunschweig, andern Räthen, und seinem Hofgesinde, welches ein Gefolg von beynahe 400 Pferden ausmachte. Es wurde jenseits dem neuen Hause im Felde, durch Artung von Andlau, Ritter und Bürgermeister, Jakob Yselin, dieser Zeit Oberstzunftmeister, Heinrich Rieher, Alt-Oberstzunftmeister, und Ulrich Meltinger, die dazu vom Rath verordnet waren, mit den Würden und Worten, wie es sich gebührte, empfangen, hierauf durch mindern Basel, die Eisengasse und die Freyestrasse hinauf, in das Münster, und dann in unsers Gnädigen Herren von Basel Hof begleitet, mit sammt der Priesterschaft und den Geistlichen, die seinen Gnaden mit dem Heiligthum bis an die Wiesenbrücke entgegengegangen waren. Hernach ist seine königliche Majestät abermals durch die geordneten Bothen in unseres Herrn von Basels Hofe empfangen, und ist seinen Gnaden geschenkt worden, wie hernach stehet: ein vergoldeter Schouwer von 134 Gulden, in demselben 400 Gulden Gold; vier Ochsen, die 53 Pfund 4 Schilling kosteten; vier Fässer mit Wein, 28 Pfund 4 Schilling werth; und 60 Säcke Haber. Der Herzog bekam acht Kannen mit Wein. Von jeder Zunft waren verschiedene bestellt worden, um die Strassen vor dem König zu weitern; man hatte die Wachten verstärkt, die Ketten und Leuchter angeordnet, der Befehl ertheilt: dass keine fremde Fussknechte in die Stadt eingelassen würden; die Streitbüchsen an den üblichen Orten gestellt; auf drey Zunfthäusern einige Zunftbrüder von jeder Zunft zusammen gestossen, um, falls etwas Geläuf entstehen sollte, sogleich gerüstet und bey der Hand zu seyn; und endlich hundert Mann von der Landschaft herein berufen, doch zum heimlichsten, und mit Befehl, wenn sie hierher kämen, sich stille zu halten.»

Ochs, Bd. IV, p. 434f. / Ochs, Excerpte, p. 546 / Rathsbücher, p. 82ff. / Wackernagel, Bd. II 1, p. 139f.

Anno 1473. am vij. tag Septembris/kam ghen Basel keiser Friderich vñ sein sun Maximilianus/ auch des Türckischen keysers brůder. Der keiser beschickt gemeiner Eidtgnossē rathsbottē/begert dz sie die herrschafft Oesterreich wid zůhāden stelten/schloß/stett vñ lādschafften im Ergow. Do antwurten jm die Eidtgnossen/ jre vordern hetten auß gebott des keisers vñ des Concilij zů Costentz jetzgedacht schloß/stett vñ landschafften jngenomen zů des reichs vnd künig Sigmūds hāden. Nachmals hett k. Sigmund die selbigen übergeben vmb ein mercklich sum̃ gelts jnen den Eidtgnossen mit disem anhang/das niemād/die lösen möcht on jrē der Eidtgnossen willen vnd gefallē. Es hett auch k. Sigmūd solchs vorbehalten vō wegen der Eidtgnossen gegen hertzog Friderichen vō Oesterreich/als er endtlichen mitt jm versünet ward. Vff dis zeit schancktē die vō Basel dem keyser ein grossen vergülten sylbern stauff/ darin 1000. gulden/vñ hertzog Maximiliano des keisers sun auch ein vergültē sylbern stauff/vñ darin 500. gulden.

Am 3. September 1473 empfing Basel mit grossem Gepränge Kaiser Friedrich III. mit seinem Sohn Maximilian und beschenkte beide mit vergoldeten Pokalen, die mit Goldstücken gefüllt waren.

Der letzte Kaiserbesuch

Obwohl Basel im Juli 1501 die Aufnahme in den Bund der Eidgenossen hatte vollziehen können, beehrte ein deutscher Kaiser, Ferdinand I., unsere Stadt im Januar 1563 nochmals mit einem offiziellen Besuch, weil er dazu «einen ganz gnedigen und begirlichen Lust und Willen» verspürte. Nach einem «ernstlichen Bedenken» beschlossen die Räte der jüngsten Schweizer Stadt, der kaiserlichen Majestät durch vier Abgeordnete zu seiner Ankunft Glück zu wünschen und dabei auch den ‹Fussfall›, das Zeichen der Untertänigkeit, anzuwenden. An der Spitze von 80 Bürgern zu Pferd empfingen die Häupter der Stadt den Kaiser bei der Wiesenbrücke. «Sowie der Kaiser über die Brücke ritt, fingen seine Trompeter und Heerpauker ganz lustig zu blasen und zu schlagen an. Die Behörden stiegen ab, dem Kaiser entgegen, zum Empfang des Handschlags, worauf der Bürgermeister Krug seinen Gruss und Wunsch vortrug. Hierauf wurde in die Stadt geritten. Unter dem Bläsithor wurde der Kaiser von sechs Räthen in kleidsamen Amtsanzügen, einen Thronhimmel von weissem und schwarzem Damast tragend, empfangen. Der Kaiser stieg ab, trat unter den Thronhimmel, und der Zug bewegte sich vorwärts: Voran die Basler Trompeter in weiss-schwarzen Kasaken (Blusen). Dann die reichen jungen Bürgerssöhne, köstlich herausgeputzt mit zierlichen Panzerhemden und Überwürfen in Weiss und Schwarz, in weiten, hängenden Ärmeln und hohen Hüten mit weissen Straussenfedern, wohl hundert Mann an Zahl und mit würdig ausgerüsteten Prachtspferden. Neben dem Kaiser, dem seine Trompeter voranritten, marschirte der Bürgermeister, sein Schweizerbarett in der Hand tragend. Dann folgten edle Jungen in Pelzschmuck, darauf die Regierung von Ensisheim. Auf diese die kaiserlichen Grafen und Prälaten. Als Spalier des Kaisers schritten viele Fusstrabanten nebenher. Den Schluss des Zuges bildeten die fünfzig schweren Reisigen (Krieger) in Harnisch (Rüstung) und zu Ross mit schwarzen Fahnen. Zuletzt ein grosser Reiterzug. So marschirte man unter dem Donner der Geschütze in die Grosse Stadt zum Utenheimerhof (Rittergasse 19) und zum grossen Ramsteinerhof (Rittergasse 17), wo das kaiserliche Hoflager bereitstand.»

Anderntags empfing der Kaiser die Häupter der Stadt und liess sich dabei fürstlich beschenken: 1000 Goldgulden in einem vergoldeten Trinkgeschirr, 10 halbe Fuder vom berühmten 1541er Wein, 100 Säcke Hafer, 250 Fische und 2 Hirsche. Aber auch Ferdinand I. zeigte sich grosszügig, bestätigte er doch der Stadt ihre Freiheiten und Rechte. Auch verlieh er Bürgermeister Krug, Ratsherr Brand und Stadtschreiber Falkner Adelsbriefe und ermächtigte Theodor Merian, einen neuen Stern im Wappen zu führen. Der kaiserliche Staatsbesuch hatte die Stadt gegen 5000 Gulden gekostet, was den Wert eines Dorfes ausmachte. Dafür durfte sie sich im Glanze sonnen, dem Kaiser von allen deutschen Städten den ‹zierlichsten› Empfang bereitet zu haben …

Historischer Basler Kalender, 1886/Gross, p. 201/Ochs, Bd. VI, p. 225/Anno dazumal, p. 242ff./Ryff, p. 170/Lötscher, p. 392ff.

Zu wenig prunkvoll

«Herzog Christof von Württemberg ist mit seiner Gemahlin, im Juni 1546, in die Stadt gekommen und übernachtete im Gasthaus zum Ochsen im Kleinbasel. Er hatte in seinem Gefolge 4 Baroninnen, ebenso einen Wagen für das weibliche Gefolge und viele Reiter. Der Rat empfing ihn mit Ehrenwein: 10 Kannen des besten Weines, dazu 5 Kannen Malvasier für den weiblichen Hofstaat, wurden gespendet, je 6 Mass enthaltend. Ebenso wurden zwei lebende Salme und ich weiss nicht wie viele Säcke Hafer geschenkt. Anderntags besuchte der Herzog mit seiner Gemahlin, dem weiblichen Gefolge, den Trabanten und Edelleuten die Predigt, die um 9 Uhr im Münster gehalten wurde; er stand auf dem sogenannten Lettner des Münsters. Getrennt stand der Fürst und die Herzogin mit den andern Prinzessinnen, den Schwestern der Herzogin selbst, wie einige sagten. Auf der andern Seite, aber getrennt, standen die Fräulein des Hofstaats, geschmückt mit goldenen Ketten und roten Mänteln, auf dem Kopf seidene Schappel. Was den feierlichen Zug vom Gasthaus bis zum Münster betrifft, so schritt der Herzog mit seiner Gemahlin und vier Baroninnen einher, vor ihnen einige Knechte. Die übrigen Fräulein vom weiblichen Gefolge folgten auf Wagen, und so zogen sie über die Rheinbrücke durch die Eisengasse, über den Kornmarkt, die Freie Strasse hinauf bis zum Frobenschen Haus ‹zum Lufft› an der Bäumleingasse und bis zur Ulrichskirche; dann traten sie durch das breiteste und schönste Portal des Münsters ein und nahmen am oben genannten Ort ihren Platz. Thomas Geyerfalk hielt eine plumpe und taktlose Predigt; trotzdem wurde er zum Mittagessen eingeladen und erschien dabei. Die vier Häupter der Stadt mit einigen Herren des Rats, assen im Gasthaus zu Mittag. Aber bei diesem Mittagessen zeigte sich der Fürst nirgends und niemandem. Die Höflinge sagten, er habe schwere und wichtige Geschäfte, die ihn verhinderten, zu den Gästen zu kommen. Einige aber sagen, der Fürst sei sehr aufgebracht und erregt gewesen, weil er zu wenig prunkvoll empfangen worden sei, denn an der ersten Abendmahlzeit bei seiner Ankunft nahm keiner unserer Regenten teil. Andere sagen, er habe es übel genommen, dass auch im Münster kein fürstlicher Schmuck vorhanden gewesen sei, da die Bänke mit Staub überzogen und nicht, wie sonst üblich, mit Tüchern bedeckt waren, woran er vielleicht dachte. So kann es niemand allezeit und allen Leuten recht machen. Wer einfältig seines Weges wandelt, wandelt recht, wenn er nur mit Gott wandelt. Den Kindern Gottes ist ein grosser menschlicher und weltlicher Prunk zuwider: sie haben nicht lieb die Welt noch was in der Welt ist.»

Gast, p. 275ff./Buxtorf-Falkeisen, 2, p. 87ff.

Zürcher Hirsbreifahrt

«Das ‹glückhaffte Schiff von Zürich› traf 1576 in Basel ein. Eine grosse Volksmenge erwartete dasselbe zu beiden Ufern des Rheins. ‹Zürich hoch! Es leben die Zürcher!› erscholl es tausendstimmig. Auf dem blau und weiss bewimpelten Schiff sassen um den dampfenden Hirsbreikessel in schwarzen Sammtwämsern und Faltenmützen mit wallenden Federbüschen des ‹glückhafften Schiffes von Zürich waghaffte Gesellen, die so auf dem Rhein daherschnellen›, die früh Morgens in der zweiten Stunde den Hirsbreikessel an der Limmat aufgesetzt und ihn am Abend dieses 20. Juni noch mit den Bundesgenossen von Strassburg, warm wie ihr Herzblut, getheilt haben, um anzuzeigen, dass auch in weiter Ferne Herzen glühen, die für brüderliche Bundeshülfe allzeit schnell bereit wach und auf seien.»

Historischer Basler Kalender, 1886.

Herzog Johann Kasimir wirbt Söldner

«Im Juni 1582 kam Herzog Johann Kasimir uf einer ‹Gautschen›, mit 30 Pferden in Basel an. Den andern Tag, einen Sonntag, führten ihn meine Herren zur Predigt in's Münster, dann hin und her durch die Stadt. Nach dem Imbiss geleiteten ihn die Herren Häupter in's Zeughaus und auf den Schützenplatz, wo er mit den Armbrustschützen schoss. Früh am andern Morgen fuhr er zu Schiff nach Strassburg, nachdem er ausser den Verehrungen herrlich empfangen und sammt den Seinen gastfrei gehalten worden war. Im folgenden Jahre bewarb sich der Pfalzgraf Johann Kasimir bei den vier evangelischen Städten um ein Fähnlein auserlesener Knechte zu einem Gardenkorps, was ihm vergönnt ward. Von Basel, allwo in der Krone seine Werbstatt war, zogen bei 60 Burger mit. Der Hauptmann war ein Berner, der Fähndrich Tobias Frey von Basel. Sie kamen nach drei Monaten wieder heim.»

Buxtorf-Falkeisen, 3, p. 104/Baselische Geschichten, p. 20/Strübin, p. 137/Ryff, p. 183

Die ganze Bürgerschaft steht Parade

«Erzherzog Albrecht von Österreich, der ehemalige Kardinal-Erzbischof von Toledo, kommt 1599 mit grossem

Gefolge (2000 Personen mit 600 Pferden, 400 Maulthieren, Kutschen, Wagen und Gepäck) in Basel an und steigt im Domhof ab. Er wurde von dem geheimen Rath bewillkommt und mit 30 Ohm Wein, 50 Säcken Hafer und 4 Salmen, die Infantin mit 36 Mass Malvasier oder Hippokras, 2 Salmen und Konfekt beschenkt. Des folgenden Tages verreisten die hohen Gäste wieder. Im Gefolge der Infantin befanden sich über 150 Frauen, worunter 15 der vornehmsten Töchter Spaniens und 6 der Niederlande; endlich 8 spanische Matronen. Beim Erzherzog befand sich der Oberst-Rittmeister Graf von Sorra, der Herzog von Aumale, der Graf von Bartemont, der Prinz von Pinoi, des Grafen von Alba Sohn u.a.m.»

Historischer Basler Kalender, 1886/Wurstisen, Bd. III, p. 67/Ochs, Bd. VI, p. 348/Wieland, s.p.

Ein Herzog aus Bayern

«Am 24. Apr. 1601 Abds 8 U. ist ein Hertzog aus Bayern, so des Lothringers Schwester zur Ehe hat, allhie ankommen, mit 50 Pferden, 12 geladenen Güterwägen, 10 Kutschen und ganz sammeten Senften, in der sein Gemahel allein gesessen. Hatte zwei Söhne bei sich, deren einer der evangelischen, der andere der kathol. Religion zugethan war. Die Oberkeit hat ihm 12 Säck Haberen, 4 Saum Wein u. 12 Mass Malvasier verehren lassen. Seine Farb war schwarz, weiss, gelb, roth; sein Vorhaben eine Badenfahrt.»

Buxtorf-Falkeisen, 1, p. 4

Ungefreute Gäste

«Am Anfang des Jahres 1602 brachte der Durchzug des französischen Gesandten, Herzogs v. Biron, nach der eidgenössischen Tagsatzung in Solothurn zur Bundeshandlung mit König Heinrich IV., die Bürgerschaft in einige Bewegung. Der mit zahlreichem Gefolge heranziehende hohe Botschafter wurde von Deputat Andreas Ryff, der ihm an der Spitze von fünfzig Reitern und 400 Mann zu Fuss entgegenritt, hochehrenvoll begrüsst. Während seiner viertägigen Anwesenheit gastierten ihn die Räthe in ihrer Amtstracht in der alten Karthause. Dabei nahmen sich einige französische Cavaliers höchst muthwillig heraus, den ernstwürdigen Herrn des Raths ihre weissen Halskrausen und schweren schwarzen Faltenröcke abzunehmen und in diesem Aufzug in der Stadt herumzureiten. Man sah sie darum gerne wieder abziehen, und bemerkt Pfr. Gross, ‹ward ihm (Biron) mehr Ehr wiederfahren, dann er werth war›.»

Buxtorf-Falkeisen, 1, p. 5/Falkner, p. 21/Ochs, Bd. VI, p. 539

Missmutiger Marschall

«Im November 1625 ritt der französische Marschall Bassompierre in Basel ein. Hinter den beiden Rathsherrn Lützelmann und Frobenius zogen ihm 40 junge Bürger zu Pferd entgegen und 200 Musketiere. Nach einem zweitägigen Aufenthalt verliess er mit der gleichen Ehrengeleitschaft die Stadt, indem er durch dieselbe das Pferd ritt, das ihm von der Regierung verehrt worden war. Das

«Im Jahr 1576 entschlossen sich 54 Züricher, die freundschaftliche Stadt Strassburg mit einem Besuch zu überraschen. Sie vollführten ihr Vorhaben zu Schiff auf der Limmat und (via Basel) dem Rhein.»

war der Stellvertreter des grossen Königs, des ‹besten Freundes der Eidgenossen›, der also seinen Einzug in die Schweiz hielt, wo er mit 250,000 Thalern den Werbungen des kaiserlichen und päpstlichen Anhangs entgegenzuwirken bestimmt war; der Mann, der aus dem Lande ‹der lieben Freunde› seinen Freunden hinausschrieb: ‹Der König hat mich meiner Sünden wegen in die Schweiz geschickt. Ich verspreche mir nicht, dass meine Unterhandlung den Papst veranlassen wird, mir Ablass zuzusenden. Sie können leicht denken, dass ich es vorzöge, meine eigne Person am Hofe zu repräsentiren, als die des Königs in diesen Bergen.› »

Buxtorf-Falkeisen, 1, p. 59 / Wieland, s. p. / Chronica, p. 49f.

Humorvoller Kronprinz

«1626 geschah es, dass des Königs von Polen ältester Sohn hier durchreiste. Er war in Begleitung des Hofnarren Erzherzog Leopolds. Der Prinz war noch jung und über die Massen auf Spässe abgerichtet. Er konnte über einen ganzen Tisch voll Herren Verse machen. Auch konnte er auf angehörten Bericht einem jeden vermelden, was er die Tage seines Lebens gethan hatte. Als die Herren Häupter den königlich-polnischen Prinzen willkommen hiessen, hat der Hofnarr ihnen in deutschen Reimen das Compliment gemacht.»

Chronica, p. 78ff. / Buxtorf-Falkeisen, 1, p. 65

Unverhoffter Besuch

Unverhoffter Besuch ward Basel am 20. November 1627 zuteil: Erzherzog Leopold stattete mit seiner Gemahlin und zahlreichem Gefolge der Stadt eine kurze Visite ab. Die adeligen Gäste wurden von der Regierung auf dem Petersplatz glanzvoll empfangen und beschenkt. Der Erzherzog erhielt 50 Sack Hafer und 24 Saum Wein, die Herzogin einen mit Dukaten gefüllten Becher und süssen Wein. «Wegen des vielen frömden Volks brannten die ganze Nacht die Harzflammen in allen Gassen.» Anderntags reiste der Trupp ins Elsass weiter. Der Erzherzog hatte sich u. a. mit 12 Wildschweinen den Herren der Stadt gegenüber erkenntlich gezeigt. «Den Reitern, die ihn begleiteten, gab er 40 Neuthaler, die sie im Wirtshaus zum Storchen miteinander verzechten.»

Wieland, s. p. / Zäslin, p. 3 / Baselische Geschichten, II, p. 38 / Buxtorf-Falkeisen, 1, p. 68f.

Beleidigte Eminenz

Als 1628 der englische Gesandte Milord Haltinghon auf der Durchreise nach Venedig unserer Stadt seine Reverenz erwies, machte die Regierung so wenig Aufhebens, dass die beleidigte Eminenz die ihr angebotenen obrigkeitlichen Geschenke refüsierte. Bei ihrer Rückkehr zeigten sich die Basler aber als aufmerksame Gastgeber: 100 Pferde und 650 Musketiere standen für den Gesandten Parade, und an Geschenken wurden ihm 4 Saum Wein, 24 Sack Hafer und 4 Lachse dargereicht.

Wieland, s. p.

Prinz von Harcourt wird begrüsst

1657 «kam Prinz von Harcourt mit 130 Pferden, 3 Kutschen und 6 Maultieren von Breisach her in Basel an. Die Gäste wurden in 4 Wirtshäusern (im Wilden Mann, in der Krone, im Storchen und zum Gilgen) kostenfrei einquartiert und fürstlich traktiert.»

Wieland, p. 239

Französischer Besuch

Mitte Februar 1660 «ist des Königs von Frankreich Ambassador, Monsieur Jean de la Barde, von Solothurn mit Sack und Pack aufgebrochen und allhier angelangt. Logierte zur Krone. Man hat ihn mit einer schönen Compagnie zu Pferd und 2 Fahnen und Fussvolk hiesiger Bürgerschaft empfangen, gewöhnlichem Gebrauch nach mit Wein, Haber und Fischen, wie man ihn auch mit allerhand Konfekt für seine Gemahlin beschenkt und gastfrey gehalten hat. Ist nach aufgezogenen Geschützen auf eine Stunde Wegs in den Sundgau heraus begleitet worden.» Später übermachte der Rat dem französischen Gesandten noch einen Salm von 36 Pfund nach Solothurn.

Scherer, p. 79f. / Buxtorf-Falkeisen, 2, p. 97 / Scherer, II, s. p.

Gäste aus dem fernen Russland

Am 20. März 1660 «kam allhie eine Botschaft von dem Grossfürsten aus Moskau mit einem Bestand von ungefehr 26 Personen an. Sie trugen lange Pelzröcke und hohe Kappen gleich den Husaren oder Polacken und brachten, neben andern köstlichen Waren, eine Quantitet Zobel mit sich, davon sie einen allhie verkauften. Nachdem sie

Ein «Englisch Gütschlin», gezeichnet von Thomas Platter d. J. während seines Englandaufenthalts anno 1599.

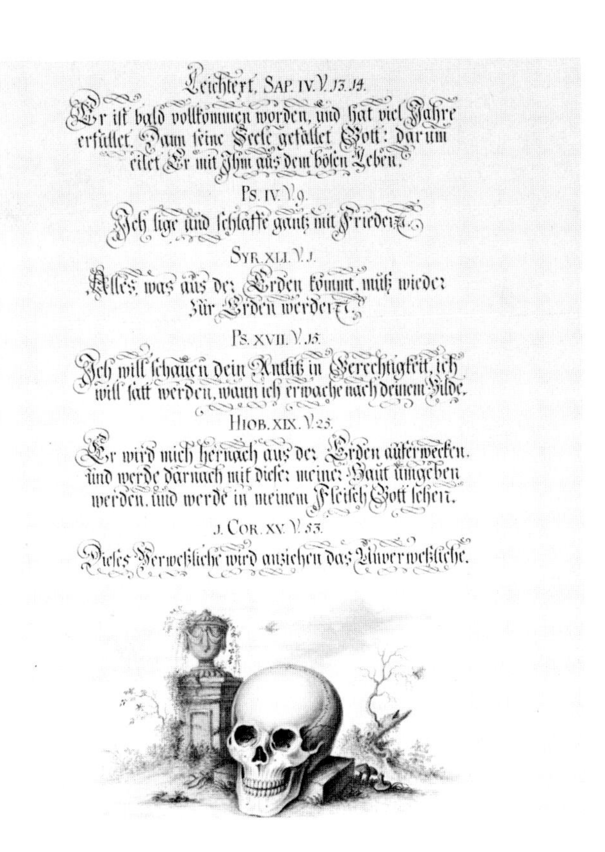

Leichtext. SAP. IV. V. 13. 14.

Er ist bald vollkommen worden, und hat viel Jahre erfüllet. Dann seine Seele gefället Gott: darum eilet Er mit Ihm aus dem bösen Leben.

PS. IV. V. 9.

Ich lige und schlaffe gantz mit Frieden.

SYR. XLI. V. 1.

Alles, was aus der Erden kommt, muß wieder zur Erden werden.

PS. XVII. V. 15.

Ich will schauen dein Antlitz in Gerechtigkeit, ich will satt werden, wann ich erwache nach deinem Bilde.

HIOB. XIX. V. 25.

Er wird mich hernach aus der Erden auferwecken, und werde darnach mit dieser meiner Haut umgeben werden, und werde in meinem Fleisch Gott sehen.

1. COR. XV. V. 53.

Dieses Verweßliche wird anziehen das Unverweßliche.

Oben: Tafel aus Emanuel Büchels «Sammlung der merkwürdigsten Grabmäler des grossen Münsters zu Basel».
Unten: Allegorie auf die Vergänglichkeit. Lavierte Federzeichnung von Emanuel Büchel. 1771.

Oben: Der Genius der Zeit in Gesellschaft des alten Zeitgotts und der Fama. Allegorie für Christoph Faesch.
Unten: Ein weiblicher Dämon krallt sich an einen Kranken. Allegorie für Hans Heinrich Glaser. 1672.

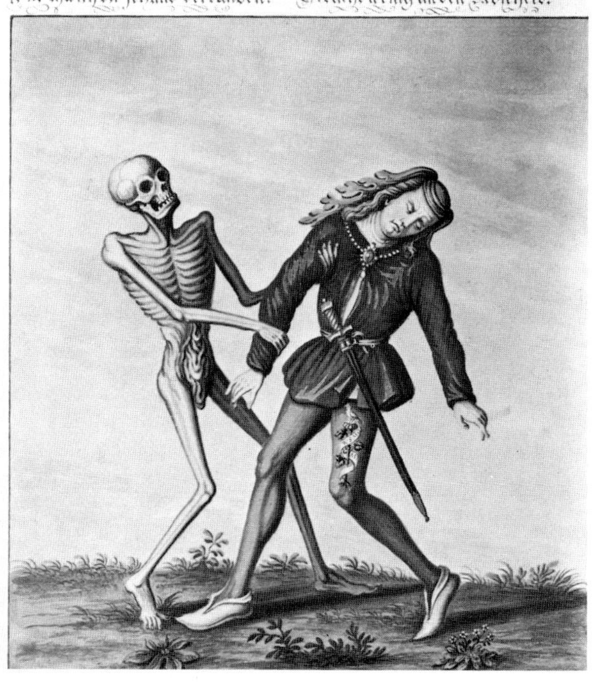

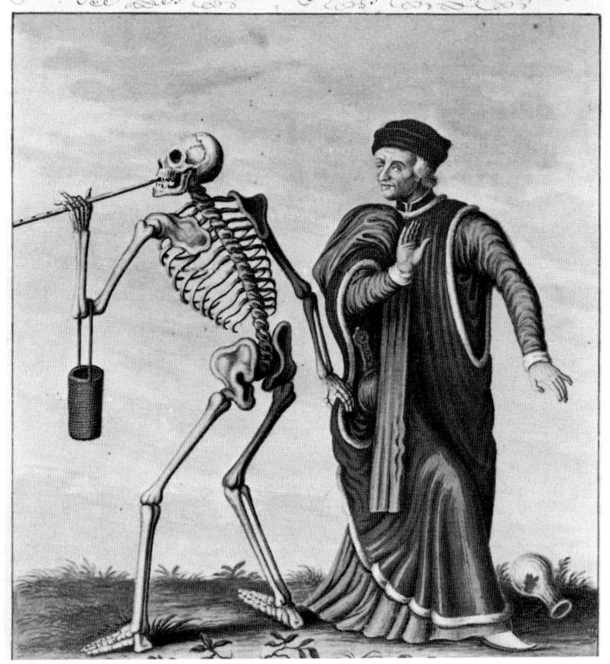

Vier Blätter aus dem von Emanuel Büchel kopierten Totentanz der Prediger von 1773:
Oben: Der Tod und der Kaufmann.
Unten: Der Tod und der Blinde.
Oben: Der Tod und der Jüngling.
Unten: Der Tod und der Arzt.

«Do man zalt von Gottes Geburt MCCCLXXII (1372) Jar warent vil Mördern und Röubern im Elsass uff gestanden und taten Land und Lüten grossen Schaden. Also werden dryg (drei) geredert, sechtzechen gehenckt und fünf und viertzig enthouptet. Denen wart ir rechter verdienter Lon.» Faksimile aus Diebold Schillings Spiezer Chronik.

Vatermörder Hans Joggi Tschudin von Eptingen wird auf einem Schlitten vom Barfüsserplatz zur Richtstätte vor dem Steinentor und von dort zum Hochgericht vor dem St.-Alban-Tor geschleift. Harschierer schützen ihn vor dem Zorn der aufgebrachten Bevölkerung, ein Geistlicher und die Gerichtsknechte begleiten ihn ebenfalls, seine Frau wendet sich weinend von ihm ab. Kolorierte Radierung von Reinhard Keller.

Oben: Das erste Bild des Totentanzes der Prediger, der aus einer 58 Meter langen Folge von 37 lebensgrossen Paaren bestand und Menschen verschiedenen Standes mit dem Tod darstellte. Gouache von Emanuel Büchel. 1773.

Unten: Nachdem die Regierung den Abbruch des berühmten, aber schadhaften Totentanzes auf Begehren von 21 Anwohnern beschlossen hatte, griffen am 5. August 1805 200 Männer und Frauen zur Spitzhacke und schleppten weg, was brauchbar war.

Achtzehn vor Héricourt gefangene Lamparter, die «Priester, Jungfrowen, Frowen und Kinderbetterin entert und gelestert hatten, werden ze Basel in einem Für verbrant». Faksimile aus Diebold Schillings Berner Bilderchronik. 1474.

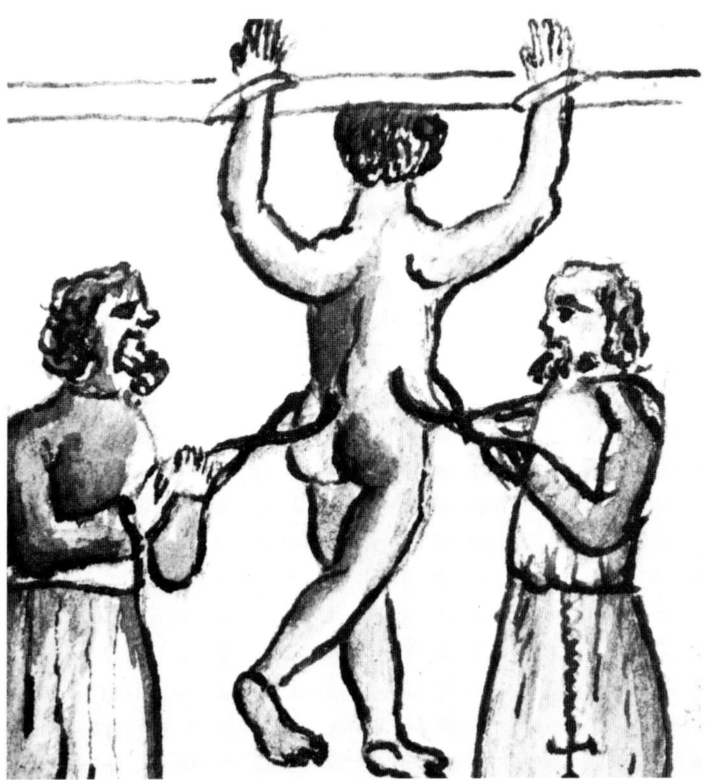

Oben: Ritter Hans Kilchmann ersticht zwischen Hüningen und dem Neuen Haus seinen auf einem Feld schlafenden Feind Hans Spengler. Faksimile aus Diebold Schillings Luzerner Bilderchronik. 1507.

Unten links: Folterung: «Abriss von einem Stein in dem Kreuzgang zu St. Leonhardt.» 1821.

Unten rechts: Gerichtsszene. Aquarell aus dem Stammbuch von Jakob Götz. Um 1590.

«In einem Huss ze Basel was eine alte riche Frow und ein altz Mennli, ouch ein Dienstmagt und ein cleines Meitli uff ein Nacht ermürt (ermordet).» Faksimile aus Diebold Schillings Luzerner Bilderchronik. 1475.

sich bey 3 Tagen in der Gastherberge zur Krone aufgehalten, das Zeughaus besichtiget und sich unbedacht ganz nackt beim Mühlestein ins Bad gesetzt, sind sie zu Wasser in einem bedeckten Schiff bis nach Köln hinunter gefahren. Von da haben sie ihren Weg über Holland und wieder nach Hause genommen.» Als Reiseproviant hatte der Rat den vornehmen Gästen ein Fass Wein, einen Sack Habermehl, zwei Standen Sauerkraut und viel Zwiebeln mitgegeben ...

Scherer, p. 73f. / Buxtorf-Falkeisen, 2, p. 96f. / Chronica, p. 194f.

Glanzvoller Empfang für Herzog Mazarin

1661 «ist Herzog de Mazarin mit 3 Gutschen, 12 Maultieren, etlichen Handpferden und 44 Kreuzrittern, nebst etlichen hohen Offizieren und deutschen Herren vom Adel, samt seiner Gemahlin allhier angekommen. Ist mit 100 Pferden und 400 Mann von hiesiger Bürgerschaft an unsern Grenzen beim Blotzheimerweg herrlich und wohl empfangen worden. Bevor er aber zu dem Spalentor kam, ist mit 16 groben Stucken (Kanonen) und 4 Feuermitschlen (Mörsern?) Salve geschossen worden. Innert der gedachten Porten (also dem Spalentor) aber haben sich zwei Fähnlein Fussvolk, die alle schweizerisch bekleidet waren, und 200 Mann Soldaten eingefunden und haben Salve gegeben. Sodann ist Mazarin samt seinen fürstlichen Personen im Domhof einlogiert worden. Nachdem selbiger mit gewohnten Präsenten, wie süsser und anderer Wein, Haber und Fisch wie auch allerhand geziertem Konfekt beschenkt worden war, hat man ihm mit einer hiezu bestellten Leibgarde aufgewartet, alle schweizerisch bekleidet und blosse Schlachtschwerter in der Hand haltend. So bald der Herzog getrunken und ein Gesundheit nach dem andern geprostet, haben die verordneten Constabler (Kanoniere) jedesmal 10 Feldstuck (Feldgeschütze) auf der Pfalz losgebrannt. Hat Mazarin den folgenden Tag seinen Weg wieder nach Blotzheim genommen. Dem Rat hat er ein Besteck goldener Löffel, Gabeln und Messer geschenkt, den Constablern hat er dagegen 8 und den gesamten Stadtdienern 10 Duplonen verehrt.» Während der Dauer des Gastmahls, bei welchem über 17 Saum Wein zerrannen, führte sich das Basler Publikum weder fein noch wohlgeartet auf. In strömendem Geläufe drängte es sich – vorab Frauen und Jungfrauen – in die Speiseräume und bediente sich gar freventlich des Konfekts!

Scherer, p. 97ff. / Buxtorf-Falkeisen, 2, p. 97f. / Ochs, Bd. VII, p. 75f. / Scherer, II, s. p. / Hotz, p. 391 / Rippel, 1661 / Beck, p. 87f.

Besuch aus Holstein

1662 «ist der damals regierende Herzog von Holstein, seines Alters 25 Jahr, aus Frankreich durch die Schweiz reisend, mit einer Begleitung von ohngefehr 16 Mann allhier angelangt. Nachdem der Herzog im Gasthaus zum Wilden Mann eingekehrt war, ist er vom Rat mit 3 Saum Wein, 12 Säcken Haber und etlichen grossen Laxen beschenkt worden. Auf sein Begehren ist er von etlichen Ratsdeputierten in der ganzen Statt herumgeführt worden, und ist ihm auch das Zeughaus gezeigt worden. Hat darauf seine Reise zu Wasser wieder weggenommen. In dem Wirtshaus ist er freigehalten worden.»

Scherer, p. 104f. / Beck, p. 91 / Scherer, II, s. p. / Scherer, III, p. 101f.

Auf dem Weg nach Amsterdam

1663 «ist wiederum eine Moskauitische Botschaft mit einer Suite von 31 Personen, von Venedig kommend, allhie angelangt. Nachdem selbige etliche Tage in dem Gasthaus zur Krone verblieben und in etwas von der Obrigkeit beschenkt worden war, ist selbige mit eigenem Schiff von unsern Schiffleuten gegen Bezahlung von 220 Ducaten bis nach Amsterdam geführt worden.»

Scherer, p. 109 / Beck, p. 92 / Scherer, II, s. p.

Ohne Ehren

1663 «kam der dänemarkische königliche Prinz, ohngefehr 17 Jahr alt, im Gasthaus zum Wilden Mann mit 21 Pferden, worunter 6 tartarische Handpferde, allhier an. Weil er sich lang nicht zu erkennen gab, hat ein ehrsamer Rat gleiches getan. Ist also ohne Beschenkung und erwiesene Ehr von hier auf dem Wasser nach Niederland abgefahren.»

Scherer, p. 111f. / Beck, p. 93 / Scherer, II, s. p.

Herrlich traktiert

1663 «ist Friedrich Markgraf zu Baden und Hochberg mit einer Begleitung von ohngefehr 40 Pferden in Kut-

AUß Erkantnuß vnserer gnädigen Herren / soll kein Burger oder Eynsaß / noch sonst jemands allhier einigem Frembden sein Hauß oder ander ligendes Stuck verkauffen / oder sonsten sich dessen in Handlung mit jemands begeben oder eynlassen / anderst dann mit wolermeldten vnserer gnädigen Herren vorwissen / consens vnd Bewilligung. Welcher hierwider handlen wird / der soll nechst deme der getroffene Kauff null vnd nichtig / annoch besseren fünff vnd zwantzig Gulden / oder auch sonst gestalten sachen / vnd eräugenden vmbständen nach ernstlicher gestrafft werden. Darnach sich männiglich zu richten.

Decretum Sambstags den 9. April. 1636.

Ernewert Mittwochs den 15. Junii, 1707.

Cantzley zu Basel sst.

Ohne Einwilligung Unserer Gnädigen Herren ist der Verkauf von Häusern und Grundstücken an Fremde untersagt.

schen allhier eingetroffen. Wurde neben den ehrwürdigen Ratsdeputierten in einer Compagnie von über 100 Pferden wohl mundierter Reiter zum Riehentor hinein geleitet und ist unter Abfeuerung von 70 kleinen und grossen Stucken (Kanonen) und 4 Feuermösslen (Mörsern) von 200 Kleinbaslern, so alle im Gewehr (Parade) gestanden, herrlich und prächtig empfangen worden. Nahm Einkehr im eigenen Hof in der Neuen Vorstadt (Hebelstrasse 2/4). Dort ist er vom Rat bewillkommnet und, wie gewöhnlich, fürstlich beschenkt worden. Nachwerts ist er mit 9 Kutschen samt bey sich habendem Adel zum Mittagsmahl auf die Zunft zu Schmieden eingeladen und daselbst herrlich traktiert worden. Nachdem ihre Durchleücht alles, was allhier namhaftes zu sehen, besichtiget hat, ist sie bis zur Grenze ihres Territori begleitet worden.»

Scherer, p. 108f. / Beck, p. 91

Wie es mit den Italiänern, Savoyarden, Juden, und andern fremden Kaufleuten zu halten; wie auch wegen fremden Hand-lungs-Gemeindern.

§. 1.

Die Italiäner, Savoyer, Juden und andere fremde Kaufleut und Krämer betreffend, welche bis dahin zu merklichem Nachtheil des Obrigkeitlichen Zolls, und zu grossem Schaden der hiesigen Kaufleuten, sonderlich der Seiden- Tuch- und Specerey-Handlung mit gulden- und silbernen Zeugen, Damast, Brocard, Taffet und Banden, ferners mit aller Gattung Spitzen und Leinwand, wie auch mit vieler Gattung Strümpfen, Handschuhen, und verschiedenen Galanterie-Waaren, sodann mit Material- Specerey- und Italiänischen Eß-Waaren gehandlet, diese ihre Waaren auch inn- und ausser dem Kaufhauß im Kleinen verkaufet; Die sollen von nun an und künftigs ihre Waar anderst nicht als im Grossen, und zwar nur in dem Kaufhauß verkaufen, sonsten aber Ihnen ausser der Zeit allhiesiger Jahr-Meß, und der gewohnlichen Fronfasten-Märkten, alles Hausieren zu Stadt und Land gäntzlich verbotten seyn: Und sollen sie im Kleinen nichts mehr von vorgedachten noch andern Waaren im Kaufhauß, oder in Wirths- und Partieular-Häusern weder feil bieten noch verkaufen; deswegen auch in dem Kaufhauß oder in Wirths- und andern Particular-Häusern keine Magasin, oder Kammern und Kästen mehr haben, und zwar diß alles bey ohnnachläßiger Confiscation der Waar, wie auch der schon vorgedachten Straf der 50. Gulden, so derjenige, welcher den Platz geben wurde, ohne Gnad bezahlen solle. Allermassen dann so wohl die Herren Vorgesetzte beyder E. Zünften zum Schlüssel und Safran, als deren Angehörige Seidenhändler und Specierer, wie auch andere Burger alles Fleisses und Ernstes auf die Uebertretter dieses Punktens vigilieren, und denen Herren Vorgesetzten des Kaufhauses solche verzeigen sollen, damit alsofort dem fehlbar erfundenen, er sey gleich ein Italiäner, Savoyer, Jud oder anderer fremder Kaufmann und Krämer, seine Waar confiscieret werde.

Wie, und wann fremde Krämer allhier verkaufen dörfen?

Sollen nicht hausieren.

Auch keine Magasine noch Kästen allhier haben.

Wer hierauf Achtung zu geben habe.

Ausschnitt aus der Kaufhaus-Ordnung der Stadt Basel von 1779.

Waldenser auf der Durchreise

1665 erreichten 70 vertriebene Waldenser unsere Stadt. Die Obrigkeit liess die Flüchtlinge im Gasthof ‹Zum Kopf› unterbringen, spendierte ihnen Wein und Brot und besorgte ihnen ein Schiff zur Weiterfahrt. Auch wurde der Gesellschaft eine milde Gabe auf ihren Weg ins Ungewisse mitgegeben.

Wieland, p. 307

Holländischer Resident stirbt

«Der Holländische Ambassador oder Resident, Abraham Mallepart, ist 1676 im Alter von nur 34 Jahren gestorben. Er wurde in Begleitung des gantzen Raths und der Universität zu Predigern begraben. Seine Frau lag im Kindbett.»

Basler Chronik, II, p. 164f. / Baselische Geschichten, II, p. 87

Betrügerischer ‹Fürst›

«1676 ist in Basel Comte de Broglio, der sich als kayserlicher Resident ausgab, angekommen. Er war in schlechter Kleidung und gab an, ausgeplündert worden zu sein. Nachdem er bei Doctor Jacob Roth Unterschlupf gefunden hatte, nahm er in kurzer Zeit grössere Summen Gelds auf. Darauf liess er sich stattliche Kleider machen, kaufte sich tolle Pferde und stellte Cammerdiener und Laqueyen an. Sodann verehrte er der Gesellschaft zur Mägd einen silbernen Becher, frequentierte den Markgräfischen Hof und verteilte daselbst für über 100 Duplonen Neujahrs Geschenke, ebenso vermachte er dem Zeughaus zwei metallene Stücklein (Kanönchen). Nach einiger Zeit verreiste er auf die Landskron und liess sich dann nach

«Der Stein, so das Wort Raurica enthaltet, ist ein wilder weisser Marmer mit vielen Schraubenschnecken angefüllt. Er ward 1767 unter dem Fundament der Munzacher Kirche gefunden, als solche abgebrochen.»

Frankreich fahren. Nun wollten seine Creditores bezahlt sein, weshalb dieses Geschäft der Stadt Basel viel Unmüeh und Händel verursachte. Ist nachgehends vernommen worden, dass der vermeinte Comte de Broglio nur ein Priester namens du Brevel gewesen ist, der viel kluge und witzige Leuthe hat betrügen können.»

Basler Chronik, II, p. 162ff.

Französischer Gesandter im Stadtgraben

Als 1689 «Mr. de Villars, französischer Gesandter am Hof zu München, am St. Albantor Einlass begehrte und sich dieses nicht sogleich öffnete, kamen seine Leute mit der Wache in einen Streit. Hierauf stieg Mr. de Villars vom Pferd und wollte abwehren. Weil es aber bös Wetter und sehr finster war, fiel er in den Stadtgraben, jedoch ohne sich stark zu verletzen. Seine Leute zogen ihn an einem Seil wieder herauf. Indessen öffnete man das Thor, worauf er in den Gasthof zum Wilden Mann getragen wurde.»

Beck, p. 102/Baselische Geschichten, II, p. 97

Hohe Ehren für Amelot

«Der französische Gesandte Amelot wird 1697 in Hüningen von den Dreierherren Burckhardt und Iselin feierlich empfangen. Vom Grenzsteine an begleiten ihn 130 junge Kavaliere mit blossem Degen. Zwanzig Stücke donnern ihm von der St. Johanns-Schanze eine dreifache Salve zu. Im Ganzen standen 670 Mann zu Ross und zu Fuss auf seinem Wege nach dem Gasthof zu den ‹Drei Königen›. Am folgenden Morgen machten ihm die Dreizehner Herren die Aufwartung. Das kostbare Gastmahl fand zu Schmieden statt.»

Historischer Basler Kalender, 1888/Scherer, III, p. 229ff.

Der Kayser kam als Graf von Falkenstein,
Und kehrte hier bey Herrn Kleindorf ein.
Nicht Pracht, woran sich kleine Seelen laben,
Hat Er gezeigt, nein, nur die schönsten Gaben;
Den größten Geist, den wahren Menschenfreund,
Sah man in Ihm aufs göttlichste vereint.
Doch nur vier Stund hat Er sich hier verweilet,
Und ist sodann nach Freyburg hingeeilet.
Kaum war Er fort, fieng unser Trauren an;
Die Sonne selbst nahm grossen Theil daran,
Sie hatte sich in Wolken eingehüllet,
Wo nach dem Bliz des Donners Stimme brüllet,
Biß sich zuletzt ein Regen sanft ergoß,
Der manche Stund durch unsre Gassen floß.
Gleichwie das Land durch dieses warme Regnen,
So wolle Gott den theursten Joseph segnen!
Dann wie das Land den Seegen gibt zurück,
Sucht Er nicht sein, nein, aller Völker Glück.

Basel den 19. July. 1777.

Während seines Blitzbesuches anno 1777 stattete Kaiser Joseph II. der Bandfabrik Sarasin im Weissen Haus, der Kunstsammlung in der Mücke und dem Kupferstecher Christian von Mechel kurze Besuche ab.

In vergoldeter Karosse

«Von Stuttgart her erreichte 1697 der Erbprinz von Baden-Durlach unsere Stadt. Seine Suite war umfangreich: gegen 100 Pferde, ein halbes Dutzend Carossen und viele Bagagewagen. Der Tross wurde beim Einreiten von der herzogischen Garde und der markgräfischen Kavallerie angeführt. Dann folgten auf mit goldenen Breitspitzen wohl gezierten Pferden der Markgraf von Durlach, der Herzog von Württemberg und des Erbprinzen Sohn und, in einer vergoldeten Carosse, die Prinzessinnen.»

Scherer, p. 240f./Schorndorf, Bd. I, p. 130

Hochfürstliche Hochzeit

«Im Mai 1697 vermählte sich zu Basel Herzog Eberhard Ludwig von Württemberg mit der Prinzessin Johanna Elisabetha von Baden-Durlach. Schon im April war der Herzog zur Verlobung nach Basel gekommen und nebst dem badischen Erbprinzen von dem geheimen Rate, den Dreizehnern, ‹magnifiquement auf der Zunft zum Bären bekomplimentiert und gastiert worden›. Am 14. April wurde im markgräfischen Hofe ein grosser Ball abgehalten; einige Tage später erschien eine Deputation des Rates mit dem Stadtschreiber Fäsch als Sprecher, welcher dem Herzog gratulierte und dem Paar als Hochzeitsgeschenk einen silbervergoldeten Becher von 150 Lot verehrte; bald darauf stellte sich auch eine Deputation der Universität ein, um durch den Mund des Rector Magnificus Buxtorf den Glückwunsch zu dem festlichen Anlasse auszusprechen. Am 6. Mai um acht Uhr abends fand im markgräfischen Hofe die Kopulation durch den Hofprediger Rabus statt, um 10 Uhr sass man zur Tafel, deren ganze Gesellschaft aus nur achtzehn Personen bestand. Ausser dem Brautpaare, den beidseitigen Eltern, einigen Geschwistern und vier Kavalieren waren nur noch die vier Häupter der Stadt, die Glücklichen waren Emanuel Socin, Lukas Burckhardt, Christoph Burckhardt und Hans Balthasar Burckhardt, sowie ein französischer Flüchtling, ein Comte d'Auvergne, geladen worden. Um Mitternacht wurde die Tafel aufgehoben und es begab sich die hohe Gesellschaft in den Tanzsaal, wo vier Diskantgeigen zu den schönsten neuen französischen Menuetten aufspielten, welchem Vergnügen jedoch schon um ein Uhr ein Ende bereitet wurde, da um diese Zeit alles sich zur Ruhe begab. Als nach vier Tagen das neuvermählte Paar die Stadt verliess, wurde die Mannschaft des Äschen- und St. Albanquartiers aufgeboten, um Spalier zu bilden, auf der St. Albanschanze standen dreizehn, auf der Äschenschanze fünf Stücke bereit, um Salutschüsse abzugeben, während achtzig der vornehmsten Basler mit zwei Trompetern unter Anführung des Hauptmanns Weiss den fürstlichen Herrschaften das Geleite gaben. Leider vergass der Markgraf, den Leuten aus den beiden Quartieren etwas zu spenden, so dass dann der Rat diesen Mangel mit vier Saum Wein und einem entsprechenden Quantum Brot wieder gut machen musste.»

Basler Jahrbuch 1894, p. 44f. / Beck, p. 107ff. / Baselische Geschichten, II, p. 175f. / Schorndorf, Bd. I, p. 124f. / Buxtorf-Falkeisen, 3, p. 109ff.

Besuch des französischen Gesandten

«Den 12. September 1697 kam der französische Ambassador hier an und wurde von den Dreierherren Iselin und Burckhardt, nebst einem Canzlisten, zu Hüningen abgeholt. 130 junge Mannschaft zu Pferd standen mit blossen Degen beim Bannstein und begleiteten ihn in die Stadt. Während des Marsches wurden auf der St. Petersschanz zu dreien Malen Salve abgeschossen. Beidseits der St. Johannvorstadt standen die Bürger im Gewehr, das Stadtquartier war 230 Mann stark, das St. Johannquartier 260 Mann. Der Ambassador logierte zu den Drei Königen. Anderntags führte man ihn in Gutschen auf das Rathhaus und die Mücke, dann auf die Schmiedenzunft, allda er magnifice gastiert wurde. Die Praeparatorien zu dieser Gasterei hatte man 8 Tage vorher gemacht, allwo man neue französische Öfen aufgerichtet hat, darauf man kochte und grosse Blatten wärmte. Zur Zierde hängte man etliche grosse Spiegel in die Stube, und auf ein absonderliches Buffet stellte man schön Silbergeschirr und Gläser. Man tractierte lauter mit dem rarsten Geflügel, wie Welschhahnen, Fasanen, Rebhühnern, Wachtlen, Schnepfen und was man sonst Rares bekommen konnte. Nach der Mittagsmahlzeit führte man ihn in die Faeschsche Kunstkammer, ins Zeughaus und auf die Schützenmatte, wo die Stachelschützen gerade in die Scheiben schossen. Auch hat er den Totentanz gesehen und curiositätshalber das Münster bis zum obersten Gang bestiegen. Die Unkosten, welche die Stadt gehabt, belaufen sich auf 1000 Thaler.»

Beck, p. 110ff. / Scherer, p. 232ff. / Scherer, II, s. p. / Schorndorf, Bd. I, p. 129

Glaubensflüchtlinge auf der Durchreise

1699 kamen über Schaffhausen gegen 1600 Glaubensflüchtlinge aus Piemont und Languedoc in Basel an. Alte Leute, Weiber und Kinder benutzten den Wasserweg, die jungen Leute aber gingen zu Fuss. Von hier aus zogen die Vertriebenen nach Deutschland, Holland und England weiter, wo man ihnen die Niederlassung in Aussicht stellte: «Der Herr stehe ihnen bei und verschaffe ihnen einen sichern Ort und Gelegenheit, dem wahren Gottesdienst in Frieden abzuwarten.»

Scherer, p. 267f. / Scherer, II, s. p. / Ratsprotokolle 71, p. 124ff.

Hunderte von Wiedertäufern auf der Durchreise

Am 16. Juli 1711 kamen an der Schifflände «fünf grosse Schiffe voller bernischer Wiedertäufer an. Es waren etliche Hundert an der Zahl. Sie zogen mit ihren Weibern und Kindern zu ihren Mitbrüdern nach Holland.»

von Brunn, Bd. II, p. 378 / Scherer, p. 441

Fürstlicher Empfang

Am 30. August 1723 bereitete die Stadt dem neuen Fürsten von Montbéliard, Herzog von Württemberg, einen herzlichen Empfang. Beim Burgfelder Bannstein vor dem Spalentor erwarteten 80 Dragoner in blauen Röcken den Fürsten und geleiteten ihn unter dem Abschiessen von 24 Kanonenschüssen in den Markgräflerhof. Dort erwiesen ihm die Behörden der Stadt gebührend Reverenz und verehrten dem hohen Gast vier Vierling Wein, vier Salme, einige Säcke Haber und köstliche Konfitüre.

Scherer, p. 814f. / Nötiger, p. 72 / Schorndorf, Bd. II, p. 237f.

Empfang einer fürstlichen Braut

Im August 1724 erwarteten in unserer Stadt Abgesandte des Herzogs von Savoyen, die mit 55 Maultieren und viel Gepäck bei uns eingetroffen waren, des Erbprinzen von Sardinien Braut, die 18jährige Prinzessin Maria von Hessen-Rheinfels. Der Rat liess die junge Dame mit

NAchdeme Unsere Gn. Herren Ein E. Wohlweiser Raht dieser Stadt über den Zustand jeniger Leuten, welche in Pensylvaniam oder Carolinam gereiset, nachstehendes Schreiben, so vor einigen Wochen erst zu Zürich eingeloffen, und von dortig verburgerten Predigers Mauritz Göttschins sel. Wittib aus Philadelphia, der Haubt-Stadt in Pensylvania schon den 24. Wintermonat 1736. an ihre Schwester zu Zürich geschrieben worden, von der Cantzley zu Zürich, mit dem Anhang, daß noch mehrere dergleichen Klag-Schreiben aus gemeldten Landen einkommen, erhalten, als haben Hochbesagte Unsere Gn. Herren befohlen, dieses Schreiben, als welches viel wichtige Umständ enthaltet, publiciren und ihren Unterthanen, absonderlich denen, welche noch eine Lust haben in gemeldte Land zu reisen, communicieren zu lassen: Den 2. Aprilis 1738.

Cantzley Basel / sst.

Der Rat zeigt sich besorgt über den Drang gewisser Landleute, nach Amerika auszuwandern. Er verweist deshalb auf Berichte aus Übersee, die wenig Lobenswertes zum Inhalt haben.

ihrem zahlreichen Gefolge im Markgräflerhof logieren und ihr als Geschenk, neben allerhand Früchten und Konfekt, 200 Flaschen seltenen Weines überreichen. Nach angenehmstem Aufenthalt setzte sich die aus 16 Kutschen bestehende Reisegesellschaft wieder in Bewegung. Zum Abschied standen 1068 Mann Parade, 100 Mann und Jünglinge aus vornehmen Geschlechtern stellten das Geleite, während zu St. Alban auf dem Steinenbollwerk 18 Kanonen abgebrannt wurden.

Scherer, p. 838ff. / Nötiger, p. 73 / Schorndorf, Bd. II, p. 263

Arabischer Prinz

«Ein edler christlicher Herr namens Johann Abdalla Fahd, gebürtig von Sidon, einer Stadt in Palästina unter türkischer Bottmässigkeit, ist 1734 in Begleitung seines Dollmetschers allhier angekommen. Dessen Verrichtung war, bei allen christlichen Ständen ein Beysteuer für seine bedrängten Glaubensgenossen zu sammeln. Nachdem er auch von Unsern Gnädigen Herren die Kennzeichen der christlichen Mildtätigkeit empfangen durfte, hat er seine Reise nach Lucern forgesetzt. Er hat Dr. Frey ein Präsent gemacht von einer Cederen aus Libanon, welche die Gestalt eines Tannzapfens hat, aber viel grösser ist, und einen lieblichen Geruch hat.»

Basler Chronik, II, p. 403

Portugiesischer Prinz auf der Durchreise

«Ihre Hochheit, der Printz Emanuel von Portugal, ist 1734, von Wien kommend, in unserer Stadt angelangt. Er hat Einkehr im Gasthof zu den Drei Königen gehalten und ist anderntags über Lyon nach Portugal weitergereist.»

Basler Chronik, II, p. 426

Auf der Durchreise nach Amerika

«1735 sind 6 Schiffe mit 600 Personen aus dem Berner und Zürcher Gebiet angekommen, welche mit einem eigenen Führer nach Carolina gereist sind. Später ist Bericht gekommen, dass niemand gerathen werden kann, in die Carolinischen Colonien zu reisen. Das Land ist gut, aber gantz mit Holz bewachsen. Die Hitz allda ist sehr gross, und müssen die Leuth, die dahingekommen sind, viel leiden. Es gibt zwar genug Kräuter und Gartenspeisen, aber es ist weder Fleisch noch Korn zu haben. So haben die einen betteln gehen müssen, die andern aber sind in grösster Armut wieder nach Hause zu gehen gezwungen worden, andere aber sind vor Elend gestorben.»

Basler Chronik, II, p. 38f. und 83f.

Kaiserlicher Namenstag

«Aus Anlass des Namenstags des römischen Kaysers hielt der kayserliche Botschafter auf der Schmiedenzunft eine kostbare Mahlzeit mit einem Ball. An Silbergeschirr, kostbarer Musik und andern Ergötzlichkeiten wurde nicht gespart. Unter den allseitigen hochen Ehrengästen befanden sich der Markgraf von Baden-Durlach, die vier Herren Häupter, der gantze Dreizehnerrath, viele Standespersonen von hier und viele vom herumliegenden und hier befindlichen Adel. Der Ball wurde von des Botschafters Frau Gemahlin eröffnet und dauerte bis vier Uhr morgens.» 1735.

Basler Chronik, II, p. 91

Gasterei im Klybeckschlösschen

«1735 ist auf einem unserer Lustschlösslein, Klybeck genannt, eine kostbare Gasterey gehalten worden. An dieser haben auch der kayserliche Ambassador und der Markgraf teilgenommen.»

Basler Chronik, II, p. 35

Der Markgraf als Tulpenliebhaber

«Als grosser Liebhaber von Tulpen war der Markgraf von Baden-Durlach bekannt. Zu diesem Zwecke hatte er 1740

DAmit die Thor-Schliessere wüssen mögen um welch Uhren sie die Thor öffnen und wiederumen zuschliessen/auch wie die Burger-Wachten des Abends die Soldaten-Wachten/ und diese hinwiederum Jene des Morgens ablösen sollen; Als haben Unsere Gnädige Herren E. E. Wohweiser Raht dieser Stadt anheuto erkannt und zu beobachten befohlen / daß die Thor den Wintermonat / Christmonat und Jenner durch Morgens um acht Uhren.

Den Hornung durch um sieben Uhren.

Den Mertzen und Aprill durch um sechs Uhren.

Den May / Brachmonat/ Heumonat und Augstmonat durch um fünff Uhren.

Den Herbstmonnat durch um halb sieben Uhren/ und den Weinmonat durch um sieben Uhren eröffnet.

Die Soldaten-Wacht sammt ihrem Wachtmeister eine halbe Stund vor Eröffnung der Thoren auf ihren Posten sich einfinden/ von ihnen die Burger-Wachten abgelößt / und die Beschliessung der Thoren und Abwechslung der Soldaten-Wachten wann (die Thor-Glocken bißherig gewohnter massen verlitten / und die Burger-Wachten bey den Thoren angekommen/ beobachtet werden sollen. Actum & Decretum in Senatu den 26. Herbstmonat 1733.

Cantzley Basel/ sst.

Unterweisung der Torwächter, um welche Zeit die Stadttore jeweils zu schliessen sind.

auf der St. Petersschanze einen Garten gemietet. Als er eines Sonntagmorgens in Begleitung von Landvogt Frey, seines Freundes, seine Blumen besorgte, verfolgte eine grosse Menge Neugieriger seine Arbeit. Auf seine Frage, was die Leute wohl von ihm denken würden, antwortete Frey, nichts anderes, als dass das, was ein so grosser Herr täthe, lobenswert und nachahmungswert sei. Der Markgraf hatte auch die Gewohnheit, jeden Tag auf dem Petersplatz einen ausgedehnten Spaziergang zu unternehmen. Als ihm nun ein Bürger den Gruss anbot, sagte der Markgraf zu diesem, wenn er ihm ein Anliegen in einem Vers vortragen könne, würde er es nicht zu bereuen haben. Der Bürger replizierte sogleich: ‹Gnädiger Herr und Fürst, mich hungert, frieret und dürst.› Wie der arme Mann nach Hause kam, fand er auch schon eine Gutthat vor, bestehend aus einem Sack Mehl, einem Wagen mit Holz, einem Fass mit Wein und eine Carolin in Geld.»

Müller, p. 26ff.

Durchreise des französischen Gesandten

Im Juni 1746 empfing Basel den durchreisenden französischen Gesandten, Boumy Dargenson, mit allen Ehren. Eine Abordnung des Geheimen Rats erwartete den hohen Gast unter dem St.-Johann-Tor, die St. Johannslemer, die Kleinbasler, die Dalbemer und 200 Mann der Freikompanie standen Parade, und «bey der Ankunft wie bey der Abreis hat man 24 Stuck (Geschütze) 3 mal loosgebrannt».

Im Schatten Unserer Gnädigen Herren, p. 21/Bieler, p. 576

Besuch aus der Markgrafschaft

1748 hielt Markgraf Carl Friedrich von Baden-Durlach samt einer grossen Suite, vielen Bedienten (darunter 12 Köchen) und über 100 Pferden in unsern Mauern Einzug. Der Rat machte dem beliebten Markgrafen in corpore seine Aufwartung und verehrte ihn «mit alten hergebrachten und gewohnlichen Geschenck von 2 Vierling Wein, 12 Säck Haber nebst 2 lebendigen Salmen. Worauf Ihro Durchlaucht sambtlichen Herren mit vieler Distinction empfangen und mit einer staathlichen Mittagsmahlzeit herrlich tractirt hat.»

Im Schatten Unserer Gnädigen Herren, p. 23/Bieler, p. 578f.

Nach Pennsylvanien

«1749 sind verschiedene Transportschiffe mit 1200 Seelen, jungen und alten, aus unserer Landschaft, wie aus dem Oberland und dem Zürich- und Bernbiet auf dem Rhein abgefahren. Ihre Absicht war, sich nach Pensylvanien zu setzen und allda besseres Land und bessere Nahrung zu finden. Ob sie sich aber hierinnen nicht betrügen oder grösstentheils nicht unterwegs in dem Abgrund des Meeres und in den Bäuchen der Fische ihre Gräber finden, lässt man dahingestellt seyn.»

Basler Chronik, II, p. 359

Maupertius

«Ich muss Ihnen hier eine Anekdote erzählen, die Ihnen vielleicht nicht bekannt ist. Maupertius, der grosse Maupertius (1698–1759, französischer Physiker, Mathematiker und Philosoph) brachte seine lezten Tage in der Bernoullischen Familie zu Basel zu, wo er Freundschaft, Pflege und Geduld in seinem höchst elenden Zustande fand. Er hatte religiöse Scrupel, und man liess häufig, zu seiner

תפילה
להתפלל כל שליח צבור בכוונה בעד שלום העיר
המפארה באסיליאה ואנפיה בכל
שׁק אחר הנותן תשועה׃

אנא ה״ אלהי אברהם יצחק ויעקב יהמו נא רחמיך על עמך וצאן מרעיתך כי באו בניך
עד משבר וכח אין ללידה שמע הנשמע כל הקרת אתנו תרדנה עינינו דמעה ועפעפינו
יזלו פלגי מים על שבר בת עמינו ועל כל התלאה אשר מצאתנו כי פתאום יד ה״ נגעה
בנו כשרפת בית אלהינו נתן למשיסה יעקב וישראל לבזזים הלא ה״ זו חטאנו לו וברוך
ה״ אשר לא עזב חסדו ואמתו מאתנו ונתן אותנו לחן ולחסד ולרחמים בעיני הרזנים
והסגנים חכמים ונבונים מרנים ורבנים גדולים וקטנים נשים שאננות נערים ונערות
של העיר המפארה באסיליאה ואגפיה יע״א׃ זכות ומישור לפני כסאם חסד ורחמים
לפני כבודם ואם אמרנו נדברה לא ידענו ספורת עלו בעזרתנו לעזרת ה״ בגבורים
הפריסו סוכת שלומם עלינו ומכף כל אורב הצילונו הביאו אותנו בחצריהם ובטירותם
ואף הזילו מכספם וזהבם לנכאי רוח עניים ואביונים לרעיבים ולצמאים נתנו בעין יפה
מלחמם עירמים ראו וכסום ידים רפות החזיקו וברכים כשלות אמצו יהי רצון מלפניך ה״
אלהינו ואלהי אבותינו תבא לפניך צדקתם וטובם אשר גמלו אתנו השקיפה עליהם
ממעון קדשיך מן השמים והרק עליהם ברכה מבריכה העליונה ומטל השמים ומשמני
הארץ ורוב דגן ותירוש ולכל אשר יפנו יצליחו ויבלו ימיהם בטוב ושנותיהם בנעימים
ויזכו לרב טוב הצפון לצדיקים עם נשיהם ויוצאי חלציהם וכל אשר להם לעולמי עולמים
ויתפרקון וישתזבון מכל עקא ומכל מרעין בישין מרן דבשמיא
יהא בסעדהון כל זמן ועידן וכן יה״ר ונאמר
אמן׃

נדפס פה באסיליאה בבית המרפיס ווילהעלם האאס זאהן
כ״ אב תקמ״ט לפ״ק׃

Nachdem im Sommer 1789 über 700 Juden aus dem Sundgau in Basel sichere Zuflucht vor plündernden Bauern hatten finden dürfen, gedachten sie nach der Rückkehr in ihre Dörfer wöchentlich im Gebet ihrer Beschützer, in wel-

Beruhigung, einen gemeinen Kapuzinermönch mit der heiligen Lampe aus dem Elsasse kommen. Er liegt eine Stunde von Basel, zu Dornach oder Dorneck, einem Solothurner Dorfe, begraben.»

Küttner, Bd. II, p. 233

Kaiser Josef II. und Bollienbas

«Am 19. Juli 1777 kam der deutsche Kaiser Josef II. Morgens 9 Uhr von Langenbruck her in Basel an und stieg im Gasthof zu den Drei Königen ab. Hier suchte ihn als Abgeordneter der Regierung Isak Iselin auf, wurde aber nicht vorgelassen, da der Gastwirth Ulrich Kleindorf ihn als Deputirten des Kleinen Rathes und nicht als den berühmten Isak Iselin angemeldet hatte. Dagegen hatte der ebenfalls berühmte Kupferstecher Christian von Mechel die Ehre, dem Kaiser die öffentliche Bibliothek mit ihren Gemälden zeigen zu dürfen. Auch nahm der Kaiser (unter dem Namen eines Grafen von Falkenstein reisend) die Sarasin'sche Bandfabrik in Augenschein und reiste Nachmittags 2 Uhr nach Freiburg (Breisgau) weiter. Bei seiner Abreise war das Gedränge der Basler vor den ‹Drei Königen› so gross, dass der Kaiser kaum zum Wagen kommen konnte und der Bauernschuhmacher Meyer (mit dem Spitznamen Bolli en bas) dem Monarchen auf den Fuss trat. Da entstand der höhnische Vierzeiler:

Der Bolli en bas ist eine Kuh,
Er trat dem Kaiser auf den Schuh;
Dieser schlug ihn aus Dankbarkeit
Zum Ritter aller Höflichkeit.»

Historischer Basler Kalender, 1886

Geheime Auslagen

«Bei Anlass des Besuches eines Prinzen Eduard von England in Basel ereignete sich 1767 das Unerhörte, dass bis Morgens fünf Uhr getanzt worden ist. Auf seinen Wunsch hin war auf der Schlüsselzunft ein Ball veranstaltet worden, an welchem gegen 100 Personen Theil nahmen. Die ganze Geschichte kostete aber fast dreimal so viel, als sonst bei solchen Anlässen verausgabt zu werden pflegte, ein Neuthaler per Kopf, circa 7 Fr. und für die Mehrkosten wollte niemand eintreten. Endlich nach längerm Zögern wies der Rath die Dreyerherren an, die Mehrkosten zu zahlen und sie per ‹geheime Auslagen› zu buchen.»

Carl Wieland, p. 44

Elsässer Juden finden Schutz in Basel

«Als bei Ausbruch der französischen Revolution die Elsässer Juden Opfer der Volkswut und des Volkshasses wurden und deshalb ihre Dörfer verlassen mussten, fanden viele der Flüchtlinge Aufnahme in Basel. Es waren ihrer eine grosse Zahl, 708 Personen, darunter gegen 300 Hilfsbedürftige, aus den sundgauischen Judengemeinden Hegenheim (199 Personen), Buschweiler (103), Dürmenach (193), Blotzheim (57), Niederhagenthal (115) und Oberhagenthal (41). Die Basler Regierung sowie die Bürgerschaft nahmen sich ihrer, erfüllt von Mitleid, wohlwollend und tatkräftig an. Eine besondere Kommission, ‹die Verordneten zur Collect›, wurde seitens der Regierung ernannt, der die Einquartierung, die Verpflegung und die Aufsicht über diese zahlreiche Judengemeinde oblag. Die Flüchtlinge wurden teils in verschiedenen Gasthöfen von Gross- und Kleinbasel, teils in Privathäusern untergebracht. Die Verordneten verteilten Mehl

Gebett,

Welches ein jeder Vorsinger an jedem heiligen Sabbat nach dem Gebett für den König, so anfängt: Du Herr gibst Heil den Königen (Ps. 144. v. 10.) für die Wolfart der Löblichen Stadt Basel und ihrer Angehörigen mit Andacht zu betten hat.

Ach Herr, Gott Abrahams, Isaks und Jakobs! ich bitte dich, laß doch deine Barmherzigkeit aufwallen über dein Volk und über die Schafe deiner Weide; denn deine Kinder sind der Geburt nahe gekommen, es ist aber keine Kraft da zu gebähren. Ist wohl alles, was uns begegnet, jemals gehöret worden? Thränen rinnen von unsern Augen, und Wasserbäche fliessen von unsern Augenliedern wegen der zerstöhrenden Plage der Tochter unsers Volks und wegen allen denen Beschwerden, die uns betroffen; denn plötzlich hat uns die Hand des Herrn geschlagen, so wie das Haus unsers Gottes mit Feuer verwüstet worden. Er hat Jakob der Plünderung und Israel den Räubern übergeben. Fürwahr, dieses ist vom Herrn geschehen, denn wir haben wider ihn gesündiget. Aber gelobet sey der Herr, der seine Huld und Treue uns nicht gänzlich entzogen, sondern uns Gunst, Gnade und Barmherzigkeit verschaffet bey den Erlauchten und Weisen Häuptern und Vorstehern, bey den Professoren und Pfarrherren, bey den Vornehmen und Geringen, bey den frommen Frauen, bey den Jünglingen und Jungfrauen, der hochberühmten Stadt und Landschaft Basel, welche der Allerhöchste fest gründen wolle, Amen! Unschuld und Rechtschaffenheit ist vor ihrem Throne; Gnade und Barmherzigkeit vor ihrer Majestät. Wenn wir es auszusprechen unternähmen, würden wir es nicht erzählen können; denn sie machten sich auf uns zu helfen in der Kraft, die Gott den Starken verleiht; sie öfneten uns ihre Friedenshütten und retteten uns aus der Hand aller, die auf uns lauerten; sie nahmen uns auf in ihre Höfe und Palläste; ihr Gold und Silber liessen sie den betrübten Armen und Bedürftigen zufliessen; ihr Brod gaben sie den Hungrigen und Durstigen mit holdem Blicke; sahen sie Nackende, so bekleideten sie dieselben; die müden Hände stärkten sie und befestigten die wankenden Knie. O Herr, unser und unsrer Väter Gott! laß dir solches wohl gefallen; das Allmosen und das Gute, so sie uns erwiesen, komme vor dich; siehe auf sie hernieder aus dem Himmel, deiner heiligen Wohnung; überschütte sie mit Segen aus deiner erhabenen Segensfülle, mit dem Thau des Himmels und der Fettigkeit der Erde, mit reichem Vorrathe an Korn und Wein; es gelinge ihnen durch dich alles, was sie vornehmen; laß sie ihre Tage wohl und ihre Jahre angenehm zubringen; würdige sie samt ihren Weibern, Kindern und allen ihren Angehörigen des reichen Guten, das den Frommen auf ewig bestimmt ist; befreye und erlöse sie von aller Noth und allen bösen Krankheiten! Ja, der Herr des Himmels sey ihre Stütze zu aller Zeit und Stunde! Nun also sey es sein Wohlgefallen und wir sprechen Amen!

Basel gedruckt bey Wilhelm Haas, dem Sohne, im Augstmonath 1789.

chem die ihnen durch die Stadt Basel erwiesenen Wohltaten verherrlicht werden und Gottes Segen für Regierung und Bevölkerung erfleht wird.

und Brot in grosser Menge unter sie, sie liessen die Kranken, ihrer 16, in der Herberge des Spitals verpflegen, und sie sorgten, wo immer nötig, auch sonst für medizinische Hülfe. Auch die Bürgerschaft scheint, dem Rechenschaftsbericht der ‹Zur Collect Verordneten› nach zu schliessen, auf privatem Wege grosse Wohltätigkeit an den armen Vertriebenen geübt und ihnen ihr trauriges Flüchtlingslos so viel wie möglich erleichtert zu haben.
Schon nach etwa acht Tagen konnte ein Teil der jüdischen Refugianten die Stadt wieder verlassen, da in einzelnen Gegenden mit Hülfe von Truppen die Ordnung und die Ruhe wieder hergestellt worden war. Die Dürmenacher Juden allerdings kamen ein zweites Mal nach Basel, da man sie in ihrem Heimatort ‹mit hefftigen Drohungen abgewiesen› hatte. Doch konnten auch diese bald nach Hause zurückkehren, so dass schliesslich nur noch wenige zurückblieben, solche, deren Häuser zerstört worden waren, und andere, die genügend Geld besassen, um sich selbst verpflegen zu können, die also niemandem zur Last fielen. Nach etwa vier Wochen verliessen die letzten die Stadt, in der sie wider Erwarten so viel Liebe und Guttätigkeit empfangen hatten.
Die Mildtätigkeit Basels hatte damals nah und fern beträchtliches Aufsehen erregt. Wie dankbar und anerkennend diese humane Handlungsweise insbesondere von den Juden Deutschlands und Frankreichs aufgenommen wurde, beweist unter anderm der Inhalt eines von dem neuhebräischen Dichter Hartwig Wessely, einem Schüler Moses Mendelsohns, zu Ehren Basels verfassten und veröffentlichten, auch sprachlich wertvollen jüdischen Gedichtes. Noch im gleichen Monat August 1789 liessen die Juden des Elsasses in der Offizin von Wilhelm Haas dem Sohne in Basel ein besonderes Gebet drucken (in jüdischer und deutscher Sprache), welches, wie sein Titel besagt, ‹ein jeder Vorsinger an jedem heiligen Sabbat nach dem Gebett für den König … für die Wolfart der Löblichen Stadt Basel und ihrer Angehörigen mit Andacht zu betten hat›, und worin die durch die Stadt Basel ihnen erwiesenen Wohltaten verherrlicht werden und Gottes Segen für Regierung und Bevölkerung erfleht wird.»

Theodor Nordmann, 1926

*Titelvignette der Ordnung der Weinleute.
Gedruckt von Jacob Bertsche anno 1657.*

VII MORDE UND HINRICHTUNGEN

Gehenkter Jude wird getauft

«1374 ward zu Basel ein Jude gehenkt. Als er am 3. Tag begehrte, getauft zu werden, wurde er hängend (die Juden wurden nicht am Halse, sondern an einem Fusse aufgehängt) mit einer Gelte an einer Stange getauft. Auch das Sacrament wurde ihm an einer Stange gereicht. Als er am 10. Tag hernach noch lebte, ward er von etlichen adeligen Weibern herabgenommen, da die Würm in ihm gewachsen waren. Sie thaten ihm diese heraus mit Guffen und wuschen ihn mit Wein, damit er erquickt werde. Starb aber selbigen Tages und wart ze St. Peter begraben.»

Grössere Basler Annalen, p. 28 / Ochs, Excerpte, p. 223f. / Basler Geschichts-Calender, p. 13 / Gross, p. 50f. / Bieler, p. 727

Die beiden Gehenkten

«Ein Kieferknecht bestahl einen Wechsler zu Basel, Namens Petermann Agstein, und wurde 1380 zum Strange verurtheilt. Auf Ansuchen des Handwerks der Kiefer oder Böttcher sollte der Verbrecher nach der Hinrichtung vom Galgen genommen und zu St. Elisabethen begraben werden. Als dieses nach vollzogenem Urtheil geschehen sollte, machte der für entseelt gehaltne Cadaver im Sarge einige Bewegung, also dass man diesen öffnete, ihn ins Kloster führte und zum Leben wieder brachte. Kaum erfuhr Agstein die Wiederkehr des Lebens bey diesem Dieben, so rannte er wüthend in das Haus des eben sein Mittagmahl haltenden Scharfrichters und durchbohrte ihn mit seinem Schwerdt; worauf der Sage nach, des getödeten Henkers Körper in des Dieben Sarg gelegt worden ist.»

Lutz, p. 101f. / Gross, p. 54f. / Bieler, p. 728 / Ochs, Excerpte, p. 238 / Ochs, Bd. II, p. 452 / Grössere Basler Annalen, p. 27f.

Das Konzil erbittet Gnade für einen getauften Juden

«Um euch Bericht zu geben von weiteren Dingen, die sich ereignet haben, melde ich, dass in Basel zwei deutsche Juden als Diebe eingesetzt wurden. Sie wurden sogleich auf die Folter gespannt und bekannten, das Verbrechen begangen zu haben. Und nachdem ihnen Frist zu ihrer Vertheidigung, wie es Brauch ist, gegeben war, wurden sie vielfach aufgefordert, Christen zu werden und nicht wie das Vieh zu sterben. Am Ende bekehrte sich einer von ihnen und liess sich taufen. Als die Zeit da war, wo sie sterben sollten, wurden sie ins Rathhaus geführt, und da wurde ihnen, wie es Brauch ist, ihr Verbrechen vorgelesen und sie in der Weise verurtheilt, dass der, welcher Christ geworden war, an die Richtstätte hinausgeführt und ihm der Kopf abgeschlagen werden sollte; der Jude dagegen sollte an den Füssen aufgehenkt und ein Hund neben ihn gehenkt werden. Darauf wurden sie unter dem Zulauf unzählbaren Volkes hinausgeführt. Auf der Richtstätte angekommen, fiel derjenige, welcher Christ geworden war, auf die Knie nieder; als aber der Meister seines Amtes walten wollte, spie der Jude dem Christen ins Gesicht. Darauf verband der Meister dem Delinquenten das Gesicht und schlug ihm mit dem Schwert den Kopf ab. Darauf trat er zu dem Galgen, der dreieckig war und auf drei aus Hausteinen hoch aufgemauerten Säulen stand. Es hingen schon mehrere Delinquenten in Ketten daran. Als der Jude an die Leiter geführt worden war, fragte man ihn nochmals, ob er Christ werden wolle. Er aber blieb fest und hartnäckig bei seinem Glauben. Zuletzt wurden ihm beide Füsse zusammengebunden und er an einem Strick auf den Galgen hinaufgezogen. Da wurde eine Kette fest an seine Füsse gelegt. Dann wurde ein gewaltig grosser Hund, ebenfalls an den hintern Füssen gebunden und an den Galgen gehängt, hinunter gelassen. Der Hund fing an, in sehr gefährlicher Weise nach ihm zu beissen. Der Jude schrie nach Moses, Abraham, Jakob und nach allen seinen Leuten, dass sie ihm hülfen. Und ein Mönch, der unten an der Leiter stand, ermahnte ihn, Christ zu werden. So blieb er bis 22 Uhr. Und da er inne ward, dass seine Propheten ihm nicht halfen, fing er an, an unsern Glauben zu denken, und hob an, unsere liebe Frau um Hilfe anzurufen. Plötzlich ereignete sich ein offenbares Wunder: der Hund that ihm nichts mehr zu Leide und hielt sich ruhig. Dies bemerkend, rief der Jude nach dem

ציון הלז לראש ר׳ יצחק
ב׳ ר׳ ברכיה הצרפתי
הנפטר בשם טוב ונקבר
יום ד׳ המרחשון ע׳ ה׳
לפרט נוחו כגן עדן עם
שאר צדיק׳ עולם א׳ א׳ א׳ ס׳

Dieser Stein stehet bey Haupt Rabbi Isaacs des Sohns Rabbi Barachiä aus Frankreich, der gestorben mit einem guten Namen und begraben. Am vierten Tag des 5ten Marchsevan (d. i. Weinmonat) An. 79. nach der mindern Zahl. Seine Ruhe seye im Garten Eden, bey denen übrigen Gerechten ewiglich, Amen, Amen, Amen, Sála.

Ich weiß wol, daß noch mehrere schöne und leserliche jüdische Grabsteine in Basel anzutreffen sind. So hat z. Ex. der vornehme und berühmte Antiquarius, Hr. Isaac Merian, vor einigen Jahren, ein schönes Stuck ab dem innern Stadtgraben, mit Hoher Bewilligung, wegnehmen, und in seinen Garten oder Hause bringen lassen. Der mir im Leben theuergeschätzte Freund und Gönner, Hr. Matthäus Merian, *Diacon* zu St. Theodor, und *Senior* des Hochw. *Ministerii Basil. in Urbe & Agro*, schriebe mir den 18ten Winterm. 1761. folgendes: „Da seit kurzer Zeit, auch auf unserm St. Leonhards-Gra-„ben, wiederum eine leserliche Grabschrift, mit einer jüdischen Inscription ent-„deckt worden, die sich villeicht auch in die Schweitzerische Juden-Chronick „schicken wurde, als habe dieselbe zu übermachen nicht ermangeln wol-„len.“ ꝛc. ꝛc. Ich weiß ferner, daß Hr. Prof. Joh. Henr. Bruckerus, seiner gelehrten Vorrede der Scriptorum Rer. Basil. Minor. Vol. I. ein schönes Monumentum Judaicum einverleibt hat. Ich sage: Ich weiß wol, daß noch schöne jüdische Grabsteine, ausser denen bereits specificirten, in Basel anzutreffen sind, allein wir wollen den Gen. Leser damit länger nicht aufhalten, zumalen das Angebrachte zu unserm Zweck genug seyn mag.

< *Turbulenter Totentanz um eine junge Frau, welche das nahende Lebensende nicht wahrhaben will. Feder- und Tuschzeichnung von Hieronymus Hess. 1824.*

«Von den Grabsteinen der Juden.» Aus Johann Caspar Ulrichs Sammlung Jüdischer Geschichten. 1768.

Mönch und sagte: Ich will durchaus ein Christ werden, ich bitte euch, schaffet, dass ich die Taufe empfange. Der Mönch sagte: Gedulde dich, ich will schon machen, dass du getauft wirst, aber darum wirst du von hier nicht loskommen, du musst sterben. Der Jude antwortete: Ich bin zufrieden, wenn ich nur die Taufe empfange. Und als dies den Landesherrn bekannt gemacht wurde, schickten sie sogleich den Henker, dass er den Hund abnehme. Und so blieb der Jude die ganze Nacht unter den Vermahnungen und Tröstungen des Mönches und anderer Leute, die ihn im Glauben unterwiesen und ihm sagten: Glaube so und so. Und plötzlich streckte er seine Hand, frei von den Banden, zum Himmel auf. Der Henker, der auf dem Platz gegenwärtig war, verwunderte sich sehr, und erzählte am Morgen alles seinen Herren, welche ebenfalls sehr erstaunten. Ganz Basel lief hinaus, und sie fragten, wie die Sache sich zugetragen habe. Er antwortete: Er habe

Stätte des Grauens und der Verzweiflung, mit Baselstab links am untern Bildrand. Federzeichnung von Urs Graf. 1541 von Meister H.R. kopiert

von ganzem Herzen sich Gott befohlen, und plötzlich sei seine Hand losgeworden. Der Mönch begab sich zum Legaten und bat ihn, er möchte sich bei den Herren verwenden, dass sie ihn sterben und nicht in dieser Weise leiden liessen. Der Legat schickte seinen Diener zu dem Bischof von Lübeck, dem Gesandten des Kaisers, bei dem sich gerade auch der Erzbischof von Londra befand. Als derselbe seine Botschaft ausgerichtet hatte, antwortete der Bischof: Vielmehr will ich dahin wirken, dass er am Leben bleibe, und ihm das Leben retten. Und so beschlossen sie, nach dem Dekan von St. Jago de Compostella zu schicken, einem der Gesandten des Königs von Spanien, und dem Abte von Zerotto, dem Gesandten des Herzogs von Mailand, und so begaben sich alle vier zu den Herren von Basel, und baten sie um Gnade im Namen ihrer Herrn und des Concils. Die Herren sagten, sie wollten sich darüber berathen. Und sie versammelten sich und hatten darüber eine lange Verhandlung. Zuletzt wurde beschlossen, ihm Gnade widerfahren zu lassen, unter der Bedingung, dass er binnen acht Tagen aus dem Lande weiche. So wurde er um die neunte Stunde heruntergenommen und in das Haus des Bischofs von Lübeck gebracht.» 1435.

Gattaro, p. 52ff.

Der Basler Nachrichter Hans und sein Weib

«Im Jahre 1445 bat Bischof Friedrich von Basel den Rat der Stadt, ihm ihren Nachrichter zu leihen. Der Rat sagte zu, und so ritt denn Meister Hans Krämer in Begleitung eines bischöflichen Amtmanns nach Delsberg und vollzog dort seinen Auftrag. Auf dem Heimweg wurden die beiden bei Pfirt von Reitern Peters von Mörsberg überfallen; den Amtmann liess der Raubritter bald wieder ziehen, den Scharfrichter dagegen legte er in hartes Gefängnis, liess ihn foltern und verlangte für seine Freigabe ein hohes Lösegeld. Die Gemahlin des Gefangenen gab sich alle Mühe, ihm zu helfen. ‹Tag für Tag ging sie dem Bürgermeister, dem Zunftmeister, den Ratsherren nach auf das Rathaus, zu ihnen heim, in die Trinkstuben und mahnte und bat ...› Der Bürgermeister Arnold von Rotberg schlug sie mit der Faust ins Gesicht und antwortete ihr schnöde: Was Ehre hätten er oder die Stadt, wenn sie einen Henker aus dem Turme lösten? Und was für Schande hätten sie, wenn sie ihn darin verfaulen liessen? Die andern Herren versprachen Hilfe, liessen aber die Sache liegen. Als man inzwischen in Basel selbst einen Nachrichter brauchte, lieh man sich einen aus Bern, und schliesslich stellte man kurzerhand einen neuen an. Auf erneute Klagen der armen Frau beschloss der Rat, damit man des Geschreis abkomme, einen Boten nach Pfirt zu senden, und wenn der Gefangene noch lebe, so wolle man die 100 Pfund Lösegeld zahlen. Aber es war zu spät. Der

Henker von Basel war inzwischen an seinen Verletzungen gestorben. Das Gesuch der Witwe um ein Pfund Pfennig für ein christliches Begräbnis wurde abgeschlagen, ja man zwang sie sogar, mit ihren zwei unmündigen Waisen die Amtswohnung zu räumen.»

Lötscher, 1969/Anno Dazumal, p. 205ff.

18 Gefangene erleiden den Feuertod

«Sonntag vor Weynacht 1474 wurden sechszig Welsche und fünf vom Adel, die man in der Schlacht vor Hericurt gefangen, nach Basel gebracht, und eingelegt. Gemeine Bundsstände hielten hier eine Tagsatzung. Ein förmlicher Criminal-Prozess wurde wider die Gefangenen angestellt. Ob man die Folter gebrauchte, wird nicht gemeldt. Sie bekannten, dass sie gestohlen, geraubt, gemordet; dass sie Knaben geschändet, Weiber auf mancherley Weise gemissbraucht, und ihnen die Schamtheile zugenähet; dass sie die Kirchen beraubt, das heilige Öhl auf die Erde geschüttet, das Sakrament mit Füssen getreten hätten. Achtzehen derselben wurden am nächsten Sonnabend vor dem Steinenthor verbrannt. Ein solches Verfahren wider Kriegsgefangene mag eine doppelte Absicht gehabt haben. Es sollte den Feinden künftigs zur Warnung dienen, den Krieg als Menschen und nicht als Ungeheuer zu führen; dann musste es, durch die gerichtliche Bewährung der begangenen Greuelthaten, und das feyerlich erneuerte Andenken an dieselben, theils die ergangene Kriegs-Erklärung rechtfertigen, theils das Volk zur Fortsetzung des Kriegs anfeuern, seinen Muth in Rachbegierde, und seine Rachbegierde in Wuth verwandeln.»

Ochs, Bd. V, p. 277f./Wieland, s. p./Baselische Geschichten, II, p. 3

Vierfacher Mord

«Im Jahr 1475 im Hause zum Sternen bey der Blum, wurden ein altes Weib, ein alter Mann, eine Magd und ein Jung erwürgt. Der Mord blieb bey drey Tagen verborgen, bis die Kuh vor Hunger und Durst sehr gehäulet, und die Leute darauf in das Haus gestiegen waren. Dass so etwas in einer engen, gangbaren, bevölkerten Gasse, neben einem Wirthshause geschehen, und so lange unbemerkt bleiben konnte, beweist, dass damals die Leute sich nicht so sehr wie heut zu Tage, um jeden Schritt und Tritt der Nachbaren bekümmerten.»

Ochs, Bd. V, p. 225f./Bieler, p. 730/Wurstisen, Bd. II, p. 475/Gross, p. 121

Greulicher Mord zu Basel

«Im Sommer 1532 verging in der Statt Basel ein greulicher und schröcklicher Mord: Ein achtbarer Kaufmann (Christoffel Baumgartner), an der Freyen-Strass bey dem Kaufhaus wohnhaft, hatte eines Burgers züchtige Tochter zum Eheweib. Daneben hatte er auch einen jungen Knaben erzogen und diesen zum Ladendiener angenom-

Der Todt zum Mahler.

HAns Hug Klauber laß Mahlen stohn/
Wir wöllen auch jetztmals darvon:
Dein Kunst/ Müh/ Arbeit/ hilfft dich nüt/
Wann es geht dir wie andern Leüt:
Hast du schon grewlich gmacht mein Leib/
Wirst auch so gstalt mit Kind und Weib:
Hab GOTT vor Augen allezeit/
Wirff Bensel hin/ sampt dem Richtscheit.

Der Mahler. Mein GOtt du wöllest bey mir stohn/ Dieweil ich auch muß jetzt darvon: Mein Seel befihl ich in dein Händ/ Wann die Stund komt zu meinem End/ Und der Todt mir mein Seel außtreibt/ Verhoff doch mein Gedächtnuß bleib/ So lang man diß Werck haltet schon: Behüt euch GOtt/ ich fahr darvon.

Wie seine Frau und sein Kind, so vermag sich auch der Maler Hans Hug Kluber, der 1568 den Totentanz der Prediger erneuert hatte, dem Gang in die Ewigkeit nicht zu entziehen. 1724.

men. Als der Knab einen Meyen ab der Gasse für die junge Frau heimbrachte, hatte der Kaufmann einen grossen Unwillen und Argwohn auf sein Eheweib und auf den Diener. Der erzürnte Kaufmann trachtete darob auf eine abscheuliche und unnatürliche Rach und versetzte an einem Sonntagmorgen seiner arbeitsseligen Frau zwey Stich, den einen in die Gurgel, den andern zum Herzen. Auch einen gleichen Streich seinem jungen, von ihm erzeugten Töchterlein, das seinem Vater im Angesicht gleich sah, an das Herz. Dann legte er die unschuldige Creatur in der Mutter Schoss und bedeckte beyde mit einem Laden. Danach eylte er auf den obersten Theil des Hauses, that seinen Hut, samt Gürtel und Schuhen, von sich, vollführte jämmerliche, scheussliche Gebärden und ergellte von obenherab. Dann nahm er einen ganz schröcklichen Sprung auf die Gasse herab und blieb zerschmättert und tot liegen. Die Mutter samt ihrem Kind wurden in ihrer unschuldigen Pein sehr beklagt und christenlich zur Erde bestattet. Der Mörder hingegen wurde mit Urtheil und Recht, als wäre er lebendig, auf einen Schlitten gebunden, an die gewöhnliche Richtstatt geschleift, durch glühende Zangen gepfetzt, mit dem Rad gebrochen, in ein Fass geschlagen, über die Bruck hinab geschmissen und dem Rhein befohlen.»

Stettler, p. 57f. / Wieland, s. p. / Scherer, p. 10 / Ochs, Bd. VI, p. 487 / Baselische Geschichten, II, p. 7 / Linder, s. p. / Ryff, p. 140ff. / Rathsbücher, p. 98f. / Ochs, Excerpte, p. 269ff. / Buxtorf-Falkeisen, 2, p. 13ff.

Frau in Mannskleidung gerichtet

«1537 wurde bei der Salmenwag am Horn eine Frau in Mannskleidung ertränkt. Diese Person hatte sich in diesem Anzuge etliche Jahre lang in der Markgrafschaft unentdeckt an verschiedenen Orten aufgehalten, gewerkt und gedient, bald als Bauernknecht, bald als Drescher. Endlich vermählte sich sogar eine saubere Landestochter mit ihr. Da dieselbe aber nur böse Tage in dieser Lage erleben musste und immerwährend Grobheiten und Schlägen ausgesetzt war, so hielt man dafür, der Mann habe keine Neigung und Liebe zu ihr. Endlich lief die Person mit lüderlichen Gesellen der Prasserei und dem Spiele nach, bis sie eines Tags auf einem Diebstahl ergriffen und auf Rötelen gefangen gesetzt ward. Da endlich, als sie gefoltert und gestreckt wurde, kam die Wahrheit an Tag, und Diebstahl und Betrug fanden, wie oben steht, ihren Lohn.»

Buxtorf-Falkeisen, 2, p. 41f. / Ryff, p. 150 / Linder, s. p.

Schauderhafter Mord in Bettingen

«Während am Sonntag, den 30. August 1545 aus einem Hause in Bettingen die Mutter sammt einer Tochter bereits auf dem Wege zur fernen Kirche war, geleitete der Vater die andern bis zum Berge hintennach. Als er wieder nach Hause kam, fiel ein Strassenräuber über ihn her und versetzte ihm mit einem Karste so schwere Kopfwunden, dass das Gehirn sich ausgoss und der Unglückliche todt zusammenstürzte. Solch unverhofften, jähen Todes musste die brave Familie den guten Vater verlieren! Der Mörder brach dann ins Haus ein, versuchte mit einem Eisen den Kasten zu öffnen. Doch das Eisen brach entzwei und der Mörder warf sich, ohne Raub, sich in Weiberhüllung steckend, in die Flucht und in ein Rebversteck. Seiner waren jedoch die beiden Dorfwächter gewahr worden und ins Haus eingedrungen, wo sie den Vater in seinem Blute liegend fanden. Dann machten sie Jagd auf den Mörder in den Reben, erspähten ihn aber nicht. Indessen wurde es Abend. Da kam in Hast zu den Schiffern an der Rheinfähre bei Bertliken ein Mann gelaufen, der mit ängstlichem Benehmen übergesetzt zu sein verlangte. Den Wächtern an der Fähre, die um sein Hersein und Herkommen fragten, gab er vor, er sei von Liestal. Jetzt sah man eilenden Schrittes zwei Männer nahen; es waren die Dorfwächter von Bettingen. Bei ihrem Anblick stürzte sich der Flüchtige bis an den Hals in den Rhein, war indess bald heraus geholt und nach

Oben: «Hier ist die Tanne gezeichnet, zu welcher in den ältesten Zeiten schon eine Strasse durch den kleinen Wald (rechts oben im Bild) an dem nunmaligen Spalenberge hinauf gieng.»

Unten: Engel, Basilisken, Wilde Männer und Löwen als Schildhalter des Basler Wappens. Kupferstich von Emanuel Büchel. 1765.

Grenzach geführt. Da entdeckte man denn bei der genauern Untersuchung Blutflecken im Gesicht und an den Ohren, sowie auch am Oberkleid. Gleichwohl läugnete er die That. Als er dann nach dem Röteler-Schloss gebracht und genauer verhört ward, ergab es sich, dass er vor zwei Jahren in Weil Einen erstochen habe.»

Buxtorf-Falkeisen, 2, p. 79f.

In rasender Wut grundlos getötet

«Der Basler Bürger Werner Lützelmann ist anno 1545 im benachbarten Dorf Grenzach von einem Bauer, dem er nicht die geringste Ursache oder Veranlassung zum Mord gegeben hatte, ohne alles sein Verschulden beim Verrichten seiner Notdurft getötet worden. Dieser Bauer, Hans Ditzenbacher, war beinahe rasend und sagte immer wieder: ich ruhe nicht, bis ich in dieser Nacht einen Basler umgebracht habe. Obwohl Basel dann die Hinrichtung des Mörders durch das Rad verlangte, wurde dieser in Säckingen aus Gnaden nur enthauptet.»

Gast, p. 217

Tragische Begegnung

«Ein Hafner in der kleinen Stadt, der dem Gesellschaftshaus zur Hären gegenüber wohnte, hat sich 1546 erhängt, weil er im Rausch mit dem Henker gezecht hatte. Als sich dieser Hafner nämlich in seiner Betrunkenheit gerade an die Henker herangemacht hatte, sagte ein Henker zu ihm: Pass auf, Freund, dass du dir nicht schadest; wir sind unehrliche Leute und Henker. Darauf erwiderte der betrunkene Hafner, darum kümmere er sich nicht. Als ihn aber die Vorgesetzten seiner Zunft um 10 Pfund büssten und die andern Hafner ihm als einem unehrlichen Manne nicht mehr erlaubten, sein Handwerk auszuüben, begann der Arme an Schwermut zu leiden. Als seine Frau früh morgens aufgestanden war, blieb er länger als gewöhnlich im Bett, und als ihn daher die Frau wecken wollte, fand man ihn in einer andern Kammer an einer kleinen Stange aufgehängt. Darauf wurde er in ein Fass geschlagen und in den Rhein gestürzt. Trunkenheit raubt den Verstand, darum sollen sich alle frommen und ehrbaren Menschen davor hüten.»

Gast, p. 263ff.

Traurige Mordtat

«Eine traurige Mordtat ist 1546 in der Stadt verübt worden. Es war ein gewisser Kaplan zu St. Peter namens Niklaus, der dem Schulmeister der Schule zu St. Peter als sogenannter Provisor zu seiner Entlastung beigegeben war. Von der Morgenpredigt im Münster heimgekehrt, versuchte er, die Schwester seiner verstorbenen Frau, ein 18jähriges Mädchen, das seine Dienstmagd war und hauptsächlich dem Kind seiner verstorbenen Schwester zu lieb bei ihm ausharrte, dreimal zur Unzucht zu bereden. Als sie ihn jedoch abwies, fürchtete er, seine Schlechtigkeit könnte einmal andern Leuten zu seinem eigenen Nachteil bekannt werden, und er ergriff ein Messer und durchbohrte sie neben der Haustüre, als die Unglückliche entfliehen wollte. Er aber suchte sich durch Flucht zu retten oder eher, um der furchtbaren Strafe zu entgehen, sich im Rhein zu ertränken und stürzte sich beim Predigerkloster in den Rhein. Von den Fischern herausgezogen, entrann er aber und wurde beim Stadttor gefangen genommen und in den Kerker geführt. Einige Tage später wurde der unglückliche Nikolaus vor das öffentliche Blutgericht gestellt, wobei sein eigenes Bekenntnis verlesen wurde. Auf Grund davon wurde das Urteil über ihn gesprochen: er solle mit glühenden Zangen an 4 Ecken der Stadt am Leib gepfetzt und gemartert und darauf vor dem Tor auf dem Richtplatz mit dem Rad hingerichtet werden. Als er aber mit kläglicher Stimme bat, wurden ihm die Zangen erlassen, doch wurde er, wie es mit schweren Verbrechern zu geschehen pflegt, auf einer Schleife zum Richtplatz geschleppt, wo er das göttliche Erbarmen anrief und bei jedem Stoss schrie: ‹Erbarme dich, Gott, o Jesu, du Sohn Davids, erbarme dich meiner!› Endlich verschied er. Der Herr behüte uns vor Satans Einflüsterungen!»

Gast, p. 253ff. / Lötscher, p. 95f. / Buxtorf-Falkeisen, 2, p. 82f.

Verzweifelter Kerl

«1552 lag ein Dieb im Kerker, der, wie es heisst, eiserne Nägel verschluckt hat, um sich so selbst umzubringen; aber mit Hilfe eines Medikamenttrankes wurden sie wieder herausgebracht; es waren ihrer sechs. Der verzweifelte Mensch verdient eine sofortige Bestrafung und wurde denn auch geköpft. Er war ein sehr starker Kerl; erstens wollte er sich durch Hungern umbringen; zweitens, als er gefoltert werden sollte, und der Meister schon bereit

«Das älteste Siegel des Löbl. Standes Basel stellet vermuthlich die Hauptkirche der Stadt in ältesten Zeiten dar.»

stand, gab er vor, er sei an der Pest krank; aber als ihn die Totengräber auszogen, fand sich nichts davon vor. Drittens wollte er sich mit einer Glasscherbe die Kehle abschneiden, um sich zu töten; viertens verschluckte er, wie gesagt, eiserne Nägel. Ein verzweifelter Kerl!»

Gast, p. 417

Im Rebhaus erstochen

«Auf dem Rebhaus in Kleinbasel ist 1548 ein Mann beim Spiel von einem Mitspieler aus geringer Ursache erstochen und getötet worden. Der Täter entrann und entfloh.»

Gast, p. 357

Scharfrichter wirft das Tuch

«Den 9 Septembris anno 1559 wardt ein rebman gerichtet ze Basel, so man das Hapsenmenlin (Felix Hemmig) nampt, der zimlich alt war und by Riechen am rein, do ein gehürst (Gebüsch) ist, ein meitelin von sex jaren doselbst not gezwengt. Der wardt uf eim karren an den vier kreutzgassen mit feurigen zangen gepfetzt, darnoch hinuss gefiert, doselbst enthauptet, dass corpus in ein grab gelegt und im ein pfol durch den leib geschlagen und do zugedeckt mit grundt verbliben, wie vor jaren der Brabander furman auch gerichtet worden. Der nachrichter meister Pauli felt (verfehlte) mit dem streich, alss er in köpfen wolt, huw in ze kurtz gegen den zenen und hackt im erst an der erden den kopf ab, warf das richtschwert von sich, verschwur, keinen mer zerichten; welches er auch hult (hielt), kauft ein pfrundt, wonet auf dem Barfusserblatz im hüslin bim brunnen under des helfers haus. Er gab sein richtschwert den herren, so noch im zeughaus. Sagt mir einmol, alss er kranck lag und ich zu im gieng, er hette im baurenkrieg (1525) mer als 500 köpf mit abgehuwen. Schanckt mir ein goldgulden, den er domolen, wie er anzeigt, verdient hatt.» Felix Platter.

Lötscher, p. 354f. / Wieland, s. p. / Baselische Geschichten, II, p. 13f.

Kuhschweizer

«Es erhub sich 1560 ein unwillen zwischen der stat Basel und Rhinfelden volgender ursach halben. Ein burger von Rhinfelden, Ruchenacher genant, zecht vil molen in Basler gebieth mit den buren. Do er etwan böse wort außsties wider die schwitzer in gemein, nampt sy kiegschnier (Kuhschänder), ess were kein kalb im selben dorf, die buren hettens gemacht etc. mit anderen schmoch worten, so er oft dreib, wan er vol wardt. Kam derhalben in gfangenschaft, do er sich ussredet, ess were drunckener wyss beschechen. Wardt ledig, doch mit einer schweren urfecht (Verzicht auf Rache) gelassen. Do er aber nit nachlies und mit eim anderen uss dem selbigen dorf heilossen kunden sich verbundt, an eim Basler dise gfangenschaft zerechen und aber mit schelt worten und

«Der Ehr und Tapferkeit des Lucius Munatius, der Bürgermeister und Oberster Feld-Herr war, hat die Bürgerschaft zu Basel dieses Bildniss im Jahr nach der Geburt Christi 1580 aufrichten lassen.»

schweren (Fluchen) die urfeecht übersach, wardt er widerum gefangen gon Basel gefiert und verurtheilt, man solt im die zungen zum nachet (Hals) auszien, doch uss gnaden vorm Steinen thor sampt seinem gsellen enthauptet. Er hatt ein rot recklin an wie sein gsel und ein schön hut auff. Bekent, sein bös maul brecht in um sein leben. Begert auch, das Ave Maria zesprechen, das im ein herr prediger, der in dröstet, zuliess.» Felix Platter.

Lötscher, p. 366f.

Schwert und Strang

Wegen eines unbedeutenden Diebstahls von etwas Leder, wenigen Hausrats und eines vergoldeten silbernen Bechers sind 1561 zwei Fremde mit dem Schwert hingerichtet worden. Ein ebenfalls des Diebstahls bezichtigter hiesiger Säckler wollte die Schuld dem Weissgerber Georg Rugg zuschieben. Unter der Folter gestand der Säckler jedoch seinen Meineid, weshalb er, statt mit dem Schwert, mit dem Strang gerichtet und an den Galgen gehenkt wurde.

Wieland, s. p.

Brutaler Göttibub

«1565 ist in S. Albans-Vorstatt ein greulicher Mordt beschehen an Meister Andreas Hagen einem Buchbinder, seines alters 70 Jahr und an einer Jungfrauen, so ihme Haus gehalten, und vor wenig Tagen einem jungen Predicanten zur Ehe versprochen worden. Der Thäter hiess Pauli Schuhmacher, welchen Andreas Hag auss der Tauffe gehoben, und aufferzogen, ihne auch das Leinwetter-handwerck lehrnen lassen. Der gut alt Mann hat wol ein Schlang im Busen erzogen. Dann am Morgen früh, under dem Schein, als wann er ihne heimsuchen wolt, und er allein bey ihm war in der Stuben, da der alte zu Beth lag, mit einem Schärhammer, so an der Wand hieng, dem alten Mann an den Kopff geschlagen und ihne mit einem Messer vom Dägen gezogen erstochen. Als nun die Jungfrau, welche damaln droben in ihrer Kammern gewesen, widerum in die Stuben kam, und den Jammer sahe, schrey sie Mordt, und will widerum zur Stuben hinauss fliehen. Da ergriff sie der Mörder, gab ihro mit dem Schärhammer wider das Haupt einen solchen Sträich, dass das Eisen vom Stihl wegfuhr, richtet sie hernach mit etlichen Hertzstichen gar dahin. Hierauf beraubet der Mörder das Hauss: legt die Todten-cörpel zusamen, zohe den Stro-sack, und allerley Holtzwerck darüber, zündets an, in Meynung, als wann sie sonst verbrunnen und erstickt wären. Hiemit machte er sich darvon. Der Rauch dringet zu den Fenstern hinauss. Nach etlichen Tagen erfuhr man, wie dieser Paul einem Priester zu S. Bläsi im Suntgau 8 silberne Bächer um 18 Pfund versetzt habe, der liess es denen von Basel kundt thun. Die Bächer wurden erkandt: der Mörder zu Hagenthal ergriffen, und gen Basel gebracht. Welcher anfänglich geläugnet, aber endtlich dise erschrockliche Misshandlung bekennet. Under anderem sagte er: dass er, als ihme der Satan solches in Sinn gegeben, und kein Ruh gelassen, lang nichts gebätten habe. Desswegen er lebendig auf ein Rad geflochtet, stranguliert, und mit Hartzringen geträufft oder gebrendt, und hingerichtet worden.»

Gross, p. 204ff. / Criminalia 21 S 6 / Wurstisen, Bd. II, p. 687f. / Ryff, p. 171f. / Ochs, Bd. VI, p. 484ff. / Buxtorf-Falkeisen, 3, p. 54ff.

Geistlicher Totschläger

«Der Pfarrer zu Bretzwyl, Hans Hutmacher, beging 1566 einen Todtschlag an einem Bauern von Reigoldswyl. Ein Strafgericht an der Wasserfalle, wurde über ihn gehalten, und dieses Gericht erkannte ihn ledig, doch mit dem Anhang, dass er im Baselgebiet nicht mehr predigen sollte.»

Ochs, Bd. VI, p. 484 / Buxtorf-Falkeisen, 3, p. 56ff. / Wieland, s. p.

Vier Hinrichtungen in einer Stunde

«Den 28. Juli 1567 wurden in einer Stund ihren Vieren die Köpf abgeschlagen.»

Wieland, s. p.

Gottesurteil

«1567 fand man im Birsigloch beim Kornmarktbrunnen ein neugeborenes Kind. Seine Mutter war Amalia von Lübeck, die das Kind bei ihrer Schwester Mann gezeugt hatte. Man hat sie gefänglich eingezogen und erkannt, dass sie lebendig vergraben werde. Es wurde aber solcher Tod von den Pfaffen abgebätten, weshalb sie zum Tod durch Ertränken verurteilt wurde. Als auf der Rhein-

Darstellung des 1565 von Paul Schuhmacher in der St.-Alban-Vorstadt verübten Doppelmordes.

«Do man zalt von Gottes Geburt MCCCCXVII (1417) Jare, am fünfften Tage Höwmonats, verbrunnen ze Basel me dann fünff hundert Hüser. Darnach über zwey Jar wart der Böswicht gevangen, der das getan hat.» Faksimile aus Diebold Schillings Spiezer Bilderchronik.

Oben: Durch die Einwirkung mystischer Kräfte wird ein Mädchen vom Tode erweckt. Radierung von Daniel Burckhardt-Wildt. 1789.

Unten links: Ein Faun erschreckt einen Pfarrer mit zwei Kindern. Lavierte Federzeichnung von Franz Niklaus König. 1796.
Unten rechts: Die Scheidung der Seligen von den Verdammten. Ausschnitt aus der dreiteiligen Zeichnung von Martin Schaffner.

Das Jüngste Gericht. Ausschnitte aus der dreiteiligen Zeichnung von Martin Schaffner. Links die Seligen. Rechts die Verdammten. Um 1500.

Die Krönung des Papstes Felix V. durch Kardinal Ludwig d'Alemand vor dem Münster. 1440. Lavierte Bleistiftzeichnung von Albert Landerer.

Im Sommer 1284 empfing Basel König Rudolf von Habsburg, was Anlass zu einem prunkvollen Hoftag mit Bischöfen und Fürsten, Rittern und vornehmen Geschlechtern gab. Aber auch die Bevölkerung nahm lebhaften Anteil an den Festlichkeiten. Bleistift- und Pinselzeichnung von Ludwig Adam Kelterborn.

«Diser Umbzug ist im Friden angefangen und auch vollendet von 120 Man … hatten zu verschiessen 9 Silber goben, darunder 2 Becher und ein vergilten Leffel. Dieser Schiessent bestundt in 4 Schitzen und zog in die Statt und liess sich mit den goben Sechen und zog auff die Zunfft und nam ein frindtliche Mahl-Zeit.»
Ausschnitte aus dem Glasgemälde E. E. Zunft zu Schneidern von 1693.

Der Bundesschwur von 1501 vor dem Basler Rathaus mit Bürgermeister Peter Offenburg und Gesandten der eidgenössischen Orte. Lavierte Bleistiftzeichnung von Hieronymus Hess. 1845.

Das Laubhüttenfest (jüdisches Erntedankfest, das jeweils Anfang Oktober gefeiert wird). Aquarell von Hieronymus Hess. 1831.

bruck die Exekution erfolgte, sang sie ‹Aus tiefer Noth›. Darauf hat sie der Scharfrichter zusammengebunden und in den Rhein geworfen. Doch kam sie beim Thomasturm unten lebendig wieder heraus. Hierauf wurde sie begnadigt und verheiratet.»

Wieland, s.p./Baselische Geschichten, II, p. 17

Viel Arbeit für den Henker

«Den 20. Oktober 1571 wurden zwei Männer mit dem Schwert gerichtet, weil sie vor dem Spalentor einem Bauern mit Gewalt sein Geld abgenommen hatten. Den 29. November wurden wieder zwei Männer enthauptet. Der eine hatte Feuer eingelegt, der andere wegen gräulicher Gotteslästerung. Diesem ist noch die Zunge ausgeschnitten und samt dem Kopf auf einen Pfahl gesteckt worden.»

Wieland, s.p.

Zwei Hinrichtungen

«1571 hat man zwen gerichtet mit dem Schwert und dem einen die Zung noch ausgeschnitten, an ein Stang genegelt und das Haupt auf die Stang gestecket vor dem Steinenthor. Der hat Gott im Himmel geflucht.»

Luginbühl, p. 119

Des Henkers Tod

Angezettelt durch einen Jacob Boltz, der gegen Georg Vollmer von Schaffhausen «grobe, unzüchtige Wort ausgestossen», entspann sich 1572 ein wilder Streit. In dessen Verlauf fand der ehemalige Basler Scharfrichter Wolf Käser den Tod: Vollmer hatte «ein Messer gezückt und dasselbe dem gewesenen Nachrichter uff der linken Siten, glych unter dem Büpplin, in das Hertz gestossen, also das er sollichen Stichs hat sterben müssen». Obwohl Vollmer versicherte, die unglückselige Tat sei während eines Trinkgelages ohne Vorsätzlichkeit geschehen, was ihm sehr leid tue, wurde er «glych anrucks mit dem Schwert, und was darzu gehört, vom Leben zum Tod gerichtet».

Criminalia 21 V 1

Massenhinrichtungen

Im Juni 1590 wurden «fünf Verräthern ihre Köpf abgeschlagen und die Körper geviertheilt. Ihre Namen waren Martin Stern, Caspar Dallmann, Michel Motter, Conrad Luderer und Hans Baumann. Alle waren Bürger. Schon am 17. zuvor sind 26 Soldaten auf dem Platz vor der Kirche mit dem Schwert gerichtet worden, welche den verrätherischen Bürgern in ihrem Vorhaben geholfen worden. Am 1. Juli sind wieder sieben Bürger enthauptet worden.»

Wieland, s.p.

Mit der Axt erschlagen

Ein ruchloser Mord trug sich 1581 bei der kleinen Kapelle vor dem Aeschentor zu (heute St.-Jakobs-Denkmal). Ein ahnungslos des Weges ziehender Priester, Melchior Sträber von Sursee, wurde vom Wagner Bernhard Gnöbelin «mit einem Beyl ins Haubt oberhalb dem rechten Ohr durch die Hirnschale und das Hirn hinein verwundet, als dass er solicher Wunden hat miessen sterben».

Criminalia 21 G 4/Gerichtsarchiv A 89, p. 351

Jude lässt sich vor der Hinrichtung taufen

1591 «liess sich ein Jude, der zu Rheinfelden gehenkt werden sollte, noch unter dem Galgen taufen».

Wieland, s.p.

Verhindertes Ertrinken bei vier Frauen

«Zunächst hatte der Gehilfe eines Eisenschmieds die beiden Töchter seines Lehrherren, zwei Schwestern, geschändet, wodurch beide schwanger geworden waren. Von ihnen heiratete er die eine, vernachlässigte aber die andere, die er auch mit der Hoffnung auf Heirat getäuscht hatte. Deswegen in Gefahr, Unwillen zu erregen, wagte sie nicht, ihren Eltern ihre Zwangslage zu eröffnen und simulierte, dass ihr Bauch infolge von Wassersucht anschwelle, und verheimlichte die Sache so lange, bis sie in der Nacht allein auf ihrem Lager in ihrem Bett ein lebendes Kind zur Welt brachte. Dieses erstickte sie, damit es nicht durch einen Schrei das Geschehnis verriete, indem sie ihre Hand vor seinen Mund legte. Später trug sie es aus dem Hause und warf es fort. Als sie aber ertappt worden war und das Verbrechen bald gestand, wurde sie zum Tode verurteilt und von der Rheinbrücke, an Füssen und Händen hart gefesselt, vom Henker in den Fluss hinabgeworfen, damit sie dort ertränkt würde. Eine Viertelstunde ungefähr war sie aber unter Wasser so, dass sie nicht erblickt werden konnte, trieb hin im Fluss bis zu einer bestimmten Grenze ausserhalb der Stadtmauern, wo man nach alter Sitte solche Weiber wiederum tot oder lebend herauszuziehen pflegte. Sie wurde dort von Leichenträgern gemeiner Leute herausgezogen und begann wieder zu atmen und zu sich zu kommen. Ich nahm sie später in Augenschein. Sie war von der Kälte fast getötet. Durch ‹Malvaticus› und ‹Confectiones› stellte ich sie wieder her und gab ihr die Gesundheit wieder. Späterhin heiratete sie einen Mann und schenkte mehreren Kindern das Leben, und sie lebt heute noch, nachdem seit jener Zeit ungefähr sechsundvierzig Jahre verflossen sind.

Der Ursache dieses Vorfalls aber spürte ich recht sorgsam nach und forschte nach den Einzelheiten. Es stellte sich schliesslich heraus, dass folgendes die Ursache sei: Aus Todesfurcht, als sie den Rhein erblickte, und wegen des Sturzes, als sie von der Brücke heruntergeworfen wurde, wurde sie natürlich ohnmächtig. Es kam dazu, dass jene

Bewusstlosigkeit ihr nützlich war und dass sie über den Strick, der mit einer Blase an ihr festgeschnürt war, fiel und ihr Gesicht verletzt hatte, wie später aus einem Striemen zu ersehen war. Infolge dieser Erschütterung erlitt sie eine noch tiefere Ohnmacht, die so lange andauerte, als sie in dem Fluss eingetaucht war und zu der Stelle trieb, wo man sie aus dem Flusse zog. Dort kam sie zu sich und war der Meinung, dass sie soeben von der Brücke gefallen sei, wie ich aus ihrem eigenen Munde hörte.
Im zweiten Falle, der sich einige Jahre später, ohne Zweifel 1591, zutrug, wurde nämlich ein anderes Weib, eine Bäuerin, die ihren eben geborenen Sprössling erstickt hatte, mit der selben Todesstrafe bedacht und in den Rhein hinabgestürzt. Sie kam lebend wieder heraus, und das ging so zu, wie ich selbst beobachtet habe: Sie war mit einem Gewand aus schwarzem Leinenzeug umgürtet und mit Stricken in der Quere gefesselt; die Luft wurde unter dem Kleid zurückgehalten, weil, nachdem das Kleid nass geworden war, die Öffnungen sich leicht schlossen; das Gewebe schwamm wie Blasen, die Luft enthalten, auf der Oberfläche des Wassers. So hielt sie den Körper aufrecht und hob ihn in die Höhe, so dass sie nicht ins Wasser untergetaucht wurde, sondern unversehrt vom reissenden Fluss an das oben erwähnte Ziel getragen und lebend zum Hafen gebracht wurde. In einem dritten Falle geschah das selbe. Aus der gleichen Ursache stieg eine Frau, nachdem sie in den Rhein geworfen worden war, mit den Füssen, an denen mit einem Strick Blasen angehängt waren, nach oben auf und hob den Kopf heraus. So entging sie im Jahre 1600 dem Tode. Schliesslich geschah das ein viertes Mal im Jahre 1608. Eine Frau, die ich wegen einer Anschwellung der Gebärmutter gewarnt hatte, stritt alles ab, tötete die später geborene Frucht und wurde ebenfalls in den Rhein geworfen, damit sie ertränkt würde. Sie war vom Henker sehr stark gefesselt worden; nichtsdestoweniger gelangte auch sie zu dem Ziel ausserhalb der Stadt, das von der Brücke eine hinreichende Strecke entfernt war, wurde lebend herausgezogen und später in Freiheit gesetzt.» Felix Platter.

Buess, p. 130ff.

Göttliche Güte

Als Folge eines Schäferstündchens mit dem Sennen Hans Wolfer kam Margreth Rohrer von Buus mit einem Kindchen nieder. «Theils aus Furcht, theils aber aus Anreitzung des Bösen Geistes, erwütschte sie dann das Kindt beim Hälsli, deme es einen Finger ins Mäuli gestossen, damit es nicht schreyen konnte, und hat solches aus dem Haus getragen, erstickt, umgebracht und hinder eine Holtzbügi gelegt. Hernach hat sie sich wieder ins Haus begeben und es in der Kuchi in ein mit einer Haue gemachtes lang Grübli gelegt und begraben.» Zum Tod durch das Wasser verurteilt, wurde die Kindsmörderin 1601 zum Käppelijoch geführt, wo sie vom Scharfrichter mit verschnürten Armen und Beinen den reissenden Fluten des Rheins ‹übergeben› wurde. Durch ‹Gottesurteil› aber konnte sich die ledige Tochter im Wasser aus den Fesseln befreien und so lebend das rettende Auffangboot bei St. Johann erreichen. Nach geltendem Recht musste die Obrigkeit in diesem Falle Gnade walten lassen, weshalb der überglücklichen Margreth Rohrer «nichts anderes auferlegt wurde, als dass sie sich heim begeben und künftigs ehrlich verhalten solle».

Criminalia 20 R 1/Ratsprotokolle 7, p. 55ff.

Des Räuberhauptmanns von Entfelden Tod

1602 verfing sich im Netz der Basler Stadtwache ein feisser Fisch: Claus Jantz, der Räuberhauptmann von Entfelden. Plündernd, raubend und mordend war er mit seinen Gesellen durchs Land gezogen und hatte die

Szene einer Hinrichtung im Jahre 1553. Links neben dem Galgen ist ein aufgestecktes Rad zu sehen, auf welchem ein sogenannter Verbrecher gerädert wird.

Bevölkerung in Angst und Schrecken gejagt. Am Rhein aber erreichte ihn der Arm des Gesetzes. Strenge Verhöre und schmerzhafte Torturen liessen den hartgesottenen Schwerverbrecher windelweich werden, so dass er den Untersuchungsbehörden schliesslich nicht weniger als 29 Delikte zu Protokoll gab. Nahmen sich verschiedene Geld- und Kleiderdiebstähle wie der Einbruch in ein Schwyzer Sennenhaus, wo «drey Käss, zwo Ballen Ankken und drey Leib Brot» gestohlen wurden, noch verhältnismässig harmlos aus, so fiel beispielsweise die Brandstiftung des Aargauer Dorfes Wallis doch wesentlich schwerer ins Gewicht. Von unglaublicher Brutalität aber zeugten die Mordtaten, die Jantz mit seiner Räuberbande verübt hatte. Zwischen Lenzburg und Suhr wurde ein Mann umgebracht und seiner Barschaft beraubt, ebenso auf dem St. Gotthard, zwischen Aarau und Entfelden, bei Biberstein, oberhalb von Zürich, zwischen Zug und Baar, bei Frick, zwischen Burgdorf und Langenthal und zwischen Bern und Krauchthal. «Das Gelt, das er also bekommen, hat er alles mit gemeinen Weibern hindurch gerichtet und verthan!» Für diese Untaten kannte die Obrigkeit kein Erbarmen. Nur die schwerste Strafe konnte Sühne sein für den Räuberhauptmann Claus Jantz. Und so erkannte der Rat: «Der gefangen arme Mensch soll erschlagen und radgebrochen (auf das Rad geflochten), dann uff dem Rad mit Facklen gebrennt und endlich erwürgt werden!»

Criminalia 21 J 1/Ratsprotokolle 7, p. 187ff.

Ein grosser Mörder und Dieb

Mit einem aussergewöhnlich «bösen Bueb» hatten sich die Gerichtsbehörden 1605 zu beschäftigen: Mit Hans Rupp von Rothenfluh, dem nicht weniger als 112 Straftaten zur Last gelegt wurden, darunter Diebstähle, Betrügereien, Vergewaltigungen, Mord und Totschlag. Der in misslichen Verhältnissen aufgewachsene Rupp war «ein böser, muttwilliger, verrückter Mensch, der mit faulen Luontzen (Dirnen) und verdächtigem Gesindt umbeinander gezogen. Von einer Kilbi zur andern. Hat alda seine Zeit mit Spielen, Fressen, Sauffen und anderer Üppigkeit zugebracht.» Als der gefürchtete Unhold, zum Tod durch das Rad und den Strang verurteilt, «hinaus uf die Wallstadt geführt, hat er aller Dingen geleugnet. Ist us Geheiss des Reichsvogts wieder hinein uf den Eselsturm geführt und erst 2 Tag darnach mit dem Rad gerichtet worden.»

Criminalia 21 R 3/Ratsprotokolle 10, p. 93ff./Baselische Geschichten, II, p. 31f./Buxtorf-Falkeisen, 1, p. 9/Falkner, p. 26

Einflussreicher Hauptmann entgeht der Strafe

«Schmerzliche Eindrücke hat das Jahr 1602 den Einwohnern Basels hinterlassen müssen. Im April geschah, dass Hauptmann Johann Spyrer in der St. Alban bei dem Hohen-Dolder den jungen 24jährigen Bernet (Bernhard) Weitnauer, Sohn des Herrn Oberst Joh. Ulrich, der im Schloss zu Prattelen sässhaft war, erstach, und zwar vor dem Hause und den Augen seiner ihm zugelobten Braut, der Tochter des Herrn Nikl. Löffel, des spätern Landvogts auf Ramstein. Der Thäter konnte entweichen, stellte sich bei dem dritten Ruf zur Stühlung und wurde nach einer Thürmung von 61 Wochen wieder freigestellt, aber für zwei Jahre verwiesen. Diese That hatte nicht allein in Basel grosses Aufsehen gemacht, da Hauptmann Spyrer in der Eidgenossenschaft und in der Fremde viel Freundschaft und Ansehen genoss. Deshalb verwendete sich

Der Henker waltet seines Amtes und richtet eine «Sünderin» mit dem Schwert. Federzeichnung von Urs Graf. 1512.

nicht allein seine Verwandtschaft, sondern auch die Tagsatzung und selbst der französische Ambassador zu seinen Gunsten. Er wusste sich indessem im Verhör selbst auch gegen die wider ihn erhobene Leibs- und Lebensanklage, als sei seine That ein Akt der Selbstverteidigung und Nothwehr gewesen, eindrücklich zu vertheidigen.»

Buxtorf-Falkeisen, 1, p. 17f.

Kindsmörderinnen werden nun enthauptet

«1613 ward eine Weibsperson von Titterten wegen Kindsmords enthauptet. Solche Leuth wurden vorher in Basel ertränkt, welches also zugegangen ist: Die Kindsmörderinnen wurden nach gefälltem Endurtheil auf die Rheinbruck geführt. Dann wurden ihnen durch den Scharfrichter mit Stricken Händ, Arm und Füss zusammengebunden und ihnen 2 aufgeblasene Rindsblattern an den Hals und an die Füsse angehängt. So wurden sie (beim Käppelijoch) in den Rhein geworfen. Erreichten sie den Thomasthurm ohne ertrunken zu sein, dann wurden sie von den mitfahrenden Fischern ans Land geführt, und ist ihnen das Leben geschenkt worden. Woher dieses Privilegium gekommen ist, hat man nicht erfahren, dessentwegen es nun abgethan worden ist.»

Battier, p. 459

Mit Blut gezeichnet

Nachdem der Kleinbasler Rebmann Leonhard Ernst unter Mithilfe seiner Freundin seine Frau mit Gift umgebracht hatte, begab er sich abermals in den Stand der Ehe und zeugte wiederum Kinder. Wie nun seine zweite Frau im Kindbett des Todes ansichtig wurde, bekannte sie die scheussliche Mordtat. Ernst wurde eingezogen und nach gewaltetem Prozess enthauptet. Vor seiner Hinrichtung trat der «böse Vatter» noch ans Totenbett eines Kindes, das er ebenfalls vergiftet hatte, wobei diesem «das Blut über sein ganzes Leiblin herabgeflossen ist». 1613.

Battier, p. 459 / Buxtorf-Falkeisen, 1, p. 32 / Ochs, Bd. VI, p. 767

Neues Blutgerüst

«Zum ersten Male wurden 1616 zwei Übelthäter ‹auf dem neuen Wall oder Rabenstein vor dem Steinenthor› gerichtet, der eine, ein sechsfacher Mörder, von Aristorf, auf dem Rade. Der andere, kaum 16jährig, Hans Bürgi von Zegligen, hatte an 14 Orten schon Feuer eingelegt, das zu vier Malen ausgebrochen. Er wurde geköpft und mit dem andern zu Asche verbrannt.»

Buxtorf-Falkeisen, 1, p. 139 / Brombach, p. 697

82jähriger Sodomit hingerichtet

1617 ist «Hans Senn von Bennwil (Waldenburg) im 82. Jahr seines Alters wegen Sodomey enthauptet und verbrannt worden. Dieser hat freiwillig, ohne alle Tortur, bekannt, wie er im 72. Jahr seines Alters mit einer Gaiss zum ersten Mal widernatürliche Unzucht getrieben hatte. Hernach zehen Jahre nit mehr. Dann aber endtlich mit einer Kuh. Solle 20 Kindern Vater und Grossvater gewesen seyn.»

Brombach, p. 703f. / Battier, p. 460

Zu spät

1618 «ward eine Weibsperson aus Höllstein wegen Kindermords enthauptet. Die Frau hatte mit ihrer Tat eine aussereheliche Schwangerschaft verheimlichen wollen. Am Morgen, als man sie richten wollte, erschienen ihre Grossmutter und ihr Mann vor der Obrigkeit, um Gnade für sie zu erbitten. Es war aber zu spät. Also begleiteten sie sie bis zur Richtstatt.»

Battier, p. 460

Vornehmer Wiener hingerichtet

«1621 ward Mathias Janowitz von vornehmem Geschlecht aus Wien mit Rad, Strang und Feuer allhier hingerichtet. Er war nicht 20 Jahre alt. Hat 24 Diebstähl, 6 Bränd und 16 Mordthaten, unter denen ein schwangeres Weib aufgeschnitten und dem Kind Händ und Füss abgehauen, verübt und sich dem Teufel 20 Jahre lang ergeben.»

Battier, p. 461 / Buxtorf-Falkeisen, 1, p. 140

Schandbare Ehefrau

«Im Juni 1625 fiel zu todt des Anschlagers (in unruhigen Zeiten schlugen Anschläger [Torhüter] für jedes von ferne erblickte Pferd an eine Glocke) auf St. Albanthor schandbare Ehefrau, welche die Zeit ihres Lebens gottlos und über die Massen der Trunkenheit ergeben war, so dass sie eine ganze Maas Wein in einem Trunke ausleeren konnte. Was sie hatte, versetzte sie und liess dem Diebstahl und andern Lastern den Zaum schiessen. Herr Antistes Wolleb verkündete sie im Münster mit den Worten: ‹Es ist zu todt gefallen die, die ihr ganzes Leben lang gottlos gewesen, hat alle Vermahnung verachtet. Die wird man heut zu St. Alban begraben, und wird auch die Predigt dahin gerichtet werden, Andere für dergleichen abscheulichen Sünden und Laster zu warnen.› »

Buxtorf-Falkeisen, 1, p. 128 / Chronica, p. 37f.

Zwei schändliche Übeltäter hingerichtet

Anno 1627 sind «zu Basel zwey schändliche Übelthäter hingerichtet worden: Sylvester von Dulliken und Jacob Müri von Hölstein. Der erste ist wegen dreyzehn Mordthaten, elf Bränden, schändtlicher Sodomey mit Hunden, Gaissen, Eslen, Rossen und Kühen – und nicht nur weiblichen, sondern auch männlichen Geschlechts – und allerley Diebstahl gerädert und auf das Rad geflochten worden. Auf diesem verlangte er einen Schluck Wasser, doch ist ihm Wein gereicht worden. Dann ist er lebendig verbrannt worden. Dem andern sind mit dem Rad alle Glieder abgestossen worden, dann wurde er lebendig auf das Rad geflochten und auf demselben erwürgt. Schliesslich ist er mit seinem Gespanen zu Äschen verbrannt worden. Anderntags sind zu Hölstein durch den Scharfrichter fünf Kühe, so auf Unser Gnädigen Herren Alphöfen gestanden, mit welchen die Hingerichteten bestialiter gehandelt haben, verbrannt worden.»

Brombach, p. 694 / Richard, p. 120 / Buxtorf-Falkeisen, 1, p. 142f.

Überfall auf Basler

«Als 1634 die Basler Johann Wybert, Johann Jacob Battier und 5 andere von der Strassburger Messe über den Schwarzwald nach Hause reisen wollten, wurden sie in der Nähe der Kalten Herberge von schwarzwäldischen Bauern und Soldaten, die in Rottweil stationiert waren, angegriffen, ermordet und ausgeplündert.»

Battier, p. 468

Unchrist mitsamt dem Pferd verbrannt

Hans Ackermann von Zunzgen, «so unchristlich mit einer Stute gehandelt, ist 1634 vor dem Steinentor, unweit vom Rabenstein, vom Scharfrichter enthauptet, hernach auf die Scheiterbeige neben die Mähre gelegt und verbrannt worden.»

Hotz, p. 317

Miserabler Scharfrichter wird bestraft

1634 wurde Maria Holzer, die ihr von ihrem Schwager erzeugtes Kind ertränkt hatte, zur Richtstätte geführt. Zuvor hatte es sich begeben, dass es ihr «im Hinwerfen des Kindes in den Birsig fürgekommen ist, als wie ein Feuer von dem Kind aus dem Wasser herausschlage und ihr vor die Augen käme, dass sie davon ganz blind geworden ist. Als man sie deswegen in das Spital genommen hat, ist ihr das Gewüssen uffgewacht, so dass sie sich selber hat anklagen müessen.» Vor der von der Obrigkeit angeordneten Enthauptung der unglückseligen Frau hat ihr «Meister Thoma Iselin die Haube nicht recht aufgebunden, so dass diese beim ersten Streich wieder hinabgefallen ist. Als er ihr deswegen weder mit dem ersten noch mit dem zweiten Streich den Kopf hat abschlagen können, hat er mächtig angefangen zu zittern. So musste er das Schwert dem Meister von Hagen übergeben. Als dieser ihr einen Streich gethan, ist sie vom Stühlein gefallen und der Kopf ist ihr an der Haut hangen geblieben, so dass ihr endlich das Haupt abgesägt worden ist. Die Holzerin ist eine hübsche Weibsperson gewesen. Sie hat sich im Spital zweimal dem Teufel ergeben und sich erstechen wollen, doch sind jedesmal andere Weiber dazugekommen. Meister Thoma Iseli aber ist, weil er die Kindsmörderin nicht recht getroffen hat, von der Richtstätte in den Wasserturm geführt und mit 30 Gulden bestraft worden.» Schliesslich erfolgte umgehend seine Ersetzung durch Meister Conrad von Hagen.

Hotz, p. 296f. / Brombach, p. 689f. / Battier, p. 468 / Baselische Geschichten, II, p. 42

Unglückliche Hinrichtung

«1634 wurde in Basel ein von Wien gebürtiger Soldat enthauptet, der im Wirtshaus zum Schiff den Frenkendörfer Hans Weber erstochen hatte. Nach dem Mord zog ein Soldatenweib dem Entleibten den rechten Schuh aus und, ihm denselben unter den linken Arm legend, sagte sie, der Thäter werde nicht mehr weit laufen. Wirklich wurde derselbe im sogenannten Hurengässlein angehalten und auf den Spalenthurm gebracht, um bald hingerichtet zu werden. Der Henker, der von Schaffhausen berufen worden war, musste 5 Streiche thun. Er sagte, dergleichen sey ihm noch nie begegnet, der Richtplatz müsse nicht just (eben) seyn. Man hat wahrgenommen,

Eine Bürgerin beweint die Festnahme ihres Mannes durch Stadtknechte. Radierung von Hans Heinrich Glaser. 1634.

dass es andern Scharfrichtern auch so ergangen ist. Daher hat man nachgehends vor dem Steinenthor neben der Kopfabheini gerichtet.»

Basler Chronik, II, p. 88f. / Buxtorf-Falkeisen, 1, p. 96

4 Basler grundlos erschossen

1634 «hat sich ein trauriger Fall begeben, indem vor dem Spalentor ein Pfaff, ein 14jähriger Sohn, des Spitalschäfers Knecht und ein schöner junger Knab von den Schweden ohne Anlass erschossen wurden».

Hotz, p. 265

Vor Malefizgericht

«Matthias Falkeysen, der Spitalschmied, ersticht am 12. Mai 1634 auf dem Heimweg von einer Hochzeit zu Riehen einen neugeworbenen Basel-Soldaten beim nüchteren Brünnli. Er entschuldigt die That als eine Nothwehr und wird von der ‹Freundschaft› losgebeten. Er gab nämlich der Wittwe (seine Gefangenschaft hatte bei acht Monaten gewährt) 100 Kronen, dem Spital 200 Pfund. Doch durfte er zwei Jahre kein Gewehr tragen und keine Zunft noch Gesellschaft besuchen, auch die Wachten musste er durch Lohnwächter versehen lassen. Eine über diese Sache gepflogene Malefizgerichtssitzung in der Kleinen Stadt: ‹23. Juli ist Mathis Falkeisen in der Kl. Stadt das erste Mal für das Malefizgericht (Strafgericht) gestellt worden. Vor dem Richthaus hinaus sind Stühl mit langen Lehnen gestanden, und ist der Neue Rath hinübergegangen, hernach das Gericht in der Kl. Stadt zu ihnen gesessen. Herr Schultheiss Balthasar Burckhard hat den Stab geführt, H. Andreas Keller im Namen der Ladenherrn geklagt, Herr Daniel Ryff dem Falckeisen (zu Gunsten) geredt, Samuel Finckh und Conrad Werli sind auch neben andern zween Fürsprechen gestanden. Dem Falckeisen haben seine Freund H. Franz Hagenbach des Raths, Herr Lux Hagenbach, H. Jakob und Hans Ulrich Hagenbach und Theodor Falckeisen einen Beistand geleistet. Man hat auch das Warzeichen eingelegt und an eine Richthausthüre angeschlagen. Er hat die Klag schriftlich begehrt, so ihm nicht wiederfahren.› »

Buxtorf-Falkeisen, 1, p. 95f. / Ochs, Bd. VI, p. 773

Verschärftes Todesurteil für Kindsmörderin

«Unter besonderer Schärfung des Todesurtheils endete 1635 die Kindsmörderin Verena Metlerin von Stäfa, Jacob Degens, des Posamentierers Hausfrau von Liestal. Amtmann Hotz, der das Urtheil zu verkünden hatte, erzählt den blutigen Act als Augenzeuge. Die Büsserin hatte ihr 10 Wochen altes, ehelich gezeugtes Kind ‹aus Ungeduld, dass es die ganze Nacht geschrauen und weilen sie bisweilen die Milch nit umbs Geld bekommen können, aus Eingebung des bösen Feindes, umb das Leben gebracht. Sie ist auf das Kind gelegen, hat mit Händen an der rechten Seiten gedruckt und es also barbarischer Weis hingerichtet. Das Urtheil hat gelautet: sie solle auf der Walstatt zuvorderst mit feurigen Zangen gerissen, darnach vom Leben zum Tod hingerichtet werden mit dem Schwert.› Sie ist von Meister Georg unterhalb der Walstatt gerichtet worden.»

Buxtorf-Falkeisen, 2, p. 124

Böser Bube wird hingerichtet

Ein «böser Buebe» mit selten schwer belastetem Strafenregister lief den Basler Harschierern anno 1636 in die Arme: Georg Wittich von Frankfurt hatte nach seiner Entlassung aus dem Holsteinischen Regiment mit einigen Landsknechten weite Teile des Deutschen Reichs unsicher gemacht. Plündernd und mordend zog er durchs Land und jagte der Bevölkerung Schrecken ein. In Basel gelang es dem gewissenlosen Totschläger, den Posten eines Musquetierers (Wächters) zu erschleichen. Doch als man ihn beim Stehlen von Brot und Fleisch auf dem Kornmarkt erwischte, erhellte sich seine schauderhafte Vergangenheit. So wurde dem Übeltäter nach kurzem Prozess «das Haupt abgenommen, hernach er radgebrecht und auf das Rad sampt dem Haupt gelegt wurde».

Criminalia 21 W 11 / Ratsprotokolle 28, p. 95ff.

Rauch auf der Kopfabheini

«Einem Mayspracher, der 1637 mit einer Stute Sodomie begangen hatte, wurde der Kopf abgeschlagen, und sein Körper mit der Stute verbrannt. Dann brachte der Oberstzunftmeister Wettstein im Rathe an, wie ein Geschrey durch die Gassen erschalle, dass vorm Steinenthor an jenem Orte, da unlängst ein Sodomit verbrannt worden, sich noch immer ein Rauch erzeige, also, dass viele hundert Personen herauslaufen, um solches zu sehen. Es sey aber Befehl geschehen, dass der Meister auf'm Berg (der Scharfrichter) sollte darzu graben, und sehen, was es sey, welches dann geschehen, und habe sich nichts gefunden, als glühende Kohlen, und habe er diese mit Wasser gelöscht, in massen er verhoffe, dass es gedämpft sey. Es laufe des Meisters Schuld dabey unter, weil er den Übelthäter nicht gar und gänzlich zu Pulver und Asche verbrannt habe.»

Ochs, Bd. VI, p. 775f.

Studentenmord

«1638, 12. April, Nachts 10 Uhr, wird der Student Wieland, Sohn des Bürgermeisters von Frankfurt, auf dem Münsterplatz von Student Phil. J. J. Gugger niedergestochen. Obwohl die That in Nothwehr begangen worden, floh der Thäter aus der Stadt.»

Buxtorf-Falkeisen, 2, p. 103 / Battier, p. 469 / Basler Chronik, II, p. 94

Massenmörder

«1642 ist einer von Laufenburg mit feurigen Zangen gepfetzt und aufs Rad geflochten worden, welcher 10 Mordthaten begangen und zu 20 andern geholfen hat. Er hat hier als Soldat gedient. Als er auf der Rheinbruck Schiltwache stehen musste, hat er zwo Personen umgebracht, ausgeplündert und in den Rhein geworfen. Der einte war Baschi Liebermann, wohnhaft gewesen beym Lysbrunnen, der andere war ein Soldat aus hiesiger Besatzung.»

Basler Chronik, II, p. 101

Schwarzbub enthauptet

1642 wurde ein «Schwartzbub» wegen Diebstahls enthauptet. «Schwartz Bub wurden genannt starcke Bättler, welche des Müssiggangs gewohnt und nachts hin und wieder eingebrochen haben.»

Brombach, p. 339

Im ‹Storchen› erstochen

Ein Händel mit tödlichem Ausgang ereignete sich 1645 im Gasthof zum Storchen. Der schwedische Dragoneroberst Wolmar von Rosen, genannt die tolle Rose, und der Basler Johann Widmer, Major in fremden Diensten, gerieten wegen 1200 Dublonen in einen handfesten Streit. Widmer hatte sich in der untern Gaststube «zum Ofen gesetzt, ohne jemandem weder gueten Abend noch guete Nacht gewünscht» zu haben. Dies muss den Oberst dermassen geärgert haben, dass er dem Major eine der drei weissen Federn, die dieser auf seinem Hute trug, vom Kopfe zerrte und auf den eigenen Hut steckte. Ein Wort gab das andere. «Bald darnach ist das Getümmel angegangen und meniglich hat nach Liechtern, andere nach ihren Dägen gerufen. Ehe man es versah, ist der Herr Oberst mit 2 Stichen getroffen worden und todt hernieder gefallen.» Major Widmer aber flüchtete bei Nacht und Nebel über den Rhein und entzog sich so den Armen der Justiz.

Criminalia 21 W 10/Ratsprotokolle 36, p. 6ff./Ochs, Bd. VI, p. 679/Buxtorf-Falkeisen, 2, p. 34f./Battier, p. 474

Sodomitischer Bube wird gerichtet

«Ein junger Buob von 16 Jahren mit Namen Baschi Müller, von Eptingen, der sodomitisch gehandelt hat, ist 1654 mit dem Schwert gerichtet und verbrannt worden. Als das Urteil vom Schultheiss und den Amptleuten verkündet worden war, hat man die Papstglocke geläutet. Bei der Hinrichtung hat der Buob aufrecht stehen müssen, und hat ihn der Henker geköpft und nicht recht gerichtet.»

Hotz, p. 380

Mit geistlichen Gesängen in den Tod

1657 «ist Rudolf Schweinberger, ein Pastetenbeck, wegen allerhand verübter Bubereyen mit jungen Töchterlein, mit dem Schwert gerichtet worden. Hat unfern dem Steinenkloster (auf dem Weg zur Kopfabheini vor dem Steinentor) die bekannten Taten wieder verleugnet: es wäre keine Sache, die des Todes wert sey. Deswegen ist er wieder zurück in die Gefangenschaft geführt und erkannt worden, dass er noch einmal an die Folter gezogen werden solle. Ehe es aber geschehen, hat er die Taten und seine Fehler erst recht gestanden. Deswegen er erst gegen 12 Uhr enthauptet worden ist. Hat im Hinausführen den geistlichen Gesang ‹Herzlichst thut mich verlangen›, vor dem Rathaus aber ‹Wann mein Stündlein vorhanden ist›, bis zum End abgesungen. Dadurch sind viel Leute – denen er freundlich grüssend ‹Gott behüt euch› zurief(!) – zu grossem Mitleyd bewogen worden. Auch weil Schweinberger von schöner Gestalt und mehr nicht als

Mittelalterliche Todes- und Leibstrafen: Verbrennen, Hängen, Schwemmen, Blenden, Aufschlitzen, Rädern, Zungenschlitzen, Auspeitschen, Enthaupten, Handabhauen. Holzschnitt, Anfang 16. Jahrhundert.

30 Jahr alt war. Sein Eheweib war Judith Scherb, die schwangeren Leibs war und nachwerts eine Tochter gebahr.»

Scherer, p. 65f. / Buxtorf-Falkeisen, 2, p. 126f. / Richard, p. 533f. / Wieland, p. 247f. / Baselische Geschichten, p. 80 / Battier, p. 484 / Scherer, II, s. p.

Vom Hardvogt erschlagen

1657 ging ein 16jähriger Knabe, eines Rebmanns Sohn aus der St.-Johann-Vorstadt, in den Hardwald, um Holz zu sammeln. Als er sein Kärrlein mit Stecken beladen hatte, «kam ihm der Hardvogt nach, schlug ihn auf das Genick, hernach an die Schläfe, dass er umzwirbelte und gleich hernach starb». Sich der irdischen Gerechtigkeit entziehend, begab sich der bösartige Bammert ausser Landes.

Richard, p. 536

Sodomit samt Stute auf dem Scheiterhaufen

Martin Straub von Sissach ist 1661 der Sodomiterei mit einer Stute überführt worden. «Gnade seiner Seele», liess sich der Rat vernehmen, und verurteilte den «armen Menschen» zum Gang auf das Schafott, worauf er «samt des Pferdes zu Pulver und Asche zu verbrennen ist».

Ratsprotokolle 43, p. 260 / Scherer, p. 26

Erboste Zürcher

«Sonntag, 8. Oktober 1661, kehrte gegen Mitternacht der ehrbare Weissbeck, Jüngling Jakob Bertschi, harmlos heiter von seinem Schwager jenseits nach Hause zurück durch das Ringgässlein. Da wurde er nächst dem hinteren Palast plötzlich überfallen und durch einen Schnitt in den Hals dergestalt tödtlich verwundet, dass er zusammengesunken, auf sein Geschrei von Nachbarsleuten aufgehoben und in des Spital-Scherers Braun Haus getragen ward, woselbst er nach zwei Stunden in Beisein seiner Mutter seliglich verschied. Der schreckliche Vorfall wurde also herbeigeführt: Schuhknecht Konrad Widmer von Hottingen (Zürchergebiets), eines ehrlichen Geschlechts, schönen Ansehens und hoher Gestalt, hatte mit dem auch ledigen jungen Bleicher Lukas Linder diesen Abend zum Falken, wo damals Emanuel Rusinger, des Raths, seine Wittwe Wein auszapfte, getrunken und gespielt. Ob dem Spielen ‹geriethen sie einander in die Haare›, bis Linder, den Hut im Stich lassend, sich schnell davon machte, worüber ihm der Schuhmacher den Tod androhte. In der That stellte er sich rachgierig lauernd in Hinterhalt. Da kam unglücklicher Weise der junge Bertschi des Wegs und in der Finsterniss in die Hände des Wegelagerers, der ihm mit einer Kneippe den Hals durchschnitt und verdachtlos des andern Tags an seiner Arbeit sass. Nun fand es sich aber, dass, zum bösen Geschick, Bleicher Linder die Bekanntschaft einer Tochter mit dem Ermordeten theilte, also dass der Verdacht gegen ihn entstand, er möchte aus Eifersucht und Feindschaft den Nebenbuhler leblos gemacht haben. Also wurde Linder unter dem Steinenthor, im Begriff Leinwand auf die Bleiche zu führen, angehalten und eingethürmt. Er gestand gleich, dass er mit dem Schuhknecht im Falken in Streit gerathen und sich ohne Hut flüchtig gemacht hatte. Da wurde der Thäter auch eingezogen und selbst auf der Folter verhört. Er hielt sie, ohne zu gestehen, standhaft aus, und die Juristen, die um ihre Meinung angefragt wurden, erkannten: der Fremde sei unschuldig, freizulassen und Linder sollte dagegen aufgezogen werden. Dagegen protestirte einzig Dr. Mägerlin, welcher auf schärfere Besprechung des Fremden (mit der Folter) antrug und auf eine vorausgehende Durchsuchung des Meisterhauses. Richtig fand man hinter einem Trog die mit Blut gefärbte Kneippe. Beim Anblick derselben erklärte der Thäter, sich verlegen ausredend, er habe blos Tags zuvor ein Huhn abgethan und die Kneippe hinter die Thür geworfen. ‹Ward fürder erkannt, dass ihm doppelt Gewicht angehenkt und wann er nicht geständig, der sog. Stiefel angezogen werden sollte.› Er ist während der mehrwöchigen Gefangenschaft 7 Mal an die Folter geschlagen worden, bis er zuletzt überwältigt die That bekannte und um ein gnädiges Urtheil flehte. 16. November ward er enthauptet. Im Ausführen bat er Jedermann, den er beleidigt zu haben vermeinte, um Vergebung und um ein Vater-Unser, was auch aus Mitleid und Erbarmen seiner Jugend und Schöngestalt von Vielen gethan worden. Diese ganze Procedur erregte viel Aufsehen, besonders in Zürich. Vor Allem hätten den jungen, saubern Gesellen des Meisters Frau und Töchter gerne vom Tode gerettet gesehen. Die Herren von Zürich ermangelten auch nicht, etliche Male für ihn Fürbitte dem Rath einzusenden. Sie schalten über der Basler ‹barbarische Tyranney›, und die Erbitterung war so stark, dass sogar Bürgermeister Wettstein, der gerade in obrigkeitlichen Geschäften in Zürich weilte, in Leibes- und Lebensgefahr gerieth und nur durch heimliche Flucht sich den Nachstellungen der Bürger entzog.»

Buxtorf-Falkeisen, 2, p. 128f. / Wieland, p. 278 / Rippel, 1661

Die Hinrichtung des Theodor Falkeisen

Als einer der grossen Basler Strafprozesse des 17. Jahrhunderts ist der sogenannte Falkeisensche Handel in die Lokalgeschichte eingegangen. Theodor Falkeisen (1630–1671), Spross einer achtbaren Bürgerfamilie, zog sich einerseits wegen seiner extravaganten weltmännischen Lebensführung, andrerseits wegen seiner erfolgreichen beruflichen Tätigkeit als Buchhändler viele Neider und Feinde zu. Die geplante Herausgabe der Tossanischen Bibel war dann Grund genug, ihn des Umgangs mit fremden Mächten zu bezichtigen und als Rebell des Landes zu verweisen. 1661 verliess Theodor Falkeisen auf Geheiss der Obrigkeit Basel und blieb während 10 Jahren seiner Vaterstadt fern. Von einem verräterischen ‹Freund› zurückgelockt, ritt Falkeisen am Abend des 3. Oktober 1671 in reich mit Gold und Silber bordiertem Rock und wallendem Federhut, «prächtig und trotziglich, nicht in einem Trauerkleid, wie es den Geächteten geziemt», durch das Bläsitor und bezog im vornehmen Gasthof zum Storchen Quartier. Die Kunde von der Ankunft des Verbannten verbreitete sich in Windeseile. Die Stadttore wurden geschlossen und Falkeisen im innern Spalenturm in Gefangenschaft gesetzt. Mit dem fälligen Prozess wartete die Obrigkeit nicht lange zu. Falkeisen wurde pausenlos einvernommen und in der Folge des Hochverrats beschuldigt. Sein Benehmen erschien den Untersuchungsbehörden derart hochnäsig, dass sie ihm seine glänzende Uniform abnahmen, «damit er sich nicht als wie ein Pfau in seinen Federn darinnen bespiegle». Die schlechte Behandlung und die erbärmliche Unterkunft in einem ‹Stinkloch›, wo nächtlicherweile Ratten ihm Löcher in die Arme bissen, trieben Falkeisen fast zur Verzweiflung. So legte er durch heimlich zurückbehaltene Ofenglut in seinem Gefängnis einen Brand. Dem herbeigeeilten Turmwart rief er zu, der Turm müsse bis zum Boden niederbrennen, oder der Teufel solle ihn lebendig zerreissen und verzehren. Die Obrigkeit handle mit ihm nicht wie eine christliche, sondern wie eine barbarische Macht und traktiere ihn wie einen Schelmen. Er aber sei doch nie ein Dieb gewesen wie diejenigen, so die Münzen und das Kupfer aus dem Zeughaus gestohlen hätten. Als ihm hierauf Ratsknecht Huber zusprach, dergleichen Reden zu unterlassen, fuhr er diesen an: «Was, du alter Dieb, hast das Deinige versoffen und verfressen und bist jetzt froh, dass du an deinem Diebesdienst bist und deiner Obrigkeit alles zu Ohren tragen kannst.» Zu einem ‹Geständnis› war Falkeisen vorerst nicht zu bewegen, weshalb das Gericht dem Scharfrichter die Anwendung der Folter auftrug. Anfänglich ohne Gewicht am Seil aufgezogen, klagte der ‹Inquisitor› heftig über Gewalt und Unrecht. Dann, mit schwerem Gewicht an der Folter hängend, schrie er schmerzgepeinigt: «O, ihr Schelmen, ihr werdet es am jüngsten Tag verantworten müssen. Haut mir nur den Kopf herunter, ich will um alle diese Qualen Gott nicht verleugnen!» Endlich wurde Falkeisen «auf sein vielfältiges Schreien und Bitten» heruntergelassen und gestand schliesslich gebrochenen Leibes, was man von ihm hören wollte. Aufgrund des erzwungenen Schuldbekenntnisses wurde Theodor Falkeisen des Hochverrats schuldig befunden. Die Rechtskonsulenten der Stadt beantragten, der Verräter solle auf den Richtplatz geschleift, mit glühenden Zangen gepfetzt, gevierteilt, sein Weib und seine Kinder an den Bettelstab gewiesen, all sein Hab und Gut konfisziert und nach seinem Tode sein Gedächtnis verdammt werden. Der Obrigkeit war es beim Urteilsspruch nicht

Eine erschrockliche Zeitung
Von
Margaretha Bürstin von Zeiningen/ in der Herrschaft Rheinfelden gebürtig / welche
vier Ehemänneren / namlich Jacob Süß / Jacob Spenhauer/ Fridli Tschudi/ alle drey von Mutenz/und Kaspar Ankemann von Gibenach und 4. Stieffkinderen samt sonst vilen Menschen und Vieh mit Gift vergeben hatte und deßwegen/nach dem solches durch Gottes Fürsehung offenbar worden/zu Basel den 25.tag Hornung/1680. lebendig verbrant worden.

Im Thon: Wie man den Lindenschmid singt.

ACh hörend an mit Traurigkeit/was gschehen ist von hier nicht weit/ In der Eidgnoßschaft gar eben/wahrhaft in dem Baßler Gebiet/ hat sich die Gschicht begeben.

2. In dem Dorff Gibenach genant/ein stund von Liechestal wol bekandt/zwo stund von der Statt Rheinfelden/ dritthalbe von Basel der Statt/gschehen wie ich vermelden.

3. Es nemmen jez gar überhand/alle Hauptlaster/ Sünd und Schand/das grausam fluchen und schweeren/von Unzucht/Todtschlag/Mörderey/thut man jezt gar vil hören.

4. Wie wir hier ein Exempel hand/daß ein Witfrau führt in ihrem Stand/ein gar gottloses Leben/ welche vier ihren Ehe-Männern/allen mit Gift vergeben.

5. Margretha Bürstin ihr Nammen war/ihres Alters fünf und sechzig Jahr/vier Männer merkend eben/ hat sie in vierzig Jahren ghabt/allen mit Gift vergeben.

6. Ja den vier Männern nicht allein/sondern auch vier Stieff-Kindern gmein/sonst noch acht Menschen darneben / drey Männern / zwey Weibern und drey Kind/sie auch mit Gift vergeben.

7. Sie gieng oft in die Appoteck/kauft Gift wann man sie fragen thet/worzu sie es wöll brauchen/sagt sie/ sie hab daheim vil Mäuß/die ihr gar übel hausen.

8. Ein Sprüchwort sagt und ist gemein/kein Faden wird gesponnen so klein/ komt endlich an die Sonnen/ man sagt auch und ich habs oft gehört / man trag der Krug zum Brunnen.

9. So lang und vil bis er zerbricht/deßgleichen wañ die Maaß foll ist/ so lauft sie endlich über/ es komt oft zletst ein Sach an Tag/die lang verschwiegen bliben.

10. Also wurd jez auch offenbar / diser Frauen ihr Sach diß Jahr/in dem Hornung gar eben/hat sie aber einem Stieff-Kind/in den Birren mit Gift vergeben.

11. Es waren zwar der Kindern zwey/jedoch so hatte nur das ein/darvon gleich müssen sterben/aber das ander hat das Gift/gleich wider von sich geben.

12. Darmit ist es ihr kommen auß/die Hüner frassen solches auf/ zwey mußten auch gleich sterben/die andern Hüner und der Han/erhielt man bey dem Leben.

13. Darauf hat man gleich ein Argwohn heimlich/ doch sagt man nichts darvon / der Vogt schikt zum Pfarrherren/ ein Bott/ der Herr war nicht daheim/der Bott thet weiters kehren.

14. Gen Liechtstal für die Obrigkeit/der Schultheiß zu derselben Zeit / thet gar nicht lang verharren/ schikt etlich Männer mit ihm dar/die Sach recht zuerfahren.

15. Der Schultheiß schikt auch gleich dahin/ etlich Doctorn Medicin/ die haben gleich von stunden/ das Mägdlein müssen schneiden auf/vil Gifts sie bey ihm funden.

16. Darauf man sie gefangen nam/sie laugnet mächtig im anfang/gen Liechtstal thet man sie führen/ auf das Rahthauß für die Oberkeit/man thet sie examinierē.

17. Da bekent sie gleich sagt offenbar/ wie sie ihren vier Männeren all/nach einandern vergeben/und ihren Stieff-Kinderen zugleich/daß sie alle müssen sterben.

18. Ein Oberkeit fragt sie zur frist/ob sie daheim hab noch mehr Gift/sie thet bald ja bekennen/man schikt dahin und ließ alßbald/das Gift mit Feur verbrennen.

19. Von Liechtstal man sie nach Basel führt/ da wurd sie recht examiniert/ sie bekent und thet sagen/daß sie groß Unzucht triben hab / mit vil Männern und Knaben.

20. Weiters sie zu den Herren sagt/vier Ehe-Männer hab sie gehabt/allen mit Gift vergeben/vier Stieffkindern auch zugleich/vil Menschen und Vieh darneben

21. Zu Mutenz ein stund von der Statt/von Basel fünf Menschen sie hat / mit Gift im Mähl vergeben/ Vatter/Muter und drü Kind/daß sie alle müssen sterben

22. Deßgleichen zu Augst an der Brugg / thet sie auch gar ein böses stuck/einer Frauen und zwen Mannen/in der Müllin mit ihrem Gift/vergeben allensamen

23. Wer ihren das Gift geben hat/als man sie gfragt/ da hat sie gsagt/der Teufel hab ihrs geben/mit dem sie auch vilmahl Unzucht/triben und bey ihm glegen.

24. Es sey jezt vier und dreyssig Jahr/damahls ihr erster Mann krank war/sey er erstlich zu ihr kommen/ kolschwarz doch hab sie gleich von ihm/Gift und auch Gelt genommen.

25. Ohn Reu und Leid sie auch bekant / wann sie hett gwüßt daß sie so bald/darvon müßt und solt so sterben/wolt sie noch vil Menschen und Vieh/mit Gift haben vergeben.

Klage über die schrecklichen Taten der mehrfachen Giftmörderin Margaretha Bürstin, die zur Sühnung ihrer Verbrechen am 25. Februar 1680 vor dem Steinentor lebendig verbrannt worden ist.

ganz wohl, und deshalb wurde Falkeisen ‹nur› zum Tod durch das Schwert verurteilt. Die Vorbereitungen zur Hinrichtung wurden dennoch in aller Heimlichkeit getroffen, befürchtete der Rat doch, das Volk könnte sich zu Missfallenskundgebungen hinreissen lassen. So waltete denn in der Frühe des 7. Dezember 1671, bei blassem Schein von Pechfackeln und Harzpfannen, Scharfrichter Meister Jakob seines blutigen Amtes. Ohne feierliche Urteilsverkündung im Rathaushof, ohne Läuten der Armsünderglocke wurde die Hinrichtung in unheimlicher Stille vollzogen, worauf der Leichnam zu St. Elisabethen eingescharrt ward. Um die neunte Morgenstunde zerrte der Henker des Gerichteten Schmachschriften an einem Seil aus dem Rathaushof und verbrannte sie öffentlich auf dem heissen Stein am Marktplatz. Damit hatte ein unwürdiges Kapitel der baslerischen Strafjustiz ein beschämendes Ende gefunden.

Criminalia 2 F 2/Ratsprotokolle 50, p. 129ff./Wieland, p. 349f./Hotz, p. 505ff./Scherer, p. 130f./Buxtorf-Falkeisen, 3, p. 7ff./Ochs, Bd. VII, p. 107/Koelner, BZ 23, p. 30ff./Wanner, BN, 31. Dez. 1971/Baselische Geschichten, II, p. 82/Beck, p. 96/Basler Chronik, II, p. 153f.

Merkwürdige Hinrichtung

«1665 ist Esther Hagenbach, die ihr Kind vor dem Bläsi Thor erwürgt hatte, mit dem Schwert gerichtet worden. Weil sie von vornehmem Geschlecht war, ist sie gleich von der Türe zur Richtstätte geführt worden (also nicht durch die Stadt). Ist willig und gern gestorben(!). Merckwürdig war, dass dem Scharfrichter beim Streich eine Dunckelheit vor die Augen gefallen ist, so dass er eine gute Zeit grosse Schmertzen in den Augen gelitten hat.»

Basler Chronik, II, p. 143f./Scherer, p. 118f./Richard, p. 579/Wieland, p. 307/Hotz, p. 408/Baselische Geschichten, p. 98/Chronica, p. 205ff./Baselische Geschichten, II, p. 72

Lebendig geradbrecht

«1678 ist Martin Spiser von Zeglingen, auf einen Schlitten gebunden, zum Hochgericht geführt, mit elf Stössen geradbrecht und auf das Rad geflochten worden, weil er seine Frau, Maria Aenishänslin, jämmerlich ermordet hatte.»

Scherer, II, s. p./Basler Chronik, II, p. 169/Baselische Geschichten, II, p. 88

Eine dreizehnfache Mörderin

Eines der schwärzesten Kapitel der Basler Kriminalgeschichte schrieb Margret Pürster von Giebenach im Jahre 1680. Durch Gift hatte sie im Wahn, der Teufel hätte ihr solches befohlen, nicht weniger als 13 Personen (ihre 4 Ehemänner, 4 Stiefkinder und eine 5köpfige Familie) auf scheussliche Weise umgebracht. Vor Gericht gab die «ruchlose Weibsperson» vorbehaltlos ihre Schandtaten zu. Sie habe sich nicht nur seit 24 Jahren dem leidigen bösen Feind ergeben, sondern von ihm auch Mäusegift bekommen und damit Joggi Süess, Joggi Spenhauer, Fridlin Tschudi und Hans Caspar, ihre nacheinander geheirateten Ehemänner, ihre 4 Stiefkinder Anna, Elsbeth, Barbara und Eva sowie die Familie des Kuhhirten Gost Spenhauer erbärmlich um das Leben gebracht. Für dieses abscheuliche Verbrechen kam nur die Lebensstrafe in Frage. Bedenkenlos verurteilte der Rat die 60jährige Margret Pürster zum Tod durch das Feuer. Von einem Pferd zum Richtplatz geschleift, wurde die Mörderin, nachdem ihr der Scharfrichter die rechte Hand abgehackt hatte, dem Feuer übergeben. In ihrem Todeskampf «hat sie nicht geschrauen, aber wie die Mäuse gegixt»!

Criminalia 28 P 1/Ratsprotokolle 54, p. 253ff./Ochs, Bd. VII, p. 345/Buxtorf-Falkeisen, 3, p. 129/Hotz, p. 585/Baselische Geschichten, II, p. 89f.

Tödliches Intermezzo im Rebhaus

«Auf der Gesellschaft zum Rebhaus wurde im Dezember 1680 ein lediger Metzger namens Hans Ulrich Keller mit einem Degen erstochen. Weil es aber nacht und finster war, wollte keiner der Täther seyn. Daher hat man anderntags alle Tore bis um 10 Uhr verschlossen gehalten.»

Wieland, p. 387f.

Mann und Frau geköpft

«Wegen dreimaligem nächtlichem Einbruch und Diebstahl von geflüchtetem Gut aus der Markgrafschaft wurde 1690 Küfer Emanuel Ruprecht sammt seinem Weibe Anna geköpft. Im Rathhaus und bei der Ausführung ermahnte die Frau den Mann zur Geduld und Standhaftigkeit, unter ‹Vermelden: sie wollen mit Christo Jesu in dem Himmel Palmenzweig brechen›. Währenddem das Ehepaar hingerichtet wurde und die Papstglocke laut ertönte, verübte gerade ein Kornmesser im Kornhaus einen Fruchtdiebstahl. Er wurde an's Schellenwerk geschlagen.»

Buxtorf-Falkeisen, 3, p. 130/Scherer, p. 161

Gerechte Strafe

Auf Begehren der Franzosen ist 1693 ein junger, langer und starker Mann von Ensisheim vom Schlüsselwirt in Binningen mit List etlicher Bauern gefangengenommen und in die Stadt auf den Eselsturm gebracht worden. Nachdem dieser versucht hatte, während der Abendpredigt zu entkommen, wurde ihm die Hand mit einem Bengel hinten auf den Rücken gebunden und seine Füsse an Eisen geschlagen, dass er kaum gehen konnte. So wurde er von etlichen Stadtsoldaten zum St.-Johann-Tor hinaus bis an den Bannstein der Franzosen geführt und von diesen mit grossem Dank gegen die Stadt übernommen. Er wurde darnach nach Ensisheim geliefert, allda er lebendig ‹geradbrecht› und auf das Rad geflochten wurde. Seine mörderische Tat war, dass er einen Mitbürger mit einem Strick umfangen, an einen Baum geknüpft und trotz vielfältiger Bitte, ihn am Leben zu lassen, mit einer Pistole erschossen und darnach geplündert und ausgezogen hatte.

Scherer, p. 188ff. / Scherer, II, s. p.

Bernerin wird dem Wasser übergeben

Anna Maria Weitnauer von Diessbach ist 1693 in Gefangenschaft gesetzt worden, weil sie in der Stadt verschiedene Diebstähle verübt hatte. Nachdem sie trotz Folterung durch den Scharfrichter im Spalenturm kein Geständnis ablegen wollte, wurde sie auf die ‹Bärenhaut› (Gefangenschaft) verbracht, wo ein Geistlicher sie zum Bekenntnis ihrer Sünden bringen sollte. «Mit Hilf des leydigen Satans» hat sich die Diebin aber in der Gefangenschaft zu St. Alban um ihr Leben gebracht. Hierauf hat der Scharfrichter die Delinquentin «an einem Seyl den Turm hinabgelassen, die Tote samt ihren Kleydern mit offenem Angesicht auf einem Schlitten, männiglich zum Exempel, über den Münsterplatz dem Rhein zugeführt und in einem Fass dem Wasser übergeben».

Scherer, II, s. p.

Misslungenes Meisterstück

1694 «ward Veronica Ziereysen, weil sie ihr uneheliches Kind umgebracht hatte, durch Georg Adolf von Hagen elendiglich hingerichtet. Da des Scharfrichters Sohn sein Meisterstück probieren musste und von Zaghaftigkeit und Mitleid befallen war, musste er unter der Hand seines Vaters dreimal zu einem Streich ansetzen. Und dann musste er den Kopf auf dem Boden erst noch absägen.»

Scherer, p. 194f. / von Brunn, Bd. III, p. 561 / Buxtorf-Falkeisen, 3, p. 131

Eine Kindsmörderin für die Anatomie

«1694 ist bey sehr kaltem Wetter und grossem Schnee Verena Handschin von Rickenbach wegen zweyfacher Mordthat an ihren zwey vorehelichen Kindern enthauptet worden. Nachdem sie enthauptet worden war, hat ein junger Bauer, der mit der fallenden Sucht (Epilepsie) behaftet war, ein Glas voll aufgefasstes Blut ausgetrunkken. Der tote Leib der 33jährigen ist auf Begehren der Herren Medicis zum Anatomieren überlassen worden, weil sie schön und fett war.»

Scherer, II, s. p. / Scherer, III, p. 191

Jämmerliche Hinrichtung

«1696 ward der 16jährige Hirtenbub Joggeli Kümmler von Maisprach wegen Sodomiterei mit einer Geiss mit dem Schwert hingerichtet und samt der Geiss mit Feuer zu Asche verbrannt. Als der Scharfrichter parat stand, begehrte Kümmler, nocht etwas zu reden. Man hat ihm deshalb die schon aufgesetzte Haube wieder abgezogen. Dann sagte der Knabe nur, man solle seiner Mutter gute Nacht sagen, und er bitte die Obrigkeit nochmals um Verzeihung. Dann wurde ihm die Kappe wieder aufgesetzt, aber der Scharfrichter tat den Streich so kurz, dass noch ein grosser Fetzen von seinem Rücken am Kopf hängen blieb, welchen er mit seinem Schwert teils absägen, teils abschlagen musste. Als der Blutvogt ihm deswegen Vorwürfe machte, entschuldigte er sich, Kümmler sei nicht still gewesen. Der Scharfrichter wurde aber diesmal nicht bestraft.»

von Brunn, Bd. III, p. 614 / Scherer, p. 216f. / Ochs, Bd. VIII, p. 34 / Baselische Geschichten, II, p. 174 / Scherer, II, s. p.

Kindsmörderin

1696 kam die Dienstmagd des Landvogts von Farnsburg, Anna Maria Seiler von Liestal, mit einem unehelichen Kind nieder, dem sie unmittelbar nach der Geburt das Leben nahm. Zur Abklärung des Tatbestandes beorderten die Gnädigen Herren sofort den Stadtarzt ins obere Baselbiet, der schliesslich zu Protokoll gab: «Das Hälslin ist von vornen und auff den Seyten gantz braun. Und da man es geöffnet, nicht nur mit gestoktem Blut angefüllet, sondern das Gürgelin gantz entzwey und gebrochen. Das Hirnschälelin auch eingetrüket und das Hirnelin gantz mit Bluth underloffen.» Damit war der Kindsmord erwiesen: Anna Maria Seiler wurde zum Tode durch das Schwert verurteilt und ihr «Corpus den Herren Medicis der Universitet» überwiesen. Deus misereatur animae (Gott möge sich ihrer Seele erbarmen)!

Ratsprotokolle 68, p. 197ff. / Scherer, p. 213f. / Scherer, II, s. p. / Baselische Geschichten, II, p. 174

Der Verborgene wird es offenbaren

1698 machte sich Hans Jakob Stupanus, der sogenannte Hülingdoktor, mit vielen Briefen und 100 Pfund in barem Geld auf den Weg nach Bern. In Pratteln kehrte er in einem Wirtshaus ein, um eine erste Stärkung zu sich zu nehmen. Dort machte er Bekanntschaft mit drei Männern, die nur dem lieben Gott bekannt waren. Und mit diesen setzte er bei Mondschein seine Reise fort. Auf der Höhe beim sogenannten Erlin, einem Wäldchen zwischen Pratteln und Frenkendorf, erreichte den gutgläubigen Stupanus das Schicksal: Seine Begleiter fielen über ihn her und ermordeten ihn grausam. Kopf und Arme waren von zahllosen Hieben zusammengeschlagen und die Gurgel aufgeschnitten. Bis aufs Hemd ausgezogen, lag der Tote in Blut und Mist! Nach den Mördern wurde eifrig gefahndet, doch ohne Erfolg: «Bis der Verborgene an jenem Tag es offenbaren wird!»

Scherer, p. 252f. / von Brunn, Bd. I, p. 193 / Ratsprotokolle 69, p. 380v / Scherer, II, s. p.

Herzhaft und getrost in den Tod

Weil er sein Geld in seinem Haus am Petersplatz schlecht verwahrt hatte, wurde Junker Besold 1699 um 1000 Pfund bestohlen. Als Dieb entpuppte sich nach langem Suchen der Wirt von Burgfelden. «Er wird um einen Kopf kürzer werden! Nach dem Urteilsspruch ging er herzhaft und getrost zum Tod, dann wurde er von den Medizinern anatomiert.»

Scherer, p. 274f.

Todesstrafe für Einbrecher

Heinrich Müller, ein Schlossergeselle aus Zürich, der mit Dietrichen und Zinkenschlüsseln Schlösser erbrach, ging der Obrigkeit anno 1700 ins Netz. Da er jede Missetat leugnete, wurde er gefoltert. Aber erst nachdem man ihm doppeltes Gewicht anhängte, gestand er seine Diebstähle. Er wurde zum Tod durch das Schwert verurteilt.

Scherer, p. 283/Schorndorf, Bd. I, p. 170/Baselische Geschichten, II, p. 183

In den Tod gesprengt

«Aus Reigoldswyl ist 1702 Bericht eingekommen, dass des Amtspfergers Sohn die älteste Tochter des Müllers auf einem Pferd nach Augst entführt und beim Rothen Haus in den Rhein gesprengt hat, so dass sie elendiglich ertrunken ist. Hierauf hat sich der Thäter wieder nach Reigoldswyl begeben, als wäre nichts dabey gewesen. Erst zwei Tag hernach, als ihm Angst geworden, ist er weggeloffen.»

Schorndorf, Bd. I, p. 186

Vornehme Dame grausam ermordet

«Im April 1707 ist eine schöne adelige Weibsperson bis aufs Hemd und Strümpf ausgezogen und mit 22 Wunden grausam an der Hägenheimer Strass auf hiesigem Territorio ermordet und in der Gasse bey dem Brücklein tod gefunden worden. Man hat sie in allhiesige Herberg geführt und daselbst besiebnet (Wundschau). Aber niemand hat wüssen wollen, wer sie wäre. Sodann ist selbige auf dem Prediger Kirchhof begraben worden.

Man sah, dass ihr die Ohrenbehäng, Ring und Kleyder von dem Thäter abgenommen worden sind. Sie war erschröcklich tractiert, geschlagen, geschossen und gestochen. Ja, sehr jämmerlich verwundet und mit Bluth besprüzet, an einem Haag auf dem Angesicht liegend. Sie hatte noch ein feines weisses Hemd auf ihrem Leib und weisse Strümpf an.

Den 30. wurde sie wiederum ausgegraben, weil der Meyer (Bürgermeister) von Häsingen einen Subçon (Verdacht) hatte, es möchte eine gewisse Weibsperson sein, welche sich etliche Tage bey ihm aufgehalten hatte. Sie wurde dann aus obrigkeitlicher Bewilligung diesem, wie auch jedermann, in dem frischerdings ausgegrabenen Todtenbaum (Sarg) gezeigt, aber von niemandem erkannt. Endtlich aber, und zwar auf fleissiges Nachforschen, wurde verkundschaftet, dass diese Dame eines Obristen Frau war und zu Paris ihres verstorbenen Herrn Verlassenschaft (Erbe) abgeholt und über Bysantz (Besançon) durch Basel und die Schweitz in einer Sänfte nach Hause verreisen wollte. Wie sie auf Hägenheim gekommen war und mit ihren Bedienten, einem Laquaien und einem Eseltreiber, wegen Späte der Nacht dort übernachten wollte, sind die gottlosen Buben nur gantz langsam mit ihr gegen Basel zugefahren. Die Dame ist nun, vielleicht weil ihr ihr Unglück vorschwebte, aus der Sänfte herausgestiegen und hat einem Bauern zugeschrauen, ob es noch weit bis auf Basel sey und ob sie noch mögen in die Stadt kommen. Dieser hat ihr geantwortet, es werde kümmerlich (kaum) geschehen können, wenn sie nicht Hals und Kopf fortmarchieren und der Stadt zueylen werde. Dieses aber schien den beyden Bösewichten ein gewunnener Handel, denn sie marchierten hiemit nur Fuss für Fuss bis an die Stadt Porte, welche denn auch schon verschlossen war. Nolens volens (ob sie wollten oder nicht) mussten sie wieder zurück. Als sie halbwegs bey Hägenheim waren, bedunckte es die gottlosen Buben, dass es Zeit sey, ihr verteufeltes Werk an dieser unschuldigen Dame zu vollbringen, welches sie denn auch schleunigst bewerkstelligt und die Dame bey dem Spitalacker auf einen Wasen (Rasenstück) geschleift und nur in Hemd und Strümpf liegen gelassen haben und davon marchiert sind.

Im Augusto kam Bericht, dass der Mörder zu Paris in Laquaien Kleydern sey erwitscht worden. Man werde diesen nach Basel liefern. Dies ist denn auch geschehen, indem man ihn am 19. zwischen dreyen Reitern und drei andern zu Pferd auf einem Pferd angefesselt zum Spalenthor hineinbrachte und in den Spalenthurm setzte. Er hiess Dionysio Rousset und war aus Langern (zwischen Olten und Zofingen). Er wurde auf dem Thurm examiniert, leugnete aber alles, ausser dass er sagte, er habe die Dame aus Nothwehr umgebracht, weil sie ihn zuerst angegriffen habe. Er war ein schlauer Kopf, der zu Paris plädiert und als ein Advocat agiert hatte. Hatte auch in Jura studiert, doch war er sehr frevel in seinem Thun und Lassen und leugnete zuletzt alles. So setzte man ihm im Strecken (Foltern) die Crone auf, und weil er immer noch nichts bekennen wollte, ist man mit schärfern Torturen mit ihm fortgefahren: Zu diesem End hat man in dem Werkhof eine neue Rüstung zu dem Wannen Spannen verfertigen lassen und dieselbe am 14. Oktober auf ihn probieren wollen. Er hat dieses aber nicht erwartet, sondern hat sich am 12. auf dem Eychwald (eine Gefangenschaft im Spalenturm) mit einem feinen seydenen Strumpf, den er anhatte, selbst erdrosselt, und zwar auf eine gantz seltsame Weise, so dass man wohl daraus schliessen konnte, der Teufel habe ihm dazu geholfen.

Darüber ist vom Raht erkannt worden, dass dieser selbsterhenkte Mörder mittwochs den 16. Oktober vom Spalenthurm hinuntergelassen, auf einer Schleife zum Halseisen und von da zur Gerichtsstatt hinaus geschleift, allda Arm und Bein entzweigestossen und aufs Rad gelegt werden soll. Bey dieser Action ist draussen von Diacono Gernler eine kleine Vermahnungspredigt gehalten worden.
Den 3. November ist der Eseltreiber, welcher die ermelte Dame hat ganz jämmerlich mitermorden helfen, lebendig auf der Kopfabhaue gerädert, nachwerts aber vor das St. Alban Thor geführt und auf das Rad geflochten worden.»

Baselische Geschichten, II, p. 196ff. / Schorndorf, Bd. I, p. 253v und 258ff. / Diarium Basiliense, p. 6f. / von Brunn, Bd. I, p. 198ff., und Bd. II, p. 427 / Scherer, p. 352f. und 356ff. / Scherer, III, p. 312ff. / Ochs, Bd. VII, p. 415 und Bd. VIII, p. 36 / Criminalia 21 R 6 / Straf und Polizei C 19 / Bieler, p. 743 / Kern Historye, p. 74f.

Mord im Brunngässlein

«Den 13. Januar 1710 sind zween Brüder, des Rümmelins Müllers Söhne, von einem beweinten (betrunkenen) Metzger namens Oser, der einte mit dem Verlust seines Fusses, der andere mit dem Verlust seines Kopfes, um 4 Uhr früh am Brunngässlein in der Grossen Stadt entsetzlich tractiert worden. Der Thäter hat sich allsobald davongemacht.»

Baselische Geschichten, II, p. 208

Mit Freuden gestorben

1711 «ist eine Weibsperson, Catharina Grübelin von Häfelfingen, mit dem Schwert hingerichtet worden, nachdem ihr vorher die rechte Hand in zwei Streichen abgehauen worden war. Diese hatte in ihrer Kammer in der Aeschenvorstadt ihr eigen Kind jämmerlich ums Leben gebracht, dergestalten, dass sie das Kindlein mit einem rostigen Messer entleibte, ihm einen Schnitt ins Hälslein gab und ihm einen Stich ins Leiblein oberhalb dem Kneulein abgehauen und in ein Säcklein mit der Nachgeburt gestossen und auf dem Barfüsserplatz durch das Birsigloch in den Birsig geworfen. Hernach hat sie das Leiblein in ein ander Säcklein gethan, solches mit sich in ihrem Hurensack herumgetragen und endlich beim St. Albanlochbrunnen in den Rhein gestossen. Nachdem man dieses Leiblein samt dem Säcklein im Rhein bei St. Johann aufgefangen, hat die Kindsmörderin gleich alles bekannt, Reue und Leid über diese unmenschliche Mordtat bezeugt, wie sie sich dann sehr wohl im Bätten und im Gotteswort geübt hat und hiemit als eine recht bussfertige Sünderin mit Freuden gestorben ist und sich nicht einmal über den Tod entsetzt hat, was sehr verwunderte.»

Bieler, p. 747 / Ratsprotokolle 83, p. 150ff. / Scherer, p. 451ff. / von Brunn, Bd. III, p. 626 / Diarium Basiliense, p. 9 / Criminalia 20 G 6

Grauenvolle Hinrichtung

An einem Sonntagabend im September 1712 kam es im Wirtshaus zu Ziefen zu einem Streit zwischen dem Bannwartssohn Hans Tschopp und dem Schuhmacher Victor Schärer. Die beiden Berauschten zankten sich heftig wegen einer Schuld von 15 Rappen. Der in seiner Ehre gekränkte Tschopp passte schliesslich dem der Schneematt entgegenstrebenden Schärer ausserhalb des Dorfes ab und schlug ihn mit einem Hagstecken nieder. Weil der unglückliche Schuhmacher anderntags im Wirtshaus an den von Stadtarzt Theodor Zwinger diagnostizierten Verletzungen der «Lebensregister» starb, konnte es für den unbeherrschten Schläger keine Gnade geben. Bereits am 5. Oktober «ist der Mörder von Ziefen mit dem Schwert hingerichtet worden. Der Scharfrichter hat ihm mit dem Kopf auch von den Achslen hinweggenommen und mit dem andern Streich bis in den Leib hineingehauen, dass er hinab hing, so er ihn gar abschneiden musste!»

Criminalia 21 T / von Brunn, Bd. III, p. 527 / Diarium Basiliense, p. 10 / Schorndorf, Bd. II, p. 13

Traurige Geschichte ohne Beispiel

Wegen des seltsamen Todes des Schwarzfärbers Abraham Hindermann erstattete im August 1713 Johann Rudolf Wettstein, Diakon zu St. Leonhard, Anzeige gegen dessen Witwe, Susanna geb. Schaub; der Einkauf von «Fliegenwasser» hatte sie in höchsten Verdacht gebracht! Der Rat ordnete sogleich ihre Verhaftung an und liess sie ins Bärenloch (St.-Alban-Schwibbogen) setzen. Zugleich wurde Dr. Johann Rudolf Zwinger ersucht, den Fall medizinisch zu untersuchen. Obgleich der «abgeleibte Cörper eröffnet wurde, konnte auf nichts gewisses» geschlossen werden. Hingegen wurde in Erfahrung gebracht, dass die «ruchlos Vergiffterin und Mörderin» auch ihre beiden andern Ehemänner (Daniel Wagner und Johann Debary) ums Leben gebracht hatte. Weil die Verhaftete auch in dieser Sache «mit der sprach nit herauss wollte, soll sie durch den Meister (Henker) mit dem Daumeneisen – ohne und mit einfachem Gewicht – angegriffen werden». Nach «gründlicher» Untersuchung erkannte das Stadtgericht Susanna Schaub des dreifachen Mordes schuldig: «Die Maleficantin soll auff einem Schlitten nach der Richtstatt geschleifft, underwegs mit glüehenden Zangen gepfetzt, Ihro die rechte Hand abgehauen und sie folgendts mit Feur vom Leben zum Tod hingerichtet werden.» So wurde das «argwöhnisch Weib auf einem Schlitten auf den Kornmarckt (Marktplatz) geführt und mit glüehenden Zangen gepfetzt. Darnach auff den Scheitterhaufen geführt, allda man ihr die rechte Hand abgehauen und nachwerts lebendig verbrannt. Gott Gnade der Seele.
Die Execution an ihr ist vollzogen worden auf folgende Weis: Es war an einem Mittwoch, morgens um 9 Uhr, da

sie vom Eselstürlein auf das Rathaus gebracht wurde und allda vor den Rat und die Richter gestellt worden war. Da hat der Stadtschreiber das Urteil öffentlich verlesen, also lautend: Susanna Schaub, gegenwärtige Maleficantin, hat in den mit ihr gehaltenen Examinibus ohne Widerred gestanden, dass sie ihren ersten Mann, Meister Daniel Wagner, nicht allein durch Vermittlung vieler falscher Schlüssel in Geld und Waren bestohlen, sondern auch mit Gift (namentlich Fliegenwaser) in dem Trinkwein mörderischer Weise hingerichtet hat. Item, dass sie ihren andern Mann, Johann Debary, gleicherweis mit vergiftetem Trinkwein, wie nicht weniger ihren dritten Mann, Abraham Hindermann, theils in Trinkwein, theils im Vermuthwein und Kraftwasser, anstatt ihn zu erlaben und Erquickung zu verschaffen getötet hat. Hiemit hat sie alle drey Männer unschuldiger Weis innert 27 Jahren, so lange sie mit diesen in der Ehe gelebt, ums Leben gebracht. Nachdem das Urteil verlesen war, wurde die Todes Sentenz durch den Gerichtsadvokat ausgesprochen. Es wartete ein Schlitten, so zu kopfete etwas erhöht war, vor dem Rathaus auf sie, worauf die Maleficantin liegend gebunden und vom Nachrichter zur Kopfabheini vor das Steinentor geführt ward. Zu Mitten des Kornmarkts gab ihr der Henker zwei Pfez mit einer glühenden Zange in ihre beiden Brüst, welches auf dem Barfüsserplatz zum zweitenmal geschehen ist. Dieses hat die Bestie ziemlich wohl ausstehen können, ohne viel Veränderung im Gesicht. Als sie auf die Scheiterbeige hinauf steigen musste, setzte sie sich auf das allda stehende Bloch (Schandholz), so an einem hohen, langen Pfahl angemacht war. Der Henker fesselte sie mit einer Kette an diesen Pfahl, worauf er ihr die rechte Hand auf einem allda angemachten Stöcklin mit einem neu geschliffenen Beyl in einem Streich, mit einem Hammer darauf schlagend, abschlug und gleich mit einer Blatern (Blase) verband. Sie schaute ohngeachtet ihres grossen Schmertzes noch tapfer ihren Rumpf an und sass ohne Ohnmacht still, bis man zu allen Seiten die Scheiterbeige angezündet hatte. Dann aber fing sie an zu winseln, besonders als das Feuer von unten an sie herankam. Da zappelte und wütete sie grausam mit ihren Füssen, und mit dem Stumpenarm wollte sie unaufhörlich das Feuer von ihrem Gesicht abwenden. Es währte eine Viertelstunde, bis sie ihren Geist aufgab, da sie untenher ganz verbrannt war, bis sie starb. Damit ward ein Schandflecken, der unsrer Statt und unsrer Religion durch das Greuel des dreyfachen erschrecklichen Mordes ist angehänget worden, wiederum ausgewischet. Dergleichen traurige Geschichten findet man keine in unseren Chroniken.»

Ratsprotokolle 84, p. 402ff., und 85, p. 1ff. / Criminalia 28 S 1 / Diarium Basiliense, p. 10v / von Brunn, Bd. II, p. 521 / Scherer, p. 526ff. / Baslerische Straffälle, s. p. / Baselische Geschichten, II, p. 221ff. / Schorndorf, Bd. II, p. 25ff. / Beck, p. 139ff. / Bachofen, p. 78ff.

Mörder mehrfach gerichtet

«Im Januar 1718 wurde ein Mörder ab dem Galgen gestohlen und im Mühlibach wieder aufgefischt. Er wurde vom Henker kurzerhand nochmals aufgeknüpft. Also: 1 mal erschossen, 2 mal gehenkt und 1 mal ertränkt.»

von Brunn, Bd. I, p. 41 / Scherer, III, p. 423

Mordversuch

«1718 sind dem Apotheker Brandmüller am Bäumlein zwei Pülverlein zur Probe gebracht worden. Brandmüller versuchte nun eines dieser Pulver, fiel aber sogleich in Ohnmacht und musste später schrecklich erbrechen. Man hat befunden, dass ihm solche zur Abkürzung seines Lebens geschickt worden waren. Dies musste von vornehmer Familie angeordnet worden sein. Bei der Untersuchung hat man aber nichts ausrichten können. So musste Brandmüller nicht nur den Kürzern ziehen, sondern hatte auch die Schmertzen und Unkommlichkeiten an sich selbst.»

Scherer, III, p. 434f. / Baselische Geschichten, II, p. 257

Freudig gestorben

Im September 1723 verübte der 20jährige Hans Suter aus Muttenz in Begleitung eines Bauernmädchens im Zunfthaus zu Weinleuten einen Einbruch. Als er das Diebsgut, das aus allerhand Tuchwerk bestand, anderntags durch das Spalentor schmuggeln wollte, wurde er von der Wache verhaftet. «Nachdem er etliche Wochen im Gefängnis gesessen, ist er enthauptet worden. Dieser Knab war so wohl in Gott erbauen, dass er sich selbst mit Trösten und Bätten hat aufrichten können, dass er abends zuvor die allerschönsten Psalmen und Lieder im Beysein von mehr als 50 Personen gesungen hat. Ist so freudig gestorben, dass er seine letzte Stunde nicht hat erwarten können.»

Bachofen, p. 293f. / Schorndorf, Bd. II, p. 241

Vor dem Helm erstochen

«Den letzten Dezember 1723 trug es sich zu, dass vier Metzgerknechte nach Feierabend sich im Helm am Fischmarkt zum Trinken einfanden. Als es gegen 8 Uhr ging, sagte einer der Metzger, es sei Zeit, nach Hause zum Nachtessen zu gehen. Daraufhin gab ihm Emanuel Vest, des Schiffwirtssohn, zur Antwort, er habe es gut, würde er doch zu Haus ein warmes Bett bei seinen Töchtern finden. Darüber sind die beiden dermassen in Streit geraten, dass vor dem Haus der Vest dem Metzger einen Stich in die Brust bis gegen das Herz versetzte, woran er seinen Tod fand. Der Entleibte hiess Jakob König von Mülhausen und ist hier bei Leonhard David in Diensten gewesen. Der Thäter hat sich auf Strassburg gemacht.

Man hätte ihn wohl haben können. Weil er aber Fründ gehabt, hat man nicht auf ihn gesetzt.»

Bachofen, p. 307f. / Schorndorf, Bd. II, p. 245f. / Scherer, III, p. 476

Mord nach der Predigt

«Am Fast- Bet- und Busstag 1727 hielt der Professor Buxtorf zu St. Peter eine Predigt, die über zwey Stunden währte, und herrlich genannt wurde. Nach derselben beweinte (betrank) sich aber ein hiesiger Bürger so sehr, dass er Händel mit einem Wachtmeister anfieng, den Degen zuckte, und ihm etliche Wunden ins Gesicht beybrachte. Der Wachtmeister gab ihm aber einen Stich, woran der Trunkenbold den folgenden Morgen starb. Der Wachtmeister wurde zwar in den Thurm geführt, aber nach dem ersten Verhör als unschuldig entlassen.»

Ochs, Bd. VIII, p. 40 / Scherer, III, p. 504

Falschmünzer wird hingerichtet

«1727 ward ein Falschmünzer hingerichtet. Er protestierte anfänglich gegen das Todesurtheil, da auch durch die Heilige Schrift nicht bewiesen werden könne, dass ein Falschmünzer mit dem Tod bestraft werden solle. Endlich hat er sich willig zum Sterben führen lassen und ernstlich und fleissig gebetet. Sein Sohn, den er bei sich hatte, ward etliche Tage zuvor von hier fortgeschickt.»

Scherer, III, p. 499 / Schorndorf, Bd. II, p. 325

Diebsbande wird hingerichtet

«Den 30. August 1732 wurden drei Weiber einer Diebs- und Mörderbande mit dem Schwert hingerichtet. Als sie zur Richtstätte geführt wurden, hat eine jede unter dem Steinentor drei Gläser roten Weins getrunken. Der ersten wurden, weil sie gezuckt hatte, zwei Streiche gegeben. Sie soll dem Scharfrichter vorher gesagt haben, dass sie ihm zu tun machen wolle. Den 4. September wurden von dieser Bande aufgehängt der sogenannte grosse Samuel und ein Korbmacher aus Oberwil. Der Korbmacher hatte einen Buben von 17 Jahren, der, wenn er noch 10 Jahre seine Gottlosigkeit fortgeführt hätte, der grösste Mörder und Dieb geworden wäre, der je gelebt hätte. Er sollte zwischen seinem Vater und dem grossen Samuel aufgehängt werden, doch ist er auf sein Flehen durch das Schwert gerichtet worden, sein Kopf aber ist neben seinem Vater auf den Galgen gesteckt worden. Sodann ist eine weitere Frau, die unter der gottlosen Bande römisch-katholisch geworden war, hingerichtet worden. Sie ist sehr gern gestorben und hat unter dem Steinentor mit heller Stimme ein schön geistlich Lied gesungen. Als sie allbereit auf dem Richtstuhl sass, kam ein beherztes Fräulein mit einem Pfaffen dahergeritten und rief ihr zu, sie solle Jesus, Maria und Joseph anrufen. Wegen der Geschwindigkeit des Scharfrichters aber blieb ihr dann der Name Joseph im Halse stecken, und der Kopf lag auf dem Boden. Nachwerts bewarfen einige junge Mannsbilder aus der Stadt das Fräulein mit Steinen und hätten es gar zu Tode geschlagen, wenn die Soldaten nicht abgewehrt hätten. Die Männer waren der Meinung gewesen, unter dem roten Mantel hätte in den Weiberkleidern gar ein Pfaff gesteckt. Das Fräulein ist in die Weinschenke zum Trübel beim Steinentor gebracht worden, allda man es verbunden hat. Dann ist es in einer Kutsche nach Aesch ins Bistum Basel geführt worden. Es ist ein Fräulein von Ramstein gewesen.»

Bachofen, Bd. II, p. 369ff. / Beck, p. 168 / Scherer, III, p. 526f. / Basler Chronik, II, p. 281ff. und 345

Auf dem Marktplatz erschossen

«1733 ist Jacob Dietrich Fäsi, ein junger, gäntzlich gehör- und sprachloser Mensch, um 10 Uhr nachts bei der Schildwache auf dem Kornplatz vorbeigegangen. Als er auf ein dreimal wiederholtes Anrufen ‹Wer da?› keine Antwort gegeben hat, wurde er von derselben erschossen.»

Basler Chronik, II, p. 373

Zwei grausame Mörder grausam hingerichtet

In der Absicht, durch Raubmord in den Besitz einer grossen Geldsumme zu kommen, drangen in der Dunkelheit einer Sommernacht anno 1734 der 19jährige Joggi Nägelin und der 21jährige Joggi Bürgin, beide von Reigoldswil, in das Haus ihres Mitbürgers Daniel Plattner. Wie Hyänen stürzten sich die beiden auf die friedlich schlafenden Ehegatten und schlugen mit den Fäusten auf sie ein. Als aber ihre blossen Kräfte nicht ausreichten, um die Opfer ums Leben zu bringen, griffen die Räuber zu Messer und Beil und marterten die ahnungslosen Eheleute auf grausamste Weise zu Tode. «Hierauf machten sie alles gestohlene Geld zusammen, theilten selbiges in einer Scheure, wobei ein jeder ohngefehr 30 Pfund bekommen.» Ihrer Beute jedoch konnten sich die Mörder nicht lange erfreuen. Schon nach kurzer Zeit wurde man ihrer im Solothurnischen habhaft und führte sie zur Aburteilung nach Basel. Hier versuchten die beiden Übeltäter wiederholt, durch eine Flucht der irdischen Gerechtigkeit zu entrinnen, so dass der Rat den Scharfrichter, den Profos (den Bettelvogt) und den Stadtschlosser in die Gefangenenverliese abordnen musste, um die Mörder anschmieden zu lassen.

Nach eingehender Untersuchung erkannte die Obrigkeit schliesslich folgendes Urteil: «Es ist in dem göttlichen Gesetz enthalten, dass ein vorsetzlicher Mörder am Leben gestraft werden muss, auch selbst vom Altar Gottes, wenn er dahin seine Zuflucht nehmen wollte, weggerissen und getödtet werden soll. So sollen die beyden Mörder Bürgin und Nägelin mit dem Rad vom Leben zum Todt hinge-

richtet werden. Am Tag vor der Execution haben die beyden Übelthäter vom Thurm auf das Rhathaus zu gehen, von wo aus man sie nach gefälltem Todesurtheil auf erhöhter Schleife (Schlitten) zur Richtstatt vor das Steinenthor führet. Alldorten einem Jeden von unten herauf acht Streich und zuletzt drei Herzstöss geben soll und sie als dann, wenn sie noch nicht Todes wären, völlig erdrosslet. Dann soll man sie von der Richtstatt fortführen zum Hochgericht vor St. Albanthor und dort auf das Rad flechten. Beyde sollen von den Herren Geistlichen auf den Todt vorbereitet werden, auch sind am Tag der Execution die drey Stadtthor vor St. Alban, St. Johann und St. Bläsi geschlossen zu behalten. Gott erbarme sich ihrer und lasse dieses Exempel heilsamlich würken.
Beide haben schliesslich grosse Schmerzen ausgestanden, ehe sie tod waren. Weil der Boden beim Theatro nicht satt war, musste der Scharfrichter etliche Mahl schlagen, bis die Beine zerbrochen waren. Endlich wurden ihnen Stricke um die Hälse gelegt, dadurch sie erwürgt worden. Nachwerts sind sie vor das St. Albantor zu dem Hochgericht geführt und auf die Räder gelegt worden.»

Criminalia 21 B 28/Ratsprotokolle 106, p. 51ff./Bachofen, Bd. II, p. 383f./ Beck, p. 171f./Basler Chronik, II, p. 431/Scherer, III, p. 529

Missglückte Verschickung

«1735 ist der sogenannte Stöffelin, ein Haupt Dieb, der sich auf der Bärenhaut (Gefängnis im St.-Alban-Schwibbogen) erhenkt hat, in ein Fass gepackt worden. Auf dieses wurden zwey Bleche genagelt mit der Aufschrift ‹Schalt fort›. Als man das Fass auf der Rheinbruck in das Wasser hat fallen lassen wollen, ist der halbe Boden darausgefallen, so dass der Kopf herausgekommen ist.»

Basler Chronik, II, p. 45

Fünfjähriges Nichtlein ermordet

Philipp Müller, der Fischer, ein ehrlicher, arbeitsamer und stiller Bürger, ist im April 1742 «in melancholische und tiefsinnige Gedanken gefallen und hat eine grosse Bangigkeit verspüret, weil er bey seinem Beruf einen Abgang der Nahrung befürchtete. Daher er sich, um der Marter abzukommen, entleiben wollte. Endlich aber ist ihm eingefallen, dass es besser sey, wenn er das fünfeinhalbjährige Töchterlein des Goldschmieds Friedrich Übelin ermorde und sich demnach in die obrigkeitliche Hand liefere und seines elenden Lebens abkomme. Also hat er es bewerkstelliget, dass er in der Stube sein Schärmesser genommen und dem Kind, das im Bett geschlafen, mit einem Zug die Gurgelen abgeschnitten, so dass es sogleich verblutet und den Geist aufgegeben hat.»
Im Hinblick darauf, dass Philipp Müller «wegen Pietischterei ein Melancolicus gewesen», wurde dem Mörder «sonderbare Gnad» erwiesen, indem man ihn ohne Nebenstrafen direkt auf die Richtstätte führte und durch die Hand des Scharfrichters mit dem Schwert hinrichten liess!

Criminalia 21 M 22/Ratsprotokolle 114, p. 151ff./Im Schatten Unserer Gnädigen Herren, p. 18

In Unschuld geschwaschen

«Die Zärtlichkeit und Liebe, welche die Natur den Eltern gegen ihre Kinder einflösst, würde uns das abscheuliche Verbrechen des Kindermords für unmöglich dargeben, wenn wir nicht durch die traurigsten Exempel belehrt worden wären, dass weder die Natur noch die Stimme der göttlichen und menschlichen Gesetze vor der Entheiligung gesichert sind.» Zu dieser «christlichen» Erkenntnis gelangten Hans Rudolf Thurneysen und Johann Heinrich Falkner, unserer Stadt Rechtskonsulenten, bei der Beurteilung der Kindstötung durch Susanna Rümmliger. Von einem unbekannten welschen Kutscher im Gasthof Drei Könige in Kleinhüningen geschwängert, hatte die 25jährige Magd in ihrer Estrichkammer ein Kind geboren, das sie nach eingetretenem Tod durch Ersticken in ein «altes Hemd wickelte, unter das Dach legte und ein Ziegel darauf that». Die Beteurungen der verzweifelten Kindbetterin, sie hätte ihr Neugeborenes nicht töten wollen, fanden bei den Untersuchungsorganen kein Gehör, hatte «die Verhaftete doch nach den Criminal-Rechten ohne Gnad das Leben verwürckt und ist also nach Schärfe derselben mit dem Wasser vom Leben zum Tod zu bestrafen». Weil indessen «die Verbrecherin in der angeborenen Gütigkeit der Gnädigen Herren anzusehen und in vorigen und gegenwärtigen Zeiten die Schwertstrafe allhier öfters vollzogen worden ist, soll die Verhaftete mit dem Schwerdt vom Leben zum Tod gestraft, ihr Leib der Erde, der Kopf aber auf den Galgen zu stecken befohlen werden». So wurde die «unglückliche Person, welche sich als eine reuende Sünderin darstellt und sehr fleissig betet, durch den Antistes (Oberstpfarrer) auf den Tod vorbereitet» und am nächsten Ratstag dem Scharfrichter übergeben. 1761.

Criminalia 20 R 14/Ratsprotokolle 134, p. 453ff. und 135, p. 1ff.

VIII BRÄNDE UND EXPLOSIONEN

20 Menschen und 600 Häuser vom Feuer verzehrt

«Die Stadt war in der Hauptsache eine Holzstadt. Überdies war sie enge gebaut, ohne Fürsorge und Polizei, und dabei wurden Backen, Hanfrösten u. dgl. feuergefährliche Arbeiten allenthalben in den Häusern ausgeführt. Die Folge solcher Zustände waren furchtbare Brandverheerungen; gemeldet werden solche aus dem Jahre 1258, da mit einem grossen Teile der Stadt das Predigerkloster unterging, und aus dem Jahre 1294, da über sechshundert Häuser zerstört wurden. Von diesem Brande ist auch die schaurige Einzelheit überliefert, dass im Hause zum Richtbrunnen an der Gerbergasse, das dem Goldschmied Rudolf von Rheinfelden gehörte, zwanzig Menschen zugleich in den Flammen umkamen.»

Wackernagel, Bd. I, p. 55/ Wurstisen, Bd. I, p. 153/ Gross, p. 32/ Brand, p. CCXCVI

Grossfeuer in der Aeschen

Am Auffahrtstag 1414 vernichtete in der Aeschenvorstadt ein Grossfeuer 50 Häuser.

Gross, p. 66/ Wurstisen, Bd. I, p. 241

Verheerende Brandkatastrophe

«Ein grosser Brand legt 1417 in kurzer Zeit 400 Häuser der Stadt in Asche. Im Rufbüchli des Staatsarchivs liest man: ‹Anno 1417 secunda post Udalrici episcopi verbrant unser statd von Manheits badstub (an der Streitgasse) ufhin gen Eschemerthor (d. h. des ehemaligen Schwibbogens) und des umbhin an das Münster und des durch usshin die vorstat St. Alban und das Kloster Alban gerwe, ussgenommen allein die Kilche St. Alban und wol vier Hüser in der vorstat, die nit schindelköpfe hettent und mit Ziegeln geteckt warent, und was der summ der hüser bi 400 hofstette. Dorumb schicktent die von Thelsperg ir Botschaft zu uns und klagtetent uns umb unsern schaden getrüwlich, und gabent uns einen wald, den sie wol 100 jar erzogent hattent, gelegen bi Sogern und rumptent uns dazu einen weg und erzügetent uns grosse früntschaft, der wir billig angedenkig sin sollent.› »

Historischer Basler Kalender. 1886/ Ochs, Excerpte, p. 363/ Wurstisen, Bd. I, p. 255/ Gross, p. 67/ Diarium Basiliense, p. 45/ Rathsbücher, p. 152f./ Wackernagel, Bd. II 1, p. 290ff./ Röteler Chronik, p. 150

Fürchterliche Kanonenexplosion

«1427 liess der Rath ein neues Feldstück giessen, und ein altes ändern. Als diese auf die Probe geführt wurden, und aus jedem drey Schüsse geschahen, hielt das eine die Probe, das andere aber zersprang in viele Stücker, erschlug den Büchsenmeister, den Oberstknecht, wie auch noch zwey Personen, schlug einem beyde Schenkel ab, und verletzte sonst bey vierzig Menschen.»

Ochs, Bd. III, p. 150f./ Gross, p. 71

< *Zwei Teufel ziehen einen explodierenden und brennenden Wagen. Federzeichnung aus der Anleitung, Pulver und Feuerwerk zu fabrizieren, von Walter Litzelmann aus Basel. 1582.*

Brandstiftung im Kloster Klingental

«Am Mittwoch nach dem Palmtag 1466 ist im Clingenthal der Dormenter (Schlafsaal) schädlich verbrannt. Dabei sind hundert köstliche Bett, ein silberin Schiff, drey köstliche König von Silber und Gold und vieles andere schädlich verbrannt, dass man den Schaden auf über 12 tausend Gulden schätzte. Das Feuer ist williglichen von Frau Amalia von Mülinen, die nicht gerne im Kloster war, angezündet worden. Sie musste deshalb ihr Leben im Kercker enden.»

Ochs, Excerpte, p. 422f./ Appenwiler, p. 347/ Brand, p. CCXCVIv/ Gross, p. 114/ Bieler, p. 256/ Ochs, Bd. V, p. 222

Grossbrand am Heuberg

«Auf St. Georgii 1495, vor Mitternacht, ist auf dem Heuberg in Juncker Michel Meyers Haus, gegenüber dem grünen Helm, eine schröckliche Brunst entstanden, welche 36 Häuser und Scheunen verschluckt hat. Das Feuer ist im Badstüblin angegangen, darnach in die Stallung gekommen und griff so greulich um sich, dass man das Volk zum Banner rufen musste, um das Feuer zu löschen.»

Gross, p. 132/ Ochs, Excerpte, p. 426f./ Bieler, p. 256/ Wurstisen, Bd. II, p. 509/ Ochs, Bd. V, p. 222

Von einem gewaltigen Donnerschlag

«Anno 1526, den 19. Herbstmonat, um die sechste Stund nachmittags, kam ein grausamer Donnerschlag aus heiterem Himmel mit einem Blitz und schlug in einen Thurm am Stadtgraben zwischen Eschen- und St. Alban Thor. Darin hatten Unsere Gnädigen Herren ihr Büchsenpulver, Schwefel und Hacken-Büchsen aufbewahrt. Der starcke Blitz schlug den Thurm auf den Grund hinweg, als wäre nie ein Thurm dagestanden. Es blieb kein Stein auf dem andern. Es zerschlug auch alle Häuser an der Maltzgasse. Auch wurden etliche grosse Quadersteine bis

Año 1462. belegerten die vō Basel vñ etlich reichstett dz schloß hohen Künigsperg im Elsaß gelegen/vnd gewūnen dz selbig. Año Christi 1526. zů Herbst zeit schlůg dz wetter zů Basel in ein thurn/ darin mere dañ 20. dōnen büchsen pulvers waren/vñ au gēblick lich zersprengt es den thurn in vil tausent stück/nit on grossen schaden deren die darūb woncē. Es kamenn bei xij. oder xiiij. menschen vm jr lebē vñ etlich viech/ so vff dem feld bei dem thurn zů der selbigen stund waren. Anno 1531. erwůchsen speñ vnd grosser onwill der religiō halb zwischen denen von Zürich/Bern/Basel/ Schaffhausen zů einē theil/vnd denen vō Lucern/ Vry/Schweitz/Vndwalden vnd

1526 schlug der Blitz in einen Turm am Stadtgraben, in welchem der Rat 20 Tonnen Büchsenpulver gelagert hatte. Durch die gewaltige Explosion kamen viele Leute ums Leben, wie auch grosser Sachschaden entstand.

in die Vorstädte zu St. Alban und Eschen geworfen und schändeten viele Häuser. Und was noch viel schädlicher war: Es zerschlug 12 Menschen. Etliche schlug es in die Luft, so dass niemand wusste, wo sie hingekommen sind. Etlichen hat es das Haupt vom Leyb geschlagen, den Arm oder den halben Leyb oder viel Wunden. Es war ein elender Anblick. Diejenigen, die starben, wurden in einem Karren nach St. Elisabethen geführt und dort vergraben. Dieser Donnerschlag hatte auch in der halben Stadt die Häuser erschüttert, als ob es ein Erdbeben gewesen wäre. Er erschlug auch Heinrich Spilmanns Sohn, der auf dem Felde die Ochsen hütete, samt zwei Tieren.»

Linder, p. 38f. / Bieler, p. 38 / Gross, p. 155 / Wurstisen, Bd. II, p. 591 / Wackernagel, Bd. III, p. 491 / Ochs, Excerpte, p. 216 / Ryff, p. 54 / Ochs, Bd. V, p. 560 / Buxtorf-Falkeisen, 1, p. 58ff.

Zufälle

«In dem Jahr 1528, wo die religiöse Erbitterung immer höher aufbrauste, ereigneten sich innerhalb zehen Wochen drey Feuerbrünste. Der erste in der Weissengasse, in eines Beckers Haus, welches mit einem Manne verbrannte, der beim Feuer helfen wollte. Die folgende Nacht fiel eine Mauer des ausgebrannten Stockes darnieder, wodurch ein im Bette liegender Nachbar und ein Zimmermann ums Leben kamen. Das andre Feuer erhob sich in einer Scheuer an der Spahlen, welche voll Korn und Stroh war. Das dritte entstand bei den Predigern, auch in eines Beckers Haus, so zum halben Theil verbrannte.»

Ochs, p. V, p. 754f. / Buxtorf-Falkeisen, 1, p. 70f.

Das Zunfthaus zu Schiffleuten geht in Flammen auf

«Anno 1533, uf Fritag nach Mitfasten, zwischen 12 und 1 Uhr nachmittags, ging der Schiffleuten Zunfthus an mit Feuer und verbrann gantz und gar bis auf den Boden, das niemand es löschen mochte. Denn die Not war gross, die anderen Häuser zu erretten. Gott well uns ferner behietten.»

Linder, s. p. / Bieler, p. 257 / Gross, p. 172 / Ryff, p. 142f.

Ettingen wird ein Raub der Flammen

«1583 hat es in Ettingen gebrannt, und sind solcher Brunst 10 Häuser, 5 Menschen, 10 Haupt Vieh und 4 Ross samt etlichen Scheunen daraufgegangen.»

Falkner, p. 5

Grossbrand in Pratteln

1588 wurde Pratteln durch Brandstiftung schwer heimgesucht. Neun Häuser, eine Frau und ein Kind fielen dabei dem Feuer zum Opfer. Derjenige «zu Muttenz, der obige 9 Häuser in Pratteln in Brand gesteckt und Hans Atz von Muttenz ermordet hat, wurde mit dem Rad gerichtet und darnach verbrannt».

Wieland, s. p.

Grossbrand in Wyhlen

1592 wurden zu Wyhlen 25 Häuser, ein Kind und viel Korn und Wein ein Raub der Flammen.

Wieland, s. p.

Grossbrand in Gelterkinden

1593 vernichtete ein Grossfeuer in Gelterkinden das Pfarrhaus, vier Häuser und Scheunen und über 5000 Garben.

Wieland, s. p.

Grossbrand in Arisdorf

1609 fielen durch Brandstiftung in Arisdorf 8 Häuser, 1 Scheune, 4 Kühe und viel Frucht zum Opfer.

Wieland, s. p.

Hemmiken eingeäschert

1621 ist eine Frau, die zu zweienmalen im Dorf Hemmiken einen Brand gelegt hatte, samt ihrem Sohn, mit dem

Vor dem 1533 neu erbauten Zunfthaus der Schiffleute an der Schifflände (1839 abgebrochen) wird ein seetüchtiges Basler Schiff entladen. Federzeichnung aus dem 16. Jahrhundert.

sie in Blutschande gelebt hatte, geköpft und verbrannt worden. Neben dem Feuerlegen in Hemmiken, das zum Verlust von 12 Häusern geführt hatte, legte die Brandstifterin auch den Arxhof in Asche.

Brombach, p. 427/Battier, p. 461

Niederdorf geht in Flammen auf

Im Christmonat 1627 ist zu Niederdorf «eine schädliche Brunst entstanden, welche in anderhalb Stunden neunzehn Wohnhäuser und an die zwenzig Scheunen, Speicher, und Ställ, samt vielem Vieh und einem jungen Knaben, gefordert hat. Wie diese Brunst angegangen ist, hat man eigentlich nit wissen mögen. Weil es aber zu oberst und zu unterst im Dorf schier zugleich angefangen hat zu brennen, war vermutlich Feuer eingelegt worden. Auch war zu allem Unglück noch ein grausamer Wind, der fast 24 Stund währte. Auf den Abend ist ein helles Blitzen mit etlichem Donnerklapfen erfolgt. Was solches bedeuten wird, ist allein Gott bekannt. Er wolle uns gnädiglich vor fernerm Unheil behüten.»

Brombach, p. 1007f./Chronica, p. 102/Richard, p. 128/Battier, p. 464

Weil in Brand gesteckt

1633 legten die kaiserlichen Truppen aus Breisach in Weil Feuer. 18 Häuser gingen dabei in Flammen auf und brannten bis auf den Grund nieder.

Wieland, s. p.

Blinder Lärm

Am späten Abend eines Herbsttages im Jahre 1660 «wollte Paulus Kiehn, der Küfer in der St. Albanvorstadt, ein neu gemachtes grosses Fass mit Hanfstängeln ausbrennen. Weil nun die Flammen hoch emporflogen, vermeinten die Bläser und Wächter auf dem Münsterturm, es wäre Feuersnot vorhanden und fingen an zu blasen und zu stürmen. So stark, dass die ganze Bürgerschaft in Schrekken geriet. Die zum Feuer Verordneten lüffen hin und her in der Statt herum, bis nach langem Suchen Bericht kam, wo und worinnen der Brand bestanden ist. Hierauf wurde dieser blinde Lärmen wieder gestillet und der Küfer bestraft.»

Scherer, p. 78/Scherer, II, s. p./Wieland, p. 269

Explosion auf der Schützenmatte

1663 brachte die Explosion von Pulver auf der Schützenmatte grosse Aufregung unter die Schützen, weil Pulver in einem Känstlerlein angegangen war und einen grossen Klapf verursachte. Einige sprangen in höchster Not aus den Fenstern des Schützenhauses und erlitten dabei Verletzungen. «Der alte Fetzer aber hielt sich am Meyel (Weinglas) fest, befahl sich Gott ... und blieb sitzen.»

Wieland, p. 289/Buxtorf-Falkeisen, 2, p. 98f.

Neun Brände in einem Jahr

«In dem Jahr 1666 hat es an vielen Orten angesetzt mit Bränden, als: Am Nadelberg, in der Spalen im Wirthshaus zum Ochsen, in des Schlossers His Haus in der Spalen, im Wirtshaus zum Schiff, nochmals an diesem Ort, auf der Ehrenzunft zu Schneidern, in des Strübins Haus auf dem Kornmarkt, im Wächtershäuschen auf dem Steinen Bollwerk, in der Rüdengasse. Gott den Herrn soll man mit insbrünstigem Gebet anrufen, dass er solche Straf von uns abwende.»

Meyer, p. 9v/Scherer, II, s.p./Lindersches Tagebuch, p. 117/Scherer, p. 120f./ Richard, p. 583/Wieland, p. 314/Hotz, p. 411

Brand im Drahtzug

«1667 ist das neuerbaute, schön und lustig Gebäud des Drothzugs in der Neuen Welt durch Unsorgsame eines fremden Schreiners bis auf die steinerne Schnecke (Wendeltreppe) abgebrannt. Auch der Wendelbaum ist samt den Rädern, obwohl diese im Wasser standen, und vielem kostbarlichen Werckzeug mit dem Feuer zu Grund gegangen.»

Scherer, II, s. p./Scherer, III, p. 118

Inzlinger Bauern löschen mit Wein

«1670 ist in dem Dorf Inzlingen, nicht weit von Basel, zu Nacht eine Feuersbrunst entstanden, dadurch 14 Häuser und 3 Personen vom Feuer verzehrt worden sind. Die Bauern haben müssen, weil sie nicht genugsam Wasser hatten, mit Wein löschen.»

Hotz, p. 496/Wieland, p. 343

Unglück in der Steingrube

«Als 1672 in Unserer Gnädigen Herren Steingruben zu Rheinfelden die Arbeiter den Zapfen eingeschlagen hatten, gabs Feuer, das in den Pulversack kam und den Meister samt zwei Steinknechten zu Tode schlug.»

Baselische Geschichten, p. 115

Feuer aus dem Wasserrohr

«1685 trug sich im Haus zum Sessel am Todtengässlein eine noch niegehörte Sache zu: Denn als Hans Tschopp, der Brunnmeister, die Brunnstube öffnete und zur Quelle sehen wollte und zu diesem End den Zapfen im Teuchel ausschlug, fuhr das helle Feuer aus dem Teuchel und verbrannte ihm Haar, Bart und Nase.»

Baselische Geschichten, p. 141/Basler Chronik, II, p. 179f.

Brandstiftung in Oberwil

«1694 hat ein thorichter Bub von Oberweyler seiner Mutter gedroht, das Haus anzuzünden, wenn er nicht das, was er gern esse, bekomme. Als die Leute nun in der Kirche waren, hat er das Haus angezündet, worauf vier

Häuser in Brand gerathen sind. Der lose Gesell hat sich hierauf flüchtig gemacht und ist in frantzösischen Kriegsdienst getreten. Nachdem er denselben wieder quittiert hatte, ist er an Händ und Füss in Eisen geschlagen worden, weil er gedroht hatte, das gantze Dorf in Brand zu steckhen.»

Scherer, II, s.p.

Unheilvoller Brand

1694 ist das Haus des Emanuel Iselin an der St.-Alban-Vorstadt abgebrannt. Als Iselin versuchte, noch etwas von seiner Habe zu retten, «ist er von den Flammen überfallen und verbrannt worden. Nachwerths ist er in der Stube gefunden worden, seine Hände ineinander gefaltet, seine Nachthaube auf dem Kopf, aber im Angesicht gantz schwartz. Er ist in einen Totenbaum (Sarg) gelegt und mit jedermanns grossen Leidwesen bei St. Peter begraben worden. Es ist nicht genug, dass Gott diesen frommen, daneben auch etwas in Göttin Venus verliebten Mann und Vater von 5 Kindern auf eine so erschreckliche Weise aus dieser Welt abgefordert hat, sondern es hat seine gantz verarmte Witwe noch erfahren müssen, dass auch das Wenige, das man aus dem Feuer zu erretten vermochte, durch Gott vergessene Leut gestohlen worden ist. Auf Befehl des Rats hat man in allen vier Pfarrkirchen Meldung davon gethan, doch hat niemand Anzeige gemacht.»

Scherer, II, s.p./Scherrer, p. 187

Feuer in der Kupferschmiede

«1694 ist in der sogenannten neuen Welt in der den Herren Krug angehörigen Kupferhammerschmidte eine sehr schädliche Brunst entstanden. Dadurch ist diese schöne Schmidte samt der Behausung von der Höche bis auf die Grundmauern abgebrannt. Auch sind viele schöne Gewächs zertretten und verwüstet worden.»

Scherer, II, s.p./Scherer, III, p. 195f.

Brand an der Utengasse

Anfang Jänner 1695 ist plötzlich eine gefährliche Feuersbrunst im mindern Basel an der Utengasse entstanden. Herr Bulachers Scheune, die voll von Stroh, Karren, Wagen, Sätteln und Fuhrgeschirr war, verbrannte samt einer Kuh und einem Kälblein gänzlich. Dabei geschah ein weiteres Unheil, indem einem Drechsler eine Axt auf das Gesicht gefallen ist und ihn jämmerlich verwundete.

Scherer, p. 198f./Scherer, II, s.p.

Der Markgräflerhof geht in Flammen auf

«Den 23. Hornung 1698 ist die Residenz der Herren Markgrafen von Baden-Durlach unversehens in Brand gerathen und meistentheils bis auf den Boden hinweggebrannt. Darinnen sind auch viele kostbare Mobilien zugrunde gegangen. Acht Tag später fiel ein Stück Mauer ein und verschlug das Gewölb im Keller, so dass über die 100 Saum von dem besten Wein zugrunde ging. Als man den 21. November 1699 mit der Aufrichtung des neuen Dachstuhls begriffen war, fiel der Zimmergeselle Hans Baumgartner von oben herab zu tod.»

Wieland, II, p. 651ff./Schorndorf, Bd. I, p. 135f./Baselische Geschichten, II, p. 178/Buxtorf-Falkeisen, 3, p. 111

Grossfeuer im Kloster Lützel

Im Januar 1700 wurde das Kloster Lützel samt der ganzen Abtei von einer Feuersbrunst heimgesucht. Die schöne, seit 600 Jahren gesammelte Bibliothek, die ganze Apotheke, kostbare Messgewänder und viel Korn und Hausrat gingen dabei zugrunde. Der Wert wird auf 50000 Pfund geschätzt.

Scherer, p. 275f./Scherer, III, p. 264

Überführte Brandstifterin

Mit Hilfe eines Nachschlüssels drang Barbara Rudin von Ramlinsburg 1701 in den Keller ihrer Schwägerin, Barbara Madörin, und entwendete daraus «zwo Maas Schmalz, 3 Maas Birenmost und 5 Laib Brot». Deswegen zur Rede gestellt, entschuldigte sich die diebische Elster in aller Form. Da sie aber «ohngeachtet ihrer getanen Abbitte keine Gnad und Verzeihung von dieser erhalten hat, ist sie im Zorn von ihr weggegangen und hat, weil ihr die Zähne wehgetan hatten, eine Pfeife Tabacks angesteckt und zugleich eine glühende Kohle wie auch einen angezündeten Zündstrick» auf den Gang in die Reben mitgenommen. Beim Haus ihrer Verwandten aber liess sie Tabackpfeife und Zündschnur auf einen Haufen Späne fallen, und hätten nicht herbeigeeilte Nachbarn das auflodernde Feuer erstickt, dann wäre ein Grossbrand nicht zu verhindern gewesen.

Im Hinblick darauf, dass «es auf dem Land ziemlich gemein werden will, dass untereinander in Uneinigkeit lebende Bauersleut, oder Bettler und Landstreicher, sich mit Feuereinlegen entblöden, müssen durch ernstliche Abstrafung dieses abscheulichen Lasters bosfertige und leichtsinnige Leute abgeschreckt und mit dem Feuer gestraft werden». Auf Grund der bestehenden Praxis wurde Barbara Rudin demnach zum Tode durch Verbrennen verurteilt. Die Tatsache aber, dass sie «nach eingelegtem Feuer auf die Knie gefallen und Gott gebätten, dass kein Schaden geschehen möchte», war immerhin Grund zur Milde in bezug auf die Art der Hinrichtung. So wurde Barbara Rudin wegen versuchter Brandstiftung «nur» mit «dem Schwert vom Leben zum Todt gerichtet und darnach dero Cörper mit Feuer verbranndt».

Criminalia 26 R 1/Ratsprotokolle 73, p. 170ff./Schorndorf, Bd. I, p. 179/Baselische Geschichten, II, p. 183

Wittisburg wird ein Raub der Flammen

«Den 19. April 1704 ist das Dorf Wittisberg in einer Brunst aufgegangen. Dadurch sind innerhalb 1½ Stund 18 Häuser verbrannt, und sind im Dorf nur noch 7 Häuser übrig geblieben. Dadurch sind 21 Haushaltungen ruiniert worden. Menschen sind jedoch nicht beschädigt worden, weil die Männer an einem Schiesstag an einem andern Ort gewesen waren. Der Brand ist von einem Knaben verursacht worden, der eine Schlüsselbüchse losgebrannt hatte. Die Obrigkeit hat angeordnet, dass jedermann, im Beisein von 2 Männern aus dem Dorf, eine angemessene Steuer entrichten möge.»

Scherer, II, s. p. / Schorndorf, Bd. I, p. 215 / Baselische Geschichten, II, p. 194

Brand auf dem Münsterplatz

Am Nachmittag des 8. Dezember 1714 entstand auf dem Münsterplatz, gegenüber der Ecke zum Schlüsselberg, ein Brand. «Ist gleich darauf Lärmen gemacht und gestürmt worden. Man musste alle Feuerspritzen brauchen. Das Wasser dazu holte man im Rhein. Man reichte es in Eimern durch die Pfalz. Weil auch die Mücke in Gefahr gestanden, wurden die meisten Sachen aus dem Cabinet in Sicherheit getragen.»

Scherer, p. 571 / Baselische Geschichten, II, p. 228 / Schorndorf, Bd. II, p. 43

Handgranate explodiert

«1715 ist ein Knopfmachergeselle mit seinem Cameraden auf die Schützenmatte gegangen, um etliche Handgranate zu probieren. Durch Unvorsichtigkeit aber ist eine derselben versprungen und hat dem Gesellen den einen Fuss entzweigeschlagen, so dass er nur noch an wenigem Fleisch gehangen ist. Der Mann ist nur wenige Tage später gestorben.»

Scherer, III, p. 403

Brand im Almosen

«1717 ist im Almosen am Barfüsserplatz ein Feuer angegangen, das aber durch gute Anstalt in einer Stunden gelöscht werden konnte. Man musste die Tauben und die an Ketten liegenden Irren samt den übrigen Kranken ins Spital retten. Das Feuer soll von einer alten Frau, die man Weihnachtskindlene nannte, gelegt worden sein. Weil sie nichts bekennen wollte, wurde sie in einem finstern Loch für ihr Lebenlang eingesperrt.»

Scherer, III, p. 419 / Schorndorf, Bd. II, p. 80

Grossbrand an der Weissengasse

Um die sechste Abendstunde des 14. März 1718 entstand durch Entzündung von Rebwellen in des Zinngiessers Simon Grynaeus Haus an der Ecke Gerbergasse und Weissegasse ein Brand, der mit «grossem Knallen und Klepfen sich gegen das Weisse Gässlin ausgebreitet. Das Feuer hat leider so gewütet, dass es innert 5 Stunden 9 Häuser niederbrannte. Auch ist vor Schrecken Ratsherr Hoffmann vom Blömlein gestorben. Die Kirche zu Barfüssern war voll von Plunder, Bettwerk, Hausrath und geflüchteten Leuten. Eine in den Kirchen der Stadt eingezogene Brandsteuer hat mit 14309 Pfund viel Geld eingebracht. Gott tröste die, so es betroffen, und segne sie anderwerts. Er bewahre auch diese unsere Stadt vor weiteren dergleichen und anderen Strafen und Unglück.»

Bachofen, p. 193ff. / Diarium Basiliense, p. 16f. / Scherer, p. 652ff. / Bieler, p. 273 / Ochs, Bd. VIII, p. 77 / von Brunn, Bd. I, p. 156 / Baselische Geschichten, II, p. 256 / Schorndorf, Bd. II, p. 98 / Beck, p. 153f.

Die Pulvermühle fliegt in die Luft

Wie ein Blitz aus heiterem Himmel flog am 29. September 1721 die Pulvermühle vor dem Steinentor in die Luft. Die Explosion der mit 20 Zentner Pulver angefüllten Stampfe war so gewaltig, dass in der Steinenvorstadt die Fensterscheiben in Brüche gingen und der Knall über 6 Stunden weit gehört werden konnte. Dabei sind folgende Personen ums Leben gekommen: Der Pulvermacher, dem «von einem Stein der Kopf abgeschlagen wurde, dass er also nur noch an einem Riemlin Haut gehangen». Eine Frau, «dero der Kopf halb ab und das Hirn herausgefallen ist». Schweren Verletzungen erlagen ebenso zwei Kleinkinder, eine weitere Frau, ein Mädchen und ein Knabe.

Bachofen, p. 263ff. / Beck, p. 158f. / Baselische Geschichten, II, p. 277 / Schorndorf, Bd. II, p. 188

Grossbrand in Sissach

«1723 sind zu Sissach hinter der Kirche innert 2½ Stunden 10 Häuser, 6 Scheunen und 1 Knabe von 17 Jahren verbrannt.»

Scherer, III, p. 475 / Schorndorf, Bd. II, p. 243

Brennhäuslein vom Feuer aufgezehrt

«Am 1. Juli 1725 ging ein Brennhäuslein am Sägeteich vor dem Riehentor in Feuer auf. Weil es Sonntag war, ging es schläferig zu und her, und ehe man stürmte und das Riehentor aufmachte, war schon das ganze Häuslein schier in Asche verbrannt. Sind zu Schaden gegangen 40 Saum und 12 Maas Trusen.»

von Brunn, Bd. II, p. 404

Auggen verbrennt

«Am 18. October 1727 kam in dem Dorf Auggen ein Feuer an, welches das gantze Dorf, bis auf ein paar Häuser, verzehrte, weil dazu ein starker Wind kam und die armen Leuthe kein Wasser zum Löschen hatten. Der Liebe Gott möge sich deren erbarmen.»

Schorndorf, Bd. II, p. 333

Rendezvous böser Gesellschaft

«1727 war durch Anzündung böser Buben der Bernoulli und d'Annone schönes Gartenhaus vor dem St. Johann Thor angezündet und gantz abgebrannt samt vielem Hausrath, Speisen, Geschirr, einer Trotte und allerhand Zugehör. Weil es Messe war, wollte man das Thor nicht öffnen und niemand zum Löschen hinaus lassen. Dem Verlaut nach soll dieses Gartenhaus eine rendezvous böser Gesellschaft gewesen sein.»

Schorndorf, Bd. II, p. 334

Brand an der Spiegelgasse

«Den 19. Januar 1729 suchte uns der liebe Gott mit einer entsetzlichen Feuersbrunst heim: In des Tischmachers Philipp Jäcklin Haus an der Spiegelgasse war ein Brand ausgebrochen, der viele Stunden währte, weil der Tischmacher sehr viel Holz und 4 Seiten Speck im Kamin hatte. Dieses Feuer hat mit einer solchen Wut gewütet, dass man in grosser Sorge gestanden, es möchte auch die Drei Könige und den Blumenplatz verzehren. Der liebe Gott aber gab Glück, dass das Feuer bei so entsetzlicher Kälte alle andern Häuser vor Schaden bewahrte.»

Bachofen, p. 418f. / Bachofen, II, p. 308

Lebendigen Leibes verbrannt

«Als Meister Nicolaus Roth, der Tischmacher in dem Sternengässlein, sich 1731 wohl bezecht ins Bett legte, überkam ihn gegen Morgen ein grosser Durst, so dass er im Nachtrock in den Keller ging, um Wein zu holen. Aus Unvorsichtigkeit ist ihm dabei das Feuer seines Lichts an den Nachtrock gekommen, so dass er in vollem Brand dastand. Obwohl man ihn mit einem ganzen Züber Wasser überschüttete, ist er am Leib verbrannt. Er wurde hernach von seinen lachenden Erben unter seinem Stein zu St. Leonhard vergraben.»

Bachofen, II, p. 364f.

Grossbrand in Rheinfelden

«In Rheinfelden ist 1734 eine grosse, leidige Feuersbrunst entstanden, welche 30 Haushaltungen betroffen hat. Es sind in Kurtzem 23 Firste, ein Kind, drey Stück Vieh und viel Vorraht von den wüthenden Flammen verzehrt worden.»

Basler Chronik, II, p. 429

Granatenexplosion in Haltingen

«1738 liess ein Bauer aus Haltingen eine noch gefüllte eiserne Granate, welche nach der Friedlinger Schlacht von seinem Vater anno 1701 auf dem Weiler Feld gefunden worden war, in sein Haus fahren. Die Granate wurde nun von einem Kind ergriffen und in der Brandröhre mit einer feurigen Kohle entzündet. Statt eines Lustfeuers aber entstand ein trauriges Ernstfeuer, hat die Explosion doch zwei Mädchen und einen Knaben totgeschlagen.»

Basler Chronik, II, p. 298f.

Die Kammradmühle brennt

«Von einer leydigen Feuersbrunst ist 1743 die Kammrad-Mühle im Kleinbasel erfasst worden. Selbige ist, samt

Feuer-Ordnung.

DEmnach Unſere Gnädige Herren E. E. Wohlweiſer Raht für gut und nöthig befunden, die unterm 24. Augſt 1681. gemachte, und den 30. Mertz 1715. den 2. April 1718. und 5ten May 1742. erneuerte Feur-Ordnung wiedermahlen für Augen zu nehmen und in eint- und andern Puncten zu erläuteren und zu verbeſſeren. Als haben Sie Nachfolgendes zu verordnen für gut befunden.

Erſtlichen, ſollen aus den ſamtlichen Sechs Quartieren hiediſſeit, von denjenigen Perſonen, die ſonſten auf dem Lermen-Platz zu erſcheinen ſchuldig, 36. und namlichen, aus jedem Quartier 6. Mann, ſo Burger ſeynd, von jedes Quartiers Vorgeſetzten geordnet: Sodann dieſen aus der Mindern Stadt noch 12. zugeordnet, und denſelben auferlegt werden, bey entſtehenden Feursbrünſten, (darfür uns GOtt gnädig bewahren wolle,) mit ihren Seitengewehren, wie auch Springſtöcken oder Hallenparten, ſich alſobald an dem Ort, da die Brunſt auskommen, ohngeſaumt einzufinden, neben Herren Schultheiß, Gerichtſchreibern und den Amtleuten, gute Ordnung halten zu helffen, alles dasjenige, ſo aus denen mit Brunſt angegriffenen Häuſern getragen würde, an ſichere Ort zu verſchaffen, auch (auſſer denen, ſo Rettung und Hülffe thun können,) niemanden herbey zu laſſen, zu ſolchem Ende den Platz gantz zu umſtellen, alles unordentliche Geläuf zu verhüten, und in dieſem allem den Herren Feur-Haubtleuten neben dem Herrn Schultheiſſen gewärtig zu ſeyn. Von dem Herrn Stadt-Lieutenant aber ſollen von der Stadt-Garniſon zwölf Mann an den Ort des Brands zur Diſpoſition der Herren Feur-Haubtleuten,

Die Organisation des Aufmarschs der Quartiermannschaften zur Brandbekämpfung wird der Bürgerschaft 1763 einmal mehr in Erinnerung gerufen.

einem grossen Theil der daranstossenden Behausung, vom Feuer verzehrt worden. Anderntags sind daselbst durch eine eingestürzte Mauer sechs Personen, theils tödlich, theils gefährlich verwundet und zerquetscht worden. Es ist nicht nöthig, noch vieles zu melden, weil es in Stadt und Land kundig ist. Man hat dem lieben Gott zu danken, dass die wütenden Flammen nicht weiter umsichgegriffen haben, sonst hätte der Schaden in den nächst gelegenen Magazinen von Früchten, Salz und andern Waren fast unersetzlich sein können.»

Basler Chronik, II, p. 72

Explosion der Oristaler Pulvermühle

«Die im Jahre 1738 erbaute Pulvermühle im Oristhal flog 1766 in die Luft, obschon kein Pulver, sondern nur Staub vorhanden war. Der Pulvermacher, sowie zwei Zimmergesellen, wurden am Leibe ziemlich verbrannt.»

Historischer Basler Kalender, 1888

Verbranntes Gartenhäuschen bringt Gewinn

«Es ist merckwürdig, dass 1766 eines ehrlichen Mannes, H.J.J. Wohnli, Treubelbeck und des Gr. Rahts sein Etaschenhoches wohlgebauen Gartenhäusli an der Grentzacher Strass, sambt deren darinnen befindlichen grossen und neuen Trotten, 8 grosse von 60 Saumen haltende Bögdten, Trettgschirr, Tisch, Bänck, Stuehl und ander höltzen Werck vom Boden hinweg verbrand. Weilen aber dabei ein starcker Wind gegangen, so haben die Flammen gegenüber Mattheus Scharden dem Weinschenck in seinem Guth zwei grosse Nussbäum ergriffen und auch verbrand. Das grösste Unglück war, dass man erst gegen 12 Uhr in der Statt das Feuer gesechen und die Wächter auf denen Thürnen Feuer geblasen haben. Mithin wäre die Hülf um diese Zeit nach Aussag von Leuthen, die man zu dem sogenandten Katzensteg herausgelassen, schon zu spät gewesen. Weilen aber unten am Boden das höltzen Werck noch gebrand und alles vollen Glut war, so hat man von Morges bis Mittags 2 Uhr mit Zuführen des Wassers in denen Laydfässeren genug zu thun gehabt. Mithin ists H. Wohnli ein Schaden aufs wenigst von 1000 Pfund gewesen. Als U.G.H., eim W.W. Raht, H.J.J. Wohnli wehmütig vorgestellt, in was für ein empfindlichen Schaden er versetzt seye, ist ihme, um obrigkeitliches Mitleiden zu bezeugen, ein Collect bei gutherzigen Gemüthern zu sammeln erlaubt worden. Damit jene wohlbemittelte Mitburgere ihre milde Gesinnung gegen zu Verlust gekommenen bezeugen mögen, haben U.G.H. für gut befunden zwei verschlossene Küstlein, eines ins Posthaus und das ander ins Berichthaus stellen zu lassen, auf dass ein jeder während den nächsten 14 Tagen die Wahl habe, seine Gab zu legen oder durch jemand andern einzusenden; wonach sodann auch U.G.H. nach Befinden das Fernere zum Trost obigen getreuen Burgers vorkehren werden. Den 22ten ist solches Gelt aus beyden Küstlenen gezält worden, allwo in dem auffem Berichthaus nur etwas über 100 Pfund, aber auffem Posthaus über 300 Pfund gefallen. Mithin wurde vor U.G.H. erkand, dass das Hochlobl. Dreyer-Ambt H. Wohnli an seinen Schaden 150 Neue Thaler darzellen solle, summarum 945 Pfund. Mithin hat H. Wohnli nachgehents nicht nur obiges, sondern noch von vielen gossen Capitalischten vieles Gelt extra und incognito in sein Haus geschickt bekommen.»

Im Schatten Unserer Gnädigen Herren, p. 166ff.

Grossbrand im Zeughaus

«1775 brannte das Zeughaus ganz ab samt Stallung und Wohnung des Karrenhöfners, der Stadtschlosserei und der umliegenden Gebäude vom kleinen Platzgässlein bis gegen die Spalenvorstadt hinaus. Es war ein fürchterliches Feuer, und nur mit Mühe konnte das Kornhaus gerettet werden. Auf dem Zeughaus waren Fruchtschütten und eine Menge Frucht. Diese Frucht samt Heu und Stroh im Karrenhof und viel Holzwerk und Maschinen in Werkhof und Zeughaus halfen noch, das Feuer mehren. Die grossen Kanonen und Bombenkessel, welche zurückblieben, stürzten ab den Baretten und waren anderntags noch glühend. Bis zum Posthaus kam einem die Hitze entgegen wie aus einem Backofen. Näher der Brandstätte war es vor Hitze fast nicht auszustehen. Die ganze Atmosphäre glühte, und der Himmel war hochroth gefärbt, gleich Nordlichtern. Die ganze Nacht hindurch wurde in einem fort Sturm geläutet, dass einem acht Tage davon die Ohren gellten. Die Bäume zunächst dem Zeughaus waren grauenvoll anzusehen und mussten umgehauen werden. Das ganz verbrannte Korn war zusammengebakken wie Kuchen. Viele Leute nahmen Stücke davon, machten ein Loch dadurch und hingen es an der Decke auf zum Andenken. Acht bis zehn Pferde verbrannten im Karrenhof. Fürchterlich war es anzusehen, wie die hohe Gibelmauer gegen das Stachelschützenhaus dastand, ganz nackt und voller Risse. Es ging manche Woche, bis der Schutt weggeräumt war. Was Hände hatte, musste dran. Tag und Nacht wurde gearbeitet. Man konnte nie erfahren, wie und woher das Feuer entstanden ist.»

Munzinger, Bd. I, s. p. / Ryhiner, p. 102 / Müller, p. 54ff.

IX HEXEN UND GEISTER GESPENSTER UND TEUFEL ZAUBERER UND SCHATZGRÄBER

Die Hexe von Leymen

«Mannigfaltiger und sonderbarer Zauberumtriebe machte sich Grede Ennelin, Henmans von Leymen Frau, schuldig. Man sah sie durch eine Thürspalte in der Kammer mit ihrer Jungfrau Zauberei treiben, im Feuer mit Alraunen und mit Segenen (Kreuzeszeichen) auf einem Täfelchen sammt Caratteren (Schoten des Johannisbrots). Herr Peter Fröweler fand in ihrer Stube ein Büchlein, in dem viel Teufel, rothe, schwarze, blaue gemalt stunden bei Caratteren, und bei jedem Teufelsbild die Formel, wie er zu beschwören und wozu er gut wäre. Dieses Tages kam auch ein grosser Hagel, wie man meinte, von daher. Dann sah Konrad Zeller eines Tags in ihrem Hause einen Sack voll Schnecken hangen, wohl gegen 600 Stück. Sie hatten aber durch den Sack Löcher gefressen und waren ausgeschloffen, also dass sie an der Bühne und an den Wänden klebten. Ferner setzte die von Leymen Frösche oder Kröten in einem durchlöcherten Hafen in einen Ameisenhaufen, um Zauberei damit zu treiben. Nach ehrbarer Leute Anzeige waren es eher Kröten als Frösche gewesen, denn sie hatten kurze Beine und breite Füsse gehabt. Zudem ward erfahren, dass sie über den Hafen neun Messen sprechen gethan. Endlich stieg Henmans von Leymen Weib einst auf ihr Dach und beschwor die Teufel (nach Berichten der Frau Suse, der Ehefrau Herrn Günther Marschalk's) mit einem Büchlein und legte sich kreuzweise auf dem Dach nieder, indem sie darunter Herrn Thüringen von Ramstein nannte. Vor dem Richterspruch entwich die übel beleumdete Frau mit ihrer Jungfrau Else und einem Knecht, deren sie sich zu ihren Zauberkünsten bediente, aus der Stadt.» 1407.

Buxtorf-Falkeisen, 4, p. 19f.

Die Hexe von Buckten

«In den alten Zeiten, da der Aberglaube und die verdorbene Einbildung seltsame Gestalten hervorbrachte, so gab es nebst anderm auch viele Hexen in dem Baselbiete; besonders war in dem 1423. Jahre zu Buckten eine verrühmte Unholdin, welche allezeit auf einem Wolfe herumritt, des Wolfs Schwanz anstatt des Zaums in der Hand hielt und besonders den guten Landmann, wenn er vom Trunk naher Hause gieng, übel erschreckte. Sie ward daher der Obrigkeit verzeigt, zur Haft gezogen; und da der Bauer eidlich behauptete, sie seye eine Hex, zum Tode verurteilt.»

Bruckner, p. 1366

Freischütz von Teufels Gnaden

«Im Sommer 1445 bekam die Schiffleutenzunft den Auftrag, die Gemahlin des Pfalzgrafen Ludwig von Bayern in Begleitung des Kardinals von Arles und eines zahlreichen Gefolges rheinab nach Strassburg zu führen. Zur Bedienungsmannschaft des Schiffes, auf dem die Kurfürstin fuhr, gehörte Ruderknecht Berchtold Leckertier, der bisher als Söldner im Dienste Basels gestanden. Nach glücklich vollbrachter Fahrt trat die Schiffsmannschaft die Heimreise zu Fuss an. Im österreichischen Städtchen Neuenburg wurden die Leute durch den dortigen Hauptmann angehalten, der Leckertier aus ihrer Mitte gefangen wegführen liess, worauf die andern unbehelligt weiterziehen konnten. In Basel vernahm man nachträglich, dass Leckertier im Rhein ertränkt worden sei. Für diese ‹Mordtat›, verbunden mit dem Bruch des freien Geleits, verlangte die Basler Obrigkeit vor dem Schiedsgericht Genugtuung. In ihrer Gegenklage erklärten die Österreicher, sie hätten mit Fug und Recht Leckertier den Tod gegeben, weil er erstens kein Ruderknecht, sondern ein verkappter Kundschafter gewesen sei, und zweitens, weil man allgemein gewusst habe, dass er ‹die drei Schüsse zu unseres Herren Marterbild getan und die drei Mord-

Adam und Eva.

**Von des Teuffels vergifften Zung/
Hat der Todt sein Ursprung/
Herrschet über die Menschen gantz:
Wir müssen all an seinen Tantz.**

< *Teufel mit Stelzbein verfolgt einen Pilger, der sich mit hastigem Schritt seines Zugriffs entziehen will. Federzeichnung von Urs Graf. 1512.*

Adam und Eva beschliessen den «Todten-Tantz, wie derselbe in der weitberühmten Stadt Basel als ein Spiegel menschlicher Beschaffenheit nicht ohne nutzliche Verwunderung zu sehen ist». 1724.

schüsse an manchem Biedermann und armen Menschen begangen› habe. Mit andern Worten, es habe sich bei dem Hingerichteten um einen Freischütz gehandelt, der am Karfreitag während der Zeit der Messe drei Schüsse in ein Kruzifix getan, und für diese Todsünde vom Teufel die Fähigkeit erlangt habe, für jeden Tag, so lange er lebe, drei Schüsse mit unfehlbarer Treffsicherheit zu tun. Diesem Aberglauben widersprach nun der Basler Rat keineswegs, sondern replizierte in allem Ernst, es sei ihm nichts davon bekannt gewesen, dass Leckertier ‹mit den drei Schüssen umgehe›. Wenn man gewusst hätte, dass er ein solcher Frevler gewesen sei, hätte man nicht ermangelt, ihn nach Verdienst zu strafen. Die Basler Ratsbehörde und der ihr angehörende Zunftmeister zu Schiffleuten waren also von der Möglichkeit des Freischützenverbrechens vollkommen überzeugt!»

Basler Rheinschiffahrt, p. 41

Begegnung mit dem Teufel vor dem Riehentor

Um Mittfasten des Jahres 1519 strebte Barbel Schinbein von Neuenburg Kleinbasel zu. Vor dem Riehentor begegnete ihr ein Mann in schwarzen Kleidern, der sich als der leibhaftige Teufel zu erkennen gab. Und als er die erschrockene Badenserin dann körperlich bedrängte, ergab sich diese – nachdem sie den Herrgott verleugnet hatte – des Satans Verführungskünsten. Schliesslich musste die Unglückliche des Teufels Auftrag erfüllen, ein Mädchen namens Knoblauch mit Wasser zu bespritzen, ihm mit den Händen auf den Rücken und um die Hüfte zu schlagen, ihm eine Handvoll Schweinehaare in die Seite zu stossen und es zu behexen, bis es gelähmt zusammenbreche.

Criminalia 4, 1/Hagenbach, p. 4

Drei Hexen vor Gericht

Dilge Glaser, Ita Lichtermut und Agnes Salathe von Pfeffingen hatten sich 1532 vor der Obrigkeit wegen Hexerei zu verantworten. Alle drei bekannten, anscheinend ohne Anwendung der Folter, Gott, Maria und alle Heiligen verleugnet und mit dem Teufel ein Bündnis eingegangen zu sein. Dieser hätte sich in Gestalt schmukker Jünglinge mit Namen Franck, Ruby und Öigly an sie herangemacht und ihnen grosszügigste materielle Hilfe versprochen. Dann habe er sie missbraucht und nachfolgend als gefügige Werkzeuge zu verschiedenen Taten verleitet, die einzeln, in Gemeinschaft oder in Anwesenheit von Drittpersonen ausgeführt worden seien: 1. Zum Feiern einer teuflischen Orgie unter einem Pfirsichbaum in den Reben im Stein. 2. Zum Herstellen eines Wassers für das Überschwemmen der Äcker und Matten. 3. Zum Auslösen eines heftigen Hagels zur Vernichtung von Hafer. 4. Zum verursachten Hinsterben des alten Wannenmachers zu Duggingen durch Lähmung. 5. Zum herbeigeführten Tod des Hans Jacob Oberlin durch einen Misstritt auf einem Felsen bei Angenstein. 6. Zum provozierten tödlichen Abscheiden von Frau und Kind des Untervogts Christen Häring. 7. Zum Auslösen eines grossen Hagels zur Vernichtung der Reben in und um Basel. 8. Zum Hervorrufen von zwei gewaltigen Hochwassern. 9. Zum Losbrechen eines verheerenden Gewitters über dem Sundgau. 10. Zum missglückten Versuch, dem Prädikanten Hans Jacob von Pfeffingen das Augenlicht zu nehmen. 11. Zum erfolgreichen Versuch, den Prädikanten durch einen Sturm seiner Bart- und Kopfhaare zu berauben. 12. Zum Anschlag auf des Prädikanten Sohn, welcher durch Handauflegen taubstumm gemacht worden sei. 13. Zum Giftmord am Ehemann der Salathe. 14. Zum Töten des Hans Schnider von Blauen mittels eines präparierten Teufelsapfels. 15. Zur Beseitigung des alten Buols, ebenfalls durch einen vergifteten Apfel. – Über den Ausgang dieses ‹Hexenprozesses› sind keine Akten überliefert.

Criminalia 4, 3/Buxtorf-Falkeisen, 2, p. 105/Ochs, Bd. VI, p. 83

Der Teufel verhindert die Flucht eines gefesselten Landsknechts.
Federzeichnung von Urs Graf. 1516.

So wütet der Satan

«Ein neugeborenes Kind ist 1545 nahe beim Münster aufgefunden worden, das von der Mutter ausgesetzt worden war. Diese wird sich nun als reine Jungfrau anpreisen; sie ist aber gar nicht zu den Menschen zu zählen und steht tiefer als die wilden Tiere. So wütet Satan, der verruchte Mörder, gegen das menschliche Geschlecht!»

Gast, p. 249

Satanische Einwirkung

«Ein Beispiel satanischer Einwirkungen hat in der Vogtei Hochberg statt gefunden. Im Schlosse Rötelen lag ein verbrecherischer Streitgesell, der Knecht adeliger Herrn, gefangen. Als er, um verhört zu werden, von den Burgwächtern aus dem tiefen Kerkerverliess heraufgeholt ward, durchschnitt er sich mit einem schnell erhaschten Messer die Gurgel und fiel todt zu Boden. Als dann, vom Scharfrichter auf sein Ross geladen, der Selbstmörder in den Rhein geworfen werden sollte, erhob sich unterwegs ein so heftiger Sturm, dass der Henker mit dem Pferde in die Luft gehoben, der Pferdesattel in acht Stücke gebrochen und dazu noch das Pferd erblindet ward. Bis auf den Tod geschwächt, musste der Henker den Leichnam des Verbrechers auf dem Felde liegen lassen. Solches hat der Satan mit Gottes Zulassung vermocht, zum Schrekken der Menschen.» 1545.

Buxtorf-Falkeisen, 2, p. 80

Den Teufel im Ohr

«Eine junge Frau, die Tochter eines reichen Bürgers, den die Unsern Hans Bockstecher nannten, wurde 1545 von Schwermut ergriffen und begann wunderliche Reden zu führen: der Teufel liege ihr im Ohr und gebe ihr viele böse Gedanken ein. Man glaubte, sie sei in diese Schwermut geraten wegen der Abwesenheit ihres Mannes, der wegen seiner Übeltaten nicht in der Stadt wohnen durfte. Von diesen furchtbaren Wahngedanken getrieben, verliess sie nachts um 9 Uhr, als sie nicht sorgfältig genug überwacht wurde, angekleidet das Haus, stürzte sich in den Rhein und ertrank. Nach der furchtbaren Tat suchten sie die Ihrigen vergeblich in jedem Winkel des Hauses, das sie mit ihren Kindern und einer angestellten Wärterin bewohnte.»

Gast, p. 215

Das Teufelswerk zu Hochberg

«Ein Teufelswerk geschah 1545 in der Herrschaft Hochberg. Im Schloss wurde ein verbrecherischer Reitknecht, ein Diener von Edelleuten, gefangen gehalten. Als er von den Burgwächtern aus dem tiefen Kerker herausgezogen wurde, um zum peinlichen Verhör gebracht zu werden, ergriff er ein Messer und schnitt sich selbst die Kehle ab, so dass er gleich tot zusammenbrach. Und als der Henker ihn auf sein Ross geladen hatte und in den Rhein werfen wollte, erhob sich gerade unterwegs ein so furchtbarer Sturmwind, dass er in die Luft gehoben wurde und merkte, wie der Sattel in acht Stücke zerbrochen und das Pferd erblindet war, wobei er selbst fast bis zum Tod erschöpft war, so dass er den Leichnam im Feld liegen lassen musste in Angst vor dem drohenden Tod. Solches aber vermag der Teufel mit Gottes Zulassung, um den armen Menschen Schrecken einzujagen: Ihm sollen wir im Glauben widerstehen, so wird er fliehen, wie der hl. Jacobus gelehrt hat (Kap. 4, V. 7).»

Gast, p. 241 / Vgl. ‹Satanische Einwirkung› auf derselben Seite

Die Hexe von Büsserach

1546 ging in Basel der Prozess gegen die ‹Hexe von Büsserach›, Elsi Stäle, über die Bühne. Diese hatte, angeblich ohne gefoltert worden zu sein, zugegeben, in des alten Müllers Haus zu Büsserach alle Heiligen und die Himmlischen Heerscharen verleugnet zu haben, so, wie es der Teufelsmann Ruby von ihr gefordert hatte. Im weitern gab Elsi zu Protokoll, mit Heinis von Reinach Frau und der Frau des Thurgauers den Dorfbrunnen von Zwingen mit einem schwarzen Häfeli und einer Rute verhext zu haben, so daß «ein gross schwär Wätter in das Thal zu Thierstein kummen und der Hagel alles zerschlagen». Sodann habe sie der «Buhle Ruby abermals beschlofen und sin Buberey mit ihr vertrieben». Ein andermal, so gestand die ‹Hexe von Büsserach› zudem, sei Ruby in den Hofstetter Matten mit einem Wolf aufge-

Zahnloses Hutzelweibchen, einen Spinnrocken (Holzstab, um welchen die zu spinnenden Fasern aufgewickelt sind) unter dem Arm tragend. Federzeichnung von Urs Graf.

taucht, auf dem sie dann in das Gehölz habe reiten müssen, wo Meister Isegrim sie abgeworfen habe. Und endlich hätte sie mit den beiden obengenannten Gehilfinnen auch noch das «brünnlin by den Räben zu Rinach, do man gon Thärwiler got, den Wein wöllen verderben. Da ist aber ein schwärer Rägen mit Steinen (Hagel) worden», worauf sie auf einem Wolf davongeritten sei.

Criminalia 4, 4/Fischer, p. 7f.

Gegen Wahrsager und Teufelsbeschwörer

«Der Rath verordnete 1550, dass alle Wahrsager und Teufelsbeschwörer zu bestrafen seien; ferner alle, so um ihr verlorenes und gestohlenes Gut bei ihnen Rath suchen, die so mit Segen, Gürteln, den ‹thuchenden Massen› und mit dergleichen Zauberwerk umgehen, und ihrer selbst, oder ihres Viehes Gesundheit nachlaufen, und sich nicht mit den natürlichen Dingen (Heilmitteln) begnügen lassen, die Gott, der Allmächtige, den Leuten und dem Vieh zum Guten erschaffen hat.»

Historischer Basler Kalender, 1886

Dem Wassergericht zugeführt

Adelheit Joli von Freiburg i. Ü. hatte einem armen Hirten Kräuter, die mit Heiligen Namen in einem Säckchen eingebunden waren, verkauft, welche das Vieh vor Wölfen schützen sollten. Auch hatte sie sich – nebst allerhand Schatzgräberei – dem Hannibal von Michelfelden gegen Bezahlung anerboten, dessen verlorenes Geld wiederzufinden. Deswegen vor Gericht geladen, gab sie nicht nur den vorgeworfenen Tatbestand zu, sondern rühmte sich auch, Umgang mit einem «läbendig Erdwyblin» gehabt zu haben und im Innern des «Frau Venus Berg» gewesen zu sein. Auf den Vorhalt aber, sie habe es mit dem Teufel, stellte die ‹Hexe› entschieden fest, «sie gange mitt dem Thüfell nitt umb. Sie pruche einen Segen und lese die Passion.» Trotzdem wurde «diese Adelheit zum Brand verurteyllt, doch uss Gnaden in dem Wasser Gericht vom Läben zum Thod gevertiget»! Im Anschluss an diesen Prozess gebot der Rat ausdrücklich, alle Wahrsager und Teufelsbeschwörer, die mit Zauberwerk umgehen, zu bestrafen. 1550.

Criminalia 4, 5/Fischer, p. 9f./Gast, p. 141/Ochs, Bd. VI, p. 358

Wiewol dises thier von niemants mer gesehen worden/ dann eben zů unsern zeyten/und gefangen im jar nach Christi geburt/ M. D. XXXI. on zweyfel ein erschrockenliche/ bedeütliche wundergeburt gewesen: hat es auch kein sondern nammen/hab ichs ein Forstteüfel genannt/ dieweyl es scheützlicher seiner gestalt/ den gemalten teüflen nit ungleych sicht: wol wüssend daß der verdampt geist/ so man den Teüfel nennet/ on gstalt/on cörpel/von malern aber auffs ungestaltest/ so sy im̃er mögen/ gemalet wirt: villeicht damit anzezeigen/ was grausamen jamers sey der flůch Gottes/ so umb der sünden willen/ auch die herrlichest sein creatur/ in unsägliche abscheühung verstoßt/ rc. Nun dises thier ist im Bisthůmb zů Saltzburg/ im Haußberger Forst/ under anderm gjägt gefangen worden/ von farb gleych falbgäl/ gantz wild: dann es kein menschen ansehen wolt/ verschlooff vñ verbarg sich in alle winckel dahin es kon̄en mocht. Auch mocht man es weder mit locken/noch mit gwalt dahin bringen/das es essen oder trincken wölte/starb derhalb in wenig tagen nach dem es gefangen.

Conrad Gessners Beschreibung vom Forstteufel. 1560.

Dem Satan blind ergeben

«1550 ist ein noch junges Weibsbild in dem eine halbe Meile von Basel entfernten bischöflichen Dorfe Aesch verbrannt worden, die ihre Liebschaft dem Teufel zugebracht hatte, der sich Wundenprüfer nannte. Sie übte ihre Magie für Milchdiebstahl aus und schädigte darum häufig die Kühe. Am Ende brachte sie dann Knaben Verrenkungen bei, brachte sie um ihre Augen, und hieng Männern entnervende Sinnbilder an einen Nussbaum. Zudem kam auch noch Anderes, das sie boshafter, muthwilliger Weise, ohne ihr zu nützen, ausgeübt hatte. Welch schreckliches Wesen um solche Weiber, die sich blindlings dem Satan ergeben!»

Buxtorf-Falkeisen, 2, p. 101

Missgeburten verheissen Unglück

Die Tatsache, dasss im Jahre 1554 sowohl ein Kätzchen mit «Ringfüssen» wie ein Hühnchen mit drei Füssen geboren worden sind, wertete Konrad Lykosthenes (1518–1561), Professor der Grammatik, Pfarrhelfer zu St. Leonhard und Autor zahlreicher philologischer Werke, als unheilvolle Zeichen, die Unglück im eigenen Haus verheissen sollten: «Als ich 1554 mit der zum Druck fertigen Handschrift meiner Apophthegmata aus meinem Arbeitszimmer trat, traf und warf mich, von Gottes Hand, der Schlag zur Erde. Gesicht und Gehör ausgenommen, war vom Scheitel bis zur Fußsohle aller Sinn, alle Bewegung geschwunden, So lag ich während drei Monaten elend darnieder. Zum härtesten Gestein, nicht nur zu todtem Holz waren meine Glieder geworden. Das Blut stand erkaltet. Keine Mittel schlugen an. Die Feuchtigkeit schwand aus dem Gehirn, somit alles Gedächtniss, also dass mir nicht allein das Unser-Vater, sondern selbst die Kenntniss eines jeglichen Buchstabens entfallen war.»

Buxtorf-Falkeisen, 3, p. 14

Hexentod in Aesch
«1558 hat man zwo Hexen zu Esch verbrennt.»
Luginbühl, p. 61

Der Satan verspricht Erlösung
«Als in der Mitternacht (22.–23. Hornig 1560) die Lärmzeichen den Brand meldeten, der ein Haus sammt Stallung auf dem Graben in Asche legte, da trat zu einem Gefangenen, der im Stock (im Spalenturm) in Ketten lag und kurz zuvor von Pfarrer Coccius (Koch) zu christlicher Standhaftigkeit ermahnt worden, Einer in Gestalt eines Geistlichen. Es war der Satan. ‹Was thust du hier?›, fragte er den Gefangenen. ‹Nichts› (war die Antwort). ‹Wie bist du hieher gekommen?› ‹Dieweilen die Lärmglocken anschlugen, habe ich die Thüre offen stehend gefunden und ich bin eingetreten.› ‹Thue das Brot und den Wein, den du auf dem Stock hast, hinweg, so will ich dich befreien und erlösen.› Die Befreiung aber blieb aus und der Gefangene wurde am 2. März hingerichtet.»
Buxtorf-Falkeisen, 3, p. 132f. / Gross, p. 199 / Bieler, p. 734

Gepeinigter Exorzist
«Im Jahr 1560 machte ein Teufel austreibender Priester durch Beschwörung Besessener in einer Stadt der Schweiz seinen Gewinn. Ich kam aus besonderen Gründen in sein Haus. Mein Vater, dessen Landsmann er war, hatte mich geschickt, damit ich ihn von diesem gottlosen Beginnen abhielte. Siehe, da wurde jemand gebracht, den man als von einem Dämon besessen bezeichnete: ein robuster Mann, mit zerschnittenen Halbstiefeln bekleidet, den sie auf den Schultern trugen und dann auf den Boden des Zimmers hinwarfen. Dieser lag auf den Boden hingestreckt mit angezogenen Beinen, verdrehten Händen und, was besonders merkwürdig war, verdrehtem Halse, so dass das Gesicht zum Rücken blickte, unbeweglich wie ein Klotz, stumm und taub da. Jene Leute erzählten, dass er in dieser Stellung und Haltung einige Tage hindurch ohne zu essen und zu trinken, ohne irgendeine Ausscheidung von sich zu geben verharrt sei. Durch dies schreckliche Schauspiel bestürzt, machte ich mich bald davon.
Dieser Exorzist kam im selben Jahr zu mir nach Basel, weil er in den Hüften einen Schmerz empfände und nicht gehen könnte; er kehrte bei uns ein, damit ich ihn heilte. Aber als vieles vergebens angewandt worden war, gestand er mir endlich, dies sei ihm von einem Dämon zugestoßen. Als er nämlich diesen aus einem Besessenen durch seinen Exorzismus hätte austreiben wollen, habe der Dämon ihn selbst damals, wie vorher oft mit diesen Worten in deutscher Sprache bedroht: ‹Pfarr, ich will dir noch den Lohn geben, dass du mich also vertreibst›, und zugleich habe er ihn selbst dermassen heftig gegen den Herd hingestossen, dass er seine Hüfte angeschlagen und seither an dieser Affektion gelitten habe.» Felix Platter.
Buess, p. 42f. / Gross, p. 199

Hexenprozess zu Arlesheim
Ein aufsehenerregender Monsterprozess wickelte sich 1577 vor dem Bischöflichen Tribunal zu Arlesheim ab: Der Hexerei und der Kollaboration mit dem Teufel angeklagt, äusserten sich Dorothea und Agnes Bartin von Reinach und Jakob Süry von Muttenz vor den Untersuchungsbehörden wie folgt: Dorothea Bartin: «Es sey vor fast drey Jahr gsin, da sey einer in schwarzen Kleidern zu ihr in die Reben gekommen und hab sie gebeten, sie soll seins Willens pflegen, er woll ihr genug geben, dass sie kein Mangel haben muess. Das hab sie getan, und er hab ihr einen Hafen mit Geld gegeben, und hernach noch einmal eine Handvoll. Wie der schwarze Mann sich davon gemacht habe, habe unter seinem Rock ein Pferdefuss hervorgeschaut. Als sie aber heimgekommen war, sey das im Hafen nichts als Rosskoth und das in der Hand nur Laub gewesen. Als sie sich Gottes und aller seiner Heiligen verleugnet habe, sey sie mit ihrer Schwester Agnes auf einen Besen gesessen und abgeritten. Da sey ein Thier wie eine Geiss dagestanden, auf welches sie gesessen und durch den Garten hinab, den Bach hinauf gefahren sey. Der Süry sei auch bei ihnen gewesen und habe ihnen zum Tanz gepfiffen, wobei ein Irrlicht mit ihrem Buben getanzt habe. Danach seyen sie heimgegangen und hätten gezecht. Auch sey si etliche mal mit dem Süry auf der

Mit vollem Atem bläst eine Satyrfrau in ihr monströses Horn. Federzeichnung von Urs Graf.

Prattelermatte gewesen. Dieser habe einen Tanz gemacht, und der Böse habe auf einer Sackpfeife gepfiffen. Bevor sie dann in die Luft gefahren seyen, hätten sie in Teufelsnamen den Besen oder die Gablen mit Schlangenkrut bestrichen.»
Agnes Bartin: «Als sie mit ihrer Schwester uf einem Besen die Stiegen abgeritten sey, sey ein schwarzer Hund dagestanden, auf welchen sie dann ebenfalls gesessen sey. Dann habe sie auch angefangen, mit einem Buben zu tanzen. Ein andermal sey der Böse in Mannesgestalt zu ihr ins Schlattholz gekommen, als sie eine schwäre Burde Holz getragen habe. Do hab er sie angeredt, Fröwly, ihr tragent schwär. Wenn ihr mir folget, müesst ihr nit mer so schwär tragen. Als er ihr auch noch Geld in einem Lumpen angetragen habe, hab sie seins Willen getan und auch auf sein Begehren Gott und alle seine Heiligen verleugnet. Im Lumpen sey aber nichts denn Rosskoth gewesen.»
Jakob Süry: «Er sey mängmol auf den Prattelermatten gewesen, wo ein dürrer Baum und ein Ring darum stand. Dann hab er Wein geholt im Dorf Pratteln, worauf sie um den Baum getanzt und allerlei gut Leben gehabt hätten. Während die Schwestern Bartin mit ihren Buben schlafen gegangen seyen, habe er dasselbe mit seiner Müffin unter dem Baum getan. Dann seyen sie wunderbarlich wieder auf einem Besen heimgefahren, der Böse vornen und er hinten.» Süry bekannte ebenfalls, «er sey vor 30 Jahren zu Therwyl bei einer Wittfrau dienstweis gewesen, die man hernach verbrannt habe. Bei dieser sey er dahintergekommen, wie sie auf einem Thier, wie eine grosse Katz, zum Käppeli Brunnen gefahren sey. Dort habe sie etwas in ein Häfeli gethan und das mit einer Rute gerührt. Da sey us dem Hafen ein Rauch oder Nebel gekommen, und ist ein grosser Hagel darus entstanden, der über den halben Berg gegen Reinach und Therwil gegangen ist. Auch bekenne er, dem Dorly geholfen zu haben, beim Hagendornbrunnen auf dem Bruderholz einen Hagel zu machen. Er habe ihr in seinem Hut Wasser geholt, welches sie samt Krut in einen Hafen getan habe. Als sie dann mit einem Steckly in den Hafen gestochen habe, habe es nichts anderes getan, als ob viele grosse Hornussen brumsen und eine grosse Winds Prut alles aus den Wurzeln reisse. Dann sei der Hafen zersprungen, so dass man keine Scherben mehr hat finden mögen. Weil ihm der Böse keine Ruh gelassen hat, habe er später allein beim Hagendornbrunnen einen Hagel machen wollen. Weil ihm das aber nit geraten wollte, hat ihn der Teufel mit einem grossen Stock an den Grind geschlagen.»
Wegen Hexerei und Zauberei sind die Schwestern Bartin und Süry am 11. September 1577 zum Tod durch das Feuer verurteilt worden.

Schilliger, p. 17ff. / Richer 1934, p. 25ff.

Die Hexe von Riehen

Margaretha Graf-Vögtlin haftete in Riehen der Ruf einer bösartigen Bettlerin an. Sie war so gefürchtet, dass eine gutherzige Frau, Sara Dietmann, den Verstand verlor, als sie ihr ein Almosen reichen wollte. Schrieb Frau Dietmann, die wie ihr Stiefkind Catharina Steinhauser während der Anwesenheit der Gräfin plötzlich ernstlich erkrankte, diesen Vorfall keinen übernatürlichen Mächten zu, so war Witwe Anna Sturm anderer Meinung. Sie wurde nach einem Streit mit der ‹Hexe› nicht nur von einer während 12 Wochen anhaltenden Lähmung befallen, sondern hatte auch den Tod eines ihrer Kinder zu

¶ Wye namen die tüfel sant Brandõ eynẽ brůder der den pferdes zowm gestolen het. das was yn allen gar leyd

Der Teufel bemächtigt einen Mitbruder des heiligen Brandan, der vor der neunjährigen Meerfahrt den Zaum eines Pferdes gestohlen hat. Basel 1491.

beklagen, den die Gräfin verursacht haben soll. Eines Tages, als Frau Sturm auf dem Weg in die Stadt zum Almosenholen war, begegnete ihr Frau Graf und nahm ihr eines der beiden Kinder vom Arm. Da flog der Anna Sturm plötzlich eine Elster auf den Kopf und durchpickte ihr den Hut. Erschrocken rief sie aus: «O Jesus, Margreth, es gadt nicht recht zu!» Alsbald hat das Kind weder Hand noch Fuss regen können. Meister Georg, der Chirurg, der das Kindlein untersuchte, sagte später aus, dem «Chindt sige das Herz intrucket worden». Der Tod des Sturmschen Kindes, die Lähmung der Frau von Hans Link und die schmerzhafte Erkrankung des Hans Branz brachten Margaretha Graf schliesslich auf die Anklagebank. Obwohl die arme Frau auf «gütliches Examinieren» wiederholt ihre Unschuld beschworen und als krankes Weib gewünscht hatte, man solle sie lieber gerade töten, wurde sie nochmals «an die Tortur geschlagen und zu 3 bis 4malen mit angehänckten Steinen aufgezogen. Hatt sie jedoch alles ohne sonderpar Geschrey erlitten.»
Kirchliche und juristische Bedenken liessen im Moment keine endgültige Verurteilung zu. Die ‹Hexe von Riehen› blieb während eines Jahres in Haft, die unmenschlich gewesen sein muss: «Nachts laufen Meuss und Ratten über sie, der übrigen Unlust ganz zu schweigen!» Ob die christliche Mahnung von Pfarrer Jacob Grynäus, «Gott der Herr wölle nit durch unser unbarmhertzigkeit erzürnet werden», die Obrigkeit endlich im Fall Graf Anno 1603 zur Einsicht brachte, wissen wir nicht.

Criminalia 4, 6/Fischer, p. 10f.

Der schwarze Dieb

«In diesem Sterben (1609 und 1610) war der Grossvater des Pfr. Theod. Richard etwas angefochten, doch durch die Gnad Gottes standhaftig. Er sass eines Tags mit dem Hausgesinde beim Tisch, als ihm der Teufel fürkam, zu welchem er sagte: ‹Ei Du schwarzer Dieb mit Deinen Klauen, mach Dich von dannen!› Das Hausgesind sah nichts, merkte aber wohl, dass ihm der Teufel möchte fürkommen sein. Er kam dem Grossvater auch einmal zu Nacht für, sagend, wir seiend gar zu viel schuldig. Mein Bruder Konrad hörete, wie er ihn gleicher Weis abgewiesen, und dass er ihm gesagt, ob er mit ihm beten sollte, worauf jener ‹jo› sagte; welches dann geschah.
Auch von einer Erscheinung des Geistes seines dem Tode nahenden Vaters meldet umständlich Pfr. Richard. ‹Als (1618) mein Vater sterben sollte, war ein Tag, als sein Geist meinem Bruder fürkommen. Erstlich gung er unter das Fenster, lugte hinaus, hernach gung er für Bruder Konrads Bett, lugte ihn an; dann über meiner Mutter Bett in der Stuben bei der Kammerthür und rutschte in dem Papier seiner Sachen. Als mein Bruder wollte uffstehn, gehn sechen, wo er hingange, sache er ihn in seim Bett und hatte kein Hembd an, do doch der Geist ein Hembd an hatte.›»

Buxtorf-Falkeisen, 1, p. 135

Der Zauberei überführt

Wegen verübter Zauberei ist 1617 Adelberg Meyer, Ratsherr zu Fischern, auf einem Sessel durch die Stadt getragen, seines Ehrenamtes entsetzt und lebenslänglich in sein Haus verbannt worden. Er hatte seiner Frau in einem Spiegel zeigen können, wo und mit wem die Magd auf dem Markt geschwätzt hatte. Auch vermochte er junge Leute, besonders schöne Weiber und Jungfrauen, im Vorbeigehen zu verzaubern, dass sie stillstehen und vor seinen Augen ihr Wasser lösen mussten. «Verzaubert hatte er auch eine Geiss, die von einem Mägdlein auf der Weid laufengelassen wurde, hat diese doch statt weisser rothe Milch gegeben. Zudem hat er den Kindern allerhand Thierlein vorgezaubert wie Mäusslein, Häslein, Hühnlein und Vögelein. Er ist 1629 gestorben.»

Scherer, II, s.p./Scherer, p. 22/Falkner, p. 50/Scherer, III, p. 25/Buxtorf-Falkeisen, 1, p. 35f.

Gotteszeichen

«Als Jak. Munzinger, des Hebrigmeisters, eine gewisse Rothin nothgedrungen ehlichen zu wollen erklärte, betheuerte diese Person vor Gericht mit einem Schwure, sie habe mit jenem gar nichts zu schaffen gehabt. ‹Ich will, dass Gott ein Zeichen thue›, rief sie. Alsbald fielen einige Tropfen von oben auf den Tisch herab. In der Vermuthung, Jemand habe auf dem obern Boden etwas verschüttet, liessen die Richter nachsehen, und ward gar nichts von einer Flüssigkeit entdeckt, sondern der Boden mit trockenem Staube belegt. Dergestalt war nichts Anderes anzunehmen, als dass ein göttliches Zeugniss gegen die Rothin sich geoffenbaret habe.» 1621.

Buxtorf-Falkeisen, 1, p. 136

Spötter bestraft

Als 1623 der lange Wohnlich und der Scheltner durch das Spitalgässlein heimwärts zogen, bemerkten sie, dass die Türe zur Spitalkirche offenstand. Sie gingen hinein und trieben auf der Kanzel ein widerliches Gespött. Beide wurden sogleich von einem Gespenst gequält und von einer gefährlichen Krankheit befallen.

Wieland, s.p./Baselische Geschichten, II, p. 35/Buxtorf-Falkeisen, 1, p. 128

Gottlästerliches Büchlein

Reinhard Ruggraff hatte sich 1624 vor Gericht zu verantworten, weil er während «30 Jahren ein Gottslesterliches Büechlein mit Zauberischer Kunst mit sich getragen, so zwei ehrliche Weibs Personen dahin gebracht, dass sie seinem schandtlichen Willen in Unzucht und Ehebruch

Stube einer Kindbetterin. Während sich die Wöchnerin eine Erfrischung an ihr Bett reichen lässt, unterhalten sich die Besucherinnen bei Kaffee und Kuchen. Aquarell eines unbekannten Kleinmeisters. Um 1780.

Der Abgesandte der Basler Fasnachtsbrüder, Jakob Meyer zum Hasen, bringt aus Luzern die geraubte Fritschimaske in die Rheinstadt. Faksimile aus der Luzerner Bilderchronik von Diebold Schilling. 1508.

Der Fritschitanz auf dem Petersplatz, der «wegen der grossen Menge der Theilnehmer in drei Abtheilungen getheilt wurde». 1508. Bleistift- und Pinselzeichnung von Albert Landerer.

Oben: Tanz der Küfer. Ausschnitt aus einem Aquarell in der Art von Franz Feyerabend. Um die vorletzte Jahrhundertwende.
Unten: Ein Blinder trägt einen Lahmen. Aquarell aus dem Stammbuch von Jacob Götz. Um 1590.

Oben: Maskentreiben. Aquarell aus dem Stammbuch von Jacob Götz. Um 1590.
Unten: «Der ein thut leyhen die Füss sein, der ander leicht seine Augenschein.» Miniatur aus dem Stammbuch des Christoph Hagenbach. 1622.

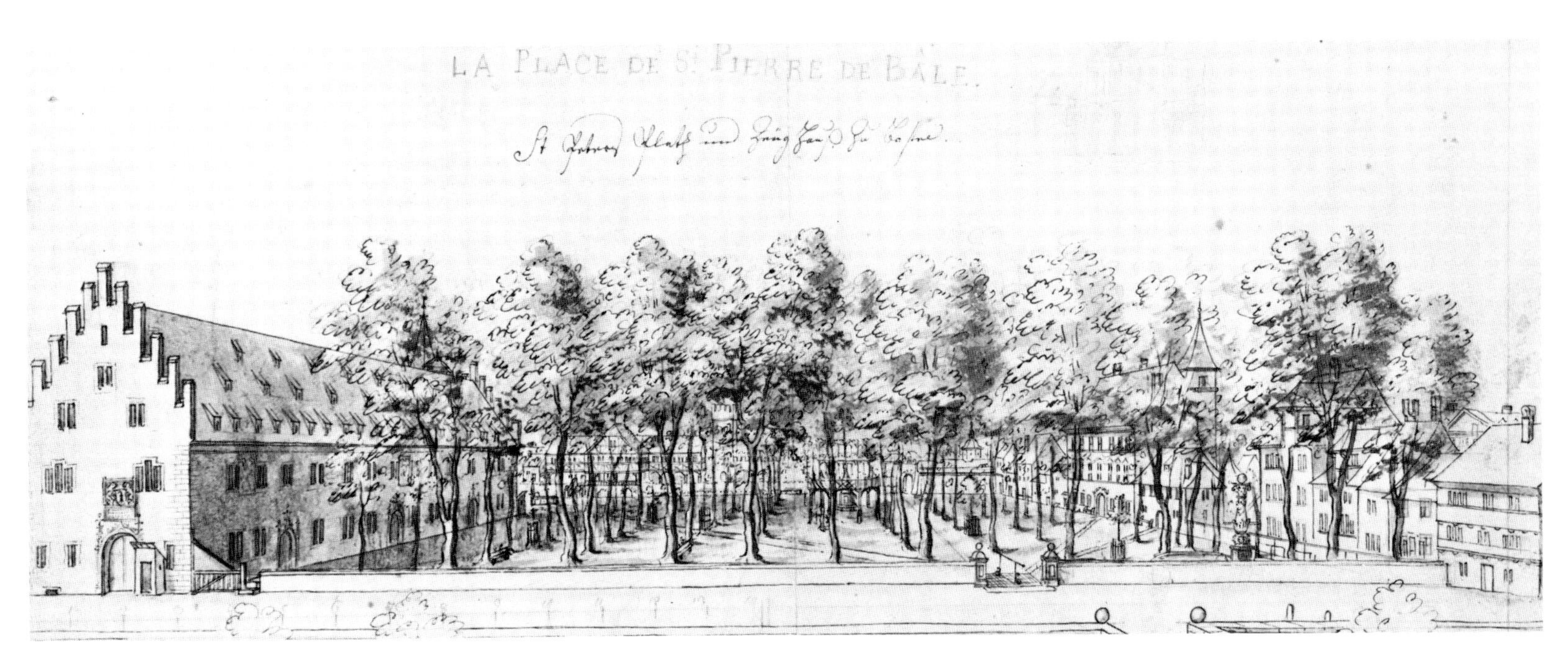

Oben: Die Stätten von Spiel und Sport im Alten Basel: Der Petersplatz, vom Stadtgraben (Petersgraben) aus gesehen. Links aussen das in ganz Europa berühmte Zeughaus, welches ein äusserst reichhaltiges Waffenarsenal und eine Gemäldegalerie enthielt (1936 abgebrochen). Lavierte Federzeichnung von Emanuel Büchel. Um 1750.
Unten: Die Schützenmatte mit Schützenhaus und Teuchelweiher während des Grossen Gesellenschiessens von 1605. Kolorierte Lithographie von Peter Christen.

Ein Landvogt lässt sich auf dem Rücken eines Untertanen zu Tal fahren. Aquarell eines unbekannten Kleinmeisters. Mitte 18. Jahrhundert.

«Kleines Orchester.» Aquarellierte Aquatinta von Franz Feyerabend. Ende 18. Jahrhundert.

Oben: Ein stolpernder Knecht überschüttet seinen Herrn mit Jauche. Bleistiftzeichnung von August Beck.

Unten: Ein Bauer begehrt mit seinem Fuhrwerk bei einem Zollhaus freie Fahrt in die Stadt. Bleistiftzeichnung von August Beck.

gefellig haben vollbringen müssen». Sein teuflisches Treiben, das auch schändliche Vergehen mit seinem eigenen Kinde umfasste, hatte Ruggraff mit dem Leben zu büssen: Er wurde mit dem Schwert hingerichtet und samt seinem Büchlein, bei dessen Durchsicht man «ein schröcklicher Missbrauch des Göttlichen Namens verspürte», verbrannt. ‹Er starb als ein bussfertiger Sünder.›

Criminalia 4, 8/Fischer, p. 14/Scherer, p. 25/Chronica, p. 12f./Baslerische Straffälle, s.p./Scherer, II, s.p./Baselische Geschichten, II, p. 36/Scherer, III, p. 28/Buxtorf-Falkeisen, 1, p. 141

Wunderliche Erscheinung

14 Tage nach dem Tod von Hans Lux Iselin erschien dieser 1625, als Gespenst in einem weissen Kleid, Anna Lotz viermal in ihrer Kammer. Als die Geängstigte Pfarrer Wolleb um Rat fragte, wurde ihr aufgetragen, dem verstorbenen Iselin zu verzeihen und bei Gott für ihn zu beten. Die Erscheinungen stellten sich hierauf nicht mehr ein.

Wieland, s.p./Baselische Geschichten, II, p. 36

Gespenst in der Elenden Herberge

Im Jahre 1626 ward in der Elenden Herberge oft ein Gespenst beobachtet. Es war ein schwarz gekleideter Mönch mit einem Hündchen unter dem Arm. Sass man in der Stube, so hörte man es draussen im Ofen Feuer machen, sah man nach, dann war vom Feuer keine Spur mehr zu sehen. Gelegentlich übernachteten in der Kammer die Bauern, die den Zins gebracht hatten. Diese verängstigte das Gespenst dermassen, dass sie krank im Bette liegenblieben.

Richard, p. 71

Verzaubertes Ehebett

Der wegen Zauberei angeklagte Peter Hoch, Schreiner in Liestal, ist 1627 der Todesstrafe nur entgangen, weil selbst grausamste Torturen ihm kein Geständnis abringen konnten. Die Anklage hatte ihm vorgeworfen, das Bett seines Schwagers mit Haaren, Spänchen, Scheibchen, gedruckten Zeichen und dergleichen verzaubert zu haben, im Besitz eines Zauberbüchleins gewesen zu sein und Frauen verführt zu haben. Hoch bestritt alles und blieb auch bei Anwendung massiver Folterungen bei seinen Aussagen. Die Untersuchungsorgane liessen es deshalb, so ‹erschröcklich› sie die Sünden des Hoch auch fanden, beim Antrag auf Landesverweisung bewenden. Doch liess man seine zauberischen Sachen durch den Nachrichter verbrennen und sein eisernes Zauberstöcklein im Rhein versenken. Zudem wurde dem Landvolk von den Kanzeln eine eindringliche Mahnung wider Laster und Zauberei verlesen.

Criminalia 4, 9/Ochs, Bd. VI, p. 771/Buxtorf-Falkeisen, 1, p. 141f.

Der Teufel war im Spiel

Vor Jahren, anno 1629, führte die Bürgerschaft das Theaterstück ‹König David› auf. Beim Spiel bemerkte man plötzlich, dass ein Teufel zu viel auf der Bühne stand. Von denjenigen, welche in diesem Theater die Teufel spielten, ist später keiner eines natürlichen Todes gestorben.

Richard, p. 152

Eine Seele wird erlöst

Im Haus des Franz Werra hinter der School hat sich der Magd ein ganz in Weiss erschienenes Gespenst in den Weg gestellt. Der Geist drängte die Frau, Pickel und Schaufel zur Hand zu nehmen und in den Keller zu steigen, sei sie doch ein Fronfastenkind. Nach einigem Graben stiess die Magd auf 7 Dublonen. Und als der Geist ihr befohlen hatte, weiterzuhacken, kamen vier Gebeine zum Vorschein. Nun gab sich das Gespenst zufrieden: Seine Seele war erlöst. Noch bekannte es, vor 45 Jahren einen 18jährigen Knaben ermordet und in vier Stücke zerlegt zu haben, dann gab es drei Schreie und Jauchzer von sich und löste sich auf. 1629.

Richard, p. 166f./Wieland, p. 21/Basler Chronik, II, p. 80/Chronica, p. 137ff./Hotz, p. 251f./Baselische Geschichten, II, p. 41/Buxtorf-Falkeisen, 1, p. 135f.

Schwarzer Mann

1631 «liess sich bei den Spitalmatten am hellen Tag ein Gespenst sehen in Gestalt eines Mannes mit einem schwarzen Gesicht. Es marschierte während etlichen Tagen neben dem Haag auf und ab.»

Wieland, s.p.

Gesottene Totenköpfe

1643 wurde dem Hohen Gericht Anna Wettstein, sonst Scheurenmeyerin genannt, vorgeführt. Sie war der argwöhnischen Zauberei angeklagt. Diese bestand erstens im Diebstahl von 3 Totenköpfen im Beinhäuschen zu Grosshüningen. Die Landvögtin der Herrschaft Rötteln, die von einem «frömden Barbierer, einer grossen, dicken Person mit einem schwarzen Bart», animiert worden war, hatte sie dazu beauftragt. Die Totenköpfe, 14 Stunden lang in «Wundkraut, Schellkraut, Teuffels Abbis, Steinkraut, Bachbummeln und Schlangenkraut» gesotten, sollten sich gegen Kröpfe heilsam erweisen. Zum andern wurde der Wettsteinin vorgeworfen, sie habe einem jungen Mann eine Salbe gegeben, mit der man sich Mädchen gefügig machen könne. Als jedoch «solche Pomada an der Viehmagdt probiert worden, habe sie ihn nicht lieben wollen». Weil die vermeintliche Zauberin jede Verbindung mit dem Teufel überzeugend in Abrede stellte, entging sie schwerer Bestrafung. Auch als Anna

Wettstein sich zwei Jahre später der Frau des Welschenhans Dewenai von Münchenstein anheischig machte, dieser wieder zum verlorenen Geld zu verhelfen, liess man es bei einer Landesverweisung bewenden.

Criminalia 4, 11

Auf das Wohl des Teufels getrunken

Im Hornig 1645 erhob bei einem fröhlichen Gelage in Riehen der Zimmermann Fridlin Eger seinen Becher auf des Teufels Gesundheit; Alexander Fäderlin, Hans Vischer, Jacob Hausswürt, Fridlin und Felix Jung und Chrischona Baur bezeugten es. Deswegen vor Gericht geladen, behauptete Eger, er habe nicht auf das Wohl des Teufels getrunken, sondern auf das Gedenken an Johann Teufel, einen Korporal, unter dem er als Soldat vor 20 Jahren im Pappenheimischen Regiment gedient habe. Die ‹faule› Ausrede fand beim Gericht kein Gehör, und Eger wurde wegen seines schmählichen Ausrufs von Stadt und Land verwiesen, besonders deshalb, weil «der Teüfel – Gott behüete uns – ein abgesagter Feindt des gantzen menschlichen Geschlechts ist, welcher stettig unseren Seelen nachsetzt und sie in das ewig Verderben zu bringen understeht. Dahero ist es gantz abscheülich und unchristenlich, dass einer auf des Teüfels Gesundtheit trinkt!»

Criminalia 4, 10

Verzauberung

«1646 ging ein junger Schuhmacher nachts durch die Eysen Gasse. Da begegnete ihm eine unbekannte Frau. Die schlug ihm im Vorübergehen mit ihrer Hand auf die seinige, worauf ihm von Stund an die Hand verdorrt ist.»

Basler Chronik, II, p. 107

Verhinderte Teufelsbegegnung

«Der leidige Teufel erschien 1647 der dem Wein wüst ergebenen Dorothe Hänin, der früheren Schwanenwirthin, auf dem Leonhardsgraben in Mannsgestalt, weil sie ihm gerufen. Der versprach ihr nach ihrem Begehren Gelds genug und beschied sie an den gleichen Ort zu einer bestimmten Stunde. Unterdessen ward sie gefänglich eingezogen und in Eisen geschlagen, so dass sie nicht erscheinen konnte.»

Buxtorf-Falkeisen, 2, p. 119

Weisse Geister

Elsbeth Hertner von Ziefen, ein «lahmes Meydtlin», gestand im Sommer 1647, Umgang mit weissen Geistern gehabt zu haben. Die «Geister gantz weiss, etwan mehr, etwan weniger, Weib und Mann», seien ihr zur Betzeit auf dem Kirchhof erschienen, worauf sie für diese «3 Vatter Unser und 3 Glauben hüpschlich gebetten und wieder heimgangen. 14 Tag vor Fassnacht seye ihr so dann ein gantz weysser Geist, Hans Wyssmer sel. änlig, begegnet. Habe ihr 3 Schösslin von Haslen (Stauden) geben und bevohlen, solche in den 3 höchsten Namen in des Vettern Hauss in ein Winckel zu legen. Auch hat diser Sälige bevohlen, sich zu des Vettern Weib zu legen und schandtliche Unzucht mit ihren zu verüben.» Weiter bekannte Elsbeth Hertner, «2 Buolen gehabt zu haben, einen Schneider, so Hans Heinrich, und einen Sackpfeiffer, so Hans Georg geheyssen, welche Tag und Nacht zu ihr kommen. Der Sackpfeiffer, von welchem es geschwängert worden, habe ihr die Ehe versprochen, seye aber gestorben, wie ihr von einem Bettelmeydtlin angezeigt wor-

Christliche Lehr- und Warnungs Predigt. 1485

Die V. Predigt/

Von Gespensten und Poldergeistern / was / vermög Göttliches Worts / davon zuhalten / und wie man derselben loß werden könne.

Gehalten bey Fürstellung einer ärgerlichen Person/ den 10. Mertzen 1663. zu Riehen/ Baßler-Gebiets.

Text/

In der Ersten Epistel Petri/ Cap. V. vers. 8.

Seyt nüchtern und wachet: dann euer Widersacher der Teuffel gehet umher wie ein brüllender Löw/ und suchet/ welchen er verschlinge.

Matthæi, Cap. XVII. vers. 21.

Diese art (der bösen Geisteren) fehret nicht auß/ dann durch Bätten und Fasten.

Außlegung.

As dorten die himlische Stim̃ gesagt: Wehe denen/ die auff Erden wohnen/ und auff dem Meer: dann der Teuffel kompt zu euch hinab/ und hat einen grossen Zorn/ und weißt/ daß er wenig Zeit hat; das wird leider heut zu tag je länger je mehr erfüllt. Dann je mehr die Welt sich neiget/ je grimmiger der leidige Teufel tobet: weil er weißt / daß er seinen Muthwillen nicht lang mehr treiben werde.

Apoc. 12. 12. Je mehr die Welt sich neiget/ je grimmiger tobet der Teufel.

Wie ein hungeriger Löw dem Raub nachjagt / so stellet er den Seelen der Menschen nach / folgt jhnen auff den Fersen / und trachtet sie in allerhand Sünden und Laster/ in Gottlosigkeit/ Aberglaub und Abgötterey/ in Zauberey/ gottslästerliches Fluchen und Schweren: in entheiligung deß Sabbaths und verachtung des Göttlichen Worts: in Ungehorsam und halßstarriges widerstreben/ in Neid/ Haß/ Mißgunst und Rachgirigkeit/ in Füllerey/ Unzucht/ Ehebruch/ und andere noch grausamere Sünden: in Geitz/ Ungerechtigkeit und Verfortheilung des armen Nebenmenschen / in Lugenrede / Lästerung und Verleumbdung unschuldiger Leuthen/ rc. zu stürtzen/ und durch solche Laster / als durch ein starckes Band/ und höllisches verfluchtes Seil/ zu sich in das ewige verderben zu ziehen. Also daß wir wol Ursach haben zu klagen/ daß diese letsten Tag/ wie Paulus geweissaget hat/ greuliche Zeiten/ seyen: da Leuthe sich finden / die von sich selbsten halten/ geitzig/ ruhmredig/ hoffertig/ Lästerer / den Elteren ungehorsam/ undanckbar/ ungeistlich/ störrig/ unversöhnlich/ schänder/ unkeusch/

2. Tim. 3. 1-5.

Christliche Ermahnung durch Pfarrer Lukas Gernler im Hinblick auf den ärgerlichen Umgang mit Gespenstern und Geistern. 1663/1778.

den.» Entschieden in Abrede aber stellte die Hertnerin die Meinung, bei den beiden Männern hätte es sich ebenso um Geister gehandelt. Solches hatte der Obervogt zu Waldenburg behauptet, weil man nie einen der Gesellen bei ihr gesehen hätte. Denn «wan man vermeint hat, man habe einen gehört mit dem Meydtlin in der Kammer reden und mit dem Liecht darein gezündet, habe man weder einen sehen noch finden können, sondern das Meydtlin schlafend und sich bewegendt im Bett befunden, als wan ein Mann bey ihm were». Auf wohlmeinende Bedenken seitens Dr. Johann Jacob Faesch und Antistes Theodor Zwinger ist die «geständige Hexe ersten Grades» schliesslich nur im «alhiesigen Spithal in ein Bloch-Haus eingesperrt worden».

Criminalia 4, 12/Fischer, p. 16

Verhexte Manneskraft

Anna Bürgin von Gelterkinden hatte sich 1664 samt ihrem Mann, Hans Bitterlin, und ihrer Tochter, Barbara Bitterlin, wegen Zauberei zu verantworten. Es wurde ihr ernstlich vorgeworfen, «durch zauberische Mittel Hans Handschin an Leib und Gemüeth dermassen zuegesetzt zu haben, dass er nicht allein etlich Tag sich übelauff befunden und seiner jüngst verehlichten Braut und jetztundt hinderlassner Wittiben die eheliche Pflicht nit laisten können, sondern in solche Melancholey und Schwehrmueth geraten, dass er auss dem Hauss hinweg geloffen und sich in der Ar ertrenkt». Der Grund zu dieser Verhexung lag offensichtlich im Umstand, dass Handschin sich nicht die Bitterlinsche Tochter zur Frau genommen hatte. Die tödlich beleidigte Mutter bediente sich dabei eines von «bösen Weibern in dergleichen Fällen» angewandten Racheakts, indem sie den Treulosen um seine Manneskraft brachte. Um diesen Zustand herbeizuführen, packte sie den Bräutigam am Hochzeitstag an «der Kröss (Kragen) und ist ihm innerhalb biss an die Gurgel gefahren». Ein Urteil liegt nicht vor.

Criminalia 4, 13/Fischer, p. 17

Vom Teufel besessen

Wegen Selbstmordversuches hatten sich die Behörden 1667 mit dem 32jährigen Christoph Janz aus dem badischen Höllstein zu befassen. Dieser gab bei der Einvernahme zu Protokoll, dass ihm, als er sich eines Abends von seinen Trinkkumpanen verabschiedet hatte, auf freiem Feld der böse Feind in der Gestalt eines schwarzen Hundes erschienen sei. Dieser hätte ihn sogleich bedrängt, ihm seine Seele zu verschreiben. Für den Fall der Unterwerfung hätte ihm der Teufel ein schönes Pferd mit Silber und Gold samt Sattel, Stiefel und Sporen verheissen sowie eine reizende, in Gold und Silber gekleidete Jungfrau. Schliesslich hätte ihn der Satan aufgefordert, mit dem Mädchen das Pferd zu besteigen und in den Himmel aufzufahren; 20 Ritter, alle auf das schönste mit Federbusch, Gold und Silber geziert, seien um ihn herumgeritten. Von solchem Glanz geblendet, habe er, Janz, seinen Leib der Macht des Teufels unterstellt. Der aber hätte ihm dann solchermassen zugesetzt, dass er auf eine kleine Eiche klettern und sich mit seinem Hosenbändel aufknüpfen musste. Nur dem raschen Zugriff eines Freundes, der zweimal mit einem Messer den tödlichen Strang durchschnitten habe, wäre es zu verdanken, dass er noch am Leben sei. Die wunderbare Rettung, welche zum Ausdruck brachte, dass «Gott ein sonderbares Aug auf diesen Menschen geworfen», bewog die Behörden zur Milde, und Christoph Janz wurde zur Teufelsaustreibung ins Spital eingewiesen.

Criminalia 4, 15/Fischer, p. 18ff.

Gotteslästerer

Hans Lux Eckenstein, der Gerichtsamtmann, konnte es nicht ertragen, dass ihn die Obrigkeit 1668 beim Abschluss eines Injurienprozesses zu einer Turmstrafe verurteilte. Er gab sich deshalb «gotteslästerlichem Fluchen und Schwüren hin. Im Hinweg auf den Thurm hat er, ungeachtet alles freundtlichem Abmahnens, zudem unerhört abscheuliche Flüech ausgestossen und bei 700000 Sacramenten geschworen, die bösen Geister sollen ihn in die Lufft führen bei allem Wetter, Donner und Blitzen. Also hat er durch die gantze Eisengass überlaut, dass es jedermann hat hören mögen, grausamblich geflucht. Als er zum Rheinthor kommen, hat er vor einer grossen Anzahl Bürger gleichfahls so schröckliche Flüech aussgegossen. Auf dem Thurm hat er geredt, wenn er die Unwahrheit sprech, dann woll er vihl hunderttausendt Pestilentzen im Leib haben, das Abendtmahl und das Reich Gottes soll in Ewigkeit an ihm verlohren gehen, der helle Donner vom hohen Himmel mög ihn erschlagen und der Teuffel soll ihn zerreissen und verzehren. Es hat solches Fluchen und Lästern kein Endt nehmen wollen.» Der jähzornige Wutausbruch kam den Gotteslästerer Ekkenstein teuer zu stehen: Nach der Entlassung aus der Gefangenschaft wurde er für Monate unter strengen Hausarrest gestellt, einzig der Gang zur Predigt war ihm in der Öffentlichkeit erlaubt!

Criminalia 2 E 2/Ratsprotokolle 48, p. 13ff./Baselische Geschichten, II, p. 74

Verhasster Mitbürger

«1672 ist Lienhard Felber gestorben, der wegen seiner Strenge und seines Eifers bei den Bürgern sehr verhasst gewesen war. So hat ihm schon zu Lebzeiten eine Frau mit Kreyde folgenden Spruch an die Hausthür geschrieben: ‹Der Felber ist der Teuffel selber›.»

Scherer, II, s.p.

Zauberisches Stücklein

Esther Weiss hatte Anno 1681 zu St. Jakob «3 mit Saltz besprengte Brote in der Stube herumgetragen, mit seltzamen Geberden auff den Tisch gelegt und die Kinder in der drey höchsten Namen davon essen lassen». Grund dieses «zauberischen Stücklins» war das Vorhaben, das verlorene Kind eines Oberländers aufzufinden. Ebenso hatte sie im Haus des Küfers Mathis Gass Umgang mit Geistern gehabt und sich von diesen den Ort eines vergrabenen Schatzes zeigen lassen. Weil «die Gespenster ohne Segensprechen zu vertreiben, nichts böses seyn kann, und es zu vihlfältigem Gueten dient, und manch schönes Haus von solchen feindtseligen Gästen befreyt werden kann, der gefundenen Schätze ganz zu geschweigen», kam die verhaftete Esther Weiss ohne weitere Strafe davon. Die gelehrten Experten Peter Megerlin und Niclaus Passavant bemerkten in ihrem Bericht gar mit einer gewissen Bewunderung: «Es ist auch gewiss, dass vihl Leüth die Natur an sich haben, dass sie die Gespenster oder Geister sehen oder riechen können, davon aber wenig gefunden werden, so dieselben anzureden das Hertz haben!»

Criminalia 4, 17/Fischer, p. 21f.

Abergläubische Handlungen mit Totenkopf

Jacob Jauslin, ein Posamenter aus Liestal, bekannte 1692 vor Gericht, «dass er vor ohngefähr 2 Jahren mit Hülff und Zuthun Jacob Sigrists von Niederdorf und N. Raubers von Zunzgen vermittelst zweyer zusammengebundener Leitern auf das Hochgericht gestiegen, einen alda gestandenen menschlichen Kopf herunder genommen und mit sich nach Hauss getragen zur Giessung von Kugeln, deren er sich im Schiessen gebraucht». Den geraubten Totenkopf hatte Jauslin in der Folge in seinem Estrich dörren lassen, um ihn unbeschränkt bei abergläubischen Handlungen gebrauchen zu können. Da sich der fehlbare Posamenter «sonsten mit seinen Benachbarten jeweilen fromb und friedsamb betragen», wurde ihm Gnade erwiesen. Er wurde einzig zur öffentlichen Vorstellung vor versammelter Kirchgemeinde und zum Tragen des Lastersteckens verurteilt.

Criminalia 4, 18/Ratsprotokolle 62, p. 120ff.

Sonderbares Ereignis

«Als Hauptmann Sulger mit guten Freunden 1695 im Kleinbasler Gesellschaftshaus zur Haeren beim Nachtessen sass, hat sich ein schrecklicher Vorfall ereignet: Zweifellos, weil sich Sulger oft dem bösen Feind (Teufel) mit Fluchen und Schwören ergeben hatte. Gegen 10 Uhr begehrte unversehens ein Unbekannter Einlass, um den Hauptmann zu sprechen. Als der Fremde dann an den Tisch der fröhlichen Tafelrunde geführt wurde und nach dem Grund seines Besuches gefragt wurde, verschwand er urplötzlich vom Erdboden. Dieses sonderbare Ereignis setzte Sulger derart zu, dass er zunächst in Ohnmacht fiel und darnach von einer schweren Krankheit befallen wurde.»

Scherer, p. 207f./Basler Jahrbuch 1892, p. 190/Ochs, Bd. VIII, p. 75/ Baselische Geschichten, II, p. 173/Buxtorf-Falkeisen, 3, p. 127f.

Teufelsbeschwörer

Weil Müller Heini von Bubendorf und Müller Peter von Ziefen in ihrem Stall arges Unglück zu beklagen hatten, beauftragten sie 1696 Samuel Kestenholz von Waldenburg mit der Teufelsaustreibung. Diesem erschien, als er zur mitternächtlichen Stunde mit einem Licht den Bubendorfer Stall betrat und mit einer Wurzel im Namen der Dreifaltigkeit zauberische Handlungen vornahm, der «Geist, den er gerufen, in Gestalt eines langen schwartzen Weibs». Als Kestenholz das Gespenst fragte, warum «es hier sey und die Leüth und ihr Vieh so übel plage», antwortete dieses, es habe drei Kinder ermordet und müsse nun Sühne leisten. Nach diesem kurzen Zwiegespräch schickte Kestenholz den unheimlichen Geist in den Morast von Seben (Seewen) «dahin er auch mit grossem Geräusch gefahren». Der «frevelhaft Teuffelsbeschwörer» aber entzog sich durch Flucht der irdischen Gerechtigkeit.

Ratsprotokolle 67, p. 336ff./Criminalia 4, 19/Fischer, p. 22

Ein Mann im grünen Kleid

Im Januar 1698 sind zwei gefangene Bauernkerle aus Eptingen nach Basel zur Verurteilung geführt worden, weil sie auf der Landschaft Häuser in Brand gesteckt und Diebstähle verübt hatten. Während der eine der beiden Brüder (Martin Gyland) trotz zahlreichem hartnäckigem Leugnen – davon ihn auch mehrfache heftige Folterungen nicht abbringen konnten – zum Tode durch das Schwert mit anschliessender Verbrennung des Körpers verurteilt wurde, kam der andere mit einer Rutenstrafe und einer auf ewig ausgesprochenen Landesverweisung davon. Doch es ging nicht lange, bis der Ausgewiesene wieder in der Stadt auftauchte. Und ebenso prompt erfolgte seine erneute Verhaftung. In einem peinlich genau geführten Verhör gab dieser schliesslich zu Protokoll, er habe sich aus dem Sundgau über den Rhein setzen lassen. Auf dem Schiff sei ein Mann in einem grünen Kleid (offenbar der Teufel) zu ihm gekommen und habe ihm grossherzige Hilfe angeboten, wenn er ein Stück bitteres Brot esse und darnach ein Haus in Eptingen anzünde, ohne aber dabei zu beten. Er habe solches schliesslich versprochen, jedoch nicht ausgeführt.

Die Obrigkeit erkannte, den Verhafteten ins Zuchthaus einzuweisen, doch weigerte sich der Zuchtmeister, ihn aufzunehmen, da dieser ein henkersmässiger Dieb sei, der dem guten Ruf der Anstalt schaden würde. So wurde der Übeltäter nach Italien spediert und in Bergamo als Sklave verkauft!

Scherer, p. 244ff. / Diarium Basiliense, p. 1v / Scherer, II, s. p. / Schorndorf, Bd. I, p. 134ff. / Baselische Geschichten, II, p. 176ff. / Buxtorf-Falkeisen, 3, p. 132f.

Frauen verheissen Unglück

Um Mitternacht eines Märzentages 1703 «sah Diakon Seyler zu St. Peter zu seinem Fenster hinaus und erblickte viele Weiber in Stürtzen, welche ihr Antlitz bis zu den Augen verdeckten, das Totengässlein hinaufgehen bis zum Kirchhof, worauf er sich sehr entsetzte. Wenig später starb ihm eine Tochter und ein Tochtermann, und auch er erlag einer tödlichen Krankheit.»

von Brunn, Bd. I, p. 134 / Scherer, p. 319

Teufelrufer

Jacob Weissenburger, der Metzger, hatte sich 1710 wegen gottlosen Reden vor dem Rat zu verantworten. Wie seine Frau aussagte, sei ihr Mann «in entsetzliche Wort ausgebrochen. Er habe den Teufel in ihm und, nachdem er niedergekniet, den bösen Feind mit greulichen Worten und Gebärden geruffen, dass er, das Gesicht gegen den Boden sehend, gesprochen: ‹Komm, Teufel, und hau mir den Kopf ab, es soll der heiter Donner creuzweis in die Erde hinunderschlagen.› » Diese gottlosen Reden passten ganz zum Charakterbild des Angeklagten, der ein liederliches Leben führe, sich mehr in den Wirtshäusern als in seinem eigenen Haus aufhalte, übel fluche, sein Eheweib öfters schlage und sich in der Kirche wenig sehen lasse. In Anbetracht der schweren Sünde des Teufelrufens wurde Weissenburger vor versammelter Kirchgemeinde getadelt und anschliessend ins Zuchthaus gesteckt und dort zu schwerer Arbeit angehalten.

Criminalia 5, 5 / Ratsprotokolle 81, p. 325ff.

Von einer Vettel verzaubert

«1712 ist die sehr schöne Tochter des Ratsherrn Mitz vom Schlüsselberg, als sie in der Kleinen Stadt die Umzüge der Ehrengesellschaften verfolgte, von einer alten Vettel verzaubert worden, so dass sie ihre Beine nicht mehr bewegen konnte. Keine ärztliche Kunst vermochte sie wieder gesund zu machen. Wie das 13jährige Mädchen nun eines Tages im Gartenhäuschen seines Vaters vor dem Spalenthor sass, konnte es auf einmal, zu vieler Leuthe Verwunderung, seine Beine wieder strecken und damit laufen, worauf es gleich wieder gehen lernte. Obwohl das Mädchen an Gewicht abnahm und von seiner schönen Farbe verlor, besuchte es eifrig die Kirche.»

Scherer, III, p. 377f. / Beck, p. 136f. / Scherer, p. 496f. / von Brunn, Bd. III, p. 529

Seltsamer Luftsprung

Als Georg Jacob Schickler im Oktober 1712 auf der Schanze des Aeschenbollwerks Wache hielt, wurde er plötzlich von «etwas rücklings unter den Armen angegriffen, in die Luft geschwungen und über die Mauern hinunder geworffen». Der schwere Unfall führte dazu, dass der unglückliche Mann während mehr als 4 Wochen «in Schrecken und entsetzlichen Schmertzen ligen» musste. Zur Abgeltung der hohen Arzt- und Apothekerkosten wurde dem Verunfallten gnädigst «ein halber Sack Mischelfrucht» zugesprochen. Das seltsame Ereignis wurde mit einem angeblichen Gespenst im Kreuzgang des Münsters in Zusammenhang gebracht, das in der Gestalt «eines herumbgehenden und ansehendts widerumb verschwindenden Mannsbildts» von verschiedenen Personen beobachtet worden war. Die Einvernahme des Münstersigrists, des Jacob Hertensteins am Imbergässlein Ehefrau und des Schuhmachers zur Haselstaude Mutter ergab jedoch kein klares Bild der geheimnisvollen Erscheinung.

Ratsprotokolle 84, p. 71

Gespenst im Münsterkreuzgang

Über den Umgang eines Gespensts im Kreuzgang des Münsters berichteten 1712 Margaretha Kauf und Margaretha Haas. Sie seien eines Tages nach dem Aderlassen zwischen den Epitaphien (Grabdenkmäler) spazierengegangen, als ihnen ein Gespenst mit einem grossen schwarzen Hut begegnet sei, das mit einem Stecklein auf dem Boden geraspelt habe. Auch hätte dasselbe grosse und hohe Sprünge gemacht. Eine in dieser Sache angeordnete Untersuchung ergab indessen keine weitern Anhaltspunkte, weshalb «manns dahin gestellt» liess.

Criminalia 4.21 / Ratsprotokolle 84, 71vff.

Mit dem Teufel geprostet

1713 «hat sich derjenige gefangene Bauernkerli, der es mit der Löwenwirtin zu Waldenburg hatte und unter anderem auch mit dem bösen Feind (Teufel) Gesundheit getrunken, auf der Bärenhaut (St.-Alban-Schwibbogen) erhenkt. Hierauf hat man den Kerl an einem Seil ab der Bärenhaut herunter gelassen, in ein Fass gestossen, dieses durch den Henker auf einer Schleife auf die Rheinbrücke führen und ins Wasser fahren lassen. Auf dem Fass war hinten und vornen auf einem Blech angemahlet: Schaltfort.»

Scherer, p. 504f.

Aus Antrieb des Satans

Weil ihm die Versteigerung seines Hauses beim Barfüsserplatz drohte und kein Mädchen ihn zur Frau nehmen wollte, hatte der Küfer Ulrich Nörbel am 7. August 1714 «sich durch Eingebung des leidigen Satans selbst mit seinem Messer etliche Stiche in den Hals gegeben, ist hernach auf den Estrich gegangen, wo er sich an eine Schnur gehängt und sich erwürgt hat. Da er sonst kein verruchter Mensch gewesen war und in Gott lebte, hat man ihn zu St. Elisabethen bei den Armen Sündern begraben. Als sein Bruder, der Pfarrer im Toggenburg war, dieses erfahren hatte, ist er vor Schrecken gestorben.»

Bachofen, p. 93/Baselische Geschichten, II, p. 228

Vermeintlicher Geist

«Aus weiss nicht was für eine Melancholie ist eine Frau nachts um 10 Uhr aus dem Bett, nur mit einem Hembd bekleidet, gegen den Birsig hinausgetreten, hat dort ihr offenes Licht stehen lassen und ist, zwei Stockwerke hoch, in den Birsig hinuntergesprungen. Hernach ist sie durch den Kot und Unrat den Mauern entlang bis zum Wirtshaus zum Schiff am Barfüsserplatz geschnockt und hat dort eine Tür eingebrochen, wobei der Knecht vor Schrecken in Ohnmacht gefallen ist, weil er glaubte, einen Geist vor sich zu haben. Die närrische Frau ist dann heimgeführt und gesäubert worden. Man sagt, der leidige Geiz sei Ursache dieser Melancholie gewesen.» 1716.

Scherer, p. 601f./Scherer, III, p. 412f./Baselische Geschichten, II, p. 230f.

Poltergeist beim Riehentor

Im Mai 1717 «redete man viel von einem Poltergeist, der sich in der Kleinen Stadt merken liess. Er trieb sein Unwesen in etlichen Häusern unweit vom Riehentor. Nächtlicherweil machte er sich sehr kräutig und warf selbige Leute sehr in Schrecken und Angst. Man konnte nicht darauf kommen, was es eigentlich gewesen ist, ob schon man fleissig vigilierte (aufpasste).»

von Brunn, Bd. II, p. 273

Segenssprecher

Friedrich Fritschin, der Schuhmacher, hatte sich 1719 eines «ärgerlichen höchst entsetzlichen Handels» schuldig gemacht. Er verstand den zauberischen Umgang mit Haselruten und Schweinsblattern mit solcher Perfektion, dass aufsehenerregende Erfolge nicht ausblieben. Ging er bei der Geisterbeschwörung mit Haselruten vor, dann mussten es drei in einem Jahr geschossene Stück sein, die im Namen der Dreieinigkeit abgeschnitten worden waren. Gebrauchte er eine Schweinsblatter, so musste diese mit dem Harn einer Frau gefüllt und in der Drei Höchsten Namen mit drei Knöpfen verschlossen sein. An «Heilerfolgen» mit der Haselrute hatte Fritschin die Austreibung von Gespenstern in Dietrichs Hause aufzuweisen sowie die Wiederinbetriebsetzung des Schmelzofens des Hammerschmieds vor dem Riehentor, dessen Feuer nicht mehr genügend Hitze abgab. Mit der Schweinsblatter dagegen heilte der zauberkundige Schuhmacher ein 16jähriges Mädchen, das «auff sonderbahre Weyss im Kopff verwirrt» war, eine 10jährige Tochter, «so halber blind und die Augen im Kopff grausam verkehrt, auch nichts mehr als Hautt und Bein an ihr gewesen», und die Tochter des Ludwig Hartmann. Sodann hatte Fritschin auch der Frau eines Soldaten in der Aeschenvorstadt wieder zur Gesundheit verholfen, die «ihre Knie bei dem Maul gehabt und solche über alle angewendte Mittel nicht hab streckhen können». Obwohl der im Eselstürmlein inhaftierte Fritschin glaubhaft versicherte, er habe nur aus Mitleid armen Leuten helfen wollen, wurde er bis zur öffentlichen Vorstellung in der Kirche ins Zuchthaus gesteckt. Daran vermochte auch die Fürbitte seiner Familie nichts zu ändern, welche bei den Behörden «fuessfällig und demüethigst um Begnadigung» eingekommen war.

Criminalia 4, 22/Ratsprotokolle 90, p. 226ff.

Baselbieter Schatzgräber

«In Arisdorf lebte ein Ehepaar Abt. Die Frau behauptete, als Kind im Krautgarten ihres Vaters einen verborgenen Schatz gesehen zu haben. Sie erzählte es ihrer Mutter. Als sie später in Liestal diente, fand sie in den Reben eine Dublone. Der Meister überliess sie ihr als Eigentum. Sie erzählte ihren Fund auf der Strasse und fügte hinzu: wenn sie nur das Geld hätte, das in ihrem Krautgarten verborgen sei. Mehr als zehn Jahre waren darüber vergangen. Aber ihr Wort war nicht vergessen. Im Winter 1725/26 kam ein Berner nach Liestal und traf mit dem Sohn des Zieglers, Rudolf Mangold, zusammen. Sie redeten von dem Geld im Krautgarten in Arisdorf. Der Berner machte sich anheischig, das Geld zu finden. Rudolf Mangold wanderte nach Arisdorf und berichtete, er wisse einen Mann, der den Schatz heben könne. Er zog auch seinen Stiefbruder, den Posamenter Heinrich Fiechter auf dem Gestadeck ins Vertrauen. Vorläufig aber

Dreizehn tanzende Knaben. Federzeichnung von Urs Graf. Um 1510.

wurden noch keine weitern Schritte getan. Am Maimarkt sass Wilhelm Gysin, der Schuhmacher, mit dem Berner zusammen. Der fragte ihn, ob er auch nach Arisdorf kommen wolle. ‹Da behüte mich Gott vor, das sind Teufelswerk›, gab ihm Gysin zur Antwort. Allein der Berner beruhigte ihn, er wolle nicht in des Teufels sondern in Gottes Namen das Geld erhalten. Gysin liess sich gewinnen. Am 22. Juni 1726 ging er zu Abt nach Arisdorf und berichtete ihm, dass Heinrich Fiechter einen Berner Mann kenne, der ihren alten Wunsch zu erfüllen vermöge. Man redete ab, den Versuch am folgenden Tage zu wagen. Auch der Metzger von Augst, Heinrich Martin, und Hans Joggi Keigel von Füllinsdorf wurden ins Vertrauen gezogen.

Am folgenden Tag, es war Sonntag, kamen sie in Arisdorf im Hause Abts zusammen. Da Abt selbst kein Licht hatte, brachte der Metzger von Augst zwei halbe Kerzen mit. Er zog sie heraus und zündete sie an. Der Berner begab sich in den Garten. Als er zurückkehrte, gab er auf Befragen die Erklärung ab, dass 2000 Gulden vier Fuss tief unter dem Boden lägen. Daraus könne sich Abt ein ganz neues Haus bauen und habe noch Geld übrig. Nun setzten sich die Männer um den Tisch. Der Berner foderte Gysin auf: Du weisst, was du zu tun hast. Gysin sagte allerlei Sprüche her, las aus der Bibel Psalm 91 und Markus 9, und sprach zuletzt das Unservater, das die andern ihm nachsprachen. Der Berner aber sagte den Anfang aus dem Johannesevangelium auf: ‹Im Anfang war das Wort.› Dann begaben sie sich mit brennenden Lichtern in den Garten. Abt blieb im Hause. Zwei standen Wache, zwei gruben und der Berner las aus einem Buche. Nachden sie anderthalb Stunden lang ihr Werk fortgesetzt, aber nichts gefunden hatten, kehrten sie in die Stube zurück. Gysin verrichtete ein Gebet, eine Viertelstunde lang, Gott möge sie vor allem Übel bewahren und sie etwas finden lassen, weil sie so arme Leute seien. ‹Er habe sein Lebtag kein so schönes Gebet gehört›, urteilte nachher einer der Teilnehmer.

Nachts 12 Uhr wurde der Versuch wieder aufgenommen. Bei vermehrter Kerzenbeleuchtung machten sie sich ans Werk. Nach einer halben Stunde kam der Berner in die Küche. Er brachte etwas ‹in Form von Rossmist mit, warf es ins Feuer, suchte es alsdann mit einem Rüthlein, fand aber nichts mehr›. Die Versuche wurden nicht mehr fortgesetzt.

Der ganze Handel war nicht unbemerkt geblieben. Der Untervogt von Arisdorf untersuchte die Geschichte und berichtete aufs Schloss Farnsburg, von wo aus der Rat in Basel über den Vorfall in Kenntnis gesetzt wurde. Nach ausgestandener Haft wurden die Teilnehmer vor der Gemeinde verwarnt und eine zeitlang vom Abendmahl ausgeschlossen, d.h. der bürgerlichen Ehren verlustig erklärt.

Bald zeigte sich, dass ‹die Bosheit noch immer im Herzen steckte›. Das ‹Affenspiel› hob von neuem an. Zunächst in Basel. Der Pfarrer von St. Margarethen berichtete, dass auf der Spitalmatte vor dem Steinentor von einigen Leuten nach Schätzen gegraben worden sei. Die Untersuchung ergab, dass auch Wilhelm Gysin von Liestal und Joggi Abt von Arisdorf wieder dabei waren. Einer der übrigen Beteiligten behauptete, die Sache von einem Sachsen erlernt zu haben. Gysin und der Arisdörfer wurden wieder in Haft gesetzt. Mit ihnen selbst wurde auch ein Bericht des Schultheissen von Liestal nach Basel eingeliefert, der von neuen Fällen berichtete. In Liestal hatte sich wieder eine Gesellschaft zusammengefunden. Die Hauptschuldigen waren Wilhelm Gysin, Heinrich Fiechter und der Augster Metzger; ihnen hatte sich noch Christoph Erzberger und ein anderer Liestaler sowie drei Ziefener angeschlossen. Sie hatten sich das alte Schloss auf dem Burghaldenberg bei Liestal ausersehen. Allein so viel sie auch den Namen Gottes, der heiligen Agathe und der elftausend Jungfrauen anriefen, die gesuchten Schätze wollte nicht zum Vorschein kommen.

Die Beschwörung war also noch nicht kräftig genug. Es mussten noch neue Hilfsquellen erschlossen werden. Es fand sich einer, Samuel Schaffner, der sich anheischig machte, der Arbeit den erwünschten Erfolg zu sichern.

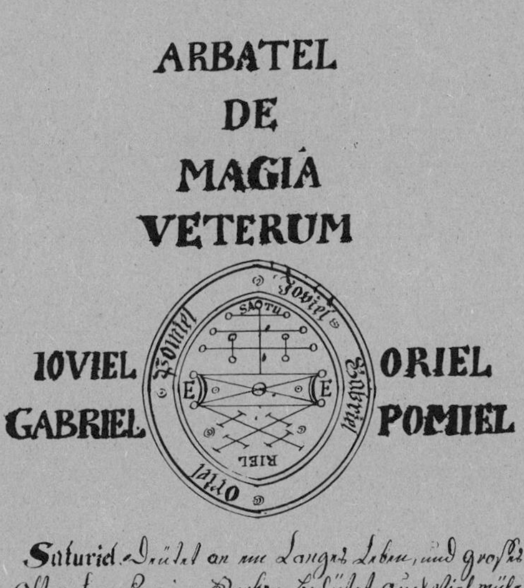

«Hier fahet an das Buch von der Magia wider die Teüffels Zauberei und Verächter der guten Gaaben Gottes zu Nutz aller derer, die sich der guten Gaben Gottes wohl und gottsellig gebrauchen.» 1686.

Schaffner hatte sich früher schon ein Zauberbuch dreimal abschreiben lassen, aber es war bis dahin noch nicht recht ausgefallen. Nun aber hatte ihm ein Jesuit in Solothurn eine Kopie besorgt, von der er sich den gewünschten Erfolg versprach. Bald darauf versammelte Schaffner seine Helfer in Augst. Es waren wieder Wilhelm Gysin und Heinrich Fiechter von Liestal, Abt von Arisdorf und der Metzger von Augst erschienen. Im Hause des Metzgers von Augst schrieb Schaffner den Anfang des Johannesevangeliums viermal auf Papier, legte je eine Abschrift in eine Ecke des Gemachs und stellte zu jeder ein brennendes Licht. Den Anwesenden verbot er zu reden. In dunkler Nacht begaben sie sich in die Ruinen ‹Der neun Thürme›. Schaffner machte mit dem Degen, den er mitgebracht hatte, einen Kreis, nahm sein abergläubisches Kunstbuch und betete daraus drei Stunden lang. Dann wurde gegraben. Über den Erfolg wird nichts berichtet und brauchte nichts berichtet zu werden.
Die Sucht, nach Schätzen zu graben wurde nachgerade recht bedenklich. Der Rat von Basel sah sich veranlasst, die Sache gründlicher zu behandeln. Die Schuldigen wurden nacheinander gefänglich eingezogen und teils an das Schellenwerk geschlagen und teils zum Tragen des Lastersteckens angehalten. Am 4. Mai 1727 fand in der Kirche in Liestal die Vorstellung statt. Der damalige Leutpriester, Johann Heinrich Bruckner, hielt über Apostelgeschichte 19, 18–20 eine weitläufige Predigt, in welcher er den Text erklärte. Nach der Predigt wurden die vier ‹elenden Menschen› vor die versammelte Gemeinde gestellt. Dann fuhr der Pfarrer fort: ‹Hiemit wende ich mich zu euch vier ärgerlichen Menschen nemlich Dir Wilhelm Gysin, Dir, Heinrich Fiechter, die ihr beide leider! sehr ungerathene Glieder dieser mir anvertrauten Gemeinde seyt, Dir Jakob Abt von Arsstorff und Dir Heinrich Martin von Augst, und bitte euch um Jesu Christi und eurer Seelen Heyl und Seeligkeit willen, dass ihr auff meine Wort fleissig mercket, und was ich vermög meines Amts und aus Trieb meines Gewissens auch vorhalten solle, auch zu Hertzen gehen lasset.› Er setzte ihnen dann noch einmal ihre grosse Sünde auseinander und forderte sie nach einem Gebete auf, die Gemeinde, welche sie mit ihrem abergläubischen Wandel geärgert hätten, um Verzeihung zu bitten und ein entsprechendes Bekenntnis mit lauter Stimme nachzusprechen. Die Gemeinde, die sich zu dieser Handlung sehr zahlreich eingestellt hatte, wurde ermahnt, den Schuldigen ihr Verbrechen und ihre Strafe nicht vorzurücken, sondern ihrer im Gebete eingedenk zu sein und ihnen mit sanftmütigem Geiste zurechtzuhelfen. So ist Zeugnis abgelegt worden, wie man in früherer Zeit mit grossem Ernst gegen den Aberglauben gekämpft hat, auch wenn man sich in Anlehnung an frühere Ketzergerichte in den Mitteln vergriff.»

Gauss, p. 2ff.

Hellseherischer Geistlicher

«Dem Goldschmid Gut wurde 1728 ein Kistlein von 300 Pfund Werth von schöner Arbeit gestohlen. Gut verfügte sich nach Arlesheim zu den dortigen katholischen Geistlichen, um den Namen des Thäters in Erfahrung zu bringen. Sie wiesen ihm, in einem hellen Glase, das Bild eines hiesigen Gerichtsboten, der sonst der Galgenleiter genannt wurde. Darauf liess diesem der Goldschmid solches ansagen. Die Sache wurde aber aufgehoben, in Rücksicht des abergläubischen Unternehmens des Goldschmids.»

Ochs, Bd. VIII, p. 40f.

Mit Totenköpfen auf der Schatzsuche

Auf Grund eines im Land umgehenden Gerüchts kam am Bettag 1732 der in Bern wohnhafte Lorenz Halder nach Niederdorf, um sich dort von Joggi Thommen, genannt Arx Joggi, im Schatzsuchen unterweisen zu lassen. Dieser Joggi stand im Ruf zu wissen, wo Kirschensteine zu finden waren, die, nachdem man sie acht Tage auf dem Busen getragen hatte, sich in Duplonen verwandelten. Zusammen mit Heinrich Thommen von Höllstein und Hans Dietrich von Niederdorf begaben sich die beiden nun eines Freitagnachts zum «alten verfallenen Schloss Bechburg oberhalb Langenbruck, allwo Halder ein Waxkertzlin angezündet, solchem nach mit dem Hirschfänger im Namen Gottes, des Vaters, Sohns und Heiligen Geists einen Crais gemacht und die 3 Männer darin stehen

«Dises ist das heilligste Habermanns Zauber Büchlein. So Du es recht gebrauchen thust, so bekommst Du so viel als Du willst.» Um 1764.

geheissen und allda etwas gepfiffen, wie eine Nachtigall». Im weitern steckte Halder zwei Totenköpfe, die er im Beinhäuslein zu Holderbank gestohlen und in einem «Gernlein» mitgebracht hatte, auf zwei Pfähle, las aus einem Zauberbüchlein eine Formel vor und sprach 10mal das Wort «adesto» (er soll da sein). Die ganze «abergläubische und zauberische Beschwörung» aber führte zu keinem Erfolg, weil «eine Hex da sey». Der «hergeloffene Kerl» wurde samt seinen Kumpanen dem Gericht zugeführt, das nach gewalteter Untersuchung verfügte: «Soll Lorenz Halder an Pranger gestellt, mit Ruthen ausgestrichen und bey Straf des Schwerts von Stadt und Land verwiesen werden, zugleich das bey ihm gefundene Büchlein durch des Henkers Hand verbrannt werden. Die übrigen aber mit einem Blech auf den Rucken, darauf ‹Schatzgräber› geschrieben, für 14 Tag ans Schellenwerk geschlagen und dann öffentlich vorgestellt werden.» Da die drei Mitläufer «mit Kindern überladen und auch sonsten arme Leut seyn», wurde jenen indessen die Zuchthausstrafe erlassen.

Criminalia 4, 30/Ratsprotokolle 104, p. 95ff.

Des Teufels Hilfe bleibt aus

«Obwohl er von seinem Meister gewarnt worden war, ist 1738 ein Müllerknecht, von Tüllingen kommend, durch die Wiese gefahren, indem er sagte, der Teufel werde schon helfen, den Wagen nachstossen. Das grosse Wasser hat den Wagen aber samt den vier Rossen über einen Haufen geworfen, so dass alle, samt dem Knecht, elendiglich haben müessen ertrinken.»

Basler Chronik, II, p. 240

Schwindel mit Alraunen

Jakob Wohnsiedel beauftragte Anfang 1742 einige Bauern im Waldenburgertal, ihm einen Alraunen (Zaubermittel zur Erlangung von Geld) zu verschaffen. Joggi Schäublin von Waldenburg, Joggi Thommen von Niederdorf und Fridli und Jakob Flubacher von Lampenberg machten sich ohne Bedenken anheischig, des Basler Strumpffabrikanten Wunsch zu erfüllen. Sie bestellten Wohnsiedel in ein Wirtshaus oberhalb Attiswil und übergaben dem geldgierigen Mann um Mitternacht ein versiegeltes Schächtelein mit der Angabe, dass der Dukaten machende Alraune alle Tage mit fünf Talern unterlegt werden müsse, welche sich dann innert kurzer Zeit verdoppeln würden. Dabei war auch von einer weissen Schlange unter einem Gestüd die Rede, durch die man alle Kräuter kennenlerne. Wohnsiedel, der diese Dienstleistung mit 100 neuen Talern honoriert hatte, kam sich indessen schon bald als der Betrogene vor und reichte beim Rat Klage gegen die Schwindler ein. Weil ihn die Obrigkeit auch ins Recht setzte, wurden die «Bauernfänger» sogleich ans Schellenwerk geschlagen, doch brachte «ein Presten an einem Fuss» dem Jakob Thommen schon bald die Befreiung vom schmerzhaften Fusseisen.

Civilia W 34/Ratsprotokolle 114, p. 63ff.

Drei Tonnen Golddukaten

Durch das vom Langnauer Friedrich Lüthy verfasste Zauberbuch «Die himmlische Heimlichkeit» angeregt, gab sich 1753 der Läufelfinger Schuhmacher Hansruedi Schneider der Schatzgräberei hin. Mit Unterstützung von Joggi Schneider, Hansjoggi Rickenbacher, Jakob Martin, Joseph Wagner und Johannes Lieberknecht bezog er für drei Tage ein abgelegenes Haus, um den Geist Pear herbeizurufen, der in der Gestalt eines Löwen drei Tonnen Golddukaten bringen sollte. Bei geschlossenen Fensterläden wurden sieben Lichter angezündet, lateinische Worte in einen Kreis am Boden geschrieben und verschiedene Gebete verrichtet. Der «Rädelsführer» war dabei schwarz gekleidet und trug eine Krone aus weissem Kartenpapier (Karton) auf dem Kopf. Als nach drei Tagen und drei Nächten intensiver Beschwörung und

Schatzgräber im Haus «Zum Laufenburg» am Blumenrain 24. Bleistift-, Feder- und Rötelzeichnung von Hieronymus Hess.

schmalster Verköstigung (etwas Brot, Speck, Rindfleisch, Wasser und eine Bouteille Branntwein) Geist und Gold immer noch ausblieben, gab die Zaubergesellschaft ihr Unternehmen auf. Was aber auch in diesem Fall nicht ausblieb, war der Zorn der Obrigkeit. Die beiden Schneider wurden ans Schellenwerk geschlagen. Hansruedi, der Initiator, für ein halbes Jahr, Joggi, der Mitläufer, für ein Vierteljahr. Die andern kamen mit dem Tragen des Lastersteckens davon.

Criminalia 4, 37. Ratsprotokolle 126, p. 141ff.

Schatzgräber auf dem Horburg

Im Frühjahr 1769 erschienen beim Lehenmann des Horburggutes, Heinrich Strub, die Brüder Samuel und Hans Hofer, zwei übelbeleumdete Burschen aus der Vogtei Aarburg, und machten diesem und seiner Frau durch Vermittlung eines Dritten «weis, es läge ein grosser Schatz im Haus verborgen, welcher vermittelst Beschwörung des Geistes enthoben werden könne». Dieser Dritte, ein unbekannter Mann, hatte sich in ein Zimmer einschliessen lassen und darnach dem Lehenmann «zwei Masskannen aufgedeckt, worin es gelb geglitzeret». So gelang es dem Fremden ohne Mühe, dem leichtgläubigen Bauern einige Duplonen abzufordern, die angeblich zum Messlesen verwendet wurden. Der betrogene Strub hatte schliesslich nicht nur den Schaden zu tragen, sondern wurde, wie Hans Hofer, auch noch für einige Monate ans Schellenwerk geschlagen.

Criminalia 4, 43 / Ratsprotokolle 142, p. 100ff. / Im Schatten Unserer Gnädigen Herren, p. 182

Wunderbarer Glockenschlag

«1795 hat sich eine wunderbare Geschichte in der St. Albanvorstadt bei Herrn Socin zugetragen: Es hat nemlich seine Glocke von selbst gelütten, ohne dass man dem Vorgang auf die Spur gekommen wäre. Man sagte, sie läute alle Tage. Als man sie verschoppte, läutete die Glocke in der Magdstube. Nach langem Nachspüren aber hat sich ergeben, dass das Gespenst ein Werk der Magd und derer Zuzüger gewesen ist.»

Daniel Burckhardt, p. 30

X SITTEN UND GEBRÄUCHE EREIGNISSE UND FESTIVITÄTEN

Fürstliche Hochzeiten mit tödlichem Ausgang

«Anno Christi 1315 haben zwei Herzöge von Österreich Gebrüder nach den Pfingstfeyertagen zu Basel ihre Hochzeit gehalten. Friedrich, welcher sich Römischer König nennt, nahm Elisabeth, König Jacobs von Arragon Tochter. Lüpoldt aber des Grafen von Savoy Tochter. Friedrich liess seine Gemahlin als eine römische Königin krönen. Daselbst zeigte man des römischen Reichs Kleynoter: Das Speer, ein Stück vom Kreutz, die Krone und das Schwerdt Caroli Magni. Die Brügi (Bühne), darauf eine grosse Anzahl Volks gestanden, war aber übel versehen, so dass sie zerbrach und viel von dem Frauenzimmer beschädigte. Die Fürsten, Grafen und Herren, deren eine grosse Anzahl zugegen war, hielten unzählig viele Ritterspiele und Turniere. Bei diesen ist ein Graf von Katzenellenbogen durch einen von Hallwyl zu Boden gerannt und also verwundet worden, dass er sterben musste. Herr Hans von Klingenberg hat unter allen Ritteren den Preis bekommen.»

Grasser, p. 63f. / Wurstisen, Bd. I, p. 163 / Gross, p. 36 / Ochs, Bd. II, p. 23 / Anno Dazumal, p. 22f.

Der Lällenkönig

«Der Lällenkönig in Basel, der jeden Fremdling eben nicht höflich bewillkommt, so von der deutschen Seite her über die Rheinbrücke kommt, und von Bauern und Handwerksburschen begafft wird, ja den selbst Reisebeschreiber unter die baslerischen Sehenswürdigkeiten zu zählen beliebten, hat schon mancherlei Vermuthungen über den Ursprung seines Daseins veranlasst. Von den darüber herrschenden meistens lächerlichen Meinungen möchte wohl die Folgende die Wahrscheinlichste seyn. Dieser Lällenkönig, der sich auf dem Rheinthor in der grossen Stadt über dem Zifferblatt der Uhr befindet, und einen gekrönten Kopf bildet, der seine rothe Zunge, bei jeder Schwingung des Perpendikels, herausstreckt und hineinzieht, und eben so oft die Augen verdreht, sollte dem baslerischen Adel zum Spottbilde dienen, durch welches man, zur Zeit, wo Herzog Leopold die kleine Stadt pfandsweise besass, nach der misslungenen bösen Fassnacht (1376), denselben verhöhnen wollte. Glaublicher aber ist es, dass derselbe in der gleichen Absicht, erst später, wo der Magistrat der grossen Stadt, das Mindere oder Kleinbasel (1386 und 1392) auslösete und mit sich vereinigte, hingestellt worden sey. Mit dieser bildlichen Satyre wollte man die Edelleute für ihren auf jener Fassnacht verübten Muthwillen empfindlich demüthigen, indem der Lällenkönig ihnen andeuten sollte, dass das Grossbasel jetzt über eine Stadt herrsche, aus welcher sie noch vor Kurzem in ihrem Übermuthe Gewalt üben und solches überrumpeln wollten.»

Rauracis, 1827, p. 92ff.

< *Vier Landsknechte tragen mit ihren Querpfeifen ein Ständchen vor. Einer von ihnen trägt das Emblem der Zunft zu Safran zur Schau. Federzeichnung von Urs Graf. 1523.*

Die Böse Fasnacht

Eines der ersten Ritterturniere ist als die unglückselige ‹Böse Fasnacht› vom 26. Februar 1376 überliefert: Herzog Leopold von Österreich hatte zur Fasnachtszeit mit seinem Gefolge im Kleinbasel Quartier genommen. Am Dienstag vor Aschermittwoch begeisterten sich zum Abschluss der Fasnachtsfestlichkeiten Einheimische wie Fremde auf dem Münsterplatz beim Stechen, dem ritterlichen Turnier. Dabei forderten einige Edle in den umliegenden Domherren- und Adelshöfen durch anzügliches Benehmen den Frauen und Töchtern gegenüber den Zorn der Bürger heraus. Plötzlich jagten Reiter in die Runde vor dem Dom und schleuderten Speere auf die ahnungslose Menge. Die Bürgerschaft fühlte sich durch diesen kriegerischen Auftritt bedroht. Unter dem Geläute der Sturmglocken sammelten sich die Wehrfähigen auf dem Kornmarkt und zogen mit ihren Bannern voller Misstrauen hinauf zum Münster. Dort entfachte das aufgebrachte Volk einen fürchterlichen Tumult, der im Eptingerhof an der Rittergasse mit dem Tode von drei Edelknechten und einem gräflichen Jäger ein schreckliches Ende nahm. Herzog Leopold entkam mit Glück dem Gemetzel; er floh rechtzeitig mit einem Kahn über den Rhein ins Kleinbasel. Das zu allem Elend auch noch von herzoglichen Anstiftern aufgewiegelte Volk hatte diese impulsive Tat bitter zu büssen. 12 Bürger wurden auf dem Heissen Stein am Kornmarkt enthauptet, und Kaiser Karl IV. verhängte über Basel die Reichsacht, von welcher sich unsere unglücklichen Ahnen nur unter grossen Opfern wieder befreien konnten.

Wurstisen, Bd. I, p. 206 / Gross, p. 52 / Ochs, Excerpte, p. 231f. / Ochs, Bd. II, p. 241 / Bieler, p. 727 / Wackernagel, Bd. I, p. 295 / Kleinere Basler Annalen, p. 62 / Röteler Chronik, p. 120

Anno Christi 1376. was Hertzog Lüpold von Oesterreich der elter zů Basel vnnd hielt faßnacht do / Vnd als er vnd ſein ritterſchafft auff Burg ſtachen / erhůb ſich ein

aufflauff von etlichen burgern wider den hertzogen / das er gezwungen ward zů flie... über den Rhein in die kleine ſtatt die jm der biſchoff yngeben hatt.

Darstellung und Beschreibung der sogenannten Bösen Fasnacht von 1376 durch Sebastian Münster im Jahre 1550.

Ritterlicher Zweikampf

«Es war sonntags vor St. Lucientag (13. December) des Jahres 1428, als man nach der Verordnung des Rathes in allen Kirchen um 9 Uhr des Morgens ausgesungen hatte und der Gottesdienst zu Ende war. Vor dem Richthause versammelten sich die Bürger von den Zünften mit ihrem ganzen Harnisch angethan. Auf dem beschneiten Münsterplatze füllten die aufgeschlagenen Gerüste sich mit den Rathsherren und mit den Rittern und die auf den Platz ausmündenden Strassen ergossen eine Menge Volks. Um einen freien Platz zogen sich nämlich auf Burg ‹zweifältige Schranken nahe bei der Münchenkapelle gegen Meister Josten Hof (das spätere Gymnasium) vier Schritte davon und (das im Kreise) herum bei 60 Schritten in gleicher Weise und ein Gerüste empor von den Schranken bis an die Mauer von Meister Josten Hof›. Auf diese ‹Brüge› (Bühne) trat der Burgermeister und neben ihn Matthis Schlosser, der das Banner trug, der Zunftmeister und die Räthe in ihren Panzern und ‹schlechten› Harnischen, der Kampfrichter und die Kreiswärter. Zwischen die beiden Schranken traten 500 gewappnete Burger von den Zünften, und bei jeder Zunft war je ein Rathsherr, bei jedem der drei Durchpässe hüteten vier geharnischte Mannen. Aller Augen waren auf den Ring, den freien Platz in der Mitte, gerichtet, als ein edler fremder Herr aus Spanien, Johann von Merlo, in denselben trat, gewappnet mit Harnisch von unten bis oben, bewehrt mit Glene oder Spiess, mit Streitaxt, mit Schwert und mit Degen, und mit ihm, auf eben dieselbe Weise gewappnet, Heinrich von Ramstein, Burger von Basel.

Johann von Merlo war ein Spanier. Er war auf Abentheuer ausgeritten durch manche Lande und hatte niemand gefunden, der sich mit ihm schlagen wollte, bis er nach Basel kam und den frommen, festen Heinrich von Ramstein fand, welcher sich mit ihm zu schlagen anheischig machte. Den Herren des Rathes wäre es lieber gewesen, wenn diese Sache zwischen beiden anderswo ausgetragen worden wäre, denn sie befürchteten, dass bei der grossen Masse des Volkes leicht, wie es einst bei dem Turniere von 1376, der sogenannten bösen Fasnacht, geschehen war, Gewalt und Überdrang sich erheben möchte. Da aber zwischen den beiden Gegnern schon alles verhandelt und verbrieft war, so hatte der Rath zum Kampfe die Zeit und den Ort festgesetzt und den fremden Herrn ‹getröstet vor der Gethat, in der Gethat und nach der Gethat, so lange er hier bleiben würde, mit seinen Briefen›.

Schon am Sonnabend hatte man vom Richthause herab den Ruf der Räthe vernommen, welche die Bürger und Einwohner auf das vorbereiteten, was sonntags vor sich gehen sollte, und zugleich mit den Massregeln bekannt machte, welche dieselben der Sicherheit wegen getroffen hatten. Bei Eiden, bei Ehren, bei Leib und Gut hatten sie geboten, dass niemand einer der beiden Parteien mit Hilf, Rath und Gethat ‹zu noch von legen solle›, dass Niemand dem fremden Herrn noch den Seinen irgend ein Laster noch Leid noch Widerdruss oder Schmachheit mit Worten oder Werken erbieten oder thun soll, und dass niemand der Räthe Tröstung an ihm brechen soll. Niemand solle mit Schnee oder andern Dingen werfen oder irgend einen Schimpf treiben, lachen oder Gereize machen, niemand in Böckenweise (eine Art sich zu verkleiden) gehen, kein Mann sich in Frauenkleider, keine Frau sich in Mannskleider verwandeln. Den Frauen wurde geboten, daheim zu bleiben bei ihren Kindern und des Feuers zu hüten, da es den Frauen nicht zustehe, solches Waffenspiel zu sehen. Zur Vorsicht hatte der Rath in der grossen Stadt alle Thore bis auf das Spalen- und Eschemerthor schliessen lassen; unter den offenen standen je zehn gewappnete Mannen, auf dem Münster drei Wächter. Zwanzig Reisige ritten in der Stadt umher, zehn in der untern, zehn in der obern; der Rhein war mit Schiffen bestellet, damit, wenn Einer eine Bosheit ausübe, er nicht entfliehen könne. Die Glocken in den Kirchen und die Rathsglocken wurden aufgezogen und versorgt, der Birsig (Rümelinbach) und der Dorenbach der Feuersgefahr halber harin geschlagen. Zwanzig Mann bewachten die Rheinbrücke, andere das Werkhaus; des nachts sollten alle Leuchter in den Strassen angezündet werden, und den Bäckern wurde befohlen, für das hereinströmende Volk hinlänglich Brot zu backen.

Aber auch Johann von Merlo hatte vorher seine Vorkehrungen getroffen; er hatte seinen ‹Nottel› (Kampfbedingungen) gegeben, welcher die Bedingungen enthielt, unter welchen gekämpft werden sollte, oder, wie Merlo sich ausdrückte, ‹die gedinge der Wappen min Johanns von Merlo kleinotes, die durch einen jeglichen ritter oder wappensgenoss ohn alle widerrede, der min kleinot (Helmzier) berührt und mit mir rechten will, notdürftig werden zu erfüllen›. Nach denselben sollten die Kämpfenden ganz gewappnet sein ‹zu ganzem Harnisch vom Fuss bis an das Haupt, wie sie den sollen haben, als zu fechten Geborene oder Wappensgenossleute›. Mit der Glene oder dem Spiess, wie sie bei dem Kampf im Felde gebräuchlich war, sollte ein Wurf oder ein Schuss gethan werden, dann mit der Streitaxt fünfzig Streiche, mit dem Schwerte vierzig, mit dem Degen dreissig. Für die zu gebrauchenden Waffen gab Merlo das Mass. An den ‹Wappenen und Waffen allen sollte kein böser Sinn oder Fund sein›, und auf dem Kampfplatze durften keine andern Wappen oder Waffen noch etwas, was bei solchen Dingen verboten sei, gebraucht werden. Während des Kampfes einen Theil des Harnischs abzunehmen oder aufzuheben untersagten die ‹Gedinge›. Die Streiche alle mussten geschlagen werden ‹von dem untern Port in die Höhe›.

Beide Kämpfer waren nach dem Gedinge eine Stunde nach Sonnenaufgang auf Burg erschienen mit der Verpflichtung, den Kampfplatz nicht zu verlassen bis der Kampf gänzlich durch alle Gänge vollendet wäre, ausgenommen, dass ‹der von beiden, der das besser von dem andern behept (der im Vorteil steht), möge oder wolle ablassen und ende geben den Waffen durch Bitte des, der das böser von dem andern haben wird›.
Auf der Brüge sass, zum Kampfrichter erbeten, Markgraf Wilhelm von Hochberg, Herr zu Röteln und zu Susenberg. Kreiswärter waren Graf Hans von Thierstein, Junker Rudolf von Ramstein, Herr Eglof von Ratzenhausen und Thüring von Hallwile. Ausser diesen waren zugegen von den Herren höhern Adels Graf Bernhard von Thierstein, Graf Friedrich von Zollern, Graf Hans von Freiburg, Herr zu Neuenburg, Konrad von Bussnang nebst vielen Rittern der Umgegend.
Der Kampf begann, und es fingen die Streiche an zu dröhnen. In drei Abtheilungen wurde das Waffenspiel durchgeführt, zwischen welchen immer eine Rast eintrat. Die erste Abtheilung bildeten der Wurf mit der Glene und die fünfzig Streiche mit der Streitaxt, die zweite die vierzig Streiche mit dem Schwerte, die dritte die dreissig mit dem Degen. Der feste, fromme Heinrich von Ramstein focht mannlich, doch hatte der Spanier vor ihm einigen Vorzug und erhielt von ihm den Rubin; denn in den Gedingen war ausgemacht worden, ‹dass der zu niessende seines adels oder mannlichkeit nehmen und haben soll einen rubin von dem, wider den er sin ehr so vestiglich beschirmet hat›.
So wie der Wettkampf vollendet war, trat Graf Hans von Thierstein in den Ring und schlug Johann von Merlo im Angesichte der Herren und Ritter und alles Volkes zum Ritter, und der Rath schenkte ‹dem fremden Walhen› (Welschen) in die Ritterschaft einen Salmen, kostete 1 Pfund, 1 Schilling. Heinrich von Ramstein aber wurde später bei einer Fahrt zum heilgen Grabe zum Ritter geschlagen.»

Basler Taschenbuch 1858, p. 61ff. / Gross, p. 72 / Ochs, Bd. III, p. 229 / Wurstisen, Bd. I, p. 266 / Wackernagel, Bd. I, p. 463 / Anno Dazumal, p. 37ff. / Rathsbücher, p. 155 / Appenwiler, p. 436

Die Fronleichnamsprozession

«Am 27. Mai 1434 wurde eine Prozession durch die ganze Stadt gehalten, das heisst durch alle Pfarreien derselben, indem man in den Strassen den Leib Christi unter grossem Aufwand von Lichtern und Reliquien ausstellte. An diesem Umzug betheiligten sich alle Cardinäle, Patriarchen, Erzbischöfe, Bischöfe, Äbte, mit weissen Mitren angethan. Und es waren zusammen dreiundachtzig Mitren, die alle dem Leib Christi vorangiengen, mit einer wunderbaren Menge von Lichtern, welche ihre Diener trugen, mit ihren Wappen darauf abgebildet. Hinter diesen kamen viele Prälaten, mit Reliquien in den Händen, hinter diesen unser Bischof von Padua unter einem Baldachin von Goldstoff, welcher den Leib Christi in der Hand trug. Alle Strassen waren mit frischem Gras bestreut, und an den Fenstern waren Vorhänge in vielerlei Farben angebracht. Es waren im Ganzen achthundert Lichter. Der Zulauf des Volkes war gross.»

Gattaro, p. 38

In Basel abgehaltenes Turnier

«Auf den Tag der heil. 3 Könige 1434 veranstalteten die Spanier ein schönes Turnier, mit einem längs dem Platz ausgespannten Tuch; das Turnier dauerte von 9 bis 2 Uhr, und als sie die Waffen abgelegt hatten, begaben sie sich in das Gemeindehaus, wo ein herrliches Nachtmahl gerüstet war. Dahin kamen auch viele Damen vom Adel. Zuerst wurde in einem Saal voll prächtiger Lichter getanzt, dann setzte man sich zum Mahl, das aus 15 Gängen bestand. Es waren 2 Kredenztische mit Silbergeschirr beladen, in einer Länge von 18 Fuss und einer Breite von 4 Fuss, mit Gestellen, eines über dem andern; darauf standen Kelche, Tassen, Schüsseln, vergoldete Becher, Confektschalen seltenster Arbeit, Salzfässer, Platten, Bekken von wunderbarer Schönheit. Als sie gespeist hatten, kamen sie herunter zum Tanz. Die Frauen waren reich gekleidet, mit silbernen Halsbändern voll Figuren; die einen trugen Perlenschnüre auf dem Kopf, die andern Seidentücher, die ihnen bis zum Gürtel herunterfielen. Und es war so geordnet, dass beim Tanzen immer zwei zusammen giengen, mit zwei Fackeln vor jeder Person. Als der Tanz zu Ende war, traten zwölf Maskirte auf und tanzten einen Tanz; dann kleideten sie sich um und erschienen mit Instrumenten. Hinter den Musikern traten 24 Personen ein, die wie Wilde gekleidet waren, mit langen, bis zum Boden herabfallenden Haaren, halb roth, halb grün, mit Schilden am Arm, und mit Keulen aus Leinwand, gefüllt mit Werg; man machte ihnen freien Raum und da begann ein lebhafter Kampf, indem sie mit ihren Keulen einander auf die Köpfe und um die Schul-

«Das Wappen unserer Vaterstadt ist bekannt. Es ist der sogenannte Baselstab in einem weissen Felde. Auf einem alten Schriftgemählde des Rathauses war zu oberst ein Schiffer-Fahrstachel und denn ein Bischoffstab gezeichnet.»

tern schlugen. Zuletzt liessen sie von einander und machten einen Tanz. Darauf entspann sich ein neuer Kampf, und mehr als einer fiel wic todt hin. Hierauf verabschiedeten sie sich von den Damen. Alsdann wurde der allgemeine Tanz fortgesetzt bis zum Morgen.»

Gattaro, p. 45f.

Prunkvolle Papstkrönung

«Auf Johannis des Täufers Tag 1440 kam Pabst Felix V., der vom Basler Konzil zum Papst erwählte Herzog Amadeus von Savoyen, um seiner Krönung und Weihung willen mit grossem Volk gen Basel. Es waren bei ihm Philippus, Graf zu Genevois sein Sohn, Markgraf Ludwig von Salutz, und eine grosse Zahl des Savoyischen Adels und Ritterschaft, zum besten ausgeputzt. Er ward vor Aeschemer Thor beim Käppelin von den Conciliums-Herren empfangen, dieselbigen mit samt der Stadt Priesterschaft und Orden zogen vor ihm daher. Desgleichen die Zünfte mit den Stangenkerzen, als am Fronleichnamstag zu beschehen pflegt. Des Pabsts Pferd führten beim Zaum Herr Arnold von Bärenfels Ritter, Burgermeister, und Arnold von Rotberg, Ritter. Die Kleider trugen Hans Reich von Reichenstein, Berhard von Rotberg, Götz Heinrich von Eptingen und Hemman Offenburg, Ritter. Den Himmel, darunter er ritt, trugen Hans Müntzmeister genannt Sürlin, Hans Konrad Sürlin, Hans von Lauffen und Heintzmann Maurer.

Man führte ihn vor dem Spital (derselbe befand sich bekanntlich an der Stelle der jetzigen Kaufhausgasse), die Spiessgasse, vormals die Lampartergasse genannt (darunter ist die jetzige Streitgasse verstanden), hinab durch die Gerbergasse bis an den Kornmarkt, demnach durch die Wienharts- oder Hutgasse, die Krämerstrasse (Schneidergasse) ab bis an den Fischmarkt, bei der Krone herum, durch die Eisengasse, die Freienstrasse hinauf bis zum Spitalbrunnen, und darnach erst in das Münster. Daselbst las er auf dem Conciliumsaltar die Kollekt von unser Frauen, gab letztlich die Benediktion, und kehrte gen hinter Ramstein in sein Losament: so hatte sein Volk alle Höfe daselbst herum inne; die übrigen waren allenthalben in der Stadt eingefouriert. Der Einzug währte von zwei Uhr nachmittags bis um sieben.

Selbiges Tags, war der Abend dieser Krönung, kam gen Basel Herzog Ludwig von Savoyen, Pabst Felixen ältester Sohn, ein ansichtiger schöner Fürst mit viel Herren und dem übrigen Savoyischen Adel, dass man seine und des Pabsts Pferde viertausend schätzte. Sonst waren zugegen Herr Konrad von Weinsperg, der Markgraf von Rötelen, Graf Hans von Thierstein, der Städten Bern, Freiburg, Solothurn, Strassburg u. s. w. Botschaften samt allem Adel weit und breit herum.

Zu dieser Solennität hatte man wegen der grossen Menge Volks, welche die Kirche nicht fassen mögen, eine hohe Brücke (Gerüst) gemacht und an einem Eck derselbigen gegen der München Kapelle (dieselbe bildet die linke Ecke der Münsterfront, wie an den Wappen zu entnehmen ist) vor unser Frauen Bildniss, einen Altar aufgerichtet, oben her mit Teppichen verhängt, damit weder Regen noch Sonne darauf fallen möchte. Da nun der Tag der päbstlichen Krönung angebrochen, hat sich eine solche Menge vor der Thumkirchen versammlet, dass man sie über fünfzigtausend Personen geschätzet, und sich kaum vor einander regen konnte; die Linden und alle Dächer sassen voll. Die Stadt hatte eintausend gerüsteter Mann da, eins theils zur Brücke andern theils zum Platz Sorg zu haben, damit kein Tumult unter solchem Gewühl entstünde. Mit dem erwähnten Pabst in seinem grauen Haar traten auf die Brücke alle Geistlichen und Herren, auf zweitausend Personen geschätzt. Vor dem Pabst gingen hinauf die geinfleten Prälaten und der Stadt Klerisey mit dem Heilthum; allda hielt Pabst Felix Mess, konnte alle Ceremonien dabei also artlich und geschicklich, dass sich männiglich verwundert, dass er, so in die vierzig Jahr weltlicher Weise geregiert, der Kirchen Gebräuchen so wohl berichtet. Es opferte ihm sein Sohn, der Fürst in Piemont ein gülden Brot, der Graf zu Genevois, sein andrer Sohn, ein silbern Brot, Graf Hans von Thierstein ein gülden, und der Markgraf von Röteln ein silbern Fass mit Wein. Zwischen der Mess sange man etliche Responsoria und Gebete über den Pabst, welche doch wegen der

Der am 24. Juli 1440 vom Konzil zu Basel zum Papst gewählte Amadeus VIII. von Savoyen, der den Namen Felix V. annahm, fand keine allgemeine Anerkennung und dankte bereits 1449 ab.

Sängern ‹Unkönnenheit› etwas unlieblich und lächerlich abgiengen. Nach vollendeter Mess ward der Papst geweihet, und ihm durch den Kardinal Ludovicum S. Susanna eine Infel mit dreifacher Kron und viel Edelgesteinen aufgesetzt, 30000 Gulden werth geschätzt. Auf solches schrie ihm männiglich zu: Vivat Papa. Es lebe der Pabst. Er aber gab vollkommen Ablass für Pein und Schuld allen denen, so hinter dieser ersten Mess gestanden.

Nach Verrichtung dieser Ceremonien, welche bis um zwölf Uhr gewähret, zogen die bewaffneten Burger auf den Kornmarkt, die übrigen giengen ab der Brücke, stiegen mit viel Trompeten zu Pferd, sich in die Procession zu rüsten. Sodann zog allerlei Gesinds der Dienern, demnach der Fürsten und Herren Hofleute unterschiedlich; bald die vom Adel und Ritterschaft. Zum vierten ritten Markgrafen, Grafen und Freien. Zum fünften der Herzog zu Savoyen, in einem langen guldenen Stuck, mit seinen Räthen, unter welchen sich ein jeder mit Gold, Sammet, Seiden und köstlichem Gewand, aufs zierlichste geputzet. Hernach ging der Stadt Klerisey mit dem Heilthum, und vor ihnen die singenden Schülerknaben mit weissen Oberröcken. Nach ihnen führte man zwölf weisse Pferde mit rothen Decken, darnach einen rothen und gelben Schattenhut und bei demselbigen waren die scutiferi honoris, Ehrenjungherrn oder Arschier mit rothen Baretten. Diesen wären die Praefecti navales nachgefolgt, wann etliche vorhanden gewesen; aber an ihrer Statt verordnete man etliche ernsthafte gestandene Männer, aus dem Einsiedlerorden von Ripallien, St. Moritzen Ritter genannt. Diese waren aus Pabst Felixen Gesellschaft, hatten ihres Ordens Kleidung an, deren sich der Pabst zuvor selbst gebraucht, nämlich Grauröck, und guldene vom Hals hangende Kreutz. Auf diese folgten etliche Priores in Chorröcken ohne Inflen: bald die Scriniers und Advokaten mit beiseits gewendeten Chorröcken. Gleicherweise hätten auch die nächstfolgenden Richter bekleidet sein sollen, was aber übersehen, dass sie gleich den Prälaten Kappen und Barett trugen. Bald ritten alle Bischöfe und Äbte in Chorröcken und Inflen auf köstlich gezierten Pferden. Johannes von Ragusa, Bischof Argensis, trug nach ihnen, zwischen zwei grossen Lichtern, das Sakrament, hierauf ritten zwei Kardinäle, item zwei Bischöfe, der von Dertosa und der von Via, anstatt der Diakon-Kardinälen; letztlich der Pabst selbst mit seiner gekrönten Infel, unter einem guldenen Himmel, der gab dem Volk den Segen. Sein Pferd führte Markgraf Wilhelm von Hochberg und Herr Konrad von Weinsperg. Ihm ritten nach, der Tresorier, die Kämmerlinge und übrigen, so unter das Volk Geld auswarfen, zumal der Fürsten Gesandte: auf's hinterst eine unsägliche Menge Volks.

Er traf im Fürzug (unterwegs) die Juden an, welche ihm das Gesetz Mosis übergaben; dasselbige lobt er, beschalt aber ihre Ceremonien und ‹lätzen Verstand›. Man führte ihn beim Teutschen Haus den Graben ab, die Freienstrass nieder bis an Kornmarkt, über die neue Bruck am Fischmarkt und beim Blumen herauf zu den Predigern, da ihm der Prior mit den Brüdern entgegen gienge, den Pabst vor den Altar setzten und ihm des Klosters Schlüssel übergabe. Nach Vollendung des Freudengesangs liess man ihn zum Imbissmahl, gar nahe zu drei Uhr Nachmittag.

Mornderigs besammelte sich männiglich daselbst zur Mess nach welcher, auch etlichen andern Ceremonien, einem jeden beiwesenden Prälaten zwei silberne und ein guldener Schaupfennig verehrt ward. Darauf hielt man eine köstliche Mahlzeit, bei welcher über tausend Personen zu Tisch sassen. Des Pabsts Söhne waren Schenken, und der Markgraf von Salutz Speismeister. Den Armen wurden etliche tausend Brode gegeben. Um fünf Uhr führte man den Pabst in gleicher Prozession in das Münster, darnach hinten aus in Herrn Heinrich von Ramsteins Hof.»

Basler Nachrichten, 22. Juli 1901 / Wurstisen, Bd. I, p. 390 / Gross, p. 80 / Appenwiler, p. 442 / Anonyme Chronik, p. 478 und 492ff. / Wackernagel, Bd. I, p. 526, und Bd. II 2, p. 727

Lanzenrennen auf dem Münsterplatz

«Weil die Achtbürger turnieren, gelüstet auch den reichen Zünftler nach diesem Vergnügen, und es kann zu Szenen kommen gleich jener widerlichen von 1464, da

«Was ist denn das für ein betrunkenes Schwein da?» «Den führ ich», sagt der Apostel der Mässigkeit, «stets bei mir, damit er als abschreckendes Beispiel diene». Federzeichnung von August Beck.

Morgenstreich: Noch spenden Fackeln Licht, begleiten Fanfaren die Tambouren und tragen die Fasnächtler Larven aus Wachs. Aquarell mit Federumriss von Hieronymus Hess. 1843.

Festliche Abendgesellschaft. Lavierte Federzeichnung von Lukas Vischer. Um 1795.

Fasnächtliches Treiben im Stadttheater oder im Stadtcasino. Getuschte Federzeichnung von Lukas Vischer. Um 1795.

Oben: Meister Blech.
Unten: Bettelvogt Breiting.

Oben: Bettelvogt Munzinger.
Unten: Schwarwächter Mälberri.
Aquarelle aus dem Skizzenbüchlein von Wilhelm Oser. 1821.

Oben: Aufzug zum Eierlesen der Müller auf dem Münsterplatz im Jahre 1791. Gouache von J. J. Schwarz.
Unten links: Zweikampf mit Pluten (kurzen, breiten Degen). Aquarell aus dem Stammbuch von Jacob Götz. Um 1590.
Unten rechts: Aufzug zum Tanz der Küfer im Jahre 1806. Gouache von J. J. Schwarz.

Ein Fleckenreiniger und ein Moritatensänger vermögen an der Herbstmesse auf dem Münsterplatz selbst eine von Zahnweh geplagte Frau in ihren Bann zu ziehen. Aquarell von E. B. 1829.

Oben: Ascher: «Gott verhüt's, bist geworden ein Goy (Nichtjude). Wenn dies der Ati wüsst, würd er sich umdrehen im Grab.» Isaac: «Gott, nun, Ascher, was soll's. In drei Wochen wird mein Bruder auch Christ, dann dreht sich der Ati nochmals um, so kummt er wieder in seine vorige Lage!» Bleistiftzeichnung von August Beck.
Unten: Durchbrennendes Pferd mit Reiter und Passanten. Bleistiftzeichnung von A. Beck.

Oben: Das Weiherschloss Gundeldingen des Franz Platter. Das heilsame Wasser der eisenhaltigen Sauerquelle ist bis um das Jahr 1800 zum Gesundheitsbaden benutzt worden. Radierung von Hans Heinrich Glaser. 1640.

Unten: Der Petersgraben gegen die Predigerkirche. Links das Haus zum «Zum Grabeneck», rechts das Pfarrhaus zu St. Peter, der Violenhof, der Petershof und die alte Gerichtsschreiberei. Aquarell von Achilles Bentz. Um 1820.

der Löwenwirt Rieher und der Tuchmann Hans von Landau ein Lanzenrennen auf dem Münsterplatze veranstalten, aber dabei bald aus der Rolle fallen und statt des Turnierens eine ordinäre Rauferei zum Besten geben; sie fassen einander am Kragen und wollen sich aus den Sätteln ziehen, die Rosse werden scheu, brechen in die Zuschauer und treten da einen armen alten Pfründer zu Tode.»

Wackernagel, Bd. II 2, p. 906

Ein Bischofsbegräbnis

«Das letzte Bischofsbegräbnis sah unsere Stadt mit der Grablegung des baslerischen Fürstbischofs Johann von Venningen im Dezember des Jahres 1478. Glanz- und prunkvoll, wie er während seines Lebens geherrscht hatte, sollte auch seine Bestattung sein. Das war der letzte Wille des stolzen Fürsten im Schlosse zu Pruntrut. Fünf Tage vor seinem Hinschied bestimmte er schriftlich bis in die kleinsten Einzelheiten die Anordnungen für die feierliche Überführung und Beisetzung seiner Leiche im Basler Münster.

Gewissenhaft wurde seine Willensäusserung vollzogen. Den Tag nach seinem Absterben zog von Pruntrut her der Leichenzug durch die verschneite Juralandschaft. Sechs schwarzgekleidete Diener geleiteten die von des Bischofs Hengsten gezogene Totenbahre. Der Sarg war mit einem kostbaren, goldgewirkten Bahrtuch bedeckt, das das Wappen derer von Venningen zur Schau trug. Zu jeder Seite des Sarges schritten, gleichfalls in Schwarz gehüllt, je zwei Priester, abwechselnd für die Seelenruhe des Verstorbenen betend. Nebenher trugen dreissig Träger grosse, brennende Wachsfackeln. Würdenträger, Dienstleute und Beamte seines Hofes, vereint mit den Behörden von Pruntrut, bildeten die Leidfolge.

Überall empfing den Toten auf seiner letzten Fahrt durch sein Bistum der Klang der Totenglocken von Stadt und Dorf. So erreichte man bei einbrechender Nacht Allschwil, von wo aus sich um die Mittagsstunde des folgenden Tages der Zug der Stadt näherte. Bis zum Spalentor zog die Geistlichkeit und der Stadt weltlich Regiment ihm entgegen, ihn abzuholen und unter dem Geläute aller Glocken nach dem Münster zu führen. Eine feierliche Prozession.

Die Geistlichkeit aller Pfarreien, Klöster und Stifter, der Rektor der Hochschule in scharlachfarbenem Rock, die Professoren und Studenten, sowie Vertreter der zahlreichen Bruderschaften gingen dem Sarge voran. Dicht hinter ihm schritt der Weihbischof Niklaus Fries, ein Augustinermönch. Auf ihn folgten Bürgermeister und Zunftmeister, alle Ratsherren, die Vorgesetzten der Zünfte und eine grosse Menge aus der Bürgerschaft.

Mitten vor den zum Chor führenden Stufen ward nach der kirchlichen Handlung der Sarg versenkt. Eine einfache Steinplatte, mit einem Messingrand eingefasst und dem messingnen Wappenschild darauf, bezeichnete bis in die Mitte des vorigen Jahrhunderts die Stelle dieses letzten Bischofsgrabes im Basler Münster.»

Anno Dazumal, p. 288f. / Historischer Basler Kalender, 1888

Baslerischer Alltag um das Jahr 1500

«*An S. Theresien Tag (15. Oktober):* Es ist mir des Übels gar viel widerfahren. Ich ging verwichen Tag vor das Bläsi Tor gen Haltingen, allwo die Bauern den Wein gelesen und der junge Saft in den Fässern gärt. Ich setze mich in die Herberg, wo ich vor Zeiten einen Krug getrunken. Es sitzen noch andere da und trinken und sind lustig. Da tritt einer auf mich zu und frägt mich, ob ich aus der Stadt komme. Ich sage ja. Jetzt fallen sie mit ihren Mäulern über mich her, heissen mich einen Spitzbuben und Verräter und nennen die Stadt ein verfluchtes meineidiges Nest. Da läuft mir die Galle über und ich wehre mich. Sie schlagen mich, dass das Blut rinnt. Ich entweiche in die Stadt. Da ich über die Brücke gehe, kommt der Hans. Ich erzähle ihm mein Ungefäll. Da lacht er erst

Kaiser Heinrich II., der Heilige, (973–1024), der neben seinen einzigartigen Verdiensten um den Münsterbau auch die weltliche Herrschaft des Bischofs über die Stadt festigte. Getuschte Federzeichnung von Hans Holbein.

und meint, ich hätte den Kopf eben nicht in das Wespennest stecken sollen. Die Viechlein surrten noch immer. Dann fluchte er und fragte mich, ob ich denn glaube, so ein Brief, und wenn daran auch grossmächtige, gewichtige Siegel hingen, würde die Welt von einem Tag auf den andern umkehren und aus einem Stierengrind ein geduldig Schaf machen. Da sagte ich nichts. Mein Kopf ist schwerer denn ein Sester Korn.

Zwei Tage darnach (17. Oktober): Die Räte haben dem Hans Ymer von Gilgenberg Urlaub vom Bürgermeisteramt gegeben. Da ist auch der Herr von Andlau geschieden. So sitzt kein Ritter mehr im Rat. Lienhard Grieb ist zum Statthalter des Bürgermeistertums erwählt worden. Die zu den Eidgenossen neigen, rücken vor. Der Peter Offenburg führt sie. Viele deuten das als ein Zeichen, dass das Kreuz obsieget.

Am Tage Simon und Judae (28. Oktober): Da ich um die Mittagsstunde durch die Gasse ging, hörte ich ein Streiten und Keifen. Ein Trupp Weiber steht auf der Besetzi und fährt mit ruchen Worten aufeinander los. Die Buben stehen dabei und freuen sich des Zankens. ‹Ihr unmächtigen Schwaben, geht doch nach Dorneck in die Metzg, da findet ihr Fleisch›, stichelt die eine. Fährt ihr die andere über das Maul: ‹Wenn ich nach Dorneck ging Fleisch holen, möcht ich so bald einen Schweizer wie einen Schwaben finden.› Die Buben fangen an zu singen:

‹Sie sind gestanden auf weichem Grund,
Dri Tusend blibend tot und wund,
Das Plären tät man in vertriben;
Büchsen, die sie vor Dorneck gebracht,
Die sind den Eidgnossen bliben.›

Es ist das Lied, das nach der Schlacht einer gesungen hat. ‹Kuhmäuler! Kuhgyger!› schreien die Weiber und muhen, indes die andern ‹Pfauenschwänz› und ‹Schwabenkäfer› rufen. Und fahren einander schier in die Haare. Da kommt der Lienhard Grieb des Weges. Das Geschrei verstummt, da sie den Ratsherren und Statthalter sehen. Er frägt sie nach ihrem Streiten. Das Lärmen fängt von neuem an, und eine will die andere überschreien. Jetzt bricht des Rats Geduld, er herrscht sie an und heisst sie in die Küche gehen, es möchte sonst die eine und andere nicht übel plären, wenn ihr Eheherr das Mahl nicht auf dem Tisch finde. Sie sollten sich nicht um Dinge kümmern, die allein die Männer angingen. ‹He, wenn der Rat sich nicht getraut, die Geiss herumzulupfen und die Männer die Hände in den Hosen halten, müssen wir ihm wohl nachhelfen›, ruft die eine dem Grieb nach, die am wüstesten auf die Schwaben geschumpfen. Ich gehe mit dem Ratsherr. Er meint, man müsste sich nicht wundern, wenn die Weiber also keiften, sie machten es nur ihren Männern nach, die auf den Stuben stritten. ‹Schulmeister›, sagt er, ‹du weisst, es ist bald keiner mehr in der Stadt, der nicht der einen oder der andern Partei anhangt.

Am 14. Maien des 1500. Jahr: In diesen Tagen haben wiederum mehrere Edle Basel Valet gegeben. Sie folgten denen, die zuvor schon die Stadt verlassen und jenen, die in den Kriegsläuften von uns gewichen und mit Leib und Gut von der Stadt gezogen sind, der Eptinger, der Löwenburg, der Reichensteiner und andere. Sie wollten nicht mehr bleiben, da die Zünfte stark geworden und das Ritterschwert nicht mehr gilt denn der Arm eines Handwerkers.

An Mariae Magdalenae Tag (22. Juli): Ich bin auf dem Kirchhof zu Predigern gewesen. Man hat den alten reichen Tuchherrn Heinrich Valkner zu Grabe getragen. Da das Volk sich verlaufen, blieb ich zurück, das Wunder wieder zu sehen, das jeder aufsucht, der in unsere Stadt kommt, das alle kennen und den Tod von Basel heissen, der auf der Gottes Acker Mauer gemalt ist. Es sind noch zwei Männer zurückgeblieben. Ich kenne sie nicht. Aus ihren Reden hörte ich, dass sie nicht aus unserer Stadt sind. Sie stehen vor dem ersten Bild, dort wo der Tod mit dem Heiligen Vater den Reigen beginnt. Sie gehen weiter von Bild zu Bild, und wie sie zu Ende sind, wenden sie sich zur Kirche. Es ist der Totentanz stärker denn jedes Predigen. Und wer nur den Spruch liest, der ob dem Beinhaus geschrieben steht, geht still hinweg: ‹Hier richt Gott nach dem Rechten, die herren liegen bi den Knechten. Nun merket hiebi, welcher Herr oder Knecht gewesen si.› Da fällt mir ein, dass vor eben einem Jahr die

Möcht einer sagen was sünden wir
Das will ich jetzt frey sagen dir
Und wills mit dir selber bezügen
Ihr müßt sehn daß ich nicht sag Lügen
Das GOttes Wort leücht weit und breit
Und wird all Tag auff der Cantzel gseit
Man predigt recht fast wohl und gut
Niemand aber der folgen thut
Sie mahnen uns fast zum Kilchgang
So sprechen wir sie machens zlang
Wir wolten d'Predig wär bald vß
Daß wir bald kämen ins Wirthshuß
Einer spricht was han ich von den Pfaffen
Was frag ich nach ihrem klaffen
Der ander veracht Predicanten
Spricht was han ich von ihrem tandten
Der dritte nähm vier Ellen Zwilchen
Und käm ein gantz Jahr nit in d'Kilchen
Wir hätten all gern Göttlich Sachen
So ferr man uns nur liesse machen
Ein jeglicher nach seinem Willen
Mit Wucher/sauffen/Ehebruch und spielen
Wir hend also verruchte Lüt
Wenn es schon d'Oberkeit verbüt
So findt man mengen der da seit
Ich sächs nit an/ ich thus ihn zläid
Hand ihr das von den Alten ghört
Oder von wem hand ihr es gelehrt
Meynend ihr GOtt solle schwygen
Und allzeit losen unser gygen
Old meynend ihr er sey entschlaffen
Nein freylich er wird uns drumb straffen
Vil hübscher ordnung hat d'Oberkeit gmacht
Das hend ihr viel so gar veracht
Drumb sag ich dir du Weltlichs Schwert
Straff du die Sünder hie vff Erd

«Ein schöner Spruch einer hochloblichen Eydgnossenschaft. Gedruckt im Jahr nach dem ersten ewigen Bund der Eidg.»

Schlacht bei Dorneck gewesen ist. Da sie die Herren holen wollten, die erschlagen waren, gaben die Eidgenossen sie ihnen nicht, sondern sagten: ‹Die Herren sollen bei den Bauern liegen.› – Weiss heute keiner mehr, wer Herr, Bauer oder Knecht gewesen ist, so wir vor Gott alle gleich armselig sind.

Auf Apollinaris Tag (23. Juli): Heute sind die Blume und der Knopf auf den Turm des H. Martin der Kirche Unserer Lieben Frau gesetzt und vergossen worden. Nun steht die Kirche vollendet da als ein mächtig, herrlich Münster zur Ehre Gottes, des Sohnes und der Hochseligen Mutter. Es war auf Burg ein grosses Beten und Festen. Man hat dem Hans von Nussdorf, der des Stifts Werkmeister ist, zwei Gulden auf den Knauf gelegt und den Gesellen je einen. Solches meldete mir Jörg, der auch in der Hütte ist und mit viel Fleiss und Freude den Meissel führt. Der Vater meinte, er solle nicht zu dem Stift ziehen, sondern unter der Stadt Steinmetzen bleiben. Aber da der Jörg dem Meister Nussdorf und seiner Kunst so sehr anhing, redete ich ihm zu, er solle dem Sohn nicht davor sein, wenn er der Kirche Dienst nehmen wolle.

An Sankt Mauritius Tag (22. September): Errare humanum est! Solches kann ich wohl schreiben. Heute jährt sich der Tag, da vor einem Jahr auf des heiligen Märtyrers Tag der Frieden ist geschlossen worden. Und der Frieden ist hier in der Stadt Basel geschlossen worden. Der im Frieden gegebenen Zusage getrösteten sich die Stadt und die Ihren. Sie ist ihnen aber gar übel gehalten worden. Denn sobald der Friede ist gesiegelt worden, waren die Unsrigen nirgends mehr sicher ausserhalb der Stadt und in ihrer Herrschaft Gebiet. Man beraubt und ersticht sie. Wenn solches geschehen, will niemand es getan haben. Wir sind verhasst. Man singt schändliche Lieder von uns.

Den 30. Septembris 1500: So einer liest, was ich geschrieben habe, wird er mich leicht der Übertreibung, wo nicht der Unredlichkeit zeihen wollen und glauben, ich hätte im Unmut übermarcht. Ich will ihm beweisen, dass er mir Unrecht tut und niederschreiben, was ich vergangene Tage gehört habe. Verwichene Woche sind derer von Rheinfelden Knechte wiederum in unserer Stadt Herrschaft eingefallen und haben zu Augst an der Brugg geraubt und drei Kühe fortgeführt. Vier Tage darauf sind sie zum andern Mal ausgerückt und achteten die Grenzen nicht. Und wo sie auf unserer Herrschaft Leute stiessen, die sangen das Lied von Dorneck. Und also kam es zum Streit. Es wurden zwei der Unsrigen verletzt und der Müller zu Niederdorf tödlich verwundet und gefangen weggeführt.
Die Leute zu Liestal und auf der Landschaft sagen, wenn sie das Kreuz trügen und eidgenössisch wären, würde man sie wohl in Ruhe lassen. Die Solothurner hätten schon lange Glust nach ihnen.
Wie lange sollen wir noch in solcher Not bleiben? Der Rat darf nicht säumen.

Am Tage von Simon und Judae (28. Oktober): Heute darf ich aufzeichnen, was mich sehr erfreut. Da ich am Sprung ging und vor des Hans Olpes Haus kam, trat der Meister vor die Türe und bat mich, einzutreten. Man muss wissen, dass er Kaplan an der Kirche Unserer Lieben Frau ist, dazu ein gar gelehrter Mann und Drucker. Er weiss, dass mich die Werke der neuen Kunst freuen. Ich folge ihm, und er zeigt mir ein Buch, das er eben von neuem gedruckt hat. Es ist des weisen Sebastian Brant ‹Narrenschiff›. Ich halte das Buch. Es ist ein köstlich Werk. Ich lese, ich sehe die Holzschnitte und schaue in einen Menschenspiegel, daraus meiner Nachbarn Gesicht und mein eigenes blicken. Darob vergesse ich meinen Gang und erwache nicht eher denn der Abend in den Raum bricht. Meister Olpe hat mir das Buch mitgege-

Der Bettelvogt, ausgerüstet mit den Zeichen obrigkeitlicher Gewalt (Baselstab und schwarzweiss bemalter Stab), verweist Mittellose der Stadt. Radierung von Hans Heinrich Glaser. 1634.

ben. Ich trug es als ein Kleinod in mein Haus. Jetzt sitze ich in der Kammer. Die Kerze ist niedergebrannt. Vor dem Fenster steht die Nacht. Aber ich bin voll des hellen Lichtes. Solches wird mir nie gelingen.

Am Tag darnach: Was ist doch des Menschen Herz ein schwaches, wetterwendisch Ding. Gestern frohlockte ich und dankte dem Herrn für den guten Tag, den er mir geschenkt. Heute bin ich zu Tode betrübt, und was sich zugetragen, erfüllt mich ganz und macht mein Herz zittern. Da ich noch spät ob dem Buche sass, hörte ich ein Klopfen an meiner Türe. Ich trete hinaus und sehe beim Schein einer Fackel eine Kaufmannsfuhr auf der Gasse halten, zunächst dem Tor. Die Rosse dampfen, wie wenn sie von langer Reise kämen. Der Wagen aber ist mit Staub und Schmutz bedeckt und seine Blache ist zerfetzt. Jetzt tritt einer der Männer auf mich zu. Ich kenne ihn. Es ist der Claus Spörlin, der Tuchherr, der bei der Brücke wohnt. ‹Verzeiht›, sagt er, ‹dass wir Euch geklopft haben, aber ich erkannte, dass Ihr noch hinter dem Lichte sasset. So haben wir gehalten.› Er weist nach dem Wagen: ‹Da wir vor dem Tor warteten, sah ich nach unserm Verwundeten und merkte, dass wir ihn nicht mehr weit führen könnten, sollte er nicht –.› Er bringt sein Wort nicht zu Ende. Aber da heben die Knechte mit mehr Sorge, als ich ihnen zugetraut, den Verwundeten vom Wagen. Ich sehe ihn, und das Herz will mir still stehen. Es ist der Jörg, mein lieber Jörg. Vor einer Woche ist er mit dem Tuchherrn, der nach Strassburg zur Messe reiste, mitgefahren, die Bauhütte selbiger Stadt aufzusuchen, wie ihm Meister Nussdorf gesagt. Wir tragen ihn ins Haus und auf ein Lager und sorgen um ihn. Er hat eine tiefe Wunde ob dem Kopf. Das Blut fliesst nicht mehr. Meister Spörlin trug öffentlich Geleitsbüchsen des Bischofs von Strassburg. Dessen ungeachtet sind sie vor Kolmar von Reitern überfallen und niedergeschlagen und ausgeraubt worden. Einer von des Tuchherrn Knechten ist gefallen. Die andern tragen alle ihre Hiebe, am schwersten Jörg. Der Tuchherr sagt, er werden den Vater schicken und den Bader. Derweilen sitze ich an seinem Lager. Er kennt mich nicht.
Der Hans ist gekommen und hat den Sohn gesehen. Wir knien an seinem Lager und beten. Der Bader kommt und beschaut die Wunde. Er macht ein bedenklich Gesicht. Mögen die Himmlischen unser Flehen in Gnaden aufnehmen und das junge Blut nicht also hinfahren lassen.

Am Tage von S. Peter und Paul (18. November): Heute ist Jörg heimgekehrt. Wir haben um ihn gebangt und waren voller Angst. Nach vier Tagen ist er erwacht. Er wusste nicht, was mit ihm geschehen war. Er war noch so elend, dass wir es nicht wagten, ihn in seines Vaters Haus zu bringen. So wartete ich an seinem Lager, wenn die Haslerin nicht da war. Er hat mir ein Geheimnis verraten. Da er noch im Fieber lag, öffnete er zuweilen die Lippen und flüsterte ein Wort, das ich nicht verstehen konnte. Als ich mich über ihn neigte, vernahm ich deutlich den Namen ‹Berta›. Er hat auch nachher, als er schon gesundete, den Namen im Schlaf wiederholt. Da fragte ich ihn, meinen Jörg. Er erschrak und sein Gesicht glühte. Er bat mich, ihn nicht zu verraten. Es ist die junge Rotbergerin. Er hat sie gesehen am Tage, da man die Blume auf S. Martins Turm setzte und er darnach Meister Nussdorf an den Hof begleitete. Die Rotbergerin, die schier noch ein Kind ist, begehrte zu wissen, wie es in der Hütte aussehe, darin die steinerne Wunderblume geschaffen. Da hat ihn der Meister geschickt, ihr die Hütte zu zeigen. Als er das Jungfräulein sah, ist er in Liebe entbrannt. Er dachte nicht, wer sie war. Ich will nicht mit ihm rechten. Es hat ihn überfallen gleich einem Feuer. Ich muss an die Zeit denken, da ich meine Elsbeth zum ersten gesehen.

Am Aschermittwoch, dem 26. Tage des Hornungs im 1501 Jahr: Es streicht ein lauer Luft durch die Gassen, gleich als ob der Frühling jetzt schon kommen wollte. Ich bin durch das Tor gewandert bis gen Sankt Jakob. Und hatte Not, dass ich wieder in mein Haus gekommen bin. Es ist das erstemal, dass ich so weit gegangen bin, seit ich krank gelegen und das Lager wieder verlassen habe. Das war im Wintermonat. Es sind also drei Monde her, dass ich aufgezeichnet, was mich bewegt. Bald darnach bin ich von einer bösen Krankheit überfallen worden. Ich sah in den Fiebern den Tod mit mir seinen Tanz tun und glaubte nicht, dass ich wieder genesen könnte. Unsere Liebe Frau hat sich meiner erbarmt. Ich will Ihr immer danken.
Ich lese, was ich zuvor geschrieben habe. Es ist mir, als blicke ich in ein fremdes Land. Ich muss darin wieder gehen lernen wie ein Kind.
Caspar, Jöppel, Schulmeister.»
Eduard Wirz, BN, Nr. 289, 1951

Dachabdecken in Liestal
«Bei den festfrohen Basler Gesellen, die in den Jahren kurz vor 1500 jeweilen auf den Liestaler Kirchweihen

«Auf der Hirschjagd» in «Lob der Torheit» von Erasmus von Rotterdam. Federzeichnung von Hans Holbein d. J. 1515.

rottenweise ihr Wesen oder besser ihr Unwesen zu treiben pflegten, erfreute sich der Schultheiss des Städtleins, Heinrich Grünenfels, ein arger Knauser, kaum sonderlicher Beliebtheit. So kam schliesslich eine Rotte von Basler Festbesuchern überein, zur ‹Strafe› dem Grünenfels das Dach ab dem schäbigen und ‹die ganz statt› Liestal verunstaltenden Hause zu werfen.
Nächtlicherweile stiegen die Kerle in das Grünenfelsische Haus und legten ein Seil ‹an das tach›. Darauf liefen die Nachtbuben in die Kammer eines Nachbarhauses und versuchten von da aus – man denke an die leichte Dachkonstruktion – mit dem Seile ‹das tach› der Grünenfelsischen Behausung ‹uberab ze ziechen›. Vergeblich! Ob dem Lärm erwachte der Liestaler Schultheiss Grünenfels und legte den nächtlichen Dachabdeckern das Handwerk. Jedoch bloss für dies eine Mal. Denn schon an einer der nächsten Liestaler Kirchweihen ward demselben Grünenfels das Dach doch abgeworfen; und damit nicht genug, wurden sogar die Wände des Hauses ‹usgeslagen›.
An der Spitze der Skandalbrüder bei den Liestaler Kilbinen stand ein gewisser Rudolf Nockleger, Schultheiss zu Basel. Es ist kaum Zufall, dass der gleiche Nockleger – übrigens ein notorisch ungebärdiger Geselle – im September 1498 als repräsentativer Fähnleinträger (und Fahnenschwinger) die aus Freiwilligen gebildeten Basler Truppen auf ihrer Heerfahrt ins burgundische Gebiet begleitete. Gerade die Personengleichheit zwischen fast berufsmässigen Kriegs- und ‹Fest›helden dürfte als nicht ganz nebensächliche alt-eidgenössische Eigentümlichkeit gelten.»

Hans Georg Wackernagel, p. 266f.

Hie Schweiz Grund und Boden

«*Im Monat April des Jahres 1501:* Ich blättere zurück. Da habe ich aufgezeichnet, wie ich in Meister Brants Buch gelesen und mich daran gefreut habe. Nun hat auch er unsere Stadt verlassen und der Hohen Schule Valet gesagt. Hätte ich nichts erfahren denn diese Kunde, ich wüsste, auf welchem Wege meine Stadt fährt. Sie hat gewählt und entschieden. Sie löst die Kette, die sie mit Kaiser und Reich und den Städten im Elsass und am Rhein zusammengeschlossen. Sie bindet sich über die Berge weg mit den Eidgenossen zu einem neuen Bund. Ein Tor ist sie zu den eidgenössischen Landen, ein Tor und ein Schlüssel zugleich. Das ist in den Tagen des verwichenen Märzen geschehen, da die Boten der Eidgenossen in die Stadt gekommen sind und mit den Häuptern viel und mancherlei redeten. Die Unsrigen haben gefordert, dass Basel in den Bund aufgenommen und anerkannt werde wie ein anderer Ort. Das haben die Gesandten zugesagt und gezeigt, was und wieviel gemeiner Eidgenossenschaft an unserer Stadt gelegen ist.

Die Widersacher aber haben all die Zeit durch nicht stille gehalten. Auf der Strasse, die von Liestal über Sissach und den Hauenstein läuft, ist eine Weinfuhr von Österreichischen überfallen und der Fahrer beraubt worden. Basel gleicht schier einer Burg, davor der Feind lauert und wartet, und wo einer aus der Stadt geht, muss er Sorge tragen, dass er ihnen nicht in die Hände fällt und geschädigt wird an Leib und Gut. Die Tore sind bewacht, als ob kein Friede geschlossen wäre, und der Rat hat angeordnet und befohlen, dass jeder angibt, wieviel Frucht er in seinem Hause birgt.
So wir alle das Kreuz tragen, hat die Not ein Ende.

Am elften Tag des Brachmonats (11. Juni): Vom Tag in Luzern haben unsere Räte gar gute Botschaft heimgebracht. Der Bund ist geschlossen worden. Die Kunde ist durch die Gassen gelaufen, schneller denn ein Sturmwind, der dadurchfährt. Wer sie vernommen, des Herz ist mit Freude erfüllt. Einige Österreichische machen ein saures Gesicht. Die Tore stehen ihnen offen!

Am Zehntausend Ritter Tag (22. Juni): Ich bin voller Freude! Mir ist ein Lied geglückt, darin ich die Geschichte des Bundes singe:
‹Gemein Eidgnossen hand sich recht besunnen,
Dass sie Basel für ein Ort hand gnummen,

Was kind under mir geborn werdenn :
Die sind frölich und singend gerne :
Am zit arm die andern rich :
Hörend sy gern oder kunnet sin vil :
Orgeln pfiffen und prosunen :
Tanzen küssen halsen runen :
Ougbrawen gefügiv antlit rund :
Unkünsch und der minne pflegen :
Sind venus kind allwegen :

«Was kind unter mir (Venus) geborn werdenn: Die sind frölich und singend gerne». Holztafeldruck aus dem Buch der sieben Planeten. Um 1470.

Den Schlüssel hand sie empfangen,
Damit sie ihr Land mögen beschliessen,
Das tut manchen Österreicher verdriessen,
Sie haben ihr gross Verlangen.›

Nein, ich will es nicht noch einmal niederschreiben. Es wird gedruckt. Ich bin diesen Morgen zu Lienhard Grieb, dem Ratsherrn gelaufen, es ihm zu zeigen. Er lobt es und sagt, ich müsse es drucken lassen, dass männiglich es singen könne, Basel und den Eidgenossen zu Ehren. ‹Ich möchte es gerne tun, Meister›, erwidere ich, ‹aber die Kosten –›. Da fährt er mir ins Wort: ‹Gib mir das Lied!› Und geht damit schnurstracks zu Meister Froben, dem Druckerherrn. So kann auch ich, der Schulmeister Caspar Jöppel, den man gemeinhin gering achtet, für den Tag des Schwures etwas tun und auf diese Weise danken, dass Alles sich zum Guten gewendet hat.

Am Tag vor S. Heinrichs Tag (12. Juli): Morgen auf Sankt Kaiser Heinrichs Tag kommen gemeiner Eidgenossen Botschaften in die Stadt, den Bund zu schwören. Auf dem Kornmarkt stellen sie eine Brüge auf, die reichet von der Weinleuten Haus bis an das Haus zum Hasen. Es ist schon ein Summen in den Gassen, als ob ein Imb stossen wollte. Man hört die Trommeln und Pfeifen. Etliche singen mein Lied. Nur einen bewegt das Geschehen nicht, den Bruder Gärtner, der noch mit meinem Vater an der Weissen Gasse das Bubenwams getragen hat. Da ich diesen Morgen zu Predigern aus der Mette kam, sah er mich und winkte mir, ihm zu folgen. Ich trete mit ihm in sein Stübchen. Er führt mich zum Fenster und tritt also andächtig herzu, als ob er vor dem Bild eines Heiligen stünde. Da steht ein Topf auf dem Sims mit einer Pflanze, wie ich sie noch nie gesehen. Sie klettert und rankt sich um ein Stecklein. Sein Gesicht leuchtet. Er weist nach der Blüte. Sie zeigt die Leidenswerkzeuge unseres Herrn und Seligmachers, die Geissel, die Dornenkrone, die Nägel. Auch das heilige Blut. Es ist mir ein Wunder, das ich noch nie gesehen, dass bis in die letzte Kreatur das Sterben des Erlösers sich kundgetan. Wie ich nach der Pflanze frage, gesteht er mir, dass vor einem Jahr ein Bruder, der aus Hispanien gekommen und hier durchgereist ist, ihm ein Zweiglein gegeben, wohlbewahrt in Erde. Die Blume ist aus dem Lande India, das man um diese Zeit entdeckt hat. Ich will es als ein gutes Zeichen nehmen, dass sich das Wunder auf diesen Tag geöffnet hat.

Am Tag nach Sankt Kaiser Heinrichs Tag (14. Juli): Im Namen Gottes, seiner allerseligsten Gebärerin und des himmlischen Heeres ist gestern auf Sankt Kaiser Heinrichstag der Bund geschlossen und beschworen worden. Es ist heute noch ein Trommeln und Pfeifen in der Stadt wie zuvor, und wo einer der Eidgenossen durch die Gassen geht oder in eine Stube tritt, rufen sie ihm zu: ‹Hie Schweiz Grund und Boden und die Stein in der Besetzi!› So haben gestern die Knaben die Botschaften vor dem Aeschemer Tor begrüsst, die Bürgermeister und Schultheissen der Städte und die Landammänner der Länder. Unter dem Bogen aber auf der Bank, so sonst der Wächter sitzt, sass eine Frau mit Rocken und Spindel. Das hatte Herr Peter Offenburg, der Statthalter befohlen, um den Gästen zu zeigen, wie sicher geborgen sich Basel fühle im Schutze des neuen Bundes. Wenn ein Österreichischer die Frau gesehen, mag er seine Lefzgen krumm gezogen haben ob dem Spott.
Ich möchte wohl den Tag aufzeichnen, aber ich vermag es nicht, so sehr bin ich noch davon erfüllt. So schreibe ich nur in kurzen Worten nieder, was sich zugetragen. Wer den Tag miterlebt, weiss, dass meine Schrift nur ein kümmerliches Bildnis sein kann.
Nachdem die Eidgenossen vom Rat begrüsst und den Trunk getan, zogen beide, gemeiner Eidgenossen Botschaften, desgleichen der Rat, in das Münster, ein löblich Amt zu halten. Gott dem Allmächtigen zu Lob und Ehr. Darnach gingen die Eidgenossen mit den Räten herab zum Kornmarkt auf die Brüge. Und standen auf der Brüge die Eidgenossen und die beiden Räte von Basel. Und auf dem Markt standen die Bürger, die über 14 Jahre alt waren und aus den Ämtern die Vögte und Amtsleute, dazu das ganze Volk. Und also ward der Bündnisbrief gelesen und schwur eine Stadt Basel gemeinen Eidgenossen, diesen ewigen Bund zu halten. Und gab der Bürgermeister von Zürich, hiess Heinrich Röist, ihnen den Eid. Und da eine Stadt Basel mit samt den Ihren geschworen hatte, gab der Statthalter Peter Offenburg gemeinen Eidgenossen auch den Eid. Den schwuren sie auch. Und da auf beiden Teilen geschworen war, da fing man an Freude zu läuten mit der Ratsglocke und mit allen Glocken in der Stadt, in allen Kirchen und Klöstern.
Und also führten beide Räte von Basel gemein Eidgenossen zum ‹Brunnen› und assen da miteinander zum Imbiss und zu Nacht mit grossen Freuden. Ein jeder aber zog auf seine Zunft zu Mahl und Fest. Und war ein Lärmen und Jubeln und die Lustigmacher hatten reiche Ürte. Und wo man mein Lied sang, erhielt ich grosses Lob.

Ich wurd nit müd und matt/
In diesen Krantz zu flechten/
Basel die grosse Statt/
Es ist ein Blum die hüpsch und fein/
Und lieget z'beyden Seit am Rhein/
Jedoch es ihr nicht schadt.

«Ein schön neu Lied, genannt der Eydgnössischen Damen Ehren-Krantz. Wird gesungen wie das Strassburger Lied». 1712.

Ein Tag darnach (15. Juli): Heute sind die eidgenössischen Boten heimgeritten. Man hätte glauben können, das Fest beginne erst, so gross war der Jubel um die hohen Standesherren. Die Vögte und die Amtsleute aus der Landschaft begleiteten sie, und die Buben liefen mit bis weit vor das Tor und sangen das Lied, mein Lied.
Ich bin zu früher Stunde zum Tor Unserer Lieben Frau zu Spalen gegangen. Da ich noch mit dem Wächter schwatzte, sah ich ein seltsam Geschehen. Ein Trupp Männer und Frauen reitet hinaus, adelig anzuschauen. Sie reiten aber nicht stolz und hochgemut wie es ihrem Stande zukommt, sondern zornigen Blickes die einen, indes die andern eine schwere Bürde zu drücken scheint. Es sind die Edlen, die nicht geschworen haben und nun der Stadt Valet geben. Die junge Rotbergerin ist unter ihnen. Ihr Gesicht gleicht einer weissen Rose. Wie ich noch im Dunkel des Bogens stehe, hält ein Trupp vor dem Tor, der auf der Strasse hergezogen ist. Er begehrt Einlass. Der Wächter prüft und fragt sie. Sie sind müde, und ihre Kleider sind staubig und zerfetzt. Auf ihren Gesichtern aber liegt eine stille Heiterkeit. Sie treten entschlossenen Fusses in die Stadt.
Ein Fremder könnte sich ob dem Gegenbild der beiden Züge wundern. Die in die Stadt gekommen sind, sind Verbannte, für die die eidgenössischen Boten gebeten haben. Es sind Totschläger unter ihnen. Aber der Rat hat Gnade für Recht erkannt und ihnen das Tor geöffnet. So sind sie zurückgekehrt in ihre Stadt.
Wer solches gesehen, möchte leichthin sagen: Was dem einen sein Guhl, ist dem andern sein Nachtigall. Mich aber dünkt, er täte besser, vor das Münster zu treten und zu erkennen, was ihn das Rad lehrt und weiset vom Wandel der Zeiten und der Menschen, und dass nur einer sich nicht ändert, Er, der Richter.
Domine conserva nos in pace!
Caspar Jöppel, Schulmeister.»

Eduard Wirz, BN, Nr. 289, 1951 / Basler Neujahrsblatt 1866, p. 29ff. / Gross, p. 136 / Wurstisen, Bd. II, p. 531 / Ochs, Bd. V, p. 253f. / Offenburg, p. 324 / Basler Taschenbuch 1858, p. 58f. / Anno Dazumal, p. 61ff. / Rauracis 1826, p. 97f.

Die Zürcher besuchen die Basler Fasnacht

«Sonntag, den 21. Januar 1504 kam eine Schar Zürcher per Schiff an der Kartause an. 500 Basler kamen ihnen mit der Fahne entgegen, gewappnet und gerüstet wie zum Kampf. Im Festzug ging es zum Tor hinein, die Zürcher in den Zeichen und Farben der zwölf Orte kostümiert. Bis zum Absteigequartier des willkommenen Besuches, dem Storchen, waren Gassen und Häuser von Zuschauern besetzt, so dass der Zürcher Chronist Edlibach rühmt: ‹Und lugt da ein so gross' Welt, dass ich die Zahl nit schreiben will.› Kaum hatten sich die Zürcher an Speise und Trank erlabt und umgezogen, kamen schon der Bürgermeister und eine grosse Zahl Räte in den Storchen und ‹fingen an mit solchem Fliss die Zürcher Gott willkomm sin, also mit köstlichen hübschen langen Worten, also dass ich sie nit schriben kann, nit anders, als ob sie liblich Brüder wären›. Den schönen Worten entsprach denn auch die Tat. Gäste und Einheimische kamen aus dem Festen nicht mehr heraus.
Am ersten Abend war ein Nachtmahl auf der Herrenstube zum Seufzen an der heutigen Stadthausgasse, wo viele Ratsherren mit den Gästen tafelten. Am Montag waren die Zürcher Gast bei Karl Holzach, dem Schultheissen von Kleinbasel. Am Dienstag wurde nach dem Mittagsmahl, an dem auch etliche Frauen teilnahmen, getanzt. Zum Nachtmahl hatten die Kaufleute den eidgenössischen Besuch auf ihre Zunftstube zum Schlüssel geladen, und am Mittwoch Abend waren die Zürcher Gäste der Krämer zu Safran. Beidemale wurde nach dem Schmause dem Tanze gehuldigt. Am Mittwoch waren die Miteidgenossen von der ganzen Gemeinde auf dem Richthause zu Kleinbasel bewirtet worden. ‹Wo man aber immer ass, schankt die Stadt allweg nit minder den Win. Den

Tragen Stadtschreiber und Substitut den Baselhut mit aufgekremptem Nackenschirm, so hat der Ratsschreiber seinen Kopf mit einem niedrigen, breitrandigen Filzhut bedeckt. Radierung von Hans Heinrich Glaser. 1634.

brochtend die Knecht an Stangen, allweg nit unter zwanzig Kannen.›
Zu den Schmausereien hatten die Vögte in den Ämtern Wildpret und Hühner geschickt, so dass die Gesamtkosten der Festtage für die Staatskasse etwa 83 Pfund betrugen, wobei die Aufwendungen der Zünfte und zahlreicher Privatpersonen nicht inbegriffen waren. Am Donnerstag Morgen, nach einem Abschiedsfrühstück, gaben die Basler den Zürchern das Geleite bis etwa eine Meile vor die Stadt. Die Bärenzunft rückte mit einem Abschiedsgeschenk von elf Fässlein Malvasier auf.»

Basler Nachrichten, Nr. 42, 1926/Rauracis 1827, p. 101ff.

Bruder Fritschi aus Luzern

«Nachdem die Basler im Jahre 1501 der Eidgenossenschaft beigetreten waren, war es einer ihrer lebhaftesten Wünsche, in ihrer Stadt eine Vereinigung junger Leute aus allen Kantonen, namentlich den vier ältesten, zu veranstalten, und ihre Aufnahme in den ewigen Bund mit einem eidgenössischen Feste zu feiern. Zu diesem Behufe beauftragten sie einen ihrer Mitbürger, Heinrich zum Hasen, den Bruder Fritschi aus Luzern zu entführen und nach Basel zu bringen. Also geschah es. Bruder Fritschi wurde ‹heimlich bei Nacht und Nebel (wider alle kaiserliche Freiheiten) der löblichen Stadt Luzern und seiner Gesellschaft› entführet; es war gegen Ende des Jahres 1507.
Den Eidgenossen zu Luzern aber gieng dieser Raub so nahe, dass sie darauf sannen, wie sie ihres ‹ältesten Burgers Fritschi› wieder habhaft werden könnten, denn schon ein Jahr lang weilte der Entführte zu Basel. Daher luden sie die Eidgenossen von Uri, Schwyz, Unterwalden und Zug ein, ihnen darin behilflich zu sein und schrieben folgenden Brief nach Basel:
Wir bezweifeln nicht, dass unsere grosse Beschwerde und ernstes Anliegen euch zu Ohren gekommen, wie nämlich voriges Jahr unser lieber alter Mitburger Fritschi, welcher wahrscheinlich seines hohen Alters halber in Aberwitz gefallen, sich hat bereden und bewegen lassen, trotz seinem Alter, das ihn vor thörichtem Wandel hätte schützen sollen, bei Nacht und Nebel aus unserer Stadt zu entfliehen, und zwar so heimlich, dass wir die Zeit nicht fanden, uns über sein Vorhaben Kunde zu verschaffen. Wäre er nicht so alt, so hätten wir vermuthen können, er wolle sich mit einer Gemahlin versehen, wie er dies früher gethan. Nun haben wir also vernommen, getreue, liebe Eidgenossen, dass er zu euch gekommen, und da ihm so viel Freundlichkeit erwiesen worden und euer ehrliches Wesen ihm so wohl gefallen hat, er, wie eben die Alten sind, wenn man ihnen Gütliches thut, bis jetzt bei euch geblieben ist. Wie wohl er bei euch viel besser versorgt ist, so empfinden seine Freunde und Zunftbrüder zu Luzern solche Sehnsucht nach ihm, dass es möglicher wäre, den Rhein rückwärts fliessen zu machen, als seine Abwesenheit länger zu erdulden. Dieselben haben uns desshalb gebeten, ihnen wieder zu ihrem Freunde zu verhelfen, und Alles anzuwenden, was wir einem Mitbürger schuldig sind, und wir haben eingesehen, dass wir diesem Vorhaben nicht zuwider sein können noch mögen. Sollte aus demselben grosses Weinvergiessen entspringen, so geziemt es sich, dass wir euch zuvor in Kenntniss setzen. Daher verkündigen wir euch, dass wir im Namen Gottes am Freitag nach dem Tage der Kreuzeserhöhung (12. Sept.) zu Pferd, Schiff und Fuss mit ungefähr anderthalb hundert Mann ausziehen, Tags darauf, am Samstag, zum Abendmahle euch angreifen, und uns unterstehn werden, unsern obengemeldeten Bürger zu erobern und aus euern Händen zu befreien. Da er unter unsern lieben Eidgenossen der drei Nachbarkantone eine grosse Zahl von Freunden hat, hoffen wir, dass sie uns Hilfe und Beistand bringen, gleichwie auch unsere lieben Eidgenos-

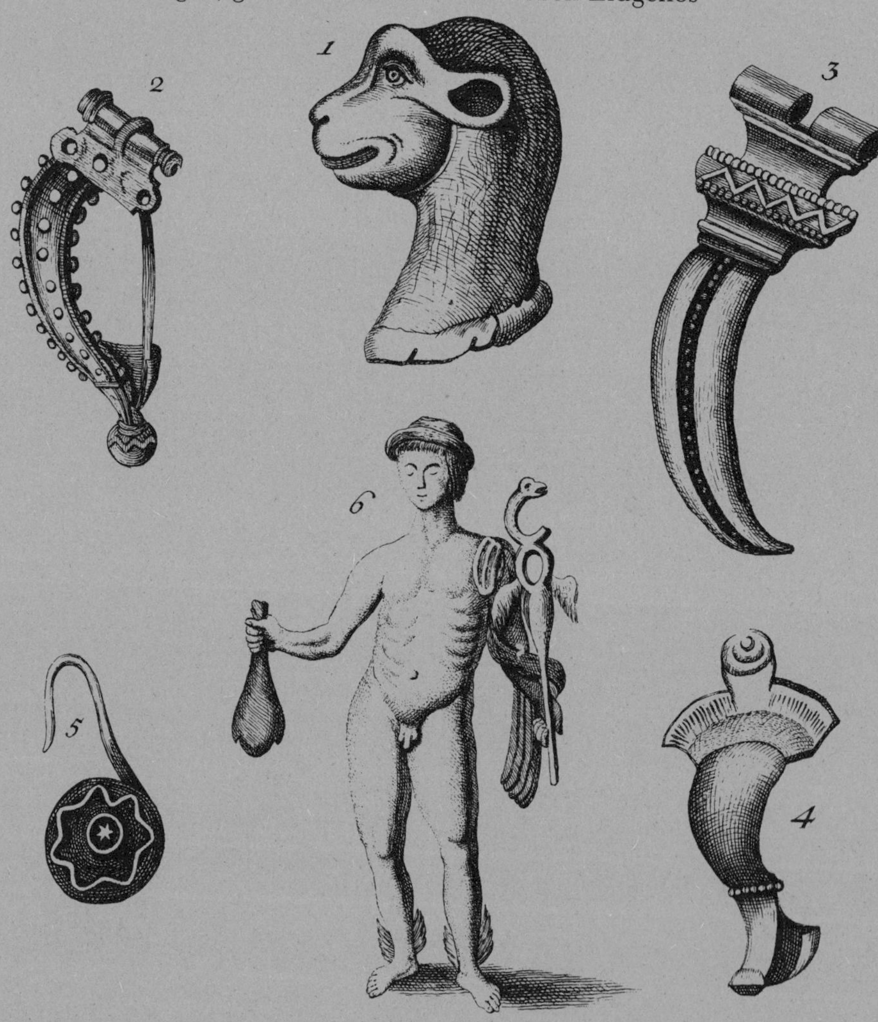

«Überbleibsel von Römischen Alterthümern, so zu Basel – Augst gefunden worden: 1. Ein Hundskopf. 2.3.4. Sogenannte Agraffen. 5. Eine Frauenzimmer-Zierung. 6. Ein Mercurius.»

sen von Zug, welche wir darum ersucht haben. Ihr könnt also, werthe Freunde, uns entgegen kommen und euch darauf gefasst machen, dass viele Fässer werden geleert werden. Gegeben zu Luzern am Tage der Geburt Mariä (8. Sept. 1508).›

In gleicher scherzhafter Weise antworteten die Basler: ‹Peter Offenburg, Bürgermeister, und der Rath der Stadt Basel. Den frommen, fürsichtigen, weisen Schultheiss und Rath zu Luzern, unsern besonders guten Freunden und getreuen lieben Eidgenossen freundliches Anerbieten, euch zu allem Guten und Lieben dienstbar zu sein, zuvor.

Wir haben euer treulich Schreiben wohl erhalten und die Kunde vernommen, die uns euer Bote gebracht hat, dass ihr gesonnen seid mit euern Nachbarn euren alten Mitbürger Fritschi, der jetzt bei uns weilt, wieder abzuholen. Wir bitten euch zu glauben, dass diese Nachricht uns durchaus nicht erschreckt, sondern mit herzlichem Wohlgefallen erfüllt hat. Wir erwarten euch also festen Fusses mit unserem grossen und kleinen Geschütz, das wir gehörig gegen euch richten werden. Kommt also herzhaft, wir werden euch unverzüglich entgegenziehn, um euch zu zeigen, dass wir unerschrocken sind und wie unsere Vorfahren denken: je mehr Feinde, desto mehr Ruhm. Es ist unser lebhafter Wunsch, dass unsere Brüder von Uri, Schwyz und Unterwalden, und wer euch sonst noch begleiten will, zu diesem Feldstreite berufen und geladen werden, wo wir Willens sind, sie und euch mit unsern guten Waffen zu empfangen, welches auch die Folgen dieses Kampfes sein mögen, ob Weinvergiessen, Jubelgeschrei, Halsabschneiden oder Hühnerschlachten. Wir leben aber der Hoffnung, dass wir bei unserer Zusammenkunft durch Vermittlung des Bruders Fritschi einen Bund ewiger Freundschaft schliessen werden, und dieser gute Bruder, wenn er auch wird beredet werden, von hier wegzuziehen, uns nicht aus seiner Erinnerung verbannen, sondern uns in seinem getreuen Herzen aufbewahren und mit seiner Freundschaft über seine Abwesenheit trösten wird.
Gegeben zu Basel, am Sonntage nach Mariä Geburt 1508.›
So erschienen denn wirklich am Samstage nach des heiligen Kreuzes Erfindung die Eidgenossen von Luzern, hundert und fünfzig schöne junge Männer, die beiden Schultheisse, der alte und der neue, achtzehn Mitglieder der Räthe und mehrere hochgestellte Personen, dazu eine ehrenhafte Abordnung von Uri und Schwyz, um sich zu entschuldigen, dass die Eidgenossen dieser zwei Orte der Einladung von Basel nicht hatten folgen können, weil sie an demselbigen Tage ihre Kirchweih hätten. Sie kamen zu Schiffe bis zur Birs und landeten an einer Stelle, wo sie der Bürgermeister Peter Offenburg, nebst Friedrich Hartmann und Matthias Iselin zu Pferde erwarteten, um sie freundlich zu empfangen und in guter Ordnung auf den Kornmarkt zu geleiten. Aus den Zünften waren die schönsten, am besten ausgerüsteten und bewaffneten Männer ausgesucht worden, welche nebst den Knaben (‹unsern jungen Kindtsknaben› sagt das Basler Rathsprotokoll) zur Birs hinauszogen, die eidgenössischen Gäste zu bewillkommnen. Wie der Zug in die Stadt kam, sass Bruder Fritschi am Rathhause neben Herrn Leonhard Grieben, dem Oberst-Zunftmeister und Wilhelm Zeigler, dem Altbürgermeister, empfieng seine lieben Freunde und Landsleute mit freundlichem Nicken, worüber sie sich männiglich freuten; und nachdem auf dem Kornmarkte ein Kreis gebildet worden, führten die obgemeldeten Standeshäupter und die bezeichneten Rathsherren die Luzerner mit dem Bruder Fritschi zum Bürgermeister, der die Eidgenossen mit der gebührenden Ehrerbietung empfieng. Darauf zog Jedermann in seine Herberge; denn von einem ehrsamen Rathe war angeordnet und vorgesehen worden, wo die Gäste sollten einquartiert werden, namentlich sollten die Wirthe soviel aufnehmen, als ihnen möglich wäre. Die vornehmlichsten wurden in Privathäuser gewiesen, und viele Bürger nahmen solche mit in ihr Haus, die ihnen bekannt oder befreundet waren. Ferner war angeordnet worden, dass den Eidgenossen, so lange sie in Basel wären, auf drei Zunftstuben das Mittag- und Nachtessen sollte gereicht werden, nämlich im Brunnen, zu Safran und zu Schmieden, und ihnen auf das Beste mit Fisch, Fleisch, Hühnern und Wildpret aufgewartet würde. Zu ihren Ehren hatte man auch den Bischof und etliche andere Geistliche und Domherren eingeladen; und zur Erhöhung der Festfreude ward Samstag Abends auf dem Petersplatze ein Tanz veranstaltet, der wegen der grossen Menge der Theilnehmer in drei Abtheilungen getheilt wurde. Für die Männer stand ein Fass Wein bereit; den Damen ward ein Abendbrot mit Confect dargeboten. Die Zünfte und Gesellschaften der Kleinen Stadt hatten je zwei Mann als Ehrendienerschaft abgesandt, die Mahlzeit des Bruders Fritschi und den Tanz zu überwachen. In jedem der Säle, wo die Eidgenossen speisten, waren Einer der Vorgesetzten, zwei Räthe und gegen sechs andere Zunftherren beauftragt, die Mahlzeiten zu besorgen, Hühner, Fleisch, Fische und Anderes zu bestellen, den Gästen zu danken und sie wieder einzuladen; ausserdem besorgten auf jeder Stube zwei Küchenmeister mit den erforderlichen Knechten und Mägden die Bedienung.
Am Montag gaben die Herren des Rathes ein Büchsenschiessen mit den üblichen Preisen an Geld und Zuthaten, liessen ein halbes Fuder Wein auf die Schießstätte hinausführen und bezahlten Alles, was verzehret wurde; obendrein schenkten Bischof und Weihbischof einige Kannen Malvasier und der Abt von Lützel ein halbes Fuder Wein, wovon nichts übrig blieb. Ausserdem boten

auf jeder der Zunftstuben zwei Herren vom Rathe Jeglichem des Weines in Fülle an.
Die Eidgenossen blieben von Samstag Abend bis zum folgenden Mittwoch. An diesem Tage zogen sie früh Morgens ab und wurden ‹ehrlich› (ehrenvoll) bis an die Birs begleitet. Damit sie aber unterwegs noch anständige Zehrung fänden, überbrachten ihnen sechs Rathsherren achzig Karpfen nach Liestal. In den sämmtlichen Herbergen, wo sie gewohnt, bezahlte der Rath das Frühstück, Mittag- und Nachtessen, den ‹Schlaftrunk› und alle andern Unkosten. Daher verabschiedeten sich auch die Eidgenossen mit ‹grosser Danksagung› und Versicherung inniger Freundschaft; sie liessen auch ein schönes Geschenk zurück. Bruder Fritschi wurde von einem ‹körperlich sehr starken aber wenig witzigen Brunnknechte› getragen, dem die Stadt Basel einen Rock und ein Paar Hosen schenkte, für welche zehn Ellen Tuch nöthig waren. So ward Fritschi von den Eidgenossen seiner Vaterstadt Luzern zurückgebracht und erhielt auch von dieser einen Rock.
Nicht lange hernach schickten die Luzerner ihren Schultheissen Jakob Bromberg mit ihrem Unterschreiber ab, den Baslern für die ihnen erwiesene grosse Ehre und Freundschaft, deren sie nimmermehr vergessen und die mit des Allmächtigen Hülfe stets innigere Liebe und Freundschaft erzeugen würde, herzlichen Dank auszusprechen.
So verlief der berühmte Fritschizug, von dem der Chronist nicht mit Unrecht behauptet, dass er ewigen Gedächtnisses würdig sei. In dessen treuherziger Schilderung erkennen wir die so natürliche, naive, oft derbe, aber stets gutartige, in Krieg und Frieden tüchtige und zum Scherze schnell aufgelegte Sinnesart der alten Schweizer, unserer glorreichen Vorfahren.»

Basler Neujahrsblatt 1869, p. 16ff. / Rathsbücher, p. 95f. und 160f. / Ochs, Bd. V, p. 270f. / Wackernagel, Bd. III, p. 4 / Anno Dazumal, p. 233ff. / Rauracis 1827, p. 103ff.

Bachanten

«Die sog. Bacchanten (Schützen, fahrenden Schüler) trieben auch in Basel ihr Wesen. Zu der Zeit ging das Sprüchwort: geh über die Rheinbrücke, wann du willst, du triffst Studenten, Pfaffen und Dirnen an. Das rohe, wilde Leben solcher Schüler und Studenten brach bei Tag und Nacht auf Strassen und öffentlichen Plätzen in mancherlei Unfug aus, wie denn überhaupt ein Geist tobenden Lebensgenusses und ungestümer Ungebundenheit Geistliche wie Weltliche erfasst hatte. Der Schulmeister Myconius (Geisshäuser) zu St. Peter, der nachherige Basler Antistes, klagt in diesem Jahre bitter also: Die Bosheit etlicher Basler Gassenbuben, oder ich möchte besser sagen, ihre Strassenfrevellust, hat sich während meiner Abwesenheit von Hause vor meinem Schulzimmer zuerst durch abscheuliches Geschrei geoffenbart, dann haben sie die Hausthüre und die Laden vor den Fenstern mit Fußstössen und Steinwürfen angefallen, und unter Ausstossung der schändlichsten Ausdrücke meine Frau herausgerufen. Aber ihre boshaften Gemüther waren noch nicht gesättigt. In die Schulstube eingedrungen, zertrümmerten sie mit den Schwertern die Fenster. Darüber komme ich nach Hause und treffe Frau und Kind weinend und jammernd an; ich knirsche vor Wuth. Gerade hat wieder einer von jenen mit Macht gegen die Thüre geschlagen, und ich renne ihm nach. Aber so wie er sich herausflüchtete, treten mir drei andere mit gezogenen Degen entgegen. Ich werde an der rechten Hand verwundet. Dann von den Schlägen ablassend, schreien sie mir vom Kirchhof zu: ‹Ludimagister, sind wir da nicht sicher als in einer Freistätte?› Ich halte an und bemerke jetzt erst, wie meine Hand voll Blut ist, und fühle die Wunde. Ich laufe auf der Stelle zum Chirurgen, lasse mir die Wunde mit einen Faden zumachen und komme wieder heim. Was aber nachher geschehen, das will ich hier nicht melden. Solches ist geschrieben im Jahr 1515 am Thomastage in meinem 27. Jahre.»

Buxtorf-Falkeisen, 1, p. 38

Die grosse Innerschweizerfahrt

Am Mittwoch vor St. Marientag 1517 machte sich eine repräsentative Basler Delegation auf einen vielversprechenden Freundschaftsbesuch in die Innerschweiz. Die beiden Bürgermeister führten persönlich den von zehn Ratsherren, je einem Vertreter der Zünfte, dem Schultheiss von Liestal, den Landvögten und von marschtüchtigen Knechten und Fuhrleuten gebildeten Trupp an; die 60 Mann waren «wol usbutzt und hübsch und köstlich in die Farb (in den Standesfarben) bekleydet». In Liestal

Bacchantische Tänzerin verschüttet mit zügellosem Temperament einen Trank. Federzeichnung von Urs Graf. 1517.

wurde der erste Zwischenhalt eingeschaltet. Über Zofingen, wo Rat und Stiftsherren je einen halben Saum Wein auffahren liessen, erreichte man zu Pferd und zu Fuss anderntags Sursee. Am Freitag zogen die Basler in loser Ordnung gegen Luzern. An der Emmenbrücke formierte sich die Gesellschaft und hielt in würdiger Haltung Einzug. Nachdem die Rheinstädter auf dem Luzerner Fischmarkt «ein Redlin gemacht» (sich im Kreis aufgestellt hatten), wurde ihnen in den Herbergen zum Rössli und zur Sonne Quartier angewiesen. Darnach entboten ihnen Schultheiss und Rat herzlichen Willkomm: die frohe Basler Zeit mit Bruder Fritschi sei unvergessen, aber die «vergangenen Kriegsleyff und ander Zufäll» hätten eine frühere Einladung verhindert. Nun aber wolle man gemeinsam mit dem Schiff ans grosse Schiessen der Urner fahren. Damit die Basler aber nach der Rückkehr auch an ihrem Schiessen teilhaben und ihnen «nit entrinnen», möchten sie zum Pfand ihre Pferde in Luzern lassen! Als man sich über diesen Punkt geeinigt hatte, wurde ein fröhliches Fest aufgezogen, an dem Schalmeienspieler, Trompeter und Pfeifer «hoffierten». In zwei Langschiffen wurde dann am Samstag die Fahrt ins Land des Uristiers angetreten. Auf einen Halt in Brunnen, um dem mächtigen Kirchenfürst Matthias Schiner in Schwyz einen Besuch abzustatten, wurde verzichtet. Dagegen liess man sich auf hoher See in silbernem Gedeck Wein, Käse und Brot servieren. Von Flüelen aus zogen die Basler und Luzerner vereint vor die Türme Altdorfs, wo Spielleute und viel Volk sie erwarteten. Der Begrüssung durch den Ammann, der gerne mehr Gäste angesprochen hätte, folgte eine üppige Bewirtung mit «Confect, Käss, Brot und Obst». Den Schlummerbecher kredenzten die Ratsherren am häuslichen Herd der einheimischen Prominenz. Der Sonntag war ganz dem Schiessen gewidmet. Zwei lebende Ochsen winkten den Armbrust- und Büchsenschützen als Hauptpreise. Aber auch namhafte Spenden von Kardinal Schiner und einem herzoglichen Gesandten spornten zu guten Leistungen an: «Da hat man anfachen schiessen, tantzen, brassen, spilen» und liess es sich dabei gar gemütlich sein.

Bis am Dienstag währte das Vergnügen auf dem Schützenplatz, an dem auch die Urnerinnen, «mit Syden und Ketten wohl geziert», zugegen waren und mit Gebackenem und Maienmues (Brei aus Eier und Milch) die noblen Städter verwöhnten. Es bedurfte dann schliesslich «viel brüderlicher und früntlicher Worte», um die Urner zu überzeugen, dass man an die Fortsetzung der Reise denken müsse. Besonders deshalb, weil die am Sonntagabend von den Schwyzern überbrachte Einladung zum Besuch des Schiessens in ihrem Flecken trotz allen möglichen Ausflüchten nicht abgeschlagen werden konnte. So rüsteten sich am Mittwoch Basler wie Luzerner und Schwyzer zum Aufbruch. Die Unsern verehrten den Frauen, Spielleuten, Weibeln und Boten kleine Geldbeträge und durften ihrerseits je 4 Ellen schwarzes und gelbes Tuch und einen mit dem Urner Wappen bedeckten Ochsen zum Geschenk entgegennehmen, der samt dem von Franz Gallizian herausgeschossenen Bullen direkt nach Luzern spediert wurde. Auch stifteten die Urner drei Paar Hosen für die Sieger des Wettlaufs, des Weitsprungs und des Steinstossens. Doch als die reisebereiten Gäste ihren «Plunder und Reiss Trög» an den See bringen lassen wollten, kehrten die temperamentvollen Urnerinnen ihre Karren um, so sehr hatten die Basler Ratsherren ihre Herzen betört!

Die Seereise nach Brunnen verlief bei reich gefüllten Speisekörben, in denen als Abschiedsgruss der Flüelener Frauen auch Gebäck und gebratener Fisch zu finden waren, und vollen Weinfässern recht kurzweilig. Während die Miteidgenossen dort ihr Nachtlager bezogen, begaben sich die Basler nach Schwyz, das ihnen einen begeisterten Empfang beschied. Dieser Besuch, führte der «etwas schwache» Landammann in seiner Ansprache aus, sei angetan, die Einigkeit unter den Bundesgenossen zu kräftigen und die listigen Praktiken der Fürsten und Herren zu überwinden. Ob dieser rührenden Worte sind «etlichen frommen Lüten die Augen übergangen». Die Schwyzer boten den Baslern zwei wundervolle, feuchtfröhliche Tage. Mit Schiessen – Kardinal Schiner stiftete dazu rotes Tuch und Seide –, Essen, Trinken und Tanzen verging die Zeit nur allzurasch. Trotz flehentlichen Bittens der Schwyzer und des Kardinals musste auch hier von einer Verlängerung des Aufenthalts abgesehen werden. Zur Erinnerung erhielten die Gäste einen schweren Ochsen, und den 15 Dienern und Spielleuten wurde je ein Paar rote Hosen mitgegeben. In Brunnen bestiegen die Festteilnehmer die «genügsamlich» mit Proviant versorgten Schiffe und liessen sich im Namen Gottes nach Luzern rudern.

Ehe die Boote in Luzern zur Landung ansetzten, ertönten ab allen Türmen und Wehren Geschützsalven zum Gruss. Und wiederum kannte die Freude der Miteidgenossen keine Grenzen. Mit der Eröffnung des Schiessens vor den Toren der Stadt nahmen auch die Lustbarkeiten im Innern der Stadt ihren Anfang. Ohne Unterlass und «ohn alles sparen» wurde von Sonntag bis Dienstag, Tag und Nacht, geprasst und getanzt. Als nach Beendigung des Schiessens die Basler sich auf den Heimweg machen wollten, verweigerten die Luzerner spontan ihr Einverständnis. Und die Frauen und Töchter stürmten in die Stallungen und bemächtigten sich des Pferdegeschirrs ihrer Lieblinge aus der Rheinstadt, das sie erst nach langem Drängen wieder freigaben …

Diejenigen Basler, die zu Land ihre Vaterstadt wieder erreichen wollten, verabschiedeten sich noch am gleichen Tag, die andern aber gaben sich nochmals einige Stunden

dem Zechen hin! Dafür hatten sie am nächsten Morgen grösste Mühe, fortzukommen. Denn ohne ein gemeinsames Frühstück, für das die Frauen eigens Küchlein gebakken hatten, wollten die Luzerner sie nicht ziehen lassen. Das Versprechen, die geschlossene Freundschaft zu hegen und zu pflegen, stimmte die besorgten Gastgeber indessen verständnisvoll. Endlich wurden die Ratsherren mit einem grossen Ochsen für ihre Frauen entlassen, während ihre Diener mit je 4 Ellen blauen und weissen Tuches beschenkt wurden. Die verehrten grossen Hechte liess man in ein «Floßschiff» (Fischkasten) stecken und auf dem Wasser mitführen. Als die Basler «von Land geschalten und durch die Brug gefahren, haben die Frauen ihre Küchlein herab zu uns in die Schiff geschüttet und uns so vil Ehre erzeugt, dass wir das nit können genügsam rühmen». So sind sie denn in Gottes Namen dahin gefahren: In Mellingen wurde das erste Mal angelegt, und sogleich sind die Wasserfahrer von Schultheiss und Rat zum Verweilen eingeladen worden. In Klingnau verbrachte man die Nacht. Während die Kähne dann durch die Stromschnellen von Laufenburg geschleust wurden, setzten sich im Städtchen die Basler Herren mit dem Bürgermeister, der ihnen einen Lachs überreicht hatte, zum Mahle. Dann wurden die Schiffe von geschickten Säckinger Lotsen «durch alle Gwild» nach Rheinfelden gesteuert. Und schliesslich ging die Reisegesellschaft am Donnerstag, dem 17. September, bei der Birsmündung «wohl und glücklich» an Land. Die vier mitgeführten Ochsen, die schönen Geschenke und die mit «Geschütz, Büchsen und Armbrust» herausgeschossenen Gaben erweckten auf dem Weg in die Stadt die ungeteilte Bewunderung der Bürgerschaft.
Dem feierlichen Empfang schloss sich am folgenden Dienstag eine solenne Nachfeier an. Der Rat hatte angeordnet, dass die Ochsen auf die Zünfte zu verteilen und mit dem von ihm spendierten Wildpret und Wein zu einem grossen Schmaus zuzubereiten seien und dass «man die ehrlichen Frauen darzu laden und gutter Dingen mit einander sein soll». Wie in der Gartnerzunft an der Gerbergasse, wo «90 Männer, 86 Wiber und 24 Junkfrauen beisammen» sassen, so waren auch die andern Stuben mit festfreudigen Bürgerinnen und Bürgern angefüllt. «Den armen Lüten (aber) wart uff dem Kornmerkt kocht und allen zu essen genug gen, und den Tag mit dantzen und springen vil Freud vollbracht. Gott wels zu Gutem rechnen.»

Basler Jahrbuch 1929, (Fritz Mohr), p. 13ff. / Feste A 1 / Zunftbücher, p. 451f. / Wackernagel, Bd. III, p. 4

Grosses Schiessen

Auf Pfingsten 1523 fand in Basel ein grosses Büchsen- und Bogenschiessen statt, an welchem zahlreiche Grafen, Freiherren, Ritter und Edelleute teilnahmen. Das Schützenfest währte acht Tage, und der Gabentempel war mit Gold und Silber angefüllt. Am letzten Tag «kam ein ungestüm Gewätter und warf die Zelt und alles uf der Schitzenmatten um, so dass jedermann ab der Matten gehen musst. Gewunnen die von Strasburg mit dem Bogen die beste Gob und die von Ulm die beste mit der Büchsen. Also endete das Schiessen und fuhr jederman wyder ehrlich heim.»

Linder, p. 32f.

Lärmbrüder

«Übrigens gibt es 1530 im Kleinbasel auch Gruppen von Lärmbrüdern, bei denen das zünftische Element klar in Erscheinung tritt. Vier sind bezeichnenderweise Schmiede (als Träger uralten Brauchtums wie etwa des Schwerttanzes) unter neun Kleinbaslern, die gegen Mitte Dezember 1530 zur Nachtzeit ‹in einer bůttinen uff der gassen gefaren› sind, ‹ein hundsmetti (Hundelärm) gefürt›, sowie dermassen gejauchzt und geschrien haben, als ob der Feind die Stadt eingenommen hätte.»

Hans Georg Wackernagel, p. 273

Totentänzer

«Am 17. Februar 1531 verübten einige offenbar freche junge Burschen folgenden niederträchtigen Mutwillen: Sie versuchten die Bewohner der Stadt nachts in Schrekken zu setzen, als ob sie Gespenster wären und durch dieses Zeichen eine drohende Pest ankündigten; aber sie wurden für diesen Mutwillen in Haft gebracht und gebührend bestraft.»

Gast, p. 125

Nackttänzer

«Gegen Ende Januar 1532 ‹zu vassnacht ziten› geschah – wir nähern uns wieder dem Totentanze –, etwas ganz Entsetzliches. Es verlautet, dass mindestens 15 Burgerssöhne oder Burgerskinder als ‹tenzer› bei Nacht und Nebel, wozu der Weber Ulrich Frauwenknecht als Pfeifer aufspielte, mit grossem Ungestüm halbnackt oder ganz nackt im Zunfthause der Hausgenossen, auf dem Markte sowie auf den Gassen ‹hin und her ... getanzet und ein ungefüg leben glich einem uffrur (!) getriben haben›. Gefängnis und eine gesalzene Geldbusse von fünf Pfund für jeden Übeltäter war der Lohn für solch urtümlich wüste Maskerei. Wie beim Totentanze von 1531 waren es auch diesmal wieder junge Leute und – bürgerlich gesehen – dubiose Subjekte. Von den 15 Bürgerssöhnen zieren nicht weniger als elf etwa dreissigmal (!) die Strafakten als Notzüchtiger, Hurer, häusliche Unholde, nächtliche Skandalmacher, lebensgefährliche Raufbolde, anarchisch Ungehorsame, Freihärster, Aufwiegler von Reisläufern usw. Im Gegensatze zu den Totentänzern von 1531 wird die Tanzgruppe von 1532 nicht nur durch Jugend und bürgerliche Aussenseitigkeit aneinandergeknüpft, sondern auch durch das Gemeinsame beruflich-zünftischen Zusammenlebens, wo indes beim Berufe nicht an etwas Aufreibendes und Lebenerfüllendes gedacht werden darf. Von den 15 gehören nämlich sieben bis acht in den Kreis der Safranzunft (Krämer usw.) und vier sind Glieder der Schmiedenzunft, jener markanten Trägerin uralten und merkwürdigen Sittengutes.»

Hans Georg Wackernagel, p. 275f.

Allgemeine Musterung

«Auf Montag nach der alten Fastnacht 1540 wurde eine allgemeine Musterung auf allen Zünften und Gesellschaften angeordnet. Alle Bürger und Hintersassen mussten sich zeigen in Gewehr und Harnisch. Nachher zog jede Zunft mit ihrem Zeichen (Fahne) um. Acht Tage nachher fand auch die Musterung auf dem Lande statt. Und ward Jedermann wohlgerüstet erfunden.»

Historischer Basler Kalender, 1888 / Buxtorf-Falkeisen, 2, p. 56ff.

Freudenzug gegen Liestal

«In dieser bequemen Zeit (1540) thaten die Bassler nach gehaltener Musterung, Montags vor Pfingsten, im vierzigsten Jahr, mit einem Ausschuss ihrer Burgerschaft, bey tausend wohlgerüster Mann, einen Freudzug gen Liechtstal. Allda erschienen bey ihnen 1300 ihrer Landleuten aus den Herrschaften, übeten selbiges Tags mancherley Kurtzweil, mit Schiessen, Springen, Steinstossen. Mornderigs nach Imbiszeit kamen am Heimzug zu ihnen mit einem Fähnlein dreyhundert Bischoffer, von Lauffen und den beyliegenden Dörfern, welche man zu Pflantzung und Mehrung gutes Willens hiezu geladen. Diese allesammt bey 2600 zu Hauf gerechnet, zogen durch die Stadt, wurden mornderigs in allen Zünften und Gesellschaften bey 6000 Mann ehrlich tractirt und Kostfrey gehalten, also dass dazumal auf die 3000 Gulden verzehret worden. Diese Kilwy zergienge burgerlich und züchtig.»

Wurstisen, Bd. II, p. 657 / Gross, p. 175 / Ryff, p. 159f. / Linder, s. p. / Buxtorf-Falkeisen, 2, p. 59ff.

Ausgelassene Armbrustschützen

«Sunderlich hab ich viler dingen noch ein wissen, wass sich anno 1541 zugedragen hatt, do ein hauptschiessen ze Basel mit dem armbrust auf St. Petersblatz gehalten wardt, darzu gemeinlich die nachburen und die Eidtgnossen firuss geladen, ein guter theil erscheinen, obgleich die pest, welche schon zevor geregiert hatt, etwan strenger, etwan nachgelassen und wider kommen, noch sich hin und wider erzeigt unnd der armbruster ze Basell auf dem blatz in allem schiessendt doran kranck wardt und baldt starb. Do gedenk ich, dass ich vil umzüg in der statt mit pfifen und drummen, vermumet, hab gesechen, dorunder ich mich gar übel vor denen, so in narrenkleideren angethan hin und wider luffen, mit kolben die buben schlugen, entsetzten. Dass man mich auf St. Petersblatz gefiert do zu dem bogenschiessen, do ich hauptman Thoman von Schalen uss Walliss hab gesechen, dass armbrust zum abschiessen gerist, an baggen schlachen unnd abschiessen. Item die schiess rein, wie gemolte menlin wiss und schwartz von karten (Karton) gemacht, welche noch in dem zeughauss stondt, wan man abgeschossen hatt, herzu ruckten und zeigten, welche ich lebendig sein vermeinet. Item wie ein kuchi auf dem blatz

Uberbleibseln des Holbeinischen Fresco Gemählde, an der Behausung zum Tantz auf der Eisen gass in Basel, so ehemahlen eine Gast Herberge gewesen.

«Vor einigen Jahren solle sich ein Engelländer in die Schönheit der dato noch ziemlich wohl behaltenen Figur des Tänzers, und besonders in seinen sehr natürlichen Stroh-Hut sehr verliebt haben». 1773.

ufgeschlagen was, dorin mich der koch im spital fürte.» Felix Platter.

Lötscher, p. 57f. / Buxtorf-Falkeisen, 2, p. 63f.

Prachtvolles Volkstheater
«Es war ein strahlender Tag im Juni 1546, an dem das Schauspiel von der Bekehrung Pauli öffentlich unter der Leitung von Valentin Boltz von den Bürgern mit grosser Pracht aufgeführt wurde. Der Rat bestimmte den Spielplatz und liess ihn mit Holzschranken umgeben, innerhalb deren die Vornehmen samt den Ratsherren Platz genommen hatten; das gemeine Volk aber schaute von drei schrägen hölzernen Brügen zu. Nach dem Schluss des Spiels, als die Schauspieler wie üblich gegen Abend in der Stadt herumspazierten, litten sie von dem ziemlich starken Regen einigermassen Schaden. So kam es, dass sie am folgenden, strahlend schönen Tag fast den ganzen Tag über in der Stadt herumspazierten.»

Gast, p. 271

Wider die Fasnacht
«Vor zahlreichen Zuschauern und einer grossen Menschenmenge wurde an der Fasnacht 1546 im Kleinbasel das Spiel von Abraham aufgeführt. Maskierte waren durch öffentliches Mandat ausgeschlossen. Durch das Mandat vom 1. März 1546 ist ausdrücklich verboten worden, nach ‹Eschermittwuchen› Fasnacht zu halten oder auf Gesellschafts- und Zunfthäusern kochen und zehren zu lassen. Erlaubt war es hingegen, wenn gute Herren und Gesellen ohne der Zunft Kosten in Zucht und Ehren beieinander essen wollten. Namentlich war geboten, ‹dass man ganz kein fasnachtsbutzen, pfiffen noch Trumen bruchen, sonder der dingen aller müssig stan solle›. Des ‹nechtlichen Verbutzens› wegen wurden damals zahlreiche Fasnächtler mit Ratstrafen von 1 bis 5 Pfund bestraft.»

Gast, p. 263

Büblingreifen
«Es war domolen ein wiester bruch ze Basel mit dem büblin (Weibliche Brüste) grifen. Das was also gemein, auch in firnemmen hüseren, das selten ein magt aus dem haus kam, deren nit der husherr dise eer angethon hette.» Felix Platter. 1547.

Lötscher, p. 106

Verpöntes Osteressen
«Peter Hans Jungermann, der Gewürzkrämer, der dem Kaufhaus gegenüber wohnt, spazierte im April 1548 mit einigen Leuten nach Riehen, um sich an einem Osteressen zu vergnügen, wie Leichtfertige zu tun pflegen. Während des Gehens sagte er: ‹Ich muss ein wenig ausruhen; ich weiss nicht, warum es mir so schlecht wird›, und als er sich gesetzt hatte, brach er alsbald zusammen und starb. Er war ein leichtfertiger Mensch und verachtete alle. Behüte uns doch, Herr, vor einem plötzlichen, ungeahnten und bösen Tod!»

Gast, p. 315ff.

Freche Bäckerbuben
«Bei uns in Basel sind die jungen frechen Bäckerbuben oder Knechtlein wohl berüchtigt, welche täglich ihre Brote auf den Markt zum Verkaufe bringen. Diese verstehen es, von Grund aus, Alle Vorübergehenden, Männer und Weiber, Fremde und Einheimische zu verhöhnen, mit Spottreden zu verfolgen, sowie auch aus den Körben der übrigen Marktleute Äpfel und Birnen zu stehlen. Zwar sind sie auch schon von der Obrigkeit gezüchtigt, etliche selbst für mehrere Tage eingethürmt worden; doch es hilft Alles nichts. Sie lassen von dem wüsten Wesen nicht ab. Darum geschieht's aber auch, dass der Herr von Zeit zu Zeit Pestilenz und Krankheiten schickt und solche Gassenbuben wegrafft, ehe sie zu einem Alter gelangen. Im Jahr 1531 bereits berichtet Gast in seinem Tagebuch, dass auf die Kunde von dem unglückseligen Ausgang des Kappelerstreites die Bäckerbuben einander frechlaut und unverschämt in den Gassen, besonders beim Brotmarkt, beglückwünschten und Jubellieder über Zwinglis Tod sangen. Über die Verwilderung und das frevelhafte Benehmen dieser Bursche in etwas späterer Zeit erfährt man aus einer Rathsverordnung (1538), dass sie sich erfrechten, Speyworte, Stösse und Schläge gegen Geistliche und Weltliche, Junge und Alte, Fremde und Einheimische, Manns- und Weibspersonen auszutheilen.

Barfüssiges Mädchen mit kunstvoll geflochtenem Haar, einen Wasserzuber auf dem Kopf tragend. Federzeichnung von Urs Graf.

Die Rathserkanntniss drohte dafür mit dem Halseisen, mit Ruthenstreichen und Schwämmen; der Kornmeister wurde beauftragt, den losen Buben diese Ordnung vorzulesen und sie von den ältern beschwören zu lassen.
Das allgemeines Ärgernis gebende wilde, wüste Gebaren der Bäckerbuben unter einander und den Leuten gegenüber zeichnet deutlich die Brothüter- und Beckerbuben-Ordnung von 1573. Unter Anderm heisst es: Die Beckenbuben sollen under einandren und für sich selber sich aller Unruwen, Mutwillens und Unzüchten, es seye mit Schlahen, Roufen, Kolenklepfen, mit Schlahen der Wüschen an den Benken, Pfyfen, Gygen, Danzen, Wüten und Schreyen, sonderlichen aller üppigen Liedern und Thäding mit gem. Wybern genzlich müssigen by Peen 5 Schillingen. Were es aber Sach, dass ein Brothüter und Beckenbub Jemanden, der Brot an der Louben zu koufen begerte oder sonst dafür wandlete, mit Worten bleidigte oder mit Werken, es seye mit Greifen, Kleider uffheben oder in andere Weg sich vergienge, der sell 1 Pfund Pfennig bezalen.»

Buxtorf-Falkeisen, 3, p. 1f.

Fasnächtliches Fackelntragen

«1550 ward zu Basel ein Thurm gebrochen, von dem Gastius meldet, dass noch zu seiner Zeit in Übung gewesen, dass sich die Knaben in der Fasnacht uff den Abendt in grosser Zahl versammleten mit brennenden Fackeln bei dem Thurm auff dem Berg bei Steinen-Thor gelegen (in welcher Vorstatt meistentheils Wäber sich auffhalten und ihre Wohnungen haben), welcher wegen der Höhe des Orths der Schauthurn oder die Landwehr genandt worden; dann uff derselbigen hat man die Statt und das gantze Suntgau, auch alle Velder und Äkher um das Gebürg herumb, sampt den lieblichen Wiesen beinachen übersehen können. Aldo nun schlugen sich die versamleten jungen Knaben mit einander mit ihren brennenden Fackeln bis auff's Blut, haben auch einanderen zu öfftern Mahlen solchen Schaden zugefügt, dass ein Ehrs. Rath der Statt deswegen ein Einsehen thun müssen und eine Erkhandnuss ergehn lassen, dass solches fürderhin solle abgeschafft sein. Gleichwohl aber regt und erzeigt sich diese alte, einmahl eingewurzelte böse Gewonheit noch immerhin bis uff jetzige Zeit; also dass järlich der Jugend, so alda sich understeht zu versammeln und ihrem alten Gebrauch nach zu raufen, abzuwehren, von der Oberkheit Stattknecht abgesandt werden, mit Befelch, sie von ihrem Vorhaben abzumahnen, und wann sie nicht Gehör geben, mit Steckhen und Streichen von dannen zu jagen. Woher ein solche Gewohnheit kommen und endtstanden, ist unbekannt. Etliche vermeinen, es sey das Fassnachtsfest zur Zeit des Papstumbs von den Alten an disem Orth gehalten worden; dann weil der Orth erhöht, haben sie daselbst ein Feur angezündt, welches von den umbliegenden Örtheren wol hat mögen gesehen werden. Ebener Massen wir auch noch zur Zeit an pabstischen Orthen herumb das Baursvolk an der alten Fassnacht zusammen kompt und mit brennenden Fackheln auff die Berg steigt, allda sie einen alten dürren Baum mit Holzwellen herzubereiten, durch junge Knaben anzünden, umb welchen brennenden Baum herumb sie dantzen. Hernach ziehen sie mit ihren Fackheln wiederumb mit einem: ‹Jo! Joh!›-Geschrei herab in die Dörfer und bringen die Nacht mit Essen und Trinkhen zu. Der vorerwehnte Thurn aber, bei welchem zweiffelsohne järlich vor Zeiten das Fassnachtfür gehalten worden, ist Ao. 1550 abgebrochen und wider feindtliche Anläuff zu einer gewaltigen Pastion oder Pollwerckh erbaut und zugerichtet worden.»

Buxtorf-Falkeisen, 2, p. 100f.

Unsinnige Kirchweihfeste

«Der junge Respinger war 1552 mit den Eltern im nahen Dorf Weil, wo Kirchweih gefeiert wurde; dabei wurde getanzt, wie das bei diesen unsinnigen Kirchweihen der Brauch ist. Da kam es, dass unter andern auch ein

Ein Basler Bannerträger aus der Zeit der vom Rat söldnerwilligen Bürgern erlaubten Teilnahme an Hugenottenkriegen in Frankreich.

gewisser Sylvester, Müller zum Sternen aus Kleinbasel, tanzte, ein sonst braver und wackerer Mann. Als ihm nun jener übermütige Jüngling ein Bein stellte, damit er zum allgemeinen Gelächter hinfalle, regte er sich anfangs nicht stark auf, sondern sagte zu jenem: Lass mich in Ruhe! Aber als er es zum zweiten Mal tat, geriet der Müller in Zorn und gab ihm einen Faustschlag an den Hals mit den Worten: Was machst du, du Strolch? Aber sofort packte Respinger den Müller, der völlig unbewaffnet war, und stiess ihm seinen Dolch so stark in den Nacken, dass er bis zum Heft darin stecken blieb. Aber gleich darauf entfloh der Schurke, dieser Totschläger oder vielmehr Mörder. Und das sind die Früchte der Tanzereien und Kirchweihen.»

Gast, p. 439

Schwerttanz

«1566 hielten 60 Bürger einen Schwerttanz. Dieser ward mit allen Züchten vollendet aussert, dass man Zachariam Langmesser, den Tuchscherer, und Franz von Speyr, den Säckler, in den Barfüsser Brunnen geworfen hat.»

Wieland, s. p. / Hans Georg Wackernagel, p. 277f. / Buxtorf-Falkeisen, 3, p. 59

Monumentale Theateraufführung

«1571 wurde von der Bürgerschaft auf dem Kornmarkt eine Comödie gespielt, die zwei Tage währte. Es war die Historie Sauls, Davids und Goliaths. Es traten nicht weniger als 110 Spielende und über 200 stumme Personen auf. Zu diesem Ereignis wurden Gesandte aus der ganzen Eidgenossenschaft eingeladen, die dem Rang nach auf dem Kornmarkt auf die Stühle gesetzt wurden. Auch waren verschiedene Grafen und noble Herren zugegen. Während der Comödie hat man den Geladenen aus zwei silbernen Fässlein zu trinken gegeben. Zu Ende des Spiels wurde zu Safran eine Mahlzeit gehalten.»

Wieland, s. p. / Baselische Geschichten, II, p. 20 / Buxtorf-Falkeisen, 3, p. 76ff.

Die Eselstrafe

«Das Universalzuchtmittel dieser Zeit war im allgemeinen die Ruthe, daneben in Basel der Esel. Es gab eine Eselstrafe für schlechtes Betragen, wie für Unfleiss, ‹damit der Jugend ein Zaum eingelegt werde, damit sie nicht nach Gelüsten schwätze und allerlei Muthwillen treibe, für unruhige, böse, muthwillige Buben, eine Gattung der Pein und Schmach; in den obern Klassen, damit man die Jugend gewöhne, sich in- und ausserhalb der Schule der Muttersprache zu enthalten, und sich allgemachst gewöhne an die schöne lateinische Sprach›.
Schon die frühere Schulordnung von 1540 hatte dem der Münster- und Petersschule gemeinsam gestellten Vorsteher aufgetragen, bei heischender Nothdurft, die Ruthe selber zu handhaben. Versäumnisse und andere Pflichtverletzungen wurden sowohl mit Schlägen als Geldbussen bestraft, und das noch an Zöglingen, denen verboten war, mit halbangezogenen Mänteln, zerhauenen Stiefeln, mit Degen, mit Soldaten- oder Reisehüten zu erscheinen. Später gestellte Vorschläge für eine Schulverbesserung bezeichneten das Ziel des Unterrichts auf Burg, ‹die Knaben unter der Ruoten also lang zu üben, bis sie in der lateinischen Sprache reden und schreiben und auch im Griechischen nicht unerfahren seien›.» 1588.

Buxtorf-Falkeisen, 3, p. 71

Neujahrsbrauch

«Es war zu damaligen Zeiten zu Basel der Gebrauch, dass man an dem neuen Jahrs-Tage mit Trommel und Pfeifen vor die Zünfte zog, und von selbigen ein Neu-Jahrs-Geschencke empfieng, auch verehrten bisweilen die Zünfte einander zum Neu-Jahrs-Geschencke eine Gallert (Fleischpastete), und begleiteten diese Gallert mit kriegerischem Spiele. Da nun wenig Tage vor dem neuen Jahre dieses 1588 Jahrs verschiedene Reiter des Grafen von Dohna, welcher oberster Feldherr über die Deutschen Völcker in Franckreich war, so mit den Schweitzern in

Der Schuldiener des Gymnasiums vollzieht die von der Lehrerschaft ausgesprochene Strafe und setzt einem Schüler die Eselskappe auf. Radierung von Daniel Burckhardt-Wildt. 1789.

dem unglücklichen Navarrischen Zug gewesen, auch wieder zurück nach Basel gekommen waren, so wolten selbige auch mit auf die Zünfte ziehen, allein sie wurden sonsten gespiesen und fortgesandt; und gebotten, dass das gute Jahr mit der Trommel nur bis zur Mittagszeit dörfe umgetragen werden.»

Wurstisen, Bd. III, p. 27

Goldene Hochzeit

«1594 feierte Dr. Pantaleon mit seiner Frau, Cleophea Käsin, nach 50jährigem Ehestand noch einmal Hochzeit.»

Wieland, s. p.

Winterfreude

«Der Rhein trieb anno 1600 17 Tag lang Grundeis und fror bis an das vierte hölzerne Joch zu. Beim Umzug der Greifenbrüder verzehrte eine Tischgesellschaft bei dem dritten steinernen Joch ihren Abendschmaus. Dann zog man mit dem Fähnlein, das Franz Lemblin trug, den Rhein ab, den Graben auf durch's Bläsithor auf das Rebhaus.»

Buxtorf-Falkeisen, 1, p. 4

Das grosse Gesellenschiessen

«Ein wahres Erlebniss, das die ganze Stadt in lebhaften Anspruch zog, war das grosse fürtreffliche Gesellenschiessen des Jahres 1605. Dergleichen Schiessen selber abzuhalten, oder andern Orts zu besuchen, war für die Basler das vorige Jahrhundert hindurch keine Seltenheit, im Gegentheil ein gesuchter Freudenanlass, und auch in diesem brachte bereits 1602 Macarius Russdorff die erste Gabe von dem Schiessen in Durlach heim, und gab Landvogt Konr. Gebhardt (auf Farnsburg) 1604 einen Ochsen zu verschiessen, an dessen Hörnern die übrigen Zugaben, einige silberne Löffel, hingen. Jenen eroberte Onofrion Merian. Kein früheres Festschiessen glich aber an Aufwand und Besucherzahl demjenigen von 1605, das ‹zur Erhaltung guter Correspondenz und alter Freund- und Nachbarschaft, vermittelst göttlicher Gnade, Burgermeister und Räthe zu bewilligen vernünftig ermessen›. Die freundlich herzliche Einladung ergieng nicht allein an die Orte und Stände der Eidgenossenschaft und zugewandten Orte, sondern auch an das benachbarte hochlöbl. Haus Östreich, die löbl. Häuser Hessen, Würtemberg und Markgrafen von Baden, an die Städte Strassburg, Kolmar, Schlettstadt, Breisach, Rothweil, Mülhausen, Mümpelgart, Pruntrut usw. Der Gabenwerth in Geld und Silberwaare belief sich auf Gulden 846. Für die Musketen bestand die erste Gabe in einem hohen silbervergoldeten Becher, an Werth Gl. 300. Für den Doppel wurden 4 Gl. erlegt. Wer unter 15 Schüssen die meisten Schwarztreffer zählte, erhielt eine Gabe von 12 Gl. Werth sammt einem Ehrenkranze und einer Fahne. Die Kugel musste 2 Loth wägen, die Musketenlunte nicht weniger denn 1 Elle lang sein, und durfte zum Laden kein Schmutz oder Lumpen, sondern allein trockenes Papier gebraucht werden. Die drei schwebenden Scheiben standen in einer Ferne von 805 Schuh, derer jede in die Runde 3′5″ hatte, und that man 15 Schüsse hinein. Die erste Gabe für die Hacken bestand in einem Becher von 133 Gl. Werth und für den Doppel waren 3 Gl. zu erlegen. Die Schussweite betrug 570 Schuh. Von jeder gewonnenen Gabe fielen den Zeigern 3 Kreuzer per Gl. zu. Auf der Zielstatt entschieden bei vorfallendem Gespän oder Irrthum die sogenannten Neuner, Drei von Basel und Sechs von den Eidgenossen. Da standen 15 schöne geräumige Zunftzelte aufgeschlagen, mit den verschiedenen Wappenschildern geziert, so wie sie den verschiedenen Gesellschaften angewiesen waren. Und als man hernach so viele starke, schöne, wohlgeputzte und bewehrte Männer da hat ein- und ausschreiten sehen, so ist Solches einem stattlichen Kriegslager zu vergleichen gewesen. Auch waren sechs Männer bestellt, täglich und stündlich mit ihren Helleparten und Seitengewehren herumzugehen und die Herren Neuner über Alles zu berichten. Unter die Stadtthore war eine schmucke Wacht beordert, überall wohlgeputzte Krieger mit langen Spiessen, Helleparten, Hacken und Musketen. Dergestalt sind auch die beiden Schützenhäuser in und vor der Stadt sauber und fein ausgeputzt worden. Dass aber, was an den Menschen liegt, keinerlei Unordnung oder Unschicklichkeit durch friedhässige, zänkische Personen oder solche Leute vorfalle, ‹die nicht wissen, woran es hanget oder wohin es langet, und nichts ungetadelt fürüber gehen lassen können›; so wurde auf den Zünften eine Rathserkanntniss an die Bürger verlesen, mit der ernsten Mahnung, dass alle Manns- und Weibspersonen, jung und alt, sich der geziemenden Anständigkeit befleissen, alles Haders und Disputierens der Religion halben müssig gehen, den kom-

As neue Jahr, welches gemeiniglich durch sogenannte Umzüge von einer Zunft zur andern, und auch sonsten durch die Stadt mit Trommel und Pfeife gehalten ward, ist dißmal nicht gefeyret worden, wegen der unruhigen und theuren Zeit; denn die Maaß Wein galt 3. Schillinge, und der Sack Korn 5. Pfund. Hingegen ist der erste Tag dieses Jahrs mit einem Liebeswercke angefangen, und in den Kirchen eine Steuer gesammelt worden für die verarmten Einwohner von Gex, bey Genf, welche von den Savoyischen Kriegsvölckern des Ihrigen vollkommen beraubet worden, zu trösten.

Anstelle der üblichen Umzüge der Zünfte ist das Neujahr 1590 mit einem frommen Liebeswerk eingeleitet worden, weil die Unrast der Zeit solches erforderte.

menden Schützen ihre Freudenspiel mit Trommeln und Pfeifen ungetadelt lassen sollten, usw. Es sollten auch Alle, so die betreffende Kurzweil des Schiessens nicht übten, das Schützenhaus und die Matten innerhalb den Schranken meiden, und besonders die Weiber, Töchter, Mägde dieser Orte sich gänzlich enthalten, bei Straf von 5 Pfund für die ‹Verbrecher›. Dann wurde geboten, bei gleicher Strafe, die Gassen zu säubern. Endlich war der wohlweisen hohen Obrigkeit Wille und Gebot, dass jeder männiglich alles übermässige, schädliche Zechen meide, bei Busse einer Mark Silbers.

Nach diesen und andern Vor- und Zurichtungen langten den letzten Mai Landgraf Moritz zu Hessen und Gemahlin mit etlichen ‹Gautschen› hier an, und stiegen in Hrn. N. Wasserhun Hof auf St. Petersplatz ab. Weil das hohe Ehepaar sich in der Elsässer Hardt verirrt, hatte es das Geleite nicht getroffen, das ein E. Rath der Stadt ihm entgegengeschickt hatte. Auf die dem Markgrafen dargebotene Verehrung (½ Fuder Wein, 12 Säcke Haber, 4 Salmen, 10 Kanten Malvasier der Landgräfin) und die von dem Stadtschreiber J. F. Ryhiner schön dargebrachte Begrüssungsansprache, antwortete höchst gewogen mit Danksagung der Fürst: ‹Ein ehrsamer Rath habe leichtlich zu ermessen, dass er mit sonderen Gnaden demselben gewogen wäre, da er solch weiten Weg sonst nicht würde fürgenommen haben. Er seie bedacht, die Affection, so seine lieben Grosseltern und Eltern, mildseliger Gedächtnuss, zu dieser Stadt getragen, nicht allein zu continuiren, sondern immer mehr zu fördern; von Gott dem Allmächtigen wünschend, er wolle eine Stadt Basel wie bishero, so zu ewigen Zeiten in gutem Wohlstand und friedlichem Wesen erhalten.› Beim Abschied der Herren Häupter wurden die Stadtdiener mit einer guten Anzahl Goldgulden beschenkt.

An diesem Tage zogen auch zu Land in guter Zahl zu Ross und zu Fuss die Schützen von Bern und des andern Tags von Solothurn mit ihren lustigen Spielen ein, und wurden jedesmal mit Losbrennung des Geschützes auf dem Eschenthor und umgelegenen Wehren freundlich begrüsst. Abends fuhren zu Schiff die Herren Schützen aus Schaffhausen und St. Gallen glücklich lebhaft zur Schwesterstadt am Rhein, die von Zürich etwas später. Und hatten die von Schaffhausen so gute Trompeter mitgebracht, dass sie Jeder männiglich nur rühmen musste. Das etwa 6 Jahre alte Söhnlein eines derselben war schon der Massen abgerichtet, dass es den Bass mit der Trommeten halten konnte. Noch war man ihrer von Weitem nicht ansichtig, als schon auf den Wehren und Hochwachten am Rhein, auf der Letze, der Pfalz, im untern Collegium, in der kleinen Stadt ab dem Richthaus und ab der Brücke das grobe Geschütz stätig lebhaft aufeinander losgeschossen ward. Dagegen liessen die im Schiff Trommen und Spiel auch laut ergehen und antworteten mit weitschallendem Büchsendonner, bis sie ausstiegen. Auf einem Gang des Münsters standen aber zu diesem Schauspiel bei den Herren Häuptern der Landgraf und die Landgräfin von Hessen. Und als Sonntag 2. Juni die Solothurner vor dem Rathhaus auf dem Markt angezogen gekommen, liess sie Hans Stocker, Obervogt auf Dorneck, in einem Ring stehen und allzumal losbrennen usw.

Um Mittag führte Hr. Oberst Weitnauer der Stadt Schützen auf St. Petersplatz vor das Quartier des Hrn. Landgrafen, der aus seinem Sack 100 Goldgulden zu einem Nachschiessen freundlichst darreichte, und dann bewegte sich der Zug mit seinen flatternden Fahnen, indem im ersten Gliede etliche fürstliche Räthe und Hofjunker schritten, hinaus auf die Schützenmatte. Nach Ankunft aller Schützen bewegten sich auch die Herren Häupter und Dreizehner, sammt Herrn Stadtschreiber und Rathschreiber, in Ordnung hinaus auf einen erhöhten Ort, von wo herab Hr. Stadtschreiber den im Kreise herumstehenden Schützen den freund-eidgenössischen, nachbaurlichen Gruss und das herzliche Gott willkomm zurief und mit der Ansprach schloss: ‹Sintemalen auch dieses freie Schiessen allein zu Erhaltung treuer eidgenössischer Freundschaft und nachbaurlicher Vertraulichkeit angesehen worden, so getröste sich E. E. Rath: es werde sich ein Jeder dermassen erweisen und betragen, dass man im Werk spüre und erfahre, dass es allein dahin auch friedlich und freundlich abgegangen seie.› Auf dieses antwortete der edel und vest Heinr. v. Schönau aus Zürich im Namen der Städte und Orte in seinem Dank- und Gegengrusse schliesslich also: ‹dass sie E. E. Rath dieser Stadt Basel also freundlich empfangen und Gott

Titelvignette der 1605 von Johann Rudolf Sattler, genannt Weissenburger, verfassten Beschreibung über das Grosse Gesellenschiessen.

willkum sein heissen, dessen thun sie sich freund-eidg. bedanken, und solle E.E. Rath ohnzweifenlich das Vertrauen in sie setzen, dass sie sich also erweisen und halten, dass er gewisslich hierab ein vaterländisch Wohlgefallen haben werde; dann aber Einer sich anders zeigte, solle er's gewiss schwerlich zu verantworten haben. Dazu bitten sie Gott, den Allmächtigen, dass derselbe seine Gnad wolle verleihen, damit solch freies Gesellenschiessen, so wie es glücklich angefangen, also auch fortgehen und zu Ende geführt werden.› Es haben darauf im Ganzen bei 800 Schützen sich zählen lassen (457 Musketen und 339 Hacken).

Dienstag 4. Juni fand sich auch des Königs von Frankreich Ambassador hier ein, nachdem er unter Losbrennung des groben Geschützes von einem Stadtgeleite eingeholt und in Domhof geführt worden. Bei dem Präsent, das ihm die Herrn Häupter gethan, hielt der Hr. Stadtschreiber, wie Gebrauch, in deutscher Sprach eine zierliche Anrede, die ihm der Dolmetsch nacherzählte. Der französische Gesandte und Hr. Landgraf Moritz von Hessen verreisten wieder Donnerstags darauf. Mit dem Landgrafen zog von hinnen seines Gastgebers Sohn Hans Jak. Wasserhun, der in hessische Staatsdienste trat. Als nach wohlgeglücktem Verlauf des Schiessens die Schützen mit ihren Gaben in die Stadt zogen, wurden bei 400 taffeter Fahnen gezählt und hatten die ersten Gaben gewonnen Burk. Born von Deutikon (Deitingen), Kanton Solothurn, und Junker Abrah. v. Grafenrieth, Burger von Bern. Bei dem Nachschiessen für die 100 Goldgulden des Markgrafen Moritz hat Dan. Gut von Basel diese Gabe erlangt. Zum Schluss des Festes wurde auf den Fruchtböden des Zeughauses, von wo man in das lustig erquickende Grün des Platzes sieht, das allgemeine Imbismahl abgehalten, zu dem die Herren Schützen geladen worden

Fischfang mit Netz, Reuse und Handbähre an der Wiesemündung beim Klybeckschlösschen. Federzeichnung von W. U. Oppermann, nach Matthäus Merian. Um 1620.

und die Zünfte das Geschirr und die Becher gaben. Zur Genüge der Fische und des Wildprets wurden die Stadtteiche abgeschlagen und hatten die Oberbeamteten befohlener Weise Treibjagden angestellt, welches Alles so reichlich abgeworfen, dass man Vieles davon, so wie auch vom Geflügel auf die Zünfte vertheilte.
Am gemeinsamen Gastmahle, zu dem sich bei 600 fremder Gäste einfanden, vertraten etliche Rotten junger Bürgersöhne die Stellen der dienenden Aufwärter, so lustig und wohl geputzt, und dazu fleissig erfunden, dass hierin nichts Ermanglung hatte. Auch war das Traktament, unter Trommeten- und Trommelschall genossen, von solcher Gebühr, dass sich Niemand zu beklagen hatte. Noch vor Ende des Festmahles beschloss Pfr. Justus bei St. Peter dasselbe mit einem Dankgebet zum lieben Gott, der zu einem so gesegneten Ab- und Ausgang des Festes sein Wohlgefallen verliehen. Als dann im Namen der Obrigkeit der Stadtschreiber den Herren Schützengästen auch seinen freudigen Dank für ihre so eidgenössisch und nachbarlich vollzogene Theilnahme an diesem wohlgelungenen Feste ausgesprochen und der löbl. Eidgenossenschaft und den benachbarten Städten und Obrigkeiten den göttlichen Segen eines sicheren Wohlstandes und friedlichen Wesens zugewünscht hatte, erhob sich wiederum Junker von Schönau zu einem Scheidegruss.
Das ist das grosse, zwei Wochen durchgefeierte, und doch so einfache Gesellenschiessen vom Jahr 1605. In einer aufgerichteten hölzernen Hütte, die Schreibhütte, die nachher den Schützen von Muttenz zu ihren Übungen gegeben wurde; etliche Zelte im Rasen; ein einziges reichliches Mahl; etliche Schenkbuden neben dem alten Schützenhause; und das grösste Gepränge der Büchsendonner und Klang und Schall der Trommeln und Trompeten. Sonst und jetzt! Der Name Gesellenschiessen rührt von der bereits 1466 bestehenden, durch beschworne Satzungen verbündeten Gesellschaft der Büchsenschützen her. Die Anfänge einer solchen Gesellschaft fallen jedoch schon in die ersten Jahre des XV. Jahrhunderts, wo sich ihr Schiessplatz bis zum Jahre 1499 im Stadtgraben zu St. Leonhard befand.»

Buxtorf-Falkeisen, 1, p. 10ff. / Brombach, p. 370a / Battier, p. 456f. / Scherer, III, p. 21f. / Bieler, p. 891 / Wurstisen, Bd. III, p. 55 / Gross, p. 232 / Scherer, p. 19f. / Beck, p. 75f.

Hanfreiten und Kränzleingeld

«Die meisten Bürger hatten damals, wie noch lange später, einen Garten, eine Hanfbünte, ein Stücklein Mattland oder Reben, die sie in bescheidenem Frohgenusse bestmöglichst zu Nutzen zu bringen suchten. Wurde Anfangs Spätjahrs das Hanfreiten vorgenommen, so setzten sich die Nachbarn nach dem Nachtessen zu dieser Arbeit auf den Gassen zusammen. Die abgezogenen Hanfstengel aber wurden von der Jugend im Freien auf Strassen und Plätzen angezündet, und um die Feuer muntere Ringeltänze gehalten. Da indessen diese nächtlichen Vergnügungen nicht ohne Feuersgefahr stattfinden konnten, so wurden um diese Zeit diese Hanffeuer verboten.
Das waren auch noch die Zeiten, in denen die Bürgerschaft ihre Schweine, Gänse, Hühner usw. auf den Strassen herumlaufen liess, nicht gerade zum Wohlgefallen der Vorübergehenden. Da wurde auf den Zünften eine Erkanntniss verlesen, dass die Wachtknechte solches Vieh an einen gebührenden Ort zusammentreiben sollten, und dass es ihnen verfallen zukam, wenn es innert drei Tagen nicht ausgelöst würde. Auch herrschte noch der Volksbrauch des Kränzleingelds, um das man, zur Belästigung, vor den Häusern sang. Auch dieses Herkommen, wahrscheinlich von den Kränzen nach der eingesammelten Ernte entsprungen, ward in diesem Jahr aberkannt.»

Buxtorf-Falkeisen, 1, 16f.

Das Sternsingen wird verboten

Im Januar 1607 verfügte der Rat das Verbot des Sternsingens in der Stadt und beauftragte die Wachtmannschaft mit «vlyssigem Ufsehen».

Ratsprotokolle 10, p. 379v

Ins Wasser gefallene Hochzeit

Gedeon Scherter, ein Barbierer, sollte 1608 mit seiner Braut, Margareth Schott, Hochzeit halten. Die zur Vermählung Geladenen befanden sich teils schon in der

«Jungfrau, so ein Kind zum Heiligen Tauf tregt». Kupferstich von Barbara Wentz und Anna Magdalena de Beyerin. Um 1700.

Kirche, da «verlor sich auf einmal der Hochzeiter, und männiglich musste wieder heimgehen».

Wieland, s.p. / Baselische Geschichten, II, p. 32f.

Bochselnächte

«Zu den nächtlichen Ausgelassenheiten, welche die unbändige Jugend etwa verübte, gehörte auch die, die Thüre zum ‹Seufzen›, dem Ehegerichtssitze, öfters dergestalt zu verrammeln und zu verschanzen, dass man sie schwer zu öffnen hatte. Daher wurden (1609) alle sog. Bochsel-Nächte abgestellt, und in der letzten Jahresnacht giengen der Oberstknecht und die Wachtknechte mit ihren Stäben um, um alle Ungebühren auf den Strassen abzuschaffen. Wurde doch Einer vor Rath gestellt, weil er auf dem Münsterplatz gejauchzet. Auf sein demüthiges Leidgeständnis wurde er nur mit Worten bestraft. Auch war bisher (1611) oft geschehen, dass Bürger des Abends auf öffentlichen Plätzen und in den Strassen mit einander Ringübungen trieben, woraus allerdings bisweilen böse Händel entstanden. Ein öffentliches Verbot steuerte dieser Volkssitte. Bald (1616) ist auch das Nachtsingen vor den Häusern und der Nachtbettel verboten worden und das ‹Sternensingen dazumalen betitlet worden›.»

Buxtorf-Falkeisen, 1, p. 125f.

Verpöntes Frauenschlagen

«Zu Basel darf der Mann sein Weib nit schlagen. Schlägt er es trotzdem, so muss er in den Wasserturm, auch wenn er ein Ratsherr wäre.» 1613.

Thommen, p. 77

Prächtige Hochzeit

Am 23. April 1621 «hielt Gladi Gonthier mit des reichen Iselins Tochter Hochzeit. Die Pracht war übermässig gross. Hatten in 18 Wochen ein Kind.»

Wieland, s.p.

Unliebsames Schauspiel

«Ich komme heute von einem unliebsamen Schauspiel», schrieb im Kriegsjahre 1622 ein Basler in sein Tagebuch. «Es ist nämlich Einer auf dem Schäftlein am ‹Pfauen› beim Rathaus ausgestellt worden. Die Scharwächter haben ihm beide Hände an den Schandpfahl gebunden, dass der arme Tropf die faulen Äpfel und andern Unrat nicht abzuwehren vermochte, den ihm das gemeine Volk und die Gassenbuben an den Kopf warfen. Nachher führten sie ihn durch die Stadt vor das Aeschentor. Dort hat er sein Wams ablegen und das Hemd ausziehen müssen und ist mit Ruten auf den blossen Rücken gestäupt worden vom Bettelvogt Ueli Gernler. Zwar hat dieser seines Amtes noch glimpflich gewaltet und nicht zu hart gestrichen, wie er es bei Spitzbuben und Lumpenpack zu tun pflegte; hat ihn nachher laufen lassen. Der arme Schelm hat mich recht in der Seele gedauert und hätt' ich ihm seine Strafe gern erspart. Ist im Grund kein schlecht Mannsbild gewesen, nur verdorben durch seinen Leichtsinn und das Soldatenleben. Hört wie das kam:

Begegnete mir neulich auf der Stege, wie ich nach meinem kranken Bäslein schauen will, ein Mann mit Pluderhosen und im gross mächtigen Schelmendeckel, der ihm beinahe das ganze Gesicht versteckte. Fragte ich ihn, was er da zu schaffen hätte. Antwortet er mir kleinlaut, als ob er ein böses Gewissen hätte: ‹Kennt ihr denn den Hans Jörg nit mehr, Herr?› Schaue ich ihm scharf ins Gesicht und richtig, er ist's, der Hans Jörg aus dem Sundgau. Ist als Kutscher und Reitknecht bei meinem Herrn Grossvater im Dienst gestanden und hat sein Handwerk verstanden wie nicht leicht einer. War auch ein wohlgewachsener, sauberer Bursche. Ist aber in liederliche Gesellschaft geraten und hat auch dem Wein mehr als nottut zugesprochen, also dass der Grossvater, nachdem er ihm seinen bösen Wandel mehrmals ernstlich verwiesen, ihm zuletzt den Laufpass hat geben müssen.

Hans Jörg ist dann rheinab ins Deutsche gegangen, wo der schreckliche Krieg die Lande verwüstete, und liess sich, wie er mir auf der Stege erzählte, unter die Mansfeldischen anwerben. Wie aber hernach im Feldlager die böse Pestilenz ausgebrochen ist, hat er sich bei Nacht und Nebel aus dem Staube gemacht und ist aus dem Markgrafenland hieher geflohen.

Als ich ihn aufs Gewissen questionierte, was er hier treibe

Von Köstlichkeit der Kindbetterinnen/ Kinds-Tauffenen/ Einbindeten / 2c.

ALsdann auch jetzt eine Zeit hero/ bey dem Kind-heben auß dem Heil. Tauff/ ebenmäßig viel überflüßige Köstlichkeit / und sonst mehr schädliche Mißbräuche einschleichen/ und täglich häfftiger herfürbrechen wollen/ So haben Wir eine Nohtdurfft zu seyn ermessen/ Unsere deßwegen/ verwichener Jahren schon publicierte/ Ordnung hiemit zu wiederholen und zu erneüeren/ ernstlich befehlende / daß männiglich deren gehorsamblich nachzugeleben geflissen seyn solle;

Als namblich/ daß zu Gevatteren / keine junge Persohn / welche des Heiligen Abendmahls noch nicht genossen/ angesprochen: So dann auch zu eines Kindes Tauffe/ nur allein drey/ und nicht mehr Gevatteren/ erbätten: Zumahlen von jedem der erbättenen Gevatteren nichts übermäßiges eingebunden / und auch nach der Tauff denen Göttenen oder Gotten weiters nichts verehret/ mithin alle so gar kostbahre Schenckungen unterlassen werden sollen. Mit angehenckter ernstlicher Erinnerung/ daß alle und jede Kindbetterinnen / auch sonsten bey ihren Kinds-Tauffenen und in der Kindbett/ alles übermäßigen Prachts und Außzierens/ und ins gemein alles Uberflusses/ sich enthalten / und vielmehr gegen GOtt dem Allmächtigen umb erwiesene Hülff und Beystand/ wahrer Danckbarkeit/ und insgemein aller geziemenden Ehrbarkeit / sich befleissen sollen.

Ein Täufling darf nicht mehr als drei Paten haben, die kostbare Geschenke zu unterlassen haben. Als Pate zugelassen ist nur, wer befähigt ist, das Abendmahl einzunehmen. 1715.

und warum er zu uns ins Haus komme, da sagte er mir, wie er von der Krankheit meines Bäsleins vernommen habe. Das arme Mägdlein habe ihn gedauert, er habe ihm helfen wollen, massen er bei den Mansfeldischen vom Feldscher eine Salbe überkommen, so unfehlbar sei und alle Schäden am Leib heile. Er sei aber damit oben im Haus nicht gut angekommen. Die fremde Wärterin habe ihn mit Schimpf und Schande verwiesen und gesagt, der Doctor Bauhinus sei selber Manns genug und brauche zu seiner Verrichtung keinen hergelaufenen Quacksalber.
Hab ich auf Hans Jörgs Rede erwidert: ‹Tut mir um dich leid, Hans Jörg, aber die Wartfrau hat recht getan. Weisst du nicht, dass hausieren, insonderheit mit Arzneien, bei strenger Strafe verboten ist? Ich will dich nicht ins Geschrei bringen und dem hochweisen Rat verzeigen, aber sorg, dass der Bauhinus und der Grossvater deiner nicht gewahr werden, noch von deinem Treiben erfahren; müssten dich ja in den Turm stecken, und das mag ich dir gewiss nicht gönnen.›
Mit diesen Worten hab ich ihm einen Fünfbätzner aus meinem Geldlatz in die Hand gedrückt. Drauf ist der Geselle fortgegangen; hat seinen Kopf wehmütiglich geschüttelt und gemeint, er hätte dem Bäslein helfen können, die Doctores von der Zunft seien Pfuscher und würden das liebe Kind zu Tode doktern. Sein Ausspruch ist aber nicht in Erfüllung gegangen, desto eher aber meine Besorgnis um ihn selber; hat doch der Hans Jörg mein Verwarnen sich nicht sonderlich zu Herzen genommen, im Gegenteil. Ist mit seinen windigen Arzneien in der Stadt herumgelaufen und hat den leichtgläubigen Leuten zu allem andern noch verdächtigen Zaubertrank angeboten. Über diesem Handel haben ihn die Harschiere erwischt und abgefangen. Ist hernach acht Tage auf dem Aeschemer Turm in harter Haft gesessen und der Spruch über ihn ergangen, wie ich anfangs berichtet habe.
Etliche Tage darauf ist dann der Stadttambour mit dem obrigkeitlichen Ausrufer durch die ganze Stadt gezogen und hat dem Publico bekannt gegeben, dass es jedermann verboten sei, mit geheimen Mitteln, als da sind Säfte, Salben und Arzneien, Handel zu treiben. Insonderheit sei den Apothekern bei schwerer Strafe nicht gestattet, Bauernleuten und abergläubischem Volk andere Mittel zu verkaufen, als die von den bestellten Doctores und Professores der Hochschule verschriebenen. Damit haben Unsere Gnädigen Herren nit übel gezeigt, dass sie ernstlich mit Weisheit behaftet und väterlich um ihre Burgerschaft besorgt sind. Ist in der Tat mit solchen geheimen Mitteln ein sündhafter Wucher getrieben und den armen Leuten das Geld aus dem Sack geholt worden für eitel Quark und Dreck.»

Anno Dazumal, p. 369ff.

Grossartige Taufe

1628 «wurde einem Grafen von Löwenstein zu Basel ein Kind auf den Namen Bernhard Ludwig getauft. Oberst Eckenstein trug das Kind in die Kirche. Taufpaten waren die vier reformierten Orte, nämlich Zürich, Bern, Glarus und Schaffhausen sowie die Stadt St. Gallen. Auch ein Graf aus Polen war zugegen. Im Domhof gab es eine tolle Mahlzeit von 7 Tischen für die Männer. Die Weiber wurden im Gebhardtshof bewirtet. Der Hebamme verehrte man einen silbernen Becher und zwei Duplonen in Gold.»

Wieland, s. p. / Baselische Geschichten, II, p. 38

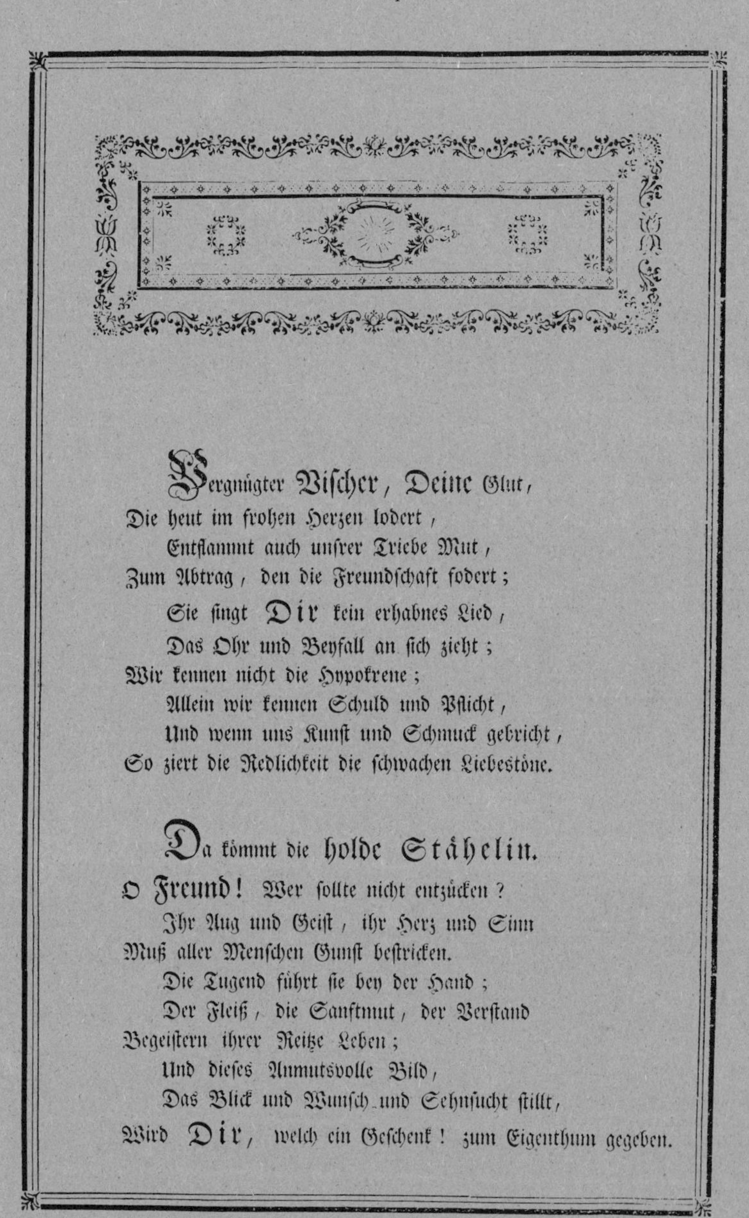

Vergnügter Vischer, Deine Glut,
Die heut im frohen Herzen lodert,
Entflammt auch unsrer Triebe Mut,
Zum Abtrag, den die Freundschaft fodert;
Sie singt Dir kein erhabnes Lied,
Das Ohr und Beyfall an sich zieht;
Wir kennen nicht die Hypokrene;
Allein wir kennen Schuld und Pflicht,
Und wenn uns Kunst und Schmuck gebricht,
So ziert die Redlichkeit die schwachen Liebestöne.

Da kömmt die holde Stähelin.
O Freund! Wer sollte nicht entzücken?
Ihr Aug und Geist, ihr Herz und Sinn
Muß aller Menschen Gunst bestricken.
Die Tugend führt sie bey der Hand;
Der Fleiß, die Sanftmut, der Verstand
Begeistern ihrer Reitze Leben;
Und dieses Anmutsvolle Bild,
Das Blick und Wunsch und Sehnsucht stillt,
Wird Dir, welch ein Geschenk! zum Eigenthum gegeben.

Ode zur «Vischer und Stähelinschen Verbindung, welche den 13. Christmonat 1773 zu Basel vollzogen wurde».

Volksbräuche

Es ist Brauch, dass jedes Jahr um den 20. Jänner die Gesellschaft zur Hären mit dem Wilden Mann, diejenige zum Greifen mit einem Greifen und diejenige zu Rebleuten mit einem Löwen umzieht. Sie laden auch Herren aus dem Grossbasel dazu ein. Nach dem Umzug haben sie ein Mahl, bei welchem alles ‹voll und doll› sein muss. Gelegentlich zieht auch die Gesellschaft zur Mägd mit einer Jungfrau und diejenige zum Esel mit einem Esel um, was die Bevölkerung ebenfalls mit grosser Freude und lebhafter Anteilnahme erfüllte. 1629.

Richard, p. 151

Der Löwe wirft den Ueli in den Brunnen

«Die uralte Pfarrkirche in Kleinbasel ist Sankt Theodor. Das Fest ihrer Einweihung fiel jeweilen auf den zwanzigsten Tag nach Weihnacht, und wurde unter dem Namen: die kalte Kilbi (Kirchweih) mit Vergnügen aller Art gefeiert. Man sang und tanzte und lebte, wie man zu sagen pflegt, in Saus und Braus. Der Kirchenpatron Theodor, sonst auch Theodulus genannt, dem diese jährliche Ehrenfeier gewidmet war, soll zu seinen Lebzeiten nach der Legende, Wunderwerke verrichtet haben. Besonders sagt dieselbe, dass er ein guter Exorcist gewesen, und einmal den Fürsten der Hölle gezwungen, ihn durch die Luft aus Wallis, über die Hochalpen nach Rom vor des Pabstes Wohnzimmer, und von dort zurück, nebst einer grossen Glocke, wieder ins Wallis zu bringen; worauf aber dieser, da ihn der Heilige lange an einem Strick gefangen hielt, den Theodor einmal überwältigt und in das Wasser gestürzt hätte. Da nun bei den an der kalten Kilbi der Kleinbasler üblichen Spielwerken, auch diese Scene bildlich vorgestellt wurde, wobei der Löwe die Rolle des Leidigen, der Führer desselben aber die des Theodulus übernehmen musste, (welchen letztern Namen das gemeine Volk verstümmelte, dass zuletzt noch ein Ueli davon übrig geblieben) so geschah es denn auch, dass bei dieser damals üblichen Maskerade der Löwe über den Ueli siegte, und ihn in den Brunnen warf. Nach der Reformation wurde dieses Possenspiel abgestellt, der Schmaus aber beibehalten. Weil aber das Volk noch fortdauernd an diesen Auftritten Vergnügen fand, obschon ihr eigentlicher Zweck nicht mehr bestund und blos wenige Unterrichtetere ihn kannten, soll man auf den Gedanken gerathen seyn, das wandelnde und tanzende Gesellschaftszeichen, zur Erhöhung der Bürgerlust an dem erwähnten zwanzigsten Tage, in die Gassen der kleinen Stadt auslaufen zu lassen; welches Volksfest mit der am meisten belustigenden Scene wo Ueli von dem Löwen in den Brunnen vor dem Rebhause geworfen wird, endigte.» 1629.

Rauracis, 1827, p. 98ff.

Kohlenberggericht

Vor etlichen Jahren wurde auf dem Kohlenberg wegen eines Streits unter den Sackträgern Gericht gehalten. Im Beisein des Oberstknechts, der den Stab trug, und vielen Volkes sprach der Richter unter der Linde das Urteil. Dabei hatte er den einen Fuss in einem Kessel Wasser. Das Protokoll führte der Gerichtsschreiber. 1629.

Richard, p. 160

Üppige Hochzeitspracht

«Den 11. August 1634 hat Herr Jakob Bernolli (ein 1622 in's Bürgerrecht aufgenommener französischer Kaufmann) Hochzeit gehalten mit Sebastian Güntzers Tochter. 140 Mann waren am Kilchgang, zu Saffran die Mahlzeit an 16 Tischen, und ist Alles als Gast gehalten worden. Die Braut ist über 16 Jahr nit alt, hat ihr der Bräutigam einen Ring in der Kirchen geben. der kostet 80 Neuthaler. Es ist die Tochter zur Tauben bey der Hochzeit gewesen, die hat mehr dann für 1000 Schilling an ihrem Leib gehabt, auch Schuh mit guldenen Gallunen eingefasst getragen. O, du teuffelischer Pracht! Den

Im Auftrag ihrer Herrschaft tragen am Neujahrstag Knecht und Magd Geschenke in die Häuser von Freunden, Verwandten und Ratsherren. Radierung von Hans Heinrich Glaser. 1634.

7. September 1635, Hochzeit von Hrn. Frobenius und Hrn. Ramspecks sel. Tochter im Bläserhof. Es ist kein Pracht gespart worden, dann er allerköstlichst gekleidet, sein ‹Krös› und Hemdtkragen mit Perlen gestickt; ihre Kleid mit Gold und Silber besetzt. Zu Spinnwettern haben sich die Mannen gesammlet. Als sie über die Rheinbruckh gangen, hat die Wacht geschossen, in dem Collegio hat man zu dritten Mal alle Stuckh losgelassen, dessgleichen jenseits etliche Mörsel und Doppelhackhen, da sie zum Essen gangen ist Solches wieder geschehen. Hochmuth kombt vor dem Fall!»

Buxtorf-Falkeisen, 2, p. 113f.

Hoch über der Stadt

«1635 stiegen drey Zimmersgesellen auf den Münsterthurm, und stunden alle drey neben einander auf dem Knopf.»

Weiss, p. 2

Farbenprächtige Schlittenfahrt

«1637 sind deren 12 in weissen Atlasen (Seidenjacken) und schwartzen, verhauenen Schweitzer Hosen Schlitten gefahren. Es waren dies Ringler, Frobenius, ein Müller, Müller Mathisen Sohn, die 2 Dienasten Gebrüder, Ludwig Krug, des Müntz Meisters Jacob Schulthessen Sohn, D'Anony Sohn, Albrecht und Baschen Fäsch.»

Basler Chronik, II, p. 92 / Baselische Geschichten, II, p. 43 / Buxtorf-Falkeisen, 2, p. 14f.

Hochzeiter macht sich aus dem Staub

«Hans Georg Vögtlin, genannt Lebendig, sollte 1642 zu St. Margrethen Hochzeit halten. Alles geladene Volck ging hinaus, der Hochzeiter aber machte sich aus dem Staube. Als man lange genug auf ihn bey der Kirche gewartet hatte, ging jedermann wieder seines Wegs. Aus der Hochzeit ist nichts geworden.»

Basler Chronik, II, p. 102

Blutiger Neujahrsanfang

Als am «3. Januar 1648 auf dem Fischmarkt etliche Nachbarn zusammengekommen, um das Neue Jahr zu halten, geriet einer von ihnen im Heimgehen mit der Wacht in Händel. Die übrigen wurdens gewahr und lauften auf die Gass. Daniel Bürgi, der Balbierer (Coiffeur), griff den Wächter Jacob Bieler, ein Hosenstricker, an und gibt ihm einen Streich, dass er anderntags gestorben. Der Täter ward flüchtig, doch stellt er sich wieder und wird aus der Stadt verwiesen.»

Scherer, p. 31 / Battier, p. 477

Rauchverbot

«Der Rath verbietet 1652 das Tabaktrinken, besonders unter den Thoren. Das Verbot wird das Jahr darauf wiederholt, ebenso 1669. Im Kaufhaus sollen die Kaufhausherren die Übertreter bestrafen, in den Vorstädten die Vorgesetzten der Gesellschaften, und sonst die Unzüchter. Von diesen Zeiten schreibt sich die Entstehung der ‹Kämmerlein› her, da man auf den Zunfthäusern nicht wagen durfte zu rauchen, so mietheten die Freunde des Tabaks in Privathäusern kleine Zimmer und gaben sich daselbst dem Genusse des edlen Krautes hin.»

Historischer Basler Kalender, 1886

Fechtdemonstration

«1657 haben zwey junge Knaben von 10 und 11 Jahren in der vorderen Rathsstube so zierlich gefochten, dass es verwunderlich war zuzusehen. Deswegen haben 2 Häupter und 35 Rathsglieder zugeschaut.»

Scherer, III, p. 66 / Lindersches Tagebuch, p. 107 / Scherer, p. 65

Merkwürdige Hochzeit

1657 Erhielt Johann Brenner Hochzeit mit Jungfrau Eva Euler. Merkwürdig ist diese Hochzeit gewesen, denn es waren beider junger Eheleuten vier natürliche Grossväter zugegen. Auf Seiten des Hochzeiters vom Vatter hero Johann Brenner, der Weissgerber, seines Alters 85½ Jahre, von der Mutter hero Onofrio Motsch, der Hosenlismer, seines Alters 64 Jahre. Auf Seiten der Hochzeiterin von ihrem Vatter hero Hans Georg Euler, der Strehlmacher, 84½ Jahr alt. Von der Mutter Seiten Bartholome Stehlin, ein Possamenter, 67½ Jahre alt. Diese 4 Grossvätter haben an Alter zusammengebracht 301½ Jahre. Ist fürwar ein rares Exempel.»

Wieland, p. 244f.

Solenne Hochzeit

«1659, habe ich, Hans Heinrich Zäslin der Jünger, mein eheliches Versprechen gegen Jungfrau Anna Maria Bat-

Iebe Herren vnd gute Freund/obe gleichwol nit ohn/daß gegenwertige vast betrübte Kriegsgefahrliche/auch schwere dewre leuff vnd zeitten/als welche vns täglich je lenger je mehr jamer vnnd ellends vor augen stellen/sonsten menniglich/der gezimmenden mässigkeit/bevorab bey den Hochzeitlichen Festen/sich zugebrauchen/verleitten vnd anlassen: So haben dannocht auch vnsere gnedigen Herren/Burgermeister vnd Rhäte diser Statt Basel/sich hiebey jhres ambts erinnert/vnd den schädlichen pracht vnd vberfluß bey den Hochzeiten/mehrers abzuschaffen/erkant: Daß beedes bey gaabten/vnd yrten Hochzeiten/nur allein eine einzige Mahlzeit/doch auffs höchst von vieren Tischen/aber keinswegs darüber/oder sterckerer anzahl angestelt vnd gehalten werden/vnd dañ mäniglich der mässigen bescheidenheit in essen/drincken/vnd kleideren sich befleissen solle. Dann sonst wurden wolgesagte vnsere Gn. Herren den verbrecher vmb fünfftzig gulden büß/oder nach gestaltsame grösseren verschuldens/strenger ansehen. Hiernach wüsse sich jeder zubetragen/vnd vor schaden zubewahren. Decretum 12. Iunij 1622.

Cantzley zu Basel ssst.

Bei diesen schweren Zeiten sei Mässigkeit zu üben, lässt sich die Regierung 1622 vernehmen, und vorab an Hochzeiten dürfe nur eine einzige Mahlzeit an höchstens vier Tischen gehalten werden.

tier, meiner Herzallerliebsten, vor dem Angesicht Gottes und einer christlichen Gemeinde in der Pfarrkirche des Münsters bestätigen lassen, und sind zwei Tag über in allem über 480 Personen aus Guttat unserer lieben Eltern auf einer Ehrenzunft zu Schmieden gespeist und tractiert worden.»

Hans Heinrich Zäslin, p. 9

Vom Unwesen des Tabaktrinkens

«Ein seit der Mitte des 17. Jahrhunderts, zum Ärgerniss der weltlichen und geistlichen Behörden, hier wie anderwärts mehr und mehr unwiderstehlich um sich greifendes Volksübel war das sogenannte Tabaktrinken, das im 30jährigen Kriege wie so manches Andere eingepflanzt worden war. In vielen Sitzungen handelte der Rath über die Mittel, diesem Unwesen zu Stadt und Land (vom Schnupfen war nie die Rede) zu steuern. Der Landvogt auf Farnsburg verklagte bei der Regierung die Arisdörfer als besonders leidenschaftliche Fröhner dieser Unsitte. Eine bald darauf erschienene Verordnung der Regierung, die etliche Mal erneuert ward (1660–1670), lautet: ‹Demnach Unsere Gnädigen Herren dieser Stadt ein zeithero verspüren müssen, dass das unordentliche überflüssige Tabaktrinken wider schon zum öfteren beschehenes Abwarnen und Verbieten gar zu sehr eingerissen, und darbey von vielen mit denen darzu brennenden Lunten inmassen ungewahrsam umbgegangen worden, dass bereits das ein und andere Mal, wann der Barmherzig Gott es nicht sonderlich verhütet, gross Jammer und Unheil darauss entstanden wäre. Und seind aber Ihre Gnädigen

Aufstellung zum Hochzeitszug des Dr. Johann Jakob Frei und der Catherina Güntzer am obern Spalenberg. 1635.

Herren solchem Unwesen in die Harre förters also nachzusehen mit nichten gemeint. Als wollen Dieselben ihr voriges Verbott hiemit neuer Dingen erfrischt und Männiglichen zu Stadt und Land alles Ernstes vermahnet haben, dass ein Jeder sich des Tabaktrinkens – als dessen man dieser Landen, Gott Lob! gar nicht bedarf – sowohl Tags als Nachts nit allein in Scheuren und Ställen, sondern auch in Würths-, Wein- und andern Häusern und auf den Wachten durchaus und allerdings mässigen und enthalten thue bey 4 Gulden Geltes, so dem hierwider Handelnden ohn' Gnad abgenommen, und Niemand verschont werden soll, und die Würthen so Dergleichen beschehen lassen, um die doppelte Straf angelangt werden sollen u.s.w.› Eine schärfere Strafpredigt hielt den gottlosen Rauchbolden ein Landgeistlicher: ‹Wenn ich›, eiferte er, ‹Mäuler sehe, die Tabak rauchen, so ist es mir, als sähe ich eben so viele rauchende Schlünde der Hölle.› Ochs schreibt die Entstehung der sog. Kämmerlein dem Umstande zu, dass, weil man an öffentlichen Orten und in den Gesellschaftsstuben nicht rauchen durfte, die Tabaksfreunde kleine Zimmer in Privathäusern mietheten, um in geschlossener Gesellschaft rauchen zu können. Der Hang und Gang dieses einmal genossenen Gebrauchs oder Missbrauchs liess sich trotz Allem nicht mehr hemmen. Gegen Ende des Jahrhunderts füllte der Tabaksbau etliche Felder im Kleinhüningerbanne, und 1692 ward in der neuen Polizeiordnung das Rauchen nur noch an gefährlichen Orten verboten, und den Landvögten bei obrigkeitlicher Ungnad verwehrt, Niemandem gegen eine jährliche Geldentrichtung das Rauchen zu gestatten oder darum durch die Finger zu sehen.»

Buxtorf-Falkeisen, 3, p. 121f.

Hochzeitsfreuden mit Schrecken

1761 haben sich «zu Schuemacheren auf Herrn Werenfelsen Hochzeit eine Companie von jungen Leuthen mit Dantzen exercirt, auch sind über die 50 Zuschauer dagewesen. Da aber auf der Seite, wo die Zuschauer gestanden, der Tantzboden, welcher erst vor 2 Jahren neu, aber liederlich gemacht worden, eingebrochen, sind alle Zuschauer in den Keller gefallen. Dieses veruhrsachte in dasiger Nachbarschaft ein grosses Lamendieres, indem viele ihre Hüth, Peruque, Pandofflen, Hauben verlohren, aber wieder gefunden. Viele hatten Löcher im Kopf und Beulen und eine Jungfer Hübscher hat ein Arm gebrochen.»

Im Schatten Unserer Gnädigen Herren, p. 120/Bieler, p. 961

Glückshafen

«Anno 1666 ist an der Mess von einem fremden Herrn ein Glückshafen (Lotterie) gehalten worden. Es hat köstliche Sachen in dem Glückshafen gehabt. Ein mancher hat

6 bis 10 Louisthaler darin gelegt, hat aber nichts bekommen. Die Leut waren so begierig darüber gewesen, dass sie Better und allerhand Hausrath verkauft haben, damit sie etwas aus dem Glückshafen bekommen möchten. Aber nichts haben sie bekommen. Wie recht ist es ihnen ergangen! Es heisst, sich nicht mit dem Glückshafen breichern, sondern mit seiner Handarbeit. Das ist der rechte Glückshafen.»

Meyer, p. 3f.

Prachtvoller Umzug der Steinlemer

«Den 13. Tag Maj 1667 ist das ganze Quartier in der Steinenvorstadt umgezogen, schön und zierlich. Sind solcher mehrentheils Wäber in der vordern und hintern Steinenvorstadt gewesen. 60 Mann haben Picken, Bekel Hauben und ein halber Harnisch bis zu den Knien getragen. So dann wurden 200 Musquetierer geachtet. In diesem Umzug haben sie auch viele Officiere gehabt, ein jeder mit einem silbernen Halskragen angethan. Zugleich haben sie einen neuen Fahnen mitgeführt mit einem weissen Kreuz und einer Buschlen Pfeil darauf gemalt und dem Spruch ‹Pace et Gloria›. Ein jeder hat dazu etwas gegeben. 13 Mann haben Fätzen Kleyder angehabt und mit schönen Baretten ihr Haupt bedeckt. Und ein jeder hat einen Schild am Arm getragen, darauf die Stadtwappen der 13 Ort gemalt waren. Eine Jungfer haben sie auch gehabt. Diese trug einen Schild, auf welchem mit goldenen Buchstaben der Vers geschrieben stand ‹Concordia res parvae crescunt. Discordia maximae dilabuntur› (Durch Eintracht wachsen kleine Dinge. Durch Zwietracht fallen die grössten auseinander.) Auf dem Barfüsserplatz und auf dem Kornmarkt haben sich die 13 Ort zu einem Ring zusammengestellt und die Jungfer, die ein Knabe war, in die Mitte genommen. Damit wollten sie anzeigen, wie die Jungfer wohl beschützt sei, und wie die 13 Orte friedsam und einig vereint wären, wie die Eidgenossenschaft beschaffen sein sollte.»

Meyer, p. 10ff.

Die Vorstadtgesellschaft zur Krähe mit neuem Banner

«Acht Tag nach der alten Fasnacht 1667 sind die in der Spalenvorstadt zur Kreyen umgezogen. Der alt Wagnermeister Rudolf Koch hat der Ehrengesellschaft zur Kreyen einen neuen Fahnen lassen machen und ihnen verehrt.»

Meyer, p. 10

Der Vogel Gryff hoch zu Pferd

«Den 22. Jenner 1667 ist der Gryff auf einem Ross in der Stadt umher geritten. Es war gar lächerlich gewesen. Was nun alle drey Umzüg anbelangen thut, so haben sie sich alle dapfer und munter erzeigt, in ihrer Kleydung zierlich und in ihrem Gewehr hübsch.»

Meyer, p. 8

Heimliches Tanzen wird bestraft

«1669 hat sich das junge Volk heimlich in das Klingental begeben und daselbst die ganze Nacht durch getanzt. Der Spielmann war Johann Pfaff, Schuldiener am Barfüsserplatz. Die Tänzer sind der fürnehmsten Leute Kinder gewesen. Ohne Ansehen ist aber jeder um eine halbe Mark Silber gestraft worden. Spielmann Pfaff aber musste zwei Nächte im Kerker verbringen und hatte erst noch vor dem ehrsamen Rat und den Reformationsherren zu erscheinen.»

Hotz, p. 489/Buxtorf-Falkeisen, 3, p. 118

Der Rundtanz zu Pratteln

«Ein chronikwürdiges Aufsehen macht derselbe wegen seines Zweckes. Bey dem Schlosse dieses Dorfes stund in den Zeiten des vierzehnten und fünfzehnten Jahrhunderts, vielleicht noch früher schon eine hohe Linde, woselbst man zur Zeit einer Pestseuche von allen Seiten zusammen lief, um sich durch einen Rundtanz die Todesfurcht oder den Tod selbst zu vertreiben. Wirklich war der Tanz in einem Zeitalter, wo die Unwissenheit leicht die Natur der Krankheiten vermengte, ein nicht unwirksames Mittel gegen Verdickung des Blutes, und kann daher eine wohl ausgedachte Heilkur gewesen seyn. Einer unserer besten Geschichtschreiber erzählt, dass zu Prattelen noch weit seltsamere Tänze in Übung waren. Noch im Jahr 1678 zeigte man auf der Hexenwiese die Spuren, welche die tanzenden Hexen auf dem verbrannten Grase zurückliessen.»

Lutz, p. 135f.

Zwei Würfelspieler in «Lob der Torheit» von Erasmus von Rotterdam. Federzeichnung von Hans Holbein d. J. 1515.

Nach Strassburger Mode

«1687 sind die Küfer umgezogen auf die Mode wie in Strassburg: Im grünen Lorbeerkrantz, wardt dieser Küefferdantz.»

Schorndorf, Bd. I, p. 9

Auf den Münstertürmen

«Am Ostermontag 1689 stiegen 2 Mann auf die beiden Münstertürme und schossen 2 Pistolen los. Im Hinuntersteigen fiel dem einen eine steinerne Stütze unter den Füssen hinweg und zerbrach sehr viele Ziegel auf dem Kirchendach.»

von Brunn, Bd. I, p. 181

Rüpelhafte Herrensöhnlein

«Um 1690 war es in der Stadt so unsicher, weil auf unsern Gassenwegen böse Buben und Gassenschwärmer die Weibspersohnen anfielen, ihnen die Kleyder aufhebten, sie entblösten und mit expresse von Draht geflochtenen Streichen übel tractierten. Darüber aber auch den Leuthen die Fenster einwurfen und sonst viel leichtfertige Sachen begingen. Obwohl man fleisslich nachforschen liess, konnte man keinen ertappen. Man muthmasste, es seyen meistens reicher Herren Söhnlein gewesen.»

Scherer, III, p. 155f. / Scherer, p. 160 / Baselische Geschichten, II, p. 101 / Buxtorf-Falkeisen, 3, p. 119f.

Von einem traurigen Vogel Gryff

Es war am 13. Januar 1692. Unsere Stadt trug ein winterliches Kleid. Ein eisiger Biswind fegte über die Dächer, und klirrende Kälte liess gleichsam jedes Leben in den Strassen und Gassen erstarren. Das sibirische Wetter aber vermochte die Ehrengesellschaft zum Rebhaus nicht davon abhalten, nach altem Brauchtum ihren Festtag zu begehen. Nach der Mahlzeit auf der Rebhausstube an der Riehentorstrasse begaben sich der Leu mit dem Ueli, der ihn wie gewohnt an der Kette führte, und 16 Gesellschaftsbrüder ins Freie an die «frische Luft», um ihren Umgang anzutreten. Sie marschierten tambour battant durch die Rheingasse zum Käppelijoch, wo der Löwe seinen obligaten Tanz darbot. Und dann wurde der Heimweg wieder unter die Füsse genommen. Unterwegs klaute der hungrige Leu dem Bäckermeister Johannes Beckel eine riesige Fastenwähe ab dem Ladentisch, doch niemand nahm Anstoss.

Dem Umzug hatte sich auch der 17jährige Franz Müller, begleitet von seinem Vater, angeschlossen. Er trug eine Flinte auf sich, die ihm der Stänzler Friedrich Schneider, der für einige Tage Urlaub bekommen hatte, zu treuen Handen gab. Auch Hansli Schilling, der lange Zeit in Ungarn als Soldat diente, hatte einen Vorderlader bei sich. Als der Leu mit seinem Gefolge nun in der Nähe der sogenannten Schleife anlangte, konnten es die beiden jungen Rebhäusler nicht mehr lassen, an ihren Feuerrohren zu manipulieren. Vor dem Haus des Kummetsattlers Felix Tschientschi jagte Hansli Schilling plötzlich eine fürchterliche Salve in die enge Gasse. Und der Zufall wollte es, dass ein Funke in die offene Zündpfanne des Gewehrs von Franz Müller sprang und zwei Schüsse zur Explosion brachte. Der eine traf den achtjährigen Heini Schönauer, der rücklings in das unüberdeckte Rinnsal, das durch die Rheingasse floss, stürzte und augenblicklich tot war. Der andere Schuss durchbohrte den zehnjährigen Joggi Gugoltz, der wenig später ebenfalls «des Todes verblich».

Unbehelligt von den konsternierten Rebhäuslern und Anwohnern, flüchtete der unglückselige Schütze aus der Stadt. Nach seiner Rückkehr ist Schilling für ein Jahr des Landes verwiesen worden. Die beiden Buben aber wurden unter grosser Anteilnahme der Bevölkerung zu St. Theodor beerdigt.

Scherer, p. 179 / Scherer, II, s. p. / Scherer, III, p. 174f.

Durch Kälte drei Finger verloren

«Auf den neuen Jahrstag 1693 sind die Schuhknechte mit Unter- und Obergewehr umgezogen. Kommandant Keller hatte ihnen dabei befohlen, keine Handschuhe zu tragen, sondern mit blosser Hand das Gewehr zu halten

Neujahrswunsch aus dem mittelalterlichen Basel, der das Jesuskind, von Alexandrien über das Meer fahrend, mit Segenswünschen und Geschenken zeigt. Ende 15. Jahrhundert.

und sich dadurch nicht als Schneider, sondern als echte Schuhknechte zu erzeigen. Dabei ist einem die Hand, weil es so kalt war, dergestalt an das Rohr angefrohren, dass er dadurch 3 Finger verloren hat.»

Scherer, p. 185/Scherer, II, s. p./Scherer, III, p. 180f.

Übermütige Stelzengänger

1694 gingen nächtlicherweil viel gottlose Gassenvögel, sogenannte Deller, auf hohen Stelzen um, schauten den Leuten zum Fenster hinein und verübten allerhand schändlichen Mutwillen!

Scherer, p. 194/von Brunn, Bd. III, p. 511/Buxtorf-Falkeisen, 3, p. 108f.

Steinwerfer

Der Inhaber eines französischen Schiffes, mit dem auf dem Rhein Steine transportiert wurden, beklagte sich 1694 bitter beim Rat wegen Belästigung der Schiffer durch Knaben. Die Untersuchung ergab, dass Jeremias Fesch und Theodor Burger die Schiffsknechte jeweils aus ihren Häusern mit Steinen bombardierten. Die Häupter der Stadt erteilten ihnen deswegen «einen guten Filz» (Verweis).

Ratsprotokolle 54, p. 346

Die schönen Zelte der Schuhmacher

«1695 haben die Schuhmacher ihre anno 1435 gemachten Zelte, die schon am grossen Schiessen von 1605 von vielen vornehmen Herren und Fürsten bewundert worden sind, auf der St. Johann Schantz wieder aufgestellt. Es waren die grössten und schönsten Zelte unter allen denjenigen der Zünfte. Die Schuhmacher haben darin etliche Tage Wein ausgeschenckt, die Maas à 16 Rappen.»

Scherer, II, s. p.

Abendgesellschaften

«Eine französische Dame, Emigrantin, gibt von den Abendgesellschaften eine anziehende Schilderung.
Gegen Fremde, schreibt sie, sind die Basler überaus höflich und zuvorkommend (affable). Gewöhnlich wird man zum Thee eingeladen und wird ungefähr um vier Uhr erwartet. Der Ehemann und die Söhne spähen am Fenster und begrüssen, sobald sie die Gäste ankommen sehen, dieselben auf der Strasse; die Hausfrau empfängt sie unter der Zimmerthüre. Nachdem sich die Gesellschaft gesetzt hat, erscheint die Tochter des Hauses oder eine Nichte mit einem sauber gekleideten Dienstmädchen, welches einen Korb mit Tellern trägt. Das Fräulein reicht unter tiefer Verbeugung jedem Geladenen einen Teller mit Messer und Gabel und diese danken, indem sie ihrerseits sich erheben und sich verbeugen; dann werden die Tassen gebracht, die Törtchen, Zucker herumgeboten, Thee, Früchte, Backwerk verabreicht, wobei jedesmal das gleiche Ceremoniell beobachtet wird, Verbeugung Seitens des Fräuleins, Aufstehen und Verbeugung Seitens des Gastes. Dies dauert ungefähr zwei geschlagene Stunden. Wenn der Thee endlich eingenommen ist, so folgt gemeiniglich eine Spazierfahrt in die Umgebungen der Stadt, oder man besucht ein Landhaus, deren es einige sehr hübsche gibt.
Wenn man zum Nachtessen eingeladen ist, so hat man zuerst die Feierlichkeit des Thees durchzumachen; dann setzt man sich zu Tische, meistens in sehr zahlreicher Gesellschaft. Das Essen besteht aus drei Gängen (trois grands services le composent), und dauert von halb 8 bis gegen 11 Uhr; nach aufgehobener Tafel begibt man sich sofort nach Hause. Da nach dieser Stunde der Wagenverkehr in den Strassen der Stadt polizeilich verboten ist, so sind diejenigen, welche nicht zu Fusse heimkehren wollen, genöthigt vorher aufzubrechen. Während des Essens herrscht eine etwas plumpe Fröhlichkeit am Tische.
Wenn damals die Sitte der Passe-Parole schon bekannt gewesen ist, so mag die Bezeichnung: grosse gaieté für die Stimmung der Gäste eine recht zutreffende sein; erscholl nämlich der Ruf: Passe-Parole, so hatte jeder Herr das

Warnende PUBLICATION

wegen dem Steinwerfen.

Weil sich seit einiger Zeit durch das unbedachtsame Steinwerfen der Jugend verschiedene Zufälle ereignet, wodurch an mehrern Personen gefährliche Beschädigungen entstanden sind, und diese leichtsinnige Gewohnheit unter der Jugend ungeachtet der hierwider ergangenen Verbote immer mehr überhand zu nehmen scheinet, als sind Unsere Gnädige Herren E. E. und Wohlweiser Rath dieser Stadt hiedurch bewogen worden, zur öffentlichen Sicherheit zu verordnen, daß dieses unüberlegte Steinwerfen, wovon die leichtsinnige Jugend die entstehen könnende Gefahr nicht einsicht, gänzlich unterlassen, und wider die Uebertreter dieser Verordnung eine ernstliche Ahndung vorgenommen werden solle; welches zu männiglichs Verhalt hiedurch kund gemacht wird. Und seynd besonders die Lehrer in den Schulen ermahnet, die Jugend durch ernstliche Vorstellungen, auch allfälliger nöthiger Bestrafung davon abzuhalten.

Den 8 Heumonat 1786. Canzley Basel, sst.

Die Lehrer werden aufgefordert, die leichtsinnige Gewohnheit des Steinwerfens unter der Jugend abzustellen.

Recht, die rechts und links neben ihm sitzenden Damen zu küssen. In ähnlicher Weise wie diese Dame drückt sich Graf Clairvoyant über den an solchen Essen herrschenden Ton aus: Le ton qui règne dans ces cercles n'est pas peut-être aussi bon que la chère qu'on y fait est exquise, car les Balois sont fort recherchés par leur cuisine et surtout dans la choix de leurs vins.» 18. Jahrhundert.

Carl Wieland, p. 41f.

Bannritt

«Uf Uffahrt 1702 ist ein gar schöner Bannritt von jungen Leuten gesehen worden. Dieser ist von Leutnant Ramspeck, der Rittmeister in Ungarn gewesen war, angeführt worden. Sie hatten eine Standarte und eine Pauke aus dem Zeughaus bey sich und schöne Bändel auf den Hüten. Sie zogen in schöner Ordnung durch die Stadt zum Münsterplatz, wo sie sich präsentierten.»

Scherer, III, p. 282

Zuchtlose Jugend

«Am 24. Januar 1704, dem kältesten Tag dieses Winters, haben grosse Schlittenfahrten unserer ausgelassenen Jugend stattgefunden, die heutzutag keine Zucht und wenig Tugend kennt.»

Schorndorf, Bd. I, p. 312

Umzug der St. Johannslemer

«Am 25. Februar 1706 sind die Mannen im St. Johannquartier umgezogen. Die 400 junge Männer starke Mannschaft hatte 8 Harnischmänner, mit roter, weisser, schwarzer und blauer Liverey geziert. Auf dem Münsterplatz gaben sie vor den Häupter-Häusern, wie auch auf andern Plätzen, Salven.»

Scherer, p. 345 / Schorndorf, Bd. I, p. 238 / Baselische Geschichten, II, p. 195 / Scherer, III, p. 307

Friedliche Metzgerkilbi

«Den 16. Mai 1707 zogen die Herren Metzger und Kälblistecher bey 130 Mann stark in der Stadt um. Ihnen voraus gingen die 3 Gesellschaftszeichen der Kleinen Stadt samt 8 Harnischmännern und etlichen kleinen Husaren. Sie diskutierten unter sich, dass bey Straf einer halben Mark Silber keiner kein Hund sollte auslassen, also dass keiner den andern sollte auslachen noch tanzen, viel weniger soll das Marchieren und Schiessen nur auf den Ehrenplätzen vor sich gehen. Summa: Sie hielten eine so guthe Ordnung, wie es noch niemals geschehen ist. Anderntags zogen sie wieder auf die Schützenmatte und verschossen allda zwei silberne Becher. Den grössten gewann Abel Oser, ein armer Metzger an den Steinen. Den andern gewann ein Metzgerknecht aus Schaffhausen. Weil dieser aber nicht Bürger war, ward der Becher Herrn Meister Schard zugetheilt. Der Knecht bekam dafür ein Dutzend zinnene Teller (!). Des abends speisten die Metzger und Kälblistecher zu Schmieden, und zerging diese Kilbe alles in Fried und Freude. NB. Soll alle 30 Jahr wieder beschehen: Man hielt insgemein dafür, die

Verordnung

wegen Schiessen und Trommelschlagen.

Unsere Gnädige Herren

Ein E. und Wohlweiser Raht dieser Stadt

haben zu Verhütung allerhand Unglücks und Schreckens nachfolgendes bey empfindlicher Strafe verboten; nemlich das Schiessen und Trommelschlagen an den Sonntagen, und zwar den ganzen Sonntag hindurch;

Sodann alles Schiessen und Trommelschlagen vor anbrechendem Tag und bey Nacht durchaus sowohl in Faßnacht- als andern Zeiten; und dann

Das Raketenwerfen, Granaten- Kästenen- und Schwirmerlegen gänzlich und zu allen Zeiten.

Damit wider dieses Verbot nicht gehandelt werde, sollen die E. Quartiere, Lobl. Polizeykammer, und die E. Gesellschaften darauf Acht haben lassen, und die Fehlbaren empfindlich rechtfertigen: Nicht minder solle auch Hr. Major MIVILLE durch die Harschierer auf die Fehlbaren Achtung geben, und selbige seiner Behörde verzeigen lassen.

Wornach sich Männiglich zu richten wisse.

Sign. den 29sten Jenners 1777.

Canzley Basel.

Schiessen und Trommeln sind an Sonntagen nicht mehr erlaubt, auch an der Fasnacht während der Nacht nicht mehr.

Metzger seyen grob / Allein bey diesem Zug muss man ihnen geben Lob / Dass sie gantz steif und vest, eine guthe Ordnung ghalten / Die Jungen ebenso gleich ihren lieben Alten / Ein Jeder that sein bests, vertrath wohl sein Person / Es gieng in einem Tact, als wie der Coridon (bei einer Truppenparade).»

Schorndorf, Bd. I, p. 254

Grossartiges Feuerwerk

«1707 ist im Auftrag Unserer Gnädigen Herren auf der Schützenmatte von einem neuen Konstabler (Büchsenmacher) ein Feuerwerk gemacht worden. Etliche tausend Menschen sind auf den Matten gewesen, um zu sehen, wie auf dem Deuchelweiher eine schöne Prob von allerhand Rageten, die in grosser Zahl auf einmal auf einer kleinen Maschine in die Luft geflogen sind, gegeben worden ist. Man hat dies allerorten, auf den Thürmen und auf den Bollwerken, mit Verwunderung gesehen. Das Spalenthor war bis 10 Uhr nachts offen, man zählte 20 Kutschen vornehmer Leute.»

Scherer, III, p. 311f. / Scherer, p. 355 / Basler Jahrbuch 1894, p. 42 / Schorndorf, Bd. I, p. 253

Hurentänze im Schnee

«Auf einen Tag vor Fasnacht 1711 ist ein grosser Schnee gefallen, dass man in der Stadt ohne Bahnen nicht fortkommen konnte. Er lag eines Manns tief. Es schneyte fort und fort, und der Rhein trieb mächtig Grundeis, das sich coagulierte (flockte), als wären es lauter runde Schneeballen, die sich von der Tiefe gegen das Wasser hinaufzogen. Kein Mann hat jemals solches gesehen. Jeder Hausvater legte mit den Seinigen Hand beim Schneeräumen an. Auf Kärren, in Büttenen, Zübern und Korben wurde der Schnee in den Rhein oder den Birsig geführt. In der Stadt war darob eine grosse Pracht und Üppigkeit. Man vergnügte sich während der Nacht mit Schlittenfahren und köstlichen Gastereien. Auch wurden Hurentänze angestellt, so dass Gott, der Herr, ein Erdbeben machte!»

Scherer, p. 428f. / von Brunn, Bd. I, p. 78 / Diarium Basiliense, p. 8v

Umzug der Schuhmacher

«Am neuen Jahrestag 1711 zogen die Schuhmacher um mit 150 Mann, mehrentheils junge Leute, und einem schönen Fahnen. Sie gaben auf den Plätzen Salven.»

Scherer, p. 425

Monstre-Trommeln auf dem Petersplatz

Zu einem Monstretrommeln versammelten sich im Juli 1712 70 Tambouren auf dem Petersplatz, die unter einem «General Tambour, der von Pratteln war, ihre Kunst wohl exerzierten. Sie standen in einem Circul um den General Tambour und mussten alle einen Streich schlagen.»

von Brunn, Bd. II, p. 385 / Scherer, p. 492

Grossartiges Schützenfest

«1713 stellte der Markgraf von Baden-Durlach auf der Schützenmatte ein prächtiges Schiessen an und gab drei silbervergoldete Becher und sechs silberne Medaillons mit seinem Bildnis zu verschiessen. Neben den silbernen Gaben hatte man auch viele zinnene von allerhand Gattung Geschirr, zusammen 101 Gaben. Unsere Gnädigen Herren hatten zwei Zelte aufgeschlagen, worin der Markgraf und sein Bruder, Prinz Christoph, speisten. Im einten Zelt, an welchem die Jahrzahl 1510 und oben an der Fahne 1605 stand, war eine lange Tafel von zwei Dutzend Personen. Während der Mahlzeit spielten treffliche Musikanten, so mit Hautbois, Trompeten und Waldhörnern, die sich sonderlich zu den Gesundheiten (Prost) tapfer hören liessen. Nach dem Abschluss des Schiessens war der Markgraf – der gegen jedermann, sonderlich gegen die Frauenzimmer, sehr leutselig und freundlich gewesen ist – als erster mit seinen Hofcavalliers aufgebrochen und in die Stadt hinein geritten. Dann folgten nach löblichem Gebrauch die Schützen mit den Fähnen zu Fuss. Es waren viel 100 Personen, die zusahen. Die, die in den Gassen und aller Orten hin und wieder gingen und zuschauten, aber etliche 1000.»

von Brunn, Bd. II, p. 388f. / Scherer, p. 522f. / Baselische Geschichten, II, p. 221 / Schorndorf, Bd. II, p. 24 / Beck, p. 138f.

«Ein Braut». Kupferstich von Barbara Wentz und Anna Magdalena de Beyerin. Um 1700.

Die Steinlemer mit neuem Greif

«Am Hirsmontag 1713 oder Güdelsmontag, wie ihn die Glarner nennen, zogen die Steinlemer Knaben mit einer neuen Fahne und einem neuen Greif um, den Herr Hagenbach hatte machen lassen und der Gesellschaft daselbst spendiert hatte, weil dieses Quartier sonst den Greif von den Kleinbaslern entlehnen musste. Den Tag hernach zogen die Grossen im Aeschenquartier um, wozu sich viele aus andern Quartieren gesellten. Es waren um 150 junge Männer und grosse Knaben mit zwei Fahnen, die auf den Plätzen allemal Salven gaben. Am folgenden Tag zogen sie wieder um, wobei die Hauptleute auf dem Schützenhaus am Petersplatz 4 Ohm Wein spendierten. Um diese Zeit ging das Fleckenfieber um, so dass viele junge Leute daran starben.»

Scherer, p. 507f.

Von einem grossen Glückshafen

«Der Elenden Herberge zum Nutzen war 1713 zu Safran ein Glückshafen (Lotterie) aufgerichtet worden. Auf einem Theatrum standen 4 Tische, 2 einander nach und 2 auf beiden Seiten. Auf der einen Seite stand ein kupferner hoher runder Hafen, worin gute und schlechte Zettel waren, welche ein junger Knabe herauslangen musste. Auf der andern Seite stand aber auch ein gleichförmiger Topf, worin die Zettel mit den Zahlen und Namen waren, die ebenfalls ein junger Knabe herausziehen musste. Der einte Schreiber rief die Namen aus, der andere aber die guten und schlechten Zettel. Neben diesen sassen die Notarii und die Herren am Collekt (Mitglieder der Armenfürsorge). Öfters aber auch ein Haupt von den Deputaten und Räten, die Achtung gaben, dass alles ordentlich zuging. Auf der Seite bei den Fenstern am Birsig sassen die Trompeter, die eines daher bliesen, wenn ein guter Zettel herauskam.»

von Brunn, Bd. II, p. 387f. / Scherer, p. 521f. / Schorndorf, Bd. II, p. 24

Umzug der Küfer

Am Aeschermittwoch 1714 zogen zwölf Küferknechte in der Stadt um. Sie zeigten ihre Kunst, indem sie durch ihre Reifen sprangen. Der Prinzipal hatte drei Gläser voll Wein auf seinem Reif stehen. Die Küfer trugen alle rote Hosen, weisse Strümpfe, weisse Hemden; drei Spielleute führten den Zug an.

Scherer, p. 546f.

Der Wilde Mann auf der Eselgriene

Nach altem Brauch liess sich der Wilde Mann auch im Jänner 1714 auf einem Floss den Rhein hinunterfahren. Weil der Fluss so wenig Wasser führte, dass sich oberhalb der Salmenwaage eine kleine Insel (die sogenannte Eselsgriene) bildete, verschmähte es der Wappenhalter der Ehrengesellschaft zu Hären nicht, auf der Sandbank im Rhein einen Tanz darzubieten. Auch auf dem Fundament des äussersten steinernen Jochs der Rheinbrücke nutzte der Wilde Mann die einmalige Gelegenheit zu einem Tanz und kritzte zum «Gedenkzeichen» anschliessend seinen Namenszug ins Gemäuer!

Scherer, p. 543f. / Schorndorf, Bd. II, p. 32

Grossartige Hochzeit

Während der Hochzeit von Andreas Burckhardt und Sara Sarasin im Münster spielten die vornehmsten Musikanten auf der Orgel. Als der Hochzeiter aus der Kirche ging, «fingen die Posaunen- und Zinkenbläser an, auf dem Turm einen Psalm zu blasen». 1714.

Scherer, p. 569

An militärischen Musterungen und Manövern gehörte auch das wiederholte Absingen patriotischer Lieder zu den Pflichtübungen.

Bedenkliche Geschichte

Eine höchst bedenkliche Geschichte trug sich im Frühjahr 1716 in der gehobenen Gesellschaft zu: Nachdem sich einige Herrensöhne im Gasthof zu den Drei Königen vergnügt hatten, grölten sie übermütig durch die nächtliche Innerstadt. Als 5 «Patrollierer» für Ruhe sorgen wollten, entwickelte sich ein wilder Schlaghändel, bei welchem der Gefreite Hans Jakob Bachofen mit einem Hirschfänger schwer verletzt wurde. «Weil es sehr finster war, wurde dem Verletzten nach Hause gezündet. Dort hat er sich gleich zu Bett legen und die Wunden von seiner Frau mit Wein auswaschen lassen müssen. Anderntags hat Balbierer Jeremias Fazio gleich gesagt, dass es gefährlich wäre. Deshalb wurde eine Wundschau einberufen, an der Stadtarzt Dr. Theodor Zwinger, Ratsherr Freuler, Meister Bischoff und Samuel Braun des Grossen Rats, alle drei Balbierer, zugegen waren. Wiewohl die Wundschau solches gleich für gefährlich gehalten, hat sie doch solches, weil es Herren Söhn betroffen, geheim gehalten. Wenig später hat Bachofen seinen Geist aufgegeben. Nachdem er gestorben war, haben ihn die Herren Häupter gleich geöffnet und gefunden, dass er zuvor gesund gewesen sei, wie ein rein Äuglin – wie man zu sagen pflegt.» Die vom Rat angeordnete Untersuchung, bei welcher gegen 40 Personen einvernommen wurden, brachte kein klares Licht in die widersprüchlichen Aussagen. Immerhin wurden die Söhne von Kunstmaler Huber und Dr. König, beide Studenten, zu Geldstrafen von je 200 Gulden verurteilt, «damit man Bachofens Kindern die Erhaltung geben könne.»

Bachofen, p. 125ff. / Diarium Basiliense, p. 14 / Scherer, III, p. 408 / Schorndorf, Bd. II, p. 62

Generalmusterung

Am Urbanstag 1719 fand beim Schänzlein an der Birs eine Generalmusterung der ganzen Soldatesca des Baselbiets statt, wozu zahlreiche Zelte aufgeschlagen wurden. Die Musterung war schön anzusehen, da die Offiziere mit Silber und Gold patinierten Hüten und scharlachroten und blauen Röcken aufmarschierten. Die Soldaten und Bauern waren alle fast gleich gekleidet in weissen oder blauen Röcken mit roten Aufschlägen, zu dem trugen sie weisse und schwarze Fahnen der Stadt: zusammen 4000 Mann auserlesene Mannschaft samt einer Kavallerie von 80 Dragonerpferden. Die Obrigkeit gab den Soldaten 45 Saum Wein zum besten. Auch waren, nebst 100 Pferden von vornehmen Herren, viele Kutschen mit Weibsbildern zu sehen. Für diese hatte man in der Hard kleine Zelte und Laubhütten aufgeschlagen, in welchen man den Damen zu essen und zu trinken gab. Auch boten Krämer und Zuckerbäcker ihre Waren feil. «Jedem sind 1 Pfund Brot und 1 Mass Wein gewidmet worden. Bei der Austeilung haben aber einige doppelt und andere nichts bekommen. So hat sich der mehrer Teil voll und toll besoffen, dass sie in der Hard und an der Strasse liegen blieben. Dort sind bei 60 von den Bettlern ihrer Flinten und Degen beraubt worden, so dass sie des morgens am Stecken wieder haben heimziehen müssen!»

Scherer, p. 693f. / Schorndorf, Bd. II, p. 123

Noch nie gesehene Masqueraden

«Im Hornig 1720 zogen alle Quartiere samt den Kleinbaslern um. Auch die Erwachsenen zogen um. Fast in allen Quartieren sah man viele Masqueraden und Verkleidete, die teils in den Umzügen, teils einzeln oder in Compagnien in den Gassen umherzogen. Niemand mochte sich erinnern, je solche Possen in dieser Stadt gesehen zu haben.»

Scherer, p. 721

Grossartiger Umzug der Drei Ehrengesellschaften

«Am 8. April 1720 sahen wir einen ausbündig schönen Umzug von den Kleinbaslern, da alle drei Gesellschaften umzogen. Sie hatten ihre 3 Thiere bei sich. Ebenso 42 Grenadiere und Harnischmänner mit gewöhnlichen Pelzkappen und Knebelbärten. Sodann 92 Mann vom Rebhaus, 116 Mann vom Hären und 110 Mann vom Greiffen. Zusammen 360 Mann. Diejenigen zur Hären hatten einen neuen Schilt bei sich. Den ersten Zug machten sie auf dem Münsterplatz, wo die Grenadiere ihre Granaten warfen und Salven abfeuerten. Alle waren schön gekleidet, und die Bänder auf den Hüten mussten die Farbe ihrer Fahnen haben. Anderntags zogen sie auf die Schüt-

«Herr des Rats». Kupferstich von Barbara Wentz und Anna Magdalena de Beyerin. Um 1700.

Kaiser Heinrich II., «sein» Basler Münster auf dem Arm tragend, als Statue dargestellt. Lavierte Bleistiftzeichnung von Hieronymus Hess.

Mit dem Bau einer Brücke über den Rhein leitete Bischof Heinrich von Thun, der auf dem Bild von Hieronymus Hess die Fundamentierung der Pfeiler inspiziert, 1225 die Entwicklung der bescheidenen dörflichen Siedlung Kleinbasel zum städtischen Gemeinwesen ein.

Die Geistlichkeit bespricht mit den Handwerkern der Münsterbauhütte den Fortgang der Arbeiten am Aufbau des Doms. Getuschte Pinselzeichnung von Constantin Guise.

Pappelallee in den Langen Erlen. Nach einem Sturm anno 1861 abgeholzt. Aquarell von Franz Feyerabend. Ende der 1790er Jahre.

Das Haus «Zum obern Känel» am Fuss des Leonhardsbergs gelangte 1825 in den Besitz des Bierbrauers und Ratsherrn Emanuel Merian, der unter dem Spitznamen «Käsmerian» sich einer ungeheuren Popularität erfreute. Wer genügend Appetit hatte, konnte sich bei ihm für 25 Rappen nebst einem Krug Bier ein riesiges Stück Brot und eine zünftige Portion Käse auftischen lassen. Sepialavierung von J.J. Neustück.

Der Markgräflerhof an der Neuen Vorstadt (Hebelstrasse); 1648 bis 1808 Sitz der Markgrafen von Baden-Durlach. 1842 für die Bedürfnisse der öffentlichen Gesundheitspflege eingerichtet. Aquarell von Peter Toussaint. 1837.

Oben: «Riehen, von Seiten Basel anzusehen, gezeichnet den 16.8bris 1752.» Lavierte Federzeichnung von Emanuel Büchel.

Unten: «Das Neu Haus von Seiten dem Otterbach anzusehen, gezeichnet den 3. 7bris 1752.» Lavierte Federzeichnung von Emanuel Büchel.

Der urkundlich 1279 erstmals erwähnte St.-Alban-Teich mit Blick auf die St.-Alban-Kirche und das Münster. Aquarell von Constantin Guise. 1855.

zenmatte, wo um drei Becher geschossen wurde. Abends zogen sie besonders durch die St. Albanvorstadt. Vor dem Haus des reichen Gerichtsherrn Beck warfen sie Granaten aus Papier, was verursachte, dass Herr Beck jedem Quartier zwei Dukaten verehrte. Deswegen wurde am nächsten Tag auf den drei Gesellschaftsstuben eine Mahlzeit gehalten, wozu Unsere Gnädigen Herren jeder Gesellschaft 3 Saum Wein und einen Sack Mehl spendierten.»

Scherer, p. 731ff. / Im Schatten Unserer Gnädigen Herren, p. 15ff. / Schorndorf, Bd. II, p. 146 / Nöthiger, p. 29 / Beck, p. 156f.

Ratsherren ohne Bärte

«1721 starb das letzte Mitglied des innern oder kleinern Rathes, das, nach alter Väter Sitte, noch einen Bart getragen hatte.»

Taschenbuch der Geschichte, p. 185

Wildes Schlittenfahren

«Das Schlittenfahren ging 1723 bey unserer jetzmahligen sehr ausgelassenen wilden Jugend stark an. Es währte die gantze Nacht durch mit Schreyen und Jolen. 1726 wiederholte die tugendlose Jugend das Treiben. Es wurden alle Schlitten und Pferde der Stadt angespannt. Es währte die gantze Nacht durch bis 2 à 3 Uhr mit grossem Tumult und Üppigkeit. Auf allen Zünften wurden Gastereyen und Bälle gehalten und ein grosses Geld verprasst. Alle Fisch und Geflügel sind dazu aufgekauft worden, wobei das Doppelte bezahlt wurde. Die Armen aber waren dabei in Vergessenheit!»

Schorndorf, Bd. II, p. 224 und 296

Ausgelassene Küferknechte

«Die Küferknecht machten 1724 einen tollen Reyfftantz auf den Gassen und zogen 3 Tage in der Stadt herum im Luderleben: Ein mancher da versoff den Lohn vom halben Jahr / So er mit übel Zeit bisher zusammen glegt / Mit Recht man sagen kann, er sey ein Narr / Dass er mehr verthan, als sein Beuthel erstreckt.»

Schorndorf, Bd. II, p. 251

Drang zum Ehestand

«1725 waren 7 Hochzeitskirchgänge zu einer Stund im Münster. Die gantze Kirche war mit Leuthen angefüllt. Herr Pfarrer Rychner that die Predigt. Er hatte genug zu thun, dass er vor dem Altar die Letzte nicht mit dem Ersten zusammengab. Es wäre schier nötig gewesen, dass ein jeder Bräutigam seine Braut an einer Schnur gefasst hätte. Dem Verlaut nach ist nämlich eine zu einem andern herabgeruckt, der ihr vielleicht besser gefallen hat, als der ihrige. Sie soll aber an der Jüppe (Rock) wieder zurückgezogen worden seyn!»

Schorndorf, Bd. II, p. 294

Neuartiger Umzug

Am 13. März 1726 zogen Knaben aus dem Spalenquartier mit jungen Töchtern an der Hand in der Stadt um. Auch trugen sie blanke Degen mit sich, auf deren Spitzen sie Orangen und Zitronen gesteckt hatten. Ein solcher Umzug ist in der Stadt bisher noch nie gesehen worden.

Scherer, p. 882

Wurzengraber

«Am 14. März 1729 zogen die Wurtzengraber, so man die Kleinen Basler nennt, mit ihren 3 Gesellschaften zu Feld. Sie hatten ein Schiessen auf der Schützenmatte und liessen sich sehen in der Mänge, trotz den grossen Baslern. Sie machten auch ihre Exercitia besser als sie: Da hiess es, botz rapinzelin rechts um / Kraut, Rüben und Rätig in einer Sum / Macht euch alle fertig zu dem Schutzen / den grossen Baslern jetzt zu trutzen.»

Schorndorf, Bd. II, p. 362

Närrischer Brauch mit tödlichen Folgen

«Als nach altem Gebrauch den 20. Januar 1729 der Leu in der Kleinen Statt Basel umgelaufen war, war es so kalt, dass der Rhein Grundeis getrieben hat. Da derjenige, der den Leuen geführt hat, in den Brunnen vor dem Rebhaus geworfen worden war, ist er etliche Tage später gestorben. Er war ein Schneider gewesen und hat Ehrler geheissen.»

Bachofen, p. 414

«Fraw im Winter Habit». Kupferstich von Barbara Wentz und Anna Magdalena de Beyerin. Um 1700.

Solennes Hochzeitsessen
«An der Hochzeit des Domprobstei-Schaffners Schweighauser (1736) wurden neben Anderm den fünzig Gästen 7 welsche Hahnen, 4 Taubenpasteten, 4 Stockfischpasteten, 3 Welschhahnenpasteten, 3 Wildschweinköpfe, 4 Stück Schwarzwildpret, 7 Stück Reh, 16 Schnee- und Rebhühner, 14 Spiess Lerchen, 60 Krammetsvögel, 11 Platten fricassierte Hahnen, 11 Platten Ragout mit Krebsen, 11 Platten gebackene und farcierte Ohren, 90 Tabakrollen, 50 Dutzend Schenkelein, 90 Himbeertörtchen und 6 grosse Mandeltorten aufgetischt.»
Carl Wieland, p. 48

Münsterturmbesteiger
«1744 ist Julius von Känel aus dem Bernbiet, welcher etwas über 70 Jahr, welcher 54 Jahr in Unserer Gnädigen Herren Arbeit im Werckhof gestanden und 36 Jahr nacheinander am Ostermontag auf den Münsterthurm gestiegen war, allhier gestorben.»
Basler Chronik, II, p. 170

Der Tod im Löwenkleid
Als am 13. Januar 1750 traditionsgemäss die Kleinbasler Ehrengesellschaft zum Rebhaus «mit einem Tambour und Löwenführer, sonsten Uhle genannt, einen kleinen Dantz» abhielt, ereignete sich ein betrübliches Unglück: «Als dieser Löw mittags um 2 Uhr vor Herrn Obristmeister Kern, dem Weissbeck an der Rebgass, dantzen wollte, ist dieser Mann, wo im Löwenkleid gewesen, namens Friedrich Bayerli, ein verheuratheter Mann, gebürtig aus dem Bayerischen, plötzlich darnider gefallen und gleich gestorben. Diese verwunderungswürdige Begebenheit veruhrsachte in der Kleinen Statt eine grosse Consternation. Als nun die Herren Kleinen Basler diese alte heidnische Ceremon wegen diesem unglücklichen Löwen Todesfahl absolut nicht wollten abgehen lassen, so hat man in der grössten Geschwindigkeit den wohl resolfirten und gouraschirten vorher gewesenen Uhle (Ueli) namens Hasler die Löwenhaut angezogen.» Der neue Leu erfüllte unter Assistenz von Maurer Heinrich Dömmeli, dem neuen Ueli, unverzüglich seine Aufgabe und führte unberührt «das grosse Hammen-Fest mit Dantzen und Springen, Essen und Trincken zu Ende»! Bayerli «ist hernach in aller Stille im Clingenthal vergraben worden, weil einige der kleinen Basler Geistlichen jeweilen diese Gebräuche als ärgerlich und heydnisch ausgeschrauen haben».
Im Schatten Unserer Gnädigen Herren, p. 25f. / Bieler, p. 765 / Basler Chronik, II, p. 398

Spaziergänge wieder erlaubt
«Das Verbot, die Bürger an den Sonn- und Festtagen vor die Thore hinauszulassen, wird 1754 durch den Grossen Rath aufgehoben, gleichwie die Verpflichtung, ihre Namen anzugeben.»
Historischer Basler Kalender, 1886

Schlittschuhläufer
Im Januar 1755 «war der Rhein bis an das zweite höltzerne Joch überfroren. Inwährend dieser Zeit haben sich vornehme Leuthe, viele junge Knaben und Erwachsene, theils hiesige und frembde junge Herren mit Schleifschuen auf dem Eis unter dem Cäppeli und letsten steinernen Joch mit Schleifen zimlich belustiget. Insonderheit einer bey Herrn Fritschy in Contition stehender Barbierergesell und ein hiesiger in frantzösischen Diensten stehender Burger, Leutnant Würtz. Selbige waren im Schleifen ziemlich exercirt und hatten vor vielen 100 Zuschauern ab der Rheinbruck viele sehenswürdige Kunststuck auf dem Eis durch die Joch hindurch bis an Schindgraben (Klingentalgraben) rühmlich und glücklich abgelegdt.»
Im Schatten Unserer Gnädigen Herren, p. 36f. / Bieler, p. 13f.

Bischöfliche Musterung mit tödlichem Ausgang
Am Basler Bettag 1756 «sind von Schliengen, Muchen (Mauchen), Steinstatt, Istein, Huttigen, Bölligen (Bellingen), welche 6 Dörfer Ihro Durchlaucht dem Bischof von Basel gehören, 350 Mann vom 16ten bis ins 60ste Jahr

Ansicht des Grossbasler Rheinufers vom Letziturm bis zur Augustinergasse. Federzeichnung für die Topographie von Matthäus Merian. 1642.

mit Under- und Übergewehr, aber ohne Trummelschlag und Fahnen, am St. Bläsy Thor von unsrem Statt-Major Huber sambt einem Dedaschement unserer Statt-Soldaten in 3malen colonenweis abgeholt und auf den Kornmarckt vor das Rahthaus gebracht worden. Alda wurden sie militärisch durch den halben Theil unserer Stattgarnison-Soldaten durch Paradirung mit Trummen und Pfeifen empfangen. Als nun alle 3 Colonen beysammen, transportirte Land-Major Meviel selbige mit einem Dedaschement Land-Melitz bis auf Münchenstein. Von da marschirten sie noch auf Arlesen und übernachteten. Den andern Tag morgens mussten solche und noch andere, in allem 2000 Mann aus dem Bistum Basel, zu Arlesen dem Gnädigen Herrn Bischof ceremonialisch den Eid der Treu huldigen und ablegen. Nach geendigter 50jähriger Ceremonien, welche seit Anno 1705 nicht geschechen, nahmen selbige nachmittags widrum ihren Marsch nach Haus. Mithin ist diese Huldigung alle 50 Jahr geschechen und wird künftig – wer's erlebt – Anno 1806 wider gehalten werden. N.B. Von diesen wolten von Istein und Bölligen 12 Persohnen bey Klein Hünigen in einem Weidling auffem Rhein nach Haus fahren. Als sie nun nah bey Haus und zimmlich betruncken waren, hatten sie das Unglück, dass sie an ein Felsen gefahren, wovon 10 erbärmlich ertruncken!»

Im Schatten Unserer Gnädigen Herren, p. 48f. / Bieler, p. 115

Böser Fasnachtshändel

«Zu Basel ist von altersher die Ceremonien, dass auf den Fasnacht Hirsmontag die Knaben von den meisten Quartieren 3 Tag militärisch mit Under- und Übergewehr, mit Officiren, Grenadir, Fähnen und Trummen in der Statt herumziehen, auch vor ihren Freunden Häusern sich mit Schiessen exercirten. Bey diesen Umzügen, insonderheit zwischen den Steynemern und Kleinen Baslern, sind schon manchmalen grosse Händel entstanden, so dass viele blutige Köpf davon getragen haben. Da nun im Jahr 1757 die Kleinen Basler, die einen von den grössten Umzügen mit 6 Harnischmännern hatten, Dienstages abends 5 Uhr im Heimziehen im Begriff waren, racontrirte ihnen beym St. Johann Schwibogen der Steynemer auch grossen Umzug. Einer von ihren grossen Grenadirer namens Andres Dürring, welcher ein Klein Basler war und an der Steynen bey Meister Müller ein Küfer lehrte, wollte alda under die Kleinen Basler. Die Steynemer weigerten sich und wollten ihn nicht gehen lassen, fiengten mit ihnen Händel an, so dass sich dasige Männer und Nachberen darein gelegt und abwehren wolten. Da nun diese Nouvellen an Steynen gekommen, kamen gleich viele Steynemer Burger und wolten sich revanschiren. Anfangs suchten die Kleinen Basler den Frieden. Weilen aber viele Steynemer nicht wolten nachgeben und dreinschlagdten, kamen viele Kleinen Basler grosse Knaben mit verkehrtem Gewehr (Gewehrkolben). Etliche zogen vom Leder; die Thiere und Harnischmänner schlugdten drein und wehrten sich dapfer, so dass etliche blutige Köpf davongetragen und sich in die Häuser salviren mussten. Endlich hatten die Kleinen Basler victorisirt und haben zum Siegeszeichen den Steynemern ihr Fahnenfutter und etliche Gewehr erobert und sind mit grösstem Jubilirn nach Haus gezogen.

Es hat sich vor ohngefehr 3. Wochen ein Knäblein von 7. Jahren ganz schlecht gekleidet, welches von Schafhausen hieher naher Basel zu seinem Vetter zu gehen Willens ware, verloffen, sollte selbiges von jemand gefunden, oder erfragt werden, kan man deswegen hier im Berichthaus, oder in Schafhausen bey Herrn Junker Stadt-Richter in der Rosenstauden erfahren, wem es zugehöret, wofür man höchst dankbar seyn wird.

Anzeige in der Samstags-Zeitung vom 25. September 1762.

Braut auf dem Weg zur Hochzeit. Kupferstich von Johann Jakob Ringle. Um 1650.

Diese Schlägerei veruhrsachte hernach bey den Steynemern wegen diesem Schimpf eine grosse Piganterie (Gereiztheit). Etliche 100 Burger complotirten sich zusammen, dass man, wenn die Kleinen Basler im Steynen Closter ihr Compedenswein abholen wolten, sich an ihnen mit Brüglen revanschire. Als aber die Kleinen Basler solches durch einen ihrer Spione vernommen, bleibten sie selbigen Abend zu Haus. Den andern Tag resolvirten sich 8 gouraschirte 20 bis 22jährige ledige Knaben, darunder Nübling, Werdenberg, Hosch, Bieler und Stecheli, militärisch als Grenadirer mit einem Tambour und den Sabel in der Faust ihr Combedenswein zu holen. Etliche Burger aus der Kleinen Statt wandten zwar, um ein Unglück zu verhüten, alle Mittel an, sie zurückzuhalten. Man offerirte ihnen anbey ihr Ohmen Wein in einer Bügte incognito abholen zu lassen, aber vergeblich. Denn die point d'honeur legt ihnen nach, die Steynemer möchten vielleicht sagen, sie hätten kein Gourasche – und marschirten. Inzwischen als die Steynemer vernommen, welche über 160 Männer gewesen, dass die Kleinen Basler auffem Weg waren, separirten sich die halben ins Steynen Closter. Da sie nun an Closterberg kamen, wurden sie von 60 Burgern, zwar nicht militärisch, sondern mit grossen Brüglen und Stangen zum erstenmal salutirt. Vier von ihnen nahmen die Flucht, aber die 4 andern, Nübling, Stecheli, Werdenberg und Hosch, lauften mit dem Sabel in der Faust gouraschirt under die obigen 60 hinein und jagdten sie bis zum Steynen Thor und blessirten etliche. Als aber ihr Securs, etliche 60 Mann, welche im Steynen Closter incognito versteckt waren und gesechen, dass sie Noth leideten, kamen sie ihnen zwar widrum nicht zu ihrem Ruhm, mit grossen Kiesligsteinen zu Hilf und wolten sie verfolgen. Etliche von diesen 4 wurden zwar von der vielen Steinen ein wenig blessirt. Dessen ohngeacht förchteten sie sich nicht, lauften furieus under sie hinein und blessirten widrum etliche. Endlich gehts ihnen wie das Sprichwort sagt, viel Hund sind des Hasen Tod. Sie wurden von wegen vielen Steinwerfen verfolgt bis über den Münster Platz. Wan aber obigen Vieren ihre 4 zaghaften Cameraden nicht die Flucht ergriffen, auch die Steynemer nicht mit Steinen geworfen hätten, würde bey nachem eine grosse Massaccer entstanden sein. Mithin hatten obige 4 gouraschirten Kleinen Basler dennoch nach Proportion widrum victorisirt.
Als Unsere Gnädigen Herren solches vernommen, schickte der Burgermeister seinen Bedienten Christian Münch mit der Farb (in der Amtstracht) zu den Kleinen Baslern. Um ferneren Streit zu verhüten, sollten sie mit ihm ins Steynen Closter gehen und ihr Ohmen Wein abholen. Da sie nun abends 8 Uhr selbigen verlangten, fanden sie noch viele Burger alda versammelt, welche ihnen mit Brüglen aufpassten. Der Herrendiener Münch kündete ihnen an, dass sie aus Befelch Unserer Gnädigen Herren den Kleinen Baslern ihr Wein in Frieden abfolgen lassen, widrigenfahls sie in die höchste Ungnad verfallen. Etliche furieuse Männer aber respectirten anfangs die Farb nicht und weigerten sich; auch stossten etliche viele insolente Worte aus, welche Herrendiener Münch ad notam genommen. Endlich nach langem Certirn mussten sie den Wein abfolgen lassen, aber dem Herrendiener wurde, vielleicht aus Raach, von etlichen sein Mantel verrissen. Den 4. Mertz wurde Herrendiener Münch wegen dieser Sach von etlichen Cantzlisten gegen 2 Stunden examinirt. Den 5ten dito kam obige gantze Hergangenheit vor Unsere Gnädigen Herren, alwo erkand, dass 3 von obigen hitzigen Burgern sollten von denen Herren Sieben examinirt werden. Dem Herrendiener Münch aber wurde für seinen schadhaften Mantel 6 Pfund bezahlt. Letstlich wurde die Sach beygelegdt und die Fehlbarsten von beyden Pardeien mussten mit einem feinen Castor (Tadel) verlieb nehmen und zum Frieden recommendirt.»

Im Schatten Unserer Gnädigen Herren, p. 56ff. / Bieler, p. 121f. / Criminalia 14 S 35

Leichenbegängnis

«Ich sah bei einem hiesigen vornehmen Leichenbegängnis die Zeremonie, wie man die Leiche aus dem Hause wegträgt. Gegenüber von Herrn Thurneysen war eine Frau aus einer der ersten Basler Familien gestorben. Zuerst kam die Dienerin der Verstorbenen in Schwarz, dann brachten zu diesem Zweck angestellte Männer die Leiche, hinterher kam der Witwer mit einem anderen

«Jungfrau in der Traur». Kupferstich von Barbara Wentz und Anna Magdalena de Beyerin. Um 1700.

Herrn, vielleicht einem Bruder, hernach aber rief ein Beauftragter nach einer vorher aufgestellten Liste immer zwei und zwei Personen auf, und fuhr so fort, bis alle weggegangen waren. An ein Begräbnis geht nicht jedermann, sondern nur, wer dazu eingeladen wird. Die Eingeladenen erscheinen in Schwarz, die Professoren, die Mitglieder des kleinen Rats, die Gerichtsherren und ebenso die Geistlichen in ihren weiten faltenreichen Kleidern, um den Hals mit weisser, gerunzelter Leinwand, alle andern Personen aber ohne Unterschied in schwarzen Kleidern und Mänteln.» 1759.

Teleki, p. 50f.

Was von Hochzeitsgästen erwartet wird

«1759 war ich zum erstenmal auf einer Basler Hochzeit. Mein Geldbeutel würde es empfinden, wenn ich oft zu einem solchen Anlass gehen müsste. Denn zuerst pflegt jeder Eingeladene der Braut vor der Hochzeit ein Geschenk zu schicken, das auch für ein gewöhnliches Stadtkind mindestens ein Goldstück betragen muss; ich schickte einen Louisd'or. Ausserdem muss man die Musikanten beschenken, ebenso die Diener, die einem Hut und Degen abnehmen. Da man ausser den fremden Gästen bis 50 Personen einladen darf, so wächst das Geldgeschenk, welches die Braut erhält, zu einer ansehnlichen Summe an, die die Ausgabe für die Hochzeit um vieles übertrifft – ein Zeichen, dass der Schweizer auch hier klug für sich gesorgt hat, damit sein Geldbeutel die Gasterei nicht spürt. Tanzen darf man nicht länger als bis 12 Uhr. Gegessen wurde dreimal; zuerst gab's das Mittagsmahl gegen 12 Uhr, aber dies dauerte wenig mehr als eine Viertelstunde und dann wurde sogleich getanzt. Zum zweitenmal ass man gegen 8 Uhr zu Abend, und drittens um Mitternacht, als der Tanz zu Ende war, setzte man sich wieder zum Nachtessen. Ich ging um 12 nach Hause, die andern aber blieben bis um drei Uhr früh.»

Teleki, p. 60

Abgeschmackter Brauch

«Im Oktober 1760 ass ich mit meinem jüngeren Vetter Adam Teleki zusammen bei Herrn Marschall, dem Gesandten unserer Majestät. Es waren noch viele Gäste da, teils aus der Nachbarschaft, teils aus der Stadt. Ich weiss nicht, woher die Sitte stammt, aber wir küssten uns bei Tisch, jeder seine Nachbarin, während alle am Tisch Sitzenden ein Lied sangen, das fast nur aus folgendem Text bestand: Buvons et baisons nous, mon cher voisin, c'est le plus grand plaisir du monde et le moindre péché de tout. Ich konnte dies ohne jede Sünde tun, denn meine

Von den Hochzeiten.

Hochzeiten, wenn nicht zu halten.

DAmit die hochfeyrlichen Festtage als Weyhnachten, Ostern und Pfingsten mit gebührender Andacht und Ehrerbietung gehalten werden, so wollen Wir, daß in vierzehen Tagen vor- und in vierzehn Tagen nach diesen Festen, wie in der Stadt, keine Ehe eingesegnet, und also einige Hochzeit nicht gehalten, auch nicht als um gantz erheblicher Ursachen willen, und auf den Fall, da man allein des Kirchgangs begehren, und alles übrige Gepräng, Mahlzeit und Kosten unterlassen wollte, in Fest-Zeiten um acht Tag, und sonsten um den Montag vor dem Bättag dispensiert und nachgegeben, darumben aber die monatliche Bättags-Predigt nicht eingestellt, sonderen dennoch gehalten werden solle. Von Fremden soll auf unserer Landschafft niemand, wer es auch wäre, ohne Eines Ehrsamen Kleinen Rahts Bewilligung; von Burgern aber Niemand ohne Schein von Unserem Ehegericht, oder dem Pfarrherrn in der Gemeind zusammen gegeben und eingesegnet werden.

Ehrbarkeit bey Hochzeiten zu beobachten.

Im übrigen sollen die Hochzeiten und Hochzeit-Freuden von denen geladenen Hochzeit-Leuten in aller Zucht und Ehrbarkeit gehalten, und das Zulauffen der Fremden, so nicht den Hochzeiteren zu Ehren, sonderen nur um überflüßigen Essen und Trinckens, auch anderer Ueppigkeit willen beschicht, nicht gestattet; ingleichem auch, absonderlich die Morgen-Suppe, welche biß dahin viel Aergerniß nach sich gezogen, den Kirchgang verspätiget, etliche voll in die Kirchen gebracht, nicht weniger auch die Nach-Hochzeiten, das Heim- oder Niederführen der Hochzeiterin, das üppige Liedersingen, und andere Ungebühr allerdings und gäntzlich abgeschafft seyn, und mit erforderlicher Thurn- oder Gelt-Straf von Unseren Ober-Amtleuten unausbleiblich gestrafft werden.

Damit Weihnachten, Ostern und Pfingsten in ihrer Feierlichkeit nicht gestört werden, sollen zwei Wochen vor und zwei Wochen nach diesen Festtagen keine Ehen eingesegnet werden. 1759.

Von Leich-Begängnussen.

UNd sintemalen auch bey den Leich-Begängnussen sich allerhand Mißordnung herfür thut / Als wollen Wir männiglichen erinneret haben / sich dieses Fahls / in einem und dem anderen also zu erzeigen / wie eines jeden Stand / Ambt / und Vermögen zulasset / damit aller Uberfluß vermitten / und uns nicht Ursach zur Abstraffung gegeben werde.

Und Erstens zwar / wollen Wir die biß dahin in dem Sterbhauß aufgeschlagene Läidtüchere / als einen ohnnöthigen / zumalen auch / sonderlich in Sterbens-Läufften / (da GOtt vor seye) gantz gefährlich- und schädlichen Uberfluß / gar und gäntzlich abgeschafft / und solche bey willkürlicher Straff ernstlich verbotten haben.

Und so viel das Läidtragen betrifft / solle dessentwegen mit dem Gesind gebührende Moderation beobachtet / und allein in denen Fählen / da es umb verstorbene Elteren oder Kinder zu thun ist / den Knecht- Mägd- oder Diensten / und zwar allein denen so in dem Sterbhauß dienen / Läid zu tragen erlaubet / solches aber weiter nicht extendiret / beyneben zu der Knecht und Mägden Läid-Kleideren kein köstlicherer Zeug / als allein Cadis oder Rassen / gebraucht / mithin auch der ohnnöthige Pracht der Kräntzen und Meyen / so bey unverehlichter Personen / oder junger Kinderen Begräbnussen / bißhero verübet worden / fürohin gäntzlich unterlassen / oder die Fehlbare zur gebührenden Straff gezogen werden.

Das Leidtragen ist den Knechten und Mägden nur erlaubt beim Hinschied von Eltern und Kindern. Bei Begräbnissen von Kindern und ledigen Personen dürfen weder Kränze noch Blumen dargebracht werden. 1715.

Nachbarin, die ich küsste, war eine ältliche Frau. Es schien mir ein recht abgeschmackter Brauch.»

Teleki, p. 51

Tanz und Schlittenfahrt

«Am Nachmittag des 9. Januar 1760 war ich im Konzert, das besser besucht war als ich dachte, denn das Schlittenfahren nahm viele in Anspruch. Die jungen Leute sind so sehr darauf erpicht, weil ein Gesetz das Tanzen in der Stadt verbietet, ausser wenn es schneit und eine Schlittenfahrt möglich ist. Sobald daher nur ein wenig Schnee fällt, macht man von der Lizenz Gebrauch. Die Art des Schlittenfahrens ist die übliche, man spannt ein Pferd vor den Schlitten, und ein Bursche reitet auf einem andern voraus. Die Schlitten sind fest gebaut, hübsch, aber klein; ein Herr und eine Dame haben gerade Platz darauf.»

Teleki, p. 65

Faschingmässige Prozession

«26. Februar 1760: Wie schon gestern zogen auch heute wieder die Basler Kinder nach hiesiger Sitte mit Flinten bewaffnet scharenweise durch die Gassen, unter ihnen auch einige Erwachsene in alten Schweizertrachten. Es gibt daneben auch solche, die sich als Tiere verkleiden, nach den Wappen der Zünfte, oder vielmehr der Gesellschaften, wie man sie nennt, denn diese sind von den Zünften verschieden und auch nicht so zahlreich wie diese. Ich unterschied drei- oder viererlei, nämlich den Löwen, den Greif, den Wilden Mann und den Bären, und vielleicht gibt es noch mehr. Jeder von diesen zieht mit seiner Truppe durch alle Gassen der Stadt. Man trifft auch einige, die in Panzer gekleidet mit grosser Majestät vor den Kindern vorangehen, jedes Kind trägt nach Soldatenart einen Grenadierhut und hat sich einen langen Schnurrbart gemacht. Vor jedem, dem sie begegnen, schiessen sie blind, wofür man ihnen etwas hinwerfen muss. Man pflegt diese zeremoniösen Umzüge jedes Jahr um diese Zeit zu veranstalten zu Ehren der alten Schweizer Väter, welche die Freiheit erkämpft haben. In dieser Absicht geht auch in dieser faschingsmässigen Prozession ein kleiner Knabe mit dem Apfel, und hinter ihm ein Erwachsener mit einem Pfeil, der nach ihrer Geschichte einen Vorfahren, namens Tell, darstellt, der auf Befehl des damaligen Oberbeamten gezwungen wurde, den Apfel vom Kopf seines eigenen Kindes mit dem Pfeil wegzuschiessen. Es würde aber zu weit führen, alle derartigen Ortsgebräuche weitläufig zu beschreiben.»

Teleki, p. 72

Volksfest

«Am 7. April 1760, nachmittags war ich mit andern auf dem Münsterplatz, wo ich zwei Volksbelustigungen, die am Ostermontag stattzufinden pflegen, angesehen habe. Die eine bestand darin, dass am Münsterturm, der auf die gleiche Art wie der St. Stephansturm in Wien gemacht ist, nur viel kleiner, ein Maurer über die am Turm hinausragenden Steine hinaufkletterte und auf die Turmspitze stieg, wo er zu Ehren der Häupter der Stadt und auf die Gesundheit des Rats ein Glas Wein trank und dann einige Male Granaten schoss; das geschah auf jedem der beiden Türme. Man tut dies jedes Jahr, um nachzusehen, ob am Turmdach nichts fehlt; die Gesellen bekommen für die Besteigung einen grossen Taler, was 2 Gulden und 40 Kreuzer ausmacht. Es schauderte mich vom blossen Zusehen, weil es leicht hätte geschehen können, dass sein Fuss ausgeglitten wäre und er nie mehr gegessen hätte.
Der andere Brauch, der sich gleichzeitig abspielt, ist der folgende: Acht Müllergesellen machen miteinander eine Wette, vier bleiben auf dem Münsterplatz, die vier andern aber laufen bis zur Wache der Festung Gross-Hüningen, die nah beim Rheinufer gelegen und von Gross-Hüningen selbst noch sehr weit entfernt ist, und von dort wieder zurück. Die andern 4, die auf dem Platz geblieben sind, beschäftigen sich unterdessen wie folgt: sie legen, noch bevor die andern fort sind, vier Reihen Eier auf die Erde, in jede Reihe 100, jedes Ei einen kleinen Schritt weit vom andern entfernt, und sie müssen nun diese Eier alle nacheinander aufsammeln, ehe die andern von der Hüninger Wache zurückkommen. Jeder Müllergeselle hat einen Partner, mit dem er wettet. Wenn er die hundert Eier aufsammelt, bevor sein Partner zur Wache gelaufen ist, so hat er gewonnen, wenn aber nicht, so hat er die Wette verloren, die je nach der Übereinkunft einen Taler, einen Dukaten oder einen Louisd'or beträgt. Wenn er aber ein Ei zerbricht, so hat er auch verloren. Sie werfen aber die Eier in eine grosse mit Wasser gefüllte Wanne, die an einem Ende der Eierreihe steht. Alle diese acht Müllerburschen sind in leichten, weissen Gewändern sehr schön angezogen. Diesmal zerbrachen zwei ein Ei, und es schien mir, dass auch die beiden andern nicht fertig wurden, bevor die Läufer zurückkamen, sodass alle die verloren, welche die Eier auflasen.»

Teleki, p. 79f.

Glanzvoller Bannritt

«Es war Christi-Himmelfahrtstag 1760. Ich sah den jährlich an diesem Tag stattfindenden sog. Bannritt, mit dem

Der schwache und der starke Stallknecht im Umgang mit ihren Pferden in «Lob der Torheit» von Erasmus von Rotterdam. Federzeichnung von Hans Holbein d. J. 1515.

Wunsch

an

Eine Hohe Obrigkeit

des Loblichen Freystandes Basel

bey Gelegenheit des gewöhnlichen Küfer-Reif-Tanzes

ehrerbietigst dargebracht

von

Jacob Adam Asche

von Heilbronn, dermaligem Reiffschwinger

den 22ten Hornung 1792.

Botmeister waren:

Meister Hieronimus Hofmann. Meister Hans Georg Salathe.

Junge Meisters-Söhne als Reifschwinger dabey waren:

Joh. Ulrich Schardt.

Hieronimus de Hier. Hofmann.
Joh. Georg de Joh. Georg Salathe.
Rudolf de Rudolf Salathe.
Ludwig de Rudolf Salathe.

Erlauchter Magistrat! Ihr Väter dieses Landes!
Wohlweise, Gnäd'ge Herr'n! Ihr Stützen dieses Standes!
Die Gottes Allmachts-Hand zum Besten dieser Stadt,
Und zu des Landes Wohl sich ausersehen hat!
Laßt Euch doch nachsichtsvoll, mein ehrerbietigst Lallen,
Laßt Liebe – Pflicht und Treu, und Dank Euch wohlgefallen!
Doch ja – ich bins gewiß – Ihr hört mich huldreichst an;
Drum wag ich meinen Wunsch, und fange fröhlich an: –

* * *

Gott, dessen Allmachts-Hand die ganze Welt regieret,
Und der mit Weisheit Euch so herrlich ausgezieret;
Der segne ferners Euch! Er segne Stadt und Land!
Er segne Kirch und Schul! Er segne jeden Stand!
Daß Weisheit und Verstand, Religion und Tugend,
Werd ferners fortgepflanzt bey Basels froher Jugend.
Daß Handel und Gewerb, nebst Wissenschaften blühn!
Daß durch der Väter Sorg und eifriges Bemüh'n
Das Laster werd bestraft – die Tugend werd belohnet,
Das schenke dieser Stadt, Der in dem Himmel trohnet.
Mit seinem Seegen krön der Herr in diesem Jahr,
Des Feld- und Weinstocks Frucht – vor allerley Gefahr,
Vor Feuer- und Wassersnoth, woll doch der Herr bewahren
Die liebe werthe Stadt, auf daß man mög erfahren:
Daß Freyheit, Glück und Ruh hier ihre Wohnung hat!
Nun – VIVAT – Es leb hoch! der weise Magistrat.

Abdankung

beym Schluß des Küfer-Reif-Tanzes

gehalten von Obigem, den 6ten Merz 1792.

Auf Basels Wohlseyn trink ich dieses Glas noch aus,
Die Freud ist nun vorbey, drum gehet naher Haus
Ihr Brüder, und ergreift die Arbeit munter wieder,
Sie ist's die uns ernährt – sie stärket unsre Glieder,
Doch jauchzet noch mit mir, und zwar mit heller Stimm:
VIVAT – es blühe stets des Rheines Königin.

Abschied des Bachus

So ist er nun zu End, der Tanz, ihr liebe Brüder;
Füllt dann als Bachus mir das Glas noch einmal wieder!
So recht – nun trink ich es auf Basels Wohlfahrt aus;
Seht Brüder! es ist leer, nun gehn wir naher Haus,
Arbeiten da nun froh, auch munter und behende,
Und hiemit hat die Freud ein froherwünschtes Ende.

Freundschaftliches Trink-Lied

Auf Brüder auf, ergreift den vollen Becher,
Und stimmt ein Liedchen an :/:
Und singt und trinkt ihr wackern Herren Zecher,
Ihr habt ja Freud daran. :/:

Trinkt ihn erst aus auf Basels Wohlergehen,
Und auf der Väter Wohl; :/:
Laßt aber ja kein Tröpfchen drinnen stehen,
Dann trinkt ihr wie man soll. :/:

Ha! seht ihn hier den edlen Saft der Reben,
Wie ist er doch so gut; :/:
Er schaft Gesundheit, Freude, Geist und Leben,
Und frisch und freyen Muth. :/:

Ergreift aufs Neu die Becher, jauchzt ihr Brüder,
Hoch leb die Meisterschaft; :/:
Trinkt fröhlich aus und füllt sie fröhlich wieder,
Das giebt uns Stärk' und Kraft. :/:

Auch unsre werthen Schönen sollen leben,
Die unsre Freud erhöh'n; :/:
Gott wolle Ihnen einstens Kinder geben,
Wie sie so gut und schön. :/:

Zuletzt ruft noch: ein jeder Bruder lebe,
Er sey ein braver Mann; :/:
Arbeite fleissig, fördre, tröste, gebe,
Und helfe wo er kann. :/:

So singt und trinkt, und laßt in allewege,
Uns freu'n und fröhlich seyn; :/:
Und wüßten wir wo jemand traurig läge,
Wir gäben ihm auch Wein. :/:

Glückwunschadresse der Küferknechte an Regierung und Volk aus Anlass des Küfertanzes von 1792.

es folgende Bewandtnis hat. Es gibt eine gewisse Kommission, welche über die Grenzsteine der Stadt wacht und die Streitigkeiten schlichtet, die darüber entstehen können. Ihr Praeses, der vielleicht bisweilen wechselt, reitet um 6 Uhr früh mit vielen Genossen hinaus und besichtigt die Grenzsteine, ob sie sich noch an der alten Stelle befinden. Gegen zehn kommen sie wieder zurück, und indem sie in der Stadt einen Rundritt machen, zeigen sie sich überall. An diesem Anlass kann teilnehmen wer will, und jeder rüstet sich dazu so prächtig als möglich her. Bemerkenswert ist, dass die Basler für gewöhnlich kein Gold tragen dürfen; nur an diesem Tag kann sich jeder so kleiden wie er will, und die Reicheren versäumen auch nichts, um möglichst glänzend erscheinen zu können. Man sah dabei auch wirklich schöne Pferde.»

Teleki, p. 89f.

Küfertanz

«Äschermittwoch 1762. Als vor einem und vor zwey Jahren zwey grosse Herbst und guter Wein gewachsen, so hatten sich 25 Küeferknechte widerum resolvirt, einen Reiftantz zu halten, welches auch 5 Tag hintereinander bey schneereichem kalten Wetter ceremonialisch geschechen. Diesmalen hatte der Reifschwinger, welcher bey Frau Reynin an der Spahlen schon 8 Jahr gearbeitet, auffem Rahthaus und noch an etlichen Orthen in der Statt ein Kunststuck abgelegdt, welches noch nie geschechen. Als nämlich die Küeferknechte mit ihren Reifen in der Höche kreutzweis übereinander einen gewölbten Himmel formirten, steigdte er geschwind aufs Kreutz und schwingdte seinen Reif mit grösster Verwunderung. Als sie am Fasnacht Montag abends 5 Uhr vor Frau Wittib Mechlerin ihr Valete Tantz machten, wurde der vornen auffem Fass sitzende Küefer von Meister Rudolf Fäsch, dem Kupferschmied, aus seinem Haus gegen das Trübeleck hinüber aus einer Pistolen mit nassem Papier am lincken Arm bosfertigerweis geschossen und blessirt, so dass er hernach die Wundschau, der Barbierer und 5 Pfund Straf hat zahlen müssen. Diese Küefer hatten summa 766 Pfund bekommen. Endlich den 2. und 3. Mertz, nachdem solche sich noch mit einem Tantz und einer Mahlzeit von 84 Persohnen zu Spinwettern divertirten, nahm dieser Fasnacht Actus ein noch zimlich im Frieden glückliches Ende. Mithin hat noch ein jeder Küefer nebst seinen gehabten grossen Kösten, seinen Chrantz, Schue, Strümpf, Handschu und Schnallen, ohne die scharlachenen Hosen, noch 6 Pfund Gelt heraus bekommen.»

Im Schatten Unserer Gnädigen Herren, p. 125f. / Bieler, p. 827

Soldatenlust in den Langen Erlen

«Die Anmuthigkeit der dasigen Gegend gab Anlass zu allen nur ersinnlichen Lustbarkeiten, denn das Lager der Freikompagnie war in einem schattenreichen Eich-Wald, wo die Hitze der Sonne mercklich abgehalten und durch den in einem sehr breiten Bette vorbeylaufenden Wiesen-Fluss wegen immer wehendem sanftem Winden vermindert wurde. Anbei gaben die benachbarten Wirths-Häuser zu Klein-Hüningen, Neu-Haus, Otterbach, Zollhaus, wie auch die verschiedenen grossen Gezelte der Marquetentern (Marktfahrern) alle Bequemlichkeit sich zu divertiren. Diesemnach hat es also in dem Camp an häufigem Besuch niemals ermanglet. Alles wimmlete von Kutschen und Pferdten, die angesehensten Ehrenfamilien der Statt beehrten das Lager mit ihrem Zuspruch und bezeugten ihre Freude über die verschiedenen Täntze und andern Zeitvertreib. Nachts um 10 Uhr liessen die Herren Artilleristen unter anmuthiger Music ein kunstliches und kostbares Feuerwerck spielen, worunter neben häufigen Lustkugeln, Raqueten, Sonnen, Feuerrädern, Granaden und Schwärmeren insonderheit ein beleuchteter Triumphbogen die Bewunderung der Zuschauer auf sich zog, weil in demselbigen das Waapen der Stadt und das Vivat Basilea lange Zeit und sehr deutlich brannte. Gemeldtes Lustfeuer machte die Nacht beynahe so hell als der Tag. Ja es schiene, als wenn der Mond, welcher eben bey End des Feuerwercks hinder dem Grentzacher Horn aufgieng, sein glänzendes Haupt aus Bewunderung empor hub, um zu sehen, welche von den Sterblichen sein Amt zu vertretten sich unterstühnden. Den Überrest der Nacht brachte man ziemlich stille zu, um sich zu der bevorstehenden Attaque (Manöver) durch die Ruhe einigermassen tüchtiger zu machen.» 1761.

Im Schatten Unserer Gnädigen Herren, p. 121f.

Exzesse bei der Freikompagnie

«Am Ostermontag 1762 hatte die Lobl. Frey-Companie das erstemal auffem Peters Platz ihre Musterung und Exercitia gehalten. Da sie nun das 2te Mal gefeurt, hatte einer aus Grenadir Wachtmeister Ritters Plutton, entweder aus Unvernunft oder aus verfluchter Passion, gegen einen Feind, eine Kugel geladen, welche zwey Knaben, ersteren durch beyde Bein und der zweite durch den Waden hindurch übel blessirt hatte. Solches veruhrsachte sowohl von den Zuschauern als von der Companie einen grossen Schrecken und Confusion. Inzwischen wurden die Knaben von den Chirurci verbunden.

Als nun selbigen Abend Wachtmeister Ritter und andere zu Saffran eine Nachtmahlzeit hielten, waren die meisten davon zimlich bezecht und sind dann im Frieden und noch bey guter Zeit heimgegangen. Wachtmeister Ritter aber sambt noch drey Ledigen blieb bis morgens 4 Uhr. Da sie dann wohl besoffen dort hinweg und über die Eysengass mit ihren Sablen in der Faust links und rechts furiex Stücker von den Bäncklehnen und vom Brodtleibli hauten, stiess die Soldaten-Schildwacht wegen ihrem Fre-

vel etliche Scheltworte aus. Allein sie jagdten diesen vom Posten und giengen in die Wachtstuben, alwo sie dan auch mit ihren Sablen zimlich hasalirten. Vicewachtmeister Krug, der damals die Wacht hielt, that mit seiner wenigen Mannschaft sein Devoir und vermahnte sie zum Frieden, alwo sie dan ihn nur auslachten und gegen 5 Uhr hasalandisch in die Kleine Statt giengen. En passant versprengten sie ihrem Corporal Rudolf Frey, dem Schlosser an der Greiffengass, der auch bey der Mahlzeit gewesen, aber beizeiten nach Haus gegangen, den Laden auf und verübten in der Werckstatt Bosheiten, und von da giengen sie nach Haus.
Den 14ten kam solches vor Unsere Gnädigen Herren, alwo erkandt, dass alle 8 sambt dem Wachtmeister Ritter selbigen Tag sich in die Thürme einstellen sollen. Nach einer 11tägigen Arrestirung hatten etliche Eltern, um ihre Söhne wegen Loslassung angehalten, alwo erkand, dass alle sollen losgelassen und alle Kösten bezahlen, die Eltern Bürg sein. Endlich wurde die Sache ausgemacht und erkand: Wachtmeister Ritter solle für ein Jahr ins Haus bannisirt, doch könne er Märckte und Messen frequentirn, aber von der Companie gäntzlich verstossen sein. Die übrigen sieben aber, wo die Wacht atagirt, sollen auch, wie ihr Wachtmeister, von der Companie verstossen und auf Wohlverhalten bis auf Begnadigung desarmirt und kein Degen oder Seitengewehr tragen dörfen.»

Im Schatten Unserer Gnädigen Herren, p. 126ff. / Bieler, p. 829, 833

Pasteten, Karpfen, Spanferkel, Mandelschnitten, Capaunen, Hasen, Tauben, Tabakrollen, Lebküchlein, Schenkelein u. a. m. für 50 Personen werden dem Hochzeiter Samuel Munzinger in Rechnung gestellt. 1761.

Umzug der Zimmerleute

«Als 1762 die sambtlichen 70 Zimmergesellen sich von den Maurer- und Steinhauergesellen separirten, auch ihre Herberg vom Schiff veränderet und selbige zum Rothen Löwen in der Kleinen Statt angenommen, sind sie mit ihrem neuen Schild, alwo ein jeglicher in der Hand sein frisch balliertes Winckeleisen, obenauf mit einer Citronen mit sauberen Banden geziert, getragen und mit 6 Musikanten in der Statt herumgezogen. Da sie nun mittags 2 Uhr in die Kleine Statt kamen, hatten sie ihren neuen Schild auf ihre neue Herberg zum Rothen Löwen gebracht und selbigen ceremonialisch auf einem Gerüst hinaufgezogen und unter einem Vivatrufen von allen Zimmergesellen aufgerichtet. Auch hatten beide Alt- und Junggesellen auf dem Gerüst aus einem grossen silberen Becher Gesundheit getrunken. Endlich wurde diese Ceremonien von beiden Altgesellen mit einer kleinen Oration und geistlichen Lobspruch geendet. Letstlich hatten sie sich den Tag und Nacht hindurch bei einer grossen Mahlzeit mit ihrem neuen Vatter und Hauswirth, Johann Friedrich Hauser, mit Essen und Trincken, Tantzen und Springen reglirt.»

Im Schatten Unserer Gnädigen Herren, p. 131 / Bieler, p. 834

Eine Basler Verlobung

«Herrn Balthasar Stähelin bey Herrn Gottfried Schwartz, Brgr. Dantzig.
Monsieur et tres cher Neveu,
Aus demjenigen schreiben so ich unter meiner Handlungsraggion jüngst (das datum ist mir entfallen) an dich

abgelassen, hattestu die gesinnungen und gute gedancken über deine nach deiner anzeig obgewalteten umstände zu ersehen, nicht zweifelnd über deren nunzumahlige beschaffenheit anwortlich dass nähere zu vernehmen; obschon eigentlich nun keine frage mehr davon ist, so schnell ändert sich dass Blatt; deine Liebe Gross-Mamma, deine tantes, deine oncles meine Brüder nebst mir waren ohne aussnahm umb dein schicksall und fürteres ergehen besorgt, und ist man darauf gefallen dir alhier etwas gönstiges aus findig zu machen, [und] die alles Leitende gütige Göttliche Vorsicht hat solche Versuche dergestalten begönstiget und gesegnet ja aussnehmend beglückt gerathen lassen, dass meines Angesehenen, wehrtest, und würdigsten Freundes Herrn Peter Gemuseus, seine artige, Liebe und tugendsame einzige Tochter Dorothea dir zur Braut aussersehen ist. Hier nun in diesem moment, bey lesung obiger Zeilen wundere ich nicht du werdest gleichsam ersteinert stehen, und der umläuft des Geblüts in deinen adern gehemmt sein. Bald aber diese erste bewegung vorbey, so zweifle ich auch nicht, du werdest auf deine Knie niederfallen, und demjenigen gütigen Gott und Vatter in dene du biss dahin all dein Vertrauen gesetzt, von innigstem grund deines herzens, für seine so gnädige Vorsorg hertzinniglich dancken, und dene anflehen dass wie unter seiner begünstigung der anfang gediehen er auch alles zu einer glücklichen volziehung gelangen lassen wolle; du kanst dir wohl heim stellen dass auch hiedurch dir ein Etablissement verschaffet, mithin unter Gottes hülfe dein zeitliches Glück gemacht ist; ich zweifle gar nicht diese wichtige begebenheit werde von dir die schleunigste Antwort auswürcken, und uns allen sonderlich der Gross-Mamma dein danckbares gemüth an den tag legen, nicht weniger wie gerürt dein Hertz über Herrn Frau und Jungfrau Gemuseus grossmütiges betragen. Wie innigst du wünschest von ihnen als ihr Kind genehmiget zu sein, wie feürig alle deine Begierden einig und allein ihren willen zu haben und was ihnen wohlgefällig in deiner aufführung zu treffen, wie gross du dein Glück achtest und wass mehrers dein von solchen nun eingenommenes Hertz dir sagen und dictieren wird. Bald ich deine antwort habe, werde dir dan wie du deine alhero Reiss anzustellen und etwan des fernern zu observieren hast melden, damit dan von der erst gönstigen gelegenheit proffittieren, inzwischen aber nach erfordernuss deiner Umstanden, dich dazu preparieren und anschicken könnest, halte alles sehr geheim bey dir, womit dich freundl. salut. Gottes gnade empfehle und bin dein affectionierter oncle und dein Benedict Stähelin des Rhats.
O welch ein kostbares Neujahrgeschenck von oben herab!» 1762.

Basler Jahrbuch 1900, p. 254f.

Basler Hochzeitsessen

«Herr Baltasar Stähelin Geliebe von Dero Ehren Hochzeit Mahl so bey Mir gehalten worden 1762 d. 20t VIIbris und ward volgendes dabey Serviert.
Mittag: 2 Wild Schwein Köpff, 2 Gr. Schuncken, 1

Unseren Gnädigen Herren
Einem E. und Wohlweisen Raht

ist unbeliebig zu vernehmen gekommen, wie seit einiger Zeit zuwider ältern Verboten, sonderlich deme vom 3. Augstmonat 1774. Raketen und andere Feurwerke in der Stadt geworfen und abgebrannt werden. Da nun hiedurch viel Unglück und Schaden entstehen kan; so haben Hochgedacht Unsere Gnädige Herren nöhtig befunden, nicht nur alles nächtliche Schiessen, sondern auch alle Feurwerke und Raketenwerfen in der Stadt gänzlich zu verbieten, vor den Thoren aber selbige nicht anderst zu erlauben, als daß sie in einer geziemenden Entfernung von den Stadtmauren und von allen Gebäuden gespielet und losgebrannt werden, alles bey Strafe von fünfzig Pfunden Gelts. Weshalben den Ehren-Quartieren in der Stadt, und den E. Gescheiden vor den Thoren die Handhabung dieses Verbots aufgetragen ist.

Auch soll es bey Straf eines Guldens verboten seyn, auf St. Peters Platz Taback zu rauchen, und ist dieses Loblichem Commissariat und den Ehren-Quartieren zur Handhabung empfohlen, weshalben auch den oberkeitlichen Bedienten und den Harschierern von ihren Behörden auf die Fehlbaren Acht zu haben und selbige zu verzeigen soll angezeiget werden.

Wornach sich Männiglich zu richten wisse. Sign. den 14ten Augstmonats 1776.

Canzley Basel, sst.

Zur Vermeidung weiterer Unglücksfälle wird das Abbrennen von Raketen und anderem Feuerwerk erneut verboten. Auch steht das Tabakrauchen auf dem Petersplatz unter Strafe.

Welscher Hann im Türkenbund mit Galleren, 1 Gr. Welschann Pastette 1 Gr. Span Verlin Pastetten, 12 Terrines mit Krebss und Grinen Suppen, 8 St. Backlin Fleisch mit redtig und Meradtig, 4 Spanisch Brodt Pastetten von Tauben, 2 Gr. Ohl Pastetten, 3 Tembale von Feldhüner und Tauben, 10 Bl. Saurkraut mit Schweines, 10 Bl. Fricando mit chîcoret, 10 Bl. Ragou mit Krebsscouli, 10 Bl. Gebraten und kochte forellen und Hecht, 10 Bl. Cappaunen à lorange, 10 Bl. Endten mit Sofsrobente, 10 Bl. Farcierte Tauben mit Triffen, 10 Bl. Bas de Soye, 1 Bl. von 2 Grossen Schnäpffen, 12 Welsche Hannen, 4 St. Schwartz und 4 St. von Rech wildbreth, 18 St. Feld Hüner, 8 Dotzet Lerchen, 2 Bl. von 14 St. Riedt Schnäpffen, 4 Bl. Gebratene Ohl und alte Selmlingen Papiliottes, 10 Bl. Compottes von Mirabellen und borellen, 10 Bl. Roulade mit Galleren, 10 Bl. Mandelschnitten mit Seidemuss, 10 St. Servelad würst, 10 Bl. Junger Salad, 10 Dr. Citron Pomer, 10 Bl. Cocqumber und rohnen.
Nacht: 12 Terrines mit Gleiner Gersten, 10 Bl. Blumenkohl, 10 Bl. farcierte Zungen mit Sofshache, 10 Bl. Ragou Pastettlin, 8 Junge Haassen, 16 Junge Cappaunen, 6 Bl. mit Cramiss Vögel, 10 Bl. Gebraten Taube und Hannen, 10 Bl. Alte Selmling kalt, 10 Bl. Gebachen Grundel und Artichox, 10 Bl. Grosse Krebss, 10 Bl. Crames Brulè, 10 Bl. Compottes von Eingemachten Kirschen, 10 Bl. Antiffi Salad.
Dessert: 6 terrines mit gefütert. Suppen, 6 Gr. Mandel Tarten, 10 Bl. Schenckelin, 10 Bl. Tabacrollen, 10 Bl. Tourtelettes von Eingemachts, 10 Bl. Lebkuchen, 10 Bl. Macarones, 10 Bl. Muscazin von chocolade, 10 Bl. Mandel Kräntzlin, 10 Bl. Mandel Bisquit, 10 Bl. Zwibach, 10 Bl. Pralines, 10 Bl. Obst.
Für Knecht und Mägdt Zu Mittag und Nacht: 2 Suppen, 1 St. Becklin Fleisch, 2 Bl. Kohl mit Brodtwürsten, 2 Pastetten, 2 Bl. Fricass Hannen, 2 Span Verlin, 2 Gersten, 8 Gesp. Tauben, 2 Salad; 1 Mandel Tarten, 8 Dotzet Schenckelin, 16 Tabacrollen, 16 Lebkuchen (in die Paltis).
Den Ersten Tag zum Verschicken: 1 Gr. Welscher Hann, 1 Junger Hass, 2 Feldhüner, 2 Wachtlen, 1 Bl. Ragou mit Krebsscouli, 1 Mandel Tarten, 3 Tabacrollen, 1½ Dotzet Schenckelin, 6 Turtelet, 6 Lebkuchen Macaron, Bisquit, Muscazin, Pralinès, Zwibach, 1 Poulardes, 1 Bl. Ragou, 1 Cappaun, 1 Bl. Ragou.
21. Sept.: Zum Verschicken: 12 St. Cappaunen, 8 St. Welsche Hannen, 5 Feldhüner, 3 Wachtlen, 3 Dotzet Lerchen, 2 Riedt Schnäpffen, 1 Serfelles, 1 Brachhünlin, 27 Cramiss Vögel, 1 Junger Haass, 1 Rechzimmer, 2 do. Schlegelin, 1 Wild Schwein Schlegelin, 1 Mandel Tarten, 8 Mandelhertz, 1 Pfund chocolades, Muscazin.
Zu Mittag: 2 Terrines mit Suppen, 1 St. Bäcklin, 2 Bl. Salad.
22. Sept.: 1 Pfund Macaron, 1 dotzet Lebkuchen, 2 dotzet Schenckelin.
23. Sept.: 1 Welscher Hann, 1 Cappaun, 2 Feldhüner, 1 Bl. Gebraten Forellen, 6 Mandelhertz und Sternen, 1 dotzet Schenckelin, Macar, Pralines, Brauns, Zwibach. pr. die Aufwarter zu Mittag Essen
Samt Lichter, Weisszeig, Brodt &c. fl. 548.–, pr. die 4 Piramides Laut Conto fl. 32.–
Mit höffl. Dank bezalt: Johann Conrad Ertzberger, Stubenknecht E.E. Zunft zu Schmiden.

Basler Jahrbuch 1900, p. 256ff.

Gadensteigen
«Das Gadensteigen d.h. das Hineinsteigen der Jünglinge auf dem Lande in das Zimmer (in den Gaden) der Mädchen wurde 1766 verboten. Nach P. Ochs hätten sehr oft diese nächtlichen Besuche in aller Zucht und Ehre, ja auch mit Kenntniss der Eltern stattgefunden.»

Historischer Basler Kalender, 1888

Umzug der Bäckerknechte
«Die sambtlichen Beckenknechte hatten 1769 mit ihrem neuen Schild, der sie über 130 Pfund gekostet, einen Umzug gehalten und hernach zum Weissen Creutz in der Kleinen Statt eine neue Herberg, gleich wie vor 100 Jahren, aufgerichtet. Damals ist die Uhren-Glocken auffem Rahthaus der Kleinen Statt gespalten.»

Im Schatten Unserer Gnädigen Herren, p. 183/Bieler, p. 868

Fades Musikleben
«Alle Mittwoche hat man hier Konzert, das, wenn es sich nicht durch grosse Meister empfiehlt, doch immer eine angenehme Unterhaltung ist. Es besteht zum Theil aus Liebhabern, unter denen es, so wie unter den Tonkünstlern der Stadt, verschiedene von einer gewissen Stärke giebt. Aber es fehlt an einigen Männern, die das Orchester heben und ihm Leben und Geist mittheilen könnten. Die hiesigen Kenner sagen durchgehends, es sey eine Schande für eine so reiche und von Musikliebhabern so volle Stadt, dass man so wenig auf das öffentliche Konzert wende. Man solle einige Tonkünstler von anerkanntem Verdienst hieher berufen, sie gut bezahlen, und das ganze werde bald ein anderes Ansehen bekommen. Die Subscription ist nicht mehr als ein neuer Louis-d'or, wofür man von Michaelis bis Himmelfahrt das Konzert besuchen kann. Setzen Sie nun noch dazu, dass die Anzahl der Subscribenten nur klein ist, und Sie werden begreifen, dass die Besoldungen höchst mager seyn müssen. Indessen hält man doch eine Sängerin, eine alte Italienerin, deren Stimme vorüber ist und die diesen Verlust weder durch Kunst noch durch Geschmack ersetzt.

Der Sänger wird von dem hiesigen Publikum allgemein als ein verdienter Tonkünstler anerkannt; auch soll er eine gute Stimme gehabt haben, von der sein hohes Alter und seine mehr als unregelmässige Lebensart jezt nichts mehr als einige Reste zurückgelassen haben. Er hat einige gute Schülerinnen gezogen, von denen einige bisweilen im öffentlichen Konzerte zu ihrem Vergnügen singen.
Der Konzertsaal ist weder schön noch garstig, er ist gross und bequem, aber sehr selten zur Hälfte voll. Die Frauenzimmer scheinen ihn ungerne zu besuchen, weil sie, wie man mir sagt, nicht gerne in voller Kleidung erscheinen; und der Mangel an Frauenzimmern hält viele Mannspersonen zurück, dahin zu kommen, so dass das Ganze die mehrestenmale ein ziemlich todtes Ansehen hat. Öfters reisen fremde Virtuosen hier durch und begehren ein Konzert, das man ihnen denn gewöhnlich bewilligt, wiewohl sie selten viel gewinnen.» 1776.

Küttner, Bd. I, p. 230ff.

Luxuriöse Tanzvergnügen

«Der Tanz ist eine der hiesigen Hauptlustbarkeiten im Winter. Man hat keine besondere Einrichtung dazu; sondern zu Anfange des Winters machen einige Mannspersonen, die gewöhnlich von einem sogenannten Kämmerchen sind, (eine geschlossene Gesellschaft, die sich in einem dazu gemietheten Zimmer versammelt) unter einander aus, dass sie sechs, sieben oder acht Bälle von vierzehn zu vierzehn Tagen halten wollen, unterschreiben ihre Namen, und schicken dann diese Liste zu dreissig bis vierzig andern Mannspersonen. Die Einrichtung der Bälle ist also jedes Jahr willkürlich; manchmal, wie diesen Winter, speist man zu Hause, geht um neun Uhr auf den Ball, und tanzt bis zum zwölfe, oder man fängt um sieben Uhr zu tanzen an, und sezt sich zusammen um zwölfe zur Mahlzeit. Manches Jahr giebt es mehr als eine Partie von solchen Subscriptionsbällen, und alsdenn ist mehr Wahl für die Personen, die nicht gerne einander treffen; und solcher scheint hier eine ziemliche Anzahl zu seyn.
Die Bälle werden auf den Zünften gehalten, das heisst, in solchen Häusern, die einer Zunft gehören und auf denen gewöhnlich ein Koch wohnt. Dieser unternimmt die Mahlzeiten für die Bälle, und einige derselben sind hier so berühmt, dass man, bey vielen Gelegenheiten lieber auf den Zünften Mahlzeiten giebt, als in seinem eigenen Hause. Die Bälle werden im untersten Stocke gehalten, in einem Saale, der sich schlechterdings durch nichts empfiehlt, als durch seine Grösse.
Auf den Bällen ist weder ein Ceremonienmeister, noch ein befehlender Direktor, noch Verordnungen und Regeln, nach denen sich die Gesellschaft zu richten hätte. Ja es ist nicht einmal eine Ordnung für die Folge der Tänze. Daher geschieht es denn, dass oft einer nach diesem, der andere nach einem andern Tanze zu den Musikanten schreyt, und die Paare, die sich schon in einen Contretanz formirt hatten, müssen sich entweder wieder niedersetzen, oder deutsche und schwäbische tanzen. Für diese lezten hat man hier eine ungemessene Neigung und sie machen die grössere Hälfte aller Tänze aus. Da walzt man um eine Säule herum mit einer Heftigkeit, vor der einem Fremden schwindelt, stösst an einander, und eilt einer dem andern zuvor.
Bey der Mahlzeit herrscht Heiterkeit und Freude, und oft etwas mehr! Die Subscribenten sind gewöhnlich Familien, die einander oft sehen und sich genau kennen. Daher geschieht es denn, dass sie beym Tanze sowohl als bey der Mahlzeit sich nicht immer die Achtung bezeigen, und die Aufmerksamkeiten für einander haben, die man in jeder grossen und öffentlichen Gesellschaft erwarten sollte. Niemand darf in seinem Hause einen Ball geben, einen einzigen ausgenommen nach seiner Hochzeit.»

Küttner, Bd. I, p. 232ff.

Seltsamer Aufzug

«So eben hab ich den seltsamsten Aufzug gesehen! Man muss ein Republikaner seyn, um ganz ernsthaft dabey zu bleiben. Glieder des grossen und kleinen Raths, Kaufleute, Gelehrte, Handwerker, Männer in Uniform, Leute in der Standslivree, und hintennach ein ganzes Heer von Bedienten, alles bunt durch einander und alles zu Pferde, eine Reiterey von zweyhundert Mann. Was das bedeutet? Ein alter Gebrauch: und jeder alte Gebrauch erhält sich in den Republiken und freyen Reichsstädten länger, als in den Monarchien.
Dieser Aufzug heisst der Bannritt. Er versammelt sich früh beym Bannherrn, das heisst, beym Präsidenten derjenigen Commission, welche die Besorgung der Gränzen des Cantons hat, denn Gränzen heissen hier Bann: Der Zug begleitet den Bannherrn mit Musik und aufgeputzten Bäumen zur Stadt hinaus bis an den Bann (Gränzsteine) gegen Frankreich usw. und untersucht, ob noch alles richtig ist. Bey einem dieser Gränzsteine hält der Bannherr eine Rede; dann frühstückt man, reitet wieder in der Stadt herum, wo auf einem öffentlichen Platze die vier Häupter oder Ersten des Staates sitzen und den Bannritt

AVERTISSEMENS.

Dem Publico dienet zur Nachricht, daß mit Anfang nächstkünftigen Monats Octobris die Frankfurter- und Niederländische Briefe, wie in Winterszeit gewohnlich, wiederum 2. Stund früher, nemlich um halb vier- anstatt um halb sechs Uhr von hier abgeben werden; wornach sich jedermann zu richten geliebe.

Post-Amt Basel.

Anzeige in der Samstags-Zeitung vom 25. September 1762.

erwarten. Es ist eine Höflichkeit, die man dem Bannherrn erzeigt, mitzureiten, und je zahlreicher der Ritt ist, desto mehr Ehre und Freude für ihn. Viele, die nicht selbst mitreiten wollen, schicken ihren Kutscher oder Bedienten, um den Zug wenigstens zahlreicher zu machen.»

Küttner, Bd. I, p. 68f.

Ohne eigenes Theater

«Wir haben seit einiger Zeit eine französische Schauspielergesellschaft hier, die weder gut, noch ganz schlecht ist. Wer einen Koch, einen Brückner, einen Eckhof, eine Seilerin usw. gesehen hat, findet freilich nur wenig Natur auch in denen, die hier für die besten gelten. An eine wahre Unterhaltung darf ich also hier nicht denken, und eben so wenig fällt mir es ein, Vergleichungen anzustellen. Indessen muss ich doch das sagen, dass eine mittelmässige oder schlechte französische Schauspielergesellschaft vor einer mittelmässigen oder schlechten deutschen sehr viel voraus hat. Der Franzose mag den wahren Ausdruck so sehr verfehlen, als er will, so hat er doch den Ton des gesellschaftlichen Lebens und das Ansehen eines Mannes von Erziehung. Sie scheinen in dem, was sie spielen und thun, zu Hause zu seyn, und auch die schlechtesten unter ihnen machen nicht jene armselige Figur, die wir an manchen deutschen Schauspielern verlacht haben, denen ihr Kopf, ihre Hände und Füsse eine Beschwerde sind, deren sie sich gern entledigen würden; die nie wissen, in welchem Tone sie sprechen sollen, und in denen man, sie mögen spielen was sie wollen, immer einen Menschen von der niedrigsten Erziehung sieht. Der Franzose hingegen hat ein gewisses Entregent, eine gewisse Art, mit der er sich durchhilft, und mit der auch der Mann vom niedrigsten Stande sich ein gewisses Ansehen zu geben weiss. Der schlechteste französische Schauspieler also wird, im bürgerlichen Lustspiele – wenigstens nicht ekelhaft werden, wie ein deutscher von der nämlichen Klasse. In ihrem Aufzuge und ganzen Wesen herrscht ein gewisser Geschmack, durch den das Schlechte wenigstens erträglich wird.

Eine gute Truppe kann sich zu Basel unmöglich erhalten; denn auf dem ersten Platze bezahlt man zehn, auf dem zweiten sechs, und auf dem dritten zwey Batzen. Überdies ist das Haus klein und nie ganz voll. Die Ursache hievon ist ganz natürlich. Freilich versteht fast Jedermann französisch; aber diese Kenntniss erstreckt sich bey vielen nicht weiter, als etwa ein Buch zu lesen, oder ein bischen zu sprechen: folglich versteht der grössere Theil der mittlern und niedern Stände die Schauspieler nicht, und findet also wenig Vergnügen am Theater. Eine deutsche Gesellschaft aber hat man hier, wie ich höre, fast nie.

Sie werden sich wundern, dass eine so reiche Stadt, wie Basel, kein Schauspielhaus hat! Man spielt in dem Ballhause (Jeu de paume). Es ist ein altes schlechtes Gebäude, in das der Wind von allen Seiten eindringt. Inwendig ist es ganz schwarz angestrichen, damit man die Bälle desto besser sehen kann. Es hat, wie Sie leicht denken können, keine Fenster, sondern das Licht fällt in der Höhe durch Gitter vom Dach ein. Ringsherum geht ein Gang, auf dem die Bälle, wenn sie schief und zu hoch getrieben werden, liegen bleiben, und also für den Spieler verloren sind. Dieser Gang dient jezt für die Plätze vom zweiten Range. Die ersten Rangplätze sind gerade vor dem Theater, wo das Parterre seyn sollte. Da sizt man auf hölzernen Bänken, die sich allmälig erheben; dann kommt eine hölzerne Querwand, und hinter dieser sind die Plätze vom dritten Range.»

Küttner, Bd. I, p. 220ff.

Lebhafte Unterhaltung in der Judenschule zu Rom. Federzeichnung von Hieronymus Hess.

Die Rosenkönigin von Blotzheim

«Ich bin in Blozheim, einem Flecken im Elsas zwey Stunden von Basel gewesen, um eine neue Rosiere de Salenci zu sehen. Sie kennen die Einrichtung und Stiftung der bekannten Rosiere de salenci (nach dem vor 561 vom Heiligen Medardus, dem Schutzheiligen der Bauern und Winzer, zu Salency bei Noyon gestifteten Rosenfest), die zu Blozheim ist ungefähr darnach gemacht. Die Blozheimer hatten einen langwierigen Prozess mit der St. Johannes Vorstadt zu Basel, wegen einer grossen Wiese, die Au genannt. Nach langem Streiten, verglich man sich, ich weiss nicht mehr recht wie, genug die Basler überliessen den Blozheimern die Wiese. Der Amtmann Hell, ein Mann von brennendem Eifer fürs Gute, brachte die ganze Sache in Ordnung und von den Einkünften der Wiese wird die Rosiere, oder Augräfin, wie sies dort nennen, ausgesteuert. Dieses Jahr geschah es zum ersten-

male und soll, in Zukunft, alle drey Jahre wiederholt werden. Am Himmelfahrtstage versammeln sich die Ältesten des Orts, Väter und Mütter, berathschlagen sich mit vielen gebrauchten Präcautionen (Zurückhaltung), die vorgeschrieben sind, und erklären ein Mädchen aus dem Flecken für die tugendhafteste. Diese heisst nun die Augräfin, und wird den Dienstag nach Pfingsten öffentlich dazu gekrönt. Die Ceremonie geschah folgendermassen:
Fünfzehn Väter machen den Anfang; diesen folgen eben so viel Mütter. Dann kommt die Augräfin geführt vom tugendhaftesten Jüngling, der auf eben die Art gewählt worden ist, wie sie selbst. Ihnen folgen fünfzehn Mädchen mit eben so viel Jünglingen; diese sind, nach der Augräfin und ihrem Jüngling, für die tugendhaftesten erklärt. Dieser Zug geht mit Musik aus dem Flecken in die Kapuzinerkirche, die nicht weit davon liegt. Ein Exjesuite (Erwählter), den der Amtmann Hell deswegen mitgebracht hatte, hielt eine Predigt, wie ich noch nie eine in einem katholischen Lande gehört habe. Nach der Predigt wurde die Augräfin vor den Altar geführt, wo ihr ein Kranz von Gold und Silber aufgesezt, und eine silberne Medaille an einem rothen Bande umgehangen wurde. So eine Medaille bekam auch ihr Jüngling; es war auf derselben der Name des Orts und des Empfängers mit der Jahrszahl und den Worten: Dem tugendhaftesten Mädchen (Jünglinge). Ausser diesen bekommt die Augräfin noch zweyhundert Livres an baarem Gelde und die drey nächsten nach ihr jede fünfzig. Der Jüngling der Augräfin bekommt kein Geld, aber etliche Säcke Getreide. Sie zogen in der nämlichen Ordnung wieder in den Flecken, wo man alle Mädchen und Jünglinge auf zwey Wagen mit Musik packte und mit zwölf Pferden nach der Au führte, wo sie zu Mittage mit einander speisten und nachher tanzten und es lustig hatten miteinander. Die Väter alle waren zu Pferde.
Es versteht sich, dass die Augräfin von einem Alter seyn muss, in dem sie heurathen kann, und da wird natürlich vorausgesezt, dass sie und der tugendhafteste Jüngling ein Paar machen. Allein es thut mir leid, dass ich sagen muss, dass man gleich beym erstenmale die Gesetze der Stiftung gebrochen hat, denn das Mädchen war nicht viel über vierzehn Jahre. Abgeschmackte Vorurtheile des Landvolks; übelverstandene Scham; ein gewisser Begriff von Armuth und Allmosen, den einige mit der ganzen Sache verbanden, und was weiss ich! Kurz es schien mir, dass viele sich gar nicht um diese Ehre bekümmert hatte. Durch die Jugend des Mädchens, welche gar nicht der eigentlichen Bestimmung entsprochen hatte, fiel der ganze Gedanke einer so feyerlich gestifteten Ehe weg: ein Umstand, der meines Erachtens eine solche Stiftung vorzüglich interessant macht.» 1777.

Küttner, Bd. I, p. 260ff.

Sonntagsvergnügen

«Wir haben einen frühen und fast vorzeitigen Frühling, und ich wandre, meiner Gewohnheit nach, sehr fleissig aus, und suche meine Lieblingsplätzchen auf, deren es eine ziemliche Menge giebt. Überhaupt giebt es hier viele Spaziergänge, die sehr schön und mannichfaltig sind; aber überall fehlts an Schatten: will man diesen haben, so muss man irgend ein Plätzchen an einem Baume suchen, und sich da lagern. Ich sehne mich deshalb öfters nach den schönen Alleen um Leipzig zurück und besonders dann, wenn mir meine eigne Gesellschaft nicht mehr ansteht, oder wenn ich zu träge bin, erst ein Stück Wegs zu machen, um in Schatten zu kommen, oder wenn ich Menschen sehen möchte.
Hier geht man nicht spazieren, weil es nicht Mode ist. Sonntags nach der Kirche geht man allenfalls auf den Petersplatz, welches ein grosser mit hohen Bäumen besezter Platz ist, aber auf allen Seiten mit Häusern eingeschlossen. Abends gehen manche Leute auf die Rheinbrücke, oder auf die Pfalz, einen Platz hinter der Hauptkirche, der fünfzig Schritte lang mit wilden Kastanienbäumen besezt ist, die zu allen Zeiten Schatten geben. Man hat da eine schöne Aussicht auf den Rhein, die Brücke, einen Theil der grossen und kleinen Stadt, in einen Theil der gegenüberstehenden Gebirgen des Schwarzwaldes, und weit ins Elsas hinab. Wer recht viel thun will, der geht auf die Remparts (Wälle), wie man hier sagt, welche nun freylich schön sind und überall eine herrliche Aussicht geben, bald in den Canton, bald ins Bisthum, bald ins Elsas und Markgräfische; aber man ist doch immer in der Stadt. Weiter wagt man sich nicht leicht, und wenn ja noch einige wenige die freyere Land-

Sonntägliche Spazierfahrt im Zweispänner. Federzeichnung von Hieronymus Hess.

luft suchen, so giebts der Wege umher so unzählige und keinen einzigen bestimmten Spaziergang, so dass jeder nach seinem eignen Trieb ein Plätzchen sich wählt und nicht leicht einer den andern trift. Ich gehe bisweilen viele Tage nach einander, ohne einen Menschen aus der Stadt anzutreffen. Sehen Sie nun, warum ich mich an gewissen Tagen in die schöne Leipziger Allee zurückwünsche?»

Küttner, Bd. I, p. 256f.

Verordnung
wegen dem allzu starken Fahren und Reiten in der Stadt.

Nachdem Unsere Gnädige Herren E. E. und W. W. Raths mit besonderem Mißfallen wahrgenommen, daß die den 18ten Mayens 1763, 6ten Brachmonats 1764 und 18ten Jänners 1777 ausgegangenen Verordnungen wegen dem Kutschenfahren in hiesiger Stadt nicht selten übertretten, und dadurch nicht nur der Rhein- und anderen Brücken, der Besätze in den Strassen, wie auch den Gewölberen und Gebäuden merklicher Schade zugefügt werde, sondern auch viele Unordnungen und Unglücke entstehen können; Als sind Hochgedacht Unsere Gnädige Herren bewogen worden, die hievor erwehnten Verordnungen frischerdingen zu wiederholen, mit einigen Zusätzen zu vermehren, und Männiglich vor ferneren Uebertrettungen ernstlich warnen zu lassen. Verbieten diesemnach

1°. Das allzu starke Fahren mit den Kutschen in der Stadt, besonders Nachtszeit, und über die Brücken und in engen Strassen.

2°. Das allzu weite Auseinanderspannen der Kutschenpferde über den Lauf der Räder, und

3°. Das Kutschenfahren bey Nacht ohne brennende Liechter in den Lanternen.

4°. Sollen die lären Wägen in der Stadt, sonderheitlich über die Brücken und in engen Strassen im Schritt fahren, und

5°. Alles Reiten im Galop in der Stadt verboten seyn.

6°. Damit diesem allem besser nachgelebt werde, wird den Löbl. Policey-Collegiis beyder Städten, was aber die Vorstädte anbetrift, den E. Gesellschaften, und, wann die Nachtwache aufgezogen, demjenigen E. Quartier, so die Wache hat, aufgetragen, auf die Uebertretter geflissene Acht haben zu lassen, und die in dem einen oder anderen Falle Fehlbaren ohne Nachsicht und Ansehen der Person für das erste Mal um fünf Pfunde Gelts, und bey wiederholter Uebertrettung jedes Mal um zehen Pfunde zu strafen, wovon die Helfte dem Collegio, welches die Uebertrettung gerechtfertiget, die andere Helfte aber dem Angeber zukommen soll. Derowegen samtlichen Garnison-Wachtmeistern und Soldaten, Harschiereren und obrigkeitlichen Bedienten anbefohlen ist, die Fehlbaren an Behörde zur Bestrafung zu verzeigen.

Es sollen auch die Officiers auf der Hauptwache und unter den Thoren die Fehlbaren anhalten, ihre Namen begehren, aufzeichnen, und an Behörde verzeigen.

Wornach sich Jedermann zu richten und vor Schaden zu bewahren wissen wird; Deßhalben diese Verordnung an allen öffentlichen Orten, unter den Thoren, und in allen Gast- und Wirthsstuben angeschlagen werden soll.

Sign. den 10ten Hornungs 1787. Canzley Basel.

Die Zunehmende Missachtung der Geschwindigkeitsbeschränkung im Reiten und Wagenfahren zwingt die Behörden 1787 zu einem erneuten Aufruf zur Einhaltung der Vorschriften.

Von Kutschen und Pferden

«Bey der Gelegenheit muss ich Ihnen doch ein sonderbares Gesez, das man hier hat, anführen. Ich denke, wenn jemals eine Kutsche in einer Stadt angenehm ist, so ist es in der Nacht, wenn man ermüdet und erhizt einen Ball verlässt. Es giebt hier über hundert und fünfzig Privatkutschen, und gleichwohl ist jedermann genöthigt in der Nacht, in der Kälte, in der Nässe über Eis und Schnee nach Hause zu wandern, weil nach elf Uhr keine Kutsche mehr auf der Gasse fahren darf.

Solcher sonderbaren Gesetze, die man Reformationsgesetze nennt, giebt es hier mehrere. So ist es z. B. einem jeden erlaubt, Kutsche und Pferde zu halten, aber einen Bedienten hintenauf zu stellen, ist verboten. Denken Sie sich nun einmal ein Frauenzimmer, die allein und bey garstigem Wetter einige Besuche zu machen hat. Sie kommt vor ein Haus, und findet es verschlossen, denn dies ist hier der allgemeine Gebrauch. Hört ein Bedienter im Hause die Kutsche, nun so ist alles gut; wo nicht, so muss der Kutscher absteigen, indess die Pferde vielleicht davon laufen; oder das Frauenzimmer muss, wenn sie furchtsam ist, aussteigen, anklingeln und im Regen stehen, bis ihr aufgemacht wird. Ich wundre mich, dass man nicht auf den Einfall kommt, Bediente in die Kutsche zu sich zu nehmen!

Ja, sagt man, dieses Gesez hat seinen grossen Nutzen fürs Publikum; denn manche Familie mag sich wohl Kutsche, Pferde und einen Kutscher, nicht aber einen Bedienten halten. Stellten die einen Bedienten auf die Kutsche, so würden die andern auch einen haben wollen, und der Luxus würde also dadurch vermehrt.

Um zu verhindern, dass jemand viele Pferde halte, darf niemand viere vor seine Kutsche spannen, er müsste denn über drey Stunden weit im Cantone reisen, oder ausser Landes gehen. Dieses Gesez ist unbequem und hat nicht den geringsten Nutzen! Eine Menge Familien halten vier Pferde und fahren mit vier Pferden eine Stunde weit von der Stadt ins Bisthum, oder ins Elsas, oder ins Markgräfische; dann sind sie ausser Landes gewesen. Wenn sie aber, oft schwer bepackt, auf ihre Landgüter gehen, müssen sie mit dreyen fahren.

An den Kutschen und Schlitten ist alle Vergoldung, Malerey und Wappen verboten; dafür aber hält sich mancher, (um sich wenigstens durch Mannigfaltigkeit anderer Art schadlos zu halten) eine Stadtkutsche, eine Berline, eine offene Chaise, eine Diable etc.»

Küttner, Bd. I, p. 235ff.

Familiengesellschaften

«Die Gesellschaften sind hier mehr Familiengesellschaften, als von irgend einer andern Art. Leute von einem gewissen Alter haben gewöhnlich alle Wochen einen Tag, an dem ihre Kinder, Nichten, Neffen, Vettern und Enkel, wenn sie welche haben, den Abend bey ihnen zubringen und speisen. Die Gewohnheit, sich durch einen Titel der Verwandtschaft anzureden, geht so weit, dass man es auf die entferntesten Glieder ausdehnt. Man hört also nichts, als ‹Herr Vetter und Frau Baas und Jungfer Baas und Frau Tante und Herr Onkle›. Lezthin sagte ich zu jemanden; ‹ich wusste nicht, dass Herr N. Ihnen verwandt ist.› ‹Auch ist er es so wenig, als Sie›, war die Antwort; ‹aber es ist gerade so ein Gebrauch und viele Leute halten es für höflich.›

Was aber einem Fremden weit mehr als diese weitläufige Verwandtschaft auffällt, ist, dass alle Basler einander durch Er und Sie anreden. ‹Wie lebt er, Herr Vetter?› und ‹komm sie hier, Frau Baas›. Setzen Sie nun noch hinzu eine Sprache, die den Schweizern ganz eigen ist, und von der ich Ihnen in Zukunft mehr schreiben will, und Sie werden begreifen, dass sich ein Fremder in so einer Familiengesellschaft im Anfange ganz verloren scheint. Auch legt die Erscheinung eines Fremden vielen Personen grossen Zwang auf, und deswegen ist er, natürlich, nicht so gar willkommen. Doch legt sich dies in der Folge, wenn man ihn mehr kennt, und er kann in mancher Familie angenehme Abende zubringen.»

Küttner, Bd. I, p. 244f.

Von der Eheschliessung

«Sie fragen vielleicht, wie die Ehen, geschlossen werden, und wie das künftige Paar mit einander bekannt wird? Ich habe die nämliche Frage gethan, und man sagt mir, dass die jungen Leute an Hochzeiten und Bällen einander sehen, und dass da der Grund zu manchen künftigen Ehen gelegt wird. Über dies werden viele, wie an allen Orten, wo viel Reichthum ist, blos aus Interesse und Convenienz geschlossen. Eine Mannsperson wünscht in eine angesehene Familie zu kommen, und das Frauenzimmer nimmt ihn, weil er reich ist. Ein anderer wünscht in eine Handlung zu heurathen, und man giebt ihm die Tochter, weil er die Geschäfte gut versteht. Dies ist der Gang der menschlichen Natur und ungefähr aller Orten der nämliche. Ich will Ihnen nun etwas von den Hochzeiten schreiben.

Sobald der Tag, unter guten Familien, festgesezt ist, ladet man Freunde und Verwandte ein, die aber nicht eine gewisse Zahl überschreiten müssen, sonst fällt man in Strafe; doch dies wird nicht so genau genommen. Am bestimmten Morgen fährt Braut und Bräutigam, mit etlichen Kutschen voll Freunden und Verwandten, auf ein benachbartes Dorf, und lässt sich trauen. Diese Ceremonie geschieht selten in der Stadt. Man fährt zurück und speist auf einer Zunft zu Mittage, wo man alle übrige Gäste findet. Jedes unverheurathete Frauenzimmer hat einen Aufwärter, das heisst, eine unverheurathete Mannsperson, die sie vorher darum angesprochen hat, und die sie an die Tafel führt, neben ihr sizt, sie wieder von der Tafel herab in den Tanzsaal begleitet und den ersten Tanz mit ihr thut. Und so auch wieder beym Nachtessen. Und dies giebt in der Folge oft Anlass zu einer Ehe.»

Küttner, Bd. I, p. 242ff.

Eine Art Karnevalsfeier

«Da seh ich unter meinen Fenstern den drolligsten Aufzug, den eine komische Einbildungskraft nur immer ausdenken kann! Ein Löwe, ein Greif, ein wilder Mann, Schweizer in alter Tracht, Männer und Knaben, mit Gewehr und Trommeln und Pfeifen. Dies ist eine alte Gewohnheit, eine Art Carnevalsfeyer, die man sorgfältig beybehält und Umzüge nennt. Sie dauern bis künftigen Montag, da sie am zahlreichsten und schönsten sind.

Der Umzug, den ich so eben gesehen habe, kam aus der kleinen Stadt, welche in drey Zünfte oder, wie sie es nennen, Gesellschaften eingetheilt ist. Die eine heisst die Gesellschaft zum Löwen, die andere zum Greifen, und

«Jeder treibt sein eigenes Vergnügen». Kupferstich von Christian von Mechel. 1796.

eine dritte zum wilden Mann. Jede erscheint unter der Figur ihres Namens und zieht in der Stadt herum, begleitet von einer Menge fantastisch gekleideter Kinder. Die Thiere werden gewöhnlich an Ketten geführt, und der Greif zeigt sich in einer ganz eigenen Art von Tanze, den man den Greifentanz nennt. Alle diese Thiere nennt man die Ehrenthiere. Am lezten Tage der Umzüge wirft der wilde Mann den Greifen in einen Brunnen, in welchem Wasser ist: ein Umstand, der, wegen der Kälte der Jahreszeit, schon manchem Greife theuer zu stehen gekommen ist. Knaben versammeln sich in diesen Umzügen, oft in ganzen Compagnien, tragen eine Uniform, und schiessen vor den Häusern mit Flinten, wofür sie etwas Geld erwarten, dessen sie nicht bedürfen. Die Repräsentanten der Zünfte oder Gesellschaften sind gemeine Leute, die bezahlt werden.
Die grosse Stadt Basel, das heisst, die Stadt auf der Schweizerseite des Rheins, hat Vorstädte und jede Vorstadt hält ihre Repräsentanten, die Umzüge zu machen. Dieses sind nun die drey Eidgenossen, die in der alten Schweizertracht erscheinen und durch die Hauptfarben ihrer Kleider zeigen, welcher Vorstadt sie gehören. Man macht oft grossen Aufwand, diese Eidgenossen wohl zu kleiden, und das Gegentheil würde der Vorstadt zur Schande gereichen. Eine Gasse, die man die Eschemer nennt, liefert auch einen Wilhelm Tell, welcher, wenn er mit den Eidsgenossen geht, allemal voraus marschirt. Nichts ist drolliger, als vier alte, grosse und handfeste Kerls zu sehen, die von Trommeln und Pfeifen begleitet, unter einem Heere von Kindern, gravitätisch herummarschiren und die Leute an den Fenstern grüssen. Dieser Gruss geschieht folgendermassen. Wilhelm Tell, der eine ungeheure Armbrust auf der Schulter trägt, nimmt sie herab und macht eine gewisse Bewegung, ungefähr wie eine Schildwache das Gewehr präsentirt. Die Eidsgenossen, mit nicht weniger Ernst und Würde, berühren ihre bunten Mützen und geben denn alle drey einander die Hand. Vor dem Wilhelm Tell geht oft der kleine Knabe mit dem Apfel auf dem Kopfe, und der alte Vater, um dem Pöbel eine Diversion zu geben, schlägt die Armbrust bisweilen an und zielt nach dem Apfel.
Auf den Zünften werden nun etliche Tage lang eine Menge Mahlzeiten gehalten, wo die Reichern und Ärmern sich oft mischen, und wo, wie ich höre, unmässig gegessen und getrunken wird.»

Küttner, Bd. I, p. 247ff.

Vergnügliches Essen im Kämmerlein zu Rebleuten zu Ehren von Frau Charlotte Burckhardt-Bachofen am 19. Januar 1787.

Kämmerchen

«Heute sollen Sie etwas von den sogenannten Kämmerchen haben. Ein Kämmerchen ist ein mehrentheils rostiges, ziemlich unansehnliches Zimmer, oder mehrere, die eine geschlossene Gesellschaft in irgend einem Hause miethet. Dieses Zimmer ist alle Tage offen, und wer zwischen fünf bis acht Uhr dahin geht, ist immer gewiss, Gesellschaft da zu finden. Jeder unterhält sich da nach seinem Belieben; man redet von Politik, von Stadtneuigkeiten, man trinkt Thee, raucht Tabak, spielt Tarok etc. Man ist hier so sehr in diese Kämmerchen verliebt, dass es wenig Mannspersonen giebt, die nicht zu irgend einem gehören. Eben deswegen wundere ich mich, dass man sie nicht mit mehr Bequemlichkeit und Zierlichkeit einrichtet. Als ich das erstemal in eins der hiesigen Kämmerchen kam, erstaunte ich, eine Menge reicher und wohlhabender Männer in einem elenden kleinen Zimmer beysammen zu sehen. Ich habe nachher andere gesehen, aber keins, das nur die geringste Empfehlung von innerer guter Einrichtung oder Schönheit hätte. Gleichwohl findet man die Mannspersonen von der besten Gesellschaft dieser Stadt, selbst die Häupter mit eingeschlossen, in einigen dieser Kämmerchen, oder Kämmerli, wie man sie hier nennt.
In so ferne man gewiss ist, in diesen Zimmern immer Gesellschaft zu finden, oder eine Stunde, die einer gerade zwischen andern Geschäften hat, und in der er wenig thun würde, da zubringen kann, sind diese Kämmerchen sehr gute Einrichtungen; auf der andern Seite thun sie dem geselligen Leben, im Ganzen, unendlichen Schaden. Schwerlich hätte man ein wirksameres Mittel ausfinden können, die beiden Geschlechter von einander zu trennen, so sehr wie sie hier getrennt sind.
Die Folgen von dieser Einrichtung sind ganz natürlich. Sobald Mannspersonen beständig blos unter sich leben, bekommt ihr Ton und ganzes Betragen eine gewisse

Rauhigkeit, die durch die Mitteilung des sanftern weiblichen Charakters gemildert wird. Der Mann, um dem Geschlechte zu gefallen, gewöhnt sich durchaus an eine gewisse Eleganz und Delicatesse, die man an Orten, wo die Mannspersonen blos unter sich leben, für Weiblichkeit oder Unmännlichkeit erklärt. Ein Mann, der nicht gewohnt ist, vermischte Gesellschaft zu sehen, ist mehrentheils, wenn er unter Frauenzimmer kommt, ungeschickt, und, so kühn er auch sonst seyn mag, scheu. Er fühlt sich selbst unbehaglich, weiss nicht von was er reden soll, und alles ist ihm neu.
Die Frauenzimmer auf der andern Seite, die keine Männer in ihren Gesellschaften empfangen, überlassen sich dem Hange zu Kleinigkeiten, sprechen von wenig andern als Kleidung und Kinder- und Gesinde-Geschichten, und sind folglich unter Mannspersonen stillschweigend und steif.»

Küttner, Bd. I, p. 240ff.

Winterbelustigungen

«Das Schlittenfahren gehört hier, wie überall wo es Schnee giebt, unter die Winterbelustigungen; allein ich höre und sehe, dass man hier weder viel noch lange Schnee hat. Von jenen zahlreichen und schimmernden Aufzügen, wo man vierzig, fünfzig und mehr Schlitten sieht, die mit Musik und einer Menge Vorreuter begleitet werden, weiss man zu Basel nichts; die hiesigen Schlittenfahrten sind nicht so schön, aber vielleicht angenehmer. Man hat auch kleine Rennschlitten; aber man sieht deren nie viele beysammen. Manchmal sezt man den Kasten einer Chaise auf Schlittenkufen, wodurch man dem Winde nicht so sehr ausgesezt ist. Die beste Art ist aber wohl folgende. Sechszehn, achtzehn, ja zwanzig Personen setzen sich auf einen einzigen grossen Schlitten, so, dass allemal zwey und zwey einander den Rücken kehren; man spannt sechs oder acht Pferde vor und fährt auf ein Dorf in der Nachbarschaft, wo man Thee trinkt, oder, wie man es hier nennt, zu Abend isst. Manchmal bestellt man ein paar Violinen auf das Dorf und tanzt eine oder ein paar Stunden. Dies kommt gleichsam von ungefähr, hat nicht das Ansehen eines Balles und ist darum nur desto angenehmer. Man fährt wieder in die Stadt, steigt bisweilen auf einer Zunft ab, wo die ganze Gesellschaft zu Nacht speist, und auch wohl wieder tanzt. Überhaupt knüpft man hier gerne einen Ball an die Schlittenfahrten.» 1777.

Küttner, Bd. I, p. 234f.

Begehrte Markgräflerinnen

«Mich dünkt, die Markgräflerinnen halten hier ein gewisses Mittel zwischen den Städtern und dem zu Rohen des Landvolks. Auch ihre Tracht ist ihnen eigen, und äusserst vortheilhaft, eine gute Figur sichtbar werden zu lassen. Sonderbar ists, dass das Geschlecht auf der andern Seite des Rheins, im Elsas und auf dem Lande im Canton Basel, in jeder Rücksicht von den Markgräflern unterschieden ist. Ich sehe da nicht drey gute Figuren für zehne, die ich hier sehe. Auch weiss man das zu Basel, wo ein grosser Theil der Dienstmädchen Markgräflerinnen sind. Vorzüglich sagen Witwer und alte Junggesellen, dass diese Mädchen vortreflich eine gute Wirthschaft zu führen wissen, und ein wahrer Schatz im Hause sind.»

Küttner, Bd. II, p. 204

Weinlese

«Schon seit Ende September ist alles um die Stadt herum mit der Weinlese beschäftigt; eine geräuschvolle Zeit! Vor manchen Thoren der Stadt sind lange Gassen voll lauter kleiner Häuschen, an denen ein Stück Reben liegt; sie gehören dem mittlern Bürger, der denn mit der Weinlese und zum Theil auch im Sommer da mehr verthut, als der ganze Weinwachs einträgt. Zur Weinlese werden alle Bekannten geladen, da wird gegessen, getrunken, und wo Platz ist, vor der Hausthüre auf der Strasse getanzt. Kurz es ist eine Zeit der Freiheit, des Genusses, und bisweilen der Ausgelassenheit. Man betrachtet sich als wahrhaft auf dem Lande, man nimmt für bekannt an, dass es eine Zeit der Freude ist; man vergisst Verhältnisse, die man sonst ängstlich beobachtet, und der jüngere Theil erlaubt sich Freuden, die im Grunde unschuldig sind, die aber zu jeder andern Zeit mit dem Verdammungsausspruche äusserster Unanständigkeit gebrandmarkt werden.
Der Wein, den man in der Gegend um Basel und Canton überhaupt baut, ist, ein paar Plätze ausgenommen, schlecht, und wird blos fürs Gesinde gehalten, denn Sie müssen wissen, dass hier die Bedienten beiderley Geschlechts täglich ihren angewiesenen Theil von Wein haben müssen.» 1779.

Küttner, Bd. II, p. 267f.

Kinderumzüge

«Wegen der Kriegswirren ist zwar das Trommeln der Buben erlaubt worden, die Umzüge und das Schiessen hingegen hat man verboten. Dessen ungeachtet sind ein kleiner Greif, Löw und wilder Mann umgezogen, welchen eine grosse Anzahl masquierter Kinder folgten. Die 3 Gesellschaften haben ihnen auch ihre 3 schönen Fähnen gegeben. Auch die Spalemer hatten einen grossen Umzug. Sie hatten einen aus Filz gemachten Kräh bey sich, nebst der Fahne vom Quartier und vielen Kindern und grossen masquierten Personen. Ebenso ist zur Hären lange getanzt und ein formell Nachtessen gehalten worden, ungeachtet, dass es verboten war.» 1796.

Daniel Burckhardt, p. 32

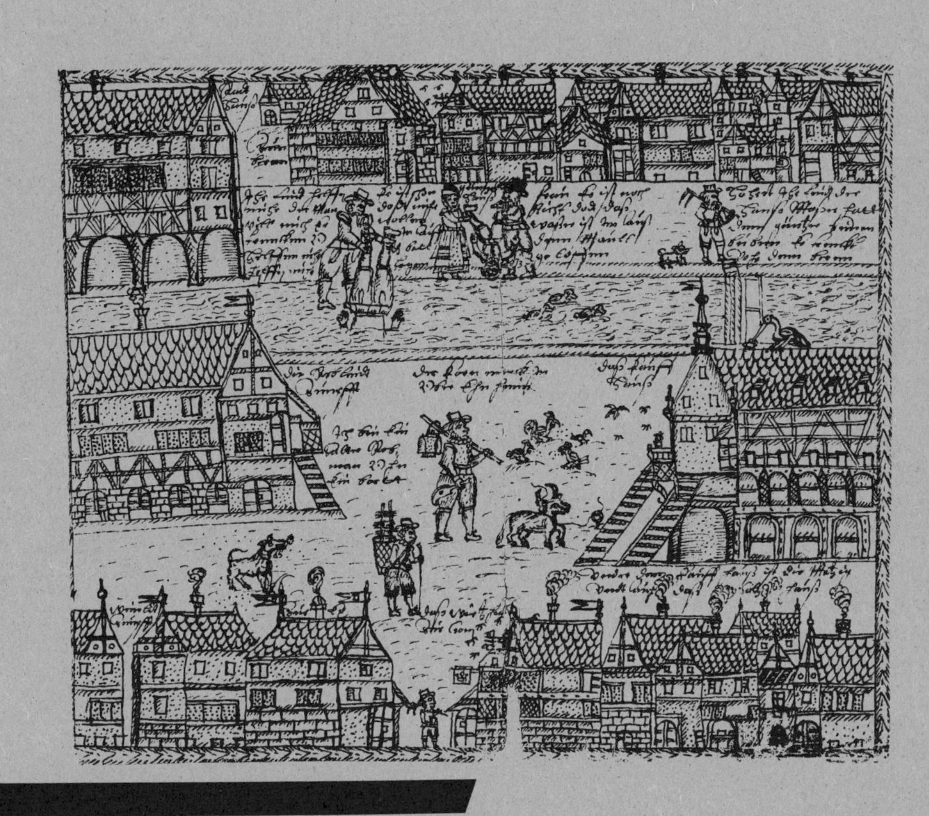

XI BAULICHES UND TOPOGRAPHISCHES

Das Heinrichsmünster

«Henricus II. Röm. Keyser, liess 1010 die Thumkirch, oder das Münster zu Basel, welche seit der Ungarischen Verherung presthaftig war, abbrechen, etliche Schritt vom Rhein rucken, und von neuem erbauen. Er hat auch damaln derselbigen Kirchen geschenkt das Schloss Pfeffingen und Lanser, und mit stattlichen Kleinotern gezieret. In sein Capell liess er stellen einen Tisch mit geschlagenem Gold bedeckt, 7000 Gulden werth, und ein silberne Cron in das Chor aufgehängt, welche hernach verkriegt worden. Auf der Pfaltz, da der runde Tisch stehet, ist zuvor der grosse Altar gewesen.»

Gross, p. 10/ Wurstisen, Bd. I, p. 96f.

Das Münster wird eingeweiht

«1019 wird das Münster durch den Bischof Adalbero mit grosser Feierlichkeit eingeweiht. Ausser vielen Fürsten und Herren und dem Kaiser, waren sieben Bischöfe anwesend, worunter die von Trier, Strassburg, Konstanz, Genf und Lausanne.»

Historischer Basler Kalender, 1886/ Ochs, Bd. I, p. 204

König Konrad II. befestigt die Stadt

«1025. Der neugewählte König, Konrad II., kommt nach Basel, hält hier einen Landtag ab und setzt seinen Kanzler Adalricus zum Bischof ein, wofür ihm dieser eine bedeutsame Geldsumme gezahlt hatte. Um sich eines festen Punktes gegen Burgund zu versichern, befestigt er die Stadt.»

Historischer Basler Kalender, 1886

Die Rheinbrücke

«Bis vor wenigen Jahren war die alte Rheinbrücke in Basel der einzige Übergang über den Strom. Sie verdient den Namen die ‹alte› Brücke; denn sie wurde schon im Jahr 1225 erbaut. Ihr Erbauer war der Bischof Heinrich von Thun; sein Standbild ist über dem Eingang der Kapelle, welche mitten auf der Brücke steht, heute noch zu sehen. Welch lebhafter Verkehr zeigte sich auf ihr, als noch keine ihrer Schwestern gebaut war! Ein besonders reges Leben brachten der Mittag und der Abend, vor allem aber der Sonntag. Da wogte und wimmelte es von Menschen und Fuhrwerken hin und her.

Die alte Rheinbrücke unterscheidet sich von ihren zwei Genossinnen besonders dadurch, dass sie zwölf Pfeiler hat und grösstenteils aus Holz aufgebaut ist. Sowohl die Fahrbahn, als die beidseitigen Trottoirs bestehen aus dicken Brettern, und die sechs Joche auf der Grossbaslerseite sind aus starken Balken von Eichenholz gefügt. Die sechs Pfeiler gegen Kleinbasel wurden aus Quadersteinen aufgebaut, und die grossen granit'nen Ruhebänke dienen auch zur Belastung der Brücke. Bei sehr hohem Wasserstande beschwert man sie zudem mit Eisenbahnschienen, um sie vor der Gewalt des reissenden Stromes zu sichern. Dann wankt und knarrt sie bedenklich und darf von niemandem betreten werden. Am linken Ufer zeigt eine kunstreiche Einrichtung die Höhe des Wasserstandes an. Mitten auf der Brücke, der kleinen Kapelle gegenüber, erhebt sich eine steinerne Säule mit einem Barometer und einem Thermometer. Oben auf der Säule steht eine Windrose mit einer Windfahne. Unten wälzt der Rhein seine rauschenden Wellen dahin.

< *Federzeichnung aus der Autobiographie des Kannengiessers Augustin Güntzer. 1618.*

«Bildnisse der Baumeister der Münster Kirche zu Basel: In dem Himmels-Saal werden dies zween lebendigen Steine genennt, weil sie den Bau dieser Kirche besorgt haben.» 1773.

Auch auf dem Strome zeigt sich Leben. Hier durchschneidet ein Fischerkahn die Flut; dort sammeln Männer mit eisernen Haken Pflastersteine. Ein Floss aus Baumstämmen schwimmt, von kräftigen Ruderern geleitet, daher. Wehe, wenn diese den richtigen Brückendurchgang verfehlen und das Floss an einem Joche scheitert! Der Gang über die Brücke öffnet dem Städter, der in enger Gasse wohnt, eine weite, schöne Aussicht nach Norden und nach Süden.»

Lesebuch 1885, p. 158ff. / Eugen A. Meier, 1975

Treppe zu St. Martin

«1352 ward die lange Stegen zu St. Martin von siebentzig steinenen Tritten gemacht.»

Baslerischer Geschichts-Calender, p. 11

Neues Münster

‹Der neue Münster wird 1363 im Beisein des Bischofs von Konstanz, vieler vornehmer Herren und Prälaten von Bischof Johannes Senn von Münsingen feierlich eingeweiht.›

Historischer Basler Kalender, 1886

Feuerglocke

«1377 entstund eine grosse Brunst an der Spalen: da dann zu ewiger Gedächtnuss verordnet ward, dass die Glocke zu St. Leonhard (die Feur-Glocke genannt) alle Tag umb 8 Uhren Abends im Winter und im Sommer umb 9 Uhren solte geläutet und menniglich das Feur zu löschen vermahnet werden.»

Baslerischer Geschichts-Calender, p. 13 / Wurstisen, Bd. I, p. 207 / Gross, p. 53 / Bieler, p. 255

41 Türme und 1099 Zinnen

«1386 wurden die Vorstätt der Grösseren Statt in Ringmauren und Burg-graben zu erst beschlossen. Diese Maur hat 41 Thürm und 1099 Zinnen.»

Baslerischer Geschichts-Calender, p. 14

In welcher Weise die Stadt Basel gebaut ist

«Damit euch Lesern alles bekannt sei, will ich die Beschaffenheit der Stadt Basel Anno 1434 beschreiben. Zum ersten ist sie recht gut gelegen und ist in zwei Teilen gebaut, indem ein breiter und tiefer Strom in der Mitte hindurchfliesst, welcher Rhein genannt wird. Alle Einwohner der Stadt sind Deutsche, und der genannte Fluss hat eine so starke Strömung, dass ein Schiff, welches herunterfährt, niemals wieder zurück und aufwärts geht. Entweder gehen sie nach Strassburg oder nach Köln und einzelne nach Flandern. Über den Fluss, welcher die Stadt in der Mitte theilt, ist eine 282 Ellen lange Brücke gebaut. An dem einen Kopf dieser Brücke steht ein starker Thurm mit einem Thor und einer Kette (Rheintor). Die Stadt auf dieser Seite liegt auf zwei Hügeln und ist reich an schönen Häusern und Brunnen, und versehen mit schönen Läden, wo man jede Waare findet. Der Palast der Herren (Rathaus) ist sehr schön, mit einem grossen Platz davor, worauf der Markt gehalten wird, mit einem sehr schönen Brunnen und schönen Fleischerbänken. Ebenso ein anderer Platz, wo man die Fische verkauft und ein sehr grosser Brunnen mit unsrer lieben Frau und zwei Heiligen darauf, worin die Fischer ihre Kästen thun, wenn der Tag dafür da ist; man verkauft nach dem Augenmass, und theuer wie das Blut. Ein Hecht, der vier Pfund wiegt, gilt 14 Soldi ihres Geldes, das macht 56 Soldi des unsrigen. Die obgenannten Plätze sind alle umgeben mit schönen Läden jedes Gewerkes, und jedes Gewerk hat seinen Palast (Zunfthaus), wohin sie sich an Festtagen begeben, da spielen und tanzen sie nach Wohlgefallen. Daselbst verwahren sie auch ihre Munition, grosse und kleine Zelte, und die zum Krieg nöthigen Dinge. Die genannte Stadt hat zwei Ringe von Mauern und Gräben ohne Wasser, und alle Häuser stossen an die genannten Mauern, nämlich an die des ersten Ringes. Im ersten Ring sind die nachgenannten grossen Kirchen. Erstens der sehr schöne Dom. Die Vorderseite hat diese Form: zuerst eine sehr grosse Pforte, ganz bedeckt mit in Stein geschnittenen Figuren. Ferner zwei schöne Thürme, in dem einen sind sechs Glocken, in dem andern eine

Es befindet sich in dem ehemals dem Gottshaus St. Leonhard in Basel zustehenden Urbario, welches durchaus auf Pergament geschrieben, und jezt noch in dem Archiv des Directorii der Schaffneyen allda befindlich ist, eine merkwürdige Anzeige von dem uralten Daseyn der Juden, zumalen selbiges von A. 1290. datirt ist. Es enthält dieses schöne Document ein umständliches Verzeichnuß von denen Häusern der Juden und von dem auf ein jedes Haus derselben gesetzten jährlichen Tax. Es waren damals zwanzig dieser Häuser. Man kan daraus schliessen, wie groß damals die Anzahl der Juden in Basel müsse gewesen seyn.

Diese Häuser hiessen:

1. Das Haus Puchils, vor der Gerber-Lauben über, vorher Salman Unkels des Juden. 2. Die Synagog der Juden. 3. Bentholds, des Juden. 4. Des Otto von Hagenthal. 5. Des Ramspach. 6. Des schon gemeldten Puchils. 7. Des Salman Unkel. 8. Des Frantzen von Hegenheim. 9. Die Synagog in dem Rindermarckt und die darum ligende Häuser, als 10. des Rabbi Rasors. 11. Der Merya, Wittwe des Vivelmanns. 12. Des Moyses von Rinfelden. 13. Ein Haus nahe an dem Haus zur Muschelen, der Guta von Nüwenburg. 14. Ein Haus nahe bey dem Haus zur Gabelen, welches nun abgebrannt ist. 15. Die Synagog, gegen dem Frucht-Marckt, welches der Jud Meyer bewohnet. 16. Das Haus des Mannen. 17. Das daran gefügte Haus, welches Jölin, der Sohn des Kaltwassers bewohnet. 18. Ebendaselbst das Haus, worinnen Ensi und Moyses wohnet. 19. Das Haus auf dem Frucht-Markt, worinnen die Vro Genta wohnet. 20. Item das Haus in der Winhartz-Gassen, welches Jacob von Ruvache bewohnet.

«Die Ankunft der Juden in Basel». Beschreibung ihrer Häuser im Jahre 1290.

Uhr, welche die Stunden schlägt und sie zeigt mit dem Mond, wie er wächst und abnimmt (Martinsturm), und hat eine Laube, die von einem Glockenthurm zum andern geht. Im Innern der Kirche sind 42 Altäre. Der Hochaltar hat einen sehr schönen Umgang von Alabaster, worauf die zwölf Apostel und Christus am Kreuz ausgehauen sind. Auch ist eine wundervolle Orgel da. Vor der Kirche ist ein grosser Platz mit einem schönen Brunnen, wo man turniert, wenn es Zeit dazu ist. Die genannte Kirche ist mit vielen Reliquien ausgestattet, alles in Silber, und insbesondere mit 80 Köpfen von den 11000 Jungfrauen. Ferner gibt es eine Kirche der Eremitenbrüder, nach dem heil. Augustinus benannt; sie ist recht schön, und es finden sich daselbst 40 Köpfe von den 11000 Jungfrauen. Ferner eine andere Kirche, genannt St. Martin, wo Nachts die Wache sich befindet, welche mit dem Horn die Stunden verkündet. Dort sind auch die Glocken, welche zum Gericht läuten (Ratsglöcklein). Ferner die Kirche des heil. Franz; sie ist schön und gross und besitzt 60 Köpfe von den 11000 Jungfrauen, und einen ringsum mit einer Mauer eingeschlossenen Platz, auf dem am Mittwoch und Freitag Markt gehalten wird. Ferner die Kirche des heil. Leonhard, in der sich 16 Köpfe von den 11000 Jungfrauen befinden. Ferner die Kirche des heil. Petrus, worin sich eine sehr schöne Orgel und 50 Köpfe von den 11000 Jungfrauen und beim Hochaltar ein schöner Umgang von Alabaster befinden. Ausserhalb der Ringmauer ist die Kirche des heil. Dominikus (Predigerkirche); sie ist schön und reich an Reliquien, worunter 70 Köpfe von den 11000 Jungfrauen. Ferner die Kirche des heil. Johannes, mit einer sehr vollkommenen Orgel, und einem schönen Palast, in welchem die heilige Majestät des Kaiser wohnt. Fast alle Kirchen sind versehen mit Köpfen von den 11000 Jungfrauen und zwar desshalb, weil diese in Köln ihr Leben verloren haben. In der Nähe von St. Peter, ausserhalb der Ringmauer, ist eine sehr grosse Wiese voll schöner Bäume (Petersplatz), welche im Sommer Schatten geben, weswegen im Sommer viele Leute dahinkommen, um zu spielen und sich ein Vergnügen zu machen, und besonders um den Bogen zu spannen. Vor dieser Wiese ist ein Gebäude (Zeughaus), worin sie alle ihre Kriegsvorräthe haben, ihre Bombarden und Wurfmaschinen, Schilde und Steine, und ich bemerke, dass ich dort 66 Bombarden grossen Kalibers auf Laffetten gezählt habe.»

Gattaro, p. 17ff.

Papstglocke

«1442 verehrte der neuerwehlte Pabst Felix der Fünffte eine grosse Glocke in das Münster, welche bey 70 Centner schwär. Daher sie noch die Pabst-Glocke genennet wird.»

Baslerischer Geschichts-Calender, p. 19

Der Papst empfiehlt die Renovation des Münsters

«Wie uns wohl bekannt ist, befindet sich die Kathedrale zu Basel in baufälligem Zustande. Wir erteilten daher durch unser Schreiben vom 27. April 1460 auf drei Jahre allen, welche genannte Kirche am Feste der Geburt Mariä und vierzehn Tage nachher andächtig besuchen würden und zum Unterhalt der Kirche Beiträge leisten, vollständigen Ablass und gaben dem Bischof Vollmacht, die nötigen Beichtväter für diesen Ablass zu ernennen. Nachdem nun die drei Jahre abgelaufen sind, erneuern wir hiemit den genannten Ablass für weitere drei Jahre, mit der Bestimmung, dass der Besuch der Kirche am Feste der Verkündigung Mariä und vierzehn Tage nachher stattzufinden habe. Damit das eingehende Geld wohl verwahrt werde, wollen wir, dass man in der Kirche einen Opferstock, den man mit drei Schlüsseln verschliessen kann, anbringe. Einen Schlüssel soll der Kollektor, den andern das Domkapitel und den dritten der Bauherr in Verwahrung nehmen. Ferner soll der dritte Teil alles eingegangenen Geldes ohne allen Abzug für die Ausrüstung des Heeres und der Flotte gegen die Türken verwendet werden und dem Kollektor oder einer andern von uns hiezu bestimmten Persönlichkeit übergeben werden. Papst Pius II.»

Teuteberg, Bd. I, p. 61f.

Strassenwischer

1466 wies der Rat die Hausbesitzer an, jeden Samstag vor ihren Häusern die Strassen zu reinigen. «Doch der Schmutz wich doch lange nicht. Daher bei festlichen Einzügen das Bestreuen der Gassen mit Gras, das Legen von Teppichen.»

Wackernagel, Bd. II 1, p. 281.

Die grosse Linde auf dem Münsterplatz

Vermutlich im Anschluss an den vollendeten Wiederaufbau der eingebrochenen Stützmauer liess die Obrigkeit um das Jahr 1471 auf der Pfalz eine Linde pflanzen, die im Laufe der Jahre zu einem Riesenbaum heranwuchs. Weil der Baum ‹von ungeheurer Grösse› so geschnitten wurde, dass er nur in der Breite sich ausdehnte, nannte man ihn die ‹zerlegte› Linde. Die ausgebreiteten Äste erreichten einen Umfang von nicht weniger als 112 Schritten, was das Aufstellen von tragenden Holzgerüsten erforderte. Zur Verstärkung oder Füllung des Laubdaches wurden aber auch lebende jüngere Bäume unter die grosse Linde gesetzt, was Anno 1707 einen aufmerksamen Reisenden zur Feststellung veranlasste: «Nach einer genauen Untersuchung bemerkte ich, dass statt einer Linde es sieben oder achte sind, welche so nahe aneinander gepflanzet, dass sie mit der Zeit fest aneinander gewachsen sind und einem, der sie nicht sorgfältig betrachtet, nur eine Linde zu sein scheinen.»

Den Stamm der Linde liess der Rat 1512 mit einer schützenden Steinbrüstung umgeben, deren «lateinische Vers doran zu teutsch also lauten:
Als Julius der Ander zwar
Ein Vorstender der Kirchen war,
Und Keiser Maximilian
Des gantzen Reichs Gwalt thet han,
War dises Werck hie aufgericht,
Ab dem man des Rheins Luste sicht:
Die hohen Berge und das Veld,
Darneben auch die grünen Wäld:
Die Ringmauer umb dise Statt,
Und die zwen Thürm, so der Dom hat,
Mit sampt dem lieblichen Getoss
Des fürlaufenden Wassers gross.»
Im April 1727 liess der Kleine Rat vernehmen, die Linde auf der Pfalz sei alt und faul und solle deshalb umgeschlagen werden. Zu einem entsprechenden Beschluss aber konnten sich die Behörden noch nicht durchringen. Trotz guter Pflege war das Leben des berühmten Baumes indessen nicht mehr wesentlich zu verlängern. Schon Anno 1735 musste der «Baum, der halber abgestanden und zweihundertfünfundsechzigjährig», gefällt werden. Das «darunter befindliche Geräms, Eisen und Steinwerk wurde dem Bauamt übergeben, der Platz verebnet und mit einer doppelten Reihe von Kastanienbäumen bepflanzt und solchergestalt zu einem Spaziergang eingerichtet».

Baugeschichte des Basler Münsters, p. 341ff.

Münsterplatzbrunnen

«Anno 1382 ward der steinen Brunnstock uf dem Münsterplatz aufgerichtet. Demnach im Jahr 1503 waren etliche Priester und Studenten, die trieben zu Nacht Mutwillen, und hingen dem St. Georgs Bild, das auf dem Stock stund, eine Büttenen an den Kopf. Weil das Werk alt war, zerbrach der Georg und fiel herab und einer der Nachtbuben mit ihm, der tot von dannen getragen ward. Selbige wurden gefänglich genommen und um Geld gestraft. Ein Jahr darnach ward der Stock durch den Rath von Basel ganz neu gemacht. Von derselben Sache ward dieser nachgeschriebene Reym von einem guten Gesellen gemacht:
Hör auf den zwenzigsten Tag
Do der Bauer höret, als ich sag
Und die grob Nacht – Rott Unfuhr pflag
Der Steinin Georg im Brunnen lag
Wen glust, die Jahrzahl suchen mag. M.D.III.»

Ochs, Excerpte, p. 235f. / Bieler, p. 730 / Gross, p. 137 / Grössere Basler Annalen, p. 46

Das Münster und seine Glocken

«Der einte Münsterturm, mittagswärts, heisst St. Martinsturm. Ist angefangen worden zu bauen Anno 1488 und vollendet anno 1508. In diesem Turm hängt die Papstglocke. Hat gewogen 70 Centner. Wurde aber 1489 wiederum gegossen und wiegt nun 105 Centner. Ist getauft worden ‹osianna›. Der andere Turm ist genannt worden St. Georgen Turm und hangen neun Glocken darinnen: 1. Die Muesglocke, weil man sie läutet, wenn man den Armen ihr Brot und Suppen austeilet, jetzt die Zehne Glocke. Von Kaiser Heinrich verehrt, wiegt 52 Centner, ward getauft ‹Theodotus›. 2. Unserer Frauen Glocken, so um halb zwölf geläutet wird, wiegt 35 Centner. 3. Die Salve Glocke, jetzt die Wachtglocke, wiegt 18 Centner. 4. ‹Kunigunda›, oder Tor Glocke, wiegt 11½ Centner. 5. ‹Maria›, wiegt 8½ Centner. 6. Das Prim, jetzt das Neune Glöcklein, wiegt 2½ Centner. 7. Das Vesper, jetzt das 3. Glöcklein, wiegt 2 Centner. 8. und 9. Beide Schlag Glocken.» Nach 1508.

Wieland, s. p.

Das Augustinerkloster wird vom Blitz getroffen

«Auf St. Jacobstag 1515 schlug das Wetter nachts um 10 Uhr in den Glockenhelm zu St. Augustinern. Und grad auf diesen Tag war es 50 Jahr, dass er aufgeschlagen worden war, als dies auch geschehen war. Hernach wurde aus der Klosterkirche ein Kornhaus gemacht.»

Wieland, s. p. / Baselische Geschichten, II, p. 5

Bau des Barfüsserplatzes

Im Juni 1529 «brach man zu Basel die Mauer um das Barfüsser Closter ab, vom Eselstürmlein bis herum zu der Mühle (heute Kleider-Frey). Der Birsig ist überwölbt worden, und aus dem Garten und Kilchhof ward ein schöner Platz gemacht, da jezo Ross und Vieh, Schweine und Holz verkauft werden.»

Scherer, p. 9 / Baselische Geschichten, II, p. 7

Neue Bauordnung

«Adelberg Meyer, Bürgermeister, und Rath von Basel, erlassen 1536 für die Stadt Liestal eine neue Bauordnung. ‹Alle Hüser sollen nach schnurschlecht und nit mer Eins für das ander, wie bisher beschehen, gesetzt und gebuwen werden.› Auch mussten die Häuser mit Kaminen versehen werden.»

Historischer Basler Kalender, 1888

Der Rosshof geht in französischen Besitz

«Der französische Gesandte Morelet hat 1545 von Junker Thüring Hüglin ein Haus auf dem Nadelberg um 800 Gulden gekauft (seit 1720 Rosshof), das Junker Hüglin für 400 Gulden erworben hatte. Aber für den ist nichts teuer, der aus dem französischen Dienst sein eigenes Geschäft zu machen und daraus reichen Gewinn zu ziehen versteht.»

Gast, p. 231

Turmschau

«Währenddem Basel sich stetsfort von der Macht des Kaisers gefährdet glaubte und neben den meisten Kantonen (Zürich und Bern ausgenommen) mit dem König Heinrich II, diesem Hugenottenwürger, ein Bündnis schloss, wurde in der Stadt kreisum von Thurm zu Thurm eine Wehrschau unternommen, um die Festigkeit der schirmenden Mauerwerke zu prüfen. Die Herren Häupter selber unternahmen in Begleitung etlicher Räthe und Werkmeister den Schaugang. Sie fanden den St. Thomasthurm bei St. Johann wohl versehen, doch sollen die Schusslöcher verbessert werden sammt den Schlossen oder Hahnen an den Büchsen, die nicht geng erfunden. St. Johann-, Steinen-, Eschen-, St. Albanthor sollen, wie am Spalenthor geschehen, zur Wehr hergerüstet werden. Alle Thürme um die Stadt wurden für viel zu hoch und zu eng erklärt und seien darum förderlich abzuheben. In den fast hohen dickern Thurm ‹Lug ins Land›, bei St. Peter Bollwerk, wurden mehr Schützen verordnet, das Bollwerk sollte auch mit solchen besetzt und mit Geschütz und Schanzkörben versehen werden. Der Thurm bei der Lys war eine feine, gute Wehre. Die Letze sollte oben mit einer Thüre beschlossen und Schusslöcher angebracht werden. Der neue Thurm unfern dem Eschenthor war gut erbaut, aber das obere ‹Trem› (Balkenstück) litt schon vom Wetter ‹und wan man darin schiesst, mag der Rauch nit usshin gon. Da ist geraten, das man dem Thurm gute dapfere Luftlöcher, das der Rauch dadurch gänge, mache, die Dachung und Tremm erbessere u.s.w. Am bösten und sorglichsten war der Thurm am Rhein zu St. Alban erfunden, so dass er voraus in Stand gestellt werden sollte. Ferner sollten auf allen Thürmen mit Wasser gefüllte Züber aufgestellt werden zum Abkühlen der Büchsen, und ward der Zugknecht befohlen, allenthalben mit Stein, Pulver, Zündseil u.s.w. die Wehren zu versorgen. Zudem soll man nit vergessen, dass man den Schützen freundlichen zuspreche und bevelhe, dass sie ohn alles Verziehen ilends an die Ortt lauffend, dahin ihr jeder verordnet ist, dass auch jeder sin eigen Züntfürseil und Rüstung mit im nemme und sie alle trostlich und mannlich handeln, wie erlichen Burgeren wol anstat. Ryhiner, Staatschreiber.» 1549.

Buxtorf-Falkeisen, 2, p. 97f.

Binninger Brunnwasser

«1551 wurde neues Brunnenwasser von Binningen in hölzernen Röhren in die Stadt geleitet.»

Gast, p. 383

Kirchturmschmuck für St. Martin

1556 wurde der Kirchturm zu St. Martin mit Knopf, Hahn und Helm geziert. Für das Vergolden wurden 56 Dukaten eingeschmolzen. Der hohle Knopf hätte 2½ Sester Getreide zu fassen vermocht.

Wieland, s. p. / Baselische Geschichten, II, p. 9

Neue Muesglocke im Münster

Im Georgsturm des Münsters «hangen sieben Glocken. Die erst heisst diser Zeit die Muesglocke. Anno 1565 ward dise abermals presthaft, dass man sie vom Turm herab liess und vor dem Münster mit eisenen Hämmern zerschlug. Als man die neue Glocke am nechstfolgenden Wienachtstag hören wolt, wie sie gegen die Papstglocke ein Klang hette, verschuf Simon Sulcerus, Pfarrherr am Münster, dass man forthin alle hohen Festtage, nämlich zu Ostern, Pfingsten, Wienachten, dise zwen grossen Kübel zusammen leuten solle, welches zuvor seit unserer christlichen Reformation nie breuchig gewesen.»

Beiträge zur vaterländischen Geschichte, Bd. 12, p. 419f.

Neues Brückenjoch

Die geglückte Fertigstellung einer Wasserstube um das erste steinerne Joch der Rheinbrücke erlaubte am 25. Dezember 1567, mit den Bauarbeiten für ein neues Joch zu beginnen. «Die Bürger haben mit Wasserschöpfen Hilfe gethan und sind kompagnienweise mit Trommeln, Pfeifen und fliegenden Bannern auf- und abgezogen.»

Wieland, s. p.

Munatius Plancus

«Den 27. auf Simonis und Jude 1580 abend, als man die Mess einläutete, zwischen 3 und 4 Uhr, ist Lucius Munatius Plancus im Richthaus (Rathaus) aufgerichtet worden und am andern Ort eine schöne vergoldete Harzpfanne.»

Basler Jahrbuch, 1893, p. 137 / Wieland, s. p.

Der Lusthain zu St. Peter

«1581 erging von der Regierung aus an Bürger und Studenten eine strengere Verordnung über den Besuch und die Benutzung des Petersplatzes. Der Rektor der Universität wendet sich darüber wie folgt an seine Angehörigen: ‹Alldieweil der Lusthain zu St. Peter, der anmuthigen Ergötzlichkeit Aller bestimmt, durch das Hin- und Herrennen derer besonders, welche entweder Wettläufe oder Ballspiel treiben, dergestalt zertreten wird, dass er anstat eines Lustgartens das Aussehen einer Laufbahn angenommen hat, so hat es dem hohen Rathe gefallen, allen Studierenden, sowie auch seinen Bürgern und den fremden Handwerksgesellen anzuzeigen, dass dieser Platz nicht zu einem Ringplatz oder einer Rennbahn bestimmt sei, sondern zu einem Spaziergang. Wird demnach in Zukunft Einer ausserhalb der angewiesenen Übungsorte allda betroffen im Wettlauf, oder im Ballspiel oder im Zielwerfen, so mag er wissen, dass er es mit den öffentli-

chen Häschern zu thun haben und vergebens von der Universität Hülfe suchen und verlangen wird.›
Zehn Jahre früher priesen die Lobredner Basels den Petersplatz also: ‹Gen Auf- und Niedergang sind zwei Ringplätze, dort für Männer, hier für Jünglinge, wo an Feiertagen die Ballspieler sich üben. Hieher kommt des Sommers die Jugend auch. Sie treibt lustige Scherze in grasigen Spielplätzen, hüpft im fröhlichen Tanzreigen oder schlendert in Muse über den kühlen Grasplatz hin. Dort stossen Andere mächtige Steine, weit weg sie schleudernd, und wer noch männlicher ist, liebt im grünen Turnierplan im Zweikampf gar tapfer zu ringen. Es rauschet der Lärm durch den Hain und lustiger Jubel von denen, die zusehen. Also ist der Hain des Mars allen Bürgern ins gemein, insonderheit aber den Gelehrten und Studierenden gewidmet.›»

Buxtorf-Falkeisen, 3, p. 63f.

Neues Halseisen

1610 «ist Rauchelin, eine Baslerin, wegen Unzucht ans Halseisen gestellt und mit Ruthen ausgestrichen worden. Zuvor war das Halseisen am Eck des Pfauen gegen den Kornmarktbrunnen. Ward hernach eine steinerne Säule auf freyem Platz mit einem Halseisen aufgerichtet. Die Unzüchtlerin ist die erste gewesen, so selbige gezieret hat.»

Battier, p. 458/Brombach, p. 39

Esel, Tritte und Galgen

«Der Rath beschliesst 1622, es sollen Esel, Wippe (von Hand ‹getrülltes› rotierendes Gestell für Obstdiebe) und Galgen auf dem Kornmarkt aufgestellt werden, Angesichts der schweren Vergehen, die sich Soldaten haben zu Schulden kommen lassen.»

Historischer Basler Kalender, 1888

Fortifikation

«1634 fortificierten die Basler ihre Stadt und bauten ein Aussenwerck bey der Carthause am Rhein. Auch machten sie rings um die Stadt Schutzlöcher und tathen Schantzkörb auf die Wäll.»

Basler Chronik, II, p. 87

Neue Münsterorgel

«Die Münster-Orgel, ist zur Verherrlichung des Gottesdienstes und des Chorgesanges im Jahr 1404 gemacht worden. Über derselben las man die Worte: In honore beatissinæ Virginis Mariæ cum Organis jubilemus Deo, welche Überschrift aber im Jahr 1639 bey Erneuerung dieser Orgel soll weggethan worden seyn. Sie prangte mit zwey grossen auf Tuch gemahlten Flügeln, die dazu dienten, die Orgelpfeifen zu bedecken. Man hielt das Gemälde für Holbeinische Arbeit, weil man die Skizzen davon unter dieses Künstlers Zeichnungen auf der hiesigen Bibliothek antrift. Dasselbe wurde aber im Jahr 1639 durch J. Sixt Rieglin erneuert. Auf dem Flügel zur rechten Seite, waren Kaiser Heinrich und seine Gemahlin Kunigunda vorgestellt, und zwischen beyden in der Mitte perspektivisch die Morgenseite des Münsters. Auf dem Flügel zur linken Seite, stund die h. Jungfrau Maria mit dem Jesus-Kinde, auf der Seite ein Bischof und in der Mitte ein Chor von Engeln, welche mit Gesang und Instrumenten, Gott und die h. Maria priesen mit der Anschrift: Quam pulcra es, Amica! Diese Flügel wurden im Jahr 1786 bey der Erneuerung des Münsters aus der Kirche gethan und sind jetzt (1809) auf der öffentlichen Bibliothek verwahrt.»

Lutz, p. 117

Neue Salmenwaage

«1661 ist bey sehr kleinem Rhein das Fundament zu einer Salmenwaage auf einem Felsen unter der Pfalz angelegt und in wenigen Wochen durch den Zimmerwerkmeister von Rheinfelden zur Perfection gebracht worden. Es sind in dieses Gebäud über 100 Berner Schiff mit grossen und kleinen Steinen versenkt worden. Den 22. April 1662 ist der erste Salm gefangen worden und den 23. wieder zwei. Der einte dieser Salmen ist dem französischen Ambassador nach Solothurn zu einem Präsent gesandt worden. Er wog 30 Pfund.»

Beck, p. 88/Scherer, p. 99f./Wieland, p. 280/Scherer, II, s.p./Scherer, III, p. 96

Neue Weiher

«1661 sind die beiden neuen Weiher auf dem Riehemer Galgenfeld auszugraben angefangen und noch in diesem Jahr ausgebaut worden.»

Scherer, II, s.p.

Neuer Glockenschlag

«In dem Jahr 1665 hat man zum ersten Mahl angefangen, im Münster die Viertel zu schlagen. Das erste, das andere, das dritt, das viert. Hernach schlägt es zusammen und wird die Stund alsdann gemeldet.»

Meyer, p. 9v

Das St.-Johann-Tor erhält neues Ravelin

«1668 fing man beim St. Johanntor an, ein neues Ravelin (Halbmondschanze) zu bauen. Dazu liess die Obrigkeit 40 Mann anstellen und jedem täglich 7 Schilling in Geld, ein Laiblin Brot und aus dem Herrenkeller ½ Mass Wein geben. Es war mit viel Geld gemacht worden, trotzdem ist es in wenigen Tagen wieder über einen Haufen gefallen. Auch von der wiederaufgebauten Mauer sind später einige Teile wieder zusammengefallen.»

Baselische Geschichten, p. 104/Basler Chronik, II, p. 148/Baselische Geschichten, II, p. 76

Neue Kirche zu St. Margrethen
«1673 legte Bürgermeister Johann Rudolf Burckhardt, in Gegenwart der übrigen Häupter, den ersten Stein am neuen Kirchbau zu St. Margrethen.»
Basler Chronik, II, p. 157/Baselische Geschichten, p. 116

Bänke auf dem Petersplatz
«1687 hat man eine junge Linde in der Mitte des Petersplatzes aufgebunden und ringsumher Bäncke gemacht zur sonderbaren Belustigung der allda spazierenden Leuthe.»
Scherer, III, p. 145

Die St.-Leonhards-Kirche wird erneuert
«1688 ist die Kirche zu St. Leonhard innwendig gantz erneuert und ausgebesseret worden. Unterhalb dem hölzernen Lettner wurden drey runde Liechter (Fenster) eingebrochen. Im kleinen Chörlein ist eine neue hölzerne Bühne gemacht worden. Die hölzerne Stege, auf welcher man den sogenannten Metzgerlettner besteigen konnte, ist weggethan und dafür ein Durchgang durch die kleine Schnecke (Wendeltreppe) gemacht worden. Auch sind neue Mannen- und Weiberstühl verordnet und die Kirche samt dem grossen Chor mit schönen Sprüchen gezieret worden. 1693 sind durch Meister Heinrich Weitnauer zwey neue Glocken gegossen worden. Dann ist aber auch die Orgel durch Angebung eines fremden Meisters und eines hiesigen Schreiners erneuert worden. Alles zu Gottes Lob, Ehr und Preiss. In dieser Kirche findet sich noch folgender Spruch, so in Holtz noch vom Papsttum herrührt: Dies sind die rechten bösen Katzen, die vornen lecken und hinden gratzen.»
Scherer, II, s. p./Scherer, p. 152f.

Neue Bestimmung für die St.-Maria-Magdalena-Kirche
«1695 ist die Kirche St. Mariae Magdalenae auf dem Blömlein zu einer Fruchtschütte mit zwey Böden umgebaut worden. Der untere Teil der Kirche ist weiterhin für die Aufbewahrung der Messhäuslein bestimmt gewesen.»
Scherer, II, s. p.

Münsterrenovation
«Am 20. April 1701 hat man angefangen, die Münster Kirche zu renovieren, was seit 100 Jahren nicht mehr geschehen ist. Die Morgenpredigten sind zu St. Martin gehalten worden.»
Schorndorf, Bd. I, p. 175/Baselische Geschichten, II p. 183

Renovierter Totentanz
«1702 ist der Totentanz renoviert und durch die beiden Brüder Beckher übermalt worden. Die Schriften aber sind neuerdingen von Hans Heinrich Scherer genannt Philibert, Praeceptor bei St. Peter, geschrieben worden.»
Scherer, III, p. 292

Die Schiffbrücke wird abgebrochen
«1703 brachen die Franzosen zu Hüningen die Schiffbruck ab und bauten an deren Stell eine fliegende Bruck.»
Kern History, p. 73f.

Mineralquellen entdeckt
«Im Julio 1704 wurden zwey Sauerbrunnen Quellen entdeckt. Die einte in dem Mittleren Gundeldingen, welche mit grossen Unkosten von dem damaligen Besitzer des Guths gegraben worden ist. Die andere in dem Birsig unweit von Binningen unter dem Schutz. Das Wasser war beyderseits schön klar und riechte wie Tinte. Wenn man Galäpfel darein warf, wurde das Wasser kohlschwartz. Es haben viel 1000 Personen davon getrunken und solches für gar gut befunden. 1706 bestätigte sich die treffliche Wirkung des Wassers. Es gingen oft an einem Morgen von Hiesigen und Fremden gegen 200 bis 300 Personen. Es durfte keiner etwas bezahlen, einzig dem Schöpfer ein kleines Trinkgeld geben. Der französische Prediger Raboulet hatte den Anfang gemacht.»
Baselische Geschichten, II, p. 195/von Brunn, Bd. II, p. 423 und 426/Scherer, III, p. 297/Scherer, p. 330 und 350f./Beck, p. 125

Baufällige Stadt
«1717 brach man das Haus zur Laute auf dem Kornmarkt ab, welches, gleich vielen andern, gesunken war und einzufallen drohte. So fand man auch, dass das Gewölb des Birsigs unter unserer Stadt an vielen Orten wollte fehlen. Dann fiel ein grosses Loch beim ehemaligen Haus zur Laute ein, nachdem zuvor ein gleiches Loch mitten in der Metzig oder School auch eingefallen war und abscheulich aussah. Man konnte nicht genug Maurer und Arbeitsleuthe haben, allen diesen Sachen zur Hilfe zu kommen: Fatal sind solche Sachen, so unsrer Stadt viel Schrecken machen/Gott woll' doch unsere Herzen weichen, dass wir sein' göttliche Zorneszeichen/Erkennen und mit rechter Busse in Demuth fallen ihm zu Fusse. Amen.»
Schorndorf, Bd. II, p. 80

Neue Orgel zu St. Leonhard
«Im Jubeljahr 1719 ist zu St. Leonhard die neue Orgel zum erstenmal geschlagen worden. Die Kirche war so voll, dass es auch nicht mehr Platz zum Stehen gab. Es wurden 34 Psalme gesungen. Auch wurden in diesem Jahr die Weiberstühle verändert und näher zusammen gemacht. Dies hat gar vielen Streit in der Gemeinde

verursacht, weil manche, die bisher einen guten Platz hatte, nun hinter eine Säule kamen. Die Verbitterung war bei diesen so gross, dass manche während langer Zeit nicht mehr in die Kirche gehen mochten.»

Bachofen, p. 213f.

Neuer Galgen zu St. Alban

Weil die Balken, die über die steinernen Pfosten liefen, faul waren und die Behörden sich nicht getrauten, jemanden «daran zu hencken», richtete man im Februar 1720 vor dem St. Albantor einen neuen Galgen auf. An der Arbeit mussten sich alle Zimmerleute, Maurer und Schlosser beteiligen, damit keiner dem andern vorhalten konnte, er habe am Galgen Hand angelegt und sei deshalb nicht mehr «ehrlich» (unbefleckt). Am Abend rüstete die Obrigkeit den Handwerkern auf der Spinnwetternzunft eine Mahlzeit.

von Brunn, Bd. I, p. 100

Neuerbautes Rheintor

1722 konnte der Neubau des Rheintors endlich abgeschlossen werden. Damit hatte eine dringend notwendige Renovation mit grösster Mühe erdauert werden können. Weil die Obrigkeit nicht den Mut hatte, die anspruchsvolle Arbeit einem Einheimischen anzuvertrauen, wurde 1720 «ein junger Mensch von Genf, der sich mit Wassergebäuden gar wohl soll verstanden haben», mit dem Unternehmen beauftragt. Er liess vom Rheintor bis zur Schifflände zwei Reihen grosser Pfähle mit Eisenkappen in den Boden schlagen und das Erdreich ausheben. Allein aus dem Boden springende Quellen füllten unaufhaltsam den Hohlraum, obwohl Tag und Nacht 30 Mann mit Wasserschöpfen beschäftigt waren. Der Misserfolg kostete «unsere Gnädigen Herren eine grosse Summe Gelts». Im folgenden Winter wurde ein Tiroler für die Bauleitung angestellt. Auf seine Anordnung wurden 3 Reihen Pfähle in den Boden gerammt und die Zwischenräume mit Miesch und Letten verdichtet. Das dennoch eindringende Wasser konnte mit einem grossen Wasserrad, das von zwei Männern gedreht wurde, weggepumpt werden. Der Erfolg schien sich einzustellen, konnte doch bereits mit dem Legen der ersten Quadersteine begonnen werden. Als der Tiroler «aber einmal wegen Feyertagen sich fortbegeben hatte, ist das Wasser wieder eingebrochen und hat alles überschwemmt. Weil er aber wohl gewusst, dass die hiesigen Baumeister ihm gehässig waren, hat er sich eingebildet, dass sie ihm obiges zu Leid getan hätten, darob er sich davon gemacht. Dieses hat unsere Gnädigen Herren wieder eine grosse Summe Gelts gekostet.» Den nachfolgenden Winter nahm sich Baumeister Racing, ein Franzose, der Aufgabe an. «Die Handwerksleuth, die am Gebäu zu schaffen hatten, aber waren ihm so feind, so sie drohten, ihn zu töten.» Racing musste deshalb mit fremden Handwerkern die Arbeit beginnen. Er versuchte es nun mit vier Reihen Pfählen und mit einem Wasserrad «so gross wie ein Mühlrad». Solchermassen ist ihm die Erneuerung des Rheintors und der Schifflände gelungen.

Bachofen, p. 270ff.

Bau des Formonterhofs

Im Juni 1722 liess eine vornehme Dame mit Namen Vormond, die keine Kinder mit ihrem verstorbenen Mann hatte haben können, neben dem Haus zur Mägd in der St. Johannvorstadt (27) ein so kostbares Haus erbauen, wie bisher noch nicht viele in Basel errichtet worden sind. Es ist sehr hoch und von ungemein zierlichem Prospekt. Diese fromme Frau soll jede Stunde ein Einkommen von einem Gulden von ihrem sehr grossen Gut beziehen.

Scherer, p. 785f.

Das Stadtbild wird verschönert

«In diesem zu End gehenden 1725. Jahr wurden alle Brünnen in der ganzen Stadt erneuert und die Bilder (Brunnstöcke) beim säubersten (schönsten) neu bemalt. Auch wurde angefangen, die Gassen, die noch nicht besetzt waren, mit Steinen zu besetzen. So vom St. Albantor bis zur Malzgasse, der Münsterplatz und der Leonhardsgraben.»

Bachofen, p. 340/Weiss, p. 10

Der Kirchhof zu St. Peter ummauert

1727 ist der Kirchhof zu St. Peter mit einer Mauer umgeben worden. Anlass dazu hatten die meist katholischen Bauern gegeben, die ihre Kornwagen auf den Gräbern abstellten und «allda auch ihr Gespött getrieben haben». Beim Ausheben der Fundamente ist man auf verschiedene Särge mit Gebeinen gestossen, die mit Totengewändern bekleidet und mit goldenen Ringlein geschmückt waren.

Bachofen, p. 374/Bachofen, II, p. 285

Kastanienbäume für den Münsterplatz

«Nachdem der Münsterplatz mit Steinen besetzt gewesen war, machte es zur Sommerszeit eine grosse Hitze entlang der Häuser der Häupter der Stadt. Um diesen Häusern Schatten zu machen, hat man es 1733 für gut befunden, eine Linie von 15 jungen Vexier Kästenen Bäumen anzusetzen, welche man aus der Pfalz hat anhero kommen lassen. Von diesen hat man auch zu Bettingen und im inneren Hof bei Riehen setzen lassen. Auf der andern Seite beim (Pisoni-)Brunnen wurden auch 10 gesetzt. Sie haben innert zwei Jahren die ersten Früchte getragen. Anno 1735 wurden 10 dergleichen Bäume auf der Pfalz anstatt der wohl 200 Jahre alten Linden, welche über die halbe Pfalz ausgebreitet gewesen waren, gesetzt.»

Bachofen, Bd. II, p. 383/Basler Chronik, II, p. 22f.

Neue Sodbrunnen

Weil den öffentlichen Brunnen durch Private viel Wasser entzogen wurde, was in trockenen Jahren zu Wassermangel führte, sind 1732 drei neue Sodbrunnen gegraben worden: Einer in der Aeschenvorstadt gegenüber dem Gasthof zum Bären, einer in der St. Albanvorstadt an der Klostermauer und einer am Blumenplatz (oberhalb der Schifflände).

Bachofen, Bd. II. p. 367f.

Hochgerichte werden erneuert

«Mit den gewohnten Handwerks Ceremonien ist 1732 die Richtstätte vor dem Steinenthor, die sogenannte Kopf-Hauwe, repariert und mit einer Thür versehen worden. Ebenfalls mit Trommeln und Pfeiffen ist gleiches mit dem Galgen ennet der Wiese bei Kleinhüningen vorgegangen, wo seit 40 Jahren kein Galgen mehr gestanden war.»

Basler Chronik, II, p. 274

Misthaufen

«Die innere Stadt machte aber auf Alle einen unfreundlichen, ja düstern Eindruck: die Strassen seien eng, schlecht gepflastert; Häuser und Strasse tragen ein Gepräge von Alterthum, wie man es sonst fast nirgends mehr antreffe. Eine Klage des Directoriums der Kaufmannschaft aus dem Jahre 1735 mag darthun, wie es an der Strecke zwischen dem Marktplatze und dem Rüdengässlein, damals Rindermarkt genannt, muss ausgesehen haben. Mit der Aufsicht über das Kaufhaus betraut, das dort stand, beschwerte sich die genannte Behörde darüber, dass der Rindermarkt vor allen Häusern derart mit Misthaufen bestreut sei, dass man keinen Wagen stellen könne und dass man beim Ab- und Aufladen der Güter die grösste Mühe habe, sie vor Besudelung zu bewahren.»

Carl Wieland, p. 38

Baslerische Heilwasser und Gesundheitsbäder

«Der Gerberbrunnen: Zu Basel an der Gerbergass, ist blaulecht, soll ungefehr 3/5 Kupfer, 1/5 Erdpech und 1/5 Spiessglas enthalten. Es dient im Grimmen, hinterhaltener monatlicher Reinigung, Brustkeuchen und Husten. Es stärket den Leib und die Nerven. Es wird nicht nur gebadet, sondern auch getrunken. Sonst dient das Wasser den Gerbern. Der Brandolfsbrunnen: Hat eine auftröcknende Campher-Art. Wird deswegen gebraucht in der Wassersucht.

Der Brunnen zum Brunnen: Soll Schwefel, Salz, Salpeter und Gold mit sich führen. Wird sonderlich zum Trink-Gebrauch gewidmet. Der Furz-Brunnen bey Oltingen und Rothenflue: Entspringt auf der Ebene und hat die sonderliche Eygenschaft, dass er viel Winde oder Bläst durch den After wegtreibet.

Das Ramser-Bad ob dem Schlosss Homberg, sechs Stund von Basel: Dienet der Raud, inneren Verstopfungen, Schwachheit der Nerven und Gliederen. Stärket den Magen und die Gebärmutter. Vertreibet zähe, schleimerige Feuchtigkeiten, Schmerzen, Bläste und allerhand Geschwulste.

Das Brüglinger-Bad bey Basel: Ist nicht mehr gebräuchlich.

Das Eptinger-Bad: Soll viel Kupfer und etwas Erdpech führen und in der Blonigkeit (Blähungen), Schwachheit des Magens, Gichteren und äusserlichen Schäden dienlich seyn (gilt offenbar auch für das Ettinger Bad).

Das Schauenburger-Bad: Soll Alet oder vielmehr eine Salpeterische Kalk-Erde führen und in sonderheit dienlich seyn in langwährenden Kalt-Fieberen, wenn man bey Ankunft des Fiebers in das Bad sitzet bis an den Hals. 1752.»

Scheuchzer, p. 208f.

Erdrutsch im Schlipf

Am 21. Juli 1758 ist «die Wiesen zu Klein-Hüningen aus ihrem Bett gewichen und 3 Wochen lang weit über alle Matten geloffen und hat erschröcklich grossen Schaden gethan. Auch konnte man bis dahin nicht zu Fuss, sondern man musste in den Weidlingen fahren. Der Schaden dieses erschröcklichen Gewässers ist nicht zu

Quartier.	Häuser.	Haushaltungen.	Einwohner.				Bediente und andere Hausgenossen.				Totale.
			Bürger.		Nichtbürger.		Bürger.		Nichtbürger.		
			M.	W.	M.	W.	M.	W.	M.	W.	
Stadt-Quart.	240	348	441	457	74	92	15	45	167	222	1513
Spahlen.	282	505	397	568	218	243	10	40	177	215	1868
St. Alban.	310	451	438	561	198	242	34	70	211	318	2072
Eschen.	266	450	383	520	248	289	4	22	159	188	1813
Steinen.	264	483	418	484	240	310	31	30	340	197	2050
St. Johann.	288	490	380	501	241	306	9	33	202	242	1914
Mind. Stadt.	380	713	649	747	438	514	34	64	297	246	2989
Spitthal.	---	---	---	---	---	---	67	85	16	25	193
Casserne.	---	---	---	---	---	---	1	---	62	---	63
Vor der Stadt disseits.	49	65	13	22	104	101	---	---	35	48	323
jenseits.	41	64	14	19	84	101	---	1	7	16	242
Totale.	2120	3569	3133	3879	1845	2198	205	390	1673	1717	15040

Weinmonat 1779.

Amtliche Einwohner- und Häuserkontrolle aus dem Jahre 1779, welche u. a. 15 040 Einwohner, 3569 Haushaltungen und 2120 Häuser ausweist.

beschreiben, insonderheit bey Wihl, Dilligen und Richen haben viele 100 Menschen den wegen dem guten Weinwachs weit und breit berühmten Schlipf mit bedrübten Augen gesehen, wie selbiger zugerichtet und gerutscht und die Erde hin und wider grosse und breite Spälte bekommen hat. Auch der grösste Theil dasiger Reben – welches meistes Basler und Richemer getroffen – sind völlig verderbt. Obwohl solches schon vor 18 Tagen geschehen, hab ich dennoch gesehen und gehört, wie das Wasser alles unterminirt und halb manneshoch noch unter dem heruntergefallenen Grund gerauscht und den Berg hinuntergeloffen. Als ich an dem Orth war und alles genau betrachtete, traf ich einen alten Wihler Mann an, welcher mir sagte, dass man in den Archiven aufgeschrieben gefunden, dass vor hundert und mehr Jahren dieser Berg, zwar an einem anderen Orth, doch nicht so erbärmlich und schädlich zugericht, das namliche Schicksal gehabt, derowegen man ihn wegen seinem schlipferichten und weichen Grund schon damals den Schlipf genannt habe. Mithin ruft uns die Stimme Gottes widrum: Mit deinen Augen wirst du den Segen Gottes sehen, aber nicht davon ärnten.»

Im Schatten Unserer Gnädigen Herren, p. 75f. / Bieler, p. 289

Baslerische Baulust

«Dass die Stadt Basel viele schöne, ja prächtige Häuser habe, ist Ihnen, glaube ich, schon von mir gesagt. Aber eines verdient noch angezeiget zu werden. Es wird erst jezt (1763) erbauet, und lieget jedoch mit einer zum Teil eingeschränkten Aussicht, gegen den Rhein zu. Die Fronte desselben wird über 200 Fuss lang werden, und der Keller hat gewis völlige 40 Fuss Tiefe. Nur der Ankauf zu Gewinnung des Plazes der alten Häuser sol über 72000 hiesiger Marke gekostet haben. Das ganze Gebäude (welches das Weisse und Blaue Haus betrifft) wird massiv aufgemauert. Der Eigenthümer ist ein Kaufmann und Fabrikant, Namens Sarrasin. Man bauet hier, übrigens, mit einem Sandstein, der nur eine halbe Stunde von der Stadt gebrochen wird. Er ist teils weissgrau, gelbgrau, teils röthlich und dunkelroht, teils beides durcheinander: wie man denn Stükke antrift, die in abwechselnden Lagen übereinander mit verschiedenen Erhöhungen und Erdunkelungen diese Farben enthalten. Man nimmt aber zum Bauen auch einen gewissen Tufstein mit zu Hülfe, der wegen seiner Leichtigkeit zu Kellergewölben bequem, auch selbst in die Wände, die eben keine gar grosse Last zu tragen haben, mit eingemauert wird. Man bricht ihn in etliche Centner schweren Stükken zwischen Binningen und St. Margareta. Er ist in artige Gestalten geschlängelt, die oft Zinken vor Corallarten vorstellen. Ich bemerkte übrigens an den hiesigen Häusern, doch weit mehr an den alten als neuern, eine Hervorragung des Daches, wie ich in andern Städten gesehen zu haben mich nicht erinnere. Und diese beträgt von drei Fuss bis zu sechsen, ja zehnen. Diese Hervorragung, die an sich ohne Zweifel nützlich ist, und durch eine empfangene Beugung, die der Beugung der chinesischen Dächer einigermassen ähnlich ist, eine gewisse Leichtigkeit zeiget, hat mir auf einem hohen und breiten Gebäude das beste Ebenmaass zu halten geschienen, wan sie nicht über vier Fuss betrug, und siehet, wenn zwischen dem Dache und den Fenstern zwei oder drei Fuss Zwischenraum ist, wenigstens volkommen so gut aus, wie die kürzern Dächer, welche in teutschen Städten gewöhnlich sind.

Der Giebel vieler Häuser inBasel ist mit Figuren bemalet, und einige wenige zeigen noch Reste von Holbeinischem Pinsel. Auch haben die meisten ein Zeichen, und zuweilen Inschriften, die nicht selten lächerlich sind. Z. E. eine Sau gemalet, und dabei geschrieben:

1565. Wir stohn alle in Gottes Hand, Zum schwarzen Eber genant.

An einem Hause ist verkehrt angeschrieben: Also geht es, nemlich in der Welt verkehrt.

Aber, wie gefällt Ihnen, mein Herr, die folgende mit einem darüber gemalten Rindsfuss: Ihr lieben Christen, bekehrt euch, und thut Buss: Denn dies Haus heist: zum Rindsfuss.

Ist es nicht Schade, dass man seit einigen Jaren diese letztere ausgelöschet hat?

O könten Sie doch nur eine Stunde hier bei mir sein! – die Inschriften zu betrachten? Nein, ich wolte Sie nur auf den Münsterplaz oder die sogenante Pfalz füren. Dieser mit Bäumen besezte Spazierplaz liegt zwischen der Münsterkirche und dem Rhein, und ich ziehe ihn dem bekanten Petersplaze, als welcher von dem Walle und Gebäuden zu sehr eingeschränket ist, weit vor. Er liegt wenigstens 70 bis 80 Fuss hoch über dem darunter vorbeifliessendem Rheinstrom. Man siehet von hier nicht allein gegen über, klein Basel und einen Teil des Baseler Gebietes, sondern auch die kaum einen Canonschus weit entfernte französische Festung Hüningen, und nebst diesem Teil des französischen Sundgaues auch etwas von den österreichischen Vorderländern, von dem Schwarzwalde und von dem Marggräfl. Badendurlachischen. Das Ganze dieser Gegend macht eine sehr reizende Aussicht aus. Kommen Sie doch, mein Herr, und nehmen Teil daran!»

Andreae, p. 24ff.

Einführung der öffentlichen Beleuchtung

«Zu Basel hat man hin und wider in der Statt an allen Thoren, der Hauptwacht, bey den Rahthäusern, dem Zeughaus, auch den meisten Creutzstrassen in beyden Stätten, stürtzene Laternen durch Stattschlosser Müller aufgerichtet und sind in der Messe den 28. Oktober 1764 mit Öhl das erstemahl angezündet worden.»

Im Schatten Unserer Gnädigen Herren, p. 148 / Bieler, p. 974

a) Persönliche Auskünfte
Dr. Wilhelm Abt, Dr. Max Burckhardt, Charles Einsele, Dr. Eduard Frei, Franziska Heuss, Dr. Elisabeth Landolt, Dr. Hans Lanz, August Looser, Edi Mazenauer, Lic. phil. Hans Rindlisbacher, Dr. Beat von Scarpatetti, Professor Dr. Marc Sieber, Professor Dr. Andreas Staehelin, PD Dr. Martin Steinmann, Rolf Stöcklin, Dr. Georges A. Streichenberg, Hanspeter Thür.

b) Handschriften
Bachofen, Daniel. Kurtze Beschreibung, wass sich seyt Seculo 1700 von den Merckwürdigsten Sachen zu Basel und sonsten Inn der Schweitz und benachbarten Orten hat zu getragen. Bd. I: 1700–1730. Bd. II: 1725–1743. (UB Mscr. Falk. 65. H IV 31)
Baselische Geschichten. 1337–1692. (UB H IV 30)
Baselische Geschichten, II. 1312–1722. (UB AG V 21)
Basler Chronik. Bis 1692. (UB VB Mscr. O 14c)
Basler Chronik, II. Bis 1750. (UB VB Mscr. H 43a–c)
Baslerische Straffälle. 16.–19. Jahrhundert. (UB VB Mscr. P 47)
Battier, Christoph. Calendarium historicum. Bis 1748. (UB H IV 32)
Baur, Fritz. Kollektaneen. (StA PA 321 C 4)
Beck, Jakob Christoph. Kurtze Beschreibung dessjenigen Was sich in Lobl. Stadt Basel und deren Benachbarten zugetragen hat. Bis 1749. (UB H IV 10)
Bieler, Johann Heinrich. Basler Stadtchronik. Bis 1774 (StA PA 258)
Brombach, Nicolaus. Diarium historicum. Bis 1709. (UB Aλ IV 12)
von Brunn, Samuel. Chronik vieler merckwürdigen geschichten, sonderlich was alhier zu Basel passirt. Bis 1726. (UB Aλ VI 33a–c)
Burckhardt-Wildt, Daniel. Tagbuch der merckwürdigsten Vorfälle, welche sich seit dem Jahr 1789 (bis 1798) in diesen für unsere Stadt Basel unvergesslichen Zeiten zugetragen haben. (UB Aλ VI 34)
Chronica. Beschreibung vieler Merckwürdigen Sachen, welche sich in der Statt Basel zugetragen haben. 1600–1669. (UB VB Mscr. Q 1)
Diarium Basiliense (Basler Chronik). 480–1642, 1697–1719, 1748–1760. (UB Mscr. O III 17)
Falkner, Johann Ulrich. Diarium historicum. 1581–1621. (UB AA III 8)
Hotz, Rudolf und Johann Caspar. Chronik. 1606–1694. (UB VB Mscr. O 84)
Knebel, Johannes. Diarium. 1473–1479. (UB Aλ II 3a, 4a)
Kuder, Benedikt. Anmerkungen über die Landschaft Basel. 1740–1790. (UB AA I 44)
Linder, Friedrich. Chronik. Bis 1668. (UB Mscr. O 5)

Register

Linderscher Tagebuch. 1618–1780. (StA PA 407)
Meyer, Johann Conrad. Chronikalische Aufzeichnungen. 1666–1669. (UB VB Mscr. Q 22)
Müller, Johann Jakob. Baselisches 18tes Seculum. 1701–1798. (UB AG II 29)
Munzinger, Johann Heinrich. Haus Chronik. Bis 1829. (UB AG III 9, 10)
Nöthiger, Peter. Aufzeichnungen. 1718–1744. (StA PA 426)
Ochs, Peter. Excerpte aus Basler Chroniken. Bis um 1540. (StA PA 633a, b)
Richard, Theodor. Wunderliche Historien. 1600–1630, 1657–1670. (UB AA II 1, 2)
Rippel, Hans Jacob. Chronikalische Aufzeichnungen. 1645–1702. (UB EL XI 1–3)
Ryff, Fridolin und Peter. Basler Chronic. 1514–1585. (UB Aλ II 18)
Ryhiner, Johannes. Aufzeichnungen über Baslerische Angelegenheiten. 1760–1780. (UB VB Mscr. O 102)
Scherer, Daniel genannt Philibert (Scherer II). Verzeichnuss dessen, was seith Anno 1260 in E. Ehren Regiment und E. E. Burgerschafft dieser Lobl. Statt Basel und dero Gebieth under den Underthanen Denckwürdiges erhebt und zugetragen. Bis 1706. (UB AG II 2)
Scherer, Johann Heinrich genannt Philibert. Merckwürdige Basel Geschicht. 1281–1726. (UB AG II 4)
Scherer, Johann Heinrich genannt Philibert (Scherer III). Denckwürdige Historische Geschichte, welche zwischen E. E. Rath, Einer Ehren Burgerschafft und undrthanen zu Statt und Land täglich zugetragen. 1281–1742. (UB Aλ II 12)
Schorndorf, Hans Rudolf. Aufzeichnungen. 1687–1729. (UB VB Mscr. P 30b)
Stuckert, Otto. Basiliensia. 1873. (StA PA 564 E 1, I)
Unbekannter Chronist. 1643–1707. (UB Falk. 1419)
Wieland, Hans Konrad. Baselische Geschichten. 1337–1683. Bd. II: 1377–1700. (UB AA II 1, 1. Ki. Ar. 77)
Wurstisen, Christian. Diarium. 1557–1581. (UB Aλ II 8a)
Zäslin, Hans Heinrich. Hausbüchlein. 1624–1724. (StA PA 153, 1)

c) Druckwerke
Andersson, Christiane. Urs Graf. 1978.
Andreae, J. G. R. Briefe aus der Schweiz. 1776.
Appenwiler, Erhard. Chronik. 1439–1474. Basler Chroniken, Bd. IV.
Artlichs Buechlin, Ein, darin begriffen, wie mit dem Angel und sonst uff vil Weg zue Fischen seye. 1555.
Aufzeichnungen eines Basler Karthäusers aus der Reformationszeit. Basler Chroniken, Bd. I.
Basler Annalen, die grösseren, nach Schnitts Handschrift. 238–1416. Basler Chroniken, Bd. VI.
Baslerischer Geschichts-Calender: Kurtzes Verzeichnuss aller denckwürdigsten Geschichten, die sich zu Basel zugetragen, 1701.
Baugeschichte des Basler Münsters. 1895.
Beinheim, Heinrich von. Chroniken. 1365–1473. Basler Chroniken, Bd. V.
Bruckner, Daniel. Merkwürdigkeiten der Landschaft Basel. 1748ff.
Buess, Heinrich. Felix Platter. Observationes. 1963.
Burckhardt, Max. Basler als Darsteller der Geschichte ihrer Stadt. 1978.
Burckhardt, Paul. Das Tagebuch des Johannes Gast. Basler Chroniken. Bd. VIII.
Burgunder Kriege, Anonyme Chronik. Basler Chroniken, Bd. V.
Buxtorf-Falkeisen, Karl. Baslerische Stadt- und Landgeschichten aus dem sechzehnten und siebzehnten Jahrhundert. 1863ff.
Chronikalien der Rathsbücher. 1356–1548. Basler Chroniken, Bd. IV.
Fechter, Daniel. Basel im 14. Jahrhundert. 1856.

Feller, Richard, und Bonjour, Edgar. Geschichtsschreibung der Schweiz. 1979.
Fischer, Fr. Die Basler Hexenprozesse in dem 16. und 17. Jahrhundert. 1840.
Gast. Siehe Paul Burckhardt.
Gattaro. Siehe Rudolf Wackernagel.
Gauss, Karl. Schatzgräber im Baselland im 18. Jahrhundert. o. J.
Gessner, Conrad. Thierbuch oder aussführliche Beschreibung und lebendige Abmahlung aller vierfüssigen Thiere. 1560.
Glaser, Hans Heinrich. Basler Kleidung aller hoh und nidriger Standts-Personen 1634.
Gross, Johann. Kurtze Baszler-Chronick: Oder Summarischer Begriff alter denckwürdiger Sachen und Händeln, so sich von vierzehenhundert Jahren bis auff das MDCXXIV. Jahr zugetragen. 1624.
Gross, Johann Georg. Bassler Erdbidem, so sich innerthalb sechshundert Jahren in und umb die Statt und Landschafft Basel erzeigt haben. 1614.
Hagenbach, K. R. Die Basler Hexenprozesse in dem 16. und 17. Jahrhundert. 1840.
Historischer Basler Kalender. Bearbeitet von F. A. Stocker, Eduard Heusler und A. Münch. 1886–1888.
Hui, Franz. Hexen- und Gespenstergeschichten aus dem alten Basel. 1935.
Iselin, Jacob. Christoff. Allgemeines Lexicon. 1726
Kleine Kern-History, oder kurtze Beschreibung der fürnehmsten Begebenheiten, die sich zu Basel zugetragen. 1712.
Koelner, Paul. Anno Dazumal. 1929.
Basler Anekdoten. 1926.
Die Basler Rheinschiffahrt vom Mittelalter zur Neuzeit. 1954.
Im Schatten Unserer Gnädigen Herren. 1930.
Unterm Baselstab. 1918, 1922.
König, Emanuel. Neu Curioses Eydgnossisch-Schweitzerisches Hauss-Buch. 1705.
Kohlrusch, C. Schweizerisches Sagenbuch. 1854.
Küttner, Carl Gottlob. Briefe eines Sachsen aus der Schweiz. 1785.
Kurtzer Begriff der Fürnehmsten Begebenheiten, Die sich zu Basel zugetragen haben. 1701.
Lesebuch für die Primarschulen des Kantons Basel Stadt. 1885.
Lötscher, Valentin. Der Henker von Basel. 1969.
Felix Platter. Tagebuch. Basler Chroniken, Bd. X.
Luginbühl, R. Diarium des Christian Wurstisen (1557–1581). 1902.
Lutz, Markus. Chronik von Basel oder die Hauptmomente der Baszlerischen Geschichte. 1809.
Geschichte der vormaligen Herrschaften Birseck und Pfeffingen. 1816.
Lycosthenes, Conrad. Wunderwerck oder Gottes unergründtliches vorbilden etc. 1557.
Marrer, Pius. Die Chronik des Samuel von Brunn. 1979.
Meier, Eugen A. 750 Jahre Mittlere Rheinbrücke. 1975.
Merian, Matthäus. Topographie Helvetiae. 1642.
Münster, Sebastian. Cosmographia. 1544.
Ochs, Peter. Geschichte der Stadt und Landschaft Basel. 1786 ff.
Rahn, Johann Heinrich. Eidtgnössische Geschichts-Beschreibung. 1690.
Rauracis. Ein Taschenbuch für die Freunde der Vaterlandskunde. 1826 ff.
Reithard, J. J. Geschichten und Sagen aus der Schweiz. 1853.
Riggenbach, Albert. Collectanea zur Basler Witterungsgeschichte. 1891.
Ryff. Siehe Vischer.
Scheuchzer, Johann Jacob. Natur-Historie des Schweizerlandes. 1752.
Schilliger, Josef. Die Hexenprozesse im ehemaligen Fürstbistum Basel. 1891.
Schnitt. Siehe Basler Annalen.
Spiess, Otto. Basel anno 1760. Nach den Tagebüchern der ungarischen Grafen Joseph und Samuel Teleki. 1936.
Staehelin, Andreas. Peter Ochs als Historiker. 1952.
Strübinsche Chronik. Siehe Rudolf Wackernagel.
Stettler, Michael. Schweitzer Chronic. 1631.
Taschenbuch der Geschichte, Natur und Kunst des Kantons Basel. 1800.
Teleki. Siehe Spiess.
Teuteberg, René. Stimmen aus der Vergangenheit. 1966.
Thommen, Rudolf. Ein bayerischer Mönch zu Basel. 1894.
Vischer, Wilhelm, und Stern, Alfred. Die Chronik des Fridolin Ryff, mit einer Fortsetzung des Peter Ryff, Basler Chroniken, Bd. I.
Wackernagel, Hans Georg. Altes Volkstum in der Schweiz. 1956.
Wackernagel, Rudolf. Andrea Gattaro von Padua. Tagebuch der Venetianischen Gesandten beim Concil zu Basel. 1885.
Geschichte der Stadt Basel. 1907 ff.
Strübinsche Chronik. 1529–1627, 1893.
Waldkirch, Johann Rudolf von. Folter-Bank. 1773.
Wanner, Gustaf Adolf. Vor 400 Jahren erschien die Wurstisen-Chronik. 1980.
Weiss, Heinrich. Versuch einer kleinen und schwachen Beschreibung der Kirchen und Klöster in der Stadt und Landschaft Basel. 1834.
Wentz, Barbara, und De Beyerin. Anna Magdalena. Eigentliche Vorstellung der Kleider Tracht Lob. Statt Basel. o. J.
Werthmüller, Hans. Tausend Jahre Literatur in Basel. 1980.
Wieland, Carl. Einiges aus dem Leben zu Basel während des achtzehnten Jahrhunderts. 1890.
Wolleb, E. Des Helvetischen Patrioten. 1756.
Wurstisen, Christian, Baszeler-Chronik. Darinn alles, was sich in obern Teutschen Landen, nicht nur in der Stadt und Bistume Basel von ihrem Ursprung her bis in das 1580. Jahr gedenckwürdiges zugetragen. 1580, 1765 ff.
Ziegler, Madeleine. Die Entwicklung des Irrenwesens in Basel. 1933.

Münzen und Masse

1 Pfund = 20 Schilling
1 Schilling = 12 Pfennige
1 Gulden = 15 Batzen = 60 Kreuzer
1 Gulden = 15 Pfund 5 Schilling
1 Taler = ca. 2 Pfund
1 Neutaler = ca. 3 Pfund
(1799 Einführung des Schweizer Frankens à 100 Rappen. Fr. 1.20 a. W. = 1 Pfund. 1 Pfund entspricht dem heutigen Wert von gegen 10 Franken)

1 Fuder = 8 Saum oder mehr
1 Saum = 3 Ohm = 136,51 Liter
1 Ohm = 32 Mass = 45,5 Liter
1 Mass = 4 Quärtlein = 1,42 Liter
1 Schoppen = 0,35 Liter
1 Viernzel = 2 Sack = 8 grosse oder 16 kleine Sester = 273,13 Liter
1 Becher = 6 Schüsseli à 0,355 Liter
1 Basler Werkschuh à 12 Zoll = 30,5 cm
1 Zoll = 2,54 cm
1 Basler Feldschuh = 28,13 cm
1 Basler Elle = 53,98 cm
1 Klafter = 4,103 m^2

33 Kupferstichkabinett. Z 27.
34 Kupferstichkabinett. Bi. 267.3
35 Privatbesitz
36 Historisches Museum. 1928.798
37 Historisches Museum. 1881.131
38 Privatbesitz
39 Universitätsbibliothek. VB Mscr. H 43 c
40 Staatsarchiv. A f 14
73 Kupferstichkabinett: 1957.254/1957.261/1957.263/1957.262
74 Kupferstichkabinett. Bi.263.10
75 Universitätsbibliothek. A G III 9
76 Kupferstichkabinett. 1963.203.1/1963.203.2
77 Kupferstichkabinett. U.I.81/1864.6.3/U.I.23/U.10.100
78 Kupferstichkabinett. U I 61/Privatbesitz/Kupferstichkabinett. 1662.157/Universitätsbibliothek. A N II 4a
79 Denkmalpflege
80 Staatsarchiv. Schiffahrt F 3
97 Staatsarchiv. A f 20
98 Universitätsbibliothek. H b I 2
99 Kupferstichkabinett. Bi. 263.9a/Universitätsbibliothek. Mscr. Falk. 5
100 Universitätsbibliothek. VB Mscr. H 43 c
101 Universitätsbibliothek. VB Mscr. H 43 c
102 Universitätsbibliothek. K I 3/Staatsarchiv. Falk. D 15,2
103 Privatbesitz/Universitätsbibliothek. H b I 2
104 Historisches Museum. 1954.99
137 Universitätsbibliothek. A N II 4a/Kupferstichkabinett. A 101 I, p. 97/Universitätsbibliothek. A N II 4a/Kupferstichkabinett. A 101, p. 1
138 Kupferstichkabinett. 1886.9
139 Staatsarchiv. A f 22
140 Staatsarchiv. Falk. A 148
141 Kupferstichkabinett. A 102.9/Staatsarchiv. 13, 1003
142 Staatsarchiv. A f 20
143 Staatsarchiv. A f 14/Staatsarchiv. PA 632 D 4/Historisches Museum. 1870.921
144 Staatsarchiv. A f 14
161 Staatsarchiv. A f 22
162 Privatbesitz/Kupferstichkabinett. 1913.274 und U. XVI. 14
163 Kupferstichkabinett. U.XVI.14
164 Kupferstichkabinett. 1864.6.4
165 Kupferstichkabinett. Z 44
166 Historisches Museum. 1870.1278
167 Kupferstichkabinett. Z 35
168 Privatbestiz
201 Privatbesitz
202 Staatsarchiv. A f 14
203 Kupferstichkabinett. 1864.6.1
204 Historisches Museum. 1889.99 und 1870.921/Universitätsbibliothek. A N VI 26 s
205 Staatsarchiv. Falk. F a 4,3 und 15, 200
206 Staatsarchiv. 13, 136
207 Historisches Museum. 1925.138
208 Kupferstichkabinett. 1881.4.10 und 1881.4.1
225 Kupferstichkabinett. 1927.300
226 Kupferstichkabinett. 1942.440
227 Kupferstichkabinett. 1936.13
228 Staatsarchiv. PA 632 D 4
229 Historisches Museum. 1950.102 und 1870.921/Staatsarchiv. 15, 206
230 Privatbesitz
231 Kupferstichkabinett. 1909.1a und 1909.1c
232 Kupferstichkabinett. Bi. I. 36/Denkmalpflege
265 Kupferstichkabinett. Z 36
266 Kupferstichkabinett. Z 38
267 Kupferstichkabinett. Z 28
268 Privatbesitz
269 Denkmalpflege
270 Staatsarchiv. Falk. C 21
271 Kupferstichkabinett. A 200, p. 59 und A 200, p. 45
272 Privatbesitz

Die Textillustrationen stammen beinahe ausnahmslos aus den Beständen der Universitätsbibliothek, des Kupferstichkabinetts, des Staatsarchivs und des Historischen Museums.